国家麻类产业技术体系
农业部麻类种质资源保护项目 资助
中国农业科学院科技创新工程

中国麻类作物种质资源及其主要性状

粟建光 戴志刚 主编

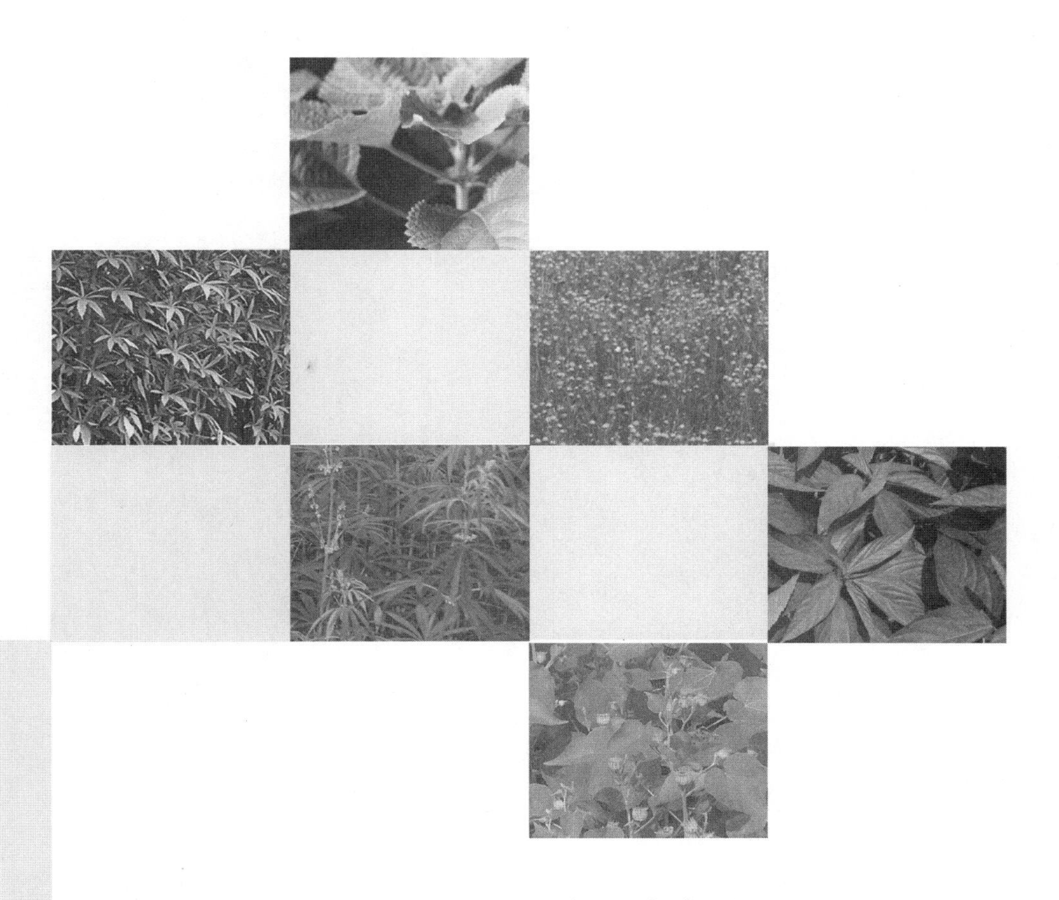

中国农业出版社

主　　编　粟建光　戴志刚

副 主 编　祁建民　王玉富　祁旭升　陈建华　陈基权

编写人员（以姓名笔画为序）

王玉富　王晓飞　王殿奎　卢瑞克　吕玉虎
关凤芝　米　君　祁旭升　祁建民　许　英
孙进昌　孙志民　李初英　杨　龙　杨　明
杨泽茂　邱财生　宋宪友　张　辉　张利国
陈建华　陈晓蓉　陈基权　林荔辉　林培青
金关荣　赵立宁　赵德宝　胡万群　洪建基
姚运法　耿立格　徐建堂　栾明宝　郭鸿彦
唐　蜻　陶爱芬　龚友才　崔国贤　揭雨成
彭定祥　粟建光　程超华　温　岚　谢冬微
路　颖　臧巩固　潘其辉　潘兹亮　戴志刚
魏　刚

组编单位　中国农业科学院麻类研究所

参编单位　黑龙江省农业科学院经济作物研究所
福建农林大学作物科学学院
甘肃省农业科学院作物研究所
福建省农业科学院亚热带农业研究所
浙江省萧山棉麻研究所
张家口市农业科学院
江西省麻类科学研究所
六安市农业科学研究院
信阳市农业科学院
黑龙江省农业科学院大庆分院
云南省农业科学院经济作物研究所
湖南农业大学苎麻研究所
内蒙古自治区农牧业科学院
河北省农林科学院粮油作物研究所
华中农业大学植物科学技术学院
达州市农业科学研究院
广西农业科学院经济作物研究所

前言

麻类作物是韧皮纤维作物或叶纤维作物的一个集群，分属于不同的科、属、种。我国主要栽培的麻类作物有黄麻、苎麻、红麻、亚麻、大麻、剑麻、青麻、蕉麻等。我国植麻历史悠久，早在旧石器晚期，我们的先民就开始种植和利用麻类，在漫长的自然和人工选择下，形成各种独特的种质资源，为我国麻类产业的发展奠定了坚实的基础。

麻类作物种质资源，也称麻类作物遗传资源或麻类作物品种资源。它是麻类科学研究和生产持续发展的物质基础。其数量多少和研究的深广度是衡量一个国家农业科研水平高低和发展的标准之一，所以，加强种质资源的收集、保存和研究是造福子孙后代的事业。

为满足新时期麻类育种和生产发展的需要，编者对新中国成立以来麻类资源鉴定评价成果进行了系统地归纳与总结，特别是近年来分子生物学鉴定评价的最新成果，在参考大量内外相关文献的基础上，编写了《中国麻类作物种质资源及其主要性状》。全书分为2部分，第一部分概述了我国麻类作物的起源、传播分布和遗传多样性，总结了麻类种质资源在鉴定评价、创新利用、优异种质发掘以及麻类分子生物学研究的主要成果。第二部分为6种麻类作物种质资源主要性状描述符及其数据标准和性状目录数据。共收录了6 829份麻类种质资源的主要农艺和经济性状、纤维品质、抗病虫性、抗逆性等性状数据。其中，黄麻20项、苎麻20项、红麻21项、亚麻24项、大麻18项、青麻13项。书后附有索引，方便读者查找。彩图部分展示了我国麻类资源研究平台、成果与国际合作以及麻类作物种质资源的多样性。

本书的出版将为广大麻类科技工作者提供一幅黄麻、苎麻、红麻、亚麻、大麻和青麻等种质资源分布、类型、主要性状信息以及最新研究进展的全景图，为麻类种质资源深入研究和高效共享利用提供参考依据。鉴于麻类种质资源数量、鉴定项目较多且方法复杂，有些性状，特别是部分数量性状仅是一年鉴定的结果，请利用者多加斟酌，以获得所期望的目标性状。

本书首次对我国麻类作物种质资源及其主要性状进行了全面系统的归纳总结，凝结了我国几代麻类资源研究工作者的心血，是长期实践经验和集体智慧的结晶。因种种原因，部分资源尚未收录，部分种质的鉴定和评价内容仍不全面，深度仍待进一步拓展，有待广大同仁在以后的研究中进一步充实和完善。由于编者水平和掌握的资料有限，错误和疏漏之处在所难免，恳请读者批评指正。

编　者

2016年6月

目录

第二部分 麻类种质资源主要性状目录

第一部分

麻类作物种质资源研究

——回顾与展望

“灿烂星河，繁星闪烁”。在中华民族5 000年的伟大文明历史中，作为“五谷”之一的麻扮演了重要的角色，她也是传承中华文明的一个重要载体。麻是我国近现代一类农作物群的统称，是重要的纤维原料，在不同的历史阶段具有不同的社会经济地位和价值。我国麻类作物栽培历史悠久、种植区域广阔、种类繁多、种质资源丰富。目前，在生产上种植的主要是黄麻、苎麻、亚麻、红麻、大麻、剑麻，其次是青麻、蕉麻、椰壳麻，此外，还有呈大面积野生状态、也在广泛利用的罗布麻。

农作物种质资源是人类社会生存与可持续发展不可或缺的财富，是关系到国计民生的战略性物资。经历50多年的系统研究和协同创新，我国麻类作物种质资源的保存数量和质量、研究条件和人才队伍、研究深度和广度已跃居国际领先行列。建成了1座库容量10万份的现代化国家麻类种质资源中期库，2个高标准的国家苎麻资源圃和2个苎麻野生资源圃（江西宜春和湖南长沙）。收集保存了来源于全球37个国家的麻类种质资源5科6属59种（亚种）12 339份，其中，国外引进34个种3 629份，野生资源1 122份。研制出麻类种质资源鉴定评价的描述规范和数据标准，形成了表型和基因型相结合的鉴定评价技术体系，形成了麻类种子超干燥、低温保存以及苎麻超低温保存技术，开展了表型或分子水平的核心种质构建和种质创新技术研究，创制了一批优异新材料提供广泛利用。基于基因组信息的分子标记开发和信息技术的综合应用，为麻类特异和优异种质身份鉴定和标识奠定了基础。发掘出一大批优异种质和特异功能基因材料，如苎麻无融合种质、红麻光钝感种质、细胞质雄性不育种质、亚麻强抗逆性种质、黄麻强重金属吸附种质、高钙高硒菜用黄麻种质等，为麻类科研、教学和产业的发展提供了强有力的技术支撑。

第一章 黄 麻

黄麻（jute），又称络麻、绿麻，椴树科（Tiliaceae）黄麻属（*Corchorus*），一年生草本植物，世界上最重要的韧皮纤维作物。纤维产量高、质地柔软、色泽金黄，以“金色纤维”著称于世，是重要的纺织和纤维原料。黄麻有圆果种（*C. capsularis* L.）和长果种（*C. olitorius* L.）之分，年种植面积 170 万 hm^2，产量 310 万 t，广泛分布在热带和亚热带地区，印度和孟加拉国为主要生产和出口国，产量约占全世界的 92%。我国是重要的消费和生产国。

第一节 黄麻的起源、传播与种植区域

多数学者认为，黄麻圆果种的起源中心在中国南部及其接壤的印—缅地区。长果种有 2 个独立起源中心：1 个在非洲地区，1 个在中国南部及其接壤的印—缅地区。中国华南地区是黄麻圆果种和长果种的起源中心之一。

我国黄麻有1 000年以上的栽培历史。北宋的《图经本草》（1061 年）上就有黄麻形态特征的记载，明代的《便民图纂》（1501 年）和清代的《三农记》上都有黄麻栽培技术的详细描述。我国黄麻的栽培品种类型丰富，野生黄麻的分布很广。20 世纪 70 年代以来，通过黄麻资源专项调查和考察，在河南、云南、四川、海南、广东、广西等地均发现了面积较大、呈野生状态生长的黄麻圆果种和长果种的群落分布。当地农民收割后，常剥其韧皮或沤洗制作绳索。黄麻的栽培品种多数是由这些野生黄麻经基因突变，长期自然和人工选择、栽培驯化而来的。

我国黄麻有 2 个主要栽培地区，一是华东南麻区，包括广东、广西、福建、浙江，以圆果种为主；二是长江中下游流域麻区，主要包括江西、湖南、湖北，其次为安徽、江苏，以长果种为主。20 世纪 80 年代后，由于化纤工业的发展以及被适应性广、产量高和品质与之类似的红麻纤维替代，我国黄麻种植面积日渐缩减，但由于纺织的需求，黄麻纤维进口量逐年提高。目前，我国每年需要从孟加拉国进口黄麻及其织品10 万～15 万 t，恢复国内黄麻种植势在必行，但在新形势下黄麻的发展模式应该是不与粮争地，应在非耕地，如干旱地、盐碱地、易涝地发展。此外，开发黄麻的菜用、茶用和生物材料利用的生产也方兴未艾。

第二节 黄麻种质资源遗传多样性

一、黄麻的物种多样性

黄麻属约有 40 个种。除 2 个栽培种外，我国收集保存了与之亲缘关系较近的 11 个种（表 1-1）。

表 1-1 我国收集保存的黄麻及其野生近缘种

科	属	栽培种	野生近缘种
椴树科 Tiliaceae	黄麻属 *Corchorus*	长果种 *C. olitorius* L . 圆果种 *C. capsularis* L.	假黄麻 *C. aestuans* L. 桠果黄麻 *C. axillaris* Tsen et lee. 三室种 *C. trilocularis* L. 短茎黄麻 *C. brebicaulis* Hosokama 棱状种 *C. fascicularis* Lamk. 荨麻叶种 *C. urticaefolius* Wight&Arnold 三齿种 *C. tridens* L. 假长果种 *C. pseudo-olitorius* Islam&Zaid 假圆果种 *C. pseudo-capsularis* L. 短角种 *C. breviornutus* Vollesen 木荷包种 *C. schimperi* Cufod

二、特征特性和农艺性状

1. 茎色 黄麻植株茎部含花青素。含红色素的种质，其叶柄、花萼、果实均为红色，茎的红色深浅不一，少数为青色，其比例为79.1%，含青色素的种质，除叶柄色有红和青色之分外，植株其他部分全为青色，占20.9%。

2. 腋芽 黄麻分有腋芽和无腋芽2种类型，前者占43.17%，后者56.83%。

3. 花果位置 有腋芽的种质，花、果着生在节上，称节上花果型。无腋芽的种质，花、果着生节间，称节间花果型，偶有节上花果型。

4. 生育期 根据黄麻在原产地或接近原产地生长时从出苗到种子成熟的天数划分。生育期在140d以下的为特早熟型，141～160d为早熟型，161～180d为中熟型，181～200d为晚熟型，200d以上为极晚熟型。在黄麻资源中，特早熟型和早熟型所占比例最大，为48.0%；其次为中熟型，占39.8%；晚熟和极晚熟型仅占12.2%。而晚熟、极晚熟型在长江流域及以北地区种植，往往种子产量低或收不到种子。

5. 主要经济性状 黄麻的经济性状和熟期密切相关，且材料间差异很大。晚熟或极晚熟型，因生长期长，经济性状最好，产量最高，次之为中熟型，早熟或极早熟的相对较差。黄麻种质资源株高的变幅为150～420cm，低于180cm的占21.50%，多为早熟或极早熟型；高于390cm的占13.25%，多为晚熟或极晚熟型；47.18%的集中在250～350cm；茎粗的变幅为1.05～2.12cm，小于1.25cm的占18.24%，大于1.90cm的占9.18%，50.29%的集中在1.35～1.60cm；韧皮厚度的变幅为0.61～1.10mm，干皮生产力的变幅为13.8～34.9g/株。

6. 纤维品质 黄麻纤维的化学成分主要有纤维素、半纤维素、木质素、果胶、脂蜡等，含量依次为57%～60%、14%～17%、10%～13%、1.0%～1.2%、0.3%～0.6%。衡量纤维品质优劣的物理指标主要有束纤维支数（细度）和束纤维拉力（强力）。312份资源的束纤维支数测定结果是167～557支，小于300支的9.29%，301～350支的11.85%，351～400支的31.74%，401～450支的27.25%，451支以上的19.87%。被测的306份资源的束纤维拉力为241.2～575.6N/g，生产用纤维的束纤维拉力一般为294.2～392.3N/g。

第三节　黄麻优异种质资源发掘与利用

经过半个多世纪的艰苦努力和有关单位的共同协作，我国黄麻种质资源已建立起完整的研究体系，为促进黄麻资源迅速转化为现实生产力，发挥了重要作用。

一、直接利用

从20世纪50年代起，通过对地方品种鉴定，评选出综合农艺性状较好的农家品种，圆果种有广东省的东莞青皮、吴川淡红皮，福建省的红铁骨、平和竹篙麻、卢滨，浙江省的透天麻、新丰、吉口、白莲芝，江西省的波阳本地麻、上犹一撮英和长果种广丰长果等。这些优良品种推广后，一般较原种植品种增产10%以上，在当时生产上发挥了重要作用。此后，又在引种试种的基础上，在生产上推广从印度引入的长果种翠绿和圆果种D-154，较农家优良品种增产15%左右。引进种质在生产上增产显著的还有1966年从越南引入的越南长果，1972年从巴基斯坦引入的巴72-1、巴72-2、巴72-3。这些种质在长江流域麻区栽培比广丰长果增产20%左右，充分发挥了良种和异地引种的双重增产作用。

二、育种利用

1960年以来，以优异种质作系统选育和杂交育种的亲本，育成的新品种有20余个。系统育成的黄麻圆果种品种主要有粤圆2号、粤圆3号、选46、混选19，长果种品种主要有广丰长果、浙麻3号、浙麻4号等。杂交育成的圆果种品种有粤圆4号（粤圆1号×新圆1号）、闽麻5号（新选1号×卢滨圆果)、179(梅峰 2 号×闽麻 5 号)、粤圆 5 号(粤圆 1 号×新圆 2 号)、梅峰 4 号(粤圆 1 号×卢滨圆果)、71-10(粤圆 5 号×海南琼山);长果种品种有宽叶长果(广丰长果×巴长 4 号)、湘黄麻 1 号(马里野生×广巴矮)、湘黄麻 2 号(巴 72-2×宽叶长果)等。这些育成品种一般每公顷产干皮 6t 左右,较当地品种增产 20%以上。

三、优异种质资源的发掘

我国丰富的黄麻种质资源中鉴定出一批优异种质材料,具体如下。

1. 高产种质资源 黄麻圆果种有 917、179、71-10、粤圆 5 号、梅峰 4 号,长果种有宽叶长果、湘黄麻 1 号、湘黄麻 2 号、JRO-550 等。

2. 纤维品质优异的种质资源 圆果种束纤维支数在 500 支以上的有新竹、闽麻 733、福州黄麻、琼粤青、南康黄麻、家黄麻等,600 支以上的品种有思乐黄麻、那堪黄麻、闽麻 91。长果种束纤维支数 450 支以上的品种有长果 134、巴 72-1、Nonsoog。

3. 抗(耐)生物和非生物胁迫的优异种质资源 黄麻圆果种抗炭疽病且农艺性状良好的有琼粤青、粤圆 5 号、713、梅峰 4 号、JRC673、JRC699 等;长果种抗黑点炭疽病的有土黄皮、广巴矮、BL/039Co 等。抗旱和耐盐碱种质资源:通过在干旱非耕地、沿海盐碱地的种植鉴定,抗旱和耐盐碱较强的种质有中黄麻 4 号、O-4、C2005-43 等。

4. 具功能型利用价值的优异种质资源 黄麻强重金属吸附种质,对铜、铅、铬等重金属离子混合吸附率高的有中黄麻 4 号、Y05-02,对镍离子吸附性较强的有甜黄麻。适合重金属污染土壤修复、耐性较强的种质有中黄麻 4 号、Za20-01 等。菜用黄麻种质,营养均衡、口感好的有帝王菜 1 号、帝王菜 2 号,高钙高硒种质有日本长果、那琴黄麻、福农 1 号,高钾低钠种质有和字 8 号、NY/252c,高氨基酸含量种质有古巴长荚等。

5. 特殊种质资源 黄麻长果种矮秆、抗病资源有广巴矮,出麻率高的有宽叶长果、湘黄麻 1 号,叶片厚而浓绿的有厚叶绿,特早熟品种河南长果。圆果种株高、茎粗品种有粤圆 4 号、梅峰 4 号、179、71-10,叶片窄细、叶缘锯齿深的有窄叶圆果,茎顶端开花结实的有琼粤青,光反应迟钝的有福建红铁骨等。

6. 获得认证的优异种质资源 通过不同生态区域的综合评价,结合在育种、科研和生产利用的明显效果,一些优异黄麻种质获得农业部的颁证认定,分别是:一级优良种质圆果种 971,二级优质资源湘黄麻 3 号、粤圆 5 号,三级优异种质长果种宽叶长果、巴麻 72-3。

第四节 黄麻种质资源的分子生物学研究

我国黄麻分子生物研究始于 20 世纪 90 年代,在 DNA 提取、基因克隆与转化、分子标记、分子身份证、遗传多样性分析、遗传图谱构建等方面取得了一些进展。

一、黄麻 DNA 和 RNA 提取

植物材料细胞总 DNA 的提取与纯化是限制性酶切分子杂交、PCR 扩增等分子生物学研究的重要环节,DNA 质量的好坏直接关系到实验的成败。郭安平等(1997)利用 SDS 法提取黄麻嫩叶或嫩芽的总 DNA,并进行 DNA 酶切和 PCR 扩展,取得了不错效果。周东新等(2001)利用改良的 CTAB 法从黄麻幼嫩新鲜叶片组织中大量提取总 DNA,并建立了 RAPD 反应体系,与 SDS 法相比,CTAB 法提取黄麻 DNA 能有效去除细胞多糖、单宁、酚类等物质,具有 DNA 纯度高、高效、操作方便等特点而被广泛应用于黄麻分子生物学研究。陈燕萍等(2011)和陈晖等(2011)采用改良的 CTAB 法从黄麻成熟叶片中提取基因组 DNA,并建立了 SRAP 反应体系,成功应用于长果黄麻和圆果黄麻遗传连锁图谱构建。黄麻 RNA 提取主要使用植物 RNA 提取试剂盒,福建农林大学已应用于黄麻种质基因组学研究。

二、黄麻蛋白质提取

蛋白质提取方法很多，但因植物生物学特征、生理生化特性不同，不同植物物种、器官、甚至同一植物不同组织的最适提取方法各异。陈富成等（2011）初步建立了圆果种黄麻功能叶总蛋白双向电泳（2-DE）分析的高效提取方法及电泳条件，比较了 TCA 丙酮、Tris-base/丙酮、Tris-HCl 三种蛋白提取方法，并优化了上样量和样品制备方法。结果表明，TCA 丙酮法提取蛋白质产量高，2-DE 图谱背景清晰，蛋白点数最多，最适合黄麻功能叶总蛋白双向电泳分析。用 Image Master 2D Platinum version 5.0 软件分析 2-DE 图谱后，发现 179 不育突变体与 179 正常材料在 2-DE 图谱上的总蛋白点达 700 多个，结实期差异蛋白质达 29 个，奠定了黄麻蛋白质组学的研究基础。

三、黄麻组织培养体系的建立与优化

张高阳（2014）等以圆果种黄麻“黄麻 179”为材料，确定了以子叶和幼茎为外植体产生愈伤组织最佳培养基分别为 MS 培养基中添加 0.5mg/L TDZ＋ 0.1mg/L 或 0.5mg/L IAA，MS 培养基中添加 2.0mg/L 6-BA＋0.5mg/L IAA 和 MS 培养基中添加 0.25mg/L TDZ＋0.1mg/L 或 0.5mg/L NAA，MS 培养基中添加 0.5mg/L 6-BA＋0.5mg/L NAA。子叶愈伤组织再分化培养基为 MS＋0.5mg/L 6-BA＋0.5mg/L NAA，幼茎愈伤组织再分化培养基为 MS＋0.5mg/L TDZ＋2.0mg/L IAA，通过筛选不同种类的褐变抑制剂，最终确定以 0.1%的植酸作为黄麻组培中褐变抑制剂效果较好，不定芽诱导中，最终确定子叶节不定芽诱导最佳培养基是 MS＋2.0mg/L 6-BA＋0.25mg/L NAA＋100mg/L HC。诱导率达到 36.4%，不定芽或苗根诱导最佳培养基为 MS＋0.5mg/L 6-BA＋1mg/L NAA。选用 200mg/L Cef 作为子叶节遗传转化的抑制农杆菌生长的抑制剂，20mg/L 的潮霉素作为转化后子叶节的筛选临界浓度，最后采用新鲜外植体，菌液中添加 100μM 的乙酰丁香酮，浓度调整为 OD 值为 0.5，侵染时间为 10min，获得的 GUS 染色率较高，所有 GUS 染色过的植株经过 PCR 反应均能扩增出目的条带，为黄麻基因工程育种研究提供了重要参考。

四、黄麻转基因技术

1998 年，Hossain Abmm 等（2008）通过农杆菌介导法，将报告基因转入黄麻品种 D-154 中，获得了 GUS 瞬间表达。M. Ghosh 等（2002）通过粒子轰击法，将 *bar* 基因和来自发根农杆菌的 *RolC* 基因转入黄麻中，经植株再生获得了转基因植株，经性状观察、PCR 扩增、Southern、Northern 等不同方法检测，均证明外源基因已成功转入植株中。Abu Ashfaqur Sajib 等（2008）创建了不需通过组织培养的转基因方法，用农杆菌侵染黄麻幼苗的茎尖分生组织，外源基因进入细胞后，细胞分化成花芽，进而产生种子将外源基因传入后代，通过 RT-PCR、PCR 扩增和 Southern 杂交等检测，证明外源基因成功转入植株中。

五、基因克隆

黄麻功能基因克隆研究起步较晚，迄今为止的研究报道较少。张高阳等（2014）利用不同公司的 RNA 提取试剂盒和提取方法，优化了高质量黄麻 RNA 提取方法；利用优化的快速获取基因 5′端的技术体系，获得了黄麻纤维素合成相关基因 *UGPase*、*CesA1* 和 *CCoAOMT* 的 cDNA 片段并对该基因进行了功能鉴定，结果表明，这些基因对植株的生长发育和纤维素及木质素的代谢过程中起重要的调控作用。

六、黄麻分子标记

分子标记是以个体间遗传物质内核苷酸序列变异为基础的遗传标记，是 DNA 水平遗传多态性的直接反映。与其他遗传标记相比，大多数分子标记为共显性，对隐性性状的选择十分便利；基因组变异极其丰富，分子标记的数量几乎是无限的；在生物发育的不同阶段，不同组织的 DNA 都可用于标记分析；检测手段简单、迅速。DNA分子标记技术包括RAPD、AFLP、SSR、ISSR、SRAP、STS等，已广泛应用于遗传育种、基因组作图、基因定位、物种亲缘关系鉴别、基因库构建、基因克隆等方面。祁建民等（2003、2004）用RAPD和ISSR两种方法对黄麻种质资源的遗传多样性进行了分析，并对两种方法进行了比较，结果表明黄麻野生种间遗传相似系数为0.33～0.46，遗传差异较大，而栽培种间遗传相似系数在0.9左右，遗传差异较小；ISSR的稳定性、多态性及遗传多样性分辨率均优于RAPD。Hossain MB等（2002）用RAPD技术分别对圆果和长果黄麻进行了研究，统计了各品种间多态性条带数目，并按亲缘关系将所分析的黄麻种质资源分为不同的类群；随后，Hossain MB等（2003）利用筛选出的5个RAPD引物和8个AFLP引物，对6个黄麻品种耐寒性的差异进行了研究。A. Basu等（2004）应用AFLP和SSR技术，研究了49个黄麻品种间的遗传多样性，用筛选出的10个AFLP引物扩增出305条多态性条带，而每个SSR引物可产生2～4个多态性位点。结果还表明，长果种和圆果种间的差异很大，而种内的遗传差异则很小，少数几个印度品种与野生种的亲缘关系很近。Reyazul R. Mir等（2007）用SSR方法对2个种81份黄麻种质资源进行了研究，结果表明，长果种和圆果种SSR的等位位点均非常少，导致SSR引物的多态性非常低，根据SSR扩增条带得到的数据可将81份材料分为3个大类群。ARoy等（2006）用RAPD、ISSR、STMS技术对40份黄麻种质资源进行了聚类分析。陶爱芬等（2011）选用96份黄麻属种质资源，比较了SRAP、ISSR及二者结合的方法在黄麻属起源与演化研究上的可行性。结果表明：①SRAP方法的多态性条带比率为100%，高于ISSR方法的98.1%，平均每条引物扩增出的多态性条带亦高于ISSR方法。②SRAP方法构建的进化树可大致将各类型种质资源区别开来，可较明确、清晰地展现黄麻属的起源与演化趋势。但无法区分开个别种质；ISSR方法构建的进化树将很多圆果黄麻品种聚在一起，无法区别开来，且分支长度短，无法确定进化时间。③SRAP与ISSR结合构建的进化树将不同类型的黄麻种质资源有序排列，可清晰地明确其进化趋势及演化关系。比较而言，SRAP与ISSR分子标记结合的方法优于SRAP方法，而SRAP方法又优于ISSR方法，在进行相关研究时，应优先考虑采用SRAP与ISSR分子标记结合的方法。徐鲜钧（2009）应用SRAP分子标记方法对173份黄麻种质资源进行了聚类分析，结果表明，SRAP方法可将供试材料中的野生种与栽培品种完全分开，并进一步将栽培种中的长果黄麻与圆果黄麻区分开来，揭示了黄麻野生种与栽培品种之间的基因型遗传差异较大，而在栽培品种的不同类群中，也存在一定的遗传差异。研究同时表明，国内选育的多数黄麻品种之间的遗传差异较小，其遗传基础相对狭窄，应通过种质创新拓宽黄麻的遗传基础。SRAP分子标记可提供供试品种遗传多样性和亲缘关系等有价值的生物学信息。以上研究表明，分子标记可以用于黄麻野生种和栽培种的遗传多样性和亲缘关系研究。

七、基于分子标记的多样性分析

祁建民等（2004）应用RAPD和ISSR标记，分别对来自非洲地区和中国的15份黄麻野生种（10个种）以及来自中国、印度、越南、日本等地的12份黄麻栽培品种进行了多样性分析，RAPD和ISSR标记检测同组供试材料种间或种内的遗传相似性系数（GS）范围，分别为0.48～0.98和0.33～0.97，ISSR检测出种间遗传多样性的分辨力较RAPD为高，但两者GS相关系数高达0.955；两种标记均可揭示种间与种内的遗传多样性及其进化的亲缘关系，可为进一步开展黄麻分子辅助育种和起源与进化研究提供有价值的理论依据。

祁建民等（2003）利用ISSR标记对黄麻属（Corchorus）10个种27份材料的遗传多样性进行分析，25个ISSR引物共扩增出283条带，平均每个引物扩增出10.48条带，多态性条带比例（PPB）为92.85%；种间遗传相似系数在0.33～0.97，表现出丰富的遗传多样性。系统聚类结果显示，第Ⅰ、Ⅲ类群均为黄麻属8个种11份原始野生种，种间存在丰富的遗传多样性；第Ⅱ类群为黄麻两个栽培种及其近缘野生种，共16份材料，种遗传相似性较高；基因组聚类结果与经典分类相符。利用分子标记技术研究初步可以认为，荨麻叶种为最原始的黄麻野生种之一，三室种21C为三室种的一个变种，甜麻为一个尚待定性的野生种。同组材料的RAPD和ISSR分析结果，具有较高的相似性和可信度。

八、分子身份证（分子指纹图谱）构建

黄麻种质基因源是育种的基础，可以应用基因组 DNA 鉴定其遗传资源多样性；利用其丰富的多态性、高度的个体特异性和环境稳定性，可准确鉴别品种基因型之间的差异。基因组 DNA 指纹图谱主要是依靠分子标记的多态性位点绘制的，指纹图谱是在分子水平上鉴别生物个体之间的遗传差异，电泳图谱对深化作物核心种质利用以及在商用品种质量标准化、品种标识、假冒伪劣品种鉴定、品种分子身份证制作和保护上，均有重要的意义和实际应用价值（王忠华，2006）。陈惠端等（2014）以 36 个黄麻野生种和栽培种为材料，对其基因组 DNA 进行相关序列扩增多态性（SRAP）分子标记分析。结果表明：从 50 对引物中筛选出扩增带型好、品种间带型差异明显、易于识别的 34 对多态性引物，共扩增出 1 845条多态性条带，平均每对引物扩增出 51.25 条，最后从中筛选出 14 对核心引物构建了 36 个黄麻品种的 DNA 指纹图谱，每个品种均有各自特异的 DNA 指纹，可为黄麻种质资源分子身份证绘制提供依据。

九、分子遗传图谱构建

从生物性状的改良到结构功能基因组学研究，遗传连锁图谱都发挥着不可替代的作用。高密度遗传连锁图谱的构建，在基因定位、基因克隆、比较基因组学、标记辅助育种等方面都有十分重要的科学意义和实际应用价值。黄麻遗传连锁图谱构建的研究与其他作物差距较大。Nishat sultana 等（2006）用 8 个 ISSR 引物构建了总长度为 87.3cM 的包括 3 个连锁群的黄麻遗传连锁图谱，3 个连锁群的大小在 4.8～52.9cM，相邻标记平均距离为 8.73cM。随后，研究人员分别使用 RAPD、SSR 和 SRAP 分别构建了长果种和圆果种黄麻遗传连锁图谱。福建农林大学陈燕萍等（2014）以形态差异较大的圆果黄麻新选 1 号和琼粤青为亲本杂交，建立了包括 185 个单株的 F_2代作图群体，用筛选出的多态性较好的 26 对 SRAP 引物组合、21 个 ISSR 引物和 7 对 RAPD 双引物组合复合作图，构建了全长为2 166.3cM，包括 10 个连锁群、123 个标记位点的圆果黄麻遗传连锁图。该图谱标记位点平均间距为 17.33cM，标记分布较均匀。该研究还进一步将两个质量性状——托叶大小（M4）和腋芽强弱性状（M5）定位于所构建的连锁群 LG5 上，其中，M4 与 807-220 连锁，遗传距离为 16.9cM，M5 与 M14E14-280 连锁，遗传距离为 26.4cM。在长果种遗传连锁图谱构建上，陈晖等（2011）以长果野生种“甜麻”与栽培种“宽叶长果”为亲本杂交，构建了包括 187 个单株的 F_2代作图群体。用筛选出的多态性较好的 56 对 SRAP 引物组合，对作图群体进行 PCR 扩增，构建了包括 128 个 SRAP 标记位点、总长为2 522.2cM、标记间平均图距为 19.25cM 的长果种黄麻的遗传连锁图谱。并将托叶色、叶柄色和叶缘色 3 个性状定位于构建的连锁群 LG2 上，其中，托叶色基因与 M18E7 及 M12E18 连锁，叶柄色基因与 M17E10 及叶缘色基因连锁，叶缘色基因还与 M12E9-1 连锁。上述两张黄麻遗传连锁图谱的构建，为进一步开展黄麻关键性状的基因定位、克隆、比较基因组学和分子辅助育种奠定了良好的工作基础。

十、黄麻基因组分析

早在 1999 年，美国哈佛大学的 Herbaria. MA 在 GenBank 上公布了黄麻属的 DNA 碱基序列。2003 年，在 GenBank 上公布了许多野生黄麻属 NADH 脱氢酶基因的 DNA 碱基序列（Whitlock et al. 2003）。Ahmad S. Islam 等（2005）用 PSMMART 和 PBluescripl 作为质粒载体，分别构建了长果黄麻 O-4 和圆果黄麻 CVL-1 的 cDNA 文库和基因组文库。2005 年 11 月，在 GenBank 上登录了超过 200 个 DNA 序列。文章还报道了与亮氨酸 tRNA 有关的 DNA 全序列和编码某些蛋白的 DNA 部分序列，并且分析了 GenBank 中与其进化相关基因 DNA 序列的范围划分和重要性状基因克隆的应用。迄今为止，在 GenBank 上登录的黄麻 DNA 序列超过了 400 条（陶爱芬等，2010）。

第二章 苎　麻

苎麻（Ramie）又名山麻、野麻、野苎麻、家麻、苎仔、青麻、白麻，为荨麻科（Urticaceae）苎麻属（*Boehmeria*）多年生草本宿根植物，学名 *Boehmeria nivea* L.。短日性，雌雄同株，异花授粉。种子、地上茎、地下茎、叶片均可繁殖。苎麻是我国重要的韧皮纤维作物之一，也是我国古老的纤维作物，栽培历史4 000年以上，我国苎麻种植面积和原料产量占全世界的 95%以上。

第一节 苎麻的起源、传播与种植区域

一、起源

苎麻起源于中国。考古发掘出6 000多年前先民使用的苎麻绳索和4 700多年前双面印花苎麻布。1972 年，又在湖南长沙马王堆西汉古墓中出土了距今2 100多年的细苎麻布，经纬密度为（32～38）×（36～54）根/cm^2，其精细程度可与当今府绸相媲美。在古籍中，有关苎麻的记述尤丰，其中，公元前 6 世纪《诗经・陈风》记有“东门之池，可以沤苎”；公元前 3 世纪，因苎麻发展的需要，在《周礼・天官冢宰下》记有掌管“布、丝、缕、苎麻草之物”的典枲官员等。在商代，由于社会生产力的发展，采集野生苎麻应用渐感不足，于是开始人工栽培。至秦、汉，黄河流域各地已普遍种植，尤以河南、陕西为多。公元 3 世纪，又扩展到长江流域“荆、杨之地”。公元 5 世纪，在南方“诸州郡皆令尽勤地利，劝导播殖蚕桑麻苎”。隋唐时代栽培地域又东进福建、浙江诸省，南达岭南广州府，西至四川。与此同时，纺织工艺亦日趋完善，压光整理技术和织成的练布、鱼练布、假罗布、夏布更享誉中外。

关于苎麻在中国的起源中心存在 3 种观点，即长江流域起源中心，长江流域、黄河中下游并列起源中心和云贵高原起源中心。可见苎麻的起源中心在中国的中部还是西部，意见不尽相同。

二、传播与种植区域

苎麻原产中国，世界其他国家的苎麻均为从中国直接引种栽培或间接引种栽培的。中国苎麻最初东传至朝鲜、日本，日本称之为“南京草”，现已有 600 多年栽培历史。1733 年，苎麻作为观赏植物被引入荷兰；1737 年，植物分类学家林奈从中国得到苎麻植株标本并描述其植物学特征；1844 年，法国胜利军号军舰把麻兜从中国引入法国；1851 年，英国康宁享到中国游历带回种子而传入英国；后于 1857 年传入美国。前苏联苎麻可能由中国或朝鲜引入，栽培利用历史也较长；而拉丁美洲的巴西、乌拉圭、古巴、哥伦比亚等国家的苎麻，大多由日本或美国引入。故欧美各国称苎麻为“中国草”。

我国苎麻分布在北纬 19°～35°、东经 98°～112°范围内。苎麻的栽培主要在长江以南地区，按生态区域划分为 5 个种植区，即秦淮麻区、江北麻区、江南麻区、华南麻区、云贵高原麻区。其中，江南麻区为苎麻主产区，该区常年种植面积占全国 80%～85%，总产量占 90%左右。

1. 江北麻区 位于北纬 30°～33°的北亚热带湿润区，包括湖北、安徽两省的大部分地区以及江苏省的中南部。该区年均气温 16℃，1 月最低气温－17℃，≥10℃积温4 500～4 800℃，年降水量1 000～1 200mm。苎麻年收 3 次。

2. 秦淮麻区 位于秦岭、淮河以南，江北麻区以北之间（北纬 33°～35°），包括湖北、安徽、四川、江苏四省北部，河南、山西两省南部。该区年均气温 14～16℃，1 月最低气温－16.9℃，≥10℃积温3 000～4 500℃，年降水量 800～1 000mm。苎麻年收 2～3 次。

3. 江南麻区 位于北纬 23°～30°的北亚热带和中亚热带湿润区，包括湖南、江西、浙江三省的大部分地区，四川省东部、湖北省东南部、贵州省东北部、广西壮族自治区东北部、安徽省南部和福建省北部等地区。该地区气候湿润，雨量充沛。年均气温 18℃，1 月最低气温－12℃，≥10℃积温4 800～

5 500℃，年降水量1 200～1 500mm。苎麻年收 3～4 次，为我国苎麻主产区。

4. 华南麻区 位于北纬 19°～23°的南亚热带和北亚热带湿润区，包括广东、台湾两省以及广西壮族自治区大部分地区，福建、江西、湖南及云南等省的南部。该地区年均气温 20℃，1 月最低气温 −3℃，≥10℃积温5 500℃以上，年降水量1 400～2 200mm。苎麻年收 3～5 次。

5. 云贵高原麻区 位于成都平原以西及云南省北部、贵州省西南部的南亚热带湿润区。该地区 1 月最低气温−8.4℃，≥10℃积温3 000～4 500℃以上，年降水量 800～1 000mm。苎麻年收 3 次。

第二节 苎麻及其野生近缘植物

苎麻属（*Boehmeria* Jacq.）约有 120 种，我国有 31 种 12 变种，分属 5 个组群（表 2-1）。自南到北的 21 省（自治区）中均有分布，但多数分布于云南、广西、贵州等南方地区，由西南、华南向北逐渐减少。广西在我国苎麻属种类分布最多，有 18 种 7 变种；其次是云南省，有 16 种 6 变种。这两省（自治区）内分布的苎麻属资源分别占我国已发现的苎麻属资源的 81.25%和 72.73%，其中，中国 12 种 5 变种特有种群中有 9 种 3 变种分布于广西和云南境内。

一、苎麻属植物的分类

苎麻属隶属于荨麻科苎麻族（*Trib. Boehmerieae* Gaudich.），由 N. J. Jacquin 于 1760 年根据产于美洲中部的 *Boehmeria ramiflora* 建立。国外较为系统研究苎麻属植物的有两位学者。C. L. Blume1856 年在荨麻科的专著中记载了苎麻属植物 74 种，并将其分为 6 群，他所选择的叶、果、花序等特征都是苎麻属植物分类的重要性状，但他所述的苎麻属范围较混乱，把雾水葛属（*pouzolzia* Gaud.）、微苎麻属（*chamabainia* Wight.）及隆冠麻属（*cypholophus* Wedd.）等属的一些植物都收了进来。H. A. Weddeel 在 1869 年的荨麻科专志中记载了苎麻属植物 47 种，他主要根据花序的特征以及叶互生或对生的特征分别将新世界和旧世界的种加以分类，但对各组群没有命名。此外，日本的 Y. Satake 于 1936 年研究了日本及其邻国的 39 种苎麻属植物，并根据叶和花序生长特征将其分为 *Tilocnide* 和 *Duretia* 2 个亚属。

我国研究苎麻属植物最早的是王文采先生，他根据叶序、花序、雄花及瘦果等外部形态及其演化趋势，将其分为 5 个组（表 2-1），并初步建立了中国苎麻属植物较为完整的分类体系。目前，我国苎麻的分类均采用王文采先生的分类体系。

表 2-1 我国苎麻属植物种（变种）

组　群	种、变种（学名及中文名）	
Sect. Boehmeria 腋球苎麻组（3 种 1 变种）	*B. malabarica* Wedd. var. *malabarica*	腋球苎麻（原变种）
	B. malabarica. Wedd. var. *leioclada* W. T. Wang	光枝苎麻（变种）
	B. leiophylla W. T. Wang	光叶苎麻
	B. oblongifolia W. T. Wang	长圆苎麻
Sect. Tilocnide 苎麻组（1 种 3 变种）	*B. nivea*（L.）Gaudich. var. *nivea*	苎麻（原变种）
	B. nivea var. *niponοnivea*（Koidz.）W. T. Wang	贴毛苎麻（变种）
	B. nivea var. *tenacissima*（Gaudich.）Miq.	青叶苎麻（变种）
	B. nivea var. *viridula* Yamamoto	微绿苎麻（变种）
Sect. Zollingerianae 帚序苎麻组（2 种 1 变种）	*B. zollingeriana* Wedd.	帚序苎麻
	B. blinii Lévl. var. *blinii*	黔桂苎麻（原变种）
	B. blinii var. *podocarpa* W. T. Wang	柄果苎麻（变种）
Sect. Phyllostachys 序叶苎麻组（4 种 1 变种）	*B. clidemioides* Miq. var. *clidemioides*	白面苎麻（原变种）
	B. clidemioides var. *diffusa*（Wedd.）Hand.-Mazz	序叶苎麻（变种）
	B. umbrosa（Hand.-Mass.）W. T. Wang	阴地苎麻
	B. pseudotricuspis W. T. Wang	滇黔苎麻
	B. bicuspis C. T. Chan	双尖苎麻

（续）

组 群	种、变种（学名及中文名）	
Sect. Duretia 大叶苎麻组 （21 种 6 变种）	*B. macrophylla* Hornem. var. macrophylla	水苎麻（原变种）
	B. macrophylla Hornem. var. *canescens*(Wedd.) Long	灰绿水苎麻（变种）
	B. macrophylla Hornem. var. *rotundifolia*(D. Don) W. T. Wang	圆叶水苎麻（变种）
	B. macrophylla Hornem. var. *scabrella*(Roxb.)Long	糙叶水苎麻（变种）
	B. pilosiuscula (Bl.) Hassk	疏毛水苎麻
	B. tonkinensis Gagnep.	越南苎麻
	B. lohuiensis Chien	琼海苎麻
	B. formosana Hayata. var. *farmosana*	海岛苎麻（原变种）
	B. formosana Hayata. var. *fuzhouensis* W. T. Wang	福州苎麻（变种）
	B. hamiltoniana Wedd.	细序苎麻
	B. tomentosa Wedd.	密毛苎麻
	B. strigosifolia var. *strigosifolia*	伏毛苎麻（原变种）
	B. strigosifolia var. *mollis* W. T. Wang	柔毛苎麻（变种）
	B. dolichostachya W. T. Wang	长序苎麻
	B. longispica Steud.	大叶苎麻
	B. tricuspis (Hance) Makino	悬铃叶苎麻
	B. densiglomerata W. T. Wang	密球苎麻
	B. gracilis C. H. Wright	细野麻
	B. silvestrii (Pamp.) W. T. Wang	赤麻
	B. spicata (Thunb.) Thunb.	小赤麻
	B. allophylla W. T. Wang	异叶苎麻
	B. polystachya Wedd.	歧序苎麻
	B. tibetica C. J. Chen	西藏苎麻
	B. siamensis Craib	束序苎麻
	B. ingjiangensis W. T. Wang	盈江苎麻
	B. penduliflora Wedd. ex Long var. *pendulitiora*	长叶苎麻（原变种）
	B. penduliflora Wedd. ex Long var. *loochooensis* (Wedd.) W. T. Wang	密花苎麻（变种）

苎麻组是利用较多的种类，苎麻（白叶苎麻）栽培面积比较大；青叶苎麻、贴毛苎麻和微绿苎麻是苎麻的变种，同属苎麻组群，韧皮纤维均具有利用价值，但经济性状差产量低，单纤维细胞短，品质低劣，青叶苎麻仅在东南亚少数国家小面积栽培，其余的变种尚未栽培利用。

二、苎麻属植物的进化

苎麻属植物的进化研究起步较晚，报道较少，仍处于初始阶段。王文采先生通过对苎麻属植物的分类与亲缘关系研究，对 5 组的亲缘关系进行了描述（图 2-1），认为腋球苎麻组处于进化的较低位置。此后，郭安平等利用 RAPD 指纹图谱、张波等利用花粉形态学特征分别对苎麻属植物的亲缘与进化关系进行了研究，并提出了各自不同的意见。苎麻属植物的进化研究仍处于初始阶段，目前存在较大分歧，运用分子水平手段的研究结果不完全支持传统的形态学研究结果。究其主要原因，一是野生资源种类收集不够全面，苎麻属资源有 120 余种，到目前为止仅研究了国内发现的不到 30 种；二是分子水平研究手段刚刚起步，研究方案设计不够完善。分子水平的研究主要依据某些 DNA 序列片段的进化，不同序列的进化速度存在较大差异，仅仅研究几个序列是不能解决其进化问题的。

三、苎麻属植物细胞生物学

苎麻属中不同种的染色体数目不同，$2n=28$ 或 42 或 56。早在 1930 年 Krause 就提出苎麻的染色体组基数为 7，但由于没有找到 $2n=14$ 的种，$n=7$ 至今未得到公认，因此，苎麻的染色体组基数仍有两种说法：$n=14$ 和 $n=7$。

在核型研究方面，已报道了 3 个分类学组中 6 个种的核型，序叶苎麻（*B. clidemioides*）$2n=28=6t+$

22T+1B、苎麻（*B. nivea*）$2n=28=4st+2t+20T+2st$（SAT）、大叶苎麻（*B. longispica*）$2n=42=6t+36T$、悬铃木叶苎麻（*B. platanifolia*）$2n=42=8t+32T+2st$（SAT）、长叶苎麻（*B. macrophylla*）$2n=42=1m+8t+33T$、青叶苎麻（*B. nivea* var. *tenacissima*）$2n=28=8$（L）st+14（s）st+6（s）t。

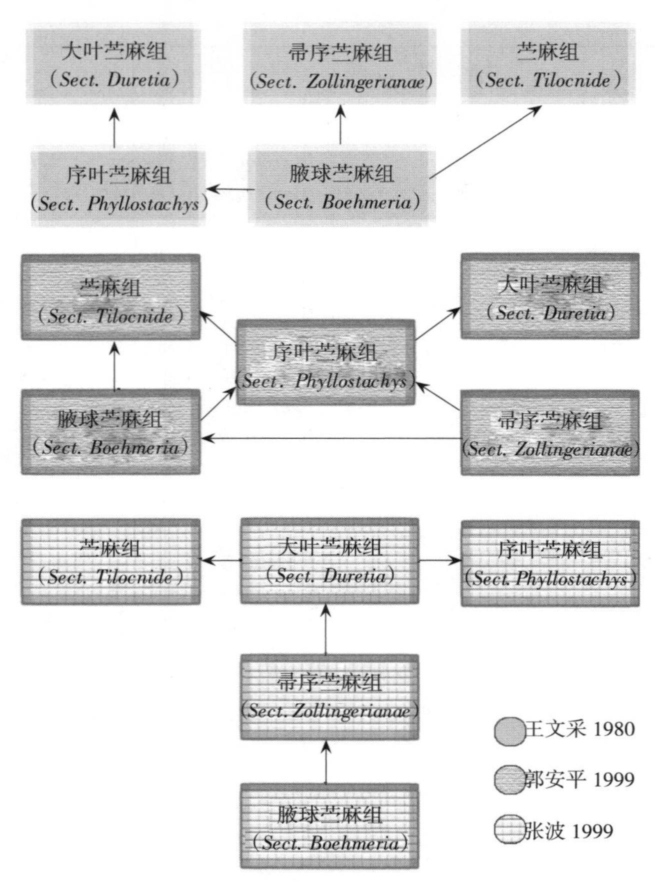

图 2-1　苎麻树植物的演化关系

在无融合生殖研究方面，1956 年 Okabe 就报道过苎麻属中的无融合生殖。日本学者 Yahara 对小赤麻（*B. spicata*）和细野麻（*B. gracilis*）及其杂交形成的 2 个过渡型做了系统的观察研究，提出苎麻属无融合生殖的三倍体→四倍体→三倍体循环假说，即无融合生殖三倍体与有性生殖二倍体杂交产生四倍体杂种，四倍体杂种减数的配子再与二倍体回交形成三倍体。该假说解释了三倍体无融合生殖种如何与二倍体有性种发生渐渗杂交。到目前为止，发现在苎麻属植物中至少有大叶苎麻(*B. longispica*)、赤苎(*B. silvestrii*)、悬铃木叶苎(*B. platanifalia*)、海岛苎麻(*B. formosena*)和细野麻(*B. gracilis*)5 个种存在着无融合生殖类型。进一步研究发现，凡具有无融合生殖能力的材料均为多倍体，染色体数目($2n$)分别是 42 和 56，而同组内的有性生殖种均是 $2n=28$ 的二倍体种，并且已在同一种(悬铃木叶苎麻)中发现无融合生殖多倍体类型与有性生殖二倍体类型并存。

通过对苎麻无融合生殖的胚胎学研究，发现其生殖模式属无融合生殖的二倍体孢子生殖，但其未减数胚囊的发育途径不同于已报道的类型。大孢子母细胞的减数分裂Ⅰ在到达终变期时停滞，染色体呈单价体状态并维持较长的时间；在尚未到达以核膜、核仁消失，纺锤体出现为特征的中期前，大孢子母细胞由终变期直接跳入间期，从而始终保持了二倍体水平。减数分裂Ⅱ正常进行并产生二倍体二分孢子。珠孔端孢子退化，合点端孢子经 3 次分裂形成包括 1 个卵细胞、2 个极核、2 个助细胞和 3 个反足细胞的八核胚囊。胚和胚乳分别起源于卵和次生核（极核）未受精的自发分裂。

第三节　苎麻种质资源生态类型和性状多样性

一、生态类型

受栽培区域的气候与土壤影响，苎麻大致可分为 3 种生态类型，即山区生态型、丘陵生态型和平原生态型。

1. 山区生态型　品种多生长在山坡、山腰、山脚地带和森林环境。植株高大，根群入土深，叶片大，韧皮纤维层薄，出麻率低，纤维细软，品质较好，如雅麻、黑皮蔸等。

2. 丘陵生态型　品种多生长在土质较为瘠薄、保肥保水较差的黄壤、红壤土上。根系入土深，耐旱性、耐瘠性较强，抗风性中等或弱，植株叶片较小，叶柄短，风斑多，粗硬，品质中等或较差，如黄壳早、白麻等。

3. 平原生态型　品种生长在土质肥沃，土层深厚、地下水位高的冲积土壤中。生长整齐，叶片较小，叶柄短，叶肉肥厚，根系发达，入土较浅或中等。耐旱、耐瘠薄力较差，但纤维品质优良，如芦竹青、白里子青等。

二、主要农艺性状

苎麻属植物种间农艺性状差异显著，野生近缘种明显劣于栽培种；野生近缘种抗寒能力较强，但大部分抗旱能力较弱；种间纤维细胞在外观形态上无明显差异，差异主要体现在单纤维细胞的长度、直径、壁厚、节间距离等解剖结构上；野生近缘种的出苗期与茎木质化程度有关，茎木质化程度高的出苗迟，如长圆苎麻、腋球苎麻等在4月下旬出苗，茎木质化程度低的出苗早，如滇黔苎麻和叶序苎麻等2月下旬出苗。

1. 根 根据入土的深浅分深根型（萝卜根入土深达200cm）、浅根型（萝卜根入土深度65～100cm）、中根型（萝卜根较长，但不及深根型品种）。据对700份种质资源的统计，上述3种根型分别占19.80%、44.90%、35.30%。

2. 茎 由地上茎和地下茎组成。按地上茎的形态可分为丛生型、串生型、散生型。根据根、茎生长的综合表现，苎麻有3大类型：深根丛生型、中根散生型和浅根串生型。各类型品种依次占21.94%、42.32%、35.74%。

3. 色泽 茎色（工艺成熟期）有黄褐、绿褐、红褐、褐，统计1 027份种质，各色茎品种的比例依次为54.05%、39.08%、4.81%、2.06%。麻骨色有绿白、黄白、红色，分别占35.42%、57.16%、7.42%。叶柄色有红色和绿色，各占83.80%、16.20%。雌蕾色是识别苎麻品种的重要标志，有红、绿之分，各占75.76%、24.24%。叶柄色和雌蕾色基因连锁，雌蕾红者，叶柄亦红，雌蕾绿者叶柄绿。叶色有深绿、绿、黄绿和浅绿，各色所占比例分别为25.11%、57.88%、5.83%、11.18%。

4. 生育期 长江流域栽培的苎麻年收三季，绝大多数品种在秋季三麻时开花结实。苎麻生育期是以各季麻在原产地达纤维工艺成熟的时间而划分。早熟型品种头麻为70d以下，二麻为40d以下，三麻为60d以下，全年总和的生育期为170d以下；中熟型品种分别为70～80d、40～50d、60～70d、170～200d；晚熟型品种分别为80d以上、50d以上、70d以上、200d以上。据对700份品种的统计，早熟型品种占16.88%、中熟型品种占66.00%、晚熟型品种占17.12%。依据麻的现蕾开花早晚，亦可划为早蕾型、中蕾型和晚蕾型，各型天数分别为30d以下、31～45d、45d以上。

5. 温、光反应 苎麻是喜温短日性植物。温度：各季麻纤维成熟天数，头麻日均气温在17℃左右时，85～95d成熟，二麻分别为27.5℃、50～55d，三麻为25℃、60～70d。全年三季麻的总积温，早熟品种为3 636℃左右、中熟品种为4 156℃左右、晚熟品种为4 720℃左右。日照：苎麻是短日性植物。调查表明，秋季短日照条件下，有98.15%品种现蕾开花，仅有1.85%品种对光周期反应迟钝，这些品种在10h/d光照下，不现蕾开花，属钝感型品种。

6. 产量性状 品种的纤维产量、株高、有效麻株、茎粗、韧皮厚度、出麻率性状受根型影响最多。以深根型的经济性状最优，株高达155.9cm、茎粗0.95cm、韧皮厚度0.73mm、鲜皮出麻率10.7%、有效分株率81%、因而产量最高达1 674.0kg/hm^2；次之为中根型品种，依次为142.7cm、0.89cm、0.69mm、10.3%、77%、1 389.8 kg/hm^2；浅根型最差，依次为130.6cm、0.84cm、0.67mm、10.3%、70.0%、1 195.5kg/hm^2。

7. 纤维品质 纤维的化学成分和物理特性决定其品质优劣。化学成分：苎麻纤维含纤维素65%～75%，含量越高，品质越好。半纤维素含量13%～15%，含量越低，品质越优。木质素含量1%～2%，含量越高，纤维越粗硬，发脆，缺乏弹性和光泽，影响可纺性和着色性。果胶含量4%左右，脂蜡含量0.5%左右。物理特性：主要指标有长度、细度和拉力。苎麻单纤维长度幅度为24～500mm，最高可达600mm。细度幅度为940～2 644支，单纤维细度在2 000支以上的为特优质，1 800～2 000支为优质，1 500～1 799支为中质，1 500支以下的为低质。特优质和优质麻能纺60支以上的优质纯纱，可与涤纶混纺成54支的高档衣料布，中质麻可纺36支纯麻纱，织成细麻布，低质麻只能纺7.5支纱，作绱鞋、渔网线用。对921份品种测定，特优质品种159份，占17.27%，优质品种152份，占16.50%，中质品种384份，占41.69%，低质品种226份，占24.54%。单纤维支数在苎麻不同季别，植株不同部位，也有显著差异，据对56份品种测定单纤维支数，头麻平均为1 921支，二麻为1 817支，三麻为1 640支，以头麻的纤维品质最优。单纤维支数在茎部所处部位以梢部单纤维的支数最佳，平均为1 947.6支；中部次之，为1 529.3支；基部最低，为1 279.7支。中部比梢部平均低 21.48%，基部比梢部低 34.29%。苎麻的单纤维拉力幅度为 0.275～0.652N/g，高于或低于 0.391N/g 的品种各有 603 份和 318 份，分别占 65.47%、34.53%。

第四节　苎麻优异种质资源发掘与创新

一、优异种质资源的发掘

何保全等（1962）对中国农业科学院麻类研究所 1955—1962 年收集的苎麻种质资源进行了整理，并对形态特征和部分农艺性状进行了鉴定。赖占均等（1980）通过对江西省苎麻种质纤维品质的理化分析鉴定，发掘出玉山麻、家麻等高纤维支数种质。郑长清等（1982）通过对纤维品质的研究，提出了高产优质综合性状优良的苎麻种质挖掘的可能性和评定指标。为了更好的发掘特异苎麻种质，陈建华等（2012）研制了特异苎麻种质资源评价标准。根据经济重要性与利用价值，选择了 13 个性状进行优良、特异种质的评价，其中，筛选优良种质的性状指标 8 个，特异种质资源筛选的判定指标 7 个，并制定了苎麻优异种质评价的行业标准，据此挖掘出一批优异苎麻种质（表 2-2）。许英等（2013）分析优异苎麻种质评价指标体系的可行性与科学性，并从 57 份种质中发掘出高产的小白麻、优质的西洒家麻等优异种质。

表 2-2　部分苎麻优异种质

序号	种质名称	类型	符合指标
1	黑皮蔸	优良种质	原麻产量、鲜皮出麻率、耐旱性
2	长顺构皮麻 2 号	优良种质	原麻产量、纤维支数、鲜皮出麻率，耐旱性
3	大圩青麻	优良种质	原麻产量、鲜皮出麻率、耐旱性
4	宜春铜皮青	优良种质	原麻产量、根腐线虫病抗性、耐旱性
5	广东麻	优良种质	原麻产量、鲜皮出麻率、耐旱性
6	红黄麻	优良种质	原麻产量、鲜皮出麻率、耐旱性
7	洪湖青麻	优良种质	原麻产量、鲜皮出麻率、耐旱性
8	桐梓空杆麻 1 号	优良种质	原麻产量、纤维支数、花叶病抗性
9	红骨筋	优良种质	原麻产量、鲜皮出麻率、耐旱性
10	四川高堤白麻	特异种质	纤维支数
11	咸丰大叶绿	特异种质	纤维支数
12	小叶青	优良种质	纤维支数、鲜皮出麻率、耐旱性
13	燕子线麻 2 号	优良种质	纤维支数、花叶病抗性、耐旱性
14	黄麻苎	特异种质	雄性不育
15	铁丝麻	特异种质	雄性不育
16	白脚麻	特异种质	雄性不育
17	都匀圆麻	特异种质	雄性不育
18	青家麻	特异种质	雄性不育
19	竹子鞭	优良种质	纤维支数、抗花叶病、低含胶量
20	青皮大麻	特异种质	雄性不育
21	定业苎麻	特异种质	纤维支数
22	那为苎麻 2 号	特异种质	纤维支数

二、特异苎麻种质资源

1. 饲用苎麻种质的发掘利用 苎麻嫩茎叶干料中粗蛋白含量高，氨基酸组成合理，富含类胡萝卜素、维生素 B_2和钙，其营养价值与牧草之王苜蓿相近，是理想的植物蛋白饲料原料，尤其在植物蛋白原料缺乏的南方地区利用潜力很大。

饲用苎麻种质的鉴定评价重点是干物质产量、营养品质和粗蛋白含量。1987 年，尹傍奇首次研究了 5 份苎麻种质的叶粗蛋白含量，发现均大于 20%，以芦竹青最高，达 23.8%。近年来，随着饲料苎麻栽培面积的增加，"麻改饲"列入农业部产业转型升级计划，饲用苎麻种质资源鉴定研究也随之加强。杨瑞芳等（2004）研究了 141 份苎麻资源的嫩叶粗蛋白质含量，发现其含量普遍较高，绝大部分在 20%以上，最高的达 29.89%，含量低于 20%的不到 15%；姜涛（2008）对 33 份苎麻种质的产量和品质性状研究，发现 3 份叶粗蛋白含量超过 20%的黄金麻、汉中苎麻、邻水野麻；揭雨成等（2009）研究了 30 份苎麻种质，发现适宜饲用的巫山线麻，1 年 6 次收获，生物学总产量22 215kg/hm²，粗蛋白含量为 25.43%；康万利等（2010）研究 20 份苎麻种质叶品质和粗蛋白含量，绥宁青麻最高，为 23.69%；曾日秋（2010）对 20 份苎麻种质干物质营养成分分析，发现 3 份种质粗蛋白含量大于 20%，分别为平和苎麻（20.22%）、泸县青皮（20.32%）和苎麻 1 号（20.12%）。中国农业科学院麻类研究所对国家苎麻资源圃种质的全秆嫩茎叶粗蛋白含量测定，发现了邻水苎麻 3 号（21.35%）和黄金莞（20.25%）。目前，选育出的饲用苎麻品种有中国农业科学院麻类研究所的中饲苎 1 号（2005 年）和四川省达州市农业科学研究所的川饲苎 1 号、川饲苎 2 号。

2. 无融合种质 无融合生殖是一种不发生核融合的生殖方式，在被子植物中指发生在植物胚珠中不经过精卵结合形成胚以种子进行繁殖的生殖方式，能产生遗传上与母本完全一致的后代。因此，在农业上具有潜在的巨大利用价值，包括：①固定杂种优势；②拯救和迅速保存种质；③加快育种过程。自 1841 年 John Smith 发现雌雄异株的山麻杆属的 *Achomea ilicifolia* 不经授粉产生种子的现象，植物无融合生殖的研究已有 170 多年。苎麻属无融合生殖的报道首见于日本人 Okabe，他于 1963 年发现苎麻属 21 个种中 14 个三倍体种进行无融合生殖。其后 Yahara（1983，1986，1990）对苎麻属的部分无融合种进行了生物系统进化研究。我国作为苎麻属植物利用最早的国家，苎麻属无融合生殖研究却开展较晚。1991 年，臧巩固报道大叶苎麻（*Boehmeria longispica*）、悬铃叶苎麻（*Boehmeria tricuspis*）、赤麻（*Boehmeria silvestrii*）进行无融合生殖，随后几年相继发现海岛苎（*Boehmeria formosana*）、细野麻（*Boehmeria gracilis*）及小赤麻（*Boehmeria spicata*）也能进行无融合生殖。目前，这些种质资源都保存在中国农业科学院麻类研究所国家苎麻种质资源圃中。对这些无融合生殖种进行细胞学研究，发现它们都是多倍体，其中染色体数目（$2n$）为 42 的是大叶苎麻、赤麻、海岛苎、细野麻，它们是三倍体；染色体数为 56 的是小赤麻，是四倍体；悬铃叶苎麻是一个特别的种，自然界中三倍体和四倍体都有发现。臧巩固等 1997 年首次报道赤麻无融合生殖的类型是二倍体孢子生殖，再随后（2013）研究发现其他 5 个种都是二倍体孢子生殖类型。在同一个属中存在多种无融合生殖种，并都是相同的无融合生殖类型，这样为开展无融合生殖进化研究提供了方便。其中，悬铃叶苎麻资源中同时存在有性生殖二倍体（严谨性有性生殖），无融合生殖三倍体（严谨性无融合生殖）和四倍体（兼性无融合生殖），作为材料比较研究探寻有性生殖和二倍体孢子生殖差异将具有重要价值。同时，经过多年观察发现这些无融合种通常仅开雌花，偶见有开雄花，而与它们同种的二倍体植物都是雌雄同株的个体，因此，在苎麻属种无融合生殖的发生和性别决定是否存在交叉调控是一个值得研究的问题。多年生、高种子产量、易种植等特性使得苎麻属无融合种资源成为一种优异的材料，在研究二倍体孢子生殖遗传机理等方面具有重要的价值。

三、种质创新与利用

种质创新泛指人们利用各种变异（自然的或人工的），通过人工选择的方法，根据不同目的而创制新作物、新品种、新类型、新材料。苎麻自 20 世纪 30 年代就开始新品种的创制，当时一般采用常规育种方法，即从种子繁殖的后代选育新品种。此后，随着科技的进步，苎麻种质创新方法不断丰富，有杂交、核辐射诱变、航天诱变、细胞和分子技术利用等。

1. 种内杂交 是苎麻种质创新最常用、最快捷和最有效的方法。是通过套袋方式将父、母本在相对封闭的环境中授粉杂交，获得种子，从 F_1 代就可选择优异的创新材料，通过无性繁殖保存其优异特性。

2. 核辐射诱变 是通过对苎麻种子的核辐射诱变处理，能够产生许多变异植株，从中可以获得符合目标的优异种质或变异类型。中国农业科学院麻类研究所用 $^{60}C_{O\text{-}\gamma}$1 万伦琴射线辐射湘苎 1 号种子，培育出第一个苎麻辐射新品种圆叶青。

3. 航天诱变 是将苎麻种子搭载在飞行的航天器中，通过太空诱变产生新变异的一种种质创新方法。2002 年，江西省宜春学院首次在“神州四号”飞船搭载了 2 克“赣苎 3 号”种子，种植后发现植物学性状发生明显变异，尽管尚未得到稳定的优异种质，但航天诱变可为苎麻创造大量的变异类型。

4. 细胞和分子技术 苎麻细胞学技术包括体细胞无性系变异、多倍体、单倍体及体细胞杂交等。20 世纪 60 年代，Chi 和 Lai（1964）以南方绿皮种为材料，研究了一定温度条件下不同秋水仙碱浓度和处理时间的种子多倍体诱变效果。湖南农业大学苎麻研究所经过 50 多年多倍体研究，选育出了多倍体 1 号及多倍体 2 号。苎麻组培技术、体细胞无性系变异及体细胞杂交以及转基因技术已经开始在苎麻种质创新中利用。

第五节 苎麻种质资源的分子生物学研究

一、核酸提取

由于苎麻组织中酚类、黏状物（其成分还不太清楚，可能是丹宁、果胶和多糖等的复合物）及黄酮类等次生代谢物质的含量较多，使得 DNA 提取过程中材料易于褐化，在用作 PCR 模板时难获得满意的结果。为了防止褐化，可同时加入抗氧化剂和高盐溶液（侯思名等，2005）。苎麻陈年原麻基因组 DNA 的提取，可通过延长提取时间、加多种抗氧化剂和蛋白分离实现（陈平等，2012）。提取苎麻叶绿体 DNA，需要首先采用 Percoll 密度梯度离心法，分离获得完整的叶绿体，然后利用常规 DNA 提取方法即可（郑建树等，2013）。对于苎麻属其他种的 DNA 提取，黄小英等（2002）和郭新波等（2008）进行了有益探索，但从目前研究实践来看，由于苎麻属的种较多，还没有一种通用的方法可以实现所有种 DNA 的提取。程超华等（2006）和邢虎成等（2007）分别对悬铃叶苎麻和栽培种苎麻 RNA 提取方法进行了探索，收到了较好效果。

二、苎麻转基因技术

根据已报道的苎麻转基因的成功案例来看，大多集中在研究转化方法和转化条件的阶段。最早的报道是 Dusi 等（1993），他用试管苗的子叶切片作为外植体，用含有 pGV1040 质粒的根癌农杆菌 EHA101 菌株侵染，经过培养和卡那霉素等的筛选，成功获得了 GUS 检测和 Southern 杂交检测均为阳性的抗性植株。陈德富等（1998）研究了两种农杆菌即根癌农杆菌（C58C1）和发根农杆菌（A4）转化湘苎 3 号对产生愈伤和不定根的影响，表明根癌农杆菌侵染的叶片产生愈伤率为 52.5%，发根农杆菌侵染的叶片产生的不定根比率为 21.25%。陈建荣等（2005）建立了程序化的苎麻叶片遗传转化体系。易自力等（2006）建立了农杆菌介导法对苎麻栽培品种圆叶青下胚轴切段的转化体系，并成功将外源的 *Bt* 基因整合到了苎麻基因组中。孔华等（2006）采用叶盘法转化苎麻品种湘苎 2 号的叶片，用携带目的基因的农杆菌（EHA105）侵染，经过卡那霉素抗性筛选、PCR 检测和 Southern 杂交检测，结果表明目的基因已经初步整合到了苎麻植株体内。汪波等（2007）以苎麻的子叶切片作为外植体，用携带 *gfp* 基因的农杆菌侵染，经过培养再生后，对其进行了 GFP 荧光检测和 Southern 杂交检测，结果表明，目的基因已经转入苎麻的基因组中。马雄风等（2009，2010）建立了农杆菌介导双价外源基因（*CryIA*＋*CpTI*）对苎麻品种中苎 1 号的遗传转化体系，同时还对农杆菌介导花粉侵入的遗传转化体系进行了探索，通过对其获得的抗性植株进行的 PCR 和 Southern 杂交检测，结果表明，外源的双价基因（*CryIA*+*CpTI*）已经成功整合到了苎麻基因组中。此外，郑思乡等（1995）和张福泉等（2000）分别采用组织培养法和超干胚浸泡法对外源基因转入苎麻体内进行了研究，其结果均表明可以获得转化植株，同时也能够获得很多的变异株，并且通过延长浸泡时间可以使变异株的存活率增加。

三、基因的克隆与表达

苎麻分子生物学领域的研究开展得较晚，20 世纪 90 年代才见到有关苎麻基因序列克隆与功能研究的初步报道。截至目前，已报道的分离和克隆基因有苎麻叶绿体 *rbvl* 基因、苎麻 1，5-二磷酸核酮糖羧化酶基因、*NADH* 脱氢酶基因、苎麻内源咖啡酰辅酶 A 甲基转移酶 *CCoAOMT* 基因和 *4CL* 基因序列、苎麻 *Trna-Leu*（*trnL*）基因等。此外，苎麻富含（GA）n 微卫星的部分基因组文库和高质量的苎麻茎皮 cDNA 文库相继构建成功，获得了 275 条有效 ESTs 和 8 个纤维发育相关基因序列并已经登录到 GenBank。通过转录组测序技术，初步鉴定了一批逆境（旱、根腐线虫）（Liu 等，2013；2015；Zhu 等，2014；She 等，2015）和纤维品质发育相关基因（Chen 等，2014）；对苎麻纤维蛋白基因 *FB27* 在苎麻组织中的表达研究发现，苎麻 *FB27* 基因的表达不具有组织特异性，但在苎麻纤维组织高度发达、纤维组成成分最多的茎部表达量最高，尤其是茎皮。此外，*FB27* 基因在纤维细度高的品种中的表达水平显著高于纤维细度低的品种的表达量；在同季麻不同生长发育时期，伸长增粗期是苎麻纤维发育最快的时期，*FB27* 基因的相对表达量极显著高于苗期和工艺成熟期，因此，推测 *FB*27 基因与韧皮纤维生长发育相关。

四、分子标记

在苎麻（属）上利用的分子标记主要有 RAPD、SSR、ISSR、RAMP、SRAP 和 RSAP。RAPD 标记主要在早期利用，目前基本上很少使用。标记开发方面，蒋彦波等（2005）首次报道了 18 对苎麻基因组 SSR 标记；Chen 等（2011）利用 EST 序列，开发了 27 对 EST-SSR 标记；Liu 等（2013）通过转录组测序，开发了1 827对 EST-SSR 引物；陈建华等（2014）和栾明宝等（2014）利用简化基因组测序技术分别开发了 SNP 标记和基因组 SSR 标记。

不同分子标记的评价方面，SSR、SRAP 和 RSAP3 种分子标记鉴定亲缘关系的效果方面，SRAP 标记效果最优，RSAP 标记稍逊，SSR 标记最差。以 RSAP、SRAP、SSR 标记联合分析，能更好地揭示种质之间的亲缘关系（邹自征等，2012）；王晓飞等（2014）鉴定出 8 对 SSR 核心引物，可以很好地鉴别种质资源；在标记多态性及基因型鉴别等方面，Genomic-SSR 与 EST-SSR 均具有显著的遗传差异性，但是两种标记都能有效的鉴别不同基因型个体。Genomic-SSR 可优先用于分子身份证、高密度遗传连锁图谱的构建和遗传多样性分析；EST-SSR 用来研究苎麻近缘种间的遗传多样性、进化分析、连锁图谱和比较基因组学更有优越性（刘晨晨等，2015）。

五、核心种质及其分子身份证构建

Luan 等（2014）利用 21 对 SSR 分子标记构建了苎麻核心种质，建立了一套利用分子标记构建苎麻核心种质的方法，并获得了国家发明专利授权。利用 ISSR 和 SSR 分子标记进行苎麻资源分子身份证构建研究，已有 150 份苎麻核心种质资源获得了分子身份证，分子身份证构建技术已经获得专利保护，为准确鉴别苎麻种质资源，尤其是同物异名和同名异物现象奠定了基础，也为新品种保护奠定了基础。

六、主要性状 QTL 定位与遗传图谱构建

邹自征（2012）利用中苎 1 号×合江青麻的 F_1 分离群体，构建了世界上首张苎麻分子标记遗传连锁图谱，该图谱包含 103 个分子标记。Liu 等（2014）利用 F_2 群体构建了 125 个分子标记的遗传连锁图谱，并利用 2 季麻的产量性状数据进行了 QTL 定位。刘晨晨（2015）利用 93 对多态性 SSR 引物对 104 份苎麻核心种质进行全基因组纤维细度关联分析与 QTL 定位，挖掘了 RAM298、b38 和 b64 3 个与纤维细度显著相关的分子标记。其中，RAM298 对表型变异解释率达到 20%以上。

第三章 红 麻

红麻（Kenaf）又称洋麻、槿麻、钟麻，属锦葵科（Malvaceae）木槿属（*Hibiscus*）一年生草本植物，是重要的纤维原料，学名为 *Hibiscus cannabinus* L.，在泰国、印度和孟加拉种植的还有红麻的近缘种玫瑰麻（Mesta/Sabdariffa，*Hibiscus sabdariffa* var. *altissima* Wester），也称玫瑰红麻。红麻生长快，植株高大粗壮，生物产量高，耐环境胁迫和抗病虫力强，生态适应性广，纤维强力大、吸湿性好、散水快，耐腐蚀磨损，应用领域十分广阔。红麻起源非洲，种植遍布世界，集中种植在热带和亚热带地区，年收获面积 40 万 hm^2，产量 57 万 t。我国 1908 年引进红麻种植，发展迅速，1985 年达到收获面积 100 万 hm^2，总产 412 万 t。后因产品研发滞后，种植严重萎缩，目前年产仅 25 万 t，但仍是世界上最大的红麻生产和消费国。

第一节 红麻的起源与进化

一、红麻的植物学分类地位

红麻为锦葵科木槿属一年生草本植物。该属有 400 多个种，可分类为 6 个自然组（Section），即 *Furcaria*、*Alyogne*、*Abelmoschus*、*Ketmia*、*Calyphyllia*、*Azanza*。红麻归于 *Furcaria* 组。*Furcaria* 组的物种有 50 多个，其主要特征是成熟时花萼变草质或肉质，多数茎上有小刺，染色体数从二倍体（$2n=36$）到十倍体（$2n=180$），大多数分布在亚洲、非洲、澳洲及美洲的热带和亚热带地区。大多数学者已经公认，非洲东部的肯尼亚、坦桑尼亚、埃塞俄比亚、乌干达、莫桑比克等地是红麻的初级起源地，因为那里生长和分布着丰富红麻野生资源和野生近缘种。

二、红麻在中国的传播发展

红麻自 20 世纪初经印度和原苏联引入我国推广种植，红麻在我国的生产种植历史已过百年。1908 年，台湾省从印度引入马达拉斯红（Madras Red）试种成功并推广；1943 年，引种到浙江省杭州一带，继而推广至长江流域。北方引种是 1928 年吉林省公主岭农试场从原苏联引进塔什干（Tashkent）试种成功，1935 年，在辽宁、吉林两省推广；1941—1944 年，又引入山东及华北各省试种，推广面积达 9 万 hm^2。1949 年后，由于红麻炭疽病的毁灭性危害，1953 年，红麻在我国停止种植。直至 20 世纪 60 年代，随着抗病品种青皮 3 号、粤红 1 号、植保 506 和南选等在生产上推广种植，我国红麻生产才得到恢复。20 世纪 70 年代至 90 年代初，随着市场对红麻纤维需求量的增加，生产面积迅速扩大，各育种单位相继选育出一批高产、优质、抗病、适应不同区域种植的红麻优良品种，如 722、湘红 1 号、辽红 55 号等，大大促进了我国红麻生产的发展。其中，1985 年，全国红麻年种植面积达 99.1 万 hm^2，总产 411.9 多万 t，均创历史最高水平。进入 20 世纪 90 年代中期，由于廉价聚乙烯等化工产品兴起，运输业集装化和管装化的发展，大大地削减了对红麻产品的需求，加之红麻多用途产品开发、麻纺业产品更新和技改工作的滞后、收购价格偏低等原因，经种植业结构调整后红麻年种植面积 10 万 hm^2 左右，但此阶段，大量高产、优质、抗病、适应机械化栽培的红麻优良品种的育成和推广以及先进栽培技术的普及，我国红麻单产增幅较大，并逐步向边远地区推广发展，种植区域更加广阔。

三、我国红麻的分布

1. 华南产区 包括广东、广西、海南、台湾 4 省（自治区）以及福建、云南、贵州 3 省南部。该区既是红麻纤维主产区，又是重要的种子繁育基地，每年提供大量“南种北植”用种子。

2. 长江流域产区 包括浙江、江西、湖南、湖北、重庆 5 省（直辖市）和四川、江苏、安徽 3 省南部，本区单产最高，是我国红麻最适宜生产区。

3. 黄淮海产区　本区包括河北、山东、河南3省和安徽、江苏2省北部。该区植麻集中，面积最大，但单产较低，以夏播红麻（小麦茬或油菜茬）为主。

4. 东北、西北产区　包括辽宁、吉林、黑龙江、陕西、山西、新疆6省（自治区），种植分散，单产低，以早、中熟品种为主。但该区土地资源丰富，后期干燥气候非常适合红麻的收获储藏，是造纸红麻的原料最适生产基地。

第二节　红麻的生物多样性

一、形态性状

1. 叶　红麻有裂叶和全叶两种类型。栽培红麻裂叶型占60.5%，全叶型占39.5%，野生红麻多为裂叶型。裂叶型的叶片为掌状深裂形，其小叶形状有长卵型（如青皮3号）、披针形（如85-88）、羽状分裂形（如85-237）、近卵型（如85-133）。全叶型的叶片形状有卵圆形（K292）、近圆形（85-258）、近卵形（85-152）。叶缘锯齿有光滑（85-88）、密（85-237）、稀（85-210）、深（85-247）、浅（85-152）等。叶片大小因品种、栽培条件及生长阶段而异，旺长期叶片最大，裂叶型为长16～22cm，宽20～24cm，全叶型为长15～18cm，宽12～15cm，大叶片品种有J-1-113、SD131、C2032等。

叶柄表面有稀疏小刺，长度裂叶型为22～30cm，全叶型17～28cm，颜色有绿、微红、淡红、红、紫等。叶角35°～60°，栽培红麻多为40°～50°。叶脉掌状，颜色多为淡绿色（如青皮3号），少数微红色（如NA128）和紫红色（TA191）。

野生红麻叶片的叶形、叶缘、大小、表面、颜色等多样性更丰富，一般为叶片较小、叶色较深、裂叶形、表多绒毛，类型间差异更大。

2. 茎　红麻直立茎，表着生稀疏小刺（一般栽培品种）或光滑手感无刺（如85-228）及密生明显小硬刺（如85-322）等。栽培类型的株高为220～420cm，茎中部茎粗为0.8～2.3cm，皮厚0.6～2mm；野生材料的株高为50～350cm，茎粗为0.3～1.8cm。

茎色有绿、微红、淡红、红、紫、褐等，生长后期，一般都会加深，如EV71，前期微红色，后期则变为淡红色；BG163，前期为绿色，后期植株上部为微红色或绿间条红色。

植株有高大型、矮生短节间型和分枝型3类。高大型：株高300～500cm，有腋芽，无明显分枝，当生长点受到损伤后，腋芽才发育成较粗大的侧枝，栽培品种均属本类型，野生材料有20%属本类型，如TA191、85-246等。矮生短节间型：茎高80～100cm，节间较短，平均1cm左右，茎秆坚硬，纤维较粗，有腋芽，但无明显大分枝，本类型无栽培价值，但可供生物学、解剖学或作抗倒伏育种亲本等研究应用，如85-11、85-234等。分枝型：株高2m左右，茎表密生小硬刺，腋芽发达，一般可发育为分枝，在稀植条件下生长成丛生状，本类型仅在野生材料中发现，约占野生类型的75%，无栽培价值，但有些抗病耐旱的材料如85-195、85-133、85-224等，可做育种材料或遗传、生物学上应用，有的花冠大、色艳、色彩多样，可作观赏花卉栽培。

3. 花　红麻花冠鲜艳，有黄（青皮三号）、淡红（85-44）、红（ZH357）、紫红（K343）紫蓝（GM168）、蓝（ZB355）及纯黄无花喉色（BG160）等多种，最常见的是黄色花冠，占栽培材料的86%，野生材料的60%。花冠直径大小可分为普通型、特大型与小花型3种。①普通型。花冠直径约8cm，花瓣长6cm，大多为黄色，少数为红、紫色。多为钟状，少数呈螺旋状。栽培材料都属此类型，野生材料约20%属此类型，如TA191等。②特大型。直径约12cm，花瓣长11cm，有黄、红紫、蓝等颜色，野生材料中约有10%属本类型，如TA209等。③小花型。直径约4cm，花瓣长3cm，有黄、淡红、淡蓝等颜色。约70%的野生红麻属该类型，如85-221，85-247等。

红麻萼片的颜色有绿、淡红、红等，有蜜腺和毛状绒毛，花萼或裂片向上部渐尖，苞片尖端完整不分叉。这是木槿属中识别红麻种的主要依据。

4. 蒴果　成熟的红麻蒴果为褐色或黄褐色，密生茸毛。蒴果形状有桃形（一般品种）、近圆形（如

H075)、扁球形（如 BG160）等。根据蒴果大小可分为：大蒴果，长度约 2cm；小蒴果，约 1cm。一般普遍型花为大蒴果，特大型和小型花为小蒴果。野生红麻成熟的蒴果一般既易脱落又易裂开。

5. 种子 灰黑色或褐色，不规则肾形或三角形。种子千粒重，为 8～45g，可分为三大类：①大粒种子。千粒重 25～45g，栽培品种及部分野生材料都属本类型，栽培品种中的早熟种一般为 25～35g（如 F81)；晚熟种为 30～40g（如古巴 6 号），千粒重最大的为阿联和 NA166，达 45g 左右。本类型一般为高大株型，普通型花冠。②小粒种子。千粒重 8～15g，种皮黑色，种壳厚而硬，外有一层蜡质，多有“硬实”现象。种子发芽率低，常规发芽，约 30%，但去壳或温水、浓硫酸浸泡发芽种子发芽率可达 70%。出苗期长，一般需 15d 左右，如 85-42、85-244 等。本类型只在野生资源中发现，其株型有分枝型（85-203）和高大型（85-42)。花冠有小花型（85-235）和特大型（85-196)。③中粒种子。千粒重 15～25g。

二、经济学性状和生理特性

1. 光温特性 红麻是典型的短日性植物，对光和温反应敏感，晚熟品种最为敏感。早、中、晚熟品种的现蕾临界光长分别为 16.0、14.0、13.5h 以上，品种间差异较大。1985 年，邓丽卿依据品种感光性、感温性和最短营养生长期，将红麻可分为 12 种光温反应类型。感光性弱的 28.58%，强的 53.56%，中等的 17.86%。感光性、感温性和基本营养期分别为强、强和短的品种最多，占 48.2%；其次是弱、弱和中的品种占 12.5%；中、中和短的品种仅占 5.36%。

各熟期类型的生长速度和干物质积累有明显差异。在生育初期（5 月中旬至 6 月中旬)，中熟品种生长最快，平均每日生长 0.6cm；生育中、后期（6 月中旬至 8 月下旬)，晚熟品种生长最快，每日长高 3.2～4.6cm，中熟品种次之，早熟最慢。干物累积累以晚熟品种最快，中熟品种次之，早熟品种最慢。7 月中旬调查，干物质积累量每株每日分别为 1.56g、1.45g、1.11g；干麻皮积累量晚熟品种平均每日每株为 0.42g，中熟品种为 0.34g，早熟品种为 0.26g。

2. 经济性状和产量 红麻纤维产量与株高、茎粗、皮厚、出麻率等经济性状密切相关。品种间的株高和茎粗差异明显，一般高产品种的株高可达 4m 以上，茎粗约 2cm，茎的节数约 120 个，如新安无刺、C2032、BG52-71 等；低产品种的株高 2m 左右，茎粗约 1cm，茎节数 70 个左右，如紫光、植保 506 等。品种的产量和经济性状与生育期有密切关系，早熟品种植株较矮，纤维产量低；晚熟品种经济性状良好，产量较高，但晚熟品种在长江流域麻区和黄淮海麻区收不到饱满的种子（表 3-1)。

表 3-1 红麻不同熟型品种的经济性状与产量
（中国农业科学院麻类研究所）

生育类型	株高（cm）	茎粗（cm）	干皮（kg/hm^2）	结实性
早 熟	250～310	1.0～1.4	2 250～3 750	正常
中 熟	310～350	1.2～1.6	3 000～5 250	正常
晚 熟	320～400	1.4～1.8	4 500～6 750	部分结实
极晚熟	380 以上	1.4～2.0	6 000～7 500	不结实

3. 纤维化学成分和品质 红麻纤维的纤维素含量为 55%～61%，含量越高，品质越好；半纤维素 1.5%～6.3%，含量越低，品质越优；木质素 10.9%～12.5%，含量越高，纤维越粗越脆，易断裂，品质越差；脂蜡 0.9%～3.5%，水溶性糖 0.12%～0.43%。

纤维的物理特性有纤维拉力和纤维支数 2 个主要指标，是衡量红麻纤维品质优劣的重要指标。红麻纤维拉力一般为 235～550N/g，不同品种拉力差异明显，特早熟或晚熟品种拉力低，中、晚熟品种的拉力较好。红麻纤维支数在 180～300 支，不同品种的纤维层数、群数、束数、每束纤胞数、纤胞壁的厚度均不同，导致红麻品种间纤维支数差异较大，束纤维细胞数较少，细胞壁较薄，故纤维束细、柔软、故而支数较高。一般来说，纤维支数高、拉力大，红麻纤维品质就好。红麻纤维品质的主要构成因素是纤维细度和纤维强力。纤维细度（支数）高、强力大、品质就好。红麻纤维的强力一般比较大，而支数一般较低，只有 200～270 支。所以，提高红麻纤维品质的关键是提高支数。

红麻品种间的纤维支数差异决定于纤维层数、群数、束数、束纤维数、纤维壁厚度的差异。湖北省农业科学院棉花研究所（1979）的研究表明，纤维品质较优的品种粤红一号、粤红五号、非洲红麻和台湾红麻等，每个纤维束中的纤维细胞数较少，细胞壁较薄，故纤维束细、柔软、支数较高。利用高支数的品种作亲本，可以选育出高产和纤维支数显著提高的红麻品种。

4. 抗病性 红麻炭疽病（*Colletorichum hibisci Pollacci*）是危害红麻的主要病害，属我国红麻病害的检疫对象。中国农业科学院麻类研究所研究表明，我国红麻资源中，高抗生理小种 1 号、2 号的有 71-4、722、湘红早等；高抗 1 号，较抗 2 号的有青皮 3 号、71-57、新安无刺等；只抗 1 号，不抗 2 号的有红麻 7 号、青皮 1 号、植保 506；对 1 号、2 号均表现不抗的有塔什干、阿联红麻等。在野生红麻中发现对红麻炭疽病呈亚免疫的材料，如 85-224、85-133。

红麻枯萎病（*Rhizoctonia* sp.）是红麻生产上经常发生的病害。染病严重的有广西红皮、勐海紫茎、新红 95、塔什干、印度 11 号、云南红茎等一些红茎的品种；绿茎品种如 7804、新安无刺、湘红 1 号、72-44、722 等，则表现轻度感病或不发病。

红麻根结线虫病（*Meloidogyne* ssp.）主要分布于长江流域和华南麻区，是为害我国红麻生产的主要病害，其中，南方根结虫（*M. incogoita*）分布最广，为害性大。我国红麻品种极大部分都感染根结线虫病，但研究发现有些品种对红麻根结线虫病表现出一定的抗性，如 J-1-113 和 85-41。

第三节 红麻及其野生近缘植物

我国搜集的红麻野生种及木槿属 *Furcaria* 组野生近缘植物有 13 个种，500 多份材料。其中，我国为原产地之一的有野西瓜苗（*H. trionum* L.）、辐射刺芙蓉（*H. radiatus* Cav.）和刺芙蓉（*H. surattensis* L.）。1985 年，从美国引进 *H. bifurcatus* Cav.、*H. costatus* A. Rich、*H. furcellatus* Lam.、*H. surattensis* L. 4 个种。1987 年，我国二次派员参加国际黄麻组织（IJO）非洲麻类资源考察队，在肯尼亚和坦桑尼亚搜集到大量野生红麻和木槿属 *Furcaria* 组近缘种 15 个，我国引进 10 个，分别是 *H. vitifolius* L.、*H. acetosella* Welw. ex Hiern、*H. lunarifolius* Willd.、*H. calyphullus* Cav.、*H. diversifolius* Jacq.、*H. ludwigii* Eckl. & Zeyh.、*H. sabdariffa* var. *sabdariffa* L.、*H. sabdariffa* var. *altissima* Wester、*H. trionum* L.（表 3-2）。

表 3-2 红麻及其野生近缘资源

作物名称	科	属	栽培种	野生近缘种
红麻	锦葵科 Malvaceae	木槿属 *Hibiscus*	红麻 *H. cannabinus* L.	玫瑰茄 *H. sabdariffa* var. *sabdariffa* L. 玫瑰麻 *H. s.* var. *altissima* Wester 辐射刺芙蓉 *H. radiatus* Cav. 红叶木槿 *H. acetosella* Welw. ex Hiern 柠檬黄木槿 *H. calyphullus* Cav. 刺芙蓉 *H. surattensis* L. 沼泽木槿 *H. ludwigii* Eckl. & Zeyh. 野西瓜苗 *H. trionum* L. *H. bifurcatus* Cav. *H.* costatus A. Rich *H. furcellatus* Desr. *H. vitifolius* L. *H. lunarifolius* Willd. *H. diversifolius* Jacq.

一、野生红麻的性状差异及利用价值

1. 形态多样性

（1）茎 表密生毛刺按分枝数及部位可分成多分枝（有基部上部分枝，占 57.3%，如 H030）、少分枝（仅有基部分枝，占 21.3%，如 H040）和不分枝（有或无腋芽萌发，占 21.4%，如 H017、

H009）3种类型。茎色分绿和红（淡红、红、紫），前者占39.3%，后者60.7%。依毛刺长短和疏密分具毛、多刺、光滑3种，光滑的仅占10.1%。茎刺色分绿和红2种。

（2）叶　多为裂叶型，全叶型仅9.0%。叶片面积（6～15）cm×（10～20）cm。叶柄长5～25cm，颜色与茎色一致。依裂片大小和开裂度，裂叶型可分为掌状、爪状、宽裂叶3种。叶表面有光滑（10.1%）、粗糙（89.9%）之分。叶角变幅较大，其中<40°的仅占5.6%，41°～80°的占69.0%、>81°的占25.4%。

（3）花器官　蕾色分为绿（82.9%）和绿带红点（17.1%）2种。萼片分长（为子房长的2倍，约2.5cm，如H010）、中（与子房等长，约1cm，如H079）和短（接近2/3子房长，约0.6cm，如H084）3种。花有特大花（长约7cm，如H094）、普遍花（长约5cm，如H011）和小型花（仅3cm长，如H028）3种。花冠色的黄、蓝、紫、粉红、红等颜色，但后4种花色稀少。

（4）蒴果和种子　蒴果色有绿（53.8%）和绿带红点（46.2%）之分。蒴果形状有桃形、近圆形、扁圆形3种。蒴果有开裂果（76.9%）和不开裂果（23.1%）2种开裂方式。种子可明显分成大（千粒重约40g，占12.5%）、中（千粒重约25g，占47.5%）和小（千粒重约8g，占40%）3种。种皮色有灰、黑、褐、棕、墨绿几种。种皮表面有光滑（40%）和粗糙（60%）之分。种子形状有三角形、肾形、亚肾形3种，以亚肾形种子居多。

2. 纤维特性　韧皮纤维细胞一端较钝圆，另一端相对较尖细，个别呈螺旋状扭曲，横切面多呈三角形或多边形。单纤维轴向粗细不匀，凹凸不平，有多条明显的纵向突起和沟槽，局部有不同程度的扭曲，存在多个分布不匀的结节，常伴有程度不等的裂隙，部分纤维发生转折，离析过程中极易断裂。节间长度一般以纤维中部较长，近端部稍短。胞壁上常有孔洞。纤维表面的巨原纤呈圆柱形排列规则，普遍存在着层内和层间的交织现象。韧皮纤维细胞的长度、直径、壁厚、壁腔比、结节数、节间长度分别为2.17mm、22.88μm、5.74μm、1.01、5.93、365.94μm。茎中部纤维群为梯形或长方形，纤维群数、层次、束数、束纤胞数及其截面积分别为117、5.14、2 572、23.69、1 156.3μm。

木质纤维细胞末端形态和表面结构大体一致，且与韧皮纤维有许多相似之处。不同的是木质纤维细胞末端相对钝圆，个别纤维有分叉或螺旋状扭曲，纤维较平直，结节、转折和扭曲均极少，胞壁上孔洞较多较大，孔径最大可达5.0μm左右。由于半纤维素、木素等伴生物积累较多，纤维表面一般较平滑，巨原纤不及韧皮纤维明显，但木质纤维细胞表面的巨原纤相对较细较少，与纤维轴向的夹角较大，取向度较低。木质纤维细胞的长度、直径、壁厚和壁腔比分别为0.77mm、29.73μm、2.63μm和0.21。

二、利用价值

依据原生境的特点，野生红麻可以分为低洼旱地型、半干旱草甸地型、沼泽湿润地形、高寒山地型、农田杂草型等种群。

一般株高3～4m，茎粗1～2cm，皮厚1～2mm。类型极其多样，极大地丰富了我国红麻的遗传基础。有些材料株高可达5m，生物量极高。普遍抗病虫性较强，个别类型，如紫花型红麻高抗根结线虫。有些类型抗旱、抗寒能力特强，特别适应恶劣土壤和气候环境生长。有的类型对光反应表现明显的钝感，可作为适应北方种植的光钝感品种育种的亲本。有的类型花大且柱头很长，可以通过基因转移，创新出适应红麻杂种优势利用的亲本材料。有的类型分枝丛生，叶片特多，可食用、饲用、药用。有的类型分枝多，花大鲜艳，花色丰富多彩，花期长，可作观赏作物栽培利用。

第四节　红麻优异种质资源发掘、创新与利用

发掘优异种质资源，提供育种和生产利用是资源工作的最终目标。我国在红麻种质资源的鉴定、优异种质发掘、生理生化和遗传基础等方面成绩显著，筛选和创制了一批优异资源材料供育种、科研和生产利用。

一、育种和生产利用

20 世纪 60 年代初，从越南引进抗病高产的青皮 3 号直接利用，对因红麻炭疽病的毁灭性危害而被迫停种的我国红麻生产的恢复和发展做出了重大贡献。20 世纪 80 年代中期，从美国引进资源中选育出的高产、抗病的红引 135，对解决红麻生产“早花”严重的问题起了积极作用。作育种亲本利用且成效显著的优异种质资源有 EV41、非洲裂叶、耒阳红麻、71-4、红麻 7 号和南选等。

二、发掘出的优异种质

1. 高产种质资源　有 722、BG52-135、耒阳红麻、新安无刺、EV41、BG52-1、粤 511、福红 2 号等，其主要优点是综合经济性状好、株型良好、抗逆抗病强、适应性广，许多成果用作育种亲本。

2. 高支数种质资源　纤维支数 300 支以上的有泰红 763、C2032、闽红 379、BG148、印度红、AS249、福红 5 号等。

3. 抗源　对红麻炭疽病近免疫的野生资源 85-224、85-133，栽培类型的高抗材料 71-4、7805、H252、85-359 等；抗红麻根结线虫病较强的有 J-1-113、EV71、85-41、85-6。

4. 早中熟种质资源　中熟高产的 7804、71-57，早熟较高产的 7435。

5. 特异种质资源

（1）特殊材料　茎秆光滑元刺、秆硬抗倒的 901、902、金山无刺；光反应迟钝的有 714、元江紫茎、勐海紫茎、危地马拉 8 号等；有特大型随体染色体、种子特大（千粒重 42.8g）的阿联红麻；叶片爪状、花小、叶锯齿大而深的 85-244，花冠深蓝、花瓣螺旋状、柱头外露的 H094，花喉白色、蒴果扁圆的 85-160，萼片长约为子房一半，苞叶端部匙形的 H075。

（2）不育基因材料　广西大学农学院从野生红麻 UG93 的后代中，发现了呈质量性状遗传特性的细胞质雄性不育基因。利用此基因，首次选育出细胞质红麻雄性不育系 K03A，并建立了“三系”配套的杂交红麻利用体系，在红麻杂种优势上应用。中国农业科学院麻类研究所在三亚南繁地的高代品系中发现了红麻雄性不育材料，暂定名为 KMS，通过初步研究，KMS 自交结实率为 0，并能正常异交授粉结实，花药高度退化，花丝极短，花粉瘦瘪不开裂，表现为全不育，KMS 的不育性不受环境影响，属于受隐性基因控制的雄性不育类型。

（3）光钝感材料　中国农业科学院麻类研究所和福建农林大学分别从三亚南繁的材料中发现了光钝感的基因类型。以此作亲本，选育出了福红航 1 号、福红航 952、福红航 992、d049、d038 等高产光钝感红麻新品种（品系）。这批光钝感优异材料在海南省三亚市冬季自然短日照条件下种植，155 天未现蕾开花，表现出极端光钝感的特性。

（4）高油材料　福建农林大学筛选出金光 1 号、福红 952、福红 991 等高油材料，含油率在 23.0%以上，其中，金光 1 号的含油率高达 23.4%，且其种子产量可达2 550kg/hm^2，是普通红麻品种的 2 倍以上，是油麻特用优良品种。

三、优异种质认证与利用

通过不同生态地区的综合评价鉴定，5 份综合经济性状优良，或具有某一特异性状，并在提供育种、科研和生产利用效果明显的红麻种质资源，2002 年被科技部和农业部评为国家一、二、三级优异农作物种质资源，并获颁证认定，它们分别是一级 BG52-135，二级 EV41、74-3、J-1-113，三级泰红 763。

第五节　红麻种质资源的分子生物学研究

一、红麻 DNA 提取

红麻基因组总 DNA 的提取纯度，关系到 ISSR、SRAP 等分子标记的 PCR 扩增效果。徐建堂等

(2007) 改进 CTAB 法提取红麻总 DNA，即采集足量红麻嫩叶、提取时加入 β-巯基乙醇、提取过程中使用 2.5%CTAB、最后用预冷的无水乙醇沉淀 DNA。OD260/OD280 比值检测结果为平均 1.824，而且 DNA 得率也较高，证明用此法提取的 DNA 能完全满足 ISSR 和 SRAP 分析的要求，可获得较理想的效果。针对红麻成熟叶片中多糖、多酚含量较高的特点，如何提取高质量、高产量的基因组 DNA，徐建堂等（2013）利用改良 CTAB 法及改良 SDS 法分别提取红麻品种福红 952 成熟叶基因组 DNA，通过琼脂糖凝胶电泳和紫外分光光度计测定检测 DNA 质量，结果表明，改良 CTAB 法提取的基因组 DNA 电泳时点样孔干净，条带整齐无拖带，OD_{260}/OD_{280} 为 1.9 左右，产率可达 1.84mg/g，质量、产量都高于改良 SDS 法，所提取的 DNA 可用于红麻 RAPD 分子标记、线粒体 DNA、叶绿体 DNA 通用引物 PCR 扩增。改良 CTAB 法是提取成熟红麻叶片 DNA 的有效方法，并且可用于红麻分子标记及胞质基因组学研究。

二、红麻 RNA 提取

红麻叶片中富含多糖、多酚和其他次生代谢物质，影响其 RNA 的产量和质量。陈美霞等（2011a）应用 CTAB 法、热硼酸法、SDS 法、Trizol 法和商品化试剂盒 5 种方法提取福红 992 幼嫩叶片总 RNA，并对各方法提取效果进行比较。结果表明，热硼酸法效果最佳，其次是 CTAB 法和 SDS 法，而 Trizol 法、试剂盒提取效果不理想。采用热硼酸法提取的红麻叶片总 RNA 能够成功进行反转录和制备 cDNA。

三、红麻蛋白质提取

廖英明、徐建堂等（2013）以红麻细胞质不育系 L23A 和保持系 L23B 开花期叶片为材料，对其蛋白质双向电泳体系进行研究，比较 TCA/丙酮和酚抽提法提取红麻叶片总蛋白，同时优化上样量和样品制备方法建立了红麻蛋白质的双向电泳技术体系和凝胶成像染色法，利用 PDquest 软件分析双向电泳凝胶的相关差异蛋白。结果表明，TCA/丙酮法比酚抽提法更适合于 ISO-DALT 电泳系统，TCA/丙酮提取的红麻叶片粗蛋白平均产量为 31.67mg/g，是酚抽提法的 1.77 倍，但裂解效率为 160mg/g，是酚抽提法的 36%，每根胶条最佳上样量为 300μg，考马斯亮蓝 G-250 比 R-250 以及银染色法效果更佳，在 17cm×17cm 的凝胶上平均可获得 708 个蛋白质点，为揭示红麻雄性不育分子机理奠定基础。

随着蛋白质双向电泳技术的不断发展，现以普遍采用干胶条法进行双向电泳。陈涛（2011）以福红 952 新鲜叶片为材料，分别采用了 TCA—丙酮法、尿素—硫脲法、酚抽提法提取叶片蛋白，在蛋白提取效率，单向和双向电泳图谱等方面比较了这 3 种方法的提取效果，同时还从 IPG 干胶条 pH 范围选择、上样方式、上样量、分离胶浓度这几个主要方面优化了体系。结果表明，用酚抽提法提取的蛋白纯度较高，单向和双向电泳图谱效果较好，获得了 26 条蛋白质条带和1 436个蛋白质点。红麻蛋白主要分布在 pH4～7 范围内，采用主动水化上样，上样量为 1.4mg，12%的分离胶来分离可得到蛋白点清晰，分布均匀，背景清楚的凝胶图谱。

四、红麻转基因技术

我国红麻种质资源遗传基础与转基因育种的研究取得系列的重要进展，包括红麻抗虫、抗除草剂和耐盐碱转基因研究成果，为提高我国红麻科技水平核心竞争力做出了重要的贡献。

1. 红麻抗虫转基因 在纤维作物方面，棉花抗虫转基因育种取得较大进展，产生了巨大的经济效益。对减少农药使用量，提高作物产量，保护生态环境等具有重要意义。但麻类作物抗虫转基因育种研究起步较迟，2003 年，福建农林大学祁建民、徐建堂等（2008）建立了红麻抗虫、抗除草剂遗传转化技术体系，采用花粉管通道法将带有 *Bt* 抗虫基因质粒成功导入红麻新品种福红 952 中，从 295 个转导的红麻蒴果果系后代中。经鉴定筛选，2004 年已获得 3 个具有抗虫特性的红麻 *Bt* 952 株系，对 T_1 至 T_4 世代抗虫性的 PCR 分析和 PCR-Southern 分子杂交，结果表明，在 4 个世代的单株中都能检测到 3 个目的基因片断，证实了抗虫 *Bt* 基因已经整合到红麻的基因组中，并获得了稳定的遗传，实验室虫口喂养实验和大田抗虫性观察，也证实 *Bt* 抗虫基因已成功转导到福红 952 中。现已获得具有 *Bt* 抗虫特性高产红麻新品种。这是国内外首例关于抗虫转基因红麻新品种选育成功的报道。

2. 抗除草剂转基因红麻 我国红麻抗除草剂转基因研究起步于“十五”期间，但抗除草剂转基因育种进展缓慢。曹德菊（2000，2001）将抗除草剂 *bar* 基因导入红麻品种青皮 3 号并进行了分子杂交验证。福建农林大学（2011）利用抗除草剂基因 *P35s81A6* 及双价抗虫基因 *Pta-3300-Bt* 混合导入红麻优良品种中，目前已获得1 500多个转基因株系，正在进行双抗株系的田间和实验相结合的系统鉴定，有望选育出抗除草剂抗虫转基因红麻新品种。抗除草剂转基因植物品种的应用，虽给人类带来很大的福音，但其安全性也令人深思。主要表现在抗除草剂转基因作物本身变为杂草，通过基因漂移使近缘野生种变为杂草，对生物多样性造成威胁，转基因食品的安全性问题。由于红麻为非食用的纤维原料作物，抗除草剂转基因品种安全性高，因此，开展红麻转基因技术和品种研究大有可为。

3. 红麻耐盐转基因 土壤盐渍化是影响农业生产和生态环境的重大命题，如何利用大面积的盐碱地和丰富的海水资源，这是人类迫切需要解决的重大课题。福建农林大学、中国农业科学院麻类研究所近年来也开展了红麻耐盐转基因研究。吴建梅等（2010）通过花粉管通道法将耐盐基因 *SaNHXP* 导入优良红麻品种福红 992，最近已从1 500个转基因红麻株系中筛选出 5 个耐 0.7%盐碱度的植株，已完成田间和室内 PCR 和分子杂交鉴定。

五、红麻蛋白质组学研究

徐建堂等（2010）以红麻光周期不敏感（光钝感）突变体的开花期与正常品种福红 952 叶片为材料，利用改良后的方法提取红麻福红 952 与光钝感红麻叶片总蛋白，进行双向电泳，结果获得 9 个差异的蛋白质点，其中，2 个核酮糖-1，5-二磷酸羧化酶、质体转酮酶、果糖 1，6-磷酸醛缩酶、热激蛋白共 5 个点在品种福红 952 中出现，而在突变体中表现为蛋白表达量下调，核酮糖-1，5-二磷酸羧化酶/加氧酶大亚基在突变体中表现为蛋白质表达量上调，核酮糖-1，5-二磷酸羧化酶和一个未知蛋白只在突变体中出现，H^+-ATP·合成酶只在福红 952 的参照中表达，而在突变体中缺失，这些差异蛋白可能与红麻对光的敏感度有关。为红麻光钝感蛋白质组学功能基因组序列分析研究奠定实验基础。

陈涛等（2011）利用优化后的蛋白组学双向电泳体系来研究盐胁迫下红麻的差异蛋白表达情况，结果获得 62 个表达差异点，经 MALDI-TOF 质谱分析共鉴定出放氧增强蛋白、小热休克蛋白、脱氢抗坏血酸还原酶、硝酸还原酶、超氧化物歧化酶等 42 个差异蛋白，其中，S-腺营甲硫氨酸依赖甲基是经胁迫诱导产生的，36 个蛋白在盐胁迫下表达量有所上调，6 个蛋白下调。这些蛋白按主要功能可分为物质代谢、蛋白合成与降解、细胞防御、细胞生长、离子转运、光合作用等。该结果对解析红麻盐胁迫条件下复杂的抗氧化网络有重要作用。

李丰涛（2003）研究了 50μM 还原型谷胱甘肽（GSH）对 Cd 胁迫下红麻叶片蛋白质谱表达的影响及基因型差异。结果表明，在 Cd 胁迫下红麻 ZM 412 的生长受到更加明显的抑制。经软件分析，鉴定了存在显著差异表达的蛋白点 72 个，LC-MS/MS 质谱分析鉴定出 50 个差异蛋白点。其中有 8 个蛋白，在 Cd 胁迫时上调表达，应该与 Cd 耐性相关，它们是参与光合作用、防御和运输的蛋白。另外，GSH 缓解镉胁迫响应蛋白有 21 个，这些蛋白是参与光合作用、蛋白质合成、信号转导、防御及能量和物质代谢的蛋白，这些结果可能暗示 GSH 在这些方面的作用提高了红麻耐镉能力。

六、基于分子标记的多样性分析

谢晓美、粟建光（2005）对来源于不同国家和地区的 38 份红麻种质资源进行 ISSR 分子标记研究，从 70 条引物中筛选出 15 条多态性引物，共扩增出 117 条带，平均每条引物扩增出 7.8 条带，供试材料间遗传相似系数为 0.36～0.98。当 L_1 取值为 $D=0.56$ 是，可将 38 份材料分为三大类群，第一类为 19 个栽培种，第二类为 5 个近缘种和 7 个野生种，第三类为 1 个野生种和 5 个近缘种，这一划分揭示了红麻栽培种和野生种、近缘种不同类型存在较大的遗传差异性，表现出丰富的遗传多样性。

徐建堂、王晓飞利用 90 个 ISSR 引物对 84 份（选育品种 41 份、国外资源 22 份、野生近缘资源 21

份）红麻种质资源进行 ISSR 和 SRAP 分子标记分析。结果表明：84 份红麻资源可分为野生与半野生材料、栽培材料 2 个大类群，最原始种质为 H094，半野生材料又可分为 4 个类群，栽培材料可分为 7 类群，不同类群间遗传差异明显，表现出丰富的遗传多样性。

祁建民、徐建堂、张立武等（2011、2013、2013）采用 ISSR 与 SRAP 两种分子标记，对来自 26 个国家和地区的 84 份红麻野生种、半野生种和栽培品种的遗传多样性与亲缘关系进行了研究，并对 SRAP 和 ISSR 两种分子标记方法进行比较，结果表明：①ISSR 标记比 SRAP 标记多态性比率高，更容易从分子水平上鉴别出品种间的遗传差异，但 SRAP 标记谱带更丰富，比 ISSR 标记多扩增出 2.65 条多态性条带。②可将 84 份红麻材料中的 9 份原始野生材料与栽培品种可完全区分开，野生种 H094（坦桑尼亚）处在最基础的地位，是较为原始的野生材料，当在相异系数为 14.5%处作切割线时，可将 14 份（近缘）野生材料和 61 份栽培材料完全区分开，根据相异系数和亲缘关系，（近缘）野生材料内部又可分为 4 类。SRAP 和 ISSR 2 种标记对半野生材料聚类结果相同，而在 61 份栽培品种中，又可根据其亲缘关系远近分为 7 个自然亚类，不同亚类间遗传差异较大，但亚类内遗传差异则较小。该聚类结果在深化红麻种质资源研究与红麻遗传育种上的应用有重要的理论意义与实践应用价值。③对两种标记遗传相似系数进行相关分析，其相关系数为0.911 37（$N=3\ 486$），达极显著相关，说明 SRAP 和 ISSR 技术应用于红麻基因组 DNA 遗传多样性，分析结果具有较高的一致性和可信度。

七、分子身份证构建

汪斌等（2011）利用 ISSR 引物扩增来自国内外 84 份红麻种质资源，根据指纹图谱唯一性原则，采用自行开发的 DNA 指纹数据分析软件，绘制出 82 个红麻种质资源的 DNA 指纹图谱。郑海燕、粟建光等（2010）利用 ISSR 和 RAPD 标记扩增 51 份红麻栽培种、野生种和近缘种，采用 UPGMA 法作聚类图建立红麻分子身份证。刘倩、粟建光等（2013）利用 SRAP 标记，采用 UPGMA 聚类分析构建 127 份红麻栽培种、野生种和近缘种红麻种质资源分子身份证。上述结果为红麻种质资源分子身份证的构建奠定了基础。

八、分子遗传图谱

陈美霞等（2011a、2011b、2011c）以阿联红麻与福红 992 杂交产生的 180 个个体的 F_2群体为试验材料，利用 SRAP、ISSR、标准 RAPD 和 RAPD 双引物复合标记为构图标记，构建了一张 307 个标记位点的遗传连锁图谱，包含 26 个连锁群，图谱全长4 924.8cM，标记间平均距离为 16.04cM，标记分布比较均匀。在该遗传图谱基础上进行红麻重要产量性状的 QTL 定位分析表明，共定位了 2 个株高 QTL、2 个茎粗 QTL、2 个节数 QTL、1 个单株鲜皮重 QTL、2 个单株干皮重和 2 个种子千粒重 QTL。检测到 11 个 QTL，主要集中分布在第 6、11、14、9、13、17 和 4 连锁群上，这些 QTL 在连锁群上分布不均匀，具有集中分布的特点。对红麻质量性状分析结果表明，后期茎色基因与叶柄色基因连锁，存在紧密的连锁关系，其遗传距离为 2.8cM，定位于第 5 条连锁群；花冠大小与花冠形状这 2 个基因之间也存在一定的连锁关系，其遗传距离为 14.7cM，定位于第 6 条连锁群，叶型与花冠大小和花冠形状的遗传距离分别为 38.2cM 与 23.5cM，虽然都定位于第 6 条连锁群，但是否存在连锁关系有待进一步研究。所获结果在红麻遗传学和育种学上有一定的现实意义和分子辅助育种实用价值。

第四章 亚　麻

第一节　亚麻的起源与进化

亚麻（flax）为栽培亚麻的简称，是一年生或秋播越年生草本植物，学名 *Linum usitatissimum* L. 按用途分为纤维用、油纤兼用、油用（油用亚麻俗称胡麻）3 种类型，属长日照、自花授粉植物，染色体数目为 $2n=32$ 或 30。

一、起源及其在中国的传播

亚麻是人类最早栽培利用的农作物之一。考古发现，早在4 000～5 000年前人类就开始利用亚麻，也有人认为8 000年前亚麻就已经被利用，所以，关于亚麻的起源目前尚无定论。一般认为有 4 个起源中心，即地中海、外高加索、波斯湾和中国。我国是亚麻的起源地之一，最早是作中药材栽培，5 000 多年前，开始作为油料栽培，部分地区也利用其纤维。油用亚麻最初在青海、陕西一带种植，如青海的土族人民就有用亚麻制作盘绣的传统，后来逐渐发展到宁夏、甘肃、云南及华北等地。

我国纤维亚麻商业化种植始于 1906 年，当时清政府的奉天农事试验场（现辽宁省沈阳市）从日本北海道引进贝尔诺等 4 个俄罗斯栽培亚麻品种。1913 年，吉林公主岭农试场又引进了贝尔诺和美国 1 号。以后又陆续引进了一些品种，先后在辽宁省熊岳、辽阳，吉林省公主岭、长春、延边、吉林、农安，黑龙江省哈尔滨、海林、海伦等地试种。至 1936 年，黑龙江省的松嫩平原和三江平原，吉林省中部平原和东部部分山区形成了一定的生产规模，种植面积达到5 000hm^2。此后，纤维亚麻在黑龙江迅速发展，成为黑龙江省重要的经济作物。20 世纪后期，逐步发展到新疆、内蒙古、云南、湖南等地的规模化种植。20 世纪 80 年代纤维亚麻被引入新疆，1985 年试种了 2hm^2，原茎产量达到5 070～6 240 kg/hm^2；1986 年种植1 600hm^2，并在伊宁、新源 2 县建立亚麻原料加工厂。20 世纪 90 年代，纤维亚麻被引入云南，1993 年引试种成功后得到快速发展，有 20 多个县种植，其在云南生态适应性较好，产量已接近或超过西欧水平。20 世纪 60 年代初，纤维亚麻就开始在内蒙古研究和试种，但由于当时加工机械落后、销路不畅等，未能生产推广。1986 年，再次开始研究和试种。1988 年推广黑亚三号166.67hm^2，到 1994 年在 5 个盟市的 7 个旗县发展到6 000多 hm^2。20 世纪 20～30 年代，湖南的沅江、长宁、浏阳等地有纤维亚麻种植，此后中断。1995 年，中国农业科学院麻类研究所再次从黑龙江引进纤维亚麻在湖南省作冬季作物试种取得成功。1998 年，在祁阳县建厂，开始大面积种植；2000 年，开始在常德、岳阳相继建厂，大面积种植。

二、中国分布与主要栽培地区

中国的亚麻分布区域十分广泛，主要在黑龙江、吉林、新疆、甘肃、青海、宁夏、山西、陕西、河北、湖南、湖北、内蒙古、云南等省（自治区），西藏、贵州、广西等省（自治区）也有少量种植。按照地域分为东北、西北、华北、华中、西南 5 个区域。按照生态区域分为 9 个栽培区。

1. 黄土高原区　我国油用及油纤兼亚麻最主要产区。包括山西北部、内蒙古西南部、宁夏南部、陕西北部和甘肃中东部。该区海拔1 000～2 000m，土壤瘠薄，亚麻生长前期比较干旱。

2. 阴山北部高原区　油用亚麻产区，主要包括河北坝上、内蒙古阴山以北。该区气温较低，干旱，土壤比较肥沃，海拔1 500m 左右。

3. 黄河中游及河西走廊灌区　油用亚麻为主，少量纤维亚麻。主要包括内蒙古河套、土默川平原、宁夏引黄灌区、甘肃河西走廊。该区海拔1 000～1 700m，热量比较充足，雨水较少，需要灌溉，土壤盐渍化较重。

4. 北疆内陆灌区 种植油用亚麻及纤维亚麻。包括准噶尔盆地和伊犁河上游地区，主要分布在绿洲边缘地带。该区日照充足，温度较高，依靠雪水灌溉，大气比较干燥。

5. 南疆内陆灌区 油用亚麻为主，少量纤维亚麻。主要包括塔里木盆地，该区冬季比较温暖，春季升温快，土壤水分主要依靠灌溉，大气特别干燥。

6. 甘青高原区 油用亚麻为主。包括青海省东部及甘肃省西部高寒地区，属于青藏高原的一部分。该区海拔2 000m 左右，土壤肥力较高，气温较低，无霜期较短。

7. 东北平原区 我国纤维亚麻主产区。主要包括黑龙江、吉林 2 省和内蒙古东部。该区土壤肥沃，春季常干旱，后期雨水较多，气温适中，纤维发育好、品质佳。

8. 云贵高原区 我国纤维亚麻新种植区。主要在云南省。该区为秋种越冬作物，冬季气温较高，雨水较少，主要与水稻轮作，灌溉较好，既能保障水分供应，又不会因雨水过多而倒伏，产量高。

9. 长江中游平原区 我国 20 世纪末至 21 世纪新发展的纤维亚麻种植区。主要包括湖南、湖北 2 省的环洞庭湖地区。主要利用冬闲田秋冬种植，雨水较多，易倒伏。

第二节 亚麻及其野生近缘植物

一、亚麻的物种多样性

我国现有亚麻属植物 14 个种，除栽培亚麻（*L. usitatissimum* L.）以外，其余 13 个为野生种或变种，其中，4 个为近年引进的野生种（表 4-1）。

表 4-1 亚麻的物种多样性

序号	作物名称	科	属	栽培种	野生近缘种	备注
1	亚麻	亚麻 Linaceae	亚麻 *Linum*	栽培亚麻 *Linum usitatissimum* L.	长萼亚麻 *L. corymbulosum* Reichb. 野亚麻 *L. stelleroids* Planch. 异萼亚麻 *L. heterosepalum* Regel 宿根亚麻 *L. perenne* L. 黑水亚麻 *L. amurense* Alef. 垂果亚麻 *L. nutans* Maxim. 短柱亚麻 *L. pallescens* Bunge. 阿尔泰亚麻 *L. altaicum* Ledep. 窄叶亚麻 *L. augustifolium* (*Huds.*) var. et Ell. 大花亚麻（红花亚麻）*L. grandiflorum* Rubrum. 冬亚麻 *L. bienne* var. Mill. 黄亚麻 *L. flavum* L.	1. 宿根亚麻（*L. perenne* L.）在我国青海曾被栽培利用 2. 前 9 个为我国有分布的野生种，后 4 个为国外引进的野生种

二、亚麻的遗传多样性

亚麻遗传多样性丰富，用途、熟期、温光反应等方面类型多样，株高、分枝习性、花色、千粒重等特征特性差异迥然。

1. 中国栽培亚麻的类型 按照用途分为纤维亚麻、油纤兼用亚麻、油用亚麻。

纤维亚麻主要收获纤维，一般植株较高、分枝较少，千粒重较小，其种子多作工业用油的原料，油用亚麻主要收获种子，植株较矮，分枝较多，多有分茎，千粒重较大，油纤兼用的介于二者之间。在目前入库保存的3 860份的亚麻种质资源中，纤用1 284份，占 33.26%；油纤兼用1 103份，占 28.57%；油用1 097份，占 28.42%；另有 376 份未标明类型。

按熟期可分为早熟、中熟、中晚熟和晚熟型。我国目前栽培的多为中晚熟和晚熟类型。早熟型生育前期生长较快，植株矮小，产量较低。中晚熟型生育前期生长较慢，蹲苗期长，抗旱性较强，出麻率高及纤维品质好，产量较高且稳定。晚熟类型生育前期生长较慢，蹲苗期长，植株高大，抗旱性较强，出麻率高及纤维品质较好，产量高，但抗倒伏能力较差。亚麻生育期长短易受环境的影响，遇高温干旱会缩短，遇低温多雨会延长，同一品种北种南植生育期可成倍延长。

2. 中国栽培亚麻性状多样性

（1）株高 目前生产上栽培的油用亚麻品种一般 40cm 以上，纤维亚麻品种都在 80cm 以上。据亚麻种质资源数据库统计，株高 14.0～126.3cm，平均 57.7cm，低于 20cm 的有 10 份，20～50cm 的 860 份，100cm 以上的 12 份，绝大部分为 50～100cm。油用亚麻株高 14.0～91.4cm，平均 47.5cm；兼用的 27.0～94.3cm，平均 60.3cm；纤用的 48.6～126.3cm，平均 73.6cm。

（2）生育期 生产上油用亚麻的生育期普遍长于纤维亚麻。据亚麻种质资源数据库统计，生育期 23～135d，其中，油用的 29～135d，平均 92.5d，兼用的 23～124d，平均 93.7d，纤用的 59～112d，平均 85.4d。极早熟材料有 8 份，均为油用或兼用型，如 LIRAL MONARCH 23d、RENEW×BISON 24d、SHEYENNE 25d、MINN. II-36-P4 26d、BIRIO 27d、SIBE×914 28d、7167×40 29d、AR 30d。生育期 120d 以上的 23 份，为油用或兼用型，其中高胡麻最长，为 135d，可见油用和兼用资源生育期类型十分丰富。纤维亚麻中早熟材料只有 3 份：Bernburgero11-Faserlein 59d、末永 63d、FCA×SEED Ⅱ 64d。

（3）分枝习性 油用亚麻的分枝数 0.4～10.5 个，平均 4 个；兼用的 1.2～11.7 个，平均 4 个；纤用的 1.6～7.0 个，平均 3.7 个。

（4）蒴果 油用亚麻的蒴果数 4.2～56.1 个，平均 19.1 个；兼用的 6.4～89.8 个，平均为 23.1 个；纤用的 3.0～42.0 个，平均 10.8 个。

（5）种皮色 褐色种皮的1 696份，占 57.6%；浅褐色的 646 份，占 22.0%；深褐色 126 份，占 4.3%。少量资源为黄色、乳白、红褐色等。

（6）花瓣色 以蓝色为主，2 453份，占 83.4%，还有白色、紫色、红色、粉色等。

（7）出麻率 品种间差异较大，纤维亚麻为 8.1%～21.4%。

（8）含油率 502 份油用资源的含油率 34.41%～44.22%，其中，含油率 40%以上的有 241 份，占 48.0%。

此外，花药色有微黄、橘黄、浅灰、蓝等颜色；花丝有白、蓝、紫等颜色；花瓣形状有扇形、菱形、披针形等；种子有单胚、双胚或三胚等类型；子房多为 5 室，但有少数为 6 室。

3. 中国栽培亚麻遗传多样性 亚麻各性状的遗传十分复杂，其遗传多样性研究在国外始于 20 世纪 50 年代，国内始于 20 世纪 80 年代，但许多问题尚需进一步深入研究。

（1）株高遗传 株高是多基因控制的数量性状。我国品种一般为 100～120cm，西欧品种 75～100cm。采用不同高度的亲本杂交，F_1代株高多数居于双亲之间，有的组合倾向较高的亲本，或有超亲现象。从 F_2代起广泛分离，呈正态分布。双亲差异愈大，后代分离也大。

（2）抗倒性遗传 亚麻抗倒性与株高、茎粗、熟期及花序大小密切相关，也受播期、施肥等栽培因素及气候条件的影响。茎木质化程度高低是影响倒伏主要原因，从开花到蒴果形成的这一短暂时期，最易倒伏但尚有一定的恢复能力，随着蒴果的成熟，抗倒能力增加，但恢复能力减弱，所以抗倒伏遗传是比较复杂的。一般两个茎秆直立、抗倒伏强的亲本杂交，易选出抗倒伏强的后代。

（3）生育期遗传 属于简单数量性状遗传。F_1代的生育期居于双亲之间，接近双亲生育期平均值，有的组合偏向晚熟。F_2代生育期开始出现广泛分离，表现为连续性变异，呈正态分布，并有超亲现象。杂种后代的分离范围与双亲生育期差异大小密切相关，如双亲生育期差异大，其后代生育期分离范围就大，反之则小。

（4）纤维含量遗传 受多基因控制，以基因累加效应为主，但易受外界条件影响，又与生育期、茎粗、工艺长度、花序大小等因素密切相关。F_1代多数居双亲之间，但母本比父本影响大，F_2代呈正态分布，出现超亲现象。两个纤维含量高的亲本杂交，可以获得高纤后代，用两个纤维含量一般的亲本杂交，其后代纤维含量提高的幅度不大。

第三节　亚麻优异种质资源发掘与创新

亚麻在我国种植历史悠久，形成了一些特殊遗传类型和特有基因，为亚麻种质资源的创新提供了材料保障。亚麻种质资源创新始于20世纪60年代，随着社会和科技的不断进步，多途径种质创新和深入研究不仅提高了我国亚麻资源的利用效率，而且促进我国亚麻生产的稳定发展。

一、亚麻种质资源发掘

1. 亚麻核不育基因　核不育亚麻由内蒙古农业科学院1975年首次发现，具有花粉败育彻底、育性稳定、不育株标记性状明显等特点。陈鸿山认为，该基因为显性核不育，单基因控制，后代育性分离比例1∶1，但发现有些杂交后代或自由授粉材料后代不育株与可育株的比率不是1∶1，而是不育株率为30%～45%。张辉等发现，测交、回交、姊妹交后代可育株与不育株有1∶1和5∶3、3∶1的分离表现，认为核不育亚麻是一个复杂的群体，有可能存在新的不育类型。张建平也发现了相同的后代育性分离模式，认为该不育性可能由两对非等位基因控制，且为双显性基因，该基因的功能及遗传有待深入研究。

2. 亚麻温（光）敏型雄性不育基因　甘肃省农业科学院党占海等利用抗生素对油用亚麻陇亚8号、9410、9033的种子浸泡处理，诱导获得了雄性不育突变体。通过对其特征特性和不育性表现的研究，发现该不育材料雄性不育特征明显，温度对不育性有重要影响，一定温度范围内，高温能使育性提高，结果率和结实率增加，低温使育性下降，结果率和结实率下降，同时还发现不同材料对温度的敏感程度不同。通过对杂交后代育性分离的分析，表明几个材料的不育性均受隐性核基因控制，属温（光）敏型雄性不育。经过多年试验研究，创制出了1S等10余份油用亚麻温敏型雄性不育种质，育成了陇亚杂1号、陇亚杂2号、陇亚杂3号3个杂交种，使我国油用亚麻杂种优势利用居世界领先水平。

3. 抗枯萎病种质　我国目前生产中大面积推广的亚麻抗枯萎病品种的抗源比较单一，主要来自红木、美国亚麻、德国1号等少数几个外引抗病品种。20世纪80年代以来，国内学者对抗枯萎病种质进行了鉴定评价，筛选出了一批抗病种质并应用于育种中，先后育成了陇亚号、定亚号、天亚号、晋亚号等抗病品种。薄天岳等对508份亚麻品种资源的抗性评价表明，在45份高抗枯萎病资源中，国外引进品种17份、国内地方品种2份、国内育成品种26份，分别占参试资源的23.3%、1.3%、9.2%，说明我国地方资源的抗源十分匮乏，育成品种由于引入了国外抗源，抗病性得以提高，但抗枯萎病种质资源的发掘与创新依然亟待加强。

4. 抗旱种质　2009年以来，甘肃省农业科学院在年降水量不足40mm的敦煌市对800余份国内外亚麻种质资源进行了成株期田间抗旱性鉴定评价，筛选出了以定亚17号为代表的60多份一级抗旱种质，已提供甘肃、宁夏、新疆、山西、内蒙古、河北、黑龙江等省（自治区）亚麻育种单位利用。同时对部分资源的芽期、苗期也进行了抗旱性评价，制定了甘肃省地方标准《胡麻抗旱性鉴定评价技术规范》，对亚麻抗旱种质的发掘与创新具有指导意义。

5. 优质种质　路颖等（1999—2001）对“八五”、“九五”期间收集入库的464份亚麻种质鉴定，筛选出261份早熟、长势优良材料；314份原茎产量高材料；268份纤维产量高材料；60份抗倒伏、抗病性强材料。鉴定筛选出的优异种质Ariane、fany，2002年被科技部、农业部评为一、二级优异农作物种质资源直接生产利用，成为20世纪70～80年代黑龙江省亚麻主产区搭配品种，不但解决低洼易涝地无当家品种的难题，而且推动了亚麻收获机械化的进程。

16世纪，在《方土记》一书中曾这样记载“亚麻籽可榨油，油色青绿，入蔬香美”这说明很早以前人们就将亚麻作为油料作物。因此，亚麻作为重要的经济作物被人们广泛种植。由于亚麻油具有抗衰老、美容、健脑之功效，其食用价值引起了人们的极大关注，优质资源鉴定及品质改良成为育种工作者追求的目标之一。赵利等先后对292份国内外亚麻资源进行了品质分析，结果粗脂肪大于42%的为康乐白胡麻、广河白胡麻、轮选 3 号、张亚 2 号、CASILDA、伊亚 4 号、庄浪小红、内亚 6 号、CDC Bethune、JWS 和 Macbeth，亚麻酸大于 55%的为敦煌白胡麻、酒泉白胡麻、武威白胡麻、尧甸白胡麻、皋兰白胡麻、临夏白胡麻、张掖白胡麻、山丹白胡麻、清水老胡麻、秦安好地胡麻和西礼白胡麻。

6. 野生种质 我国野生亚麻种质丰富，但其与栽培种之间存在着较强的种间杂交不亲和性，多数学者仅限于特征特性、繁殖保存、分类等研究，在育种中的应用一直是技术难题。河北省张家口市农业科学院以坝亚 6 号和坝亚 7 号为母本、多年生宿根型野生种为父本，通过重复授粉＋生长调节剂处理等方法，获得了杂交种子，经花粉粒镜检、DNA 检测证实了杂交种的真实性。创制的1 067参加了全国区域试验、1 075参加了省级区域试验，此外有1 110、1 062等 20 份稳定品系参加鉴定、品比试验。

二、亚麻种质资源创新

1. 利用杂交获得新种质 杂交技术是目前国内外亚麻种质创新中最有成效的方法。一些国外优异品种，如 Ariane（阿里安）、Viking（维金）、Argos（高斯）、Fany（范妮）、DIANE（戴安娜）等，具有早熟、高纤、抗倒伏等优点，被广泛作为创新亲本利用。如黑龙江省农业科学院经济作物研究所以早熟雄性核不育亚麻品系 1745A 为母本与 Viking 杂交，于 1997 年 F_{10}代决选出 M8711-2-1；以黑亚 10 号为母本与 Argos 杂交，于 2002 年 F_7代决选出 95134-20-2；1997 年，以 96056（黑亚 4 号×俄罗斯品种 KPOM）为母本与 96118（法国品种 Argos×黑亚 4 号）杂交，于 2004 年 F_8代决选出 97175-58。利用亚麻雄性核不育材料采用连续回交、杂交方法进行转育，综合不同类型的多个优良性状，实现优异基因的累加，获得大量变异材料，如 M8813-24 株高 107.6cm，工艺长度 88.7cm，分枝数 5.5 个，蒴果数 12.7 个，原茎产量6 309.5kg/hm^2，比对照“黑亚 7 号”增产 25.6%，出麻率 22.4%，比对照提高 3%，且株型紧凑、生长旺盛，抗倒伏、抗病性强，是一份十分优异的亲本材料。

2. 利用亚麻野生资源创造新的变异 远缘杂交可打破种间或科、属间界限，使物种间的遗传物质交流和结合，是物种或种质创造的一条重要途径。近年来，随着远缘杂交不易成功和杂种结实率低等原因的进一步阐明以及远缘杂交技术的进步，远缘杂交技术在亚麻种质创新和育种利用中越来越广泛，也取得了很大的进展，黑龙江省农业科学院经济作物研究所 2004 年开始了亚麻远缘杂交幼胚培养技术的研究，已获得栽培种和一年生野生亚麻的杂种后代，并用于抗病基因发掘和种质创新研究。李明（2006）在加拿大植物基因资源中心利用染色体数相同的野生种（*L. angustifolium*）和栽培种 Opalina 杂交后获得了杂种后代。Seetharam（1972）进行亚麻属种间杂交，染色体数（$2n=30$）相同的 9 个种间 12 个组合均获得杂种后代，而不同染色体数间 14 个组合仅个别收到种子，种植后没有获得后代。

3. 利用体细胞无性系创新 体细胞无性系后代变异广泛、稳定快，能基本保持原品种的特性，为种质创新提供了优越条件。Tejavathi 等（2000）以 3 个优良亚麻品种的下胚轴为外植体诱导产生的愈伤组织，通过切片记录了一个品种通过间接途径从二细胞到鱼雷胚的发展阶段，体细胞胚长成正常植株转移至土壤中的幸存比例仅为 2%～3%。Dedicova 等（2000）发现了从胚轴上能够再生出根和类似胚芽的结构。葛春辉等以双亚 5 号为试验材料进行体外诱导培养，得到了大量的体细胞胚胎。黑龙江省亚麻工业原料研究所以亚麻茎尖、子叶、下胚轴为材料，通过组织培养获得再生植株，并系统研究了光照条件、培养基、激素及附加物对愈伤组织诱导率及再分化频率的影响，建立了稳定的培养体系，使绿苗分化率达 90%以上，对亚麻组织再生植株进行连续 3 个世代的观察，获得了雄性不育、感病、矮秆等变异植株，有些性状变异在亚麻种质资源创新上有很好的利用价值。

4. 物理诱变创新 物理诱变的因素从早期的 X 射线发展到 γ 射线、中子等多种诱变因素，方法也从单一处理发展到复合处理，同时，与杂交、组织培养等密切结合，大大提高了诱变应用效果。对亚麻新引进种质用^{60}Co-γ 射线处理种子创造新类型，是简便易行、效果显著的创新手段。通过辐射打开基因的连锁，再通过基因重组产生变异，杂交又可使双亲的优缺点互补加强，综合双亲的优点，把辐射获得的优良突变性状遗传给后代，创造了一批特点突出的优良亚麻种质突变系，通过与常规优系杂交，培育出亚麻新品种，有些新种质经选育后已登记成新品种。如以“火炬×瑞士 10 号”的杂种后代优良株系 6104-295 为材料，^{60}Co-γ 射线20 000伦琴处理种子，M_3代选育出优良突变系 γ67-1-681，又以其为母本与常规优系 6409-640 杂交选育出黑亚 4 号，该品种抗盐碱、丰产性突出，原茎产量8 241.0kg/hm^2，推广面积20 000hm^2。此后又选育出高纤、优质的黑亚 6 号、黑亚 7 号、内纤亚 1 号等株高、原茎产量、种子产量、出麻率、抗逆性等突出的亚麻新种质，填补了我国盐碱地无当家品种的空白。航天诱变技术，近年来在作物育种中得以广泛应用，取得了良好进展。

张家口市农业科学院于 2006 年通过搭载“实践八号育种卫星”，对 10 份亚麻资源进行空间环境诱变，创新种质资源 14 份，实现了航天育种技术在亚麻中的应用。

5. 化学诱变创新 自 1943 年 Ochlkers 用脲脘处理月见草诱发了植物染色体产生畸变后，化学诱变技术就广泛应用于作物种质创新，随着基因组研究发展，还可创制基因功能研究的重要试验材料。目前公认的最有效和应用较多的是烷化剂和叠氮化钠两大类。烷化剂以甲基磺酸乙酯（EMS）、硫酸二乙酯（DES）和乙烯亚胺（EI）应用较多。用 EMS 处理亚麻黑亚 19 种子，M_1在叶、茎、花等性状都获得了突变体。不同时间和浓度 EMS 对纤维亚麻 YOI303 种子诱变处理，对处理的种芽盆栽后得到的幼苗进行控水试验，研究幼苗对干旱胁迫的理化响应，发现 0.05% EMS 处理 3h 所得的突变体幼苗耐旱性最好。

化学诱变技术广泛应用于单倍体育种与多倍体育种，最常用的化学诱变剂是秋水仙碱。花药培养获得的单倍体植株，常用秋水仙碱进行染色体加倍使其正常结实。以秋水仙碱处理种子、胚等组织，可产生多倍体或多胚性突变，为种质创造提供原始材料。黑龙江省甜菜研究所（经济作物研究所）从 1976 年开始亚麻单倍体育种研究，成功地把花粉粒离体培养，诱导出愈伤组织，并分化出幼苗，1980 年获得花粉培养植株 22 株，并成功移栽大田。以 0.02%～0.03%的秋水仙碱溶液，处理花粉植株根部或生长点 8～12h，温度 16～19℃，即可达到花粉植株加倍的目的。

6. 外源 DNA 导入种质创新 黑龙江省农业科学院经济作物研究所 1993 年开始亚麻植株总 DNA 提取技术研究，提取了纯度、浓度及长度符合要求的 DNA 片段，采用微注射法通过花粉管途径导入受体，并获得表达。通过过氧化物酶同工酶分析及受体后代各世代性状表现，发现外源 DNA 导入后可产生广泛的遗传变异，株高、花色、熟期、种皮颜色、抗倒伏性等发生了明显变异，获得大量变异材料（表 4-2）。

表 4-2 外源 DNA 导入后代性状变异

性状	突变体	供体	受体	供体性状	受体性状	变异性状
花色	D94013 D94015	黑亚 1 号	俄 5	兰花	兰花	粉花
熟期	D94009 D95019 D95025	黑亚 10 号 85157	阿里安 维金			比受体早熟 5～7d 单株
种皮颜色	D93005 D93005	黑亚 9 号	白花	黄色	褐色	浅褐色种皮且稳定遗传
抗倒伏	D95021-1 D93009-13-15	黑亚 7 号 黑亚 10 号	阿里安 范妮			极强抗倒性

7. 亚麻种质创新的其他途径

（1）多胚亚麻种质创新 杂交可以促进多胚现象在不同基因型间联合、集中和扩展。刘燕（1999）利用 3 份引进资源与具有不同遗传基础的种质杂交，H_0代多胚检测结果显示，以 D95029 为母本的 4 个组合后代双胚率为 19.2%，以 D95030 为母本的 3 个组合后代的双胚率为 5.3%，以 D95031 为母本的 3 个组合后代的双胚率为 1.3%。康庆华（2011）等利用系选的多胚资源，采用与几乎不具有多胚性的材料以广泛杂交的方式对引进的多胚资源进行改良和利用，发现多胚率最高的一个组合 H09052，F_1代多胚率达 50%。并且还利用引进的多胚资源创造了多个新材料，并进行双生植株的形态学、细胞学和分子生物学研究。

（2）亚麻幼胚挽救种质创新 栽培亚麻和野生亚麻种间杂交能够对亚麻进行品种改良以及种质创

新，但在自然条件下幼胚败育，不能得到成熟的种子。程莉莉（2015）等以栽培亚麻杂交 F_1 代和红花亚麻为材料，进行种间杂交试验通过对幼胚剥离时期的确定以及愈伤组织培养基的筛选等研究，对杂交后形成的幼胚进行离体培养，初步建立幼胚挽救体系并获得了一批通过幼胚挽救得到的亚麻低世代种质资源新材料。

第四节 亚麻种质资源的分子生物学研究

我国亚麻分子生物研究始于20世纪90年代，在DNA提取、基因克隆与转化、分子标记、分子身份证、遗传多样性分析、遗传图谱构建等方面取得了一些进展。

一、亚麻DNA提取

1993年开始，亚麻外源总DNA花粉管通道导入技术研究，当时大多数作物广泛采用氯仿—异戊醇—核糖核酸酶法，由于亚麻种子及植株体中含有大量果胶，和DNA一样在碱性条件下溶于乙醇，很难去除，提取亚麻根尖DNA效果不十分理想，特别是利用植株体效果更差。野生亚麻种子发芽十分困难，必须用植株体提取。王玉富等（1997）通过不同的DNA提取方法的研究，探索出一种适合于亚麻植株DNA提取的新方法，即改良高盐低pH法。该方法提取的DNA，不仅纯度高，片断长度接近50kb，符合外源DNA导入的要求，而且具有高效、省时、无毒、简便、经济等特点，可用于亚麻DNA的大量提取。少量DNA提取可采用改进的CTAB法提取亚麻基因组DNA（邓欣等，2007，杜光辉等，2009）。目前，随着DNA提取试剂盒的推广，也在亚麻研究中被广泛采用，如TIANGEN的DNA提取试剂盒（何东锋等，2008；赵东升等，2012），OMEGA植物DNA提取试剂盒（郝冬梅等，2011）。

二、亚麻转基因技术

转基因技术是利用基因工程技术把外源基因导入植物细胞是现代遗传育种技术，为亚麻遗传改良提供了一条新途径，80%以上的转基因植株是利用根癌农杆菌转化系统获得。我国首先是进行花粉管通道法基因转化体系研究。由于作物花器构造、大小及开花授粉时间的差异，不同作物利用花粉管通道导入技术进行外源DNA导入的时间及方法不同。亚麻从授粉到受精需2.5～3h，受精后经过24～30h卵细胞开始分裂（李宗道，1980），如此长时间的合子静止期足以等待外源DNA的到达，子房内部是否有可供DNA进入的通道是此技术的关键。利用不同时间现蕾的亚麻花朵去雄套袋的方法，观察授粉后子房内部结构，发现8：00的子房内部未发现明显通道，10：00可见到花粉通道已达到子房底部，12：00以后通道逐渐变大，14：00以后从子房顶部到基部可见到明显的通道，十分有利于外源DNA的进入。刘燕等（1997）认为，在亚麻开花当天，11：30前后为较适宜时期，花柱基部切割滴注为较适宜的方法。李闻娟等（2013）通过花粉管通道法将*bar*基因导入亚麻，以叶片涂抹法对 T_1 代转化植株进行田间草丁膦最低致死浓度筛选，并用PCR检测*bar*基因阳性的抗性植株，证明通过花粉管通道法将*bar*基因成功转入亚麻基因组。

我国从1998年开始了农杆菌介导法亚麻转基因技术的研究，王玉富等（2000a）利用*GUS-INT*基因对转化系统优化，使转基因愈伤组织的诱导率达77.4%，分化率为31.8%（王玉富等，2000b），并进行了亚麻转基因植株的再生及生根培养研究，初步建立起根癌农杆菌介导法的亚麻转基因系统，此后日趋完善。同时，也进行了一些目的基因的转化研究，如几丁质酶（*rc24*）基因（王毓美等，2000），经抗性小芽生根筛选及叶片抗性检测初步推断几丁质酶基因已经进入亚麻基因组中。*Bar*基因，利用农杆菌介导法进行亚麻黑亚11号和黑亚9号转抗除草剂*Basta*基因试验研究，获得了转化的愈伤组织（康庆华等，2002），经过进一步试验获得了卡那霉素连续筛选的抗性植株，经PCR分子检测证明目的基因已经整合到亚麻基因组中（王玉富等，2008a）。兔防御素*NP-1*基因用于转化亚麻，对其表达及其对亚麻枯萎病和立枯病的抗性研究，获得了转基因抗性植株（苑志辉，2005）。近几年对有关亚麻纤维品质的基因进行了研究，进行了亚麻木质素合成相关基因 *COMT*（龙松华等，2014a），亚麻木质素合成酶关键基因 *4CL*（龙松华等，2014b）的克隆与转化，通过 GUS 染色及 PCR 检测，表明干扰载体已经转入亚麻中。

三、基因克隆

较早用于亚麻基因转化研究的主要是抗性基因。随着生产和技术的发展，与亚麻纤维素及木质素等相关基因的研究逐步得到重视并开始克隆。

2008 年，用同源序列克隆法从亚麻中克隆了雄性不育基因同源序列 *MS2-F* cDNA（登陆号：EU363493），该 cDNA 全长 1 911bp，包含一个 1 608bp 的 ORF，编码 535 个氨基酸，推导的蛋白质序列中包含 2 个雄性不育保守区：NAD 结合区域和雄性不育 C-末端区域。该基因与油菜和拟南芥雄性不育基因的一致性分别为 59.65%和 59.16%，为花蕾特异表达基因，推测在亚麻花粉发育过程中与脂酰辅酶 A 还原酶有相似功能（斯钦巴特尔等，2008）。用简并引物 RT-PCR 方法，克隆了与亚麻木质素合成酶相关的 *CAD* 基因 cDNA 部分序列，长度为 477bp，编码 159 个氨基酸残基。此 cDNA 序列为亚麻 *CAD* 基因序列（黄海燕等，2008），并构建了 pGEM-T-CAD 质粒。用限制性内切酶 EcoR Ⅰ 酶切 pGEM-T-CAD 质粒和载体 pGEM-7Zf（-），进行连接，构建成中间表达载体 pGEM-7Zf（-）-CAD 质粒。用限制性内切酶 Xba Ⅰ 和 BamH Ⅰ 双酶切中间表达载体 pGEM-7Zf（-）-CAD 质粒和 pBI121 载体，进行连接，构建了亚麻 *CAD* 基因反义植物表达载体 pBI121-antiNTCAD（王玉富等，2008b）。高原等（2008）利用木质素合成途径中关键酶基因的同源基因保守序列设计简并引物，通过 RT-PCR 扩增，电泳获得 13 个特异带。分别将这些 DNA 片段连接到 T 载体后转化大肠杆菌，从重组质粒转化菌分别挑取 5～8 个单菌落测定插入片段序列，得到关键酶基因新的片段序列 8 个。生物信息学分析结果表明，这些新片段分别属于 3 个基因家族，其中，2 个 *CCoAOMT* 基因片段（GenBank 登录号为 EF214740、EF214741），3 个 *4CL* 基因片段（GenBank 登录号为 EF214737、EF214738、EF214739），3 个 *F5H* 基因片段（GenBank 登录号为 EF214745、EF214746、EF214747）。在该结果的基础上以克隆的亚麻 *4CL* 基因片段为靶序列，龙松华等（2014）利用 RACE 方法克隆其全长 cDNA 序列（1957bp），GenBank 登录号为 KC832864。陈秀娟（2013）通过同源序列克隆法获得了植物激素油菜素甾醇 BRs 在亚麻中的受体基因 *BRI1* 和转录因子 *BES1* 的核心片段克隆，获得的 800bp 左右的 *LuBRI1* 核心片段及 1 700bp 左右的 *LuBES1* 核心片段。

四、亚麻分子标记

分子标记是一种以个体 DNA 中核苷酸的序列差异为基础的标记，其特点是在 DNA 水平上反映出个体间的遗传差异。DNA 分子标记技术有十几种，已成功应用于多种动植物资源的遗传多样性分析、亲缘关系鉴定、基因定位、遗传图谱构建等。分子标记在亚麻中应用较少，主要利用的是 RAPD、AFLP 和 SSR 标记技术。

RAPD 以其程序简单快速，所需 DNA 量少，能分析大量样品，且无需知道目的 DNA 片段序列信息备受青睐。所以，RAPD 标记也最早用于亚麻，首先用于亚麻抗病基因的标记。2002 年，王世全等用 500 个 RAPD 标记对 6 个抗不同锈病生理小种的亚麻近等基因等进行分析，获得了 2 个比较稳定的标记，分别为 A18（AGGTGACCGT）和 C6（GAACGGACTC），并将两条 RAPD 特异指纹带命名为 A18 和 C6（2002）。薄天岳等（2002）利用 RAPD 分析找到了与亚麻抗锈病基因 *M4* 紧密连锁的 RAPD 标记 OPA18432，并成功地转化为特异的 SCAR 标记。杨学等（2011）进行抗病基因 RAPD 标记的筛选，从 240 条随机引物中筛选出一条多态性引物 OPP02，经克隆、回收和测序，证明 OPP02792 是与抗白粉病紧密连锁的分子标记。张晓平等（2007）采用分离群体分组分析法，从 500 个 RAPD 随机引物中筛选出一个引物 S1377 在两亲本及抗、感基因池中均能扩增出一条大小为 800bp 稳定的差异条带，命名为 *S1377-800*，通过 F_2代个体验证，*S1377-800* 与亚麻耐渍基因紧密连锁。高凤云等获得了与亚麻显性雄性核不育有关的 3 条差异片段 S62、S135 和 G06（2007）。

SRAP 标记技术使用了 17～18bp 的引物以及变化的退火温度，保证了扩增结果的稳定性，同时由于正反引物的自由组合而用少量的引物可进行多种组合配置，大大减少了合成引物的费用，提高了引物的使用效率，所以，操作简单、费用低。由于正反引物匹配完全不同的 DNA 区域，可以在基因组的多个区域实现扩增，并且具有良好的全基因组覆盖度，适用于构建饱和度更高的连锁图。近年来，亚麻 SRAP 标记的应用，开展了反应体系优化及多态性标记筛选（王斌等，2009；吴建忠等，2011；郝荣楷等，2013）。吴建忠（2013）、李明（2014）等利用 SRAP 构建了亚麻连锁图。

SSR 标记具有扩增稳定、特异性高、共显性、开发成本相对低等优点，但是利用 SSR 标记，首先要开发亚麻 SSR 引物。张建平等（2009）从7 941个亚麻 EST 中筛选出 222 个 SSR。根据 SSR 序列设计了 22 对引物，其中，14 个引物对在 10 个亚麻材料间显示出多态性。龙松华等（2010）及苏钰等（2012）利用同样的方法分别开发了 17 对和 32 对 SSR 引物。利用亚麻基因组测序序列分析结果开发了 206 对 SSR 引物，并登录 GeneBank，accession numbers：GQ461360-GQ461565（Xin Deng 等，2010）。进行 SSR 标记或分析，首先要有亚麻专用的引物序列，其次要有优化的反应体系，因此，在我国除了进行上述的 SSR 引物开发以外，也有人进行了 SSR 反应体系的研究，并获得了较好的反应体系：即总体积 20μL，Mg^{2+} 1.9mmol/L，dNTPs 0.55mmol/L，Taq DNA 聚合酶 1.5U，25ng/μL 引物 75ng，DNA 模板（50ng/μL）100ng。

ISSR 是用锚定的微卫星 DNA 为引物，即在 SSR 序列的 3′端或 5′端加上 2～4 个随机核苷酸，PCR 中，锚定引物可以引起特异位点退火，导致与锚定引物互补的间隔不太大的重复序列间 DNA 片段进行 PCR 扩增。所扩增的多个条带通过聚丙烯酰胺凝胶电泳或者琼脂糖凝胶电泳得以分辨，扩增带多为显性表现。无需知道任何靶序列的 SSR 背景信息，结合了 RAPD 标记技术和 SSR 标记技术的优点，耗资少，模板 DNA 用量少。但是反应条件不易掌握。在亚麻上应用的不多，仅进行了一些反映体系的优化和引物的筛选以及遗传多样性分析。

此外，还有 AFLP 标记，该方法具有共显性、稳定性高和多态性强等特点，国内在亚麻上应用研究比较少。李明（2011）通过 AFLP 标记分析 85 份亚麻材料，获得 168 个具有多态性位点，结果表明，遗传相似系数 0.53，85 份材料分为 4 类，且可将栽培种和 3 个野生种区分；在遗传相似系数 0.67，纤维亚麻分为 1 类，而绝大多数油用亚麻分成 4 类，说明油用亚麻的遗传多样性远高于纤维亚麻，国产纤维亚麻中黑字号品种相似度极高，遗传背景狭窄，而双字号品种多样性稍高。还证明 *Linum bienne* 与亚麻栽培种（*L. usitatissimum* L.）关系密切，并支持纤维亚麻来自油用亚麻的假说。

五、基于分子标记的多样性分析

基于分子标记的遗传多样性分析可为资源分类、鉴定、保护和开发利用提供参考。邓欣等（2007）利用 25 个随机引物对 10 种来自不同国家和地区的亚麻品种的遗传多样性进行 RAPD 分析，获得 206 条多态性条带，多态率为 24.18%。10 个品种间的遗传距离在0.027 3～0.072 4，用 UPGMA 法建立了 10 个亚麻品种的亲缘关系树状图，并可将它们分为 3 组。何东峰等（2008）从 600 个随机引物筛选出 28 个扩增稳定性较好的引物，对 18 份来自不同国家和地区的亚麻资源遗传多态性进行 RAPD 分析，共扩增出条带 529，其中多态性条带 201，总的多态性百分率（PPB）为 38.0%。用 NTSYSpc（2.10）软件进行 UPGMA 聚类分析，18 个亚麻品种遗传距离为0.046 9～0.133 2，可分 3 大类。郝冬梅等（2011）利用 32 个 RAPD 引物对 26 份亚麻聚类分析，其遗传相似性系数的变异范围 0.51～0.97。其中，AGATHA 与中亚麻 1 号的遗传相似性系数最大，为 0.963，表明两个品种的亲缘关系较近。而遗传相似性系数最小的为派克斯与 Alfonso INTA，为 0.512，表明它们之间的亲缘关系较远。当遗传相似性系数约为 0.67 时，这 26 个亚麻品种可分为 3 个类群：第Ⅰ类群包括两个品种，分别是 Line No.7 和 Alfonso INTA。第Ⅱ类群也包括两个品种，分别 Y7I118 和 Y7I117。其余的 22 个品种为第Ⅲ类群。

六、分子身份证构建

植物分子身份证是近年来国内学者提出的一个概念，不同的生物所带有的遗传信息不同，通过提取生物的DNA遗传信息来建立的分辨不同生物的一个标记，并作为品种识别的一个标准。郝冬梅等（2011）已经初步建立了亚麻RAPD标记分子身份证体系。建立过程是选用1 480条RAPD引物，以26份国内外亚麻种质资源或品种为材料，进行了引物筛选。筛选出了32条多态性比较好的引物，32个RAPD标记共产生79个多态性条带，多态性比率为44.4%。在筛选出的32个RAPD引物中又进行再次筛选，选出多态性好、特异性好的10个核心引物，编号分别为S1047、S1230、S1238、S1270、S1314、S1353、S2105、SC07、SH04、ST09。并利用这10个核心引物构建了26份亚麻材料的DNA指纹图谱，并将条带的有或无转化成1或0，每份材料构成了一组71位数二进制数据，将每份材料的二进制数据转换为22位的十进制数据，构成了每份材料的分子身份证。

七、分子遗传图谱

分子遗传连锁图谱是以DNA分子标记为基础构建的。高密度的分子遗传图谱，对基因的图位克隆、分子标记辅助选择、QTL位点定位等具有重要的理论和实践意义。吴建忠等（2013）利用DIANE（纤用亚麻栽培种）和宁亚17（油用亚麻栽培种）为杂交亲本，构建30个F_2单株作图群体，选用71对SRAP和24对SSR共显性标记构建了全长为546.5cM、含12个连锁群（LGs）的亚麻遗传连锁图谱，标记均匀分布于12个连锁群。李明等（2014）以早熟、蒴果开裂、蓝花的油用亚麻农家种CN100910与中晚熟、白花、高纤的纤用亚麻Opaline杂交得到的F_2群体作构图群体，从513对SRAP引物中成功获得63对条带清晰、多态性好的引物，共产生249个多态性位点。其中，169个位点构成含有18个连锁群，全长499.30cM的亚麻连锁图，在图谱上检测到与纤维含量、工艺长度和裂果性状有关的15个QTL。

第五章 大　麻

大麻（hemp）为一年生草本韧皮纤维植物，学名 *Cannabis sativa* L.。是重要的优质纺织原料，因其印度亚种是与罂粟、古柯齐名的三大毒源植物，其种植利用也备受争议。大麻属短日照异花授粉作物，雌雄异株（少部分同株），染色体 $2n=20$。

第一节　大麻的起源、传播与种植区域

一、起源与传播

我国种植和利用纤维大麻的历史十分悠久。在远古时代，我们的祖先就开始采集野生大麻的种子食用，成为我国五谷（麻、黍、稷、麦、菽）之一。据考古发现和文字记载，我国在公元前3 500～4 000年就已利用大麻纤维结绳织布，比国外记载最早的西耶人（Scythians）在伏尔加河流域栽培大麻的历史早1 500～2 000年。公元前 2700 年黄帝神农氏时代在黄河中游地区开始广泛种植，利用冷水沤制技术进行皮秆分离，利用搓、纺、坠、渍技术把大麻纤维纺纱、织布、成衣，形成了人类社会最早的轻纺工业。西周时代设置典枲（花麻）官来管理大麻种植和麻布、麻线赋税的征收。到秦汉时期传播到黄河下游的齐鲁地区，同时向南发展。盛唐时期，渤海国归附于唐王朝以后传到东北，新中国成立后至 20 世纪 80 年代初期，黑龙江省种植面积约 5.4 万 hm^2，最高时达 200 万 hm^2。

公元前 1500 年左右传入欧洲，到 16 世纪才广泛栽培。19 世纪后，大麻因纤维独有的防腐、抑菌、强度高被广泛应用于航海、现代工业，种植几乎遍布世界各地，至 20 世纪中叶，由于石化工业快速发展，化纤大量替代大麻纤维，加之大麻的致幻成瘾的毒性成分，在欧美一些国家被用作毒品源植物利用，联合国禁毒公约组织为控制毒品泛滥明令严禁种植大麻，致使大麻种植面积锐减。

我国大麻种质资源极为丰富，在西南、西北、华北和东北各地都发现有野生大麻。国内外多数学者认为中国是世界上种植大麻最早的国家，是大麻的起源中心。在原苏联、蒙古、阿富汗、巴基斯坦、印度也曾发现大麻野生类型，有的学者认为中亚、喜巴拉雅山和西伯利亚中间地带以及高加索和里海南部等也是大麻原产地。

二、我国大麻的分布

我国古代大麻主要分布在黄河流域一带，以黄河中下游地区较多，南方也有栽培。自唐代以后，向长江流域及黄河流域以北地区传播。

我国大麻分布区域十分广泛，南起云南、北达黑龙江，各地都有栽培，呈现大分散、小集中的特点。按地域分为东北、西北、华东、华北、中南、西南 6 个麻区。按生态区域分为 12 个栽培集中区（表 5-1）。由于大麻地理分布广、形态变异幅度大、栽培利用方式各异，其中，黑龙江、安徽、山西、云南等省种植较集中以生产纤维为主，华北、西北地区气候冷凉，以籽用、油纤兼用为主，高寒阴湿山区等地多为农民自发分散种植。

表 5-1　我国大麻种植区

麻区	集中种植区	代表品种	无霜期（d）	降水量（mm）	年均温（℃）
东北	小兴安岭北麓	孙吴线麻	90～120	500～550	−0.5
	松嫩平原	五常线麻	90～137	438～670	1.2

（续）

麻区	集中种植区	代表品种	无霜期（d）	降水量（mm）	年均温（℃）
西北	渭水流域	清水大麻	110～150	500～600	11.0
华北	桑干河流域	蔚县大白皮	110～150	350～450	6.5
	晋东南	潞州大麻	160～180	520～680	10.7
华东	泰山南麓	莱芜水麻	180～190	700～776	12.8
	皖西大别山北麓	六安寒麻	220	1 072	15.5
中南	汝、沙河流域	上蔡黄埠麻	180～220	700～1 000	13.5
	史河流域	固始魁麻	180～220	700～1 000	13.5
西南	成都平原	温江大麻	≥300	1 000	16.5
	滇东北	汉麻	≥300	660～1230	16.2
	西双版纳	汉麻	常无霜	1 200～1 700	20.3

1. 东北麻区　主要分布在松嫩平原，小兴安岭北麓。俗称线麻或小麻籽，是我国大麻面积最大、原茎产量和纤维产量最高的种植区，历史最高 200 万 hm^2、产量 2.9 万 t。松嫩平原海拔 147～239m，黑钙土有机质含量高，冬季酷寒，春季干旱。小兴安岭北麓平均海拔 500～900m，暗棕壤、草甸土有机质含量高，春季地温上升缓慢、夏季温暖多雨。

2. 华东麻区　主要分布在泰山南麓和皖西大别山区，是我国传统大麻种植区，俗称寒麻、火麻、火球子，主要地方品种有日照火麻、莱芜水麻和六安寒麻。泰山南麓麻区主要集中在的泰安、莱芜、肥城、宁阳、新泰 5 县。常年多春旱，但地下水源丰富，灌溉条件好，为沙壤土和壤土。皖西大别山区麻区主要集中在六安、霍邱、寿县和金寨等县，是 20 世纪 80 年代末我国面积和总产最大的大麻种植区。该区气候温和、雨水充沛，淠河沿岸冲积土土质疏松肥沃，日干夜潮，有利于大麻生长。

3. 华北麻区　主要分布在河北桑干河流域、山西雁北和晋东南地区，俗称潞麻。晋东南麻区主要分布在漳河两岸，漳河亦称潞水，包括长治、长子、沁源等县。沁源县地处太岳山地，以生产麻籽为主，海拔1 000m 左右，属暖温带半湿润气候。雁北麻区主要集中在山西应县、广灵、灵丘等县的高寒山区，多风少雨，所产麻皮多作外贸商品。桑干河麻区主要集中在河北省蔚县、阳原等县的桑干河及其支流壶流河两岸的平川地带。土壤肥沃，土壤有机质 1.5%，有水利灌溉条件。

4. 西南麻区　主要分布在成都平原、云南高寒地带，一般以产籽为主，该区因少数民族有利用大麻做民族服装和嗑食麻籽的习惯，得以大量种植。近些年来，该区尤其是云南省纤维大麻生产发展较快，已成为了我国大麻纤维的主产区之一。成都平原主要集中在温江、崇庆和郫县。

5. 中南麻区　主要分布在河南的汝、沙河，史河沿岸地区，是我国传统大麻种植区之一，俗称魁麻。史河麻区集中在河南固始史河沿岸，南自城林，北至桥沟集，沿河两岸长 75km、宽 1.5～2km 的冲积平原上。灌河沿岸（史河支流）亦有少量栽培。汝、沙河麻区主要集中在河南上蔡、遂平、汝南、平兴、新蔡、淮滨等县。该区商品麻多在上蔡县黄埠镇集散，故又以黄埠麻著名。该区大麻，如固始魁麻由于纤维粗硬，一般以捻绳为主。

6. 西北麻区　主要分布在河西走廊的渭水流域，种植比较分散，主要集中在清水、秦安、张家川等县市，多以油用和油麻兼用为主。主要品种有清水线麻、大荔线麻等。

三、现代大麻产业的发展

现代大麻业的重新振兴，第一，归功于我国大麻脱胶纺纱工艺的重大突破，开发出纯麻、麻/棉（粘）、麻/涤、丝/麻、毛/麻等产品，生产出针织、服装、鞋帽、地毯、壁挂、箱包等大麻系列生活日用品，多次获国际发明博览会、服装服饰博览会大奖，引起国际服装业的巨大关注和反响。第二，归功于欧美国家大麻种植的解禁。1990 年，欧共体率先紧急修订农业政策，废除了大麻种植禁令，恢复大麻生产和研究，随后美国、加拿大、澳大利亚等国家也解禁。第三，归功于低毒雌雄同株大麻品种育成和推广。乌克兰等育成的低毒、雌雄同株大麻品种，四氢大麻酚（THC）含量低于0.03%，接近无毒。与雌雄异株品种比较，减轻了二次收获的劳动量强度、因收获期一致原茎沤制时间和标准更易控制、纤维产量明显提高、出麻率提高约10%、有利于机械化收获，大量降低种植成本。第四，归功于实施亚麻、大麻兼容工程，实现大麻初加工机械化。黑龙江省开创性地采用温水沤麻和雨露沤制工艺进行大麻生物脱胶，利用亚麻剥麻机制取大麻打成麻纤维，彻底改变了传统手工扒麻工艺，且纺出了60公支大麻纱。第五，归功于大麻产业链的延长。云南等省利用籽、秆、叶等开发出系列副产品，提高了综合利用价值，促进了大麻业的健康发展。

第二节 大麻及其野生近缘植物

大麻属于大麻科（Cannabinaceae）大麻属（*Cannabis* L.），该属内仅大麻一个物种。由于大麻在全球分布较广，类型多，种内高度变异，植物学家Small将大麻属分为1个种2个亚种4个变种（1969）。我国的栽培大麻均为油纤用大麻亚种（*C. sativa* ssp. *stiva* L.）中栽培变种（*C. sativa* ssp. *sativa* var. *sativa* Small et Cronquist）。大麻的野生近缘植物资源均来自于其他3个变种（表5-2）。

表5-2 大麻及其野生近缘植物

名称	科	属	种	亚种	变种	变异型
大麻	大麻科 Cannabinaceae	大麻属 *Cannabis* L.	大麻 *C. sativa* L.	油纤用大麻亚种 *C. sativa* ssp. *sativa*	纤用栽培大麻变种 *C. sativa* var. *sativa* Small et Cronquist	按产区，分欧洲大麻和东亚大麻；按熟期分早熟、中熟和晚熟大麻型；按茎色分白木型、青木型、赤木型；按花色分白花型、黄花型和青花型
					纤用野生大麻变种 *C. sativa* var. *spontanea* Small et Cronquist	泰山野生大麻、西藏野生大麻、大庆野生大麻
				药用大麻亚种 *C. sativa* ssp. *Indica*	药用栽培大麻变种 *C. Indica* var. *indica*	印度栽培药用大麻、土耳其栽培药用大麻、叙利亚栽培药用大麻、北非栽培药用大麻
					药用野生大麻变种 *C. Indica* var. *kafiristania* Small. et Cronquist	阿富汗野生药用大麻、巴基斯坦野生药用大麻

第三节 大麻种质资源多样性

中国是大麻的起源和分化中心之一，栽培和利用历史悠久，栽培区域分布广泛，地方品种遍及全国各地，野生资源在西北、西南、华北和东北都有分布，类型繁多。在长期的进化和演化过程中，栽培大麻品种间在形态特征、生物学特性、品质特性、酚类化合物含量等方面存在着明显差异，形成了极为丰富遗传多样性，主要表现在形态特征（如子叶色、叶型、下胚轴色、茎色、茎型、花大小和颜色、种子大小和颜色），生物学特性（如生育特性、干物质积累速度、光温反应、抗病性、抗虫性、毒性、经济性状和产量性状）等。

一、栽培大麻生态型

大麻为异花授粉植物，加之各地的生态条件不同，经过长期栽培和选择，逐步形成了各地的品种或变种。在分类上，以产区不同分为欧洲型大麻（北俄罗斯大麻、中俄罗斯大麻、南方大麻）、东亚型大麻（中国大麻、滨海大麻、日本大麻）；以熟期不同分为早熟、中熟和晚熟大麻等。日本按茎色不同分为白木种（成熟茎黄绿色）、青木种（成熟茎绿色）、赤木种（成熟茎带紫色）。我国四川还有按花色不同分为白花麻籽、黄花麻籽和青花麻籽。黑龙江省按种粒大小分为三大类，结合叶片形状和生育期长短等特征分为12个小类。

二、形态特征

1. 性别　大麻有雌雄同株和雌雄异株两类。雌雄异株在田间雌、雄株比例接近1∶1。雄株出麻率较高，纤维品质好。

2. 株高　大麻的株高因栽培区域和栽培密度的不同差异很大。一般情况下，雌雄异株品种在南方种植密度较小，茎秆较粗，植株比较高大，一般4m左右；在北方种植密度较大，植株比较矮小，在2.5m以下。雌雄同株品种一般在1.8m左右。

3. 茎　颜色有绿色、浅紫色、红色和紫色；横切面有圆形、四棱形和六棱形。

4. 叶型　分2叶和3叶。

5. 雄花　有白色、黄色、黄绿色。

6. 果皮　有绿色、淡黄色、灰色、红色和紫色。

7. 种子　形状有卵圆、近圆、圆形和有无种阜区别；颜色有灰色、浅褐色、褐色和黑褐色；种皮有光滑、网状花纹和斑点3种类型；千粒重差别也很大，轻者9.0g，重者达32.0g，相差近3.6倍。

三、生育期

根据其生育日数可分为早熟、中熟、晚熟3种类型。划分标准为小于100d的为早熟型，100～150d的为中熟型，150d以上的为晚熟型。同一品种在不同地区的熟性表现不同，高纬度品种向南引种生育日数缩短，低纬度品种向北引种生育日数增长。此外，品种的熟性受气温、海拔高度等环境因子的影响较大。

四、利用类型

根据其种植利用目的不同，可分为纤用、油用、油纤兼用3种类型。纤用型品种的株高、纤维产量、出麻率等性状通常比油用型品种优，繁种田种子产量1 000～1 500kg/hm^2，含油率较低，多在30%以下，在较好的栽培条件下，纤维产量1 350～1 800kg/hm^2，干茎出麻率20.0%～21.5%。油用型品种种子产量高，种粒较大，种子产量可达1 050～1 200kg/hm^2，含油率多在30%以上，而纤维产量相对较低。陕西、甘肃、内蒙古、宁夏等省（自治区）的大麻多为油用栽培。兼用型品种的纤维产量和种子产量介于纤维用和油用型之间，一般种子产量为750～1 050kg/hm^2，含油率33.0%～34.8%。

此外，在云南还有造纸用和药用工业大麻种植，其中，药用工业大麻主要指标是雌株干燥花叶中大麻二酚（CBD）含量达到0.4%以上。

五、纤维品质

大麻的纤维品质因加工剥麻方式不同而判定标准不同。一般南方低密度种植，茎秆较粗，以鲜茎手扒麻为主，主要指标有纤维强度、纤维厚度、纤维长度等。束纤维强力一般为638～845N/g，湿润状态下则强力降低。优质大麻品种束纤维强力为882.5～931.6N/g，纤维长120～150cm。北方大麻高密度种植，茎秆较细，以先沤制、再机械剥麻生产打成麻为主，主要指标有纤维强度、可挠度。

六、酚类化合物

大麻植物中含有多种酚类化合物，已分离出的有四氢大麻酚（tetrahydrocannabinol，THC）、大麻二酚（cannabidiol，CBD）、大麻酚（cannabinol，CBN）、大麻环萜酚（cannabichromene，CBC）、大麻萜酚（cannabigerol，CBG）及其丙基同系物THCV、CBDV、CBNV、CBCV和CBGV等以及其在植物体内多以酸的形式存在的四氢大麻酚酸（THCA）、大麻二酚酸（CBDA）、大麻酚酸（CBNA）等70余种，其中，THC对神经系统有很强的刺激作用，为主要致幻成瘾性有毒物质。在大麻的贮存和干燥过程中，THCA 可逐渐转化为 THC。CBN 在一定条件下也可转化为 THC。而 CBD 对人不产生致幻作用，CBD 含量高的多为纤用或油用大麻。

大麻毒性成分的含量因产地、品种不同而差异较大。一般分布于印度、西亚、北非、中南美洲的大麻以含 THCA 为主，毒性成分含量较高，多为有毒型。工业用（纤维或油用）大麻品种，国际标准 THC 含量一般在 0.3%以下，在普通栽培条件下通常低于 0.3%。药用大麻品种 THC 含量在 0.5%以上，用于生产毒品的大麻 THC 含量通常超过 3%。大麻在不同生长时期的 THCA 含量差别很大。

美国利用气液色谱法分析酚类物质含量，通过大麻酚表现型比率＝（THC＋CBM）/CBD 公式将比率大于 1 的定为药用型，小于 1 的定为纤维型。四氢大麻酚麻、大麻酚和大麻二酚含量受植物生长环境影响很大，加拿大通过对大麻进行细胞学、化学分类学和数量分类学研究，认为大麻属只有大麻 *C. sativa* L. 1 个高度变异的种，首先以北纬 30°以北为界线和四氢大麻酚为标准将此种分成 2 个亚种（北纬 30°以北，四氢大麻酚含量低于 0.3%的为纤用大麻；北纬 30°以南，四氢大麻酚含量高于 0.3%的为药用大麻）。在此基础上根据生活环境和果实大小，在每个亚种内又分出野生和栽培 2 个平行发展的变种。在大麻的贮存和干燥过程中，THCA 和 CBM 在一定条件下可逐渐转化为 THC，而 CBD 一般对人不产生致幻作用，CBD 含量高的多为纤用或油用大麻。

第四节　大麻优异种质资源发掘与创新

一、优异种质资源发掘

云南省农业科学院通过对 350 多份大麻种质资源进行鉴定评价，建立了包括酚类化学成分、麻籽蛋白、油脂等含量性状在内的大麻专业种质资源数据库，发掘出一批高纤维率、高蛋白、高油脂、高大麻二酚、低四氢大麻酚含量的特异种质，也包括 THC 含量高于 0.5%的毒品大麻种质资源库及其数据库。利用部分特异资源为材料，选育出云麻 1～7 号等不同生育期、纤用、籽用、籽纤兼用、药纤兼用等系列工业大麻品种，这些品种均符合 THC 含量低于 0.3%的云南省地方标准，其中，云麻 7 号的 CBD 含量达到 0.9%，除作为纤用外，还具有较高的药用价值。

黑龙江省农业科学院收集引进了 500 余份资源材料，通过形态学并结合分子生物学、细胞遗传学系统评价并利用了部分优异资源，获得一批出麻率高、THC 含量低、抗逆性强的育种新材料，育成高纤品种龙大麻 1 号和龙大麻 2 号。

二、花粉管导入法

该技术在大麻中的应用，主要是采用花粉管通道法将亚麻基因组导入大麻，在减数分裂期以及体细胞染色体中期，采用基因组原位杂交技术鉴定导入材料。黑龙江省农业科学院张利国等（2010）对 7 份材料的花药进行染色体分析，发现其中 6 份材料的减数分裂行为正常，材料 08-67 出现了较多的减数分裂异常行为（微核、落后染色体、单价体、多价体、染色体桥、染色体断片等），比例达到了 7.3%，使用原位杂交技术做进一步检测，只有 08-67 出现了黄绿色信号，花粉管通道法以总 DNA 片段或重组 DNA 分子为源基因供体，该技术虽能引起后代发生变异，但最初由于对转化途径和整合机理都缺乏足够的认识，利用原位杂交进行 DNA 序列的定位具有试验周期短、灵敏度高、分辨率高、直观可见等优点，对研究花粉管通道法的整合位点和整合机理、提高转化效率都有重要意义。

三、辐射诱变法

γ 射线处理大麻种子，M_0 植株表现部分雄性不育，花粉母细胞分裂后停止发育，形成空的花粉粒，也可能诱发基因突变或染色体断裂重接产生新的性状。黑龙江省农业科学院用 0.5～7Kr 剂量处理干燥大麻种子，筛选出半致死剂量为 2Kr，但不同品种半致死剂量也不同。处理后代可进行抗逆性筛选（如耐寒、耐盐碱、耐旱等）。

四、化学诱变法

云南省农业科学院在一些资源群体中通过单株鉴定，得到一些性状优异的雌株变异个体，采用化学诱导雄花技术，创造出优良全雌性群体和雌雄同株个体。

第五节　大麻种质资源的分子生物学研究

黑龙江省农业科学院张利国等（2009）采用 RAPD 技术研究大麻的亲缘关系、进化地位以及分类等，将 27 份大麻品种聚类分为 3 类。苏友波（2002）从 280 个 RAPD 引物中筛选出的 42 个引物产生了很好的多态 RAPD 条带，36 个引物根本没有产生任何扩增的 DNA，表明大麻在 DNA 层次上存在超出平均水平的多态现象。郭佳等（2008）通过对 12 个大麻地方品种 55 对 AFLP 引物组合进行筛选，得到 5 对多态性较好的引物，进一步的检测得到 99 条多态性谱带和 10 条特异性带，说明 ALFP 标记对大麻种质资源的分辨率较高。胡尊红（2010）从 64 对引物组合中筛选出 5 对多态性高、条带清晰的引物，对 49 份大麻资源进行了 AFLP 标记多态性分析，来自 14 个地区的群体聚类成 4 个分支，表明大麻品种间的亲缘关系复杂，地理来源不能作为分类的主要依据；大麻种内遗传多样性丰富，群体遗传分化 57.25％发生在群体间，42.75％发生在群体内；建立了 4 个工业大麻品种的 DNA 指纹图谱，可用于品种鉴定。汤志成等以 12 份野生大麻种质和 4 个栽培品种为研究对象，分析了表型性状及 RAPD 标记位点的多态性。结果表明野生大麻表型变异非常丰富，其中变异最大的为千粒重，变异最小的为有效分枝数；RAPD 引物共扩增出 79 条多态性条带，多态性比率为 74.52％。基于表型聚类分析，16 份大麻种质资源分为 3 个类群，第 1 类群包括全部 12 份野生大麻种质，且根据高纬和中低纬分为 2 个明显的分支，另外 2 个类群仅包括 3 份栽培大麻；基于 RAPD 聚类分析，16 份大麻种质资源同样分为 3 个类群，总体上呈现地域性分布，但野生大麻和栽培大麻并未区分开。云南省农业科学院大麻研究团队采用一次复合 PCR 反应鉴定大麻植物化学型的方法，可以对大麻单株的 THC 和 CBD 含量类型进行快速准确的活体鉴定，为大麻种质资源的化学型鉴定带来了极大方便。

第六章 青 麻

第一节 青麻的起源与进化

青麻（Abutilon）是锦葵科（Malvaceae）苂蓉属（*Abutilon*）一年生草本植物，韧皮纤维作物，学名 *Abutilon theophrasti* Medicus Malv. 。别名苘麻、白麻、茼麻、芙蓉麻等。青麻生长周期短，生长快，植株高大，耐环境胁迫能力强，生态适应性广。染色体 $2n=40=40M$（中部着丝粒）。

一、青麻的起源

青麻在我国栽培历史悠久，最早记载于《诗经》、《周礼》，距今已有2 600多年历史。青麻起源于中国和印度西北部，主要栽培国家有中国、蒙古、日本、埃及和美国等。青麻野生及近缘植物资源十分丰富，多分布于热带及亚热带地区。20 世纪 30～40 年代，青麻进入商品种植，栽培面积峰值 80 000hm^2。但由于青麻纤维粗硬且脆，单产不高，渐被其他麻替代，种植面积和总产逐年下降。目前，国内青麻几乎没有商品生产，只有农民自用零星种植约 0. 2 万 hm^2，且用途不限于纤维利用。

二、青麻在中国分布与主要栽培地区

青麻主要分布在黄河流域及其以北地区，以辽宁、河北、安徽、山东和河南为主，吉林、黑龙江、江苏、湖北等省次之，四川、贵州亦有少量栽培。

第二节 青麻及其野生近缘植物

一、青麻物种多样性

我国现有青麻属植物 13 个种（变种），除栽培青麻（*Abutilon theophrasti* Medicus Malv. ）以外，还有 8 个野生近缘种，4 个变种（表 6-1）。

表 6-1 青麻的物种多样性

序号	作物名称	科	属	栽培种	野生近缘种
1	青麻	锦葵科	青麻属	栽培青麻 *Abutilon theophrasti* Medicus Malv.	泡果苘 *Abutilon crispum*（Linn. ）Medicus Malv. 红花苘麻 *Abutilon roseum* Hand. -Mazz. 华苘麻 *Abutilon sinense* Oliv. 无齿华苘麻（变种）*Abutilon sinense* Oliv. var. *edentatum* Feng 滇西苘麻 *Abutilon gebauerianum* Hand. -Mazz. 金铃花 *Abutilon striatum* Dickson. 圆锥苘麻 *Abutilon paniculatum* Hand. -Mazz. 恶味苘麻 *Abutilon hirtum*（Lamk. ）Sweet Hort. 元谋恶味苘麻（变种）*Abutilon hirtum* var. *yuanmouense* Feng 磨盘草 *Abutilon indicum*（Linn. ）Sweet Hort. 几内亚磨盘草（变种）*Abutilon indicum*（Linn. ）Sweet. var. *guineense*（Schumach. ）Feng 小花磨盘草（变种）*Abutilon indicum*（Linn. ）Sweet. var. *forrestii*（S. Y. Hu. ）Feng

二、青麻遗传多样性

青麻遗传多样性较丰富，表现在叶形、茎色、花器、果色等。

1. 栽培青麻的类型 中国栽培青麻主要分布在北方地区，以地方品种为主，其中，栽培面积较大的如辽宁省的二伏早、竹竿青、燕脖青等，河北省的钻天白、大青杨、秋里青等，山东省的泰紫、济宁、秋鳖子等，河南省的大竹竿、钻天灰、商丘秋麻等，江苏省的伏青、秋青”等。

俄国学者贝尔良德根据种子大小将青麻分为小粒和大粒 2 个亚种，将小粒亚种分为心脏型变种、圆叶变种和塔曼变种；将大粒亚种分为金黄色变种、紫色变种、亚铅色变种和杂种变种。华北农业科学研究所于 20 世纪 50 年代，对我国青麻进行了初步分类，以种子大小为一级性状，以叶柄长度、茎色为二、三级性状，将青麻分为 7 个类型。

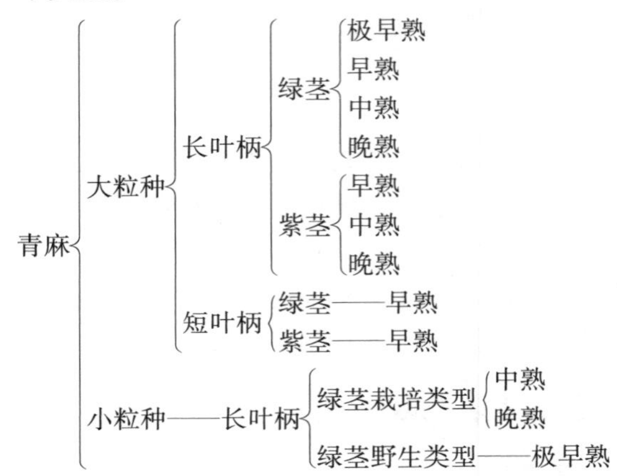

2. 栽培青麻性状多样性

（1）株高 栽培青麻品种一般 300cm 以上。不同品种间差异较大，如二伏早、燕脖青株高可达到 400cm，竹竿青则约 330cm。株高受种植地区和种植密度影响较大，一般长江以南麻区青麻株高很难达到 300cm 以上。

（2）叶片大小 青麻叶片大小差异较大，叶宽 4.5～25.6cm，叶长（不含叶柄）8.3～26.0cm。叶片极小的种质有北京延庆 014A 等，叶片较大的种质有长沙青麻 025A、沅江青麻等。

（3）分枝习性 青麻一级分枝数 0.5～18 个，分枝较强的种质一级、二级分枝数可高达 28 个。

（4）花 花冠大小差异较大，直径 1.2～3.0cm，颜色为黄色，只有深浅之分，未见其他颜色。花瓣叠生或分离，花瓣先端凹陷或凸尖。花药聚合或离散。

（5）蒴果 蒴果颜色分为灰色、深灰色和黑色，开裂或不开裂，果爿数 15～19 个，果爿先端具须状或渐尖。单果种子量 40～60 粒。

（6）果柄 果柄一般为两节，颜色为绿、淡红、灰、紫，其中，灰色果柄与灰色茎、灰色蒴果同时出现。

第三节　青麻优异种质资源发掘、创新与利用

我国比较重视青麻种质资源的收集、保存和研究。已收集青麻种质资源 300 多份，大部分是国内地方品种。经过多年的研究，已安全保存青麻种质资源 257 份，并对其农艺性状进行了初步鉴定，还对部分种质进行了抗病性和品质鉴定和评价，筛选出一批丰产、优质、抗病、专门用途的优异种质。

一、青麻种质资源基础研究

白占兵对 48 份青麻种质资源进行了形态学、RAPD 和 ISSR 分子标记分类研究，指出青麻遗传多样性较为丰富，并提出我国北方存在一个栽培青麻的遗传多样性中心，南方存在一个野生青麻的遗传多样性中心。

二、诱虫植物

传统上青麻是用于生产纤维。但国内外研究者利用青麻叶面积较大、茎叶幼嫩、害虫十分喜欢采食的特点，将其作为诱虫植物开展研究。将青麻种植于其他主要农作物周围或行间，进行害虫诱集后集中捕杀，降低农药使用量和避免目的农作物农药残留。如 Lin 等在棉田行间种植青麻，诱导烟粉虱和棉卷叶螟集中捕杀，发现棉卷叶螟在青麻上的虫口密度是棉花的 46～110 倍，种植青麻诱导后，棉花虫口密度和叶片虫害率分别降低 79％～90％和 83％～94％。

参 考 文 献

薄天岳，叶华智，王世全，等.2002. 亚麻抗锈病基因 M4 的特异分子标记 [J]. 遗传学报，29 (10)：922-927.

曹德菊，程备久，林毅，等.2001. 抗除草剂转基因红麻的分子验证 [J]. 中国麻业 (3)：1-4.

曹德菊，程备久，徐明照，等.2000. 花粉管法将外源除草剂基因导入红麻的有效方法及参数研究 [J]. 中国麻作 (1)：2-6，14.

陈德富，陈喜文.1998. 苎麻体细胞胚胎发生研究初报 [J]. 植物学通报，15 (3)：65-68.

陈富成，祁建民，徐建堂，等.2011. 圆果种黄麻功能叶总蛋白提取方法及双向电泳体系的优化 [J]. 作物学报 (2)：369-373.

陈鸿山.1986. 核不育油用亚麻研究初报 [J]. 华北农学报，1 (1)：87-91.

陈晖，陈美霞，陈艳萍，等.2011. 长果种黄麻 DNA 的提取及 SRAP 分子标记体系的建立 [J]. 福建农业学报 (5)：705-710.

陈惠端，陈美霞，蔡金月，等.2014. 应用 SRAP 分子标记构建黄麻遗传资源 DNA 指纹图谱 [J]. 福建农林大学学报：自然科学版 (2)：113-118.

陈建华，栾明宝，王晓飞，等.2011. 苎麻种质资源核心种质构建 [J]. 中国麻业科学，33 (2)：59-64.

陈建华，许英，王晓飞，等.2011. 苎麻属植物资源基础研究进展 [J]. 植物遗传资源学报，12 (3)：346-351.

陈建华，臧巩固，赵立宁，等.2003. 大麻化学成分研究进展与开发我国大麻资源的探讨 [J]. 中国麻业 (6)：266-270.

陈建荣，郭清泉，张学文，等.2005. 农杆菌介导苎麻叶片遗传转化体系的研究 [J]. 中国农学通报，21 (6)：63-66.

陈建荣，张学文，唐香山，等.2005. CCoAOMT 基因反义表达载体的构建及转化苎麻的研究 [J]. 湖南师范大学：自然科学学报，28 (1)：75-78.

陈美霞，陈富成，颜克伟，等.2011. 红麻叶片高质量 RNA 提取方法比较分析 [J]. 福建农林大学学报：自然科学版 (6)：561-565.

陈美霞，祁建民，方平平，等.2011. 红麻 6 个重要产量性状的 QTL 定位 [J]. 中国农业科学 (5)：874-883.

陈美霞，祁建民，危成林，等.2011. 红麻五个质量性状在遗传连锁图谱中的初步定位 [J]. 作物学报 (1)：165-169.

陈美霞.2011. 红麻遗传连锁图谱构建及重要性状基因定位与 SCAR 标记的开发 [D]. 福州：福建农林大学.

陈平，谭龙涛，喻春明，等.2012. 一种适用于 PCR 检测的苎麻陈年原麻 DNA 提取方法 [J]. 中国麻业科学，34 (6)：249-251.

陈其本，余立惠，等.1993. 大麻栽培利用及发展对策 [M]. 西安：电子科技大学出版社.

陈涛.2011. 盐胁迫红麻叶片差异蛋白质组学及其抗氧化酶活性的分析 [D]. 福州：福建农林大学.

陈秀娟.2013. 亚麻 LuBRI1 和 LuBES1 基因核心片段克隆与再生体系的建立 [D]. 乌鲁木齐：新疆大学.

陈燕萍，陈美霞，徐建堂，等.2011. 圆果黄麻成熟叶片总 DNA 提取及 SRAP 扩增体系的建立与优化 [J]. 福建农林大学学报：自然科学版 (5)：461-466.

程莉莉，关凤芝，吴广文，等.2015. 栽培亚麻与红花亚麻种间杂交及其幼胚挽救的研究 [J]. 中国麻业科学 (1)：1.

程尧楚，段映池，蒋佐升，等.1986. 苎麻染色体组型及 Giemsa-C 带带型研究 [J]. 中国麻作 (4)：1-2.

党占海，张建平，佘新成.2002. 温敏型雄性不育亚麻的研究 [J]. 作物学报，28 (6)：861-864.

邓丽卿，黄培坤，粟建光，等.1994. 红麻和木槿属 *Furcaria* 组植物的形态分类及细胞遗传学研究 [J]. 湖南农学院学报，20 (4)：310-317.

邓丽卿，粟建光，李爱青，等.1991. 红麻种质资源的形态及分类研究 [J]. 中国麻作 (4)：16-20.

邓丽卿，翟正文，陶博，等.1985. 红麻品种对光温反应的研究 [J]. 中国麻作 (2)：1-7.

邓欣，陈信波，龙松华，等.2007. 10 个亚麻品种亲缘关系的 RAPD 分析 [J]. 中国麻业科学，29 (4)：184-188，238.

杜光辉，吴丽艳，段继强，等.2009. 基于农艺性状和 ISSR 标记分析亚麻种源的变异及遗传关系 [J]. 植物资源与环境学报，18 (3)：11-19.

高原，陈信波，龙松华，等.2008. 亚麻木质素合成途径中关键酶基因片段的克隆与序列分析 [J]. 作物学报，34 (2)：337-340.

葛春辉，计巧玲，郭景霞，等.2008. 亚麻品种'双亚 5 号'的胚性愈伤组织诱导和体细胞胚胎发生 [J]. 植物生理学通讯，44 (2)：235-239.

郭安平，黄明，郑学勤，等.1997. 几种麻类作物及其近缘种植物总 DNA 的提取与鉴定 [J]. 中国麻作 (3)：4-10.

郭安平，周鹏，黎小瑛，等.2003. 17 份苎麻栽培品种的 RADP 分析 [J]. 农业生物技术学报，11 (3)：318-320.

郭安平.1999. RAPD分子标记重建我国苎麻属植物亲缘关系的研究［D］. 长沙：湖南农业大学.
郭佳，裴黎，彭建雄，等.2008. 应用AFLP检测大麻遗传多样性［J］. 中国法医学，24（5）：330-332.
郭新波，臧巩固，赵立宁，等.2008. 苎麻野生近缘种植物基因组DNA提取技术的改进［J］. 中国麻业科学，30（1）：28-32.
郭运玲，熊和平.1999. 大麻染色体核型分析［J］. 中国麻作（2）：21-22.
郝冬梅，邱财生，于文静，等.2011. 亚麻RAPD标记分子身份证体系的构建与遗传多样性分析［J］. 中国农学通报，27（05）：168-174.
郝荣楷，张建平，党占海，等.2013. 亚麻SRAP-PCR反应体系的优化建立及多态性标记筛选［J］. 甘肃农业大学学报，48（5）：43-49.
何东锋，陈信，邓欣，等.1985. 亚麻遗传多样性的RAPD分析［J］. 生物技术通报（5）：126-129，144.
何嵩山.1985. 苎麻纤维细度的研究［J］. 中国麻作（4）：17-22.
侯思名，段继强，梁雪妮，等.2005. 苎麻总DNA提取的CTAB法优化方案［J］. 西北植物学报，25（11）：2193-2197.
胡尊红，郭鸿彦，胡学礼，等.2012. 大麻品种遗传多样性的AFLP分析［J］. 植物遗传资源学报，13（4）：555-561.
湖南省麻类研究所.1976. 我国黄麻、红麻、苎麻的起源与分类［J］. 植物分类学报（1）：31-37.
黄海燕，王玉富，薛召东，等.2008. 亚麻CAD基因克隆及序列分析［J］. 湖北农业科学，47（5）：496-498.
黄小英，刘瑛，赖小萍，等.2005. 一种提取野生苎麻总DNA的方法［J］. 中国野生植物资源，21（1）：56-57.
蒋彦波，揭雨成，周建林，等.2007. 苎麻基因组微卫星的分离与鉴定［J］. 作物学报，33（1）：158-162.
蒋彦波，揭雨成.2005. 中国苎麻属植物亲缘关系研究进展［J］. 植物遗传资源学报，6（1）：114-118.
揭雨成，周青文，陈佩度.2002. 苎麻栽培品种亲缘关系的RADP分析［J］. 作物学报，28（2）：254-259.
康冬丽，潘其辉，易自力，等.2008. 基于ITS序列的苎麻属大叶苎麻组的系统发育研究［J］. 武汉植物学研究，26（5）：450-453.
康冬丽，潘其辉，易自力，等.2008. 基于rbcL序列探讨荨麻科植物的系统发育关系［J］. 分子细胞生物学报，41（4）：255-264.
康庆华，关凤芝，吴广文，等.2011. 多胚亚麻种质的研究与利用［J］. 中国麻业科学，33（4）：179-182.
孔华，郭安平，章霄云，等.2006. 苎麻遗传转化再生体系的建立［J］. 分子植物育种，4（2）：233-237.
赖占均，彭合润，肖秋兰.1980. 江西苧麻品种纤维品质分析报告［J］. 江西农业科技（11）：26-27.
雷传琴，杨雅婷，王亚美，等.2014. EMS诱变加干旱胁迫对YOI303纤维亚麻幼苗理化特性的影响［J］. 新疆农业科学（12）：7.
李丰涛.2013. 红麻对重金属的吸收特征及外源GSH缓解镉毒的机理研究［D］. 福州：福建农林大学.
李建军，郭清泉，陈建荣.2006. 21份不同木质素含量的苎麻的RADP聚类分析［J］. 中国麻业，28（3）：120-186.
李明，姜硕，郑东泽，等.2014. 亚麻SRAP标记连锁图谱的构建及3个数量性状的定位［J］. 东北农业大学学报，45（2）：12-18.
李明.2011. 亚麻种质资源遗传多样性与亲缘关系的AFLP分析［J］. 作物学报，37（4）：635-640.
李闻娟，张建平，陈芳，等.2013. bar基因的亚麻花粉管通道法转化［J］. 中国农学通报，29（12）：96-100.
李宗道.1980. 麻作的理论与技术［M］. 上海：上海科学出版社.
廖英明，徐建堂，祁建民，等.2013. 红麻细胞质雄性不育系与保持系总蛋白提取及双向电泳体系优化［J］. 热带作物学报，34（7）：1294-1299.
刘晨晨，栾明宝，陈建华，等.2015. 苎麻Genomic-SSR与EST-SSR分子标记遗传差异性分析［M］. 中国麻业科学，37（2）：57-63.
刘成朴.1981. 中国亚麻品种志［M］. 北京：农业出版社.
刘飞虎，郭清泉，郑思乡，等.2002. 苎麻种质资源［M］. 北京：中国农业出版社.
刘倩，戴志刚，陈基权，等.2013. 应用SRAP分子标记构建红麻种质资源分子身份证［J］. 中国农业科学（10）：1974-1983.
刘旭.1999. 种质创新的由来与发展［J］. 作物品种资源（2）：1-4.
刘燕，王玉富，关凤芝，等.1997. 亚麻外源DNA导入的适宜时期与方法的研究［J］. 中国麻作，19（3）：13-15.
刘燕.1999. 多胚性亚麻种子的单倍体育种技术［J］. 中国麻作，21（3）：19-20.
龙松华，乔瑞清，李翔，等.2014. 亚麻木质素合成相关基因COMTRNAi表达载体构建及转化［J］. 中国麻业科学，36（4）：169-173.

龙松华，李翔，陈信波，等 . 2014. 亚麻 4CL 基因克隆及 RNAi 遗传转化［J］. 西北植物学报，34（12）：2405-2411.
龙松华，李翔，邓欣，等 . 2010. 亚麻 EST-SSR 信息分析与标记开发［J］. 武汉植物学研究，28（5）：634-638.
龙松华，乔瑞清，李翔，等 . 2014. 亚麻木质素合成相关基因 COMTRNAi 表达载体构建及转化［J］. 中国麻业科学，36（4）：169-173，187.
路颖 . 2004. 我国亚麻种质资源的研究与评价利用［J］. 中国麻业科学，26（5）：214-216.
栾明宝，陈建华，王晓飞，等 . 2010. 苎麻核心种质构建方法［J］. 作物学报，36（12）：2099-2106.
栾明宝，秦占军，陈建华，等 . 2009. 苎麻纤维发育相关基因 FB27 表达与纤维细度相关研究［J］. 中国麻业科学，31（6）：339-343.
祁建民，徐建堂，林荔辉，等 . 2008. 转 Bt 基因抗虫红麻福红 952 后代的分子杂交验证［J］. 福建农林大学学报：自然科学版（1）：77-79.
祁建民，周东新，吴为人，等 . 2004. RAPD 和 ISSR 标记检测黄麻属遗传多样性的比较研究［J］. 中国农业科学（12）：2006-2011.
祁建民，周东新，吴为人，等 . 2003. 用 ISSR 标记检测黄麻野生种与栽培种遗传多样性［J］. 应用生态学报（9）：1473-1477.
佘玮，邢虎成，揭雨成，等 . 2007. 苎麻茎皮 cDNA 文库的构建［J］. 中国麻业科学（1）：16-19.
斯钦巴特尔，张辉，哈斯阿古拉，等 . 2008. 亚麻中雄性不育基因同源序列 MS2-F 的克隆和表达分析［J］. 植物生理学通讯，44（5）：897-902.
苏友波，朱颖，林春，等 . 2002. 大麻 RAPD 分子标记的引物筛选［J］. 中国麻业，24（5）：12-16.
苏钰，李明，姜硕，等 . 2012. 亚麻 EST-SSR 标记开发［J］. 东北农业大学学报，43（4）：74-79.
粟建光，戴志刚 . 2006. 大麻种质资源描述规范和数据标准［M］. 北京：中国农业出版社 .
粟建光，邓丽卿，李爱青，等 . 1995. 非洲红麻某些生物学特性的研究［J］. 华中农业大学学报，14（2）：120-124.
粟建光，龚友才，关凤芝，等 . 2003. 麻类种质资源的收集、保存、更新与利用［J］. 中国麻作（1）：4-7.
孙安国 . 1983. 中国是大麻的起源地［J］. 中国麻作（3）：45-48.
汤志成，陈璇，张庆滢，等 . 2013. 野生大麻种质资源表型及其 RAPD 遗传多样性分析［J］. 西部林业科学，42（3）：62-66.
陶爱芬，祁建民，李小珍 . 2010. 黄麻分子生物学研究进展及展望［J］. 中国麻业科学（4）：232-237.
陶爱芬，祁建民，粟建光，等 . 2011. SRAP 和 ISSR 及两种方法结合在分析黄麻属起源与演化上的比较［J］. 作物学报（12）：2277-2284.
田志坚，易蓉，陈建荣，等 . 2008. 苎麻纤维素合成酶 cDNA 克隆及表达分析［J］. 作物学报，34（1）：76-83.
瓦维洛夫 . 1982. 主要栽培植物的世界起源中心［M］. 董玉琛，译 . 北京：农业出版社 .
汪斌，祁伟，兰涛，等 . 2011. 应用 ISSR 分子标记绘制红麻种质资源 DNA 指纹图谱［J］. 作物学报（6）：1116-1123.
汪波，彭定祥，孙珍夏，等 . 2007. 根癌农杆菌介导苎麻转绿色荧光蛋白（GFP）基因植株再生［J］. 作物学报，33（10）：1606-1610.
汪剑鸣，孙学兵，刘上信，等 . 2005. 苎麻航天遗传育种研究初报［J］. 中国麻业，27（3）：113-114.
王斌，党占海，张建平，等 . 2009. 亚麻 SRAP 反应体系的优化［J］. 基因组学与应用生物学，28（4）：760-764.
王世全，薄天岳，樊晓燕，等 . 2002. 亚麻抗锈病近等基因系 RAPD 特异指纹带的克隆分析［J］. 西南农业学报，15（3）：82-84.
王文采，陈家瑞 . 1995. 中国植物志（23 卷，第 2 分册）［M］. 北京：科学出版社 .
王文采 . 1981. 中国苎麻属校订［J］. 云南植物研究，3（3）：307-328.
王晓飞，栾明宝，陈建华，等 . 2014. 苎麻种质 DNA 指纹库构建的 SSR 核心引物筛选［J］. 中国麻业科学，36（3）：122-126.
王晓飞，栾明宝，陈建华，等 . 2010. 苎麻种质资源分子身份证构建的初步研究［J］. 植物遗传资源学报，11（6）：802-805.
王玉富，康庆华，李希臣，等 . 2008. 亚麻抗除草剂转基因的分子检测［J］. 中国麻业科学，30（1）：13-16.
王玉富，王彦荣 . 1996. 亚麻外源 DNA 导入后代的过氧化物酶同工酶分析［J］. 中国麻作，18（3）：6-8.
王玉富，周思君 . 1999. 亚麻外尖 DNA 导入后代的遗传与变异研究［J］. 中国麻作，21（3）：7-11.
王玉富，周思君，刘燕，等 . 1997. 亚麻总 DNA 快速提取方法的研究［J］. 中国麻作，19（1）：19-21.
王玉富，周思君，刘燕，等 . 2000. 利用农杆菌介导法进行亚麻转基因培养基的研究［J］. 中国麻作，22（1）：14-16.

王玉富.1993. 亚麻品种资源的聚类分析 [J]. 中国麻作 (1): 10-13, 14.
王毓美, 徐云远, 贾敬芬.2000. 亚麻遗传转化体系的建立及几丁质酶基因导入的研究 [J]. 西北植物学报, 20 (3): 346-351.
王忠华.2006. DNA 指纹图谱技术及其在作物品种资源中的应用 [J]. 分子植物育种 (3): 425-430.
吴建梅, 姚运法, 林荔辉, 等.2010. SaNHX 耐盐基因转化红麻 T _ 1 代的耐盐性初步鉴定 [J]. 中国麻业科学 (6): 316-322.
吴建忠, 黄文功, 康庆华, 等.2013. 亚麻遗传连锁图谱的构建 [J]. 作物学报, 39 (6): 1134-1139.
吴建忠, 黄文功, 赵东升, 等.2011. 亚麻 SRAP 反应体系的优化和多态性标记筛选 [J]. 中国麻业科学, 33 (6): 281-284.
肖瑞芝, 胡仲强, 等.1982. 我国黄麻品种资源主要类型与经济性状研究 [J]. 中国麻作 (3): 18-21.
肖瑞芝, 臧巩固, 熊和平, 等.1992. 青叶苎麻染色体核型和 Giemea 带型的初步分析 [J]. 中国麻作 (2): 1-3.
肖瑞芝.1986. 圆果种黄麻 (*C. capsularis*) 品种不同形态特征的细胞学研究 [J]. 中国麻作 (3): 1-4.
熊和平.2008. 麻类作物育种学 [M]. 北京: 中国农业科学技术出版社.
徐建堂, 祁建民, 陈涛, 等.2013. 适合于胞质基因组扩增的红麻成熟叶片 DNA 提取改良方法 [J]. 植物遗传资源学报, 4 (2): 347-351.
徐建堂, 祁建民, 方平平, 等.2007. CTAB 法提取红麻总 DNA 技术优化与 ISSR 和 SRAP 扩增效果 [J]. 中国麻业科学, 29 (4): 179-183.
徐建堂.2010. 红麻光钝感突变体的基因组差异与蛋白质组学研究 [D]. 福州: 福建农林大学.
徐鲜钧.2009. 黄麻属野生种与栽培种遗传资源多样性研究 [D]. 福州: 福建农林大学.
许英, 陈建华, 栾明宝, 等.2011. 苎麻种质资源保存技术研究进展 [J]. 植物遗传资源学报, 12 (2): 184-189.
许英, 陈建华, 孙志民, 等.2015. 57 份苎麻种质资源主要农艺性状及纤维品质鉴定评价 [J]. 植物遗传资源学报, 6 (1): 54-58.
许英, 陈建华, 王晓飞, 等.2013. 苎麻优异种质资源评价指标体系的研究 [J]. 中国麻业科学, 35 (6): 285-291.
晏春庚, 李宗道.1997. 苎麻多倍体育种研究进展 [J]. 湖南农业科学 (4): 30-31.
杨瑞芳, 郭清泉, 程尧楚, 等.2000. 七份苎麻野生资源的核型及 GiemsaC—带带型研究 [J]. 中国麻作, 22 (2): 6-11.
杨学, 关凤芝, 李柱刚, 等.2011. 亚麻品系 9801-1 抗白粉病基因的 RAPD 标记 [J]. 植物病理学报, 41 (2): 215-218.
杨学.2002. 亚麻多倍体诱导技术研究 [J]. 黑龙江农业科学 (4): 14-16.
易自力, 李祥, 蒋建雄, 等.2006. 苎麻再生体系的建立及抗虫转基因苎麻的获得 [J]. 中国麻业, 28 (2): 61-66.
于莹, 黄文功, 姜卫东, 等.2013. 理化诱变亚麻 M1 农艺性状的初步分析 [J]. 黑龙江农业科学 (11): 5-8.
苑志辉.2005. 防御素基因 Np-1 在亚麻抗枯萎病方面的研究 [D]. 北京: 中国农业大学.
臧巩固, 赵立宁, 孙敬三.1997. 赤苎无融合生殖细胞胚胎学研究 [J]. 植物学报 (3): 210-213.
臧巩固, 赵立宁.1996. 苎麻属无融种综发现初报 [J]. 中国麻作, 18 (1): 19.
臧巩固.1993. 苎麻属三组五种核型研究 [J]. 中国麻作, 15 (1): 1-6.
臧巩固.1991. 苎麻属无融合生殖种质资源的初步研究 [J]. 中国麻作 (2): 6.
张辉, 张惠敏, 丁维, 等.1998. 亚麻雄性不育后系后代遗传规律探讨 (Ⅱ) [J]. 内蒙古农牧学院学报, 19 (2): 43-47.
张波, 郑长清, 臧巩固, 等.1996. 中国苎麻属野生近缘种的主要性状和纤维细胞结构的比较研究 [J]. 中国麻作, 18 (3): 1-6.
张波, 郑长清, 臧巩固, 等.1998. 中国苎麻属植物比较形态学研究 [J]. 中国农业科学, 31 (2).
张波, 郑长清, 臧巩固, 等.1998. 中国苎麻属组群分类及演化研究 [J]. 作物学报, 24 (6): 775-781.
张福泉, 蒋建雄, 李宗道, 等.2000. 棉花 DNA 导入苎麻引起变异的研究 [J]. 中国农业科学, 33 (1): 104-106.
张桂林, 裴盛基, 杨崇仁.1991. 大麻的分类与毒品大麻 [J]. 中国麻作 (2): 7-9.
张建平, 王斌, 赵丽娟, 等.2009. 亚麻 EST 序列中 SSR 标记的筛选 [J]. 西北植物学报, 29 (5): 910-915.
张建平.1999. 核不育亚麻育性表现及遗传研究 [J]. 甘肃农业科技 (11): 17-18.
张利国.2009. 27 种大麻资源的 RAPD 聚类分析 [J]. 黑龙江农业科学 (2): 14-16.
张利国.2010. 利用原位杂交技术鉴定大麻花粉管导入材料的研究 [J]. 黑龙江农业科学 (8): 14-15.
张晓平, 薛召东, 邱财生, 等.2007. 利用 RAPD-BSA 法筛选亚麻耐渍基因的分子标记[J]. 中国麻业科学, 29(5): 290-294.
章荣德, 杨曾盛.1988. 苎麻花粉母细胞的成熟分裂 [J]. 中国麻作 (4): 31-33.
赵东升, 吴建忠, 黄文功, 等.2012. 亚麻耐盐碱 ISSR 标记反应体系的建立 [J]. 中国麻业科学, 34 (5): 201-204.

赵立宁，臧巩固，陈建华.2003. 苎国苎麻属植物性别表现及其演化［J］. 中国麻作，25（5）：209-212.

赵立宁，臧巩固.1997. 苎麻属全雌型无融合生殖种雄花诱导研究［J］. 中国麻作（2）：5-8.

郑海燕，粟建光，戴志刚，等.2010. 利用ISSR和RAPD标记构建红麻种质资源分子身份证［J］. 中国农业科学（17）：3499-3510.

郑建树，喻春明，陈平，等.2013. 苎麻叶绿体DNA的提取及分析［J］. 中国麻业科学，35（5）：239-243.

郑岳清，林华如，黄志辉.1984. 苎麻品种资源纤维品质鉴定报告［J］. 中国麻作（1）：23-28.

郑长清，林华如，黄志辉.1982. 苎麻品种资源纤维品质鉴定初报［J］. 中国麻作（3）：12-16.

中国科学院中国植物志编辑委员会.1989. 中国植物志（第四十九卷第一分册）［M］. 北京：科学出版社.

中国农学会遗传资源委员会.1994. 中国作物遗传资源［M］. 北京：中国农业出版社.

中国农业科学院麻类研究所.1985. 中国黄麻红麻品种志［M］. 北京：农业出版社.

中国农业科学院麻类研究所.1985. 中国黄麻红麻品种志［M］. 北京：农业出版社.

中国农业科学院麻类研究所.1993. 中国麻类作物栽培学［M］. 北京：农业出版社.

中国农业科学院麻类研究所.1992. 中国苎麻品种志［M］. 北京：农业出版社.

周东新，祁建民，吴为人，等.2001. 黄麻DNA提取与RAPD反应体系的建立［J］. 福建农业大学学报（3）：334-339.

周建林，揭雨成，蒋彦波，等.2004. 用微卫星标记分析苎麻品种的亲源关系［J］. 作物学报，30（3）：289-292.

邹自征，栾明宝，陈建华，等.2012. 应用RSAP、SRAP和SSR分析苎麻种质亲缘关系［J］. 作物学报，38（5）：840-847.

邹自征，栾明宝，陈建华，等.2013. 苎麻RSNP-PCR反应体系的正交优化［J］. 中国麻业，35（3）：132-138.

An X，Wang B，Liu L，et al. 2014. Agrobacterium-mediated genetic transformation and regeneration of transgenic plants using leaf midribs as explants in ramie［*Boehmeria nivea*（L.）Gaud］［J］. Molecular Biology Reports（41）：3257-3269.

Basu A，Ghosh M，Meyer R，et al. 2004. Analysis of genetic diversity in cultivated jute determined by means of SSR markers and AFLP profiling［J］. Crop Sci.，44（2）：678-685.

C. D. Darlingfon，A. P. Wylie. 1956. Chromosome Atlas of Flowering Plants［M］. London：George Allen & Unwin Ltd,.

Chase M W，Soltis DE，Olmstead RG，et al. 1993. Phylogenetics of seed plants：an analysis of nucleotide sequences from the plastid gene rbcLAnn［J］. Mo. Bot Gard（80）：528-580.

Chen Jianhua，Luan Mingbao，Wang Xiaofei，et al. 2011. Isolation and characterization of EST-SSR in the Ramie［J］. African Journal of Microbiology Research，5（21）：3504-3508.

Chen Y，Zhang L，Qi J，et al. 2014. Genetic linkage map construction for white jute（*Corchorus capsularis* L.）using SRAP，ISSR and RAPD markers［J］. Plant Breeding，133（6）：777-781.

Dedicova B，Hricova A，Samaj J，et al. 2000. Shoots and embryo-like structures regenerated from cultured flax（*linum usitatissimum* L.）hypocotyl segments［J］. Plant Physiol（157）：327-334.

Dusi D MA，Almeida MDE RP，Caldas LS，et al. 1993. Transgenic plants of ramie（*Boehmeria nivea* Gaud.）obtained by Agrobacterium mediated transformation［J］. Plant Cell Rep（12）：625-628.

Ghosh M，Saha T，Nayak P，et al. 2002. Genetic transformation by particle bombardment of cultivated jute（*Corchorus capsularis* L.）［J］. Plant Cell Rep，20（10）：936-942.

Hossain MB，Awal A，Rahman MA，et al. 2003. Distinction between cold-sensitive and -tolerant jute by DNA polymorphisms［J］. J Biochem Mol Biol，36（5）：427-432.

Hossain MB，Haque S，Khan H. 2002. DNA fingerprinting of jute germplasm by RAPD［J］.J Biochem Mol Biol，35（4）：414-419.

Islam AS，Taliaferro M，Lee CT，et al. 2005. Preliminary progress in jute（Corchorus species）genome analysis［J］. Plant Tissue Culture & Biotechnology，15（2）：145-156.

Liu T，Zhu S，Tang Q，et al. 2013. De novo assembly and characterization of transcriptome using Illumina paired-end sequencing and identification of CesA gene in ramie（*Boehmeria nivea* L. Gaud）［J］. BMC Genomics（14）：125.

Liu T，Zhu S，Tang Q，et al. 2014. Identification of 32 full-length NAC transcription factors in ramie（*Boehmeria nivea* L. Gaud）and characterization of the expression pattern of these genes［J］. Molecular Genetics and Genomics，289（4）：675-84.

Liu T，Zhu S，Tang Q，et al. 2013. Identification of drought stress-responsive transcription factors in ramie（*Boehmeria nivea* L. Gaud）［J］. BMC Plant Biology，13：130.

Liu TM，Zhu SY，Tang SW，et al. 2014. QTL mapping for fiber yield-related traits by constructing the first genetic linkage map in ramie（*Boehmeria nivea* L. Gaud）［J］. Molecualr breeding（34）：883-892.

Liu X，Zhang S，Duan J，et al. 2012. Mitochondrial genes atp6 and atp9 cloned and characterized from ramie（*Boehmeria nivea* (L.) Gaud.) and their relationship with cytoplasmic male sterility [J]. Molecular Breeding (30): 23-32.

Luan Mingbao, ZouZizheng, Zhu Juanjuan, et al. 2014. Development of a core collection for ramie by heuristic search based on SSR markers [J]. Biotechnology & Biotechnological Equipment, 28 (5): 798-804.

M. B. Luan, B. F. Chen, Z. Z. Zou, et al. 2015. Molecular identity of ramie germplasms using simple sequence repeat markers [J]. Genetics and Molecular Research, 14 (1): 2302-2311.

Ma X, Yu C, Tang S, et al. 2010. Genetic transformation of the bast fiber plant ramie (*Boehmeria nivea* Gaud.) via Agrobacterium tumefaciens [J]. Plant Cell, Tissue and Organ Culture, 100: 165-174.

McHughen A. 1989. Agrobacterium mediated transfer of chlorsulfuron resistance to commercial flax cultivars [J]. Plant cell reports, 8 (8): 445-449.

Mir RR, Rustgi S, Sharma S, et al. 2007. A preliminary genetic analysis of fibre traits and the use of new genomic SSRs for genetic diversity in jute [J]. Euphytica, 161 (3): 413-427.

Monro A K. 2006. The revision of species-rich genera: a phylogenetic framework for the strategic revision of Pilea (Urticaceae) based on cpDNA, nrDNA, and morphology [J]. Am. J. Bot, 3 (93): 426-441.

OKABE S. 1956. Chromosome numbers and apomixis in Boehmeria [J]. The Japanese JournaI of Genetics (31): 308.

Qi J, Xu J, Li A, et al. 2011. Analysis of Genetic Diversity and Phylogenetic Relationship of Kenaf Germplasm by SRAP [J]. J Nat Fibers, 8 (2): 99-110.

Roy A, Bandyopadhyay A, Mahapatra AK, et al. 2006. Evaluation of genetic diversity in jute (Corchorus species) using STMS, ISSR and RAPD markers [J]. Plant Breeding, 125 (3): 292-297.

Sajib AA, Islam MS, Reza MS, et al. 2008. Tissue culture independent transformation for Corchorus olitorius [J]. Plant Cell Tiss Org, 95 (3): 333-340.

She W, Zhu S, Jie Y, et al. 2015. Expression Profiling of Cadmium Response Genes in Ramie (*Boehmeria nivea* L.) Root [J]. Bulletin of Environmental Contamination and Toxicology (94): 453-459.

Sytsma K J, Morawetz J, Pires J C, et al. 2002. Urticalean rosids: circumscription, rosid ancestry, and phylogenetics based on rbcL, trnL-F and ndhF sequences [J]. Am. J. Bot, 9 (89): 1531-1546.

Tejavathi DH, Sita GL, Sunita AT. 2000. Somatic embryogenesis in flax [J]. Plant Cell Tiss Org Cult (63): 155-159.

Wang J, Huang J, Hao X, et al. 2014. miRNAs expression profile in bast of ramie elongation phase and cell wall thickening and end wall dissolving phase [J]. Mol Biol Rep (41): 901-907.

Wang X, Wang B, Liu L, et al. 2010. Isolation of high quality RNA and construction of a suppression subtractive hybridization library from ramie (*Boehmeria nivea* L. Gaud.) [J]. Molecular Biology Reports (37): 2099-2103.

Wang Xuxia, Chen Jie, Wang Bo, et al. 2012. Characterization by Suppression Subtractive Hybridization of Transcripts That Are Differentially Expressed in Leaves of Anthracnose-Resistant Ramie Cultivar [J]. Plant Molecular Biology Reporter (30): 547-555.

Whitlock BA, Karol KG, Alverson WS. 2003. Chloroplast DNA sequences confirm the placement of the enigmatic Oeanopapaver within Corchorus (Grewioideae: Malvaceae S. L., formerly Tiliaceae) [J]. Int J Plant Sci, 164 (1): 35-41.

Xin Deng, SongHua Long, DongFeng He, et al. 2011. Isolation and characterization of polymorphic microsatellite markers from flax (*Linum usitatissimum* L.) [J]. African Journal of Biotechnology, 10 (5): 734-739.

Xu J, Li A, Wang X, et al. 2013. Genetic diversity and phylogenetic relationship of kenaf (Hibiscus cannabinus L.) accessions evaluated by SRAP and ISSR [J]. Biochem Syst Ecol (49): 94-100.

YAHARA T. 1983. A biosystematic study on the local populations of some species of the genus Boehmeria with special reference to apomixes [J]. J. Facul. Sci., Univ. Tokyo, Sect. 3: 217-226.

YAHARA T. 1986. Distribution of sexual and agamosponnous populations of Boehmeria sylvestrii and its three ralatives (Urticaceas) [J]. Memoirs of The National Science Museum (19): 121-132.

Zerega N. J, Clement WL, Datwyler SL, et al. 2005. Biogeography and divergence times in the mulberry family (Moraceae) [J]. Mol. Phylogenet. Evol, 2 (37): 402-416.

Zhang L, Li A, Wang X, et al. 2013. Genetic diversity of kenaf (Hibiscus cannabinus) evaluated by inter-simple sequence repeat (ISSR) [J]. Biochemical genetics, 51 (9-10): 800-810.

Zhu S, Tang S, Tang Q, et al. 2014. Genome-wide transcriptional changes of ramie (*Boehmeria nivea* L. Gaud) in response to root-lesion nematode infection [J]. Gene (552): 67-74.

第二部分

麻类种质资源主要性状目录

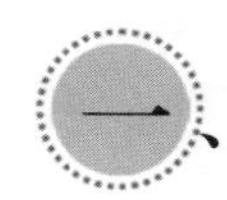

一、黄麻种质资源主要性状描述符及其数据标准

1. 统一编号 由8位数字字符串组成，是种质的唯一标识号。如“00000258”，代表具体黄麻种质的编号，具有唯一性。

2. 种质名称 国内种质的原始名称和国外引进种质的中文译名。引进种质可直接填写种质的外文名称，有些种质可能只有数字编号，则该编号为种质名称。

3. 保存单位 种质提交国家种质资源长期库前的保存单位名称。

4. 原产地或来源地 国内种质原产（来源）省、市（县）名称；引进种质原产（来源）国家、地区名称或国际组织名称。

5. 种质类型 黄麻种质分为野生资源、地方品种、选育品种、品系、遗传材料、其他6种类型。

6. 种子成熟期 当植株2/3以上的蒴果变成褐色时表明进入种子成熟期。试验小区内2/3以上的植株达到种子成熟的日期为种子成熟期。表示方法为“月日”，格式为“MMDD”。如“1029”，表示10月29日为种子成熟期。

7. 叶形 现蕾期，以试验小区全部植株为观测对象，目测中部正常完整叶片的形状，有卵圆、披针、椭圆3种类型。

8. 叶柄色 出苗后60～80d，以试验小区全部植株为观测对象，在正常一致的光照条件下，目测植株中部叶柄表面颜色，有绿、浅红、淡红、红、紫红等颜色。

9. 腋芽 现蕾期，以试验小区全部麻株为观测对象，目测植株中部茎节上腋芽的有无。

10. 中期茎色 出苗后60～80d，以试验小区全部植株为观测对象，在正常一致的光照条件下，目测植株中部茎表颜色，有浅绿、黄绿、绿、微红、淡红、红、鲜红、条红、褐等颜色。

11. 株高 工艺成熟期，度量20株植株从茎秆基部到主茎生长点的距离，取平均值。单位为cm，精确到0.1cm。

12. 分枝高 工艺成熟期，以度量株高样本为对象，度量植株从茎秆基部到第一有效分枝节位的距离，取平均值。单位为cm，精确到0.1cm。

13. 茎粗 工艺成熟期，以度量株高样本为对象，用游标卡尺（精度为1/1 000）测量植株茎秆基部以上全株高度1/3处的茎秆直径，取平均值。单位为cm，精确到0.01cm。

14. 鲜皮厚 工艺成熟期，以度量株高样本为对象，用螺旋测微器（精度为1/10 000）测量植株茎秆基部以上全株高度1/3处的鲜麻皮厚度，取平均值。单位为mm，精确到0.01mm。

15. 纤维支数 束纤维工艺细度优劣的品质参数，即用长度单位表示的规定重量纤维中工艺纤维束的连接长度。单位为公支，即m/g，精确到0.1m/g。

16. 纤维强力 束纤维抗拉断能力的品质参数，即在拉伸试验中，一定长度的黄麻纤维束抵抗至拉断时的最大力。单位为N/g，即$1kg^f$＝9.806 65N，精确到0.1N/g。

17. 纤维产量 工艺成熟期，单位面积的干纤维重为纤维产量，也称精麻产量。单位为kg/hm^2，精确到整数位。

18. 苗期炭疽病抗性 黄麻圆果种植株苗期对炭疽病菌的抗性强弱。采用田间自然发病鉴定。根据被害率，抗性等级分为抗病（$DR<30.0$）、中抗（$30.0\leqslant DR<70.0$）、感病（$DR\geqslant 70.0$）3个等级。

19. 苗期黑点炭疽病抗性 黄麻长果种植株苗期对黑点炭疽病菌的抗性强弱。采用田间自然发病鉴定。根据被害率，抗性等级分为抗病（$DR<30.0$）、中抗（$30.0\leqslant DR<70.0$）、感病（$DR\geqslant 70.0$）3个等级。

20. 备注 黄麻种质特殊描述符或特殊代码的具体说明。

二、黄麻主要性状目录

统一编号	种质名称	保存单位	原产地或来源地	种质类型	种子成熟期	叶形	叶柄色	腋芽	中期茎色	株高	分枝高	茎粗	鲜皮厚	纤维支数	纤维强力	纤维产量	苗期炭疽病抗性	苗期黑点炭疽病抗性	备注
00000001	粤园5号	广东作物所①	广东省广州市	选育品种	1101	披针	绿	有	绿	438.0	416.0	1.80	1.06	425.9	312.8	3 225.0	抗		
00000002	粤园4号	广东作物所	广东省广州市	选育品种	1028	披针	浅红	有	绿	432.0	393.0	1.81	1.05	440.5	314.8	3 180.0	抗		
00000003	401	广东作物所	广东省广州市	品系	1028	披针	浅红	有	绿	417.0	388.0	1.92	1.09	407.2	344.2	3 195.0	中抗		
00000004	681	广东作物所	广东省广州市	品系	1030	披针	绿	有	绿	423.0	389.0	1.74	1.04	480.6	280.5	3 480.0	抗		
00000005	713	广东作物所	广东省广州市	品系	1028	披针	绿	有	绿	400.0	375.0	1.83	1.08	488.6	370.7	3 105.0	抗		
00000006	715	广东作物所	广东省广州市	品系	1103	披针	绿	有	绿	450.0	425.0	1.95	1.12	446.5	556.0	3 765.0	抗		
00000007	716	广东作物所	广东省广州市	品系	1028	披针	绿	有	绿	436.0	400.0	1.76	1.09	469	376.6	3 360.0	中抗		
00000008	粤园6号	广东作物所	广东省广州市	选育品种	1027	披针	绿	有	绿	416.0	370.0	1.64	1.00	447.8	305.0	3 060.0	抗		
00000009	吴麻1号	广东作物所	广东省广州市	品系	1028	披针	浅红	有	绿	416.0	383.0	1.94	1.16	454.7	350.1	2 865.0	中抗		
00000010	粤园1号	广东作物所	广东省广州市	选育品种	1007	披针	浅红	有	绿	341.0	291.0	1.50	1.04	458.7	118.7	2 925.0	中抗		原名F118
00000011	粤园2号	广东作物所	广东省广州市	选育品种	1024	披针	紫红	无	条红	387.0	356.0	1.79	1.14	458.6	308.0	2 789.0	中抗		
00000012	粤园3号	广东作物所	广东省广州市	选育品种	1025	披针	浅红	无	绿	412.0	384.0	1.83	1.11	551.9	319.7	2 835.0	中抗		
00000013	佛农独尾	广东作物所	广东省广州市	品系	1101	披针	绿	无	绿	404.0	368.0	1.81	1.09	447.3	341.3	2 820.0	中抗		华南农学院佛山选
00000014	揭阳1号	广东作物所	广东省揭阳市	地方品种	1005	披针	紫红	无	红	271.0	215.0	1.36	1.02	442	321.0	1 500.0	中抗		
00000015	揭西棉湖	广东作物所	广东省揭西县	地方品种	1012	卵圆	紫红	无	条红	303.0	265.0	1.42	0.76	448.1	390.3	1 440.0	中抗		
00000016	揭西红皮	广东作物所	广东省揭西县	地方品种	1005	披针	紫红	无	条红	278.0	225.0	1.35	0.74	441.7	400.1	1 470.0	中抗		
00000017	吴川淡红皮	广东作物所	广东省吴川市	地方品种	0930	披针	紫红	无	条红	204.0	212.0	1.25	0.87	412.4	414.8	1 230.0	中抗		
00000018	司前黄麻	广东作物所	广东省江门市新会区	地方品种	1004	披针	紫红	无	绿	245.0	203.0	1.33	0.92	378.7	338.3	1 560.0	中抗		
00000019	司前青皮	广东作物所	广东省江门市新会区	地方品种	0925	披针	绿	无	绿	246.0	181.0	1.23	0.83	463	375.6	1 035.0	中抗		
00000020	台山青皮	广东作物所	广东省台山市	地方品种	1006	披针	红	有	绿	269.0	201.0	1.31	0.89	418.8	332.4	1 275.0	中抗		
00000021	台山黄麻	广东作物所	广东省台山市	地方品种	0930	披针	紫红	有	绿	232.0	187.0	1.30	0.88	461.3	324.6	990.0	中抗		
00000022	惠阳青皮	广东作物所	广东省惠州市惠阳区	地方品种	0925	披针	紫红	无	绿	239.0	196.0	1.25	0.90	388.4	307.9	1 740.0	抗		

① 全称为广东省农业科学院作物研究所。全书下同。

（续）

统一编号	种质名称	保存单位	原产地或来源地	种质类型	种子成熟期	叶形	叶柄色	腋芽	中期茎色	株高	分枝高	茎粗	鲜皮厚	纤维支数	纤维强力	纤维产量	苗期炭疽病抗性	苗期黑点炭疽病抗性	备注
00000023	惠阳红皮	广东作物所	广东省惠州市惠阳区	地方品种	1009	披针	红	无	条红	281.0	239.0	1.31	0.90	497.3	347.2	1 635.0	中抗		
00000024	河阳红皮	广东作物所	广东省河源市	地方品种	1013	披针	紫红	无	条红	265.0	233.0	1.29	0.75	396.1	345.2	1 035.0	中抗		
00000025	博罗黄麻	广东作物所	广东省博罗县	地方品种	1011	披针	红	有	绿	289.0	240.0	1.33	0.93	422.7	390.3	1 875.0	中抗		
00000026	海丰青皮	广东作物所	广东省海丰县	地方品种	0930	披针	紫红	有	绿	252.0	200.0	1.37	0.85	406.5	331.5	1 185.0	中抗		
00000027	陆丰黄麻	广东作物所	广东省陆丰县	地方品种	1007	披针	紫红	有	绿	274.0	203.0	1.40	0.75	464.7	363.8	1 335.0	中抗		
00000028	潮阳白皮	广东作物所	广东省汕头市潮阳区	地方品种	1008	披针	绿	无	绿	254.0	199.0	1.26	0.75	398.2	346.2	1 410.0	中抗		
00000029	东莞青皮	广东作物所	广东省东莞市	地方品种	1013	披针	绿	有	绿	292.0	226.0	1.39	0.78	387.2	334.4	1 590.0	中抗		
00000030	青竹麻	广东作物所	广东省潮州市潮安区	地方品种	1003	披针	绿	有	绿	252.0	185.0	1.42	0.73	492.4	307.9	1 185.0	中抗		
00000031	紫金黄麻	广东作物所	广东省紫金县	地方品种	1010	披针	绿	有	绿	276.0	239.0	1.40	0.76	435.7	304.0	1 185.0	中抗		
00000032	兴宁黄麻	广东作物所	广东省兴宁市	地方品种	1003	披针	紫红	有	绿	275.0	214.0	1.45	0.84	464.2	325.6	1 335.0	中抗		
00000033	兴宁竹篙麻	广东作物所	广东省兴宁市	地方品种	1006	披针	紫红	有	绿	281.0	219.0	1.41	0.79	432.4	291.3	1 380.0	中抗		
00000034	梅县开叉麻	广东作物所	广东省梅州市梅县区	地方品种	1015	披针	紫红	无	条红	300.0	260.0	1.42	0.79	471.9	375.6	1 665.0	中抗		
00000035	四会黄麻	广东作物所	广东省四会县	地方品种	0927	披针	紫红	有	绿	247.0	201.0	1.34	0.87	384.5	396.2	1 245.0	中抗		
00000036	青根淡红皮	广东作物所	广东省郁南县	地方品种	1011	披针	红	无	条红	269.0	205.0	1.31	0.88	400.3	378.5	1 905.0	中抗		
00000037	青根红皮麻	广东作物所	广东省郁南县	地方品种	1010	披针	红	有	条红	272.0	228.0	1.33	0.95	507.3	357.9	1 440.0	感		
00000038	连滩青竹	广东作物所	广东省郁南县	地方品种	1005	披针	绿	无	绿	255.0	196.0	1.33	0.98	481.7	413.8	1 545.0	中抗		
00000039	遂溪黄麻	广东作物所	广东省遂溪县	地方品种	1010	披针	红	无	条红	257.0	199.0	1.26	1.02	446.2	307.9	1 320.0	中抗		
00000040	茂名黄麻	广东作物所	广东省茂名市	地方品种	1003	披针	红	无	浅红	268.0	200.0	1.28	0.86	382.6	327.5	1 455.0	中抗		
00000041	琼山	广东作物所	海南省海口市琼山区	地方品种	1031	披针	红	无	条红	354.0	320.0	1.67	0.88	478.8	378.5	2 325.0	感		
00000042	琼山早	广东作物所	海南省海口市琼山区	地方品种	0930	卵圆	紫红	无	条红	212.0	172.0	1.07	0.79	313	361.9	1 200.0	中抗		
00000043	定安本地麻	广东作物所	海南省定安县	地方品种	1004	卵圆	红	有	条红	224.0	190.0	1.34	1.03	421.1	45.1	900.0	中抗		
00000044	定安青皮	广东作物所	海南省定安县	地方品种	1020	披针	绿	有	绿	308.0	268.0	1.43	0.87	336.5	318.7	1 845.0	中抗		

（续）

统一编号	种质名称	保存单位	原产地或来源地	种质类型	种子成熟期	叶形	叶柄色	腋芽	中期茎色	株高	分枝高	茎粗	鲜皮厚	纤维支数	纤维强力	纤维产量	苗期炭疽病抗性	苗期黑点炭疽病抗性	备注
00000045	南丰麻	广东作物所	海南省儋州市	地方品种	1025	披针	紫红	有	绿	374.0	357.0	1.78	1.15	357	305.0	2 587.0	中抗		
00000046	连江口黄麻	广东作物所	广东省英德市	地方品种	1020	披针	绿	无	绿	296.0	278.0	1.57	0.95	520	443.3	1 710.0	中抗		
00000047	曲江红茎	广东作物所	广东省韶关市曲江区	地方品种	1002	披针	红	无	红	231.0	182.0	1.31	0.90	394.9	376.6	1 005.0	中抗		
00000048	始兴冷露麻	广东作物所	广东省始兴县	地方品种	1007	披针	紫红	无	条红	248.0	201.0	1.32	0.90	346.3	323.6	1 545.0	中抗		
00000049	始兴黄麻	广东作物所	广东省始兴县	地方品种	1007	披针	浅红	有	绿	254.0	186.0	1.32	0.94	429	358.9	1 755.0	中抗		
00000050	英德黄麻	广东作物所	广东省英德市	地方品种	0920	披针	紫红	无	条红	192.0	148.0	0.94	0.69	486.7	322.6	1 035.0	中抗		
00000051	英德深红麻	广东作物所	广东省英德市	地方品种	0928	披针	紫红	有	红	201.0	168.0	1.20	1.02	429.6	431.5	1 005.0	中抗		
00000052	连县土种	广东作物所	广东省连州市	地方品种	0928	披针	绿	有	绿	252.0	204.0	1.29	0.87	416.2	314.8	1 590.0	中抗		
00000053	新兴黄麻	广东作物所	广东省新兴县	地方品种	1007	披针	绿	无	绿	269.0	203.0	1.48	1.07	430.1	333.4	1 155.0	抗		
00000054	新圆 1 号	广东作物所	广东省海丰县	地方品种	1101	披针	紫红	有	绿	421.0	399.0	1.95	1.09	412.5	280.5	3 030.0	中抗		
00000055	新圆 2 号	广东作物所	广东省海丰县	地方品种	1101	披针	绿	有	绿	427.0	381.0	1.79	1.13	481.2	315.8	3 180.0	中抗		
00000056	上林黄麻	广东作物所	广西壮族自治区上林县	地方品种	1003	披针	绿	有	绿	243.0	191.0	1.24	0.85	451.1	330.5	1 710.0	中抗		
00000057	上林红杆	广东作物所	广西壮族自治区上林县	地方品种	1003	披针	紫红	无	条红	188.0	167.0	1.00	0.79	431.9	302.0	1 125.0	中抗		
00000058	龙津黄麻	广东作物所	广西壮族自治区	地方品种	1009	披针	绿	有	绿	256.0	186.0	1.43	1.00	471.1	370.7	1 335.0	中抗		
00000059	龙津紫茎	广东作物所	广西壮族自治区	地方品种	1010	披针	红	无	条红	269.0	219.0	1.57	1.04	388.8	320.7	1 770.0	中抗		
00000060	扶南黄麻	广东作物所	广西壮族自治区扶绥县	地方品种	1013	披针	浅红	有	条红	218.0	187.0	1.19	0.90	391.8	391.3	1 260.0	感		
00000061	宁明黄麻	广东作物所	广西壮族自治区宁明县	地方品种	1013	披针	浅红	有	绿	218.0	187.0	1.19	0.90	484.6	297.1	1 410.0	中抗		
00000062	宾阳石门黄麻	广东作物所	广西壮族自治区宾阳县	地方品种	1010	披针	绿	无	绿	253.0	173.0	1.31	0.95	421.5	386.4	1 725.0	中抗		
00000063	宜山黄麻	广东作物所	广西壮族自治区宜州市	地方品种	1003	披针	紫红	无	条红	215.0	183.0	1.25	0.95	362.9	335.4	945.0	中抗		
00000064	沙塘圆果	广东作物所	广西壮族自治区柳州市	地方品种	0920	披针	紫红	无	红	186.0	139.0	0.91	0.71	389.1	289.3	1 080.0	中抗		
00000065	柳州 16 号	广东作物所	广西壮族自治区柳州市	地方品种	0920	披针	红	无	条红	244.0	161.0	1.29	0.89	399.1	370.7	1 350.0	中抗		
00000066	柳城黄麻	广东作物所	广西壮族自治区柳城县	地方品种	1007	披针	浅红	无	条红	251.0	183.0	1.48	1.06	387	376.0	1 569.0	中抗		
00000067	融县红皮	广东作物所	广西壮族自治区容县	地方品种	1005	披针	红	无	条红	218.0	170.0	1.21	0.82	350.6	321.7	1 170.0	中抗		

（续）

统一编号	种质名称	保存单位	原产地或来源地	种质类型	种子成熟期	叶形	叶柄色	腋芽	中期茎色	株高	分枝高	茎粗	鲜皮厚	纤维支数	纤维强力	纤维产量	苗期炭疽病抗性	苗期黑点炭疽病抗性	备注
00000068	融县黄麻	广东作物所	广西壮族自治区容县	地方品种	1011	披针	红	无	条红	257.0	207.0	1.31	1.00	444.8	287.3	1 500.0	中抗		
00000069	雒融黄麻	广东作物所		地方品种	1006	披针	绿	无	浅绿	250.0	174.0	1.43	1.08	522	363.8	1 545.0	中抗		
00000070	中抗渡黄麻	广东作物所	广西壮族自治区鹿寨县	地方品种	0930	披针	浅红	无	条红	260.0	182.0	1.38	0.92	408.6	407.0	1 635.0	中抗		
00000071	武宣黄麻	广东作物所	广西壮族自治区武宣县	地方品种	1002	披针	浅红	无	条红	254.0	189.0	1.35	0.81	379.7	332.4	1 260.0	中抗		
00000072	迁江黄麻	广东作物所	广西壮族自治区来宾市兴宾区	地方品种	1005	披针	红	无	条红	230.0	187.0	1.31	0.95	446.7	403.1	1 785.0	中抗		
00000073	忻城白麻	广东作物所	广西壮族自治区忻城县	地方品种	1007	披针	红	无	条红	258.0	209.0	1.40	1.06	476.5	572.7	1 785.0	中抗		
00000074	兴安黄麻	广东作物所	广西壮族自治区兴安县	地方品种	1005	披针	红	有	浅绿	230.0	178.0	1.30	0.86	426	402.0	1 425.0	感		
00000075	阳朔黄麻	广东作物所	广西壮族自治区阳朔县	地方品种	1010	披针	红	无	条红	266.0	230.0	1.33	1.06	403.4	345.2	1 755.0	抗		
00000076	荔浦黄麻	广东作物所	广西壮族自治区荔浦县	地方品种	1006	披针	红	无	条红	276.0	219.0	1.50	0.90	447.5	435.4	1 680.0	中抗		
00000077	永福黄麻	广东作物所	广西壮族自治区永福县	地方品种	0903	披针	紫红	无	绿	253.0	190.0	1.28	0.76	461.6	338.3	1 575.0	中抗		
00000078	岭溪黄麻	广东作物所	广西壮族自治区岑溪市	地方品种	0930	披针	紫红	无	绿	249.0	153.0	1.29	0.96	424.9	353.0	1 260.0	中抗		
00000079	蒙山旱麻	广东作物所	广西壮族自治区蒙山县	地方品种	1004	披针	浅红	无	条红	265.0	197.0	1.29	0.89	392.6	421.7	1 350.0	中抗		
00000080	昭平黄麻	广东作物所	广西壮族自治区昭平县	地方品种	1003	披针	浅红	无	条红	262.0	187.0	1.35	0.92	381.5	388.3	1 530.0	中抗		
00000081	苍梧黄麻	广东作物所	广西壮族自治区苍梧县	地方品种	0930	披针	紫红	有	红	250.0	183.0	1.41	0.84	438.9	418.7	1 365.0	中抗		
00000082	藤县黄麻	广东作物所	广西壮族自治区藤县	地方品种	0925	披针	紫红	有	红	202.0	165.0	1.01	0.72	351.3	455.0	1 320.0	中抗		
00000083	牛甘子	广东作物所	广西壮族自治区	地方品种	1025	披针	绿	无	浅绿	296.0	258.0	1.57	0.95	480.4	323.6	1 755.0	中抗		
00000084	玉林黄麻	广东作物所	广西壮族自治区玉林市	地方品种	0930	披针	紫红	有	条红	221.0	180.0	1.20	0.87	445	328.5	1 740.0	中抗		
00000085	桂平黄麻	广东作物所	广西壮族自治区桂平市	地方品种	1008	披针	绿	有	绿	300.0	246.0	1.38	0.74	461	361.9	1 575.0	中抗		
00000086	络平南万丈	广东作物所	广西壮族自治区平南县	地方品种	1010	披针	红	有	条红	285.0	220.0	1.58	0.99	356.8	334.4	2 010.0	中抗		
00000087	麻容县竹篙	广东作物所	广西壮族自治区容县	地方品种	1015	披针	红	无	条红	286.0	236.0	1.70	1.12	358.2	343.2	2 055.0	中抗		
00000088	陆川黄麻	广东作物所	广西壮族自治区陆川县	地方品种	0930	披针	紫红	有	绿	258.0	178.0	1.41	0.96	440.7	403.1	1 710.0	中抗		
00000089	博白黄麻	广东作物所	广西壮族自治区博白县	地方品种	1004	披针	红	无	条红	222.0	175.0	1.32	0.95	439.3	306.9	1 155.0	抗		
00000090	贵县黄麻	广东作物所	广西壮族自治区贵港市	地方品种	0923	披针	浅红	无	条红	224.0	170.0	1.34	0.84	455.6	378.5	1 725.0	中抗		

（续）

统一编号	种质名称	保存单位	原产地或来源地	种质类型	种子成熟期	叶形	叶柄色	腋芽	中期茎色	株高	分枝高	茎粗	鲜皮厚	纤维支数	纤维强力	纤维产量	苗期炭疽病抗性	苗期黑点炭疽病抗性	备注
00000091	钦州红皮	广东作物所	广西壮族自治区钦州市	地方品种	1010	披针	红	有	红	242.0	187.0	1.29	0.93	471.6	575.7	1 245.0	中抗		
00000092	钦州青皮	广东作物所	广西壮族自治区钦州市	地方品种	1014	披针	绿	无	浅绿	281.0	209.0	1.61	1.05	379.3	335.4	2 070.0	中抗		
00000093	梅峰 4 号	福建农林大学遗传所①	福建省福州市	选育品种	1020	披针	浅红	无	绿	440.0	401.0	1.87	1.20	402.6	410.9	2685.0	抗		
00000094	闽麻 5 号	福建农林大学遗传所	福建省福州市	选育品种	1011	披针	浅红	有	绿	432.0	393.0	1.73	1.14	418.7	474.6	2 400.0	抗		
00000095	闽麻 407	福建甘蔗所②	福建省漳州市	品系	1104	披针	绿	有	绿	364.0	306.0	1.55	1.07	400.6	407.0	3 030.0	中抗		
00000096	福麻 1 号	福建农林大学遗传所	福建省福州市	选育品种	1030	披针	浅红	有	绿	421.0	378.0	1.82	1.22	411.7	270.7	3 000.0	抗		
00000097	闽麻 91	福建甘蔗所	福建省漳州市	品系	1012	披针	浅红	无	浅红	347.0	290.0	1.45	0.94	539.6	472.7	2 880.0	中抗		
00000098	闽麻 369	福建甘蔗所	福建省漳州市	品系	1030	披针	绿	有	绿	360.0	313.0	1.53	1.14	451.2	395.2	4 260.0	中抗		
00000099	闽麻 273	福建甘蔗所	福建省漳州市	品系	1028	披针	浅红	有	绿	351.0	290.0	1.50	1.05	458.3	428.6	3 045.0	中抗		
00000100	闽麻 603	福建甘蔗所	福建省漳州市	品系	1101	披针	浅红	有	绿	368.0	300.0	1.55	1.03	486.5	504.1	3 075.0	中抗		
00000101	梅峰 2 号	福建农林大学遗传所	福建省福州市	选育品种	1105	披针	浅红	无	绿	438.0	407.0	1.83	1.22	411.2	316.8	3 045.0	中抗		
00000102	梅峰 1 号	福建农林大学遗传所	福建省福州市	选育品种	1005	披针	浅红	有	绿	395.0	365.0	1.79	1.05	417.2	313.8	2 385.0	中抗		
00000103	同安红皮	福建农林大学遗传所	福建省厦门市同安区	地方品种	0929	披针	紫红	无	褐	367.0	321.0	1.81	1.20	355.6	333.4	2 715.0	中抗		
00000104	选 46（C46）	福建农林大学遗传所	福建省福州市	选育品种	1002	披针	浅红	无	褐	388.0	352.0	1.76	1.09	317.4	344.2	2 070.0	中抗		
00000105	快早红	福建农林大学遗传所	福建省福州市	品系	0926	披针	红	无	鲜红	354.0	316.0	1.80	1.17	321.6	388.3	2 250.0	中抗		
00000106	第 11 号（D11）	福建农林大学遗传所	福建省福州市	品系	0923	披针	紫红	无	鲜红	272.0	202.0	1.47	1.13	247.6	337.3	2 790.0	中抗		
00000107	红铁骨	福建农林大学遗传所	福建省南安市	地方品种	1004	披针	紫红	有	褐	353.0	314.0	1.71	1.26	259.8	304.0	2 190.0	中抗		
00000108	南安篙麻	福建农林大学遗传所	福建省南安市	地方品种	0827	披针	绿	无	绿	261.0	179.0	1.42	1.11	279.9	313.8	2 190.0	中抗		
00000109	红铁骨选	福建甘蔗所	福建省南安市	地方品种	1014	披针	浅红	有	浅红	330.0	230.0	1.32	0.93	424.4	408.9	2 520.0	中抗		
00000110	平和竹篙麻	福建甘蔗所	福建省平和县	地方品种	0915	披针	浅红	无	浅红	313.0	239.0	1.37	0.85	389.3	435.4	1 620.0	中抗		
00000111	龙溪红皮	福建甘蔗所	福建省龙海市	地方品种	0920	披针	红	无	鲜红	303.0	207.0	1.50	0.97	424.2	430.5	2 055.0	中抗		
00000112	龙溪铁尖	福建甘蔗所	福建省龙海市	地方品种	0902	披针	浅红	无	浅红	280.0	192.0	1.60	0.92	381.4	446.2	1 380.0	中抗		

① 全称为福建农林大学作物遗传改良研究所。全书下同。

② 全称为福建省农业科学院甘蔗研究所，现更名为福建省农业科学院亚热带农业研究所。全书下同。

（续）

统一编号	种质名称	保存单位	原产地或来源地	种质类型	种子成熟期	叶形	叶柄色	腋芽	中期茎色	株高	分枝高	茎粗	鲜皮厚	纤维支数	纤维强力	纤维产量	苗期炭疽病抗性	苗期黑点炭疽病抗性	备注
00000113	龙溪青皮麻	福建甘蔗所	福建省龙海市	地方品种	0911	披针	浅红	无	绿	258.0	145.0	1.20	0.94	374	405.0	1 530.0	中抗		
00000114	南靖红皮	福建甘蔗所	福建省南靖县	地方品种	0902	披针	浅红	无	浅红	240.0	137.0	1.21	0.90	411.7	403.1	1 515.0	中抗		
00000115	南靖青皮	福建甘蔗所	福建省南靖县	地方品种	0910	披针	绿	有	绿	307.0	224.0	1.35	0.92	430.1	407.0	1 275.0	中抗		
00000116	古农红皮	福建甘蔗所	福建省龙海市	地方品种	1110	披针	紫红	无	红	336.0	270.0	1.38	0.97	459.6	452.1	2 490.0	中抗		
00000117	长太红皮	福建甘蔗所	福建省长泰县	地方品种	0910	披针	浅红	无	红	294.0	216.0	1.33	0.97	470.4	445.2	1 455.0	中抗		
00000118	云霄红皮	福建甘蔗所	福建省云霄县	地方品种	0910	披针	浅红	无	红	244.0	140.0	1.22	0.97	411.1	377.6	1 530.0	中抗		
00000119	云霄粉红皮	福建甘蔗所	福建省云霄县	地方品种	0926	披针	浅红	无	浅红	315.0	252.0	1.34	0.96	537.4	410.9	2 220.0	中抗		
00000120	诏安红皮	福建甘蔗所	福建省诏安县	地方品种	0920	披针	浅红	无	红	301.0	228.0	1.33	0.93	464.9	409.9	2 430.0	中抗		
00000121	诏安青皮	福建甘蔗所	福建省诏安县	地方品种	0908	披针	绿	无	绿	279.0	194.0	1.24	0.94	393.8	406.0	1 395.0	中抗		
00000122	仙游黄麻	福建农林大学遗传所	福建省仙游县	地方品种	0822	披针	绿	无	绿	232.0	221.0	1.28	0.97	354.1	315.8	1 680.0	中抗		
00000123	葛岭黄麻	福建农林大学遗传所	福建省永泰县	地方品种	0826	披针	浅红	无	褐	254.0	184.0	1.41	1.05	279.9	313.8	2 235.0	中抗		
00000124	卢宾圆果	福建农林大学遗传所	福建省福州市	地方品种	0823	披针	浅红	无	红	244.0	168.0	1.29	1.06	261.8	279.5	1 890.0	中抗		
00000125	闽侯红皮	福建农林大学遗传所	福建省闽侯县	地方品种	0829	披针	褐	无	褐	249.0	178.0	1.37	1.04	342.2	398.1	1 935.0	中抗		
00000126	闽侯白皮	福建农林大学遗传所	福建省闽侯县	地方品种	0925	披针	绿	无	绿	339.0	283.0	1.85	1.21	369.5	404.0	2 700.0	中抗		
00000127	连江红皮	福建农林大学遗传所	福建省连江县	地方品种	0922	披针	浅红	无	红	333.0	291.0	1.81	1.20	277.1	328.5	2 700.0	中抗		
00000128	连江黄麻	福建农林大学遗传所	福建省连江县	地方品种	0920	披针	绿	无	绿	333.0	292.0	1.81	1.21	384.3	400.1	2 700.0	中抗		
00000129	武平黄麻	福建农林大学遗传所	福建省武平县	地方品种	0824	披针	浅红	无	红	226.0	158.0	1.29	1.04	327.3	284.4	1 815.0	中抗		
00000130	金山黄麻	福建农林大学遗传所	福建省连城县	地方品种	0903	披针	绿	无	绿	264.0	186.0	1.40	1.10	288.3	308.9	2 535.0	中抗		
00000131	永安黄麻	福建农林大学遗传所	福建省永安市	地方品种	0906	披针	绿	无	绿	236.0	159.0	1.39	1.05	310.8	393.2	1 950.0	中抗		
00000132	永安红皮	福建农林大学遗传所	福建省永安市	地方品种	0908	披针	浅红	无	红	252.0	183.0	1.42	1.02	372.8	357.0	1 890.0	中抗		
00000133	永安淡红皮	福建农林大学遗传所	福建省永安市	地方品种	0826	披针	浅红	无	浅红	260.0	191.0	1.26	1.02	269.6	389.3	2 055.0	中抗		
00000134	三元吉口	福建农林大学遗传所	福建省三明市	地方品种	0828	披针	绿	有	绿	279.0	206.0	1.43	0.98	420.2	379.5	1 920.0	中抗		
00000135	邵武黄麻	福建农林大学遗传所	福建省邵武市	地方品种	0901	披针	浅红	无	褐	250.0	195.0	1.31	1.08	355.2	350.1	1 770.0	中抗		
00000136	浦城黄麻	福建农林大学遗传所	福建省浦城县	地方品种	0903	披针	绿	无	绿	231.0	167.0	1.39	0.97	357.3	424.6	1 650.0	中抗		
00000137	闽 23	福建农林大学遗传所	福建省福州市	选育品种	0829	披针	浅红	无	红	257.0	183.0	1.71	1.07	299	361.9	2 475.0	中抗		

（续）

统一编号	种质名称	保存单位	原产地或来源地	种质类型	种子成熟期	叶形	叶柄色	腋芽	中期茎色	株高	分枝高	茎粗	鲜皮厚	纤维支数	纤维强力	纤维产量	苗期炭疽病抗性	苗期黑点炭疽病抗性	备注
00000138	闽 49-红	福建农林大学遗传所	福建省福州市	选育品种	0831	披针	浅红	无	红	343.0	292.0	1.33	1.14	300.6	321.7	2 700.0	中抗		
00000139	桃园黄麻	福建农林大学遗传所	台湾省桃园市	地方品种	1002	披针	浅红	有	绿	281.0	231.0	1.69	1.17	295	320.7	2 745.0	中抗		
00000140	桃园青皮	福建农林大学遗传所	台湾省桃园市	地方品种	0828	披针	浅红	无	绿	242.0	173.0	1.33	1.00	250	436.4	2 010.0	抗		
00000141	台湾红皮	福建农林大学遗传所	台湾省	地方品种	0907	披针	红	无	鲜红	261.0	200.0	1.40	1.08	357.9	408.9	1 725.0	中抗		
00000142	台中抗胭脂红	福建农林大学遗传所	台湾省台中市	地方品种	0917	披针	浅红	无	条红	274.0	198.0	1.49	1.13	323.9	314.8	2 670.0	中抗		
00000143	高雄赤皮	福建农林大学遗传所	台湾省高雄市	地方品种	0828	披针	浅红	有	条红	246.0	159.0	1.27	0.97	295.6	386.4	1 605.0	中抗		
00000144	高雄青皮	福建农林大学遗传所	台湾省高雄市	地方品种	0912	披针	绿	无	绿	377.0	338.0	1.86	1.32	338.6	417.8	3 000.0	中抗		
00000145	台湾绿果	福建农林大学遗传所	台湾省	地方品种	0829	披针	绿	无	绿	246.0	145.0	1.33	1.05	256.2	389.3	1 890.0	中抗		
00000146	新隆黄麻	福建农林大学遗传所	台湾省	地方品种	0828	披针	红	无	褐	222.0	147.0	1.23	1.10	267.5	301.1	1 530.0	感		
00000147	新丰青皮	福建农林大学遗传所	台湾省	地方品种	0829	披针	绿	无	绿	245.0	158.0	1.29	1.05	348.2	393.2	2 115.0	中抗		
00000148	台湾加利麻	福建农林大学遗传所	台湾省	地方品种	0829	披针	浅红	无	绿	276.0	198.0	1.56	1.16	346.9	382.5	3 045.0	中抗		
00000149	白莲芝	福建农林大学遗传所	台湾省	地方品种	0828	披针	绿	无	绿	245.0	176.0	1.31	1.05	429.6	389.3	1 785.0	中抗		
00000150	嘉义黄麻	福建农林大学遗传所	台湾省嘉义市	地方品种	0826	披针	绿	有	绿	226.0	143.0	1.25	0.94	370.9	314.8	1 515.0	感		
00000151	台湾青皮	福建农林大学遗传所	台湾省	地方品种	0901	披针	绿	无	绿	281.0	238.0	1.44	1.05	260.8	369.7	2 475.0	中抗		
00000152	台中抗白胭脂	福建农林大学遗传所	台湾省台中市	地方品种	0903	披针	红	有	绿	247.0	182.0	1.32	0.97	361.7	322.6	1 875.0	感		
00000153	白露红皮	福建农林大学遗传所	台湾省	地方品种	0829	披针	红	无	红	233.0	164.0	1.24	1.03	318.8	286.4	1 320.0	中抗		
00000154	新丰	浙江作物与核技术所[①]	浙江省杭州市	地方品种	1025	卵圆	红	无	浅红	329.0	267.0	1.75	1.06	396.9	397.2	1 500.0	中抗		
00000155	吉口	浙江作物与核技术所	浙江省杭州市	地方品种	1018	卵圆	浅红	无	浅红	328.0	271.0	1.79	1.04	329.8	337.3	1 875.0	中抗		
00000156	72-259	浙江作物与核技术所	浙江省杭州市	品系	1015	披针	浅红	无	浅红	375.0	333.0	1.46	1.05	348.5	311.9	2 175.0	中抗		
00000157	70-423	浙江作物与核技术所	浙江省杭州市	品系	1004	卵圆	绿	有	绿	268.0	201.0	1.39	1.12	399	343.2	1 725.0	中抗		原浙江建设兵团二师农科所选育
00000158	浙农 12 号	浙江作物与核技术所	浙江省杭州市	选育品种	1015	卵圆	绿	无	绿	310.0	243.0	1.71	1.08	386.9	315.8	2 100.0	中抗		
00000159	浙农 19 号	浙江作物与核技术所	浙江省杭州市	选育品种	1016	卵圆	浅红	无	浅红	311.0	239.0	1.67	1.02	415.4	314.8	1725.0	抗		

① 全称为浙江省农业科学院作物与核技术利用研究所。全书下同。

（续）

统一编号	种质名称	保存单位	原产地或来源地	种质类型	种子成熟期	叶形	叶柄色	腋芽	中期茎色	株高	分枝高	茎粗	鲜皮厚	纤维支数	纤维强力	纤维产量	苗期炭疽病抗性	苗期黑点炭疽病抗性	备注
00000160	浙农 20 号	浙江作物与核技术所	浙江省杭州市	选育品种	1019	卵圆	绿	无	绿	309.0	225.0	1.67	0.93	423.7	321.7	2 100.0	中抗		
00000161	浙大白露	浙江作物与核技术所	浙江省杭州市	地方品种	1019	卵圆	绿	无	绿	308.0	245.0	1.55	1.06	390.2	347.2	1 875.0	感		
00000162	肖台 250-2	浙江作物与核技术所	浙江省杭州市萧山区	地方品种	1018	卵圆	绿	无	绿	318.0	236.0	1.66	0.96	379.5	301.1	2 100.0	中抗		
00000163	义盛圆果	浙江作物与核技术所	浙江省杭州市萧山区	地方品种	1019	卵圆	浅红	无	鲜红	322.0	238.0	1.62	0.94	365.2	303.0	1 800.0	感		
00000164	肖山本地麻	浙江作物与核技术所	浙江省杭州市萧山区	地方品种	1019	卵圆	绿	无	绿	316.0	237.0	1.73	1.01	350.4	322.6	1 350.0	抗		
00000165	浙江圆果	浙江作物与核技术所	浙江省杭州市	地方品种	1019	卵圆	浅红	无	浅红	298.0	208.0	1.56	1.03	399.8	321.7	1 650.0	感		
00000166	花园弄黄麻	浙江作物与核技术所	浙江省杭州市	地方品种	1019	披针	绿	无	绿	318.0	243.0	1.84	1.09	325.8	329.5	1 785.0	中抗		
00000167	艮山门 9 号	浙江作物与核技术所	浙江省杭州市	地方品种	1017	披针	红	有	红	317.0	244.0	1.70	1.02	426.5	327.5	1 650.0	中抗		
00000168	傅红黄麻	浙江作物与核技术所	浙江省杭州市余杭区	地方品种	1018	卵圆	浅红	无	红	305.0	232.0	1.67	1.14	428.6	306.9	1 275.0	感		
00000169	临钱 4203	浙江作物与核技术所	浙江省杭州市余杭区	地方品种	1019	披针	红	无	浅红	313.0	235.0	1.71	1.03	401.6	295.2	2 625.0	抗		
00000170	乔司台子	浙江作物与核技术所	浙江省杭州市余杭区	地方品种	1019	卵圆	绿	无	绿	296.0	232.0	1.22	1.09	428.6	360.9	1 800.0	抗		
00000171	临平黄麻	浙江作物与核技术所	浙江省杭州市余杭区	地方品种	1019	卵圆	绿	无	绿	312.0	229.0	1.56	1.03	360.5	289.3	1 590.0	中抗		
00000172	宁台 818-3	浙江作物与核技术所	浙江省海宁市	地方品种	1018	卵圆	绿	无	绿	318.0	255.0	1.69	0.90	416.6	343.2	2 100.0	中抗		
00000173	宝塔种	浙江作物与核技术所	浙江省海宁市	地方品种	1019	卵圆	绿	无	绿	313.0	239.0	1.67	0.92	424.3	291.3	1 950.0	中抗		
00000174	石井圆果	浙江作物与核技术所	浙江省海宁市	地方品种	1015	卵圆	绿	无	绿	309.0	233.0	1.72	1.00	420.6	378.5	1 800.0	中抗		
00000175	费样黄麻	浙江作物与核技术所	浙江省海宁市	地方品种	1012	披针	浅红	无	红	328.0	256.0	1.40	0.94	420.6	358.9	1 575.0	中抗		
00000176	义乌黄麻	浙江作物与核技术所	浙江省义乌市	地方品种	1018	披针	绿	无	绿	331.0	286.0	1.51	1.03	392	324.6	2 145.0	中抗		
00000177	常山络麻	浙江作物与核技术所	浙江省常山县	地方品种	1019	披针	绿	无	绿	291.0	200.0	1.54	0.93	427	364.8	2 175.0	中抗		
00000178	丽水黄麻	浙江作物与核技术所	浙江省丽水市	地方品种	1007	披针	绿	无	绿	299.0	215.0	1.59	0.94	376.8	348.1	3 525.0	抗		
00000179	透天麻	浙江作物与核技术所	浙江省永嘉县	地方品种	1019	披针	绿	无	绿	327.0	246.0	1.69	0.83	426.8	455.0	2 400.0	中抗		
00000180	雅株黄麻	浙江作物与核技术所	浙江省永嘉县	地方品种	1016	披针	浅红	无	浅红	304.0	242.0	1.72	0.84	376.5	362.8	2 025.0	中抗		
00000181	温州本地麻	浙江作物与核技术所	浙江省温州市	地方品种	1006	卵圆	绿	无	绿	305.0	207.0	1.74	0.91	387.1	353.0	1 800.0	中抗		
00000182	温州土麻	浙江作物与核技术所	浙江省温州市	地方品种	1021	披针	红	无	红	280.0	165.0	1.51	0.88	450.9	391.3	3 600.0	中抗		

（续）

统一编号	种质名称	保存单位	原产地或来源地	种质类型	种子成熟期	叶形	叶柄色	腋芽	中期茎色	株高	分枝高	茎粗	鲜皮厚	纤维支数	纤维强力	纤维产量	苗期炭疽病抗性	苗期黑点炭疽病抗性	备注
00000183	瑞安土麻	浙江作物与核技术所	浙江省瑞安市	地方品种	1016	卵圆	绿	无	绿	319.0	260.0	1.63	0.92	428.8	370.7	2 100.0	中抗		
00000184	马屿黄麻	浙江作物与核技术所	浙江省瑞安市	地方品种	1014	卵圆	绿	无	绿	329.0	274.0	1.61	1.02	322	322.6	1 875.0	中抗		
00000185	隆山黄麻	浙江作物与核技术所	浙江省瑞安市	地方品种	1018	卵圆	浅红	无	绿	331.0	278.0	1.86	0.86	398.4	363.8	2 025.0	中抗		
00000186	胜华黄麻	浙江作物与核技术所	浙江省瑞安市	地方品种	1018	卵圆	浅红	无	绿	325.0	271.0	1.47	1.04	453.1	347.2	1 875.0	中抗		
00000187	平阳黄麻	浙江作物与核技术所	浙江省平阳县	地方品种	1009	披针	浅红	有	绿	311.0	208.0	1.74	0.99	380.3	319.7	1 650.0	抗		
00000188	水门黄麻	浙江作物与核技术所	浙江省平阳县	地方品种	1015	披针	浅红	无	浅红	330.0	267.0	1.70	0.82	435.1	342.3	2 175.0	中抗		
00000190	宁50－1	浙江作物与核技术所	江苏省南京市	品系	1013	卵圆	绿	无	绿	314.0	234.0	1.67	0.87	356.1	306.0	1 650.0	抗		
00000191	圆果59	浙江作物与核技术所	江苏省南京市	品系	1014	披针	红	有	红	282.0	228.0	1.53	1.05	379.3	298.1	1 500.0	中抗		
00000192	如皋白莆果	浙江作物与核技术所	江苏省如皋市	地方品种	1019	披针	绿	无	绿	318.0	277.0	1.51	0.91	396.9	321.7	1 950.0	中抗		
00000193	红皮黄麻	浙江作物与核技术所	安徽省	地方品种	1001	卵圆	红	无	红	300.0	255.0	1.67	0.96	392.3	316.8	1 500.0	中抗		
00000194	干剥皮	浙江作物与核技术所	安徽省	地方品种	1002	卵圆	绿	无	绿	280.0	193.0	1.60	0.99	371.1	301.1	1 275.0	中抗		
00000195	九江黄麻	中国麻类所[①]	江西省九江市	地方品种	1020	披针	浅红	无	浅红	219.0	120.0	1.23	0.77	409.9	275.6	2 340.0	中抗		
00000196	波阳本地麻	中国麻类所	江西省鄱阳县	地方品种	1020	披针	绿	无	绿	266.0	200.0	1.45	0.86	367.2	287.3	2 040.0	中抗		
00000197	鄱阳土麻	中国麻类所	江西省鄱阳县	地方品种	1019	披针	浅红	无	浅红	221.0	150.0	1.17	0.73	348.6	311.9	1 455.0	感		
00000198	贵溪黄麻	中国麻类所	江西省贵溪市	地方品种	1021	披针	绿	无	绿	222.0	154.0	1.23	0.84	397.4	339.3	1 320.0	中抗		
00000199	南康黄麻	中国麻类所	江西省南康市	地方品种	1025	披针	浅红	无	红	270.0	185.0	1.34	1.04	551.6	306.9	1 380.0	中抗		
00000200	三脚苗	中国麻类所	江西省南康市	地方品种	1027	披针	浅红	有	绿	300.0	220.0	1.42	0.84	506.8	269.7	1 350.0	中抗		
00000201	上犹一撮英	中国麻类所	江西省上犹县	地方品种	1024	披针	浅红	有	绿	271.0	225.0	1.34	0.94	528.4	297.1	1 200.0	中抗		
00000202	会昌竹篙麻	中国麻类所	江西省会昌县	地方品种	1028	披针	浅红	有	浅红	270.0	203.0	1.19	0.83	365.2	357.0	1 560.0	中抗		
00000203	会昌黄麻	中国麻类所	江西省会昌县	地方品种	1023	披针	浅红	无	浅红	265.0	200.0	1.32	0.77	385.5	310.9	1 470.0	感		
00000204	于都黄麻	中国麻类所	江西省于都县	地方品种	1023	披针	绿	有	绿	274.0	189.0	1.46	0.97	380.8	376.6	1 665.0	中抗		
00000205	宁都黄麻	中国麻类所	江西省宁都县	地方品种	1023	披针	红	无	浅绿	239.0	140.0	1.17	0.78	345.7	332.4	1 470.0	中抗		
00000206	全南黄麻	中国麻类所	江西省全南县	地方品种	1015	披针	红	有	绿	242.0	179.0	1.38	0.91	354.3	272.6	2 025.0	中抗		

① 全称为中国农业科学院麻类研究所。全书下同。

（续）

统一编号	种质名称	保存单位	原产地或来源地	种质类型	种子成熟期	叶形	叶柄色	腋芽	中期茎色	株高	分枝高	茎粗	鲜皮厚	纤维支数	纤维强力	纤维产量	苗期炭疽病抗性	苗期黑点炭疽病抗性	备注
00000207	吉安黄麻	中国麻类所	江西省吉安市	地方品种	1017	披针	浅红	有	绿	256.0	158.0	1.33	0.71	402.2	240.3	1 620.0	中抗		
00000208	吉安红皮	中国麻类所	江西省吉安市	地方品种	1019	披针	紫红	无	红	230.0	170.0	1.26	0.91	333.9	301.1	1 740.0	中抗		
00000209	吉安紫红皮	中国麻类所	江西省吉安市	地方品种	1017	披针	红	无	红	240.0	180.0	1.24	1.06	384.2	298.1	1 935.0	中抗		
00000210	吉水白皮	中国麻类所	江西省吉水县	地方品种	1017	披针	绿	无	绿	251.0	198.0	1.34	0.92	321	469.7	1 680.0	中抗		
00000211	和字4号	中国麻类所	江西省泰和县	地方品种	1027	披针	浅红	有	绿	340.0	150.0	1.37	0.80	503.7	367.7	1 935.0	中抗		
00000212	和字20号	中国麻类所	江西省泰和县	地方品种	1017	披针	浅红	无	绿	290.0	220.0	1.30	0.79	348.5	273.6	1 590.0	中抗		
00000213	安福黄麻	中国麻类所	江西省安福县	地方品种	1027	披针	浅红	有	绿	296.0	231.0	1.42	0.94	419	347.2	1 755.0	感		
00000214	新淦黄麻	中国麻类所	江西省新干县	地方品种	1019	披针	浅红	有	绿	225.0	179.0	1.37	0.78	405.3	267.7	510.0	感		
00000216	黄皮挎麻	中国麻类所	江西省	地方品种	1101	披针	绿	有	绿	258.0	214.0	1.33	0.79	321.2	301.1	1 260.0	中抗		
00000217	土黄麻	中国麻类所	江西省	地方品种	1101	披针	浅红	有	绿	235.0	170.0	1.32	0.80	392.3	262.8	1 575.0	感		
00000218	洋火麻	中国麻类所	江西省	地方品种	1110	披针	浅红	有	绿	184.0	126.0	1.04	1.02	384	323.6	900.0	感		
00000219	算盘子黄麻	中国麻类所	江西省	地方品种	1029	披针	浅红	无	浅红	243.0	181.0	1.32	0.95	387.2	307.9	1 125.0	感		
00000220	家黄麻	中国麻类所	江西省	地方品种	1025	披针	紫红	无	鲜红	247.0	180.0	1.20	1.00	534.2	310.9	1 560.0	中抗		
00000221	信丰圆杆子	中国麻类所	江西省信丰县	地方品种	1026	披针	浅红	无	绿	250.0	185.0	1.33	0.95	434.4	429.5	1 620.0	中抗		
00000222	琼粤青	中国麻类所	湖南省沅江市	地方品种	1102	卵圆	绿	有	绿	390.0	310.0	1.72	1.03	517.6	371.7	3 405.0	抗		
00000223	琼粤红	中国麻类所	湖南省沅江市	地方品种	1102	披针	浅红	有	浅红	345.0	295.0	1.59	0.94	361.3	367.7	3 450.0	中抗		
00000224	球形光果	中国麻类所	湖南省沅江市	地方品种	1027	披针	绿	无	绿	256.0	190.0	1.50	1.00	397.3	306.0	2 070.0	中抗		
00000225	梨形光果	中国麻类所	湖南省沅江市	地方品种	1020	披针	绿	有	绿	275.0	200.0	1.50	1.02	331.9	293.2	1 635.0	抗		
00000226	72-01	中国麻类所	湖南省沅江市	品系	1025	披针	浅红	无	浅红	356.0	314.0	1.49	0.97	448.8	320.7	2 040.0	中抗		
00000227	72-02	中国麻类所	湖南省沅江市	品系	1010	披针	绿	无	绿	314.0	250.0	1.53	0.87	385.6	319.7	1 350.0	中抗		
00000228	天门黄麻	中国麻类所	湖北省天门市	地方品种	1010	披针	浅红	有	绿	238.0	198.0	1.25	0.67	366.1	380.5	900.0	中抗		
00000229	鄂农105	中国麻类所	湖北省武汉市	选育品种	1015	披针	浅红	无	绿	269.0	209.0	1.49	0.96	318.8	306.9	1 080.0	中抗		
00000230	鄂农165	中国麻类所	湖北省武汉市	选育品种	1015	披针	浅红	无	绿	292.0	230.0	1.50	1.06	469.9	370.7	1 800.0	中抗		
00000231	冬不老	中国麻类所	重庆市荣昌区	地方品种	1031	披针	绿	无	绿	236.0	178.0	1.21	0.75	334.3	255.0	1 215.0	中抗		

（续）

统一编号	种质名称	保存单位	原产地或来源地	种质类型	种子成熟期	叶形	叶柄色	腋芽	中期茎色	株高	分枝高	茎粗	鲜皮厚	纤维支数	纤维强力	纤维产量	苗期炭疽病抗性	苗期黑点炭疽病抗性	备注
00000232	冬不老红	中国麻类所	重庆市荣昌区	地方品种	1025	披针	浅红	有	浅红	283.0	244.0	1.37	0.93	315.5	283.4	1 170.0	中抗		
00000233	荣昌驼驼麻	中国麻类所	重庆市荣昌区	地方品种	1015	披针	绿	无	绿	150.0	100.0	1.05	0.81	427.6	241.2	480.0	感		
00000234	荣昌黄麻	中国麻类所	重庆市荣昌区	地方品种	1014	披针	绿	有	绿	175.0	105.0	0.85	0.61	364.4	266.7	780.0	中抗		
00000235	内江黄麻	中国麻类所	四川省内江县	地方品种	1014	披针	浅红	无	浅红	239.0	195.0	1.30	0.82	394.7	288.3	1 980.0	感		
00000237	牛刷条	中国麻类所	四川省	地方品种	1017	披针	绿	有	浅绿	249.0	179.0	1.14	0.83	331.3	306.9	1 260.0	感		
00000239	圆子麻	中国麻类所	四川省罗江县	地方品种	1016	披针	绿	无	绿	226.0	165.0	1.17	0.80	373.5	359.9	1 770.0	感		
00000240	贵独 2 号	中国麻类所	贵州省独山县	地方品种	1020	披针	绿	无	绿	220.0	150.0	1.29	0.81	317.8	289.3	1 485.0	中抗		
00000241	贵独 3 号	中国麻类所	贵州省独山县	地方品种	1020	披针	浅红	无	浅红	280.0	210.0	1.37	1.03	381	407.0	1 380.0	感		
00000242	榕江黄麻	中国麻类所	贵州省榕江县	地方品种	1020	披针	浅红	无	浅红	219.0	150.0	1.08	0.74	397.4	334.4	1 950.0	感		
00000243	河南圆果	中国麻类所	河南省	地方品种	0920	披针	绿	有	绿	157.0	85.0	0.95	0.75	389.5	224.6	540.0	感		
00000244	JRC-321	中国麻类所	印度	遗传材料	1018	披针	浅红	有	浅红	312.0	276.0	1.33	0.82	444.9	372.7	2 310.0	感		
00000245	印度青皮	中国麻类所	印度	地方品种	1025	披针	绿	无	绿	252.0	200.0	1.38	0.97	332	268.7	1 575.0	中抗		
00000246	麦门新	中国麻类所	印度	地方品种	1031	披针	绿	无	绿	285.0	240.0	1.40	1.08	373.1	332.4	1 530.0	中抗		
00000247	越南圆果	中国麻类所	越南	地方品种	1031	披针	红	有	绿	357.0	320.0	1.41	0.96	483.7	399.1	2 040.0	中抗		
00000248	越南 54	中国麻类所	越南	地方品种	1031	披针	浅红	有	绿	272.0	229.0	1.17	0.98	446.8	362.8	2 340.0	中抗		
00000249	巴圆 6 号	中国麻类所	巴基斯坦	地方品种	1031	披针	浅红	有	浅红	310.0	281.0	1.52	0.95	366.6	295.2	1 575.0	感		
00000250	大分青皮	中国麻类所	日本	遗传材料	1020	披针	绿	有	绿	216.0	152.0	1.21	0.86	336.4	329.5	1 800.0	中抗		
00000251	日本 3 号	中国麻类所	日本	遗传材料	1021	披针	绿	无	绿	226.0	152.0	1.14	0.69	423	304.0	1 350.0	中抗		
00000252	日本 4 号	中国麻类所	日本	遗传材料	1021	披针	浅红	有	条红	230.0	170.0	1.33	0.82	368.4	289.0	840.0	感		
00000253	日本 5 号	中国麻类所	日本	遗传材料	1005	披针	绿	无	绿	134.0	56.0	0.96	0.89	462.5	258.9	630.0	感		
00000254	日本 7 号	中国麻类所	日本	遗传材料	1024	披针	浅红	无	浅红	275.0	195.0	1.38	0.85	304.9	315.8	1 260.0	中抗		
00000255	吴川特异种	广东作物所	广东省广州市	地方品种	1031	披针	绿	有	黄绿	402.0	366.0	1.74	1.16	427.4	408.9	3 450.0			
00000256	78-02	广东作物所	广东省广州市	品系	1103	披针	绿	有	浅绿	401.0	363.0	1.73	1.04	457.9	263.8	3 360.0			716 经 Co^{60} 处理选出

（续）

统一编号	种质名称	保存单位	原产地或来源地	种质类型	种子成熟期	叶形	叶柄色	腋芽	中期茎色	株高	分枝高	茎粗	鲜皮厚	纤维支数	纤维强力	纤维产量	苗期炭疽病抗性	苗期黑点炭疽病抗性	备注
00000257	75-41	广东作物所	广东省广州市	品系	1103	披针	绿	有	浅绿	399.0	323.0	1.52	1.05	375.4	333.4	3 345.0	中抗		粤圆5号×7015辐射后代选出
00000258	713选	广东作物所	广东省广州市	品系	1031	披针	绿	有	浅绿	406.0	367.0	1.53	1.16	416.7	332.4	3 765.0			“713”变异株选出
00000259	77-22	广东作物所	广东省广州市	品系	1103	披针	绿	有	浅绿	429.0	386.0	1.82	1.18	423	357.0	4 065.0			715×梅4杂交后代选出
00000260	42	广东作物所	广东省广州市	品系	1103	披针	绿	有	浅绿	406.0	355.0	1.77	1.21	489	326.6	3 930.0			
00000261	61红	广东作物所	广东省广州市	品系	1103	披针	浅红	有	浅绿	435.0	408.0	2.02	1.24	343.8	366.8	4 080.0			
00000262	625	广东作物所	广东省广州市	品系	1031	披针	绿	有	浅绿	418.0	374.0	1.73	1.15	397.5	347.2	3 765.0			
00000263	179	福建农林大学遗传所	福建省福州市	品系	1018	披针	紫红	有	绿	433.0	391.0	1.87	1.23	393.1	354.0	3 750.0			梅峰二号与闽麻五号杂交育成
00000264	831	福建农林大学遗传所	福建省福州市	品系	1018	披针	紫红	有	绿	430.0	370.0	1.76	1.13	402	357.9	3 330.0			粤圆5号与闽麻五号杂交育成
00000265	229	福建农林大学遗传所	福建省福州市	品系	1018	披针	紫红	有	绿	422.0	380.0	1.83	1.20	354.7	363.8	3 600.0			梅峰二号与闽麻5号杂交育成
00000266	124	福建农林大学遗传所	福建省福州市	品系	1016	披针	红	无	绿	434.0	381.0	1.79	1.10	422.6	346.2	4 050.0			梅峰二号与闽麻五号杂交育成
00000267	梅峰7号（早）	福建农林大学遗传所	福建省福州市	选育品种	1005	披针	浅红	有	绿	382.0	330.0	1.60	1.06	365.8	355.0	4 125.0			卢滨与新选一号杂交育成
00000268	179-1	福建农林大学遗传所	福建省福州市	品系	1006	披针	红	有	绿	388.0	337.0	1.76	1.10	404	366.8	3 150.0			179辐射
00000269	福州黄麻	福建甘蔗所	福建省福州市	地方品种	0906	披针	浅红	有	红	285.0	206.0	1.36	1.03	510.8	430.5	1 350.0	感		
00000270	闽麻429	福建甘蔗所	福建省漳州市	品系	1102	披针	绿	有	绿	359.0	295.0	1.50	1.10	479.2	463.9	3 000.0	感		

（续）

统一编号	种质名称	保存单位	原产地或来源地	种质类型	种子成熟期	叶形	叶柄色	腋芽	中期茎色	株高	分枝高	茎粗	鲜皮厚	纤维支数	纤维强力	纤维产量	苗期炭疽病抗性	苗期黑点炭疽病抗性	备注
00000271	闽麻 737	福建甘蔗所	福建省漳州市	品系	1018	披针	紫红	有	浅红	332.0	272.0	1.45	1.00	473.7	487.4	2 700.0	中抗		
00000272	闽麻 733	福建甘蔗所	福建省漳州市	品系	1103	披针	浅红	有	绿	351.0	291.0	1.50	0.98	548.4	492.3	3 060.0	中抗		
00000273	闽麻 757	福建甘蔗所	福建省漳州市	品系	1101	披针	红	有	绿	350.0	290.0	1.50	0.97	441.9	450.1	3 195.0	中抗		
00000274	闽麻 113	福建甘蔗所	福建省漳州市	品系	1102	披针	红	有	绿	349.0	291.0	1.51	1.08	463.9	449.1	3 105.0	感		
00000275	闽麻 492	福建甘蔗所	福建省漳州市	品系	1101	披针	紫红	有	绿	342.0	289.0	1.45	1.10	472.7	414.8	2 970.0	感		
00000276	新竹	福建甘蔗所	台湾省新竹市	地方品种	0915	披针	绿	有	绿	307.0	199.0	1.48	0.93	517.1	421.7	1 350.0	感		
00000277	温州青皮	浙江作物与核技术所	浙江省温州市	地方品种	1020	披针	浅红	有	绿	320.0	252.0	1.83	1.13	321.6	371.7	3 795.0			
00000278	拱振桥 1-7 圆果	浙江作物与核技术所	浙江省杭州市	地方品种	1019	披针	绿	无	绿	260.0	204.0	1.90	1.88	172	257.9	3 330.0			
00000279	大荆短麻	浙江作物与核技术所	浙江省杭州市	地方品种	1001	披针	绿	无	绿	199.0	103.0	1.67	1.75	294.5	310.9	1 635.0			
00000280	新塘 6 号	浙江作物与核技术所	浙江省杭州市	地方品种	1018	披针	绿	无	绿	276.0	204.0	1.83	1.70	201.8	258.9	3 135.0			
00000281	江宁本地麻	浙江作物与核技术所	江苏省南京市	地方品种	1009	卵圆	红	有	红	276.0	200.0	1.68	1.39	260.7	307.9	2 895.0			
00000282	浙江衢黄麻	浙江作物与核技术所	浙江省杭州市	地方品种	1005	披针	红	无	红	265.0	210.0	1.72	1.40	262.3	330.5	2 880.0			
00000283	静江青皮黄麻	浙江作物与核技术所	江苏省靖江市	地方品种	1005	披针	红	无	绿	257.0	204.0	1.52	1.26	259.3	425.6	2 325.0			
00000284	金陵 50 号	浙江作物与核技术所	江苏省南京市	品系	1012	披针	绿	无	绿	238.0	186.0	1.52	1.00	167	336.4	2 100.0			
00000285	828	浙江作物与核技术所	浙江省杭州市	品系	1018	披针	浅红	有	浅绿	350.0	318.0	1.79	1.56	304.4	336.4	3 750.0			
00000286	10-38	浙江作物与核技术所	浙江省杭州市	品系	1026	披针	绿	有	绿	369.0	353.0	1.66	1.84	277.4	343.2	3 030.0			
00000287	838 青茎	浙江作物与核技术所	浙江省杭州市	品系	1025	披针	绿	有	绿	370.0	350.0	1.84	1.66	286.2	404.0	4 410.0			
00000288	838 红	浙江作物与核技术所	浙江省杭州市	品系	1025	披针	浅红	有	浅绿	366.0	352.0	1.80	1.50	235.1	378.5	4 485.0			
00000289	5072	浙江作物与核技术所	浙江省杭州市	品系	1025	披针	浅红	有	浅红	344.0	309.0	1.78	1.73	307.4	383.4	3 930.0			
00000290	729	浙江作物与核技术所	浙江省杭州市	品系	1023	披针	浅红	有	浅红	340.0	322.0	1.84	1.71	281.7	357.0	3 975.0			
00000291	526	浙江作物与核技术所	浙江省杭州市	品系	1018	披针	绿	有	绿	337.0	292.0	1.73	1.29	273.3	375.6	3 720.0			
00000292	445	浙江作物与核技术所	浙江省杭州市	品系	1019	披针	浅红	无	红	318.0	290.0	1.70	1.70	231.6	415.8	3 240.0			
00000293	红圆 5 号	浙江作物与核技术所	浙江省杭州市	地方品种	1019	披针	浅红	有	红	310.0	292.0	1.80	1.80	301.3	460.9	2 955.0			
00000294	火麻	中国麻类所	江西省	地方品种	0910	披针	绿	无	绿	301.0	194.0	1.38	0.87	375.2	464.8	2 250.0	中抗		

（续）

统一编号	种质名称	保存单位	原产地或来源地	种质类型	种子成熟期	叶形	叶柄色	腋芽	中期茎色	株高	分枝高	茎粗	鲜皮厚	纤维支数	纤维强力	纤维产量	苗期炭疽病抗性	苗期黑点炭疽病抗性	备注
00000295	上犹三梗莲	中国麻类所	江西省上犹县	地方品种	1022	披针	紫红	有	绿	255.0	151.0	1.44	0.99	359.8	415.8	2 550.0	中抗		
00000296	兴国黄麻	中国麻类所	江西省兴国县	地方品种	1018	披针	绿	有	绿	291.0	179.0	1.46	0.97	337.4	393.2	2 700.0	中抗		
00000297	窄叶圆果	中国麻类所	湖南省沅江市	地方品种	1215	披针	紫红	有	绿	342.0	325.0	1.36	0.99	367.6	278.0	3 195.0	中抗		
00000298	威远黄麻	中国麻类所	泰国	遗传材料	0916	披针	绿	无	绿	190.0	126.0	1.02	1.01	402	357.0	1 335.0	中抗		
00000299	圆果 71-10	中国麻类所	湖南省沅江市	品系	1108	披针	浅红	无	浅红	334.0	257.0	1.42	0.95	365.5	379.5	3 150.0	中抗		琼山与粤圆 5 号杂交育成
00000300	曼谷黄麻	中国麻类所	泰国	地方品种	1118	披针	紫红	有	绿	229.0	182.0	1.05	0.78	430	310.9	1 350.0	中抗		
00000301	云野Ⅰ-1	中国麻类所	云南省	野生资源	1028	披针	浅红	有	绿	264.0	209.0	1.33	0.80	417.7	320.0	1 800.0	感		
00000302	云野Ⅰ-2	中国麻类所	云南省	野生资源	1028	披针	浅红	有	绿	261.0	67.0	1.32	0.82	415.4	320.0	1 455.0	感		
00000303	云野Ⅰ-3	中国麻类所	云南省	野生资源	1028	披针	红	有	绿	263.0	50.0	1.10	0.70	368.1	317.0	1 365.0	中抗		
00000304	云野Ⅰ-4	中国麻类所	云南省	野生资源	1110	披针	绿	有	绿	279.0	93.0	1.26	0.78	484.8	472.7	1 590.0	中抗		
00000305	云野Ⅰ-5	中国麻类所	云南省	野生资源	1110	披针	紫红	有	绿	260.0	200.0	1.29	0.92	425.8	358.0	1 710.0	中抗		
00000306	云野Ⅰ-6	中国麻类所	云南省	野生资源	1110	披针	红	有	绿	227.0	30.0	1.03	0.67	403	314.0	555.0	感		
00000307	云野Ⅰ-7	中国麻类所	云南省	野生资源	1015	披针	绿	有	绿	254.0	84.0	1.20	0.76	405	308.0	1 755.0	感		
00000308	89-1（495238）	广东作物所	美国	遗传材料	0927	披针	紫红	无	浅绿	285.0	191.0	1.47	1.08	341.1	326.6	2 835.0			
00000309	JRC-212	广东作物所	尼泊尔	遗传材料	1101	披针	绿	有	浅绿	409.0	371.0	1.67	1.17	451.3	318.7	3 840.0			
00000310	404027	广东作物所	美国	遗传材料	1031	披针	绿	有	浅绿	368.0	298.0	1.72	1.14	394.3	333.4	3 015.0			
00000311	89-3（404028）	广东作物所	美国	遗传材料	1101	披针	绿	有	浅绿	405.0	349.0	1.74	1.21	459.6	335.4	3 435.0			
00000312	89-5（TRC-321 迟）	广东作物所	美国	遗传材料	1005	披针	紫红	有	红	243.0	152.0	1.15	0.86	428.1	337.3	1 155.0			
00000313	89-9（40574）	广东作物所	美国	遗传材料	1025	披针	绿	有	浅绿	370.0	286.0	1.65	1.13	464.7	391.3	2 865.0			
00000314	89-10（40575）	广东作物所	美国	遗传材料	1025	披针	浅红	无	浅红										
00000315	89-11（40576）	广东作物所	美国	遗传材料	1025	披针	紫红	有	浅绿										
00000316	89-12（40578）	广东作物所	美国	遗传材料	1028	披针	绿	无	浅绿	377.0	330.0	1.80	1.16	400	318.7	2 925.0			
00000317	89-21（533）	广东作物所	广东省广州市	品系	1105	披针	绿	有	浅绿	422.0	282.0	1.69	1.12	379.4	411.9	3 465.0			粤圆 5 号经 Co^{60} 辐射选出

（续）

统一编号	种质名称	保存单位	原产地或来源地	种质类型	种子成熟期	叶形	叶柄色	腋芽	中期茎色	株高	分枝高	茎粗	鲜皮厚	纤维支数	纤维强力	纤维产量	苗期炭疽病抗性	苗期黑点炭疽病抗性	备注
00000318	89-22（1605）	广东作物所	广东省广州市	品系	1105	披针	绿	有	浅绿	418.0	373.0	1.75	1.11	400	378.5	3 675.0			“715”经 Co^{60} 辐射选出
00000319	89-23（EO21）	广东作物所	广东省广州市	品系	1104	披针	绿	有	浅绿	412.0	378.0	1.71	1.10	379.4	344.2	3 615.0			“716”经 0.470EMS 处理选出
00000320	89-24（1714）	广东作物所	广东省广州市	品系	1104	披针	绿	有	浅绿	414.0	355.0	1.70	1.22	425.2	365.8	4 020.0			（715×683）F_1 经 Co^{60} 处理选出
00000321	89-25（MC8122）	广东作物所	广东省广州市	品系	1201	披针	绿	有	绿										
00000322	永太黄麻	福建甘蔗所	福建省永泰县	地方品种	0911	披针	红	有	红	206.0	120.0	1.16	0.94	449.4	372.7	1 350.0			
00000323	桃园红皮	福建甘蔗所	台湾省	地方品种	0912	披针	紫红	无	鲜红	234.0	152.0	1.15	1.02	433.3	418.7	1 365.0			
00000324	宜兰黄麻	福建甘蔗所	台湾省宜兰县	地方品种	0910	披针	红	无	红	222.0	157.0	1.22	0.95	390.7	364.8	1 680.0			
00000325	北港黄麻	福建甘蔗所	台湾省	地方品种	0920	披针	绿	无	绿	233.0	158.0	1.28	1.06	431.3	420.7	1 800.0			
00000326	JRC-673	贵州草业所①	贵州正安县	遗传材料															
00000327	JRC-676	贵州草业所	贵州正安县	遗传材料															
00000328	JRC-699	贵州草业所	贵州正安县	遗传材料															
00000329	深红皮	贵州草业所	贵州省正安县	地方品种	1024	披针	浅红	无	红	280.5	193.6	1.43	0.94	445	245.0	2 916.0	抗		
00000401	浙江荚头麻	浙江作物与核技术所	浙江省杭州市	地方品种	1105	披针	绿	有	绿	373.0	291.0	1.59	0.98	328.9	226.5	2 565.0		中抗	翠绿中选
00000402	浙麻 2 号	浙江作物与核技术所	浙江省杭州市	选育品种	1030	披针	绿	有	绿	376.0	309.0	1.50	1.04	364.4	247.1	2 910.0		中抗	
00000403	浙麻 3 号	浙江作物与核技术所	浙江省杭州市	选育品种	1030	披针	绿	有	绿	372.0	288.0	1.54	1.02	412.5	260.9	2 130.0		中抗	
00000404	浙麻 4 号	浙江作物与核技术所	浙江省杭州市	选育品种	1030	披针	绿	有	绿	380.0	312.0	1.52	1.10	384.6	254.0	2 085.0		中抗	
00000405	浙长 763	浙江作物与核技术所	浙江省杭州市	选育品种	1101	披针	绿	有	绿	347.0	307.0	1.12	0.87	362.3	256.9	2 085.0		中抗	
00000406	长果 751	浙江作物与核技术所	浙江省杭州市	品系	1101	披针	绿	有	绿	391.0	310.0	1.61	1.09	233.1	209.9	1 995.0		中抗	X 射线处理广丰长果后代中选育

① 全称为贵州省草业研究所。全书下同。

（续）

统一编号	种质名称	保存单位	原产地或来源地	种质类型	种子成熟期	叶形	叶柄色	腋芽	中期茎色	株高	分枝高	茎粗	鲜皮厚	纤维支数	纤维强力	纤维产量	苗期炭疽病抗性	苗期黑点炭疽病抗性	备注
00000407	71-414	浙江作物与核技术所	浙江省杭州市	品系	1030	披针	绿	有	绿	350.0	310.0	1.17	0.92	361.3	194.2	2 280.0		中抗	原浙江建设兵团二师农科所从大圆荚头麻中选育
00000408	浙江长果	浙江作物与核技术所	浙江省杭州市	地方品种	1101	披针	浅红	有	浅红	368.0	307.0	1.45	1.03	377.6	257.9	2 400.0		中抗	
00000409	浙江长荚	浙江作物与核技术所	浙江省杭州市	地方品种	1101	披针	浅红	有	浅红	383.0	293.0	1.57	1.01	365.5	246.1	2 235.0		中抗	
00000410	瓜沥长果	浙江作物与核技术所	浙江省杭州市萧山区	地方品种	1030	披针	绿	有	绿	405.0	317.0	1.63	1.01	352.1	271.6	1 920.0		中抗	
00000411	沈塘桥长果	浙江作物与核技术所	浙江省杭州市	地方品种	1030	披针	浅红	有	浅红	386.0	294.0	1.50	0.98	331.6	239.3	2 430.0		中抗	
00000412	临平长果	浙江作物与核技术所	浙江省杭州市余杭区	地方品种	1030	披针	绿	有	绿	371.0	289.0	1.57	1.03	314.9	260.9	2 310.0		中抗	
00000413	乔司长果	浙江作物与核技术所	浙江省杭州市余杭区	地方品种	1030	披针	绿	有	绿	380.0	298.0	1.57	1.13	292.1	221.6	1 845.0		抗	
00000414	九堡长果	浙江作物与核技术所	浙江省杭州市余杭区	地方品种	1027	披针	绿	有	绿	399.0	314.0	1.56	1.07	344.4	250.1	2 355.0		中抗	
00000415	千元长果	浙江作物与核技术所	浙江省杭州市余杭区	地方品种	1101	披针	绿	有	绿	378.0	301.0	1.49	1.13	336.9	253.0	1 995.0		中抗	
00000416	宁荚 816	浙江作物与核技术所	浙江省海宁市	地方品种	1101	披针	浅红	有	浅红	376.0	290.0	1.59	1.30	361.3	230.5	2 400.0		中抗	
00000417	长安青皮	浙江作物与核技术所	浙江省海宁市	地方品种	1107	披针	绿	有	绿	415.0	327.0	1.57	1.15	405.8	261.8	2 280.0		中抗	
00000418	褚石深红皮	浙江作物与核技术所	浙江省海宁市	地方品种	1107	披针	绿	有	绿	403.0	323.0	1.54	1.20	431.8	264.8	2 355.0		中抗	
00000419	褚石淡红皮	浙江作物与核技术所	浙江省海宁市	地方品种	1107	披针	浅红	有	浅红	405.0	318.0	1.59	1.13	364.4	275.6	1 830.0		中抗	
00000420	雅林长果	浙江作物与核技术所	浙江省永嘉县	地方品种	1103	披针	绿	有	绿	383.0	306.0	1.51	1.02	364.4	234.4	1 920.0		中抗	
00000421	麻布长果	浙江作物与核技术所	浙江省平阳县	地方品种	1101	披针	绿	有	绿	393.0	293.0	1.54	1.12	329.8	304.0	2 205.0		中抗	
00000422	东坑长果	浙江作物与核技术所	浙江省平阳县	地方品种	1023	披针	绿	有	绿	380.0	296.0	1.54	0.95	352.1	229.5	2 130.0		中抗	
00000423	江景长果	浙江作物与核技术所	浙江省平阳县	地方品种	1023	披针	绿	有	绿	382.0	288.0	1.56	0.96	348.2	213.8	1 845.0		中抗	
00000424	江西广丰长果	中国麻类所	江西省广丰县	地方品种	1019	披针	绿	有	绿	336.0	298.0	1.25	0.94	321.4	361.9	2 250.0		中抗	
00000425	波阳长果	中国麻类所	江西省鄱阳县	地方品种	1019	披针	绿	有	绿	354.0	304.0	1.23	0.84	341.5	348.1	2 250.0		中抗	
00000426	上犹大奋早	中国麻类所	江西省上犹县	地方品种	1023	披针	绿	有	绿	340.0	300.0	1.31	0.97	280.7	373.6	2 475.0		中抗	
00000427	太字 4 号	中国麻类所	江西省泰和县	地方品种	1026	披针	浅红	有	浅红	314.0	263.0	1.24	0.81	317.6	373.6	2 700.0		抗	
00000428	和字 8 号	中国麻类所	江西省泰和县	地方品种	1019	披针	浅红	有	浅红	299.0	209.0	1.29	0.91	337.8	244.2	1 575.0		中抗	

（续）

统一编号	种质名称	保存单位	原产地或来源地	种质类型	种子成熟期	叶形	叶柄色	腋芽	中期茎色	株高	分枝高	茎粗	鲜皮厚	纤维支数	纤维强力	纤维产量	苗期炭疽病抗性	苗期黑点炭疽病抗性	备注
00000429	和字10号	中国麻类所	江西省泰和县	地方品种	1023	披针	浅红	有	浅红	314.0	268.0	1.06	0.82	362.3	373.6	2 475.0		中抗	
00000430	土火麻	中国麻类所	江西省	地方品种	1023	披针	浅红	有	浅红	314.0	265.0	1.24	0.73	308.6	247.1	3 195.0		感	
00000431	湘黄2号	中国麻类所	湖南省沅江市	选育品种	1103	披针	绿	有	绿	346.0	295.0	1.20	0.96	417	383.4	2 025.0		中抗	广丰长果中选
00000432	广丰长果	中国麻类所	湖南省沅江市	地方品种	1101	披针	绿	有	绿	344.0	267.0	1.21	0.89	310.6	240.3	2 565.0		中抗	广丰长果中选
00000433	长果134	中国麻类所	湖南省沅江市	品系	1101	披针	绿	有	绿	349.0	295.0	1.19	0.90	469	269.7	2 820.0		中抗	沅江101中选
00000434	长果1022	中国麻类所	湖南省沅江市	品系	1103	披针	绿	有	绿	342.0	290.0	1.27	1.00	395	417.8	4 680.0		中抗	上犹大奋早中选
00000435	沅江101	中国麻类所	湖南省沅江市	品系	1101	披针	绿	有	绿	309.0	240.0	1.29	0.90	398.7	345.2	1 920.0		感	翠绿中选
00000436	广巴矮	中国麻类所	湖南省沅江市	地方品种	1103	卵圆	绿	有	绿	194.0	143.0	1.14	0.83	320.5	270.7	1 125.0		中抗	广丰长果与巴麻72-2杂交选育
00000437	土黄皮	中国麻类所	湖南省沅江市	地方品种	1019	披针	浅红	有	褐	335.0	265.0	1.35	1.01	397.3	292.2	1 575.0		抗	广丰长果与褐杆黄麻杂交 F_2 种子经辐射处理选育
00000438	褐杆黄麻	中国麻类所	湖南省沅江市	地方品种	1030	披针	绿	有	褐	332.0	270.0	1.21	0.48	353.9	397.2	1 920.0		中抗	
00000439	青皮6号	中国麻类所	湖北省	品系	1030	披针	绿	有	绿	341.0	295.0	1.41	0.69	342.4	235.4	2 235.0		中抗	
00000440	皂角管	中国麻类所	四川省	地方品种	1030	披针	绿	有	绿	317.0	290.0	1.23	0.81	392.5	329.5	1 275.0		中抗	
00000441	川大501	中国麻类所	四川省	选育品种	1030	披针	绿	有	绿	321.0	280.0	1.33	0.77	340.1	407.0	1 245.0		中抗	
00000442	川大504	中国麻类所	四川省	选育品种	1030	披针	浅红	有	浅红	339.0	294.0	1.31	0.91	423.5	243.2	1 740.0		中抗	
00000443	乐昌长果	中国麻类所	广东省乐昌市	地方品种	1030	披针	绿	有	绿	304.0	250.0	1.24	0.92	324.6	262.8	2 295.0		中抗	
00000444	郁南长果	中国麻类所	广东省郁南县	地方品种	1029	披针	绿	有	绿	287.0	230.0	1.15	0.78	337.8	261.8	2 340.0		中抗	
00000445	梧州绿	中国麻类所	广西壮族自治区梧州市	地方品种	1025	披针	浅红	有	绿	310.0	236.0	1.22	0.78	302.2	314.8	1 905.0		中抗	

（续）

统一编号	种质名称	保存单位	原产地或来源地	种质类型	种子成熟期	叶形	叶柄色	腋芽	中期茎色	株高	分枝高	茎粗	鲜皮厚	纤维支数	纤维强力	纤维产量	苗期炭疽病抗性	苗期黑点炭疽病抗性	备注
00000446	上林长果	中国麻类所	广西壮族自治区上林县	地方品种	1020	披针	浅红	有	浅红	319.0	240.0	1.35	0.92	389.5	291.3	2 955.0		感	
00000447	莆田青麻	福建农林大学遗传所	福建省莆田市	地方品种	1009	披针	绿	有	绿	380.0	325.0	1.62	0.92	339.9	249.1	2 325.0		感	翠绿中选育
00000448	龙溪长果	福建农林大学遗传所	福建省龙溪县	地方品种	1018	披针	绿	有	绿	339.0	290.0	1.37	0.96	363.8	358.9	1 740.0		中抗	翠绿中选育
00000449	台南红皮	中国麻类所	台湾省台南市	地方品种	1030	披针	浅红	有	浅红	322.0	270.0	1.32	0.83	390.6	387.4	2 925.0		中抗	
00000450	河南长果	中国麻类所	河南省	地方品种	0925	披针	绿	有	绿	255.0	165.0	1.05	0.71	362.3	255.0	1 455.0		感	
00000451	南阳野生长果	中国麻类所	河南省南阳市	野生资源	0920	披针	浅红	有	浅红	100.0		0.65	0.31	340	241.0				
00000454	翠绿	中国麻类所	印度	地方品种	1101	披针	绿	有	绿	328.0	250.0	1.28	0.77	346	466.8	3 045.0		中抗	
00000455	长果 632	中国麻类所	印度	地方品种	1101	披针	绿	有	绿	316.0	250.0	1.26	0.78	345.3	437.4	2 415.0		中抗	
00000456	印度红茎	中国麻类所	印度	地方品种	1101	披针	浅红	有	浅红	330.0	280.0	1.39	0.85	293.8	341.3	2 460.0		中抗	
00000457	巴长 4 号	中国麻类所	巴基斯坦	地方品种	1030	披针	绿	有	绿	300.0	250.0	1.08	0.85	400.6	407.0	2 520.0		中抗	
00000458	巴麻 71	中国麻类所	巴基斯坦	地方品种	1030	披针	浅红	有	浅红	296.0	250.0	1.08	0.72	272.1	384.4	3 105.0		中抗	
00000459	巴麻 72-1	中国麻类所	巴基斯坦	地方品种	1103	披针	绿	有	绿	364.0	265.0	1.23	0.88	484	281.5	3 375.0		中抗	
00000460	巴麻 72-2	中国麻类所	巴基斯坦	地方品种	1103	披针	绿	有	绿	369.0	300.0	1.31	0.92	377.1	323.6	2 250.0		中抗	
00000461	巴麻 72-3	中国麻类所	巴基斯坦	地方品种	1114	披针	绿	有	绿	345.0	270.0	1.94	0.89	385.2	391.3	3 150.0		中抗	
00000462	巴麻 73-1	中国麻类所	巴基斯坦	地方品种	1115	披针	绿	有	绿	338.0	285.0	1.23	0.90	328.3	404.0	3 150.0		中抗	
00000463	奠边青麻	中国麻类所	越南	地方品种	1104	披针	绿	有	绿	323.0	265.0	1.32	0.91	349.9	382.5	2 700.0		中抗	
00000464	越南长果	中国麻类所	越南	地方品种	1103	披针	绿	有	绿	335.0	255.0	1.38	0.91	330.7	220.6	2 475.0		感	
00000465	日本长果	中国麻类所	日本	遗传材料	1024	披针	浅红	有	浅红	316.0	260.0	1.26	0.89	290.7	225.6	2 925.0		中抗	
00000466	古巴长果	中国麻类所	古巴	地方品种	1025	披针	浅红	有	浅红	319.0	256.0	1.26	0.88	384.6	284.4	2 100.0		中抗	
00000467	古巴长荚	中国麻类所	古巴	地方品种	1025	披针	绿	有	绿	315.0	260.0	1.23	0.91	362.3	254.0	2 025.0		中抗	
00000468	马里野生长果	福建农林大学遗传所	马里	野生资源	0907	披针	浅红	有	浅红	242.0	173.0	1.20	1.13	280.2	311.9	1 710.0		中抗	
00000469	褚石红皮	浙江作物与核技术所	浙江省杭州市	地方品种	1011	披针	浅红	有	浅红	264.0	210.0	1.28	1.26	360.2	229.5	2 775.0		中抗	
00000470	马尾长果	浙江作物与核技术所	浙江省杭州市	地方品种	1007	披针	绿	有	绿	282.0	221.0	1.25	1.37	365.5	272.6	2 730.0		感	
00000471	下圹长果	浙江作物与核技术所	浙江省杭州市	地方品种	0930	披针	绿	有	绿	298.0	238.0	1.34	1.53	360.2	258.9	3 075.0		中抗	

（续）

统一编号	种质名称	保存单位	原产地或来源地	种质类型	种子成熟期	叶形	叶柄色	腋芽	中期茎色	株高	分枝高	茎粗	鲜皮厚	纤维支数	纤维强力	纤维产量	苗期炭疽病抗性	苗期黑点炭疽病抗性	备注
00000472	笕桥长果	浙江作物与核技术所	浙江省杭州市	地方品种	0930	披针	绿	有	绿	271.0	206.0	1.32	0.98	376.5	215.7	2 190.0		中抗	
00000473	海门长荚	浙江作物与核技术所	浙江省杭州市	地方品种	1001	披针	绿	有	绿	288.0	216.0	1.26	1.15	372	182.4	2 730.0		中抗	
00000474	长果 626	浙江作物与核技术所	浙江省杭州市	品系	1010	披针	绿	有	绿	275.0	218.0	1.35	1.25	341.5	172.6	3 180.0		中抗	
00000475	83-1	浙江作物与核技术所	浙江省杭州市	品系	1030	披针	绿	有	绿	288.0	219.0	1.28	0.80	429.6	229.5	2 880.0		感	
00000476	1-23	浙江作物与核技术所	浙江省杭州市	品系	1018	披针	绿	有	深绿	304.0	245.0	1.31	1.05	297.4	377.6	2 295.0		中抗	
00000477	青抗 1 号	浙江作物与核技术所	浙江省杭州市	地方品种	1018	披针	绿	有	深绿	338.0	239.0	1.27	0.86	343.4	438.4	2 370.0		中抗	
00000478	新喻黄麻	中国麻类所	江西省新余市	地方品种	1111	披针	绿	有	绿	335.0	287.0	1.29	0.73	280	270.7	1 800.0		中抗	
00000479	安福麻	中国麻类所	江西省	地方品种	1111	披针	绿	有	绿	297.0	215.0	1.09	0.09	336.2	331.5	1 650.0		中抗	
00000480	修水黄麻	中国麻类所	江西省	地方品种	1107	披针	绿	有	绿	357.0	224.0	1.39	0.97	307.9	414.8	2 025.0		中抗	
00000481	澧县长荚	中国麻类所	湖南省沅江市	地方品种	1031	披针	绿	有	浅红	343.0	260.0	1.28	0.96	291.4	423.6	1 875.0		中抗	
00000482	黄红茎	中国麻类所	湖南省沅江市	地方品种	1110	披针	红	有	红	328.0	304.0	1.13	0.87	278.6	418.7	1 680.0		中抗	
00000483	厚叶绿	中国麻类所	湖南省沅江市	地方品种	1103	披针	红	有	浅红	343.0	220.0	1.30	0.95	268.6	0	2 250.0		中抗	
00000484	耳朵叶	中国麻类所	湖南省沅江市	地方品种	1105	披针	绿	有	绿	342.0	321.0	1.21	0.95	324	387.4	2 100.0		中抗	广丰长果与巴长四号杂交选育
00000485	宽叶长果	中国麻类所	湖南省沅江市	地方品种	1115	披针	绿	有	绿	353.0	308.0	1.25	1.06	330.6	436.4	2 535.0		中抗	广丰长果与巴长四号杂交选育
00000486	湘黄麻 1 号	中国麻类所	湖南省沅江市	选育品种	1115	披针	绿	有	绿	403.0	379.0	1.43	1.01	346.6	367.7	2 640.0		中抗	马里野生长果与广巴矮杂交选育
00000487	广翠圆	中国麻类所	湖南省沅江市	地方品种	1101	披针	绿	有	绿	310.0	194.0	1.33	1.05	356	328.0	2 340.0		中抗	广丰长果与翠绿杂交选育
00000488	云野Ⅱ-1	中国麻类所	云南省	野生资源	1111	披针	绿	有	浅红	244.0	127.0	1.07	0.71	379	369.0	1 200.0		感	
00000489	云野Ⅱ-2	中国麻类所	云南省	野生资源	1110	披针	红	有	浅红	196.0	62.0	0.77	0.69	364	241.2	300.0		中抗	
00000490	云野Ⅱ-3	中国麻类所	云南省	野生资源	1101	披针	绿	有	绿	318.5	260.4	1.32	0.95	321.4	313.8	315.0		中抗	

（续）

统一编号	种质名称	保存单位	原产地或来源地	种质类型	种子成熟期	叶形	叶柄色	腋芽	中期茎色	株高	分枝高	茎粗	鲜皮厚	纤维支数	纤维强力	纤维产量	苗期炭疽病抗性	苗期黑点炭疽病抗性	备注
00000491	云野Ⅱ-4	中国麻类所	云南省	野生资源	1101	披针	红	有	浅红	197.0	52.0	0.79	0.75	375	346.0	330.0		感	
00000492	云野Ⅱ-5	中国麻类所	云南省	野生资源	1110	披针	红	有	浅红	200.0	97.0	0.55	0.76	370.2	381.5	210.0		感	
00000493	89-6（247434）	广东作物所	美国	遗传材料	1020	披针	绿	有	浅绿									感	
00000494	89-7（404029）	广东作物所	美国	遗传材料	1031	披针	绿	有	浅绿	346.0	330.0	1.78	1.23	320.9	315.8	2 460.0		中抗	
00000495	圣苏粒绿麻	贵州草业所	贵州省正安县	地方品种	1031	披针	绿	有	浅绿										
00000496	印度墨绿子	贵州草业所	贵州省正安县	地方品种	1031	披针	绿	有	浅绿										
00000497	Ⅱ-3矮长果	贵州草业所	贵州正安县	地方品种	1031	披针	绿	有	浅绿										
00000498	甜黄麻	贵州草业所	贵州绥阳县	地方品种	1031	披针	绿	有	浅绿										
00000499	甜黄麻-Ⅱ	贵州草业所	贵州绥阳县	地方品种	1031	披针	绿	有	浅绿										
00000601	粘粘菜	中国麻类所	河南省南阳市	野生资源	1031	披针（小）	淡红	有	淡红	50.0		细	薄						蔓生、种皮厚、耐寒、耐旱
00000602	开远假黄麻	中国麻类所	云南省开远市	野生资源	1031	披针	红	有	红	20.0		细	薄						蔓生、种皮厚、耐旱、病虫害少
00001001	日本8号	中国麻类所	日本	遗传材料	1113	披针	绿	有	绿	301.2	210.5	1.22	0.89	376.6	260.9	2 856.0		中抗	
00001002	西贡长荚	中国麻类所	越南	地方品种	1113	披针	绿	有	绿	294.7	195.0	1.22	0.77	300.8	307.9	2 511.0		中抗	
00001003	83-3长	中国麻类所	广东省广州市	遗传材料	1113	披针	绿	有	绿	308.3	241.2	1.22	0.86	344.7	205.0	2916.0		中抗	
00001004	JRO-548	中国麻类所	尼泊尔	遗传材料	1113	披针	绿	有	绿	298.3	222.7	1.18	0.85	366.9	209.9	3 015.0		抗	
00001005	广巴矮（早）	中国麻类所	湖南省沅江市	地方品种	1113	披针	绿	有	绿	157.2	71.9	1.08	0.81	388.8	247.1	972.0		抗	
00001006	Ⅱ-3矮长果	中国麻类所	印度	遗传材料	1105	披针	绿	有	绿	321.6	240.7	1.31	0.82			2 862.0		中抗	
00001007	印度黑绿子	中国麻类所	印度	地方品种	1105	披针	绿	有	绿	307.7	214.1	1.22	0.84			2 376.0		中抗	
00001008	甜黄麻	中国麻类所	广东省	地方品种	1202	披针	绿	有	绿	295.0	243.0	1.13	0.80		322.6	2 239.5		感	
00001009	甜黄麻-Ⅱ	中国麻类所	广东省	地方品种	1119	披针	绿	有	淡红	295.0	251.0	1.18	0.71		245.2	2 133.0		中抗	
00001010	圣苏拉绿麻	中国麻类所	印度	地方品种	1104	披针	紫红	有	绿	315.2	233.0	1.27	0.89			3 024.0		中抗	

（续）

统一编号	种质名称	保存单位	原产地或来源地	种质类型	种子成熟期	叶形	叶柄色	腋芽	中期茎色	株高	分枝高	茎粗	鲜皮厚	纤维支数	纤维强力	纤维产量	苗期炭疽病抗性	苗期黑点炭疽病抗性	备注
00001011	JRO/550	中国麻类所	尼泊尔	遗传材料	1105	披针	绿	有	绿	322.5	272.5	1.32	0.96	303.4	325.6	4 914.0		中抗	
00001012	JRO/668	中国麻类所	尼泊尔	遗传材料	1105	披针	绿	有	绿	244.0	217.0	0.96	0.72	485.9	253.0	1 444.5		中抗	
00001013	JRO/672	中国麻类所	尼泊尔	遗传材料	1105	披针	绿	有	绿	269.5	236.0	1.07	0.73	384.2	414.8	2 125.5		抗	
00001014	JRO/524	中国麻类所	尼泊尔	遗传材料	1105	披针	绿	有	绿	304.0	285.0	1.13	0.89	361	366.8	3 513.0		中抗	
00001015	JRO/558	中国麻类所	尼泊尔	遗传材料	1105	披针	浅红	有	淡红	284.0	284.0	1.35	1.09	617.3		2 970.0		中抗	
00001016	JRO/563	中国麻类所	尼泊尔	遗传材料	1105	披针	浅红	有	淡红	220.0	206.5	1.04	0.93	378	300.1	1 596.0		中抗	
00001017	JRO/565	中国麻类所	尼泊尔	遗传材料	1105	披针	浅红	有	淡红	231.0	194.5	1.23	0.94	408.5		2 686.5		中抗	
00001018	DS/066Co	中国麻类所	肯尼亚	遗传材料	1105	披针	浅红	有	红	321.0	177.0	1.45	1.10	335.2	180.4	2 700.0		抗	
00001019	Non Soog1	中国麻类所	泰国	遗传材料	1115	披针	绿	有	绿	292.0	281.0	1.46	1.04	530		2 400.0		抗	
00001020	浙长果 1 号	浙江作物与核技术所	孟加拉国	遗传材料	1115	披针	绿	有	绿	306.2	289.2	1.34	1.02	197	249.1	975.0		抗	
00001021	浙长果 5 号	浙江作物与核技术所	孟加拉国	遗传材料	1115	披针	绿	有	绿	321.7	305.7	1.34	0.88	209	236.3	1 080.0			
00001022	浙长果 6 号	浙江作物与核技术所	孟加拉国	遗传材料	1118	披针	绿	有	绿	313.4	252.0	1.22	1.18	243	212.8	1 035.0		中抗	
00001023	浙长果 8 号	浙江作物与核技术所	孟加拉国	遗传材料	1130	披针	紫红	有	红	281.5	257.5	1.37	1.08	269	144.2	1 050.0		中抗	
00001024	浙长果 9 号	浙江作物与核技术所	孟加拉国	遗传材料	1210	披针	绿	有	绿	301.7	266.7	0.95	0.90	287	176.5	945.0		中抗	
00001025	浙长果 10 号	浙江作物与核技术所	孟加拉国	遗传材料	1201	披针	绿	有	绿	307.0	284.2	1.20	0.88	163	181.4	915.0		中抗	
00001026	浙长果 11 号	浙江作物与核技术所	孟加拉国	遗传材料	1203	披针	绿	有	绿	292.0	235.0	1.29	1.07	179	238.3	1 110.0		感	
00001027	浙长果 13 号	浙江作物与核技术所	孟加拉国	遗传材料	1202	披针	绿	有	绿	314.0	286.0	1.38	0.92	200	178.5	930.0		中抗	
00001028	浙长果 14 号	浙江作物与核技术所	孟加拉国	遗传材料	1201	披针	绿	有	绿	306.6	255.0	1.38	1.00	108	212.8	915.0		抗	
00001029	浙长果 15 号	浙江作物与核技术所	孟加拉国	遗传材料	1201	披针	绿	有	绿	269.6	238.0	1.30	0.94	234	198.1	855.0		中抗	
00001030	BL/039/CO	中国麻类所	肯尼亚	遗传材料	1120	披针	绿	有	绿	319.0	251.0	1.33	1.07		388.3	1 200.0		高抗	
00001031	BL/067/CO	中国麻类所	肯尼亚	遗传材料	1120	披针	淡红	有	淡红	310.0	222.0	1.19	0.81	428	307.9	1 050.0		抗	
00001032	BL/106/CR	中国麻类所	肯尼亚	遗传材料	1120	披针	浅红	有	淡红	289.0	257.5	1.23	0.99	411	240.3	1 815.0		抗	
00001033	NY/09/CO	中国麻类所	坦桑尼亚	遗传材料	1120	披针	绿	有	浅红									抗	
00001034	NY/155/CO	中国麻类所	坦桑尼亚	遗传材料	1120	披针	浅红	有	淡红	227.0	192.0	1.03	0.83	364	263.8	1 012.5		抗	

（续）

统一编号	种质名称	保存单位	原产地或来源地	种质类型	种子成熟期	叶形	叶柄色	腋芽	中期茎色	株高	分枝高	茎粗	鲜皮厚	纤维支数	纤维强力	纤维产量	苗期炭疽病抗性	苗期黑点炭疽病抗性	备注
00001035	X/084/CO	中国麻类所	坦桑尼亚	遗传材料	1120	披针	紫红	有	淡红	228.0	173.5	1.09	0.94	367	377.6	1 687.5		抗	
00001036	SM/070/CO	中国麻类所	肯尼亚	遗传材料	1120														
00001037	X/123/CO	中国麻类所	坦桑尼亚	遗传材料	1120									462.4					
00001038	JRC/551	中国麻类所	尼泊尔	遗传材料	1120	披针	淡红	有	微红	323.0	265.5	1.19	0.95	376.5	243.2	2 253.0		中抗	
00001039	JRC/564	中国麻类所	尼泊尔	遗传材料	1120	披针	淡红	有	微红	333.5	293.5	1.13	0.86	431.8	307.9	1 684.5		中抗	
00001040	JRC/581	中国麻类所	尼泊尔	遗传材料	1120	披针	绿	有	绿	319.5	254.0	1.15	0.78	401.6	287.3	1 101.0		中抗	
00001041	JRC/584	中国麻类所	尼泊尔	遗传材料	1120	披针	绿	有	绿	310.0	246.0	1.24	0.80	376.5	274.6	2 052.0		中抗	
00001042	JRC/609	中国麻类所	尼泊尔	遗传材料	1120	披针	绿	有	绿	317.8	256.3	1.07	0.83	322.7	356.0	2 116.5		中抗	
00001043	JRC/672	中国麻类所	尼泊尔	遗传材料	1120	卵圆	绿	有	绿	269.5	236.0	1.16	0.73	384.2	393.2	1 695.0		中抗	
00001044	BRA-000311	中国麻类所	尼泊尔	遗传材料	1120	披针	绿	有	绿	347.0	291.5	1.09	0.93	403.5	270.7	2 134.5		中抗	
00001045	长果 7 号	中国麻类所	尼泊尔	遗传材料	1210	披针	绿	有	绿	269.6	238.0	1.30	0.94	234	198.1	855.0		感病	
00001054	087-19（青）	中国麻类所	湖南省沅江市	地方品种	1001	卵圆	绿	有	绿	385.0	355.0	1.43	1.13	315	268	2 774.0		中抗	
00001070	印度 2 号	中国麻类所	印度	地方品种	1020	卵圆	绿	有	绿	265.0	250.0	1.94	0.94	305	289	2 156.0			
00001079	桔西棉湖长果	中国麻类所	湖南省沅江市	地方品种	1020	卵圆	绿	有	绿	295.0	265.0	1.88	1.14	307	222	2 135.0		高感	
00001086	湘黄麻 2 号	中国麻类所	湖南省沅江市	选育品种	1101	披针	绿	有	绿	345.0	325.0	2.43	1.45	440	317	3 102.0		高抗	
00001093	印度 5 号	中国麻类所	印度	地方品种	0910	卵圆	绿	有	绿	280.0	280.0	1.92	0.84						
00001103	O-3	中国麻类所	孟加拉国	地方品种	1020	卵圆	绿	有	绿	380.0	355.0	2.15	1.46			3 125.0		高抗	
00001104	O-3（红茎）	中国麻类所	孟加拉国	地方品种	1020	卵圆	淡红	有	淡红	385.0	355.0	2.16	1.55			3 127.0		高抗	
00001107	O-6	中国麻类所	孟加拉国	地方品种	1020	卵圆	绿	有	绿	375.0	350.0	2.06	1.42			3 220.0		高抗	
00001117	TC008-41	中国麻类所	湖南省长沙市	品系	1101	卵圆	淡红	有	淡红	410.0	380.0	2.38	1.57	416	329	2 865.0		高抗	
00001118	摩维 1 号	中国麻类所	湖南省长沙市	选育品种	1120	卵圆	绿	有	绿	460.0	410.0	2.56	1.54	398	280	3 463.7		高抗	
00001120	帝王菜 2 号	中国麻类所	湖南省长沙市	选育品种	1101	卵圆	绿	有	绿	380.0	340.0	2.53	1.43	452	316	3 131.3		高抗	
00001121	中引黄麻 1 号	中国麻类所	湖南省长沙市	选育品种	1120	卵圆	绿	有	绿	405.0	390.0	2.43	1.46	446	308	2 997.0		高抗	
00001122	Y05-03	中国麻类所	湖南省长沙市	品系	1101	卵圆	绿	有	绿	435.0	380.0	2.41	1.58	484	333	2 914.0		高抗	

（续）

统一编号	种质名称	保存单位	原产地或来源地	种质类型	种子成熟期	叶形	叶柄色	腋芽	中期茎色	株高	分枝高	茎粗	鲜皮厚	纤维支数	纤维强力	纤维产量	苗期炭疽病抗性	苗期黑点炭疽病抗性	备注
00001129	070-36	中国麻类所	孟加拉国	地方品种	1001	卵圆	绿	有	绿	390.0	365.0	1.53	1.12			3 425.0		中抗	
00001130	K-102	中国麻类所	俄罗斯	地方品种	1001	披针	绿	有	绿	285.0	270.0	1.75	1.04			2 347.0		中抗	
00001131	K-11	中国麻类所	俄罗斯	地方品种	1001	卵圆	绿	有	绿	285.0	280.0	1.77	0.98			2 145.0		中抗	
00001132	K-116	中国麻类所	俄罗斯	地方品种	1001	卵圆	淡红	有	淡红	275.0	270.0	1.55	0.88			2 145.0		中抗	
00001133	K-175	中国麻类所	俄罗斯	地方品种	1001	卵圆	绿	有	绿	285.0	255.0	1.46	1.08			2 341.0		中抗	
00001134	K-20	中国麻类所	俄罗斯	地方品种	1001	卵圆	绿	有	绿	275.0	255.0	1.55	0.88			2 651.0		中抗	
00001135	K-42	中国麻类所	俄罗斯	地方品种	1001	卵圆	绿	有	绿	290.0	255.0	1.42	0.89			2 244.0		中抗	
00001136	K-45	中国麻类所	俄罗斯	地方品种	1001	卵圆	绿	有	绿	275.0	250.0	1.55	0.88			2 541.0		中抗	
00001137	K-56	中国麻类所	俄罗斯	地方品种	1001	卵圆	绿	有	绿	315.0	260.0	1.68	1.03			2 145.0		中抗	
00001138	K-58（红）	中国麻类所	俄罗斯	地方品种	1001	卵圆	绿	有	绿	305.0	280.0	1.71	1.05			2 154.0		中抗	
00001139	K-58（绿）	中国麻类所	俄罗斯	地方品种	1001	卵圆	绿	有	绿	290.0	255.0	1.53	1.07			2 325.0		中抗	
00001140	O-4	中国麻类所	孟加拉国	地方品种	1020	卵圆	绿	有	绿	405.0	385.0	2.34	1.60			2 988.0		高抗	
00001143	巴麻 721	中国麻类所	湖南省长沙市	地方品种	1020	卵圆	绿	有	绿	320.0	300.0	2.04	1.23			2 877.0		中抗	
00001144	广西长果	中国麻类所	广西壮族自治区南宁市	地方品种	1101	卵圆	绿	有	绿	330.0	300.0	2.18	1.31			2 954.0		中抗	
00001145	马里野生长果(红杆)	中国麻类所	马里	地方品种	1001	卵圆	红	有	红	275.0	250.0	1.53	0.88			2 104.0		高抗	
00001146	马里野生长果(绿杆)	中国麻类所	马里	地方品种	1001	卵圆	绿	有	绿	265.0	240.0	1.59	0.79			2 112.0		高抗	
00001147	南阳长果（红）	中国麻类所	河南省南阳市	地方品种	1020	卵圆	绿	有	淡红	330.0	300.0	2.34	1.23			2 456.0		中抗	
00001148	南阳长果（绿）	中国麻类所	河南省南阳市	地方品种	1020	卵圆	绿	有	绿	340.0	305.0	2.14	1.32			2 455.0		中抗	
00001149	藤引 1 号	中国麻类所	海南省三亚市	地方品种	1020	披针	绿	有	绿	330.0	320.0	2.33	1.28			2 632.0		中抗	
00001150	藤引 2 号	中国麻类所	海南省三亚市	地方品种	1020	披针	绿	有	绿	330.0	320.0	2.16	1.24			2 645.0			
00001151	DS/055C（长）	中国麻类所	肯尼亚	地方品种	1120	披针	绿	有	绿	310.0	265.0	1.75	1.05			2 456.0		中抗	
00001153	K-58	中国麻类所	俄罗斯	遗传材料	1001	披针	绿	有	绿	310.0	280.0	1.55	1.12			2 134.0		中抗	
00001157	DS/013C-高大	中国麻类所	湖南省长沙市	遗传材料	1001	披针	淡红	有	淡红	290.0	240.0	1.97	1.15			2 145.0		中抗	
00001160	DS/052C	中国麻类所	肯尼亚	地方品种	1120	卵圆	淡红	有	淡红	325.0	310.0	1.88	0.99			2 103.0			

（续）

统一编号	种质名称	保存单位	原产地或来源地	种质类型	种子成熟期	叶形	叶柄色	腋芽	中期茎色	株高	分枝高	茎粗	鲜皮厚	纤维支数	纤维强力	纤维产量	苗期炭疽病抗性	苗期黑点炭疽病抗性	备注
00001161	CJQ001	中国麻类所	广西壮族自治区南宁市	地方品种	1101	披针	绿	有	绿	300.0	290.0	1.86	1.16			2 100.0			
00001172	YA/046Ca-单株	中国麻类所	湖南省长沙市	遗传材料	1001	卵圆	红	有	红	265.0	230.0	1.04	0.78	408	354	1 687.0		中抗	
00001178	泰字 4 号	中国麻类所	江西省泰和县	栽培长果种	1020	卵圆	红	无	红	280.0	260.0	1.59	1.01			2 541.0		中抗	
00001181	K-12	中国麻类所	俄罗斯	栽培长果种	1001	卵圆	绿	有	绿	280.0	265.0	1.44	1.05			2 531.0		中抗	
00001182	K-14	中国麻类所	俄罗斯	栽培长果种	1001	卵圆	绿	有	绿	290.0	280.0	1.42	0.89			2 511.0		中抗	
00001183	K-15	中国麻类所	俄罗斯	栽培长果种	1001	卵圆	绿	有	绿	290.0	260.0	1.46	0.79			2 145.0		中抗	
00001184	K-16	中国麻类所	俄罗斯	栽培长果种	1001	卵圆	绿	有	绿	295.0	275.0	1.63	1.03			2 235.0		中抗	
00001185	K-25	中国麻类所	俄罗斯	栽培长果种	1001	卵圆	绿	有	绿	280.0	280.0	1.44	1.05			2 354.0		中抗	
00001186	K-26	中国麻类所	俄罗斯	栽培长果种	1001	卵圆	绿	有	绿	290.0	280.0	1.42	0.89			2 365.0		中抗	
00001187	K-27	中国麻类所	俄罗斯	栽培长果种	1001	卵圆	绿	有	绿	295.0	265.0	1.63	1.03			2 231.5		中抗	
00001188	K-30	中国麻类所	俄罗斯	栽培长果种	1001	卵圆	绿	有	绿	285.0	290.0	1.46	1.08			2 214.0		中抗	
00001189	K-31	中国麻类所	俄罗斯	栽培长果种	1001	卵圆	绿	有	绿	275.0	280.0	1.55	0.88			2 351.0		中抗	
00001190	K-32	中国麻类所	俄罗斯	栽培长果种	1001	卵圆	绿	有	绿	310.0	255.0	1.63	1.12			2 236.0		中抗	
00001191	K-41	中国麻类所	俄罗斯	栽培长果种	1001	卵圆	绿	有	绿	305.0	265.0	1.68	1.07			2 345.0		中抗	
00001192	K-43	中国麻类所	俄罗斯	栽培长果种	1001	卵圆	绿	有	绿	295.0	270.0	1.63	1.03			2 154.0		中抗	
00001193	K-48	中国麻类所	俄罗斯	栽培长果种	1001	卵圆	绿	有	绿	310.0	280.0	1.53	1.12			2 605.0		中抗	
00001194	K-49	中国麻类所	俄罗斯	栽培长果种	1001	卵圆	绿	有	绿	320.0	280.0	1.68	0.89			2 145.0		中抗	
00001195	K-53	中国麻类所	俄罗斯	栽培长果种	1001	卵圆	淡红	有	淡红	295.0	270.0	1.63	1.08			2 023.0		中抗	
00001196	K-57	中国麻类所	俄罗斯	栽培长果种	1001	卵圆	绿	有	绿	275.0	250.0	1.53	1.08			2 079.0		中抗	
00001197	K-61	中国麻类所	俄罗斯	栽培长果种	1001	卵圆	绿	有	绿	295.0	270.0	1.68	1.03			2 489.0		中抗	
00001198	K-69	中国麻类所	俄罗斯	栽培长果种	1001	卵圆	淡红	有	淡红	275.0	250.0	1.55	1.08			2 481.0		中抗	
00001199	K-71	中国麻类所	俄罗斯	栽培长果种	1001	卵圆	绿	有	绿	310.0	280.0	1.53	1.12			2 150.0		中抗	
00001200	K-74	中国麻类所	俄罗斯	栽培长果种	1001	卵圆	绿	有	绿	320.0	280.0	1.68	1.07			2 145.0		中抗	
00001201	K-75	中国麻类所	俄罗斯	栽培长果种	1001	卵圆	绿	有	绿	320.0	280.0	1.76	0.89			2 369.0		中抗	

（续）

统一编号	种质名称	保存单位	原产地或来源地	种质类型	种子成熟期	叶形	叶柄色	腋芽	中期茎色	株高	分枝高	茎粗	鲜皮厚	纤维支数	纤维强力	纤维产量	苗期炭疽病抗性	苗期黑点炭疽病抗性	备注
00001202	K-76	中国麻类所	俄罗斯	栽培长果种	1001	卵圆	绿	有	绿	295.0	270.0	1.63	1.08			2 587.0		中抗	
00001203	K-77	中国麻类所	俄罗斯	栽培长果种	1001	卵圆	绿	有	绿	315.0	260.0	1.68	1.03			2 145.0		中抗	
00001204	K-79	中国麻类所	俄罗斯	栽培长果种	1001	卵圆	绿	有	绿	310.0	280.0	1.55	1.12			2 154.0		中抗	
00001205	K-8	中国麻类所	俄罗斯	栽培长果种	1001	卵圆	绿	有	绿	330.0	280.0	1.42	0.88			2 632.0		中抗	
00001206	K-83	中国麻类所	俄罗斯	栽培长果种	1001	卵圆	绿	有	绿	290.0	260.0	1.53	1.07			2 046.0		中抗	
00001207	K-84	中国麻类所	俄罗斯	栽培长果种	1001	卵圆	绿	无	绿	290.0	270.0	1.68	1.08			2 155.0		中抗	
00001208	南阳长果	中国麻类所	河南省南阳市	栽培长果种	1101	披针	淡红	有	淡红	310.0	280.0	2.13	1.24			2 452.0		中抗	
00001210	甜麻	中国麻类所	贵州省	栽培长果种	1001	披针	淡红	有	淡红	270.0	180.0	1.58	0.64			2 144.0		中抗	
00002001		中国麻类所	孟加拉国（IJO）	地方品种															
00002002	DS/038C	中国麻类所	肯尼亚	野生资源	1113	披针	淡红	有	绿	278.3	163.3	1.22	0.84	412.7	298.1	2 844.0		抗	
00002003	NY/164	中国麻类所	坦桑尼亚	野生资源	1001	披针	淡红	有	淡红	236.0	216.0	1.06	0.83	539.2	283.4	1 762.5		抗	
00002004	NY/124	中国麻类所	坦桑尼亚	野生资源	1001	披针		有	红					462.4					
00002005	NY/168	中国麻类所	坦桑尼亚	野生资源	1001	披针	淡红	有	淡红	244.5	171.0	1.05	0.77	553.9	279.5	1 474.5		抗	
00002006	NY/135	中国麻类所	坦桑尼亚	野生资源	1001	披针	淡红	有	淡红	240.0	111.0	0.99	0.83	539.7	220.6	1 528.5		抗	
00002007	NY/096	中国麻类所	坦桑尼亚	野生资源	1001	披针		有	红	266.1	153.2	1.55	0.84			1 650.0			
00002008	NY/157	中国麻类所	坦桑尼亚	野生资源	1001	披针	淡红	有	淡红	251.0	223.0	1.07	0.97	499.4	225.6	1 714.5		高抗	
00002009	SM/073CO	中国麻类所	坦桑尼亚	野生资源	1001	披针		有	红	268.0	174.0	1.56	0.98			2 025.0		高抗	
00002010	X/071	中国麻类所	坦桑尼亚	野生资源	1001	披针	淡红	有	淡红	267.0	209.5	1.10	0.85	460.8		2 139.0		抗	
00002011	XU/017	中国麻类所	印度尼西亚	野生资源	1107	披针	淡红	有	淡红	205.0	109.0	0.93	0.89	562.2		411.0		中抗	
00002012	XU/048	中国麻类所	印度尼西亚	野生资源	1101	披针	淡红	有	淡红	181.5	107.5	0.84	0.81	548.3		637.5		中抗	
00002013	XU/057	中国麻类所	印度尼西亚	野生资源	1115	披针	淡红	有	淡红	180.5	99.5	0.89	0.85	525.9		907.5		中抗	
00002014	Y/107	中国麻类所	泰国	野生资源	1101	披针			淡红						320.7	885.0		中抗	
00002015	Y/108	中国麻类所	泰国	野生资源	1101	披针			淡红						328.5	789.0		中抗	
00002016	Y/142	中国麻类所	泰国	野生资源	1101	披针	淡红	有	绿	186.5	141.0	0.81	0.77	484.5		559.5		中抗	

（续）

统一编号	种质名称	保存单位	原产地或来源地	种质类型	种子成熟期	叶形	叶柄色	腋芽	中期茎色	株高	分枝高	茎粗	鲜皮厚	纤维支数	纤维强力	纤维产量	苗期炭疽病抗性	苗期黑点炭疽病抗性	备注
00002017	Y/143	中国麻类所	泰国	野生资源	1101	披针	淡红	有	淡红							789.0		中抗	
00002018	YA/023	中国麻类所	泰国	野生资源	1101	披针	淡红	有	淡红	181.0	128.5	0.82	0.70	507.5		550.5		中抗	
00002019	DS/015	中国麻类所	孟加拉国	遗传材料	1107	披针	微红	有	绿	258.0	227.0	1.20	0.76	343.2	239.3	1 462.5		感病	
00002020	DS/063	中国麻类所	肯尼亚	遗传材料	1126	披针	淡红	有	绿	224.7	153.6	1.03	0.89	412.6	190.2	1 281.0		感病	
00002022	DS/066GE	中国麻类所	肯尼亚	遗传材料	1125	披针	绿	有	绿	336.5	278.0	1.08	1.11	324.0	300.1	1 894.5		抗	
00002023	DS/068CG	中国麻类所	肯尼亚	遗传材料	1101	披针	绿	有	绿	236.5	183.6	1.04	0.94	309.2	257.9	2 043.0		感病	
00002024	DS/068CR	中国麻类所	肯尼亚	遗传材料	1101	披针	微红	有	红	263.7	198.4	1.01	0.84	375.4	290.3	1 080.0		中抗	
00002025	BL/014	中国麻类所	肯尼亚	遗传材料	1020	披针	绿	有	微红	358.2	294.1	1.24	0.99	418.3	353.0	2 251.5		感病	
00002026	BL/093	中国麻类所	肯尼亚	遗传材料	1018	披针	微红	有	微红	294.1	279.5	1.02	0.66	368.0	267.7	1 110.0		感病	
00002027	BL/096	中国麻类所	肯尼亚	遗传材料	1017	披针	绿	有	绿	359.5	283.5	1.15	0.88	354.2	313.8	1 900.5		感病	
00002028	BL/121CG	中国麻类所	肯尼亚	遗传材料	1130	披针	微红	有	绿	247.5	184.5	1.07	0.87	400.5	288.3	1 692.0		感病	
00002029	SM/034	中国麻类所	肯尼亚	遗传材料	1105	披针	淡红	有	红	305.7	238.6	1.10	0.82	413.5	268.7	1 690.5		感病	
00002030	BL/106CG	中国麻类所	肯尼亚	遗传材料	1115	卵圆	绿	有	绿	280.7	225.3	1.09	0.91	415.3	264.8	1 110.0		抗	
00002031	DS/028	中国麻类所	肯尼亚	遗传材料	1102	卵圆	绿	有	绿	218.6	174.6	0.94	0.83	387.4	287.3	1 080.0		抗	
00002032	SM/026	中国麻类所	肯尼亚	遗传材料	1103	披针	绿	有	绿	264.7	203.5	1.11	0.93	397.6	241.2	1 491.0		抗	
00002033	JRC/668	中国麻类所	尼泊尔	遗传材料	1101	披针	绿	有	绿	277.0	258.5	1.06	0.80	367.7	318.7	1 659.0		中抗	
00002034	YA/022	中国麻类所	泰国	遗传材料	1103	披针	绿	有	绿	279.2	204.5	1.11	0.86	423.5	326.6	972.0		中抗	
00002035	YA/039	中国麻类所	泰国	遗传材料	1120	卵圆	绿	有	绿	357.1	279.4	1.13	0.88	442.3	318.7	1 596.0		中抗	
00002037	SM/046	中国麻类所	坦桑尼亚	遗传材料	1101	披针	淡红	有	红	263.7	207.4	1.13	0.94	365.6	271.6	1 512.0		感病	
00002039	JRC/674	中国麻类所	尼泊尔	遗传材料	1020	披针	淡红	有	微红	267.8	197.8	1.09	0.94	366.6	273.6	1 470.0		感病	
00002040	云野-II（小粒）	中国麻类所	云南省	野生资源	1001	披针	绿	有	淡红	220.0	140.0	1.20	0.56			1 855.0		高抗	
00003001	NY/162C	中国麻类所	坦桑尼亚	野生资源	1020	披针	淡红	有	淡红	241.0	188.0	1.19	0.97	444.9	250.1	1 441.5		抗	
00003002	NY/172C	中国麻类所	坦桑尼亚	野生资源	1020	披针	淡红	有	淡红	230.0	177.0	1.14	0.85	459.7		988.5		抗	
00003003	NY/127C	中国麻类所	坦桑尼亚	野生资源	1020	披针	淡红	有	淡红	228.0	132.0	1.05	0.86	455.2	226.5	1 144.5		抗	

（续）

统一编号	种质名称	保存单位	原产地或来源地	种质类型	种子成熟期	叶形	叶柄色	腋芽	中期茎色	株高	分枝高	茎粗	鲜皮厚	纤维支数	纤维强力	纤维产量	苗期炭疽病抗性	苗期黑点炭疽病抗性	备注
00003004	NY/001C	中国麻类所	坦桑尼亚	野生资源	1020	披针	淡红	有	淡红	219.5	110.5	0.85	0.74	578.8		1 080.0		抗	
00003005	BL/081C	中国麻类所	肯尼亚	野生资源	1020	披针	淡红	有	淡红	202.0	151.0	0.91	0.80			783.0		抗	
00003006	BL/115CO	中国麻类所	肯尼亚	野生资源	1020	披针	淡红	有	红	271.0	217.0	1.42	1.03			1 800.0			
00003007	SM/074C	中国麻类所	肯尼亚	野生资源	1020	披针	淡红	有	淡红	225.0	147.5	0.94	0.76	491.4	215.7	772.5		抗	
00003008	X/027C	中国麻类所	坦桑尼亚	野生资源	1020	披针	淡红	有	淡红	229.0	153.0	0.95	0.82	571.0	331.5	1 671.0		抗	
00003009	X/069C	中国麻类所	坦桑尼亚	野生资源	1020	披针	淡红	有	淡红	257.0	196.9	1.05	0.84	484.5	145.1	2 311.5		抗	
00003010	X/090C	中国麻类所	坦桑尼亚	野生资源	1020	披针	淡红	有	淡红	196.4	148.2	0.97	0.82	435.6		928.5		高抗	
00003011	X/083C	中国麻类所	坦桑尼亚	野生资源	1020	披针	淡红	有	淡红	243.5	191.5	1.01	0.70	552.4	262.8	1 269.0		高抗	
00003012	SU/044C	中国麻类所	印度尼西亚	野生资源	1020	披针	淡红	有	淡红	184.3	93.3	0.84	0.89	558.0		939.0		抗	
00003013	SU/054CO	中国麻类所	印度尼西亚	野生资源	1020	披针	淡红	有	淡红	183.5	107.5	0.80	0.79	472.2		439.5		抗	
00003014	SU/055CO	中国麻类所	印度尼西亚	野生资源	1020	披针	淡红	有	淡红	188.5	114.0	0.95	0.85	506.8		901.5		抗	
00003015	Y/072CO	中国麻类所	泰国	野生资源	1020	披针	淡红	有	绿	155.0	101.0	0.90	0.83	557.3	365.8	486.0		抗	
00003016	Y/078CO	中国麻类所	泰国	野生资源	1020	披针	淡红	有	绿	174.0	144.5	0.85	0.80	464.3	278.5	523.5		抗	
00003017	Y/084CO	中国麻类所	泰国	野生资源	1020	披针	淡红	有	淡红	173.0	138.0	0.92	0.88	486.2		513.0		抗	
00003018	Y/106CO	中国麻类所	泰国	野生资源	1020	披针	淡红	有	淡红						502.1	0.0		抗	
00003019	Y/109CO	中国麻类所	泰国	野生资源	1020	披针	淡红	有	淡红	207.5	146.0	0.96	0.86	409.2	246.1	1 083.0		抗	
00003020	Y/110CO	中国麻类所	泰国	野生资源	1020	披针	淡红	有	绿	201.5	147.5	0.95	0.89	410.8	396.2	904.5		抗	
00003021	Y/116CO	中国麻类所	泰国	野生资源	1020	披针	淡红	有	淡红									中抗	
00003022	Y/126CO	中国麻类所	泰国	野生资源	1020	披针	红	有	绿									中抗	
00003023	Y/134CO	中国麻类所	泰国	野生资源	1020	披针	红	有	绿									感	
00003024	Y/138CO	中国麻类所	泰国	野生资源	1020	披针	淡红	有	淡红	219.0	159.0	1.03	0.97	355.2	297.1	1 816.5		中抗	
00003025	DS/058C	中国麻类所	肯尼亚	野生资源	1020	披针	淡红	有	淡红	262.0	234.0	1.25	0.90	572.1	0.0	2 175.0		抗	
00003026	SM/076CO	中国麻类所	肯尼亚	野生资源	1020	披针	淡红	有	淡红	210.0	102.0	0.98	0.92	461.9	232.4	1 209.0		抗	
00003027	NY/018CO	中国麻类所	坦桑尼亚	野生资源	1020	披针		有	红	263.9	157.3	1.30	0.90			1 500.0			

（续）

统一编号	种质名称	保存单位	原产地或来源地	种质类型	种子成熟期	叶形	叶柄色	腋芽	中期茎色	株高	分枝高	茎粗	鲜皮厚	纤维支数	纤维强力	纤维产量	苗期炭疽病抗性	苗期黑点炭疽病抗性	备注
00003028	NY/030CO	中国麻类所	坦桑尼亚	野生资源	1020	披针		有	红	241.5	135.6	1.26	0.86			1 365.0			
00003029	NY/092CO	中国麻类所	坦桑尼亚	野生资源	1020	披针	淡红	有	淡红	229.0	154.0	0.91	0.79	505.2		1 647.0		抗	
00003030	NY/244CO	中国麻类所	坦桑尼亚	野生资源	1020	披针	淡红	有	淡红	267.0	169.0	1.20	0.93	497.4	320.7	1 914.0		高抗	
00003031	X/003C	中国麻类所	坦桑尼亚	野生资源	1020	披针	淡红	有	淡红	254.0	190.0	1.11	0.98	505.4	308.9	1 576.5		抗	
00003032	X/020CR	中国麻类所	坦桑尼亚	野生资源	1020	披针	淡红	有	淡红	257.0	233.0	1.10	0.88		282.4	1 125.0		抗	
00003033	X/078CO	中国麻类所	坦桑尼亚	野生资源	1020	披针	淡红	有	淡红	242.0	223.5	1.48	0.82	492.2	298.1	1 830.0		抗	
00003034	X/080CO	中国麻类所	坦桑尼亚	野生资源	1020	披针		有	红	266.5	132.5	1.55	0.88			1 875.0			
00003035	X/082CO	中国麻类所	坦桑尼亚	野生资源	1020	披针	淡红	有	淡红	225.5	138.6	1.05	0.77	492.2		853.5		抗	
00003036	X/087CO	中国麻类所	坦桑尼亚	野生资源	1020	披针	淡红	有	淡红	234.0	214.5	1.03	0.87	497.0		1 348.5		抗	
00003037	Y/105CO	中国麻类所	泰国	野生资源	1020	披针	淡红	有	淡红	195.5	133.0	0.89	0.79	395.6	217.7	502.5		抗	
00003038	Y/112CO	中国麻类所	泰国	野生资源	1020	披针	淡红	有	淡红	236.5	204.2	0.92	0.81	433.0	303.0	1 674.0		抗	
00003039	Y/114CO	中国麻类所	泰国	野生资源	1020	披针	淡红	有	淡红	186.0	127.0	0.91	0.85	451.3		847.5		抗	
00003040	SU/040C	中国麻类所	印度尼西亚	野生资源	1020	披针	淡红	有	淡红	177.0	97.0	0.85	0.90	489.2		756.0		抗	
00003041	X/003CG	中国麻类所	坦桑尼亚	遗传材料	1020	披针	绿	有	绿	261.3	206.0	1.13	0.98	468.0	310.9	1 104.0		感病	
00003042	YA/034	中国麻类所	坦桑尼亚	遗传材料	1120	披针	绿	有	绿	287.7	224.5	0.92	0.84	298.7	287.3	1 176.0		感病	
00003043	DS/057	中国麻类所	肯尼亚	遗传材料	1101	披针	绿	有	绿	303.0	252.7	1.06	0.84	324.5	291.3	1 071.0		感病	
00003044	DS/060	中国麻类所	肯尼亚	遗传材料	1101	披针	绿	有	绿	241.7	123.3	1.20	0.88	366.7	298.1	1 209.0		感病	
00003047	BL/013	中国麻类所	肯尼亚	遗传材料	1101	披针	微红	有	淡红	276.4	225.0	1.17	0.94	343.2	234.4	1 848.0		感病	
00003048	BL/047	中国麻类所	肯尼亚	遗传材料	1101	披针	淡红	有	绿	374.8	301.8	1.24	0.87	428.1	252.0	2 109.0		抗	
00003049	BL/015	中国麻类所	肯尼亚	遗传材料	1101	披针	红	有	红	248.8	232.4	1.02	0.70	412.3	229.5	1 302.0		感病	
00003050	BL/051	中国麻类所	肯尼亚	遗传材料	1101	披针	淡红	有	绿	313.9	258.1	1.06	0.73	466.2	266.7	1 743.0		抗	
00003051	BL/054	中国麻类所	肯尼亚	遗传材料	1101	披针	淡红	有	微红	285.5	224.5	0.99	0.78	463.6	294.2	1050.0		抗	
00003052	BL/055	中国麻类所	肯尼亚	遗传材料	1101	披针	绿	有	绿	324.0	283.0	1.15	0.89	411.4	180.4	2 100.0		抗	
00003053	BL/056	中国麻类所	肯尼亚	遗传材料	1101	披针	淡红	有	微红	302.5	274.5	1.11	0.89	361.1	290.3	2 160.0		抗	

（续）

统一编号	种质名称	保存单位	原产地或来源地	种质类型	种子成熟期	叶形	叶柄色	腋芽	中期茎色	株高	分枝高	茎粗	鲜皮厚	纤维支数	纤维强力	纤维产量	苗期炭疽病抗性	苗期黑点炭疽病抗性	备注
00003058	BL/061	中国麻类所	肯尼亚	遗传材料	1101	披针	微红	有	淡红	242.0	223.5	1.30	0.82	309.3	297.1	1 386.0		感病	
00003065	BL/084	中国麻类所	肯尼亚	遗传材料	1101	披针	绿	有	绿	354.5	334.5	1.10	0.78	324.0	356.0	1 890.0		抗	
00003066	BL/087	中国麻类所	肯尼亚	遗传材料	1101	披针	绿	有	绿	303.0	252.0	1.06	0.86	309.7	217.7	1101.0		抗	
00003067	BL/076	中国麻类所	肯尼亚	遗传材料	1101	披针	微红	有	微红	317.5	275.5	1.04	0.78	374.7	414.8	1 480.5		抗	
00003074	BL/100	中国麻类所	肯尼亚	遗传材料	1020	披针	绿	有	绿	324.0	260.0	1.03	0.80	399.2	370.7	1 554.0		抗	
00003080	BL/110	中国麻类所	肯尼亚	遗传材料	1112	披针	微红	有	微红	283.5	224.5	0.92	0.84	444.9	349.1	1 197.0		抗	
00003081	BL/119	中国麻类所	肯尼亚	遗传材料	1124	披针	绿	有	绿	325.5	266.0	1.01	0.84	400.0	301.1	1 176.0		抗	
00003083	BL/121CR	中国麻类所	肯尼亚	遗传材料	1118	披针	微红	有	微红	243.0	210.3	1.09	0.84	460.1	216.7	861.0		感病	
00003094	X/202	中国麻类所	坦桑尼亚	遗传材料	1118	披针	微红	有	红	248.3	227.5	1.05	0.82	421.6	299.1	937.5		抗	
00003098	X/058CG	中国麻类所	坦桑尼亚	遗传材料	1118	披针	浅红	有	绿	227.0	190.0	1.02	0.82	383.5	203.0	906.0		感病	
00003121	乔建野黄麻	中国麻类所	广西壮族自治区隆安县	地方品种	1118	披针	浅红	有	浅红	228.0	170.6	1.09	0.91	379.2	282.4	1 468.5		感病	
00003122	DS/053CR	中国麻类所	肯尼亚	遗传材料	1118	披针	浅红	有	淡红	258.0	211.6	1.12	0.84	303.4	288.3	1 365.0		感病	
00003123	BL/136 晚	中国麻类所	肯尼亚	遗传材料	1120	披针	绿	有	绿	254.7	200.3	0.96	0.73	427.0	330.5	1 335.0		中抗	
00003124	BL/146 早	中国麻类所	肯尼亚	遗传材料	1107	披针	微红	有	微红	317.0	297.0	0.99	0.81	337.7	244.2	1 302.0		中抗	
00003126	SM/028CG	中国麻类所	肯尼亚	遗传材料	1101	披针	绿	有	绿	246.5	183.7	0.89	0.83	397.8	294.2	1 176.0		感病	
00003127	SM/011	中国麻类所	肯尼亚	遗传材料	1101	披针	红	有	红	312.7	236.5	0.91	0.80	338.8	300.1	1 501.5		感病	
00003128	SM/056	中国麻类所	坦桑尼亚	遗传材料	1101	披针	淡红	有	红	187.8	127.6	0.88	0.71	401.1	271.6	585.0		感病	
00003129	BL/035	中国麻类所	肯尼亚	遗传材料	1101	卵圆	绿	有	绿	263.0	201.5	0.93	0.81	370.3	316.8	1 200.0		感病	
00003133	DS/041	中国麻类所	肯尼亚	遗传材料	1101	披针	微绿	有	微红	312.3	240.3	1.01	0.81	329.0	269.7	1 468.5		中抗	
00003134	DS/066CG 晚	中国麻类所	肯尼亚	遗传材料	1101	披针	绿	有	绿	327.0	270.5	1.23	1.00	338.2	190.2	1 245.0		中抗	
00003135	X/003CR	中国麻类所	坦桑尼亚	遗传材料	1101	披针	绿	有	红	276.8	205.7	1.08	0.83	423.5	302.0	1 087.5		中抗	
00003136	X/064	中国麻类所	坦桑尼亚	遗传材料	1101	披针	浅红	有	淡红	245.7	213.4	1.10	0.98	394.9	302.0	993.0		中抗	
00003138	X/058	中国麻类所	坦桑尼亚	遗传材料	1101	披针	浅红	有	淡红	268.3	218.3	1.03	0.94	411.3	297.1	1 080.0		感病	
00003139	Y/058CR	中国麻类所	泰国	遗传材料	1101	披针	绿	有	红	288.0	220.7	1.05	0.98	387.8	307.9	1 491.0		感病	

(续)

统一编号	种质名称	保存单位	原产地或来源地	种质类型	种子成熟期	叶形	叶柄色	腋芽	中期茎色	株高	分枝高	茎粗	鲜皮厚	纤维支数	纤维强力	纤维产量	苗期炭疽病抗性	苗期黑点炭疽病抗性	备注
00003140	YA/067	中国麻类所	泰国	遗传材料	1025	披针	微红	有	绿	236.5	153.0	1.15	0.95	417.7	294.2	1 273.5		中抗	
00003142	X/074	中国麻类所	坦桑尼亚	遗传材料	1025	披针	浅红	有	淡红	233.5	130.0	0.96	0.69	294.9	304.0	1 801.5		中抗	
00003143	Y/100	中国麻类所	泰国	遗传材料	1025	披针	浅红	有	绿	172.5	118.6	0.89	0.92	289.7	287.3	459.0		中抗	
00003144	X/077	中国麻类所	坦桑尼亚	遗传材料	1025	披针	浅红	有	淡红	253.5	231.0	1.09	0.85	316.7	300.1	2 086.5		感病	
00003145	X/141	中国麻类所	坦桑尼亚	遗传材料	1025	披针	浅红	有	淡红	256.0	205.0	1.11	0.76	333.0	295.2	1 467.0		感病	
00003146	Y/118	中国麻类所	泰国	遗传材料	1025	披针	浅红	有	绿	135.5	102.0	0.84	0.82	385.3	319.7	270.0		感病	
00003149	Y/074	中国麻类所	泰国	遗传材料	1025	披针	红	有	红	236.4	150.9	1.14	0.95	311.6	269.7	1 054.5		感病	
00003150	JRC/599	中国麻类所	尼泊尔	遗传材料	1104	披针	微红	有	微红	330.0	291.1	1.19	0.97	420.3	242.2	1 522.5		中抗	
00003152	SM/040	中国麻类所	坦桑尼亚	遗传材料	1020	披针	淡红	有	微红	276.8	205.7	1.07	0.88	267.8	250.1	1 054.5		感病	
00003153	X/022	中国麻类所	坦桑尼亚	遗传材料	1020	披针	浅红	有	淡红	236.0	164.5	1.09	0.89	376.8	241.2	2 197.5		中抗	
00003154	SM/022	中国麻类所	肯尼亚	遗传材料	1020	披针	浅红	有	淡红	183.5	117.5	0.86	0.76	387.1	300.1	934.5		感病	
00003155	X/072	中国麻类所	坦桑尼亚	遗传材料	1020	披针	浅红	有	淡红	242.0	173.5	1.10	0.80	298.3	269.7	1 518.0		中抗	
00003156	X/130	中国麻类所	坦桑尼亚	遗传材料	1020	披针	浅红	有	淡红	224.0	184.5	0.92	0.70	288.1	299.1	1 458.0		中抗	
00003157	野生长果	中国麻类所	孟加拉国	遗传材料	1208	披针	绿	有	淡红	291.5	247.6	1.25	0.95	196.5	235.4	915.0		中抗	
00003158	YA/060	中国麻类所	泰国	遗传材料	1020	披针	微红	有	绿	242.0	127.0	1.07	0.94	398.7	287.3	885.0		抗	
00003159	YA/041	中国麻类所	泰国	遗传材料	1020	披针	绿	有	绿	177.5	118.0	0.86	0.75	445.6	295.2	712.5		感病	
00003160	YA/048	中国麻类所	泰国	遗传材料	1020	披针	绿	有	绿	257.2	154.5	1.21	0.94	367.3	309.9	882.0		感病	
00003161	YA/045	中国麻类所	泰国	遗传材料	1020	披针	绿	有	绿	265.5	153.0	1.14	1.14	385.0	264.8	1071.0		感病	
00003162	YA/064	中国麻类所	泰国	遗传材料	1202	披针	绿	有	绿	265.0	172.0	1.15	0.94	423.6	314.8	1 008.0		感病	
00003163	BL/133	中国麻类所	肯尼亚	遗传材料	1120	披针	微红	有	微红	312.0	303.5	1.02	0.93	418.7	295.2	1 449.0		中抗	
00003164	BL/108	中国麻类所	肯尼亚	遗传材料	1120	披针	绿	有	绿	309.0	274.5	1.15	0.96	354.7	283.4	2946.0		中抗	
00003165	SM/068	中国麻类所	坦桑尼亚	遗传材料	1120	披针	绿	有	绿	271.0	212.0	1.08	0.84	355.3	301.1	1 728.0		感病	
00003166	BL/127	中国麻类所	肯尼亚	遗传材料	1120	披针	红	有	红	285.0	250.0	1.26	0.96	390.2	335.4	1 923.0		感病	
00003167	SM/014	中国麻类所	肯尼亚	遗传材料	1107	披针	红	有	红	227.0	108.0	0.94	0.75	423.5	304.0	1 344.0		感病	

（续）

统一编号	种质名称	保存单位	原产地或来源地	种质类型	种子成熟期	叶形	叶柄色	腋芽	中期茎色	株高	分枝高	茎粗	鲜皮厚	纤维支数	纤维强力	纤维产量	苗期炭疽病抗性	苗期黑点炭疽病抗性	备注
00003168	JRC/692	中国麻类所	尼泊尔	遗传材料	1101	披针	绿	有	绿	329.0	260.7	1.35	0.98	342.3	306.0	2 592.0		中抗	
00003169	X/112	中国麻类所	坦桑尼亚	遗传材料	1101	披针	浅红	有	浅红	216.5	167.0	1.00	0.69	432.5	281.5	1 228.5		中抗	
00004001	971	福建农林大学遗传所	福建省福州市	品系	1017	披针	红	有	绿	391.3	371.5	1.70	1.07	422.6	394.2	4 342.5	抗		
00004002	72110	福建农林大学遗传所	福建省福州市	品系	1103	披针	淡红	有	绿	365.0	310.0	1.53	1.05	374.3	342.3	3 690.0	抗		
00004003	84-52	福建农林大学遗传所	福建省福州市	品系	1011	披针	红	有	绿	388.0	355.3	1.55	1.09	449.5	404.0	3 622.5	中抗		
00004004	72-37	福建农林大学遗传所	福建省福州市	品系	1013	披针	淡红	有	绿	367.0	342.0	1.64	1.02	387.0	408.0	3 150.0	抗		
00004005	梅峰 6 号	福建农林大学遗传所	福建省福州市	选育品种	1017	披针	淡红	有	绿	328.0	301.0	1.47	1.00	401.3	371.7	3 645.0	抗		
00004006	混选 19	福建农林大学遗传所	福建省福州市	品系	1029	披针	淡红	有	绿	342.0	303.0	1.45	1.01	401.3	362.8	3 652.5	抗		
00004007	闽革 1 号	福建农林大学遗传所	福建省福州市	选育品种	1008	披针	淡红	有	绿	319.0	282.0	1.61	1.01	406.5	354.0	3 375.0	抗		
00004008	闽革 2 号	福建农林大学遗传所	福建省福州市	选育品种	1017	披针	淡红	有	绿	351.0	305.0	1.46	1.09	411.9	383.4	3622.5	抗		
00004009	闽革 3 号	福建农林大学遗传所	福建省福州市	选育品种	1017	披针	淡红	有	绿	361.0	318.0	1.41	1.05	411.2	256.9	3 622.5	抗		
00004010	闽革 6 号	福建农林大学遗传所	福建省福州市	选育品种	1012	披针	淡红	有	绿	340.0	301.0	1.50	1.00	395.5	356.0	3 082.5	抗		
00004011	闽革 7 号	福建农林大学遗传所	福建省福州市	选育品种	1012	披针	淡红	有	绿	357.0	301.0	1.68	1.05	434.0	390.3	3 172.5	抗		
00004012	闽革 9 号	福建农林大学遗传所	福建省福州市	选育品种	1008	披针	淡红	有	绿	336.0	288.0	1.42	1.08	372.0	366.8	2 835.0	抗		
00004013	651	福建农林大学遗传所	福建省福州市	品系	1112	披针	淡红	无	绿	399.0	371.0	1.73	1.08	407.8	343.2	3 907.5	抗		
00004014	652	福建农林大学遗传所	福建省福州市	品系	1112	披针	绿	无	绿	396.0	375.0	1.52	0.96	443.3	318.7	3 892.5	抗		
00004015	7231	福建农林大学遗传所	福建省福州市	品系	1029	披针	红	有	绿	380.0	335.0	1.50	1.00	408.5	333.4	3 712.5	抗		
00004016	7857	福建农林大学遗传所	福建省福州市	品系	1115	披针	绿	无	绿	390.0	371.0	1.51	1.00	415.3	348.1	3 757.5	抗		
00004017	72214	福建农林大学遗传所	福建省福州市	品系	1103	披针	红	有	绿	356.0	337.0	1.59	1.01	467.3	343.2	2 902.5	抗		
00004018	78121	福建农林大学遗传所	福建省福州市	品系	1028	披针	淡红	有	绿	384.0	360.0	1.41	0.85	379.9	349.1	3 262.5	抗		
00004019	奥引一号	中国麻类所	泰国	遗传材料	1103	披针	淡红	有	淡红	221.8	163.5	1.11	0.82			1 059.0	抗		
00004020	归仁青皮	中国麻类所	越南	地方品种	1103	披针	绿	无	绿	296.2	208.3	1.47	1.11	332.6	320.7	3 996.0	高抗		
00004021	83-3 圆	中国麻类所	湖南省沅江市	品系	1113	披针	浅红	有	浅红	296.5	223.0	1.29	0.90	397.3	287.3	2 943.0	高抗		
00004022	三叉头黄麻	中国麻类所	浙江省杭州市	地方品种	1113	披针	浅红	有	浅红	288.7	236.7	1.36	0.78	537.4	351.1	2 403.0	抗		

（续）

统一编号	种质名称	保存单位	原产地或来源地	种质类型	种子成熟期	叶形	叶柄色	腋芽	中期茎色	株高	分枝高	茎粗	鲜皮厚	纤维支数	纤维强力	纤维产量	苗期炭疽病抗性	苗期黑点炭疽病抗性	备注
00004023	83-5	中国麻类所	湖南省沅江市	品系	1113	披针	浅红	有	绿	291.5	251.0	1.43	0.94	426.3	324.6	3 537.0	抗		
00004024	83-2 红	中国麻类所	湖南省沅江市	品系	1113	披针	紫红	有	紫红	300.3	247.7	1.29	0.89	423.8	266.7	3 051.0	抗		
00004025	熊本黄麻	中国麻类所	台湾省	地方品种	1113	披针	浅红	无	浅红	265.7	194.7	1.31	0.84	394.2	320.7	2 241.0	抗		
00004026	安南青茎红柄果	中国麻类所	越南	地方品种	1113	披针	微红	无	绿	276.7	197.0	1.28	0.86	346.6	319.7	2 727.0	抗		
00004027	JRC/673	中国麻类所	尼泊尔	遗传材料	1024	披针	微红	有	微红	290.7	222.5	1.25	0.88	494.2	302.0	2 376.0	高抗		
00004028	JRC/699	中国麻类所	尼泊尔	遗传材料	1024	披针	浅红	有	绿	275.1	188.8	1.28	0.83	484.0	414.8	2 457.0	高抗		
00004029	JRC/676	中国麻类所	尼泊尔	遗传材料	1113	披针	微红	有	绿	270.8	199.3	1.19	0.81	446.7	263.8	2 295.0	抗		
00004031	大蒙黄麻	中国麻类所	广西壮族自治区	地方品种	1007	披针	淡红	有	红	156.8	87.2	0.98	0.76	574.3	289.0	709.5			
00004032	思乐黄麻	中国麻类所	广西壮族自治区	地方品种	1115	披针	淡红	有	淡红	183.5	91.0	1.11	0.88	612.0	305.0	813.0			
00004033	板棍黄麻	中国麻类所	广西壮族自治区	地方品种	1115	披针	淡红	有	绿	150.0	86.5	0.94	0.85	525.9	321.0	775.5			
00004034	板棍白黄麻	中国麻类所	广西壮族自治区	地方品种	1110	披针	绿	有	绿	164.0	83.5	1.21	1.00	425.7	345.0	993.0			
00004035	东屏黄麻	中国麻类所	广西壮族自治区	地方品种	1025	披针	淡红	有	淡红	184.0	96.5	0.95	0.71	523.4	289.0	813.0			
00004036	南屏黄麻	中国麻类所	广西壮族自治区	地方品种	1105	披针	红	有	绿	142.0	85.6	0.93	0.83	571.1	245.0	645.0			
00004037	那梭黄麻	中国麻类所	广西壮族自治区	地方品种	0925	披针	红	有	红	202.9	121.3	1.03	0.75	582.1	345.0	823.5			
00004038	那琴黄麻	中国麻类所	广西壮族自治区	地方品种	1025	披针	紫红	有	紫红	203.5	112.1	1.04	0.86	432.9	344.0	856.5			
00004039	桐棉小黄麻	中国麻类所	广西壮族自治区	地方品种	1025	披针	红	有	红	138.0	59.0	0.91	0.80	526.7	289.0	297.0			
00004040	JRC/594	中国麻类所	尼泊尔	遗传材料	1101	披针	绿		绿	273.0	213.0	1.30	0.82			2100.0	抗		
00004041	Y/122Cc	中国麻类所	泰国	遗传材料													抗		
00004042	JRC/675	中国麻类所	尼泊尔	遗传材料	1024	披针	微红	有	绿	240.2	149.7	1.11	0.71	503.3	372.7	999.0	高抗		
00004043	闽麻 607	福建甘蔗所	福建省漳州市	品系	1102	披针	绿	有	绿	377.7	332.1	1.60	1.19	524.8	355.0	3 561.0	抗		
00004044	闽麻 49	福建甘蔗所	福建省漳州市	品系	0820	披针	紫红	有	紫红	252.8	175.0	1.22	0.79	390.6	342.3	2 052.0	抗		
00004045	台中淡红皮	福建甘蔗所	台湾省	地方品种	0825	披针	紫红	无	紫红	238.2	186.1	1.15	0.77	556.9	363.8	1 197.0	抗		
00004046	JRC/13	福建甘蔗所	印度	遗传材料	0924	披针	红	有	绿	313.0	258.8	1.32	1.08	532.0	390.3	2 676.0	抗		
00004047	ROXA	中国麻类所	巴西	地方品种	1119	披针	绿	有	绿	329.0	314.0	1.23	0.87	515.9	357.0	2 997.0	高抗		

（续）

统一编号	种质名称	保存单位	原产地或来源地	种质类型	种子成熟期	叶形	叶柄色	腋芽	中期茎色	株高	分枝高	茎粗	鲜皮厚	纤维支数	纤维强力	纤维产量	苗期炭疽病抗性	苗期黑点炭疽病抗性	备注
00004048	BZ 2-2	中国麻类所	加纳	遗传材料	1202	披针	绿	有	绿	315.0	289.0	1.26	0.89	460.6	329.5	4 350.0	抗		
00004049	KUC/012	中国麻类所	尼泊尔	遗传材料													抗		
00004050	特异	中国麻类所	广东省	品系	1101	披针	绿	有	绿	344.0	221.0	1.71	1.19	277.0	487.4	4 050.0	抗		
00004051	G 单	中国麻类所	广东省湛江市	品系	1101	披针	绿	有	绿	241.1	223.1	1.09	0.84	547.6	466.8	1 552.5	抗		
00004052	PARC/2654Cc	中国麻类所	巴基斯坦	地方品种	1101	披针	淡红	有	绿	216.4	168.0	1.03	0.90	438.0	549.2	1507.5	高抗		
00004053	Kuc/094Cc	中国麻类所	尼泊尔	遗传材料	1101	披针	淡红	有	紫红	340.0	270.0	1.49	0.85	447.0	447.2	2 835.0	抗		
00004054	Kuc/128Cc	中国麻类所	尼泊尔	遗传材料	1101	披针	淡红	有	淡红	250.0	30.0	1.17	1.19	428.0	434.4	1 950.0	抗		
00004055	安流黄麻	中国麻类所	广东省梅州市	地方品种	1119	披针	绿	有	绿	293.1	261.0	1.32	0.81		278.5	1 650.0	抗		
00004056	梅林黄麻	中国麻类所	广东省深圳市	地方品种	1120	披针	绿	有	绿	322.5	302.5	1.47	0.89		439.3	2 250.0	高抗		
00004057	闽革 4 号	福建农林大学遗传所	福建省福州市	选育品种	1003	披针	淡红	有	绿	337.0	293.0	1.51	1.04	419.5	359.9	3 127.5	抗		
00004058	闽革 8 号	福建甘蔗所	福建省漳州市	品系	1012	披针	淡红	有	绿	346.0	306.0	1.57	1.06	411.9	379.5	2 970.0	抗		
00004059	台湾 5 号	福建甘蔗所	台湾省	地方品种	0822	披针	紫红	无	紫红	244.8	162.7	1.20	0.91	483.0	359.9	1 261.5	高抗		
00004060	闽 208	福建甘蔗所	福建省漳州市	品系	0917	披针	红	无	鲜红	278.3	195.7	1.46	0.98	364.0	404.0	2 071.5	高抗		
00004061	台湾农部	福建甘蔗所	台湾省	地方品种	0825	披针	淡红	无	红	232.5	170.9	1.16	0.99	473.0	365.8	1 618.5	抗		
00004062	红果红	福建甘蔗所	台湾省	地方品种	0825	披针	红	无	红	237.3	166.7	1.17	0.94	524.0	348.1	1 512.0	高抗		
00004063	闽 5	福建甘蔗所	福建省漳州市	品系	0820	披针	绿	无	绿	207.0	144.8	1.12	1.09	426.0	355.0	1 315.5	抗		
00004064	竹杆黄麻	福建甘蔗所	台湾省	地方品种	0825	披针	红	无	红	246.3	196.8	1.20	0.89	504.0	295.2	1 531.5	抗		
00004065	台湾黄麻	福建甘蔗所	台湾省	地方品种	0825	披针	红	无	红	232.5	170.9	1.16	0.99	473.0	365.8	1 618.5	抗		
00004066	白露黄麻	福建甘蔗所	台湾省	地方品种	0901	披针	淡红	无	红	245.0	194.7	1.24	0.89	537.0	348.1	1 432.5	抗		
00004067	台湾青茎红果	福建甘蔗所	台湾省	地方品种	0912	披针	绿	无	绿	241.1	196.4	1.35	1.30	482.0	440.3	2 026.5	抗		
00004068	红果青	福建甘蔗所	台湾省	地方品种	0822	披针	绿	无	绿	231.6	158.7	1.09	0.96	528.0	366.8	1 206.0	抗		
00004069	闽 12A	福建甘蔗所	福建省漳州市	品系	0908	披针	红	无	红	252.0	201.9	1.21	0.89	548.0	379.5	1 701.0	抗		
00004070	闽 12B	福建甘蔗所	福建省漳州市	品系	0901	披针	红	有	红	253.0	216.7	1.18	0.87	518.0	401.1	1 551.0	抗		
00004071	闽 26	福建甘蔗所	福建省漳州市	品系	0901	披针	红	有	淡红	243.7	195.5	1.15	0.82	452.0	334.4	1 374.0	抗		

（续）

统一编号	种质名称	保存单位	原产地或来源地	种质类型	种子成熟期	叶形	叶柄色	腋芽	中期茎色	株高	分枝高	茎粗	鲜皮厚	纤维支数	纤维强力	纤维产量	苗期炭疽病抗性	苗期黑点炭疽病抗性	备注
00004072	闽 29	福建甘蔗所	福建省漳州市	品系	0908	披针	红	无	红	269.2	212.5	1.34	1.11	507.0	380.5	2 334.0	抗		
00004073	闽 33	福建甘蔗所	福建省漳州市	品系	0924	披针	淡红	无	淡红	291.5	218.2	1.41	1.03	462.0	362.8	2 338.5	抗		
00004074	闽 78	福建甘蔗所	福建省漳州市	品系	0901	披针	淡红	无	绿	247.0	197.8	1.27	1.05	463.0	345.2	1 627.5	抗		
00004075	台湾白胭脂	福建甘蔗所	台湾省	地方品种	0815	披针	淡红	有	绿	206.4	130.1	1.06	0.94	539.0	321.7	1 212.0	抗		
00004076	JRC/0021	福建甘蔗所	印度	遗传材料	0908	披针	黄绿	无	绿	250.2	184.2	1.27	1.14	551.0	396.2	1 951.5	抗		
00004077	台湾 8 号	福建甘蔗所	台湾省	地方品种	0901	披针	绿	无	绿	274.2	213.3	1.22	0.88	498.0	401.1	1 864.5	高抗		
00004078	台湾 9 号	福建甘蔗所	台湾省	地方品种	0910	披针	红	无	红	247.5	187.6	1.31	1.13	491.0	324.6	1 938.0	抗		
00004079	早生赤	福建甘蔗所	台湾省	地方品种	0903	披针	红	有	淡红	257.5	194.1	1.21	0.88	584.0	393.2	1 699.5	抗		
00004080	中生赤	福建甘蔗所	台湾省	地方品种	0902	披针	红	有	红	249.2	199.4	1.34	0.98	510.0	378.5	2 062.5	抗		
00004081	鉴 31	浙江作物与核技术所	浙江省杭州市	地方品种	1208	披针	微红	有	绿	324.0	301.0	1.67	1.33	282.0	364.8	1 620.0			
00004082	浙 693 系	浙江作物与核技术所	浙江省杭州市	品系	1205	披针	绿	有	绿	342.2	311.4	1.58	1.05	326.0	318.7	1 590.0			
00004083	浙 075	浙江作物与核技术所	浙江省杭州市	品系	1128	披针	淡红	有	绿	314.6	274.0	1.49	0.88	313.0	306.0	1 260.0			
00004084	浙圆果 106	浙江作物与核技术所	浙江省杭州市	选育品种	1210	披针	淡红	有	绿	334.5	312.7	1.65	0.99	271.0	335.4	1 650.0			
00004085	特抗	浙江作物与核技术所	广东省广州市	地方品种	1120	披针	绿	有	绿	313.0	251.0	1.62	1.15	348.0	509.0	4 500.0	抗		
00004086	浙 82-23	浙江作物与核技术所	浙江省杭州市	品系	1220	披针	绿	有	绿	334.8	326.8	1.61	0.96	346.0	287.3	1 575.0			
00004087	浙 251	浙江作物与核技术所	浙江省杭州市	品系	1210	披针	绿	有	绿	326.0	314.0	1.49	1.02	262.0	320.7	1 515.0			
00004088	浙 443	浙江作物与核技术所	浙江省杭州市	品系	1215	披针	绿	有	绿	318.1	301.5	1.49	0.93	276.0	268.7	1 515.0			
00004089	浙 446	浙江作物与核技术所	浙江省杭州市	品系	1205	披针	绿	有	绿	312.4	292.7	1.39	0.83	313.0	306.0	1 260.0			
00004090	浙 447	浙江作物与核技术所	浙江省杭州市	品系	1205	披针	绿	有	绿	315.5	305.6	1.58	1.20	339.0	377.6	1 605.0			
00004091	浙 812	浙江作物与核技术所	浙江省杭州市	品系	1208	披针	绿	有	绿	314.1	293.5	1.52	1.08	378.0	329.5	1 335.0			
00004092	浙 814	浙江作物与核技术所	浙江省杭州市	品系	1208	披针	绿	有	绿	331.3	308.6	1.54	1.02	256.0	330.5	1 380.0			
00004093	浙 818	浙江作物与核技术所	浙江省杭州市	品系	1215	披针	淡红	有	绿	335.4	310.4	1.53	1.04	272.0	333.4	1 470.0			
00004094	浙 84-107	浙江作物与核技术所	浙江省杭州市	品系	1210	披针	绿	有	绿	331.5	316.2	1.54	1.02	308.0	354.0	1 710.0			
00004095	浙 1316—1	浙江作物与核技术所	浙江省杭州市	品系	1215	披针	绿	有	绿	334.3	311.2	1.62	1.10	278.0	279.5	1 800.0			

（续）

统一编号	种质名称	保存单位	原产地或来源地	种质类型	种子成熟期	叶形	叶柄色	腋芽	中期茎色	株高	分枝高	茎粗	鲜皮厚	纤维支数	纤维强力	纤维产量	苗期炭疽病抗性	苗期黑点炭疽病抗性	备注
00004096	浙 4243	浙江作物与核技术所	浙江省杭州市	品系	1215	披针	绿	有	绿	330.4	314.7	1.48	0.87	317.0	324.6	1 680.0			
00004097	浙 2194	浙江作物与核技术所	浙江省杭州市	品系	1210	披针	绿	有	绿	338.1	323.1	1.69	1.11	262.0	250.1	1 725.0			
00004098	浙 615	浙江作物与核技术所	浙江省杭州市	品系	1215	披针	绿	有	绿	321.4	296.5	1.57	0.91	374.0	306.0	1 530.0			
00004099	那堪黄麻	浙江作物与核技术所	广西壮族自治区	地方品种	1110	披针	红	有	绿	152.2	85.4	0.93	0.75	659.3	325.0	492.0			
00004100	凤凰黄麻	浙江作物与核技术所	广西壮族自治区	地方品种	1110	披针	绿	有	绿	243.0	125.0	1.32	0.84	417.0	452.1	900.0			
00004101	爱店黄麻	中国麻类所	广西壮族自治区	地方品种	1025	披针	紫红	有	紫红	181.0	86.5	0.89	0.79	470.0		561.0			
00004102	崃浪黄麻	中国麻类所	广西壮族自治区	地方品种	1025	披针	鲜红	有	鲜红	140.0	62.5	0.79	0.64	612.8		270.0			
00004103	上龙黄麻	中国麻类所	广西壮族自治区	地方品种	1110	披针	淡绿	有	淡绿	196.5	111.5	1.26	0.95	466.9		874.5			
00004104	城中小黄麻	中国麻类所	广西壮族自治区	地方品种	1003	披针	紫红	有	淡红	184.5	100.5	1.35	1.06	474.9		631.5			
00004105	更新黄麻	中国麻类所	广西壮族自治区	地方品种	1015	披针	淡红	有	绿	325.0	92.0	1.16	0.74	397.0	371.7	541.5			
00004106	浙 993 系	浙江作物与核技术所	浙江省杭州市	品系	1205	披针	绿	有	绿	304.2	275.6	1.43	1.04	289.0	295.2	157.5			
00004107	83-5 I-C	浙江作物与核技术所	浙江省杭州市	品系	1102	披针	紫红	有	紫红	278.6	174.8	1.49	1.07	412.0	369.7	1 095.0			
00004108	415	浙江作物与核技术所	浙江省杭州市	品系															
00004109	Solimous（有）	中国麻类所	巴西	地方品种	1101	披针	绿	有	绿	321.5	307.4	1.15	0.89	417.8	357.0	1 689.0	中抗		
00004110	BZ2	中国麻类所	巴西	地方品种	1101	披针	绿	有	绿	334.0	316.3	1.45	1.08	490.0	329.5	1 705.5	中抗		
00004111	BZ2（无）	中国麻类所	巴西	地方品种	1101	披针	绿	无	绿	344.9	320.7	1.30	0.99	423.0	372.7	2 236.5	中抗		
00004113	Solimous	中国麻类所	巴西	地方品种	1205	披针	淡红	无	绿	329.0	294.5	1.25	1.01	376.0	302.0	1 743.0	中抗		
00004133	曲江 3 号	中国麻类所	广东省韶关市曲江区	地方品种	1001	披针	绿	有	淡红	340.0	310.0	2.35	1.34			2 354.0			
00004137	印度 205	中国麻类所	印度	地方品种	1020	卵圆	绿	有	绿	265.0	250.0	1.87	0.85			2 145.0			
00004139	揭阳 8 号	中国麻类所	广东省揭阳市	地方品种	1001	披针	淡红	有	淡红	325.0	325.0	2.45	1.20			2 147.0			
00004141	巴麻 6 号	中国麻类所	湖南省长沙市	地方品种	1020	披针	淡红	有	深红	350.0	350.0	1.88	1.14			2 354.0			
00004146	独尾选系	中国麻类所	湖南省沅江市	地方品种	1020	披针	绿	有	绿	310.0	285.0	2.14	1.32			2 567.0			
00004152	4207-2	中国麻类所	湖南省沅江市	地方品种	1101	卵圆	淡红	无	淡红	370.0	370.0	1.96	1.32			2 548.0			
00004153	江南 915	中国麻类所	江苏省	地方品种	1001	卵圆	绿	有	绿	330.0	285.0	1.77	1.04			2 198.0			

（续）

统一编号	种质名称	保存单位	原产地或来源地	种质类型	种子成熟期	叶形	叶柄色	腋芽	中期茎色	株高	分枝高	茎粗	鲜皮厚	纤维支数	纤维强力	纤维产量	苗期炭疽病抗性	苗期黑点炭疽病抗性	备注
00004162	D154	中国麻类所	湖南省长沙市	地方品种	1120	披针	绿	有	绿	360.0	340.0	2.14	1.28			2 648.0			
00004178	红种黄麻	中国麻类所	湖南省沅江市	地方品种	1001	披针	淡红	无	淡红	310.0	300.0	1.98	1.07			2 578.0			
00004189	池塘圣隆村	中国麻类所	海南省海口市	地方品种	1020	披针	绿	有	绿	285.0	265.0	1.84	1.23			2 549.0			
00004198	IJO20 号	中国麻类所	孟加拉国	地方品种	1105	披针	绿	有	绿	300.0	285.0	1.88	1.09			2 154.0			
00004217	宁明白皮麻	中国麻类所	广西壮族自治区宁明县	地方品种	1020	披针	绿	有	绿	300.0	280.0	1.99	1.19			2 648.0			
00004218	华南 1 号	中国麻类所	广东省广州市	地方品种	1001	披针	绿	无	绿	330.0	320.0	2.43	1.34			2 588.0			
00004224	印度 308	中国麻类所	印度	地方品种	1020	卵圆	绿	有	绿	280.0	280.0	1.87	1.11			2 546.0			
00004225	印度 206	中国麻类所	印度	地方品种	1020	卵圆	绿	有	绿	285.0	285.0	1.98	1.03			2 654.0			
00004230	高田县红皮	中国麻类所	湖南省沅江市	地方品种	1101	披针	绿	有	绿	325.0	325.0	1.99	1.23			2 844.0			
00004233	圆粒矮分枝麻	中国麻类所	湖南省沅江市	地方品种	1001	卵圆	绿	无	绿	255.0	210.0	1.56	0.78			2 665.0			
00004235	红皮 5 号	中国麻类所	湖南省沅江市	地方品种	1001	披针	红	有	红	325.0	315.0	2.26	1.35			2 548.0			
00004238	选 45-2	中国麻类所	湖南省沅江市	地方品种	1020	卵圆	绿	无	绿	275.0	245.0	1.59	0.89			2 645.0			
00004239	淡红皮 10 号	中国麻类所	湖南省沅江市	地方品种	1020	卵圆	淡红	有	淡红	330.0	320.0	2.14	1.23			2 145.0			
00004240	宜兰青皮	中国麻类所	台湾省宜兰县	地方品种	1020	披针	绿	无	绿	270.0	260.0	1.66	0.84			2 566.0			
00004243	淡红皮 8 号	中国麻类所	湖南省沅江市	地方品种	1020	披针	淡红	无	淡红	330.0	320.0	2.04	1.28			2 547.0			
00004251	西大黄麻	中国麻类所	陕西省西安市	地方品种	1020	披针	绿	有	绿	350.0	320.0	2.41	1.31			2 588.0			
00004258	短荚种	中国麻类所	湖南省沅江市	地方品种	1001	披针	绿	有	绿	305.0	280.0	1.78	1.05			2 144.0			
00004263	前峰算盘子	中国麻类所	四川省广安市	遗传材料	1101	卵圆	绿	有	绿	320.0	300.0	2.18	1.24			2 048.0			
00004265	67 号力	中国麻类所	湖南省沅江市	地方品种	1105	披针	红	有	红	295.0	285.0	2.14	1.24			2 198.0			
00004267	C-2	中国麻类所	孟加拉国	地方品种	1125	披针	绿	有	绿	385.0	375.0	2.21	1.45			2 987.0	中抗		
00004268	C-3	中国麻类所	孟加拉国	地方品种	1125	披针	绿	有	绿	395.0	380.0	2.01	1.47			2 898.0	中抗		
00004269	C-4	中国麻类所	孟加拉国	地方品种	1125	披针	绿	有	绿	385.0	370.0	2.11	1.47			3 015.0	中抗		
00004270	C-5	中国麻类所	孟加拉国	地方品种	1125	披针	绿	有	绿	375.0	375.0	1.95	1.24			3 102.0	中抗		
00004271	C-6	中国麻类所	孟加拉国	地方品种	1125	披针	绿	有	绿	375.0	365.0	1.87	1.26			3 201.0	中抗		

（续）

统一编号	种质名称	保存单位	原产地或来源地	种质类型	种子成熟期	叶形	叶柄色	腋芽	中期茎色	株高	分枝高	茎粗	鲜皮厚	纤维支数	纤维强力	纤维产量	苗期炭疽病抗性	苗期黑点炭疽病抗性	备注
00004287	C46	中国麻类所	孟加拉国	地方品种	1125	披针	绿	有	绿	380.0	370.0	2.15	1.32			2 488.0	中抗		
00004288	波阳土麻	中国麻类所	湖南省长沙市	地方品种	1020	卵圆	绿	有	绿	320.0	310.0	1.89	1.22			2 664.0			
00004289	淡红皮 1 号	中国麻类所	湖南省沅江市	地方品种	1020	卵圆	淡红	无	淡红	310.0	310.0	2.11	1.34			2 545.0	中抗		
00004290	淡红皮 2 号	中国麻类所	湖南省沅江市	地方品种	1020	披针	淡红	无	淡红	310.0	310.0	2.14	1.09			2 588.0	中抗		
00004294	淡红皮 9 号	中国麻类所	湖南省沅江市	地方品种	1020	披针	淡红	无	淡红	330.0	310.0	2.11	1.30			2 544.0	中抗		
00004295	广东独尾麻	中国麻类所	广东省广州市	地方品种	1101	卵圆	绿	无	绿	325.0	325.0	1.89	1.05			2 658.0	中抗		
00004297	红黄麻	中国麻类所	湖南省沅江市	地方品种	1001	卵圆	红	无	红	310.0	310.0	2.26	1.34			2 174.0	中抗		
00004298	红茎黄麻	中国麻类所	湖南省沅江市	地方品种	1001	披针	红	有	红	325.0	325.0	2.15	1.38			2 145.0	中抗		
00004299	加利青茎红果	中国麻类所	广东省汕头市	地方品种	1101	披针	红	有	红	285.0	255.0	1.69	1.03			2 354.0			
00004302	孟引 1 号	中国麻类所	孟加拉国	地方品种	1101	披针	绿	有	绿	350.0	315.0	2.35	1.35			2 544.0	高抗		
00004306	曲江黄麻	中国麻类所	广东省韶关市曲江区	地方品种	1001	披针	淡红	无	深红	320.0	280.0	2.31	1.26			2 645.0			
00004308	荣昌算盘子	中国麻类所	重庆市荣昌区	地方品种	1001	卵圆	绿	无	绿	310.0	280.0	1.53	1.00			2 145.0			
00004311	台露	中国麻类所	台湾省	地方品种	1101	披针	淡红	无	红	260.0	240.0	2.36	1.34			2 545.0			
00004313	台湾红果红	中国麻类所	台湾省	地方品种	1101	披针	淡红	无	红	280.0	240.0	2.16	1.18			2 144.0			
00004314	台湾红果青	中国麻类所	台湾省	地方品种	1101	披针	绿	无	红	280.0	250.0	2.35	1.19			2 365.0			
00004316	台湾农场黄麻	中国麻类所	台湾省	地方品种	1101	披针	淡红	无	红	270.0	260.0	2.33	1.34			2 485.0			
00004318	新选 1 号	中国麻类所	湖南省沅江市	地方品种	1020	披针	绿	有	绿	310.0	310.0	2.14	1.05			2 189.0			
00004322	中赤种	中国麻类所	湖南省长沙市	地方品种	1001	披针	淡红	有	淡红	280.0	260.0	2.11	1.06			2 148.0			
00004323	紫皮麦民新	中国麻类所	湖南省沅江市	地方品种	1001	披针	绿	无	淡红	280.0	280.0	1.88	1.03			2 468.0			
00004325	C008-4	中国麻类所	湖南省长沙市	品系	1110	披针	淡红	有	绿	315.0	315.0	2.16	1.24			2 544.0	中抗		
00004326	C008-6	中国麻类所	湖南省长沙市	品系	1110	披针	淡红	有	绿	325.0	300.0	2.11	1.18			2 654.0	中抗		
00004327	C008-11	中国麻类所	湖南省长沙市	品系	1110	披针	淡红	有	绿	325.0	310.0	2.35	1.25			2 447.0	中抗		
00004328	C008-12	中国麻类所	湖南省长沙市	品系	1110	披针	淡红	有	绿	325.0	310.0	2.15	1.21			2 588.0	中抗		
00004329	C008-14	中国麻类所	湖南省长沙市	品系	1110	披针	淡红	有	绿	320.0	310.0	2.26	1.23			2 544.0	中抗		

（续）

统一编号	种质名称	保存单位	原产地或来源地	种质类型	种子成熟期	叶形	叶柄色	腋芽	中期茎色	株高	分枝高	茎粗	鲜皮厚	纤维支数	纤维强力	纤维产量	苗期炭疽病抗性	苗期黑点炭疽病抗性	备注
00004330	C008-17	中国麻类所	湖南省长沙市	品系	1110	披针	淡红	有	绿	310.0	300.0	2.24	1.30			2 145.0	中抗		
00004331	C008-22	中国麻类所	湖南省长沙市	品系	1110	披针	绿	有	绿	315.0	315.0	2.35	1.26			2 135.0	中抗		
00004332	C008-26	中国麻类所	湖南省长沙市	品系	1110	披针	绿	有	绿	325.0	325.0	2.39	1.27			2 367.0	中抗		
00004333	C008-30	中国麻类所	湖南省长沙市	品系	1110	披针	绿	有	绿	330.0	330.0	2.15	1.15			2 589.0	中抗		
00004334	C008-34	中国麻类所	湖南省长沙市	品系	1110	披针	绿	有	绿	300.0	300.0	2.37	1.09			2 697.0	中抗		
00004335	中黄麻 1 号	中国麻类所	湖南省长沙市	选育品种	1101	披针	淡红	有	绿	435.0	415.0	2.59	1.58	441	346	3 189.0	高抗		
00004336	中引黄麻 2 号	中国麻类所	湖南省长沙市	选育品种	1101	披针	绿	有	绿	415.0	380.0	2.39	1.48	430	295	2 896.0	高抗		
00004337	C2005-43	中国麻类所	湖南省长沙市	选育品种	1125	披针	绿	有	绿	425.0	410.0	2.64	1.58	484	299	3 153.7	高抗		
00004346	JR-1	中国麻类所	福建省福州市	圆果种品系	1016	卵圆	淡红	有	绿	340.0	280.0	1.87	1.06			3 345.0	中抗		
00004347	JR-2	中国麻类所	福建省福州市	圆果种品系	1016	卵圆	淡红	有	绿	305.0	245.0	1.82	1.11			2 654.0	中抗		
00004348	JR-3	中国麻类所	福建省福州市	圆果种品系	1016	卵圆	淡红	有	绿	305.0	270.0	1.74	0.86			2 855.0	中抗		
00004349	JR-4	中国麻类所	福建省福州市	圆果种品系	1016	卵圆	淡红	有	绿	305.0	280.0	1.75	1.12			2 654.0	中抗		
00004350	JR-5	中国麻类所	福建省福州市	圆果种品系	1016	卵圆	淡红	有	绿	290.0	260.0	1.86	1.11			2 564.0	中抗		
00004351	JR-6	中国麻类所	福建省福州市	圆果种品系	1016	卵圆	淡红	有	绿	280.0	255.0	1.94	0.86			2 687.0	中抗		
00004352	JR-7	中国麻类所	福建省福州市	圆果种品系	1016	卵圆	淡红	有	绿	280.0	260.0	1.77	0.82			2 878.0	中抗		
00004353	JR-8	中国麻类所	福建省福州市	圆果种品系	1016	卵圆	红	有	绿	330.0	275.0	2.11	0.87			2 589.0	中抗		
00004354	JR-9	中国麻类所	福建省福州市	圆果种品系	1016	卵圆	红	有	绿	325.0	265.0	1.88	0.81			2 887.0	中抗		
00004355	JR-10	中国麻类所	福建省福州市	圆果种品系	1016	卵圆	淡红	有	绿	320.0	260.0	1.77	0.95			2 598.0	中抗		
00004356	JR-11	中国麻类所	福建省福州市	圆果种品系	1016	卵圆	淡红	有	绿	305.0	250.0	1.56	0.86			2 886.0	中抗		
00004357	JR-12	中国麻类所	福建省福州市	圆果种品系	1016	卵圆	淡红	有	绿	290.0	265.0	1.63	0.79			2 654.0	中抗		
00004358	JR-13	中国麻类所	福建省福州市	圆果种品系	1016	卵圆	淡红	有	绿	325.0	260.0	1.69	0.84			2 544.0	中抗		
00004359	JR-14	中国麻类所	福建省福州市	圆果种品系	1016	卵圆	红	有	绿	325.0	255.0	1.67	1.08			2 658.0	中抗		
00004360	JR-15	中国麻类所	福建省福州市	圆果种品系	1016	卵圆	红	有	绿	305.0	265.0	2.01	0.89			2 569.0	中抗		
00004361	JR-16	中国麻类所	福建省福州市	圆果种品系	1016	卵圆	淡红	有	绿	325.0	250.0	1.77	1.07			2 785.0	中抗		

（续）

统一编号	种质名称	保存单位	原产地或来源地	种质类型	种子成熟期	叶形	叶柄色	腋芽	中期茎色	株高	分枝高	茎粗	鲜皮厚	纤维支数	纤维强力	纤维产量	苗期炭疽病抗性	苗期黑点炭疽病抗性	备注
00004362	JR-17	中国麻类所	福建省福州市	圆果种品系	1016	卵圆	淡红	有	绿	305.0	260.0	1.93	1.06			2 785.0	中抗		
00004363	JR-18	中国麻类所	福建省福州市	圆果种品系	1016	卵圆	淡红	有	绿	310.0	275.0	1.69	0.87			2 795.0	中抗		
00004364	JR-19	中国麻类所	福建省福州市	圆果种品系	1016	卵圆	淡红	有	绿	310.0	255.0	1.86	0.86			2 865.0	中抗		
00004365	JR-20	中国麻类所	福建省福州市	圆果种品系	1016	卵圆	淡红	有	绿	280.0	245.0	1.95	0.94			2 567.0	中抗		
00004366	JR-21	中国麻类所	福建省福州市	圆果种品系	1016	卵圆	淡红	有	绿	305.0	280.0	1.63	1.01			2 868.0	中抗		
00004367	JR-22	中国麻类所	福建省福州市	圆果种品系	1016	卵圆	淡红	有	绿	325.0	265.0	1.88	0.89			2 654.0	中抗		
00004368	JR-23	中国麻类所	福建省福州市	圆果种品系	1016	卵圆	淡红	有	绿	355.0	290.0	2.25	0.75			2 565.0	中抗		
00004369	JR-24	中国麻类所	福建省福州市	圆果种品系	1016	卵圆	淡红	有	绿	340.0	260.0	2.07	0.79			2 647.0	中抗		
00004370	JR-25	中国麻类所	福建省福州市	圆果种品系	1016	卵圆	淡红	有	绿	315.0	240.0	1.77	0.98			2 855.0	中抗		
00004371	JR-26	中国麻类所	福建省福州市	圆果种品系	1016	卵圆	淡红	有	绿	305.0	255.0	1.56	1.06			2 954.0	中抗		
00004372	JR-27	中国麻类所	福建省福州市	圆果种品系	1016	卵圆	淡红	有	绿	330.0	245.0	1.98	1.14			2 544.0	中抗		
00004373	JR-28	中国麻类所	福建省福州市	圆果种品系	1016	卵圆	淡红	有	绿	335.0	270.0	1.89	1.25			2 654.0	中抗		
00004374	JR-29	中国麻类所	福建省福州市	圆果种品系	1016	卵圆	淡红	有	绿	320.0	280.0	2.01	1.19			2 644.0	中抗		
00004375	JR-30	中国麻类所	福建省福州市	圆果种品系	1016	卵圆	淡红	有	绿	320.0	265.0	1.69	0.79			2 588.0	中抗		
00004376	JR-31	中国麻类所	福建省福州市	圆果种品系	1016	卵圆	淡红	有	绿	325.0	280.0	1.92	0.97			2 699.0	中抗		
00004377	JR-32	中国麻类所	福建省福州市	圆果种品系	1016	卵圆	淡红	有	绿	315.0	260.0	1.63	1.18			2 877.0	中抗		
00004378	JR-33	中国麻类所	福建省福州市	圆果种品系	1016	卵圆	淡红	有	绿	330.0	275.0	1.87	1.18			2 895.0	中抗		
00004379	JR-34	中国麻类所	福建省福州市	圆果种品系	1016	卵圆	淡红	有	绿	320.0	255.0	1.79	0.95			2 587.0	中抗		
00004380	JR-35	中国麻类所	福建省福州市	圆果种品系	1016	卵圆	淡红	有	绿	305.0	255.0	1.64	0.88			2 697.0	中抗		
00004381	JR-36	中国麻类所	福建省福州市	圆果种品系	1016	卵圆	淡红	有	绿	330.0	280.0	1.66	0.87			2 755.0	中抗		
00004382	JR-37	中国麻类所	福建省福州市	圆果种品系	1016	卵圆	淡红	有	绿	305.0	280.0	1.88	1.08			2 644.0	中抗		
00004383	JR-38	中国麻类所	福建省福州市	圆果种品系	1016	卵圆	淡红	有	绿	315.0	265.0	1.77	1.08			2 588.0	中抗		
00004384	JR-39	中国麻类所	福建省福州市	圆果种品系	1016	卵圆	淡红	有	绿	310.0	290.0	1.67	1.11			2 998.0	中抗		
00004385	JR-40	中国麻类所	福建省福州市	圆果种品系	1016	卵圆	淡红	有	绿	280.0	255.0	1.59	0.89			2 568.0	中抗		

（续）

统一编号	种质名称	保存单位	原产地或来源地	种质类型	种子成熟期	叶形	叶柄色	腋芽	中期茎色	株高	分枝高	茎粗	鲜皮厚	纤维支数	纤维强力	纤维产量	苗期炭疽病抗性	苗期黑点炭疽病抗性	备注
00004386	JR-41	中国麻类所	福建省福州市	圆果种品系	1016	卵圆	淡红	有	绿	305.0	265.0	1.75	0.88			2 698.0	中抗		
00004387	JR-42	中国麻类所	福建省福州市	圆果种品系	1016	卵圆	淡红	有	绿	325.0	285.0	2.01	1.06			2 705.0	中抗		
00004388	JR-43	中国麻类所	福建省福州市	圆果种品系	1016	卵圆	淡红	有	绿	355.0	290.0	2.34	1.29			2 035.0	中抗		
00004389	JR-44	中国麻类所	福建省福州市	圆果种品系	1016	卵圆	淡红	有	绿	270.0	245.0	1.87	0.79			2 654.0	中抗		
00004390	JR-45	中国麻类所	福建省福州市	圆果种品系	1016	卵圆	淡红	有	绿	325.0	260.0	1.68	1.11			2 304.0	中抗		
00004391	JR-46	中国麻类所	福建省福州市	圆果种品系	1016	卵圆	淡红	有	绿	305.0	250.0	1.77	1.07			2 954.0	中抗		
00004392	JR-47	中国麻类所	福建省福州市	圆果种品系	1016	卵圆	淡红	有	绿	320.0	245.0	1.68	1.06			2 688.0	中抗		
00004393	JR-48	中国麻类所	福建省福州市	圆果种品系	1016	卵圆	淡红	有	绿	305.0	280.0	1.84	0.88			2 314.0	中抗		
00004394	JR-49	中国麻类所	福建省福州市	圆果种品系	1016	卵圆	淡红	有	绿	305.0	260.0	1.88	0.84			2 354.0	中抗		
00004395	JR-50	中国麻类所	福建省福州市	圆果种品系	1016	卵圆	淡红	有	绿	305.0	275.0	1.95	0.94			2 015.0	中抗		
00004396	JR-51	中国麻类所	福建省福州市	圆果种品系	1016	卵圆	淡红	有	绿	325.0	255.0	1.68	1.12			2 148.0	中抗		
00004397	JR-52	中国麻类所	福建省福州市	圆果种品系	1016	卵圆	淡红	有	绿	340.0	305.0	1.79	1.23			2 268.0	中抗		
00004398	JR-53	中国麻类所	福建省福州市	圆果种品系	1016	卵圆	淡红	有	绿	340.0	305.0	1.67	0.84			2 247.0	中抗		
00004399	JR-54	中国麻类所	福建省福州市	圆果种品系	1016	卵圆	淡红	有	绿	315.0	285.0	1.84	0.83			2 368.0	中抗		
00004400	JR-55	中国麻类所	福建省福州市	圆果种品系	1016	卵圆	淡红	有	绿	315.0	280.0	1.77	0.98			2 354.0	中抗		
00004401	JR-56	中国麻类所	福建省福州市	圆果种品系	1016	卵圆	淡红	有	绿	330.0	260.0	2.01	1.06			2 688.0	中抗		
00004402	JR-57	中国麻类所	福建省福州市	圆果种品系	1016	卵圆	淡红	有	绿	335.0	310.0	1.92	1.18			2 544.0	中抗		
00004403	JR-58	中国麻类所	福建省福州市	圆果种品系	1016	卵圆	淡红	有	绿	315.0	260.0	1.82	1.15			2 568.0	中抗		
00004404	JR-59	中国麻类所	福建省福州市	圆果种品系	1016	卵圆	淡红	有	绿	305.0	265.0	1.75	1.19			2 015.0	中抗		
00004405	JR-60	中国麻类所	福建省福州市	圆果种品系	1016	卵圆	淡红	有	绿	325.0	295.0	2.05	0.94			2 266.0	中抗		
00004406	JR-61	中国麻类所	福建省福州市	圆果种品系	1016	卵圆	淡红	有	绿	290.0	285.0	1.85	0.97			2 047.0	中抗		
00004407	JR-62	中国麻类所	福建省福州市	圆果种品系	1016	卵圆	淡红	有	绿	330.0	285.0	2.11	1.18			2 145.0	中抗		
00004408	JR-63	中国麻类所	福建省福州市	圆果种品系	1016	卵圆	淡红	有	绿	290.0	245.0	1.74	1.06			2 698.0	中抗		
00004409	JR-64	中国麻类所	福建省福州市	圆果种品系	1016	卵圆	淡红	有	绿	305.0	275.0	1.81	0.95			2 455.0	中抗		

（续）

统一编号	种质名称	保存单位	原产地或来源地	种质类型	种子成熟期	叶形	叶柄色	腋芽	中期茎色	株高	分枝高	茎粗	鲜皮厚	纤维支数	纤维强力	纤维产量	苗期炭疽病抗性	苗期黑点炭疽病抗性	备注
00004410	JR-65	中国麻类所	福建省福州市	圆果种品系	1016	卵圆	淡红	有	绿	310.0	280.0	1.95	0.92			2 144.0	中抗		
00004411	JR-66	中国麻类所	福建省福州市	圆果种品系	1016	卵圆	淡红	有	绿	305.0	255.0	1.79	0.87			2 358.0	中抗		
00004412	JR-67	中国麻类所	福建省福州市	圆果种品系	1016	卵圆	淡红	有	绿	290.0	250.0	1.88	1.08			2 344.0	中抗		
00004413	JR-68	中国麻类所	福建省福州市	圆果种品系	1016	卵圆	淡红	有	绿	310.0	270.0	1.76	1.16			2 048.0	中抗		
00004414	JR-69	中国麻类所	福建省福州市	圆果种品系	1016	卵圆	淡红	有	绿	285.0	265.0	1.89	1.17			2 135.0	中抗		
00004415	JR-70	中国麻类所	福建省福州市	圆果种品系	1016	卵圆	淡红	有	绿	305.0	250.0	1.99	0.89			2 365.0	中抗		
00004416	JR-71	中国麻类所	福建省福州市	圆果种品系	1016	卵圆	淡红	有	绿	340.0	270.0	1.79	0.94			2 456.0	中抗		
00004417	JR-72	中国麻类所	福建省福州市	圆果种品系	1016	卵圆	淡红	有	绿	320.0	255.0	1.85	1.06			2 458.0	中抗		
00004418	JR-73	中国麻类所	福建省福州市	圆果种品系	1016	卵圆	淡红	有	绿	315.0	285.0	1.68	0.86			2 314.0	中抗		
00004419	JR-74	中国麻类所	福建省福州市	圆果种品系	1016	卵圆	淡红	有	绿	325.0	280.0	1.77	1.11			2 145.0	中抗		
00004420	JR-75	中国麻类所	福建省福州市	圆果种品系	1016	卵圆	淡红	有	绿	320.0	260.0	1.99	0.97			2 355.0	中抗		
00004421	JR-76	中国麻类所	福建省福州市	圆果种品系	1016	卵圆	淡红	有	绿	310.0	280.0	1.84	1.06			2 144.0	中抗		
00004422	JR-77	中国麻类所	福建省福州市	圆果种品系	1016	卵圆	淡红	有	绿	320.0	245.0	1.96	1.18			2 366.0	中抗		
00004423	JR-78	中国麻类所	福建省福州市	圆果种品系	1016	卵圆	淡红	有	绿	305.0	285.0	1.86	0.95			2 104.0	中抗		
00004424	JR-79	中国麻类所	福建省福州市	圆果种品系	1016	卵圆	淡红	有	绿	295.0	260.0	1.67	0.97			2 056.0	中抗		
00004425	JR-80	中国麻类所	福建省福州市	圆果种品系	1016	卵圆	淡红	有	绿	295.0	275.0	1.79	0.98			2 400.0	中抗		
00004426	JR-81	中国麻类所	福建省福州市	圆果种品系	1016	卵圆	淡红	有	绿	320.0	285.0	2.08	1.08			2 566.0	中抗		
00004427	JR-82	中国麻类所	福建省福州市	圆果种品系	1016	卵圆	淡红	有	绿	285.0	245.0	1.84	1.08			2 541.0	中抗		
00004428	JR-83	中国麻类所	福建省福州市	圆果种品系	1016	卵圆	淡红	有	绿	325.0	270.0	1.77	1.12			2 458.0	中抗		
00004429	JR-84	中国麻类所	福建省福州市	圆果种品系	1016	卵圆	淡红	有	绿	340.0	280.0	2.16	0.92			2 354.0	中抗		
00004430	JR-85	中国麻类所	福建省福州市	圆果种品系	1016	卵圆	淡红	有	绿	310.0	260.0	1.92	0.88			2 945.0	中抗		
00004431	JR-86	中国麻类所	福建省福州市	圆果种品系	1016	卵圆	淡红	有	绿	305.0	250.0	1.82	0.95			2 544.0	中抗		
00004432	JR-87	中国麻类所	福建省福州市	圆果种品系	1016	卵圆	淡红	有	绿	315.0	255.0	1.74	1.29			2 665.0	中抗		

（续）

统一编号	种质名称	保存单位	原产地或来源地	种质类型	种子成熟期	叶形	叶柄色	腋芽	中期茎色	株高	分枝高	茎粗	鲜皮厚	纤维支数	纤维强力	纤维产量	苗期炭疽病抗性	苗期黑点炭疽病抗性	备注
00004433	JR-88	中国麻类所	福建省福州市	圆果种品系	1016	卵圆	淡红	有	绿	280.0	270.0	1.94	0.88			2 456.0	中抗		
00004434	JR-89	中国麻类所	福建省福州市	圆果种品系	1016	卵圆	淡红	有	绿	325.0	265.0	2.05	1.11			2 558.0	中抗		
00004435	JR-90	中国麻类所	福建省福州市	圆果种品系	1016	卵圆	淡红	有	绿	320.0	260.0	2.03	0.84			2 547.0	中抗		
00004436	JR-91	中国麻类所	福建省福州市	圆果种品系	1016	卵圆	淡红	有	绿	315.0	265.0	1.74	0.88			2 447.0	中抗		
00004437	JR-92	中国麻类所	福建省福州市	圆果种品系	1016	卵圆	淡红	有	绿	290.0	255.0	1.81	0.80			2 688.0	中抗		
00004438	JR-93	中国麻类所	福建省福州市	圆果种品系	1016	卵圆	淡红	有	绿	310.0	245.0	1.89	1.05			2 455.0	中抗		
00004439	JR-94	中国麻类所	福建省福州市	圆果种品系	1016	卵圆	淡红	有	绿	330.0	245.0	1.78	0.94			2 018.0	中抗		
00004440	JR-95	中国麻类所	福建省福州市	圆果种品系	1016	卵圆	淡红	有	绿	330.0	280.0	1.92	1.02			2 388.0	中抗		
00004441	JR-96	中国麻类所	福建省福州市	圆果种品系	1016	卵圆	淡红	有	绿	320.0	285.0	1.85	1.14			2 147.0	中抗		
00004442	JR-97	中国麻类所	福建省福州市	圆果种品系	1016	卵圆	淡红	有	绿	305.0	290.0	1.90	1.10			2 365.0	中抗		
00004443	JR-98	中国麻类所	福建省福州市	圆果种品系	1016	卵圆	淡红	有	绿	300.0	270.0	1.84	1.06			2 566.0	中抗		
00004444	JR-99	中国麻类所	福建省福州市	圆果种品系	1016	卵圆	淡红	有	绿	315.0	270.0	1.90	0.97			2 489.0	中抗		
00004445	JR-100	中国麻类所	福建省福州市	圆果种品系	1016	卵圆	淡红	有	绿	305.0	250.0	1.68	0.86			2 654.0	中抗		
00004446	JR-101	中国麻类所	福建省福州市	圆果种品系	1016	卵圆	淡红	有	绿	325.0	245.0	1.69	0.89			2 155.0	中抗		
00004447	JR-102	中国麻类所	福建省福州市	圆果种品系	1016	卵圆	淡红	有	绿	330.0	270.0	1.88	0.94			2 664.0	中抗		
00004448	JR-103	中国麻类所	福建省福州市	圆果种品系	1016	卵圆	淡红	有	绿	310.0	260.0	1.75	1.03			2 544.0	中抗		
00004449	JR-104	中国麻类所	福建省福州市	圆果种品系	1016	卵圆	淡红	有	绿	310.0	250.0	1.95	1.11			2 685.0	中抗		
00004450	JR-105	中国麻类所	福建省福州市	圆果种品系	1016	卵圆	淡红	有	绿	305.0	250.0	1.68	0.86			2 544.0	中抗		
00004451	JR-106	中国麻类所	福建省福州市	圆果种品系	1016	卵圆	淡红	有	绿	325.0	245.0	1.69	0.89			2 687.0	中抗		
00004452	JR-107	中国麻类所	福建省福州市	圆果种品系	1016	卵圆	淡红	有	绿	330.0	270.0	1.67	0.94			2 877.0	中抗		
00004453	JR-108	中国麻类所	福建省福州市	圆果种品系	1016	卵圆	淡红	有	绿	340.0	280.0	1.87	1.06			2 544.0	中抗		
00004454	JR-109	中国麻类所	福建省福州市	圆果种品系	1016	卵圆	淡红	有	绿	320.0	260.0	1.77	1.03			2 688.0	中抗		
00004455	JR-110	中国麻类所	福建省福州市	圆果种品系	1016	卵圆	淡红	有	绿	325.0	245.0	1.69	1.08			2 415.0	中抗		

（续）

统一编号	种质名称	保存单位	原产地或来源地	种质类型	种子成熟期	叶形	叶柄色	腋芽	中期茎色	株高	分枝高	茎粗	鲜皮厚	纤维支数	纤维强力	纤维产量	苗期炭疽病抗性	苗期黑点炭疽病抗性	备注
00004456	JR-111	中国麻类所	福建省福州市	圆果种品系	1016	卵圆	淡红	有	绿	330.0	270.0	1.93	0.94			2 654.0	中抗		
00004457	JR-112	中国麻类所	福建省福州市	圆果种品系	1016	卵圆	淡红	有	绿	310.0	260.0	1.75	1.03			2 541.0	中抗		
00004458	JR-113	中国麻类所	福建省福州市	圆果种品系	1016	卵圆	淡红	有	绿	310.0	250.0	2.01	0.89			2 305.0	中抗		
00004459	JR-114	中国麻类所	福建省福州市	圆果种品系	1016	卵圆	淡红	有	绿	310.0	260.0	1.77	1.03			2 014.0	中抗		
00004460	JR-115	中国麻类所	福建省福州市	圆果种品系	1016	卵圆	淡红	有	绿	280.0	240.0	1.85	1.06			2 015.0	中抗		
00004461	JR-116	中国麻类所	福建省福州市	圆果种品系	1016	卵圆	淡红	有	绿	305.0	255.0	1.69	0.92			2 145.0	中抗		
00004462	JR-117	中国麻类所	福建省福州市	圆果种品系	1016	卵圆	淡红	有	绿	325.0	245.0	1.74	0.87			2 544.0	中抗		
00004463	JR-118	中国麻类所	福建省福州市	圆果种品系	1016	卵圆	淡红	有	绿	350.0	285.0	1.82	0.96			2 636.0	中抗		
00004464	JR-119	中国麻类所	福建省福州市	圆果种品系	1016	卵圆	淡红	有	绿	340.0	280.0	1.95	1.12			2 145.0	中抗		
00004465	JR-120	中国麻类所	福建省福州市	圆果种品系	1016	卵圆	淡红	有	绿	305.0	250.0	1.88	0.88			2 354.0	中抗		
00004466	JR-121	中国麻类所	福建省福州市	圆果种品系	1016	卵圆	淡红	有	绿	330.0	260.0	1.67	0.92			2 015.0	中抗		
00004467	JR-122	中国麻类所	福建省福州市	圆果种品系	1016	卵圆	淡红	有	绿	340.0	240.0	1.87	0.87			2 036.0	中抗		
00004468	JR-123	中国麻类所	福建省福州市	圆果种品系	1016	卵圆	淡红	有	绿	320.0	255.0	1.77	0.96			2 985.0	中抗		
00004469	JR-124	中国麻类所	福建省福州市	圆果种品系	1016	卵圆	淡红	有	绿	305.0	245.0	1.56	1.12			2 556.0	中抗		
00004470	JR-125	中国麻类所	福建省福州市	圆果种品系	1016	卵圆	淡红	有	绿	325.0	285.0	1.69	0.85			2 144.0	中抗		
00004471	JR-126	中国麻类所	福建省福州市	圆果种品系	1016	卵圆	淡红	有	绿	330.0	280.0	1.89	0.93			2 354.0	中抗		
00004472	JR-127	中国麻类所	福建省福州市	圆果种品系	1016	卵圆	淡红	有	绿	310.0	245.0	2.01	0.95			2 546.0	中抗		
00004473	JR-128	中国麻类所	福建省福州市	圆果种品系	1016	卵圆	淡红	有	绿	280.0	270.0	1.77	1.03			2 354.0	中抗		
00004474	JR-129	中国麻类所	福建省福州市	圆果种品系	1016	卵圆	淡红	有	绿	305.0	280.0	1.85	0.89			2 556.0	中抗		
00004475	JR-130	中国麻类所	福建省福州市	圆果种品系	1016	卵圆	淡红	有	绿	340.0	250.0	1.74	1.03			2 187.0	中抗		
00004476	JR-131	中国麻类所	福建省福州市	圆果种品系	1016	卵圆	淡红	有	绿	310.0	245.0	1.82	0.82			2 384.0	中抗		
00004477	JR-132	中国麻类所	福建省福州市	圆果种品系	1016	卵圆	淡红	有	绿	290.0	270.0	1.95	0.86			2 144.0	中抗		
00004478	JR-133	中国麻类所	福建省福州市	圆果种品系	1016	卵圆	淡红	有	绿	305.0	260.0	1.63	0.79			2 688.0	中抗		

（续）

统一编号	种质名称	保存单位	原产地或来源地	种质类型	种子成熟期	叶形	叶柄色	腋芽	中期茎色	株高	分枝高	茎粗	鲜皮厚	纤维支数	纤维强力	纤维产量	苗期炭疽病抗性	苗期黑点炭疽病抗性	备注
00004479	JR-134	中国麻类所	福建省福州市	圆果种品系	1016	卵圆	淡红	有	绿	310.0	250.0	1.86	0.94			2 654.0	中抗		
00004480	JR-135	中国麻类所	福建省福州市	圆果种品系	1016	卵圆	淡红	有	绿	340.0	275.0	1.79	1.06			2 145.0	中抗		
00004481	JR-136	中国麻类所	福建省福州市	圆果种品系	1016	卵圆	淡红	有	绿	320.0	275.0	1.69	1.04			2 655.0	中抗		
00004482	JR-137	中国麻类所	福建省福州市	圆果种品系	1016	卵圆	淡红	有	绿	310.0	245.0	1.66	0.95			2 175.0	中抗		
00004483	JR-138	中国麻类所	福建省福州市	圆果种品系	1016	卵圆	淡红	有	绿	310.0	270.0	1.98	0.86			2 178.0	中抗		
00004484	JR-139	中国麻类所	福建省福州市	圆果种品系	1016	卵圆	淡红	有	绿	320.0	280.0	1.77	0.89			2 897.0	中抗		
00004485	JR-140	中国麻类所	福建省福州市	圆果种品系	1016	卵圆	淡红	有	绿	330.0	250.0	1.69	1.03			2 554.0	中抗		
00004486	JR-141	中国麻类所	福建省福州市	圆果种品系	1016	卵圆	淡红	有	绿	330.0	245.0	2.11	1.11			2 887.0	中抗		
00004487	JR-142	中国麻类所	福建省福州市	圆果种品系	1016	卵圆	淡红	有	绿	320.0	270.0	1.75	1.20			2 687.0	中抗		
00004488	淡红皮 3 号	中国麻类所	湖南省沅江市	地方品种	1020	披针	淡红	无	淡红	325.0	315.0	2.08	1.18			2 644.0	中抗		
00004489	海南琼山	中国麻类所	海南省海口市琼山区	地方品种	1001	卵圆	淡红	无	淡红	310.0	290.0	2.14	1.11			2 644.0			
00004491	梅峰 5 号	中国麻类所	福建省福州市	地方品种	1101	披针	绿	无	绿	330.0	330.0	2.23	2.45			2 474.0	高抗		
00004492	闽红特早	中国麻类所	福建省福州市	地方品种	1101	披针	淡红	有	绿	320.0	320.0	2.18	1.20			3 140.0	高抗		
00004493	琼粤红	中国麻类所	湖南省沅江市	地方品种	1101	披针	淡红	有	绿	315.0	315.0	2.13	1.06			2 459.0			
00004498	日本大分青皮	中国麻类所	日本	地方品种	1020	卵圆	绿	有	绿	300.0	240.0	1.67	0.78			2 782.0			
00004499	荣昌陀麻	中国麻类所	重庆市荣昌区	地方品种	1001	卵圆	绿	有	绿	310.0	290.0	1.69	1.11			2 544.0			
00004500	深红皮 2 号	中国麻类所	贵州省正安县	地方品种	1001	卵圆	红	无	红	320.0	320.0	2.19	1.25			2 688.0			
00004501	台-1	中国麻类所	台湾省	地方品种	1001	卵圆	绿	无	绿	295.0	285.0	2.11	1.08			2 488.0			
00004503	圆果果黄麻	中国麻类所	湖南省沅江市	地方品种	0910	卵圆	绿	有	绿	240.0	140.0	2.10	1.04			2 336.0			
00004505	粤引 1 号	中国麻类所	广东省广州市	地方品种	1101	披针	绿	无	绿	310.0	310.0	1.89	1.14			2 577.0			
00004506	云霄淡红皮	中国麻类所	福建省云霄县	地方品种	1120	卵圆	红	无	红	310.0	310.0	1.79	1.13			2 456.0			
00004507	长泰红皮	中国麻类所	福建省长泰县	地方品种	1020	卵圆	红	无	淡红	315.0	315.0	2.30	1.14			2 554.0			
00004508	竹桿黄麻	中国麻类所	福建省福州市	地方品种	1001	卵圆	红	无	红	280.0	275.0	1.99	1.15			2 888.0			

（续）

统一编号	种质名称	保存单位	原产地或来源地	种质类型	种子成熟期	叶形	叶柄色	腋芽	中期茎色	株高	分枝高	茎粗	鲜皮厚	纤维支数	纤维强力	纤维产量	苗期炭疽病抗性	苗期黑点炭疽病抗性	备注
00004509	高圆粒青皮黄麻	中国麻类所	湖南省沅江市	地方品种	1101	卵圆	淡红	有	绿	315.0	290.0	2.16	1.24			2 994.0			
00004510	和字 25 号	中国麻类所	江西省泰和县	地方品种	0901	卵圆	绿	有	绿	285.0	285.0	2.16	1.09			2 445.0			
00004511	前峰算盘	中国麻类所	四川省广安市	地方品种	1101	卵圆	绿	有	绿	315.0	300.0	2.25	1.31			2 671.0			
00004512	万安红皮	中国麻类所	江西省万安县	地方品种	1101	卵圆	淡红	有	淡红	295.0	285.0	1.96	1.16			2 105.0			
00004513	阳春紫黄麻	中国麻类所	湖南省沅江市	地方品种	1101	卵圆	淡红	有	淡红	285.0	285.0	1.69	1.16			2 019.0			
00004514	印度 285	中国麻类所	印度	地方品种	1020	卵圆	绿	有	绿	270.0	250.0	1.77	1.05			2 056.0			
00004515	浙江临平	中国麻类所	浙江省杭州市	地方品种	1101	卵圆	红	无	红	320.0	320.0	2.15	1.18			2 478.0			
00004516	浙农	中国麻类所	浙江省杭州市	地方品种	1101	卵圆	红	无	淡红	320.0	310.0	2.16	1.09			2 574.0			
00004517	福黄麻 1 号	中国麻类所	福建省福州市	地方品种	1101	卵圆	淡红	有	绿	340.0	330.0	2.32	1.41	405	333	3 138.0	中抗		
00004518	福黄麻 2 号	中国麻类所	福建省福州市	地方品种	1101	卵圆	淡红	有	绿	330.0	310.0	2.22	1.24	434	298	3 209.5	中抗		
00004519	福黄麻 3 号	中国麻类所	福建省福州市	地方品种	1101	卵圆	淡红	有	绿	340.0	310.0	2.37	1.32	435	299	3 204.4	中抗		
00004521	黄麻 407	中国麻类所	福建省福州市	地方品种	1020	卵圆	淡红	无	淡红	310.0	295.0	2.25	1.27			3 105.0			
00004522	K-78	中国麻类所	俄罗斯	地方品种	1001	卵圆	绿	有	绿	255.0	160.0	1.53	0.79			2 456.0	中抗		
00005056	BL/020	中国麻类所	肯尼亚	遗传材料	1101	披针	微红	有	红	200.7	113.6	1.20	0.89	360.0	347.2	907.5		感病	
00006001	紫苏麻	中国麻类所	广东省	野生资源	1119	披针	深红	有	淡红	232.0	153.5	1.00	0.68		235.4	922.5	抗		
00006002	野黄麻	中国麻类所	广东省	野生资源	1119	披针	紫红	有	紫红	241.8	151.4	1.13	0.76		310.9	967.5	抗		
00006003	廉江黄麻	中国麻类所	广东省廉江市	野生资源	1119	披针	紫红	有	红	231.8	141.8	1.00	0.68		409.9	900.0	抗		
00006004	YA/085Cc	中国麻类所	泰国	野生资源															
00006005	YA/026Cc	中国麻类所	泰国	野生资源	1101	披针	淡红	有	绿	172.5	134.0	0.90	0.78	564.1	288.3	823.5	抗		
00006006	Y/086Cc	中国麻类所	泰国	野生资源				有							273.6				
00006007	Y/136Cc	中国麻类所	泰国	野生资源	1101	披针	淡红	有	淡红	158.7	130.7	0.86	0.75	488.3		1 033.5	抗		
00006008	Y/096Cc	中国麻类所	泰国	野生资源	1101	披针											抗		
00006009	Y/129Cc	中国麻类所	泰国	野生资源	1101	披针	淡红	有	淡红	151.6	132.9	0.88	0.83	483.9		897.0	抗		

（续）

统一编号	种质名称	保存单位	原产地或来源地	种质类型	种子成熟期	叶形	叶柄色	腋芽	中期茎色	株高	分枝高	茎粗	鲜皮厚	纤维支数	纤维强力	纤维产量	苗期炭疽病抗性	苗期黑点炭疽病抗性	备注
00006010	圆果麻	中国麻类所	广西壮族自治区	野生资源	1024	披针	绿	无	绿	231.3	151.5	1.16	0.67	389.7	262.8	1 350.0			
00006011	板棍野黄麻	中国麻类所	广西壮族自治区	野生资源	1110	披针	红	有	绿	145.3	90.6	0.86	0.77	526.9		483.0			
00006012	凤凰野黄麻	中国麻类所	广西壮族自治区	野生资源	1103	披针	淡红	有	绿	135.7	85.8	0.97	0.81	546.2		486.0			
00006013	爱店野黄麻	中国麻类所	广西壮族自治区	野生资源	1005	披针	紫红	有	紫红	183.0	61.0								
00006014	龙州野黄麻	中国麻类所	广西壮族自治区	野生资源	1101	披针	淡红	有	绿	254.0	112.0	1.44	0.86	474.3	309.9	1 200.0			
00006015	YA/024	中国麻类所	泰国	遗传材料	1101	披针	微红	有	绿	277.5	212.5	1.13	0.86	387.6	338.3	1 384.5	抗		
00006016	YA/028	中国麻类所	泰国	遗传材料	1101	披针	淡红	有	微红	261.5	244.0	1.10	0.85	423.5	309.9	1 705.5	感病		
00006017	YA/038	中国麻类所	泰国	遗传材料	1101	披针	淡红	有	微红	257.5	241.5	1.10	0.81	379.7	309.9	1 360.5	中抗		
00006018	YA/042	中国麻类所	泰国	遗传材料	1101	披针	淡红	有	微红	161.7	126.2	0.78	0.71	478.3	282.4	742.5	中抗		
00006019	YA/050	中国麻类所	泰国	遗传材料	1101	披针	淡红	有	绿	263.5	231.0	1.04	0.77	418.3	307.9	1 296.0	中抗		
00006020	YA/053	中国麻类所	泰国	遗传材料	1124	披针	淡红	有	绿	263.8	219.8	1.15	0.74	500.1	319.7	1 468.5	中抗		
00006021	Y/135	中国麻类所	湖南省沅江市	选育品种															
00006022	板八黄麻	中国麻类所	广西壮族自治区	地方品种	1104	披针	绿	有	绿	164.0	83.5	1.21	1.00	425.4	355.0	993.0	中抗		
00006027	Y/139	中国麻类所	泰国	遗传材料	1101	披针	淡红	有	绿	246.4	241.8	1.01	0.68	418.3	294.2	1 428.0	感病		
00006028	YA/049	中国麻类所	泰国	遗传材料	1101	披针	淡红	有	绿	267.0	225.0	1.16	0.93	367.7	298.1	1 689.0	中抗		
00006031	YA/055	中国麻类所	泰国	遗传材料	1101	披针	紫红	有	淡绿	270.2	234.5	1.18	0.79	377.0	319.7	1 281.0	中抗		
00006032	YA/140	中国麻类所	泰国	遗传材料	1101	披针	淡红	有	绿	193.3	185.6	0.90	0.76	401.5	292.2	1 275.0	中抗		
00006033	深锯齿圆果	中国麻类所	广西壮族自治区	地方品种	1010	披针	淡红	有	绿	234.7	200.8	0.94	0.81	378.8	308.9	1 386.0	中抗		
00006035	Y/111	中国麻类所	泰国	遗传材料	1101	披针	淡红	有	绿	142.5	127.8	0.80	0.69	413.6	301.1	799.5	抗		
00006038	YA/044	中国麻类所	泰国	遗传材料	1101	披针	紫红	有	绿	250.0	250.0	0.99	0.89	411.0	241.2	1 491.0	感病		
00006039	YA/066	中国麻类所	泰国	遗传材料	1101	披针	浅红	有	绿	256.0	210.5	1.13	0.86	361.1	233.4	1 932.0	中抗		
00006041	YA/139	中国麻类所	泰国	遗传材料	1101	披针	浅红	有	绿	246.4	241.8	1.01	0.68	324.0	388.3	1 302.0	感病		

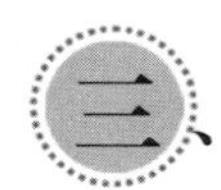

三、苎麻种质资源主要性状描述符及其数据标准

1. 统一编号 由“ZM”加4位数字字符组成，是种质的唯一标识号。如“ZM0158”。该编号由国家种质苎麻圃赋予。苎麻种质的编号，具有唯一性。

2. 种质名称 国内种质的原始名称和国外引进种质的中文译名。引进种质可直接填写种质的外文名称，有些种质可能只有数字编号，则该编号为种质名称。

3. 保存单位 种质提交国家种质苎麻圃前的保存单位名称。

4. 原产地或来源地 种质原产（来源）国家、省、市（县）或机构名称。

5. 种质类型 苎麻种质分为野生资源、地方品种、选育品种、品系、遗传材料、其他6种类型。

6. 蔸型 新栽麻第四个生长季节后，工艺成熟期，根据苎麻单蔸植株群体着生形态，分为丛生、散生和串生3种类型。

7. 叶形 新栽麻第四个生长季节开始，头麻生长中期，以试验小区的植株为观测对象，根据植株茎中部完整叶片的长度和宽度的比例及其最宽部位所在位置，有近圆形、卵圆形、长卵圆形3种类型。

8. 雌蕾色 新栽麻第四个生长季节开始，现蕾期，目测试验小区植株的雌蕾颜色，有黄白、黄绿、淡红、红、深红等颜色。

9. 工艺成熟天数 新栽麻第三年开始，每季麻从出苗期到工艺成熟期的天数。取连续2年的平均值，单位为d。

10. 分株力 新栽麻第四个生长季节后，连续6季麻工艺成熟期，随机选取10蔸麻，计算每蔸麻植株数量并取平均值。每份种质的分株力可分为强（每蔸植株数＞15根）、中（8根≤每蔸植株数≤15根）、弱（每蔸植株数＜8根）3个标准。

11. 株高 新栽麻第四个生长季节开始，工艺成熟期，连续6季，随机度量3～5蔸麻的有效株高度，取平均值。单位为cm，精确到1cm。

12. 茎粗 新栽麻第四个生长季节开始，工艺成熟期，连续6季，用度量株高的样本，用游标卡尺（精度为1/1 000）测量植株由基部向梢部1/3处的直径，取平均值。单位为cm，精确到0.01cm。

13. 鲜皮厚度 新栽麻第四个生长季节开始，工艺成熟期，连续6季，用度量株高的样本，用游标卡尺（精度为1/1 000）测量植株由基部向梢部1/3处的鲜皮厚度，取平均值。单位为mm，精确到0.01 mm。

14. 鲜皮出麻率 新栽麻第四个生长季节开始，工艺成熟期，连续6季，采用72型刮麻器刮麻。计算一定重量的苎麻鲜皮经刮制后晒干（原麻含水率小于14%）原麻重量的百分率。以%表示，精确到0.1%。

15. 纤维支数 苎麻纤维工艺细度优劣的品质参数，从新栽麻第四个生长季节开始，连续6季工艺成熟期，随机选取6～10蔸麻的原麻，参照《苎麻纤维细度快速测定方法》（NY/T 1538）进行测定。单位为公支，即m/g。

16. 单纤维断裂强力 新栽麻第四个生长季节开始，连续3季工艺成熟期，获得精干麻后按GB 5886测定。

17. 原麻产量 工艺成熟期，单位面积内全年或每季麻的原麻产量。单位为kg/hm^2，精确到整数位。

18. 花叶病抗性 苎麻花叶病抗性鉴定采用田间自然发病鉴定。根据病情指数，苎麻种质对花叶病的抗性分为免疫（I）、抗病（R）、中抗（MR）、中感（MS）和感病（S）5个等级。参照NY/T 1321—2007进行花叶病抗性鉴定。

19. 耐旱性 新栽麻第四个生长季节开始，连续或间断共2年头麻旺长期干旱期间观察植株叶片的凋萎程度，根据田间直观鉴定结果确定种质的耐旱性，分为强（麻叶凋萎少或凋萎后恢复快）、中（麻叶凋萎程度介于二者之间）、弱（麻叶凋萎多或凋萎后恢复慢）3个等级。

20. 抗风性　新栽麻第四个生长季节开始，2个生长季节苎麻封行至工艺成熟期，大风后，每个小区调查50株以上，以麻株擦伤（分无、轻、中、重4级）、倒伏（分不倒、不超过15°、不超过45°、超过45°4级）、折断（计算折断百分率）的严重程度综合评价种质的抗风性。分为强（麻株无擦伤或轻微擦伤，倒伏不超过15°，折断率不超过5%）、中（麻株中度擦伤，倒伏不超过45°，折断率不超过15%）、弱（麻株严重擦伤，倒伏超过45°，折断率15%以上）3个等级。

四、苎麻主要性状目录

统一编号	种质名称	保存单位	原产地或来源地	种质类型	蔸型	叶形	雌蕾色	工艺成熟天数	分株力	株高	茎粗	鲜皮厚度	鲜皮出麻率	纤维支数	单纤维断裂强力	原麻产量	花叶病抗性	耐旱性	抗风性
ZM0001	黄皮苎	中国麻类所	广东省乐昌市	地方品种	丛生	尖椭	黄白	197	中	168	1.01	0.63	10.2	1 635	57.3	1 350	MR	强	中
ZM0002	青皮苎	中国麻类所	广东省乐昌市	地方品种	丛生	尖椭	黄白	200	弱	148	0.98	0.69	9.3	1 843	47.3	1 050	MS	强	强
ZM0003	歧苎	中国麻类所	广东省乐昌市	地方品种	丛生	尖椭	黄白	204	中	159	1.03	0.74	12.6	1 509	50.4	1 350	R	中	中
ZM0004	青麻苎	中国麻类所	海南省保亭县	地方品种	丛生	卵圆	淡红	198	中	131	0.83	0.57	10.5	2 108	32.1	1 350	I	弱	弱
ZM0005	黄麻苎	中国麻类所	海南省保亭县	地方品种	丛生	卵圆	红	176	弱	150	0.99	0.79	9.2	2 020	42.7	1 500	R	强	弱
ZM0006	黑皮蔸	广西桂林农科所[1]	广西壮族自治区平乐县	地方品种	丛生	卵圆	深红	172	弱	161	1.05	1.09	13.5	1 970	27.9	2 478	R	强	中
ZM0007	满地串	广西桂林农科所	广西壮族自治区平乐县	地方品种	串生	近圆	淡红	182	中	125	0.86	0.92	11.7	1 823	29.1	1 218	R	中	中
ZM0008	黄金麻	广西桂林农科所	广西壮族自治区平乐县	地方品种	串生	近圆	淡红	174	中	125	0.90	0.92	12.1	1 666	36.0	1 281	R	中	弱
ZM0009	红芽蔸	广西桂林农科所	广西壮族自治区平乐县	地方品种	丛生	卵圆	红	188	弱	153	1.06	0.82	12.1	1 562	38.0	1 799	MR	强	弱
ZM0010	黄皮麻	广西桂林农科所	广西壮族自治区平乐县	地方品种	丛生	卵圆	深红	174	弱	169	1.08	0.84	11.3	1 731	40.1	1 934	MR	强	中
ZM0011	黄芽蔸	中国麻类所	广西壮族自治区平乐县	地方品种	丛生	卵圆	淡红	202	弱	164	1.00	0.77	11.4	1 415	54.4	1 950	R	强	中
ZM0012	串麻	广西桂林农科所	广西壮族自治区荔浦县	地方品种	散生	卵圆	深红	177	中	143.5	1.00	0.95	11.5	1 909	38.7	1 568	R	强	弱
ZM0013	黑皮麻	广西桂林农科所	广西壮族自治区荔浦县	地方品种	散生	宽卵	深红	183	中	137	1.14	0.75	8.0	1 254	23.9	806	I	强	强
ZM0014	硬骨青	广西桂林农科所	广西壮族自治区荔浦县	地方品种	丛生	宽卵	黄白	187	中	139	1.04	0.78	9.9	1 609	46.4	1 242	MR	强	强
ZM0015	白沙青麻	广西桂林农科所	广西壮族自治区阳朔县	地方品种	丛生	卵圆	红	177	弱	155	0.87	0.90	12.2	1 912	27.3	1 910	R	强	中
ZM0016	阳朔鸡骨白	广西桂林农科所	广西壮族自治区阳朔县	地方品种	散生	卵圆	红	175	中	108	0.83	0.95	12.2	1 724	34.9	1 004	MS	中	中
ZM0017	骥马野麻	广西桂林农科所	广西壮族自治区阳朔县	野生资源	丛生	宽卵	红	174	弱	141	1.00	0.65	8.5	1 579	63.4	830	MR	强	中
ZM0018	绿白麻	广西桂林农科所	广西壮族自治区临桂县	地方品种	串生	近圆	淡红	185	强	141.7	0.83	0.92	11.7	1 812	33.1	1 910	MR	中	中
ZM0019	绿斑麻	广西桂林农科所	广西壮族自治区	地方品种	散生	尖椭	黄白	178	强	130.5	0.79	0.56	11.9	1 712	31.0	1 551	MR	中	弱
ZM0020	临桂铜皮青	广西桂林农科所	广西壮族自治区	地方品种	散生	卵圆	红	175	强	149	0.87	1.05	12.9	1 578	33.1	2 034	MR	强	中
ZM0021	大圩青麻	广西桂林农科所	广西壮族自治区灵川县	地方品种	散生	卵圆	红	174	中	143	0.83	1.01	11.9	1 962	29.7	2 274	R	强	弱
ZM0022	龙胜圆麻	广西桂林农科所	广西壮族自治区龙胜县	地方品种	散生	近圆	红	180	弱	119.4	0.72	0.70	6.3	1 546	54.6	408	S	中	中
ZM0023	三江白麻	广西桂林农科所	广西壮族自治区三江县	地方品种	散生	近圆	深红	177	弱	116.3	0.72	0.69	9.7	1 553	44.3	753	I	中	中

① 全称为广西壮族自治区桂林市农业科学研究所。全书下同。

（续）

统一编号	种质名称	保存单位	原产地或来源地	种质类型	蔸型	叶形	雌蕾色	工艺成熟天数	分株力	株高	茎粗	鲜皮厚度	鲜皮出麻率	纤维支数	单纤维断裂强力	原麻产量	花叶病抗性	耐旱性	抗风性
ZM0024	三江红头麻	广西桂林农科所	广西壮族自治区三江县	地方品种	散生	卵圆	黄白	179	弱	120.6	0.70	0.89	7.3	2 195	26.4	684	MR	中	弱
ZM0025	黄花麻	广西桂林农科所	广西壮族自治区藤县	地方品种	散生	尖椭	黄白	180	中	111.4	0.72	0.80	7.4	2 332	34.5	501	S	中	中
ZM0026	红花麻	广西桂林农科所	广西壮族自治区藤县	地方品种	散生	卵圆	红	175	弱	121.5	0.82	0.75	11.7	1 534	28.6	740	MR	中	中
ZM0027	藤县山麻	广西桂林农科所	广西壮族自治区藤县	地方品种	散生	尖椭	红	176	中	123.9	0.72	0.75	12.5	1 698	31.7	936	MS	中	中
ZM0028	藤县苎麻	广西桂林农科所	广西壮族自治区藤县	地方品种	散生	尖椭	红	173	强	132.8	0.83	0.75	7.1	1 691	35.3	941	S	弱	中
ZM0029	贺县家麻	广西桂林农科所	广西壮族自治区贺县	地方品种	散生	尖椭	红	174	中	134.9	0.81	0.82	12.2	1 583	33.4	2 090	R	中	中
ZM0030	红皮苎	广西桂林农科所	广西壮族自治区隆林县	地方品种	散生	卵圆	黄白	187	中	142.7	0.94	0.90	12.5	1 428	49.0	1 580	S	强	强
ZM0031	白花青麻	广西桂林农科所	广西壮族自治区隆林县	地方品种	散生	卵圆	黄白	188	强	133.5	0.87	0.55	13.3	1 471	45.7	1 433	R	中	强
ZM0032	革步青麻	广西桂林农科所	广西壮族自治区隆林县	地方品种	串生	卵圆	黄白	188	强	113.5	0.83	0.59	12.8	1 197	58.9	890	MS	强	中
ZM0033	白秆青麻	广西桂林农科所	广西壮族自治区隆林县	地方品种	散生	卵圆	黄白	187	中	133.2	0.87	0.91	13.9	1 238	51.4	1 613	R	中	强
ZM0034	红花青麻	广西桂林农科所	广西壮族自治区隆林县	地方品种	丛生	卵圆	深红	176	弱	155.6	1.03	0.95	10.5	1 869	35.8	1 502	R	强	中
ZM0035	者浪青麻	广西桂林农科所	广西壮族自治区隆林县	地方品种	串生	卵圆	黄白	167	强	124.2	0.78	0.50	7.2	1 609	45.2	549	MR	中	中
ZM0036	白秆变种麻	广西桂林农科所	广西壮族自治区隆林县	地方品种	散生	近圆	黄白	187	弱	126.9	0.83	0.75	9.4	1 630	52.0	1 025	MS	中	中
ZM0037	者浪高产麻	广西桂林农科所	广西壮族自治区隆林县	地方品种	散生	卵圆	黄白	182	中	140.9	0.91	0.92	13.2	1 462	33.7	1 896	R	强	强
ZM0038	红皮红花	广西桂林农科所	广西壮族自治区德保县	地方品种	散生	卵圆	深红	176	弱	108.4	0.81	0.56	7.5	2 556	34.6	633	MR	中	中
ZM0039	德保白皮苎	广西桂林农科所	广西壮族自治区德保县	地方品种	散生	卵圆	黄白	179	弱	104.9	0.83	0.64	12.1	1 561	44.9	942	MS	弱	中
ZM0040	靖西黄皮麻	广西桂林农科所	广西壮族自治区靖西市	地方品种	散生	卵圆	黄白	179	弱	103	0.85	0.61	11.4	1 579	54.6	933	MS	中	中
ZM0041	靖西青麻	广西桂林农科所	广西壮族自治区靖西市	地方品种	散生	卵圆	黄白	179	中	113.2	0.79	0.69	9.8	1 720	36.0	1 046	I	弱	弱
ZM0042	昆明苎麻	贵州草业所	云南省昆明市	地方品种	串生	卵圆	黄绿	174	强	128	0.76	0.77	9.0	2 557	27.7	675	MR	强	中
ZM0043	龙头苎麻	贵州草业所	云南省昆明市	地方品种	散生	卵圆	淡红	186	强	145	0.89	0.75	9.1	1 788	31.2	1 650	R	中	弱
ZM0044	水菁苎麻	贵州草业所	云南省昆明市	地方品种	串生	卵圆	淡红	194	中	145	0.82	0.40	11.0	1 745	28.3	900	MR	中	中
ZM0045	团山苎麻	贵州草业所	云南省昭通市	地方品种	串生	心形	黄绿	169	中	106	0.82	0.47	6.0	2 039	34.2	825	MS	弱	强
ZM0046	大院苎麻	贵州草业所	云南省昭通市	地方品种	散生	卵圆	红	170	弱	121	0.83	0.43	8.3	1 899	35.8	600	MS	弱	强
ZM0047	永善苎麻	贵州草业所	云南省永善县	地方品种	串生	近圆	淡红	165	强	130	0.70	0.52	8.6	1 794	39.9	450	MS	弱	强

（续）

统一编号	种质名称	保存单位	原产地或来源地	种质类型	蔸型	叶形	雌蕾色	工艺成熟天数	分株力	株高	茎粗	鲜皮厚度	鲜皮出麻率	纤维支数	单纤维断裂强力	原麻产量	花叶病抗性	耐旱性	抗风性
ZM0048	大关团叶苎麻	贵州草业所	云南省大关县	地方品种	散生	近圆	红	170	弱	123	0.86	0.80	9.7	1 865	42.5	825	MS	弱	强
ZM0049	大关串根苎麻	贵州草业所	云南省大关县	地方品种	串生	卵圆	淡红	169	弱	101	0.74	0.37	7.6	1 796	28.2	450	MS	弱	弱
ZM0050	大关白花苎麻	贵州草业所	云南省大关县	地方品种	散生	卵圆	黄白	171	弱	82	0.69	0.70	9.8	2 056	45.0	525	S	中	弱
ZM0051	大关红花苎麻	贵州草业所	云南省大关县	地方品种	散生	近圆	淡红	174	弱	82	0.63	0.42	7.6	1 730	40.4	375	MS	中	强
ZM0052	泡桐麻	贵州草业所	云南省彝良县	地方品种	串生	卵圆	红	167	强	117	0.98	0.62	8.2	1 602	32.9	975	S	中	强
ZM0053	奕良红头麻	贵州草业所	云南省彝良县	地方品种	散生	卵圆	红	170	强	107	0.78	0.60	8.4	1 821	34.5	675	S	中	强
ZM0054	镇雄苎麻1号	贵州草业所	云南省镇雄县	地方品种	串生	卵圆	淡红	171	强	113	0.78	0.43	7.6	1 653	37.9	1 050	MS	中	强
ZM0055	镇雄苎麻2号	贵州草业所	云南省镇雄县	地方品种	串生	卵圆	红	165	弱	119	0.79	0.77	8.6	2 213	30.0	600	MS	弱	强
ZM0056	镇雄苎麻3号	贵州草业所	云南省镇雄县	地方品种	串生	卵圆	红	166	弱	104	0.76	0.58	9.0	2 410	29.9	600	MR	弱	强
ZM0057	镇雄苎麻4号	贵州草业所	云南省镇雄县	地方品种	散生	尖椭	红	174	弱	103	0.79	0.55	3.0	1 136	37.9	450	MR	弱	强
ZM0058	镇雄苎麻5号	贵州草业所	云南省镇雄县	地方品种	散生	近圆	淡红	174	中	99	0.80	0.45	8.3	2 421	29.5	900	R	强	强
ZM0059	巧家苎麻1号	贵州草业所	云南省巧家县	地方品种	串生	卵圆	红	172	弱	110	0.81	0.38	6.4	2 171	35.1	825	MR	强	弱
ZM0060	巧家苎麻2号	贵州草业所	云南省巧家县	地方品种	串生	近圆	淡红	174	弱	109	0.77	0.45	7.8	2 401	32.6	420	MS	弱	强
ZM0061	宣威苎麻	贵州草业所	云南省宣威市	地方品种	串生	近圆	红	172	弱	111	0.84	0.57	5.7	1 985	26.0	480	R	弱	弱
ZM0062	来滨苎麻	贵州草业所	云南省宣威市	地方品种	丛生	卵圆	红	164	中	110	0.77	0.30	6.3	2 260	20.2	675	MR	强	强
ZM0063	哲觉苎麻	贵州草业所	云南省宣威市	地方品种	串生	心形	淡红	167	强	120	0.83	0.58	7.2	2 140	26.8	900	R	中	强
ZM0064	多罗衣苎麻	贵州草业所	云南省元江县	地方品种	串生	卵圆	黄绿	214	弱	108	0.78	0.45	7.2	2 366	25.6	525	R	弱	强
ZM0065	南坪苎麻1号	贵州草业所	云南省普洱市	地方品种	串生	卵圆	黄白	172	中	102	0.76	0.30	8.6	2 080	24.8	1 365	MR	弱	强
ZM0066	南坪苎麻2号	贵州草业所	云南省普洱市	地方品种	串生	卵圆	淡红	165	中	108	0.73	0.70	9.3	2 328	22.3	630	MR	弱	强
ZM0067	南坪苎麻3号	贵州草业所	云南省普洱市	地方品种	串生	椭圆	深红	173	强	116	0.83	0.52	8.6	2 328	26.1	1 080	R	强	强
ZM0068	思毛红苎麻	贵州草业所	云南省普洱市	地方品种	串生	近圆	红	167	弱	66	0.55	0.60	8.0	2 274	31.5	435	MR	弱	强
ZM0069	凤山苎麻1号	贵州草业所	云南省景谷县	地方品种	串生	卵圆	淡红	165	强	111	0.82	0.45	7.3	2 725	24.1	510	MS	弱	强
ZM0070	凤山苎麻2号	贵州草业所	云南省景谷县	地方品种	串生	椭圆	红	165	强	130	0.86	0.67	8.8	2 121	28.0	930	MS	强	弱
ZM0071	临沧苎麻	贵州草业所	云南省临沧市	地方品种	串生	卵圆	红	167	中	130	0.88	0.58	8.8	2 383	27.3	705	MR	强	强
ZM0072	腾冲苎麻1号	贵州草业所	云南省腾冲市	地方品种	散生	卵圆	红	173	强	135	0.99	0.55	8.7	1 532	40.5	1 200	MS	强	强

（续）

统一编号	种质名称	保存单位	原产地或来源地	种质类型	蔸型	叶形	雌蕾色	工艺成熟天数	分株力	株高	茎粗	鲜皮厚度	鲜皮出麻率	纤维支数	单纤维断裂强力	原麻产量	花叶病抗性	耐旱性	抗风性
ZM0073	腾冲苎麻 2 号	贵州草业所	云南省腾冲市	地方品种	散生	椭圆	红	173	中	131	1.01	0.80	11.8	1 517	38.7	1 815	MR	强	强
ZM0074	腾冲苎麻 3 号	贵州草业所	云南省腾冲市	地方品种	散生	尖椭	红	175	中	77	0.55	0.72	11.7	1 427	43.4	825	R	强	弱
ZM0075	糯麻	贵州草业所	云南省瑞丽市	地方品种	散生	心形	红	175	弱	126	0.96	0.45	5.8	1 352	46.9	600	R	强	弱
ZM0076	文山苎麻	贵州草业所	云南省文山市	地方品种	散生	卵圆	淡红	162	中	100	0.86	0.48	7.2	2 089	29.7	450	R	强	强
ZM0077	西洒苎麻 1 号	贵州草业所	云南省西畴县	地方品种	串生	卵圆	红	171	弱	84	0.64	0.57	7.0	1 221	34.3	600	S	弱	强
ZM0078	西洒苎麻 2 号	贵州草业所	云南省西畴县	地方品种	串生	卵圆	淡红	165	中	125	0.83	0.67	7.4	1 609	30.5	900	MS	中	强
ZM0079	新街苎麻	贵州草业所	云南省西畴县	地方品种	串生	卵圆	红	171	弱	92	0.67	0.30	6.8	2 118	34.5	450	MR	弱	强
ZM0080	子马苎麻	贵州草业所	云南省砚山县	地方品种	串生	卵圆	黄绿	199	弱	136	0.82	0.78	4.8	1 608	34.4	525	R	弱	强
ZM0081	麻栗坡苎麻	贵州草业所	云南省麻栗坡县	地方品种	散生	卵圆	深红	164	中	141	0.87	0.55	8.4	1 964	29.0	750	S	弱	强
ZM0082	追栗街苎麻	贵州草业所	云南省富宁县	地方品种	串生	尖椭	淡红	174	强	110	0.68	0.70	9.3	1 819	29.3	675	S	弱	弱
ZM0083	大田黄杆苎麻	贵州草业所	云南省富宁县	地方品种	串生	卵圆	淡红	177	强	106	0.66	0.55	8.9	1 877	30.7	675	S	弱	强
ZM0084	平架苎麻	贵州草业所	云南省富宁县	地方品种	串生	椭圆	淡红	199	中	126	0.73	0.80	7.8	1 628	41.9	1 050	MS	弱	强
ZM0085	里达苎麻	贵州草业所	云南省富宁县	地方品种	丛生	近圆	红	179	中	125	0.85	0.20	6.7	1 978	32.1	1 125	MS	强	中
ZM0086	睦伦苎麻	贵州草业所	云南省富宁县	地方品种	串生	近圆	淡红	189	中	151	0.90	0.52	6.7	1 782	29.9	1 125	S	强	弱
ZM0087	卧龙谷苎麻	贵州草业所	云南省开远市	地方品种	散生	椭圆	红	170	中	111	0.79	0.72	6.5	1 576	49.0	450	MS	强	强
ZM0088	菖蒲圹苎麻	贵州草业所	云南省开远市	地方品种	串生	卵圆	淡红	167	中	130	0.80	0.55	7.8	1 811	31.9	675	MS	弱	弱
ZM0089	攀枝苎麻	贵州草业所	云南省蒙自市	地方品种	串生	卵圆	淡红	173	弱	156	0.93	0.60	9.5	1 526	35.2	750	MS	弱	强
ZM0090	冷泉苎麻	贵州草业所	云南省蒙自市	地方品种	丛生	卵圆	红	187	中	154	0.86	0.40	8.5	1 634	38.1	900	S	强	强
ZM0091	铜厂苎麻	贵州草业所	云南省金平县	地方品种	丛生	卵圆	深红	185	中	130	0.96	0.63	5.1	1 063	45.7	1 425	S	强	强
ZM0092	勐拉苎麻	贵州草业所	云南省金平县	地方品种	串生	卵圆	红	191	弱	106	0.62	0.90	8.0	1 814	31.3	600	R	弱	强
ZM0093	普文苎麻	贵州草业所	云南省景洪市	地方品种	串生	卵圆	红	173	中	89	0.69	0.70	5.7	2 039	20.3	450	MR	弱	强
ZM0094	勐养苎麻	贵州草业所	云南省景洪市	地方品种	散生	椭圆	黄绿	208	强	123	0.80	0.70	7.5	1 858	30.5	825	S	中	强
ZM0095	允景洪苎麻	贵州草业所	云南省景洪市	地方品种	串生	椭圆	黄绿	180	弱	119	0.78	0.20	8.2	1 763	35.7	1 275	S	中	强
ZM0096	大勐仑苎麻	贵州草业所	云南省景洪市	地方品种	串生	卵圆	淡红	174	强	125	0.69	0.40	5.5	2 381	27.5	450	S	弱	强
ZM0097	曼庄苎麻	贵州草业所	云南省勐腊县	地方品种	串生	卵圆	红	189	强	106	0.73	0.61	3.8	1 951	35.3	600	S	弱	强

（续）

统一编号	种质名称	保存单位	原产地或来源地	种质类型	蔸型	叶形	雌蕾色	工艺成熟天数	分株力	株高	茎粗	鲜皮厚度	鲜皮出麻率	纤维支数	单纤维断裂强力	原麻产量	花叶病抗性	耐旱性	抗风性
ZM0098	勐罕苎麻	贵州草业所	云南省勐腊县	地方品种	串生	卵圆	红	193	中	111	0.70	0.70	5.3	1 717	26.3	450	S	弱	强
ZM0099	易武苎麻	贵州草业所	云南省勐腊县	地方品种	串生	卵圆	红	193	强	149	0.95	0.40	5.2	1 222	49.6	1 350	S	弱	强
ZM0100	勐阿苎麻	贵州草业所	云南省勐腊县	地方品种	串生	尖椭	深红	175	弱	117	0.73	0.50	6.7	2 108	35.0	600	S	弱	强
ZM0101	勐遮苎麻	贵州草业所	云南省勐海县	地方品种	串生	椭圆	红	179	强	119	0.71	0.46	4.5	2 001	35.3	750	S	弱	强
ZM0102	福安黄苎麻	中国麻类所	福建省福安市	地方品种	丛生	卵圆	淡红	180	弱	153	0.95	0.80	10.7	1 332	57.3	975	MR	强	弱
ZM0103	福安苎麻	中国麻类所	福建省福安市	地方品种	丛生	卵圆	淡红	177	弱	141	0.84	0.72	9.4	1 695	50.1	825	MS	中	中
ZM0104	大田苎麻	中国麻类所	福建省大田县	地方品种	散生	卵圆	深红	174	强	95	0.67	0.61	12.5	1 793	45.7	750	MR	中	中
ZM0105	有毛红心种	中国麻类所	福建省漳州市	地方品种	散生	卵圆	红	193	弱	132	0.89	0.72	10.0	1 596	51.8	1 125	S	弱	中
ZM0106	惠安红心麻	中国麻类所	福建省惠安县	地方品种	丛生	卵圆	深红	190	中	155	0.96	0.64	11.2	1 595	49.1	1 500	MS	强	强
ZM0107	天台铁麻	中国麻类所	浙江省天台县	地方品种	丛生	卵圆	淡红	187	弱	179	1.02	0.84	10.7	1 105	46.5	1 500	S	强	弱
ZM0108	天台大叶白	中国麻类所	浙江省天台县	地方品种	丛生	卵圆	淡红	180	弱	177	0.91	0.84	11.6	1 310	47.8	825	S	强	弱
ZM0109	天台野青麻	中国麻类所	浙江省天台县	野生资源	散生	尖椭	淡红	194	强	130	0.86	0.74	11.9	1 504	48.5	900	S	中	强
ZM0110	天台青麻	中国麻类所	浙江省天台县	地方品种	丛生	卵圆	黄白	169	弱	145	0.90	0.66	12.9	1 649	43.8	1 125	MR	强	强
ZM0111	天台大叶青	中国麻类所	浙江省天台县	地方品种	丛生	卵圆	红	210	中	160	0.85	0.80	13.0			1 500	S	强	中
ZM0112	诸暨苎麻	中国麻类所	浙江省诸暨市	地方品种	散生	近圆	黄白	194	弱	135	0.90	0.67	12.6	1 231	55.6	900	MR	强	强
ZM0113	诸暨黄苎麻	中国麻类所	浙江省诸暨市	地方品种	丛生	卵圆	淡红	183	弱	162	0.92	0.70	12.3	1 416	48.7	900	S	强	中
ZM0114	诸暨青苎麻	中国麻类所	浙江省诸暨市	地方品种	散生	近圆	红	173	弱	103	0.83	0.58	12.5	1 697	49.0	900	R	中	强
ZM0115	大叶黄皮蔸	中国麻类所	浙江省乐清市	地方品种	串生	卵圆	红	184	中	108	0.80	0.64	8.2	1 702	43.8	1 050	MR	弱	弱
ZM0116	雁东真麻	中国麻类所	浙江省乐清市	地方品种	串生	近圆	红	177	强	126	0.82	0.63	10.8	1 924	38.1	1 125	MS	弱	强
ZM0117	临海青麻	中国麻类所	浙江省临海市	地方品种	散生	尖椭	深红	179	弱	152	1.01	0.71	8.8	1 574	48.2	900	MR	强	中
ZM0118	大叶黄	中国麻类所	浙江省丽水市	地方品种	丛生	卵圆	红	181	弱	149	0.95	0.72	12.6	1 309	50.5	1 125	MS	强	中
ZM0119	红爪麻	中国麻类所	浙江省丽水市	地方品种	串生	尖椭	淡红	174	强	120	0.60	0.46	11.3	1 910	33.0	600	S	弱	弱
ZM0120	文成黄皮苎	中国麻类所	浙江省文成县	地方品种	串生	尖椭	黄白	190	强	119	0.81	0.69	11.5	1 730	51.5	975	S	中	弱
ZM0121	文成青皮苎	中国麻类所	浙江省文成县	地方品种	丛生	近圆	黄白	189	中	136	0.83	0.69	13.2	1 677	46.4	825	R	中	中
ZM0122	建德齐麻	中国麻类所	浙江省建德市	地方品种	散生	尖椭	淡红	186	中	131	0.90	0.79	11.3	1 543	50.1	975	MS	强	中

（续）

统一编号	种质名称	保存单位	原产地或来源地	种质类型	蔸型	叶形	雌蕾色	工艺成熟天数	分株力	株高	茎粗	鲜皮厚度	鲜皮出麻率	纤维支数	单纤维断裂强力	原麻产量	花叶病抗性	耐旱性	抗风性
ZM0123	衢县苎麻	中国麻类所	浙江省衢州市衢江区	地方品种	散生	尖椭	深红	185	中	158	0.90	0.63	11.5	1 387	52.7	900	MR	强	中
ZM0124	沟溪黄苎麻	中国麻类所	浙江省衢州市衢江区	地方品种	丛生	尖椭	红	184	弱	155	0.93	0.71	13.4	1 555	51.5	900	MR	强	强
ZM0125	沟溪青苎麻	中国麻类所	浙江省衢州市衢江区	地方品种	丛生	卵圆	红	181	弱	141	0.89	0.61	9.4	1 711	40.2	900	R	中	中
ZM0126	龙泉青麻	中国麻类所	浙江省龙泉市	地方品种	散生	卵圆	红	179	弱	152	0.87	0.84	11.8	1 331	57.9	900	R	强	强
ZM0127	龙泉黄麻	中国麻类所	浙江省龙泉市	地方品种	散生	卵圆	深红	195	中	126	0.84	0.73	13.2	1 230	52.8	1 125	S	强	中
ZM0128	细壳黄皮麻	中国麻类所	浙江省武义县	地方品种	散生	卵圆	红	185	弱	147	1.00	0.81	10.4	1 367	49.6	1 125	S	强	强
ZM0129	武义野麻	中国麻类所	浙江省武义县	野生资源	散生	卵圆	红	184	强	143	0.83	0.68	10.9	1 510	50.6	600	S	中	中
ZM0130	茅草苎	中国麻类所	浙江省平阳县	地方品种	串生	卵圆	淡红	173	强	128	0.75		7.8	1 774	45.6	750	MR	弱	中
ZM0131	平阳白皮苎	中国麻类所	浙江省平阳县	地方品种	丛生	尖椭	深红	180	弱	131	0.73		8.5	1 818	47.2	750	S	强	中
ZM0132	宜春铜皮青	江西麻科所[①]	江西省宜春市	地方品种	丛生	近圆	淡红	204	中	195	1.40	0.74	9.5	1 674	31.2	2 250	MR	强	强
ZM0133	黄壳铜	江西麻科所	江西省宜春市	地方品种	丛生	尖椭	黄白	209	弱	190	1.20	0.80	10.5	1 700	44.8	2 250	S	强	强
ZM0134	宜春红心麻	江西麻科所	江西省宜春市	地方品种	丛生	椭圆	黄白	197	弱	140	1.00	0.76	8.4	1 353	41.9	3 000	S	中	中
ZM0135	宜春鸡骨白	江西麻科所	江西省宜春市	地方品种	散生	椭圆	黄白	188	中	140	0.96	0.90	9.3	1 675	31.9	1 500	S	弱	弱
ZM0136	细叶青	江西麻科所	江西省宜春市	地方品种	散生	椭圆	黄白	190	中	125	0.80	0.73	9.7	1 723	34.6	1 500	R	强	中
ZM0137	芦藩	江西麻科所	江西省宜春市	地方品种	串生	卵圆	淡红	178	强	99	1.01	0.64	9.3	1 766	34.9	1 875	MS	强	强
ZM0138	青皮秆	江西麻科所	江西省上高县	地方品种	丛生	尖椭	黄绿	164	弱	140	1.10	0.67	8.9	1 341	31.2	1 350	MS	中	中
ZM0139	黄尖苎	江西麻科所	江西省上高县	地方品种	散生	椭圆	红	198	弱	130	0.80	0.69	7.3	1 391	29.8	1 425	MR	强	弱
ZM0140	上高野麻	江西麻科所	江西省上高县	野生资源	散生	近圆	红	178	强	147	0.93	0.71	7.8	1 457	22.9	1 500	I	强	中
ZM0141	分宜黄庄蔸	江西麻科所	江西省分宜县	地方品种	丛生	近圆	红	184	强	165	1.00	0.87	9.2	1 290	43.3	1 875	S	强	中
ZM0142	分宜家麻	江西麻科所	江西省分宜县	地方品种	串生	近圆	黄白	179	中	123	0.60	0.60	8.5	1 537	31.8	1 125	MR	弱	弱
ZM0143	分宜鸡骨白	江西麻科所	江西省分宜县	地方品种	散生	尖椭	黄白	167	中	127	0.75	0.61	8.4	1 479	31.9	1 500	S	中	中
ZM0144	分宜野麻	江西麻科所	江西省分宜县	野生资源	丛生	近圆	红	188	中	147	0.93	0.53	10.0	1 897	38.6	1 500	MS	弱	中
ZM0145	黄皮蔸	江西麻科所	江西省万载县	地方品种	散生	近圆	红	148	中	145	0.80	0.63	9.5	1 297	25.6	1 200	MS	弱	弱
ZM0146	天宝麻	江西麻科所	江西省宜丰县	地方品种	散生	椭圆	黄白	194	中	124	0.75	0.71	7.9	1 764	34.9	1 200	MR	中	中

① 全称为江西省麻类科学研究所。全书下同。

（续）

统一编号	种质名称	保存单位	原产地或来源地	种质类型	蔸型	叶形	雌蕾色	工艺成熟天数	分株力	株高	茎粗	鲜皮厚度	鲜皮出麻率	纤维支数	单纤维断裂强力	原麻产量	花叶病抗性	耐旱性	抗风性
ZM0147	宜丰鸡骨白	江西麻科所	江西省宜丰县	地方品种	散生	尖椭	红	181	中	127	0.75	0.68	8.6	1 825	28.8	1 500	MS	弱	中
ZM0148	新余麻1号	江西麻科所	江西省新余市	地方品种	散生	椭圆	红	159	强	163	1.01	0.68	8.1	1 923	27.8	1 875	MS	弱	中
ZM0149	新余麻2号	江西麻科所	江西省新余市	地方品种	丛生	近圆	淡红	185	弱	160	1.02	0.64	9.7	1 715	25.0	975	MR	中	中
ZM0150	铜鼓黄金麻	江西麻科所	江西省铜古县	地方品种	散生	椭圆	淡红	167	中	140	0.72	0.58	9.7	1 423	34.6	1 200	MR	弱	弱
ZM0151	黄荆麻	江西麻科所	江西省铜古县	地方品种	散生	尖椭	淡红	199	中	134	0.65	0.73	10.8	1 874	30.8	1 350	MR	弱	弱
ZM0152	高安麻	江西麻科所	江西省高安市	地方品种	丛生	尖椭	淡红	214	中	145	1.00	0.68	10.3	1 698	38.4	1 125	MS	中	强
ZM0153	芦麻	江西麻科所	江西省靖安县	地方品种	散生	椭圆	红	194	中	136	0.96	0.47	9.7	1 749	28.1	1 125	S	强	强
ZM0154	瑞昌细叶绿	江西麻科所	江西省瑞昌市	地方品种	散生	近圆	淡红	200	强	150	1.08	0.68	10.6	1 511	39.0	1 500	MR	中	中
ZM0155	瑞昌大叶绿	江西麻科所	江西省瑞昌市	地方品种	丛生	卵圆	红	204	弱	100	0.70	0.71	9.0	1 387	42.0	1 500	S	弱	强
ZM0156	瑞昌河麻	江西麻科所	江西省瑞昌市	地方品种	散生	近圆	红	202	中	130	0.89	0.63	11.2	1 621	39.0	1 350	I	强	强
ZM0157	广皮麻	江西麻科所	江西省瑞昌市	地方品种	丛生	尖椭	黄绿	195	中	210	1.00	0.61	10.1	1 542	38.2	1 875	S	中	中
ZM0158	黄泥蔸	江西麻科所	江西省瑞昌市	地方品种	丛生	椭圆	淡红	172	弱	154	1.04	0.80	9.7	1 854	39.8	1 875	MR	弱	弱
ZM0159	走鞭黄	江西麻科所	江西省瑞昌市	地方品种	散生	椭圆	淡红	183	强	140	0.85	0.72	9.5	1 337	29.3	1 500	S	弱	弱
ZM0160	都昌河麻	江西麻科所	江西省都昌县	地方品种	散生	卵圆	红	178	中	147	0.93	0.81	8.9	1 809	24.6	1 500	MS	强	强
ZM0161	九江麻	江西麻科所	江西省九江市	地方品种	散生	椭圆	淡红	185	强	164	0.83	0.85	11.8	1 276	34.1	1 875	MR	强	强
ZM0162	修水麻	江西麻科所	江西省修水县	地方品种	散生	椭圆	淡红	175	中	168	1.10	0.98	9.7	1 847	22.9	1 500	MS	强	强
ZM0163	小骨白	江西麻科所	江西省武宁县	地方品种	串生	近圆	淡红	180	强	136	0.93	0.83	8.7	1 406	27.3	1 875	S	强	强
ZM0164	大皮青	江西麻科所	江西省武宁县	地方品种	串生	近圆	淡红	186	强	139	0.84	0.98	10.0	1 258	40.7	1 875	S	强	强
ZM0165	武宁野麻	江西麻科所	江西省武宁县	野生资源	散生	卵圆	红	187	强	142	0.68	1.00	11.3	1 704	48.1	1 500	R	弱	弱
ZM0166	鲁班蔸	江西麻科所	江西省吉安市	地方品种	散生	椭圆	淡红	181	中	161	0.96	0.83	10.8	1 813	43.5	1 500	MR	中	强
ZM0167	吉安黄庄蔸	江西麻科所	江西省吉安市	地方品种	散生	卵圆	淡红	188	中	150	0.87	0.87	8.0	2 094	43.2	1 350	S	强	强
ZM0168	大鲁班	江西麻科所	江西省吉水县	地方品种	丛生	近圆	淡红	210	弱	157	1.02	0.51	7.3	1 794	24.2	1 500	MS	中	中
ZM0169	白皮蔸	江西麻科所	江西省吉水县	地方品种	散生	近圆	淡红	184	中	144	0.83	0.62	10.4	1 495	32.4	1 125	MR	强	强
ZM0170	吉安野苎麻	江西麻科所	江西省吉安市	野生资源	串生	椭圆	淡红	183	中	129	0.82	0.73	10.0	1 872	32.5	1 275	MS	中	中
ZM0171	吉安白皮苎	江西麻科所	江西省吉安市	地方品种	串生	椭圆	淡红	181	强	144	0.93	0.53	9.6	1 624	32.4	1 875	MR	强	中

（续）

统一编号	种质名称	保存单位	原产地或来源地	种质类型	蔸型	叶形	雌蕾色	工艺成熟天数	分株力	株高	茎粗	鲜皮厚度	鲜皮出麻率	纤维支数	单纤维断裂强力	原麻产量	花叶病抗性	耐旱性	抗风性
ZM0172	小鲁班	江西麻科所	江西省吉安市	地方品种	散生	卵圆	淡红	173	中	141	0.89	0.71	7.6	1 487	26.4	1 875	MS	强	强
ZM0173	黄青蔸	江西麻科所	江西省吉水县	地方品种	串生	卵圆	淡红	181	中	148	0.89	0.84	10.0	1 338	27.7	1 800	MR	强	强
ZM0174	吉安白麻	江西麻科所	江西省吉安市	地方品种	串生	近圆	淡红	203	中	151	0.76	0.83	12.5	1 559	26.1	1 500	MS	强	中
ZM0175	白叶麻	江西麻科所	江西省吉安市	地方品种	丛生	近圆	淡红	186	中	160	0.80	0.61	11.1	1 764	34.5	1 875	S	中	中
ZM0176	大叶红蚱蜢	江西麻科所	江西省永丰县	地方品种	串生	尖椭	淡红	124	中	151	0.91	0.73	8.5	1 744	27.2	1 500	S	中	强
ZM0177	小叶红蚱蜢	江西麻科所	江西省永丰县	地方品种	丛生	尖椭	红	187	中	147	0.77	0.59	10.4	1 749	27.2	1 875	R	强	中
ZM0178	大叶芦秆	江西麻科所	江西省永丰县	地方品种	丛生	椭圆	红	190	中	153	0.81	0.63	8.5	1 762	30.0	1 725	MR	强	强
ZM0179	小叶芦秆	江西麻科所	江西省永丰县	地方品种	串生	近圆	淡红	180	强	130	0.73	0.93	7.9	1 553	26.9	1 125	S	弱	强
ZM0180	竹子鞭	江西麻科所	江西省永丰县	地方品种	串生	尖椭	黄白	190	强	134	0.59	0.61	7.8	2 065	22.1	1 125	S	强	强
ZM0181	莲花麻	江西麻科所	江西省莲花县	地方品种	散生	尖椭	淡红	195	弱	160	0.96	0.49	10.9	1 616	32.1	900	I	中	强
ZM0182	安福麻	江西麻科所	江西省安福县	地方品种	丛生	椭圆	淡红	190	弱	140	1.03	0.73	10.0	1 664	27.4	750	MR	中	强
ZM0183	泰和麻	江西麻科所	江西省泰和县	地方品种	散生	尖椭	淡红	204	中	133	0.83	0.48	10.1	1 664	28.7	1 350	S	弱	弱
ZM0184	永新麻	江西麻科所	江西省永新县	地方品种	散生	椭圆	黄白	192	中	168	0.76	0.60	8.9	2 415	24.3	900	MR	中	强
ZM0185	野蔸子	江西麻科所	江西省永丰县	野生资源	串生	尖椭	黄绿	197	弱	144	0.75	0.51	7.4	1 871	26.0	1 050	I	弱	中
ZM0186	资溪麻	江西麻科所	江西省资溪县	地方品种	串生	尖椭	淡红	158	中	158	0.87	0.66	8.5	2 446	22.0	1 200	MR	中	弱
ZM0187	宜黄家麻	江西麻科所	江西省宜黄县	地方品种	串生	尖椭	红	209	中	187	0.67	0.68	8.5	2 300	24.6	1 200	MS	中	中
ZM0188	宜黄竹子麻	江西麻科所	江西省宜黄县	地方品种	串生	尖椭	红	195	强	140	0.83	0.51	6.4	2 457	21.4	1 125	MS	强	强
ZM0189	宜黄桐树白	江西麻科所	江西省宜黄县	地方品种	丛生	椭圆	淡红	173	中	169	1.14	0.81	8.2	1 800	30.4	1 500	MR	强	强
ZM0190	五壳子	江西麻科所	江西省宜黄县	地方品种	散生	尖椭	黄白	205	中	130	0.88	0.59	8.0	1 410	34.9	150	MS	强	强
ZM0191	青壳子	江西麻科所	江西省乐安县	地方品种	丛生	近圆	淡红	161	中	163	1.03	0.91	11.1	2 012	22.9	1 500	MR	强	中
ZM0192	黄壳红	江西麻科所	江西省乐安县	地方品种	散生	近圆	黄绿	205	中	145	0.70	0.72	10.0	1 629	34.4	1 500	I	中	中
ZM0193	家苎麻	江西麻科所	江西省新建县	地方品种	串生	近圆	淡红	178	强	123	0.61	0.63	7.8	1 810	31.8	1 050	S	强	中
ZM0194	乐安桐树白	江西麻科所	江西省乐安县	地方品种	丛生	近圆	黄白	178	中	156	0.77	0.93	9.4	1 701	21.9	1 875	S	强	强
ZM0195	南丰野麻	江西麻科所	江西省南丰县	野生资源	串生	近圆	淡红	173	强	144	0.77	0.47	9.4	1 809	18.2	750	S	强	中
ZM0196	虎皮麻	江西麻科所	江西省南丰县	地方品种	串生	近圆	淡红	193	强	130	0.73	0.71	9.7	1 747	23.5	1 200	S	强	中

（续）

统一编号	种质名称	保存单位	原产地或来源地	种质类型	蔸型	叶形	雌蕾色	工艺成熟天数	分株力	株高	茎粗	鲜皮厚度	鲜皮出麻率	纤维支数	单纤维断裂强力	原麻产量	花叶病抗性	耐旱性	抗风性
ZM0197	南城厚皮苎麻	江西麻科所	江西省南城县	地方品种	丛生	尖椭	红	198	中	147	0.87	1.16	9.6	1 345	20.7	1 500	S	强	弱
ZM0198	南城薄皮苎麻	江西麻科所	江西省南城县	地方品种	串生	尖椭	红	181	中	150	0.87	0.69	9.6	1 700	18.2	1 500	S	中	中
ZM0199	黎川厚皮苎麻	江西麻科所	江西省黎川县	地方品种	丛生	椭圆	红	198	弱	150	0.87	1.06	8.6	1 278	28.3	1 500	S	强	弱
ZM0200	黎川薄皮苎麻	江西麻科所	江西省黎川县	地方品种	丛生	椭圆	红	192	中	141	0.75	0.53	8.1	1 624	24.2	1 125	I	强	中
ZM0201	崇仁苎麻	江西麻科所	江西省崇仁县	地方品种	丛生	近圆	黄绿	182	弱	140	0.53	0.58	7.5	1 380	30.1	975	S	强	弱
ZM0202	玉山麻	江西麻科所	江西省玉山县	地方品种	串生	近圆	红	202	强	130	0.90	0.50	7.1	2 614	25.8	1 125	I	强	弱
ZM0203	菜空麻	江西麻科所	江西省鄱阳县	地方品种	串生	近圆	红	177	中	113	0.61	0.47	9.2	1 915	22.9	1 125	S	中	弱
ZM0204	波阳黄叶麻	江西麻科所	江西省鄱阳县	地方品种	串生	尖椭	黄白	194	强	113	0.68	0.76	9.0	1 581	46.0	975	S	强	强
ZM0205	波阳青叶麻	江西麻科所	江西省鄱阳县	地方品种	串生	卵圆	淡红	185	强	168	0.93	1.00	9.2	1 524	54.9	1 500	MS	中	中
ZM0206	广丰大叶青	江西麻科所	江西省上饶市广丰区	地方品种	丛生	近圆	淡红	199	弱	143	0.97	0.82	10.0	1 624	29.3	1 350	MS	中	中
ZM0207	广丰小叶青	江西麻科所	江西省上饶市广丰区	地方品种	串生	近圆	淡红	201	中	125	0.66	0.59	7.4	1 319	36.6	1 350	MS	强	弱
ZM0208	余江麻	江西麻科所	江西省余江县	地方品种	串生	近圆	淡红	199	强	125	0.66	0.55	9.4	1 847	23.7	1 125	S	强	强
ZM0209	贵溪麻	江西麻科所	江西省贵溪市	地方品种	串生	椭圆	红	194	强	123	0.62	0.71	7.6	1 800	23.7	1 350	S	强	强
ZM0210	宁都苎麻	江西麻科所	江西省宁都县	地方品种	散生	近圆	淡红	196	中	143	0.87	0.69	8.1	1 803	32.4	1 125	I	强	中
ZM0211	宁都青苎麻	江西麻科所	江西省宁都县	地方品种	丛生	椭圆	淡红	202	弱	147	0.98	1.00	11.0	1 864	27.0	1 350	MR	中	中
ZM0212	宁都大白麻	江西麻科所	江西省宁都县	地方品种	散生	椭圆	淡红	162	强	152	0.98	0.96	9.4	1 600	27.6	1 275	R	中	中
ZM0213	宁都野麻	江西麻科所	江西省宁都县	野生资源	串生	近圆	淡红	197	强	129	0.72	0.47	7.8	1 458	28.9	1 125	MS	强	弱
ZM0214	宁都白麻	江西麻科所	江西省宁都县	地方品种	丛生	近圆	淡红	189	弱	152	0.98	0.95	9.6	1 511	26.1	1 500	R	强	中
ZM0215	赣县大白麻	江西麻科所	江西省赣县	地方品种	丛生	椭圆	淡红	182	弱	150	0.87	0.75	8.8	1 855	29.6	1 500	MR	强	强
ZM0216	赣县大叶麻	江西麻科所	江西省赣县	地方品种	丛生	椭圆	淡红	182	弱	150	0.82	1.03	8.3	1 694	32.4	1 125	MR	强	中
ZM0217	小叶麻	江西麻科所	江西省赣县	地方品种	散生	椭圆	淡红	166	强	141	0.78	0.57	7.5	1 607	24.2	1 500	MR	强	中
ZM0218	黄皮子	江西麻科所	江西省赣县	地方品种	散生	尖椭	红	193	中	140	0.69	0.79	8.6	1 855	21.7	1 125	R	强	强
ZM0219	于都白皮苎	江西麻科所	江西省于都县	地方品种	散生	尖椭	红	197	中	145	0.80	0.80	9.6	1 694	32.4	2 250	MR	强	中
ZM0220	信丰青皮麻	江西麻科所	江西省信丰县	地方品种	串生	椭圆	红	182	强	139	0.68	0.51	9.1	2 242	21.8	750	MR	强	中
ZM0221	信丰黄皮麻	江西麻科所	江西省信丰县	地方品种	串生	椭圆	红	180	强	129	0.56	0.48	9.6	2 133	26.0	750	MR	弱	弱

（续）

统一编号	种质名称	保存单位	原产地或来源地	种质类型	蔸型	叶形	雌蕾色	工艺成熟天数	分株力	株高	茎粗	鲜皮厚度	鲜皮出麻率	纤维支数	单纤维断裂强力	原麻产量	花叶病抗性	耐旱性	抗风性
ZM0222	龙南蔸麻	江西麻科所	江西省龙南县	地方品种	散生	卵圆	红	194	中	140	0.70	0.56	9.3	1 843	38.6	1 125	MR	强	强
ZM0223	满圆钻	江西麻科所	江西省赣县	地方品种	串生	椭圆	红	168	强	133	0.89	0.54	8.7	1 704	30.8	1 125	MS	中	弱
ZM0224	龙南竹秆麻	江西麻科所	江西省龙南县	地方品种	丛生	椭圆	红	205	强	198	0.62	0.62	7.5	1 600	27.0	1 050	S	强	中
ZM0225	南康麻	江西麻科所	江西省赣州市南康区	地方品种	散生	近圆	红	196	中	144	0.99	0.73	8.9	2 115	28.9	1 050	R	强	中
ZM0226	竹子麻	江西麻科所	江西省石城县	地方品种	串生	近圆	淡红	168	强	140	0.83	0.61	9.7	2 151	30.3	1 200	MS	强	中
ZM0227	矮脚梧桐麻	江西麻科所	江西省石城县	地方品种	散生	尖椭	淡红	191	强	143	0.82	0.69	9.7	1 499	43.4	1 380	MR	弱	中
ZM0228	高脚梧桐麻	江西麻科所	江西省石城县	地方品种	丛生	宽卵	淡红	196	弱	196	0.72	0.74	9.1	1 278	30.0	1 500	S	强	中
ZM0229	上饶黄叶麻	江西麻科所	江西省上饶市	地方品种	串生	尖椭	淡红	178	中	100	0.91	0.81	8.4	1 512	40.1	1 500	MR	弱	强
ZM0230	钳麻	江西麻科所	江西省上饶市	地方品种	散生	近圆	黄白	185	强	140	0.81	0.83	9.1	1 419	22.6	1 500	MR	强	强
ZM0231	绿竹白	江西麻科所	江西省萍乡市	地方品种	丛生	尖椭	黄白	189	弱	160	1.01	0.69	8.9	1 549	25.8	1 125	MR	强	中
ZM0232	浮梁麻	江西麻科所	江西省浮梁县	地方品种	散生	椭圆	黄白	202	中	130	0.90	0.70	7.3	1 429	26.9	1 125	S	强	中
ZM0233	新建麻	江西麻科所	江西省新建县	地方品种	丛生	尖椭	淡红	171	弱	155	0.90	0.90	9.0	1 516	27.7	1 500	MS	强	弱
ZM0234	黄壳早	中国麻类所	湖南省沅江市	地方品种	丛生	尖椭	淡红	183	中	150	0.93	0.84	12.5	1 600	55.7	1 800	MR	强	中
ZM0235	芦竹青	中国麻类所	湖南省沅江市	地方品种	散生	卵圆	淡红	188	强	148	0.82	0.80	12.5	1 800	45.3	1 650	MS	中	强
ZM0236	白里子青	中国麻类所	湖南省沅江市	地方品种	散生	卵圆	黄白	190	强	150	0.82	0.80	12.0	1 900	60.4	1 500	R	中	强
ZM0237	稀节巴	中国麻类所	湖南省沅江市	地方品种	散生	卵圆	红	186	中	154	0.88	0.81	12.0	1 650	57.8	1 725	MR	强	强
ZM0238	沅江黑壳早	中国麻类所	湖南省沅江市	地方品种	丛生	尖椭	淡红	180	中	150	0.87	0.81	12.9	1 504	53.6	1 500	R	强	中
ZM0239	沅江大叶白	中国麻类所	湖南省沅江市	地方品种	丛生	卵圆	黄白	186	中	153	0.94	0.76	11.5	1 415	47.1	1 500	R	强	弱
ZM0240	沅江肉麻	中国麻类所	湖南省沅江市	地方品种	串生	卵圆	深红	185	强	125	0.82	0.73	10.2	1 618	49.6	975	I	中	中
ZM0241	荷叶麻1号	中国麻类所	湖南省沅江市	地方品种	散生	卵圆	红	183	强	141	0.90	0.76	11.5	1 597	49.5	1 125	MS	中	中
ZM0242	荷叶麻2号	中国麻类所	湖南省沅江市	地方品种	散生	卵圆	黄白	189	弱	154	1.08	0.80	12.6	1 394	59.6	1 125	R	弱	弱
ZM0243	沅江野青麻	中国麻类所	湖南省沅江市	野生资源	散生	尖椭	淡红	194	中	156	0.91	0.84	11.4	1 378	55.6	1 500	MR	中	弱
ZM0244	牛鼻涕青	中国麻类所	湖南省沅江市	地方品种	散生	卵圆	红	190	中	160	0.90	0.73	11.7	1 507	57.7	1 350	MR	弱	中
ZM0245	补锅老	中国麻类所	湖南省沅江市	地方品种	串生	尖椭	深红	193	强	130	0.72	0.63	12.3	1 637	48.3	825	MS	弱	弱
ZM0246	柴火麻	中国麻类所	湖南省沅江市	地方品种	串生	尖椭	微红	180	强	129	0.77	0.60	9.7	1 690	51.7	825	S	弱	弱

（续）

统一编号	种质名称	保存单位	原产地或来源地	种质类型	蔸型	叶形	雌蕾色	工艺成熟天数	分株力	株高	茎粗	鲜皮厚度	鲜皮出麻率	纤维支数	单纤维断裂强力	原麻产量	花叶病抗性	耐旱性	抗风性
ZM0247	沅江鸡骨白	中国麻类所	湖南省沅江市	地方品种	串生	卵圆	淡红	182	强	130	0.90	0.82	10.9	1 463	60.1	1 050	S	中	强
ZM0248	黄壳芦	中国麻类所	湖南省沅江市	地方品种	串生	尖椭	红	212	强	150	0.80	0.60	10.2	1 800	37.0	1 125	S	弱	中
ZM0249	汉寿肉麻	中国麻类所	湖南省汉寿县	地方品种	丛生	卵圆	黄白	198	中	164	1.04	0.71	10.4	1 524	56.1	1 500	MR	强	中
ZM0250	汉寿鸡骨白	中国麻类所	湖南省汉寿县	地方品种	串生	卵圆	黄白	198	强	140	0.89	0.68	12.0	1 600	46.1	1 500	S	弱	中
ZM0251	大庸黄壳麻	中国麻类所	湖南省张家界市	地方品种	串生	尖椭	深红	182	强	105	0.68	0.62	11.4	2 000	55.3	1 500	S	弱	弱
ZM0252	油漆麻	中国麻类所	湖南省张家界市	地方品种	串生	近圆	淡红	178	强	138	0.79	0.68	9.3	1 785	41.4	900	MR	弱	强
ZM0253	大庸青壳麻	中国麻类所	湖南省张家界市	地方品种	串生	尖椭	深红	188	强	161	0.84	0.66	11.1	1 464	57.0	1 125	MR	中	弱
ZM0254	红根麻	中国麻类所	湖南省张家界市	地方品种	串生	卵圆	淡红	177	强	145	0.90	0.72	8.8	1 895	41.6	1 050	MR	弱	中
ZM0255	红柄野麻	中国麻类所	湖南省张家界市	野生资源	串生	尖椭	黄白	184	中	120	0.90	0.65	7.0	1 932	48.2	900	S	中	中
ZM0256	青柄野麻	中国麻类所	湖南省张家界市	野生资源	串生	卵圆	微红	181	中	134	0.79	0.70	8.4	1 663	41.2	1 125	MR	中	中
ZM0257	凤凰青麻	中国麻类所	湖南省凤凰县	地方品种	丛生	近圆	黄白	200	弱	147	0.91	0.71	11.8	1 400	60.0	1 500	S	强	强
ZM0258	葛根麻	中国麻类所	湖南省永顺县	地方品种	散生	心形	黄白	191	弱	127	0.87	0.66	10.6	1 571	54.8	1 125	MR	中	中
ZM0259	永顺家麻	中国麻类所	湖南省永顺县	地方品种	散生	近圆	黄白	181	中	145	0.88	0.71	13.1	1 325	45.6	1 200	MR	中	强
ZM0260	龙山青壳麻	中国麻类所	湖南省龙山县	地方品种	散生	卵圆	红	186	中	143	0.78	0.84	12.2	1 490	43.0	1 125	S	中	中
ZM0261	芷江青壳麻	中国麻类所	湖南省芷江县	地方品种	丛生	近圆	黄白	195	中	170	0.96	0.66	11.8	1 241	55.3	1 500	MR	强	中
ZM0262	沅陵白麻	中国麻类所	湖南省沅陵县	地方品种	散生	卵圆	微红	177	强	130	0.76	0.59	14.5	1 779	55.9	1 200	MS	中	中
ZM0263	家圆麻	中国麻类所	湖南省长沙县	地方品种	串生	卵圆	红	192	强	123	0.74	0.63	8.9	1 674	50.6	900	MS	弱	弱
ZM0264	黄荆子	中国麻类所	湖南省长沙县	地方品种	串生	卵圆	淡红	184	强	130	0.75	0.65	11.5	1 822	45.6	825	S	弱	弱
ZM0265	长沙青叶圆麻	中国麻类所	湖南省长沙县	地方品种	散生	卵圆	黄白	174	强	158	0.91	0.67	9.7	1 472	55.4	1 125	R	中	弱
ZM0266	黄家麻	中国麻类所	湖南省长沙县	地方品种	串生	近圆	红	190	强	133	0.81	0.83	10.2	1 285	44.6	1 125	MS	中	弱
ZM0267	长沙青叶麻	中国麻类所	湖南省长沙县	地方品种	串生	宽卵	微红	180	强	162	0.88	0.62	11.6	1 378	51.8	900	R	弱	弱
ZM0268	冲天跑	中国麻类所	湖南省宁乡县	地方品种	散生	卵圆	红	180	弱	151	0.87	0.77	11.4	1 383	53.4	1 050	MR	弱	弱
ZM0269	宁乡黄金麻	中国麻类所	湖南省宁乡县	地方品种	丛生	尖椭	黄白	186	中	152	0.92	0.72	10.6	1 586	49.3	1 350	R	强	中
ZM0270	宁乡苎麻	中国麻类所	湖南省宁乡县	地方品种	串生	尖椭	淡红	185	强	112	0.70	0.54	11.6	1 630	52.0	825	S	弱	中
ZM0271	青皮家麻1号	中国麻类所	湖南省湘潭县	地方品种	散生	近圆	黄白	194	中	105	0.71	0.77	12.2	1 536	48.8	1 200	MS	中	强

（续）

统一编号	种质名称	保存单位	原产地或来源地	种质类型	蔸型	叶形	雌蕾色	工艺成熟天数	分株力	株高	茎粗	鲜皮厚度	鲜皮出麻率	纤维支数	单纤维断裂强力	原麻产量	花叶病抗性	耐旱性	抗风性
ZM0272	青皮家麻 2 号	中国麻类所	湖南省湘潭县	地方品种	串生	宽卵	红	197	强	126	0.85	0.84	9.7	1 374	57.9	1 050	MR	弱	弱
ZM0273	黄皮家麻	中国麻类所	湖南省湘潭县	地方品种	散生	尖椭	红	180	中	117	0.83	0.69	10.0	1 624	48.5	900	MR	强	弱
ZM0274	湘潭大叶白	中国麻类所	湖南省湘潭县	地方品种	散生	宽卵	红	192	中	133	0.81	0.57	10.9	1 552	56.2	1 200	R	中	弱
ZM0275	圆麻巾	中国麻类所	湖南省湘潭县	地方品种	丛生	尖椭	红	182	中	149	0.88	0.78	11.4	1 555	58.2	1 275	MR	强	中
ZM0276	湘潭鸡骨白	中国麻类所	湖南省湘潭县	地方品种	串生	卵圆	黄白	177	强	129	0.82	0.68	12.3	1 542	49.4	900	MR	弱	中
ZM0277	锡皮麻	中国麻类所	湖南省湘潭县	地方品种	串生	近圆	微红	175	强	154	0.89	0.62	11.1	1 537	52.9	1 050	R	中	弱
ZM0278	竹根家麻 1 号	中国麻类所	湖南省湘潭县	地方品种	串生	卵圆	淡红	191	强	142	0.96	0.79	10.4	1 268	60.9	900	MS	中	强
ZM0279	竹根家麻 2 号	中国麻类所	湖南省湘潭县	地方品种	串生	尖椭	微红	192	强	142	0.84	0.67	10.8	1 473	57.7	900	MS	中	弱
ZM0280	湘潭空秆麻	中国麻类所	湖南省湘潭县	地方品种	串生	近圆	淡红	180	强	153	0.88	0.64	12.1	1 386	63.6	900	R	中	弱
ZM0281	黄九麻	中国麻类所	湖南省湘乡市	地方品种	散生	尖椭	微红	177	中	158	0.85	0.78	10.3	1 267	60.5	900	S	中	弱
ZM0282	双峰大叶麻 1 号	中国麻类所	湖南省双峰县	地方品种	散生	卵圆	黄白	173	中	143	0.93	0.74	9.5	1 371	64.6	1 350	R	中	弱
ZM0283	双峰大叶麻 2 号	中国麻类所	湖南省双峰县	地方品种	丛生	近圆	黄白	174	中	165	0.96	0.70	9.8	1 402	65.4	1 665	R	强	弱
ZM0284	细叶白	中国麻类所	湖南省双峰县	地方品种	串生	尖椭	红	187	强	148	0.73	0.61	10.7	2 037	39.5	825	MS	中	弱
ZM0285	黄叶麻	中国麻类所	湖南省涟源市	地方品种	散生	尖椭	微红	173	弱	113	0.78	0.60	8.6	1 701	53.0	1 200	MS	中	中
ZM0286	涟源竹根麻	中国麻类所	湖南省涟源市	地方品种	串生	尖椭	深红	186	强	150	0.79	0.64	11.0	1 671	51.5	1 200	S	中	中
ZM0287	荆子麻	中国麻类所	湖南省涟源市	地方品种	散生	尖椭	淡红	175	中	170	0.88	0.66	10.2	1 654	47.9	1 125	MR	弱	弱
ZM0288	涟源水桐麻	中国麻类所	湖南省涟源市	地方品种	散生	卵圆	淡红	182	中	142	0.90	0.83	9.8	1 208	60.0	1 125	MS	中	弱
ZM0289	邵阳黄皮麻	中国麻类所	湖南省邵阳县	地方品种	散生	近圆	深红	172	中	166	0.92	0.68	8.6	1 935	45.4	1 200	R	中	中
ZM0290	邵阳青皮麻	中国麻类所	湖南省邵阳县	地方品种	散生	近圆	深红	173	强	173	0.91	0.62	10.1	1 740	44.6	1 125	R	弱	中
ZM0291	箭秆麻	中国麻类所	湖南省新宁县	地方品种	散生	尖椭	微红	178	强	138	0.75	0.54	9.0	1 886	36.9	825	MS	弱	弱
ZM0292	新宁青麻	中国麻类所	湖南省新宁县	地方品种	散生	宽卵	深红	176	中	109	0.77	0.58	9.2	1 612	39.3	1 200	MR	强	中
ZM0293	新宁柴麻 1 号	中国麻类所	湖南省新宁县	地方品种	散生	近圆	淡红	174	中	105	0.68	0.55	9.9	1 717	52.3	1 200	MR	中	强
ZM0294	新宁柴麻 2 号	中国麻类所	湖南省新宁县	地方品种	串生	近圆	红	176	中	135	0.88	0.54	7.7	1 877	43.8	1 200	R	弱	中
ZM0295	新宁黄麻 1 号	中国麻类所	湖南省新宁县	地方品种	散生	卵圆	微红	180	中	125	0.80	0.56	10.4	1 714	53.2	1 200	MS	强	中
ZM0296	新宁黄麻 2 号	中国麻类所	湖南省新宁县	地方品种	散生	卵圆	深红	181	中	136	0.83	0.57	6.7	2 171	49.9	1 200	R	强	中

（续）

统一编号	种质名称	保存单位	原产地或来源地	种质类型	蔸型	叶形	雌蕾色	工艺成熟天数	分株力	株高	茎粗	鲜皮厚度	鲜皮出麻率	纤维支数	单纤维断裂强力	原麻产量	花叶病抗性	耐旱性	抗风性
ZM0297	新宁白麻	中国麻类所	湖南省新宁县	地方品种	串生	卵圆	微红	174	强	134	0.74	0.56	9.2	1 827	55.0	1 200	MS	弱	弱
ZM0298	薄皮种	中国麻类所	湖南省武冈市	地方品种	丛生	卵圆	黄白	177	中	132	0.88	0.57	9.4	1 813	51.5	1 200	MR	强	中
ZM0299	厚皮种 1 号	中国麻类所	湖南省武冈市	地方品种	串生	卵圆	红	173	中	139	0.72	0.50	7.4	2 644	50.3	1 125	MR	弱	中
ZM0300	厚皮种 2 号	中国麻类所	湖南省武冈市	地方品种	串生	卵圆	黄白	178	强	143	0.80	0.56	9.1	1 873	44.4	1 125	R	弱	中
ZM0301	厚皮种 3 号	中国麻类所	湖南省武冈市	地方品种	串生	尖椭	微红	190	中	96	0.68	0.59	11.8	1 784	49.3	1 125	R	中	强
ZM0302	厚皮种 4 号	中国麻类所	湖南省武冈市	地方品种	串生	卵圆	深红	188	中	80	0.67	0.61	11.0	1 286	53.9	1 125	R	中	中
ZM0303	红皮种 1 号	中国麻类所	湖南省武冈市	地方品种	串生	尖椭	深红	174	强	146	0.79	0.59	10.5	1 613	49.2	975	MR	中	弱
ZM0304	红皮种 2 号	中国麻类所	湖南省武冈市	地方品种	散生	尖椭	红	171	弱	149	0.80	0.53	9.5	2 305	46.6	1 200	R	强	中
ZM0305	红皮种 3 号	中国麻类所	湖南省武冈市	地方品种	散生	宽卵	淡红	189	中	165	0.89	0.74	11.5	1 376	54.8	1 875	S	强	中
ZM0306	武岗本地麻	中国麻类所	湖南省武冈市	地方品种	散生	宽卵	红	196	中	127	0.76	0.68	11.6	1 844	55.5	1 350	S	中	中
ZM0307	白皮种 1 号	中国麻类所	湖南省武冈市	地方品种	散生	宽卵	微红	188	中	175	0.92	0.60	9.0	1 813	42.3	1 200	I	强	中
ZM0308	白皮种 2 号	中国麻类所	湖南省武冈市	地方品种	串生	卵圆	淡红	180	强	143	0.70	0.70	10.3	1 837	46.4	1 200	S	中	弱
ZM0309	白皮种 3 号	中国麻类所	湖南省武冈市	地方品种	散生	尖椭	黄白	190	中	138	0.80	0.65	9.9	1 947	47.9	1 350	S	强	中
ZM0310	白皮种 4 号	中国麻类所	湖南省武冈市	地方品种	散生	尖椭	微红	192	强	161	0.83	0.75	11.9	1 454	60.1	975	MS	中	强
ZM0311	红皮麻	中国麻类所	湖南省武冈市	地方品种	散生	卵圆	微红	182	中	166	0.89	0.78	11.0	1 252	45.0	1 500	S	中	中
ZM0312	城步白麻	中国麻类所	湖南省城步县	地方品种	散生	尖椭	微红	194	强	104	0.61	0.53	10.3	1 712	41.7	1 200	MS	中	中
ZM0313	城步青麻	中国麻类所	湖南省城步县	地方品种	散生	宽卵	微红	171	中	135	0.82	0.49	8.9	2 055	40.8	1 200	MR	弱	中
ZM0314	隆回白麻 1 号	中国麻类所	湖南省隆回县	地方品种	丛生	卵圆	黄白	174	弱	160	0.88	0.54	7.5	1 777	40.7	1 200	I	强	弱
ZM0315	隆回白麻 2 号	中国麻类所	湖南省隆回县	地方品种	串生	尖椭	深红	170	中	111	0.76	0.63	12.0	1 693	42.9	1 125	MR	弱	弱
ZM0316	隆回绿麻 1 号	中国麻类所	湖南省隆回县	地方品种	串生	卵圆	深红	180	中	114	0.76	0.48	7.5	1 727	52.1	1 200	MR	弱	强
ZM0317	隆回绿麻 2 号	中国麻类所	湖南省隆回县	地方品种	串生	尖椭	红	175	强	126	0.69	0.63	11.2	1 594	50.6	900	MS	弱	弱
ZM0318	横板桥本地麻	中国麻类所	湖南省隆回县	地方品种	散生	尖椭	黄白	190	中	100	0.68	0.61	10.0	1 818	51.7	1 500	MR	中	中
ZM0319	新化家麻	中国麻类所	湖南省新化县	地方品种	散生	卵圆	红	175	中	116	0.86	0.77	11.2	1 400	57.1	1 350	MR	中	强
ZM0320	新化青麻	中国麻类所	湖南省新化县	地方品种	丛生	尖椭	黄白	195	中	147	0.94	0.68	11.7	1 159	61.2	1 500	S	强	强
ZM0321	浏阳青叶麻	中国麻类所	湖南省浏阳市	地方品种	串生	卵圆	淡红	177	中	124	0.82	0.54	11.0	1 548	48.5	1 200	R	弱	弱

（续）

统一编号	种质名称	保存单位	原产地或来源地	种质类型	蔸型	叶形	雌蕾色	工艺成熟天数	分株力	株高	茎粗	鲜皮厚度	鲜皮出麻率	纤维支数	单纤维断裂强力	原麻产量	花叶病抗性	耐旱性	抗风性
ZM0322	浏阳鸡骨白1号	中国麻类所	湖南省浏阳市	地方品种	串生	近圆	微红	197	强	131	0.87	0.65	9.7	1 497	49.4	1 125	MS	弱	中
ZM0323	浏阳鸡骨白2号	中国麻类所	湖南省浏阳市	地方品种	串生	近圆	微红	187	强	139	0.86	0.71	9.2	1 632	55.0	975	MS	弱	中
ZM0324	芦竹花	中国麻类所	湖南省浏阳市	地方品种	散生	心形	微红	186	强	157	0.91	0.69	10.5	1 458	56.9	1 350	S	中	中
ZM0325	大叶番	中国麻类所	湖南省浏阳市	地方品种	丛生	尖椭	淡红	186	中	168	0.92	0.73	10.0	1 114	66.3	1 350	R	强	中
ZM0326	黄茎麻	中国麻类所	湖南省浏阳市	地方品种	串生	卵圆	红	176	强	152	0.93	0.70	10.4	1 802	50.1	1 200	S	弱	弱
ZM0327	浏阳大叶青	中国麻类所	湖南省浏阳市	地方品种	散生	卵圆	微红	192	中	154	0.98	0.71	10.4	1 568	48.9	1 500	MR	强	中
ZM0328	平江丛蔸麻	中国麻类所	湖南省平江县	地方品种	散生	卵圆	红	182	中	147	0.92	0.81	9.9	1 309	52.1	1 500	MR	强	中
ZM0329	芦蔸麻	中国麻类所	湖南省平江县	地方品种	串生	卵圆	红	178	强	135	0.90	0.80	10.6	1 470	53.9	1 200	S	弱	中
ZM0330	水秆麻	中国麻类所	湖南省茶陵县	地方品种	丛生	卵圆	淡红	178	中	157	0.98	0.80	9.7	1 288	45.1	1 500	MS	弱	中
ZM0331	白脚麻	中国麻类所	湖南省嘉禾县	地方品种	散生	尖椭	黄白	200	弱	141	0.96	0.73	11.7	1 800	51.8	1 500	MR	中	强
ZM0332	红脚麻	中国麻类所	湖南省嘉禾县	地方品种	散生	卵圆	黄白	189	中	121	0.81	0.78	11.9	1 274	56.1	1 500	S	中	中
ZM0333	牛蹄麻	中国麻类所	湖南省嘉禾县	地方品种	丛生	卵圆	黄白	186	中	165	1.00	0.73	12.0	1 183	56.1	1 350	MR	强	弱
ZM0334	雅麻	中国麻类所	湖南省宜章县	地方品种	丛生	卵圆	黄白	208	中	170	1.00	0.66	9.6	2 000	47.8	1 350	MS	强	中
ZM0335	宜章圆麻	中国麻类所	湖南省宜章县	地方品种	散生	尖椭	黄白	184	中	159	0.98	0.76	10.2	1 535	52.2	1 350	R	强	中
ZM0336	绩麻	中国麻类所	湖南省宜章县	地方品种	散生	卵圆	黄白	174	中	165	0.97	0.69	9.5	1 374	57.5	1 350	MS	中	中
ZM0337	耒阳青壳麻	中国麻类所	湖南省耒阳市	地方品种	散生	尖椭	微红	191	中	144	0.85	0.63	11.6	1 558	44.6	1 200	S	弱	中
ZM0338	铁丝麻	中国麻类所	湖南省耒阳市	地方品种	丛生	卵圆	微红	183	中	176	1.02	0.64	9.4	1 305	53.2	1 500	R	弱	弱
ZM0339	织麻	中国麻类所	湖南省耒阳市	地方品种	串生	尖椭	深红	185	强	118	0.76	0.65	11.2	1 616	47.1	1 200	MR	弱	弱
ZM0340	耒阳黄壳麻	中国麻类所	湖南省耒阳市	地方品种	串生	尖椭	微红	178	中	151	0.94	0.73	12.8	1 326	51.1	1 200	MR	中	弱
ZM0341	耒阳白皮麻	中国麻类所	湖南省耒阳市	地方品种	散生	尖椭	黄白	185	中	154	0.95	0.66	10.7	1 432	52.2	1 200	MR	弱	弱
ZM0342	章里麻	中国麻类所	湖南省耒阳市	地方品种	散生	卵圆	黄白	181	中	152	1.05	0.69	9.2	1 367	50.8	1 350	S	强	弱
ZM0343	黄小叶	中国麻类所	湖南省安仁县	地方品种	串生	宽卵	红	201	强	143	0.80	0.67	11.3	1 691	49.2	1 125	MR	弱	中
ZM0344	青家麻	中国麻类所	湖南省安仁县	地方品种	串生	尖椭	红	184	强	117	0.81	0.69	8.8	1 612	48.6	1 200	R	弱	中
ZM0345	青大叶	中国麻类所	湖南省安仁县	地方品种	丛生	尖椭	黄白	183	弱	136	1.00	0.71	8.8	1 852	40.2	1 350	I	强	弱
ZM0346	蔸麻	中国麻类所	湖南省安仁县	地方品种	丛生	卵圆	微红	182	弱	163	0.99	0.78	10.4	1 561	51.3	1 350	MR	中	弱

（续）

统一编号	种质名称	保存单位	原产地或来源地	种质类型	蔸型	叶形	雌蕾色	工艺成熟天数	分株力	株高	茎粗	鲜皮厚度	鲜皮出麻率	纤维支数	单纤维断裂强力	原麻产量	花叶病抗性	耐旱性	抗风性
ZM0347	木皮蔸	中国麻类所	湖南省永兴县	地方品种	散生	宽卵	淡红	184	中	140	0.89	0.81	9.0	1 556	51.5	1 200	S	中	弱
ZM0348	青皮蔸	中国麻类所	湖南省永兴县	地方品种	散生	卵圆	微红	190	中	141	0.97	0.76	10.0	1 648	48.4	1 200	R	中	弱
ZM0349	资兴绿麻	中国麻类所	湖南省资兴市	地方品种	丛生	尖椭	黄白	185	中	160	0.99	0.73	11.1	1 479	47.5	1 500	R	强	中
ZM0350	青脚麻	中国麻类所	湖南省常宁市	地方品种	散生	卵圆	微红	177	中	164	0.90	0.55	9.6	1 553	52.8	1 350	I	中	中
ZM0351	宁远苎麻	中国麻类所	湖南省宁远县	地方品种	散生	尖椭	微红	196	中	125	0.84	0.64	10.8	1 437	59.1	1 200	S	中	强
ZM0352	苦瓜青	中国麻类所	湖南省宁远县	地方品种	丛生	近圆	微红	194	弱	122	0.85	0.67	10.3	1 719	42.4	1 200	I	强	强
ZM0353	白疵麻	中国麻类所	湖南省宁远县	地方品种	散生	近圆	黄白	184	强	144	0.93	0.78	12.6	1 695	43.5	1 200	R	中	强
ZM0354	东安圆麻	中国麻类所	湖南省东安县	地方品种	散生	近圆	深红	192	强	144	0.89	0.59	9.0	1 865	49.4	1 350	I	弱	中
ZM0355	湘苎一号	中国麻类所	湖南省沅江市	选育品种	丛生	卵圆	微红	203	中	160	1.00	0.82	12.5	1 666	48.6	1 950	MR	中	弱
ZM0356	牛耳青	中国麻类所	湖南省沅江市	地方品种	丛生	尖椭	红	195	弱	162	0.93	0.88	11.9	2 000	35.1	1 875	R	中	中
ZM0357	湘苎 2 号	中国麻类所	湖南省沅江市	选育品种	丛生	近圆	黄白	210	弱	170	1.10	0.90	11.3	1 860	35.8	2 100	R	强	强
ZM0358	大蔸麻	贵州草业所	贵州省荔波县	地方品种	丛生	卵圆	黄绿	176	中	142	0.95	0.53	12.0	1 308	48.3	1 500	MS	强	中
ZM0359	水白麻	贵州草业所	贵州省荔波县	地方品种	散生	尖椭	红	175	强	136	0.79	0.52	12.0	1 405	39.0	1 500	R	中	中
ZM0360	大刀麻	贵州草业所	贵州省平塘县	地方品种	丛生	卵圆	黄绿	176	中	144	0.97	0.45	10.9	1 105	54.0	1 500	MS	强	中
ZM0361	平塘圆麻	贵州草业所	贵州省平塘县	地方品种	串生	尖椭	红	165	强	138	0.73	0.50	9.9	2 595	41.4	1 950	S	弱	强
ZM0362	罗甸青麻	贵州草业所	贵州省罗甸县	地方品种	散生	卵圆	黄绿	176	中	133	0.92	0.35	10.3	1 778	53.0	1 200	S	中	中
ZM0363	罗甸青秆麻	贵州草业所	贵州省罗甸县	地方品种	散生	卵圆	黄绿	171	中	129	0.84	0.60	13.0	1 694	31.4	975	MS	中	中
ZM0364	罗甸黄秆麻	贵州草业所	贵州省罗甸县	地方品种	串生	尖椭	红	170	中	105	0.74	0.69	11.0	1 801	32.5	1 050	MR	弱	强
ZM0365	四棱麻	贵州草业所	贵州省罗甸县	地方品种	丛生	卵圆	淡红	184	弱	124	0.83	0.55	13.0	1 837	36.3	1 125	MR	强	弱
ZM0366	割麻	贵州草业所	贵州省罗甸县	地方品种	散生	卵圆	黄绿	187	中	124	0.83	0.53	9.1	2 205	60.3	825	R	中	中
ZM0367	米麻	贵州草业所	贵州省罗甸县	地方品种	散生	椭圆	淡红	180	强	151	0.87	0.52	8.6	2 127	47.3	1 050	MS	强	中
ZM0368	青杠麻	贵州草业所	贵州省长顺县	地方品种	散生	卵圆	黄绿	180	中	123	0.87	0.53	8.4	1 033	52.5	1 350	MS	强	强
ZM0369	平寨青秆麻	贵州草业所	贵州省长顺县	地方品种	丛生	卵圆	淡红	181	中	128	0.96	0.68	8.0	1 560	34.3	750	MR	强	中
ZM0370	灯草青秆麻	贵州草业所	贵州省长顺县	地方品种	散生	近圆	红	180	中	132	0.95	0.45	9.5	1 171	47.1	2 175	MS	强	强
ZM0371	黑秆麻	贵州草业所	贵州省长顺县	地方品种	散生	近圆	黄绿	187	中	115	0.81	0.60	9.4	1 522	49.5	750	MR	强	强

（续）

统一编号	种质名称	保存单位	原产地或来源地	种质类型	蔸型	叶形	雌蕾色	工艺成熟天数	分株力	株高	茎粗	鲜皮厚度	鲜皮出麻率	纤维支数	单纤维断裂强力	原麻产量	花叶病抗性	耐旱性	抗风性
ZM0372	长顺水秆麻	贵州草业所	贵州省长顺县	地方品种	散生	尖椭	黄白	172	强	152	1.01	0.67	11.7	1 628	48.0	1 950	MR	中	中
ZM0373	长顺枸皮麻 1 号	贵州草业所	贵州省长顺县	地方品种	散生	尖椭	淡红	185	中	168	0.98	0.65	11.3	2 085	60.2	1 800	MR	强	中
ZM0374	长顺枸皮麻 2 号	贵州草业所	贵州省长顺县	地方品种	散生	卵圆	淡红	177	强	178	0.89	0.73	11.5	2 323	51.2	2 400	MR	中	强
ZM0375	长顺枸皮麻 3 号	贵州草业所	贵州省长顺县	地方品种	散生	卵圆	红	176	中	169	1.05	0.58	8.9	1 699	61.9	1 200	MR	中	中
ZM0376	长顺枸皮麻 4 号	贵州草业所	贵州省长顺县	地方品种	散生	近圆	淡红	174	中	96	0.75	0.65	6.3	2 087	38.9	1 350	MR	中	强
ZM0377	长顺圆麻	贵州草业所	贵州省长顺县	地方品种	串生	卵圆	红	172	强	142	0.89	0.57	7.6	2 112	39.6	1 200	MS	弱	强
ZM0378	长顺串根麻	贵州草业所	贵州省长顺县	地方品种	散生	尖椭	红	185	强	131	0.92	0.57	9.4	1 628	38.8	1 725	MR	弱	强
ZM0379	黄土坡青麻	贵州草业所	贵州省长顺县	地方品种	散生	近圆	淡红	174	中	124	0.75	0.47	9.2	1 166	75.2	675	R	弱	中
ZM0380	代化青麻	贵州草业所	贵州省长顺县	地方品种	散生	近圆	淡红	170	中	117	0.63	0.60	10.0	1 037	71.4	1 500	R	强	强
ZM0381	蔸蔸麻	贵州草业所	贵州省长顺县	地方品种	散生	卵圆	淡红	174	中	135	0.63	0.83	7.1	1 428	36.2	825	MR	强	强
ZM0382	山麻	贵州草业所	贵州省长顺县	地方品种	散生	近圆	淡红	174	弱	118	0.82	0.80	8.5	1 177	39.3	825	R	强	中
ZM0383	小秆麻	贵州草业所	贵州省独山县	地方品种	散生	卵圆	红	174	中	144	0.80	0.40	10.5	2 192	37.9	975	R	弱	强
ZM0384	沙坡圆麻	贵州草业所	贵州省独山县	地方品种	串生	近圆	红	173	强	142	0.87	0.50	8.4	1 846	48.4	1 050	I	弱	强
ZM0385	者棉圆麻	贵州草业所	贵州省独山县	地方品种	散生	卵圆	淡红	173	中	132	0.88	0.53	8.9	1 536	51.9	900	MS	弱	强
ZM0386	都匀圆麻	贵州草业所	贵州省都匀市	地方品种	散生	尖椭	淡红	170	中	136	0.86	0.50	11.2	1 498	56.1	1 500	S	弱	弱
ZM0387	行根麻 1 号	贵州草业所	贵州省正安县	地方品种	串生	尖椭	淡红	179	中	135	0.78	0.70	9.2	1 460	73.2	900	R	弱	强
ZM0388	行根麻 2 号	贵州草业所	贵州省正安县	地方品种	串生	卵圆	淡红	178	强	136	0.81	0.43	12.2	1 685	44.3	1 050	MS	弱	中
ZM0389	正安乌龙麻	贵州草业所	贵州省正安县	地方品种	丛生	近圆	淡红	172	弱	189	1.18	0.62	8.3	1 664	39.2	1 350	MS	强	弱
ZM0390	正安格蔸麻	贵州草业所	贵州省正安县	地方品种	散生	卵圆	淡红	169	中	164	1.09	0.62	7.4	1 952	47.1	900	MS	强	弱
ZM0391	新洪白麻	贵州草业所	贵州省正安县	地方品种	散生	尖椭	淡红	172	强	171	1.03	0.73	10.9	1 485	43.4	1 875	MS	强	强
ZM0392	红尖麻	贵州草业所	贵州省正安县	地方品种	串生	尖椭	淡红	175	强	142	0.77	0.50	8.5	1 291	41.6	1 275	S	弱	强
ZM0393	新洪青秆麻 1 号	贵州草业所	贵州省正安县	地方品种	散生	椭圆	红	172	中	171	1.10	0.48	13.7	1 711	53.3	900	S	强	强
ZM0394	新洪青秆麻 2 号	贵州草业所	贵州省正安县	地方品种	散生	尖椭	红	181	中	175	1.12	0.63	15.5	1 536	64.4	1 725	MR	强	强
ZM0395	新洲青秆麻	贵州草业所	贵州省正安县	地方品种	串生	卵圆	淡红	169	中	153	0.88	0.50	6.5	2 151	40.6	975	MS	弱	中
ZM0396	彩麻	贵州草业所	贵州省正安县	地方品种	串生	尖椭	淡红	186	强	152	0.81	0.50	11.3	1 922	36.5	1 050	MS	弱	强

（续）

统一编号	种质名称	保存单位	原产地或来源地	种质类型	蔸型	叶形	雌蕾色	工艺成熟天数	分株力	株高	茎粗	鲜皮厚度	鲜皮出麻率	纤维支数	单纤维断裂强力	原麻产量	花叶病抗性	耐旱性	抗风性
ZM0397	新洲白麻	贵州草业所	贵州省正安县	地方品种	串生	近圆	淡红	178	强	150	0.84	0.55	11.3	2 004	43.6	1 425	MS	弱	中
ZM0398	旺草白麻	贵州草业所	贵州省绥安县	地方品种	串生	卵圆	淡红	184	中	144	0.84	0.48	9.2	2 299	39.1	750	MR	弱	强
ZM0399	雅泉白麻	贵州草业所	贵州省绥安县	地方品种	串生	卵圆	淡红	169	强	144	0.81	0.42	10.0	2 094	55.9	1 425	MS	弱	强
ZM0400	新民青麻	贵州草业所	贵州省道真县	地方品种	丛生	卵圆	黄绿	172	中	143	0.91	0.63	10.0	1 453	82.9	1 275	MS	强	强
ZM0401	云峰青麻	贵州草业所	贵州省道真县	地方品种	散生	椭圆	淡红	184	中	157	0.96	0.70	9.9	1 714	48.6	900	MS	强	强
ZM0402	新民白麻 1 号	贵州草业所	贵州省道真县	地方品种	散生	卵圆	黄白	176	中	140	0.87	0.45	7.4	1 759	49.1	975	R	强	弱
ZM0403	新民白麻 2 号	贵州草业所	贵州省道真县	地方品种	串生	椭圆	淡红	177	强	138	0.85	0.45	8.7	2 032	45.0	1 200	S	弱	强
ZM0404	桐梓空秆麻 1 号	贵州草业所	贵州省桐梓县	地方品种	散生	卵圆	淡红	173	中	178	1.04	0.62	10.8	2 135	38.0	2 100	R	强	强
ZM0405	桐梓空秆麻 2 号	贵州草业所	贵州省桐梓县	地方品种	散生	椭圆	淡红	184	中	149	0.94	0.82	10.0	1 303	38.9	1 050	R	强	强
ZM0406	花秋黄秆麻	贵州草业所	贵州省桐梓县	地方品种	串生	尖椭	淡红	175	弱	144	0.76	0.66	11.0	1 881	30.7	750	R	弱	强
ZM0407	花秋青秆麻	贵州草业所	贵州省桐梓县	地方品种	串生	卵圆	红	177	中	167	0.87	0.57	11.3	1 750	29.1	1 875	MR	弱	强
ZM0408	高桥青秆麻	贵州草业所	贵州省桐梓县	地方品种	串生	卵圆	黄绿	178	强	149	0.88	0.52	8.7	2 418	34.1	1 125	R	弱	强
ZM0409	仁怀丛蔸麻	贵州草业所	贵州省仁怀市	地方品种	串生	椭圆	淡红	194	中	143	0.78	0.58	10.8	1 837	46.3	1 425	MR	弱	强
ZM0410	仁怀枸皮麻	贵州草业所	贵州省仁怀市	地方品种	串生	椭圆	红	181	中	149	0.87	0.67	11.0	1 519	35.6	2 175	MR	强	强
ZM0411	粗串根麻	贵州草业所	贵州省仁怀市	地方品种	串生	尖椭	淡红	200	中	124	0.79	0.62	10.6	1 448	45.9	1 050	I	中	强
ZM0412	细串根麻	贵州草业所	贵州省仁怀市	地方品种	串生	卵圆	红	183	中	135	0.81	0.37	9.3	2 439	32.8	750	MS	弱	强
ZM0413	遵义串根麻	贵州草业所	贵州省遵义县	地方品种	串生	尖椭	深红	177	强	143	0.86	0.75	10.1	1 793	45.9	1 500	MR	强	强
ZM0414	畔水黄秆麻 1 号	贵州草业所	贵州省遵义县	地方品种	散生	卵圆	淡红	187	中	143	0.86	0.57	8.3	1 532	27.4	1 050	R	强	强
ZM0415	畔水黄秆麻 2 号	贵州草业所	贵州省遵义县	地方品种	散生	近圆	红	182	中	153	0.90	0.42	8.9	2 028	31.3	1 575	MR	强	强
ZM0416	团蔸麻 1 号	贵州草业所	贵州省遵义县	地方品种	串生	近圆	淡红	180	中	145	0.86	0.57	7.7	1 824	50.5	1 350	MS	强	强
ZM0417	团蔸麻 2 号	贵州草业所	贵州省遵义县	地方品种	丛生	卵圆	红	183	弱	141	0.92	0.55	6.6	2 667	26.2	525	S	中	中
ZM0418	团蔸麻 3 号	贵州草业所	贵州省遵义县	地方品种	散生	卵圆	红	176	中	134	0.85	0.75	4.0	2 686	28.7	750	S	强	强
ZM0419	湄潭坐蔸麻	贵州草业所	贵州省湄潭县	地方品种	串生	近圆	黄白	181	中	151	0.89	0.35	7.7	1 696	39.0	1 425	MR	强	强
ZM0420	湖广麻	贵州草业所	贵州省湄潭县	地方品种	丛生	卵圆	黄绿	186	中	143	0.95	0.70	10.7	1 144	55.0	1 800	MS	强	强
ZM0421	务川白麻	贵州草业所	贵州省务川县	地方品种	散生	尖椭	红	178	中	104	0.69	0.50	9.8	1 798	31.7	1 200	R	强	强

（续）

统一编号	种质名称	保存单位	原产地或来源地	种质类型	蔸型	叶形	雌蕾色	工艺成熟天数	分株力	株高	茎粗	鲜皮厚度	鲜皮出麻率	纤维支数	单纤维断裂强力	原麻产量	花叶病抗性	耐旱性	抗风性
ZM0422	马蹄麻	贵州草业所	贵州省务川县	地方品种	散生	近圆	红	166	中	155	0.95	0.47	7.9	1 632	35.2	1 650	R	强	强
ZM0423	凤冈青麻	贵州草业所	贵州省凤岗县	地方品种	散生	卵圆	深红	174	弱	120	0.89	0.63	7.6	1 669	35.6	1 200	MR	强	中
ZM0424	沿河青壳麻	贵州草业所	贵州省沿河县	地方品种	丛生	卵圆	黄绿	183	弱	137	0.89	0.65	9.6	1 505	71.7	1 500	MR	强	强
ZM0425	沿河黄壳麻	贵州草业所	贵州省沿河县	地方品种	散生	椭圆	淡红	183	弱	124	0.87	0.68	9.1	1 836	46.8	900	MS	强	强
ZM0426	沿河串根麻	贵州草业所	贵州省沿河县	地方品种	串生	尖椭	红	172	中	120	0.74	0.62	10.3	1 738	50.7	1 125	MR	弱	强
ZM0427	甲石椏青麻	贵州草业所	贵州省沿河县	地方品种	串生	尖椭	红	182	中	131	0.78	0.57	10.8	1 645	36.7	1 575	MR	强	强
ZM0428	沿河坐蔸麻	贵州草业所	贵州省沿河县	地方品种	串生	卵圆	红	178	中	110	0.64	0.55	7.5	2 554	48.3	600	MS	弱	中
ZM0429	德江青麻	贵州草业所	贵州省德江县	地方品种	丛生	卵圆	黄绿	174	强	144	0.90	0.70	10.5	1 375	46.9	1 725	MR	强	强
ZM0430	思南青麻	贵州草业所	贵州省思南县	地方品种	串生	尖椭	淡红	184	强	121	0.70	0.40	9.3	2 364	26.1	900	MS	强	强
ZM0431	石阡青秆麻	贵州草业所	贵州省石阡县	地方品种	丛生	椭圆	深红	177	强	154	1.05	0.63	11.0	1 667	32.2	2 400	R	强	强
ZM0432	石阡竹根麻	贵州草业所	贵州省石阡县	地方品种	串生	近圆	淡红	179	中	120	0.82	0.70	8.6	2 646	31.2	525	MR	弱	强
ZM0433	江口青秆麻	贵州草业所	贵州省江口县	地方品种	丛生	卵圆	黄绿	174	弱	113	0.83	0.48	6.5	1 143	52.0	1 425	MR	强	弱
ZM0434	江口黄秆麻	贵州草业所	贵州省江口县	地方品种	串生	卵圆	淡红	178	强	108	0.75	0.45	4.9	2 997	29.5	375	R	弱	强
ZM0435	铜仁青麻	贵州草业所	贵州省铜仁市	地方品种	串生	卵圆	淡红	172	强	117	0.74	0.53	6.8	2 457	56.3	525	MR	弱	强
ZM0436	玉屏青麻	贵州草业所	贵州省玉屏县	地方品种	串生	卵圆	红	173	中	116	0.77	0.58	7.3	2 402	42.8	825	R	弱	强
ZM0437	榕江青麻	贵州草业所	贵州省榕江县	地方品种	丛生	卵圆	黄绿	173	弱	130	0.83	0.53	9.9	1 435	69.1	900	MS	强	中
ZM0438	榕江白麻1号	贵州草业所	贵州省榕江县	地方品种	串生	卵圆	淡红	179	强	142	0.90	0.45	8.7	1 835	35.9	1 275	MS	中	强
ZM0439	榕江白麻2号	贵州草业所	贵州省榕江县	地方品种	散生	近圆	红	189	弱	112	0.85	0.68	8.5	1 800	29.5	1 200	MS	强	强
ZM0440	从江青麻	贵州草业所	贵州省从江县	地方品种	丛生	近圆	黄白	177	弱	130	0.92	0.62	7.5	1 459	27.8	1 800	MR	强	弱
ZM0441	黎平青麻	贵州草业所	贵州省黎平县	地方品种	串生	卵圆	黄绿	179	弱	109	0.65	0.58	6.0	1 633	49.2	375	MR	强	强
ZM0442	锦平青麻	贵州草业所	贵州省锦屏县	地方品种	散生	椭圆	淡红	178	强	148	0.83	0.40	8.4	2 519	26.2	1 875	MR	强	强
ZM0443	天柱青麻	贵州草业所	贵州省天柱县	地方品种	丛生	卵圆	淡红	177	中	132	0.81	0.62	7.4	2 121	33.2	600	MS	强	中
ZM0444	天柱圆麻1号	贵州草业所	贵州省天柱县	地方品种	散生	尖椭	红	176	弱	151	0.93	0.43	10.2	1 730	66.2	975	MR	强	中
ZM0445	天柱圆麻2号	贵州草业所	贵州省天柱县	地方品种	散生	尖椭	红	166	强	130	0.80	0.52	10.8	1 099	72.9	2 025	MS	强	强
ZM0446	雷山白麻	贵州草业所	贵州省雷山县	地方品种	散生	卵圆	黄绿	169	强	161	0.92	0.33	7.8	1 452	37.7	1 425	S	强	强

（续）

统一编号	种质名称	保存单位	原产地或来源地	种质类型	蔸型	叶形	雌蕾色	工艺成熟天数	分株力	株高	茎粗	鲜皮厚度	鲜皮出麻率	纤维支数	单纤维断裂强力	原麻产量	花叶病抗性	耐旱性	抗风性
ZM0447	雷山青秆麻	贵州草业所	贵州省雷山县	地方品种	丛生	椭圆	红	166	强	134	0.83	0.47	9.6	1 826	43.7	900	R	中	中
ZM0448	台江青秆麻	贵州草业所	贵州省台江县	地方品种	串生	卵圆	淡红	174	强	135	0.80	0.57	7.1	2 592	31.1	1 050	MR	弱	强
ZM0449	三穗青皮麻	贵州草业所	贵州省三穗县	地方品种	串生	尖椭	红	176	强	130	0.77	0.60	9.2	1 747	50.1	1 800	MR	弱	强
ZM0450	三穗黄皮麻	贵州草业所	贵州省三穗县	地方品种	串生	尖椭	淡红	183	强	136	0.81	0.55	9.7	1 853	40.4	1 500	MS	弱	强
ZM0451	岭巩青皮麻	贵州草业所	贵州省岑巩县	地方品种	散生	近圆	红	177	强	94	0.70	0.52	8.0	1 463	42.0	1 200	MR	强	强
ZM0452	岭巩黄皮麻	贵州草业所	贵州省岑巩县	地方品种	散生	尖椭	淡红	176	强	121	0.85	0.60	8.9	2 086	39.2	1 350	R	强	强
ZM0453	大黄秆	贵州草业所	贵州省镇远县	地方品种	串生	尖椭	淡红	176	弱	117	0.73	0.58	9.1	1 748	43.7	1 200	MS	弱	强
ZM0454	炉山圆麻	贵州草业所	贵州省凯里县	地方品种	串生	尖椭	淡红	182	强	128	0.75	0.50	9.4	2 497	30.2	825	S	中	中
ZM0455	丹寨圆麻	贵州草业所	贵州省丹寨县	地方品种	串生	尖椭	淡红	172	强	120	0.71	0.43	10.4	1 797	56.2	1 350	R	强	弱
ZM0456	麻江青皮麻1号	贵州草业所	贵州省麻江县	地方品种	串生	近圆	红	175	强	153	0.90	0.78	9.8	1 528	44.1	2 025	MR	强	强
ZM0457	麻江青皮麻2号	贵州草业所	贵州省麻江县	地方品种	串生	近圆	淡红	171	强	94	0.63	0.68	9.3	1 881	38.6	675	R	弱	强
ZM0458	大良田青皮麻	贵州草业所	贵州省麻江县	地方品种	串生	近圆	黄绿	170	强	77	0.56	0.53	10.7	1 740	45.6	675	R	弱	强
ZM0459	黄平青麻	贵州草业所	贵州省黄平县	地方品种	散生	近圆	红	177	强	158	0.89	0.53	8.7	2 809	34.9	1 275	MR	强	弱
ZM0460	黄平青秆麻	贵州草业所	贵州省黄平县	地方品种	散生	近圆	红	175	强	116	0.69	0.55	9.7	1 554	45.3	525	MR	中	弱
ZM0461	黄平黄秆麻	贵州草业所	贵州省黄平县	地方品种	散生	卵圆	红	173	中	161	1.03	0.52	6.6	1 692	58.8	975	MS	弱	强
ZM0462	黄平白麻	贵州草业所	贵州省黄平县	地方品种	散生	近圆	黄绿	174	强	142	0.82	0.53	9.4	2 304	37.2	2 250	S	强	强
ZM0463	剑河青皮麻	贵州草业所	贵州省剑河县	地方品种	丛生	卵圆	黄绿	166	强	158	0.97	0.45	8.4	1 796	33.3	1 125	MR	强	强
ZM0464	剑河黄皮麻	贵州草业所	贵州省剑河县	地方品种	散生	尖椭	红	177	强	128	0.79	0.62	5.8	1 911	41.6	1 650	S	中	中
ZM0465	紫云黄麻	贵州草业所	贵州省紫云县	地方品种	散生	卵圆	淡红	169	弱	134	0.83	0.38	11.5	1 326	41.5	1 275	MS	强	弱
ZM0466	紫云圆麻	贵州草业所	贵州省紫云县	地方品种	散生	卵圆	黄绿	173	强	144	0.99	0.55	9.0	1 767	34.5	1 275	MS	弱	强
ZM0467	紫云青麻	贵州草业所	贵州省紫云县	地方品种	散生	椭圆	淡红	166	中	150	0.80	0.65	10.3	2 119	34.6	600	MS	强	中
ZM0468	大叶圆麻	贵州草业所	贵州省紫云县	地方品种	散生	卵圆	黄绿	176	中	121	0.79	0.58	9.3	2 715	27.3	900	R	强	强
ZM0469	岩弯圆麻	贵州草业所	贵州省紫云县	地方品种	散生	卵圆	淡红	174	弱	117	0.72	0.63	8.5	2 363	21.1	675	S	强	弱
ZM0470	紫云水秆麻	贵州草业所	贵州省紫云县	地方品种	丛生	卵圆	淡红	174	中	101	0.81	0.72	10.0	1 549	32.4	825	R	强	强
ZM0471	紫云黄秆麻	贵州草业所	贵州省紫云县	地方品种	丛生	近圆	红	170	强	100	0.90	0.60	9.0	1 476	32.7	450	R	强	弱

（续）

统一编号	种质名称	保存单位	原产地或来源地	种质类型	蔸型	叶形	雌蕾色	工艺成熟天数	分株力	株高	茎粗	鲜皮厚度	鲜皮出麻率	纤维支数	单纤维断裂强力	原麻产量	花叶病抗性	耐旱性	抗风性
ZM0472	安顺圆麻 1 号	贵州草业所	贵州省安顺市	地方品种	串生	椭圆	红	177	强	106	0.65	0.52	6.9	2 138	30.1	525	R	弱	强
ZM0473	安顺圆麻 2 号	贵州草业所	贵州省安顺市	地方品种	串生	尖椭	黄绿	178	强	132	0.70	0.50	9.0	2 184	30.0	975	MS	弱	强
ZM0474	关岭圆麻 1 号	贵州草业所	贵州省关岭县	地方品种	串生	卵圆	黄绿	178	弱	128	0.81	0.40	6.7	2 764	28.4	375	MR	弱	强
ZM0475	关岭圆麻 2 号	贵州草业所	贵州省关岭县	地方品种	串生	卵圆	红	178	强	111	0.72	0.50	4.9	2 251	35.6	600	S	弱	弱
ZM0476	关岭圆麻 3 号	贵州草业所	贵州省关岭县	地方品种	串生	卵圆	淡红	165	强	128	0.87	0.55	9.2	2 171	37.9	825	I	弱	强
ZM0477	镇宁苎麻	贵州草业所	贵州省镇宁县	地方品种	散生	卵圆	淡红	179	强	138	0.87	0.68	10.8	1 853	39.7	1 725	MS	强	强
ZM0478	普定圆麻	贵州草业所	贵州省普定县	地方品种	串生	近圆	黄绿	174	强	121	0.71	0.50	8.5	2 575	32.8	900	S	强	强
ZM0479	马场青秆麻	贵州草业所	贵州省清镇市	地方品种	散生	椭圆	红	173	弱	116	0.83	0.62	6.4	1 681	33.4	525	S	强	强
ZM0480	马场白麻	贵州草业所	贵州省清镇市	地方品种	串生	卵圆	红	175	弱	88	0.60	0.53	6.5	2 686	38.6	525	MR	弱	弱
ZM0481	鸭池青秆麻	贵州草业所	贵州省清镇市	地方品种	散生	近圆	红	174	弱	107	0.81	0.68	7.7	1 700	29.0	450	S	强	弱
ZM0482	鸭池白麻	贵州草业所	贵州省清镇市	地方品种	散生	近圆	红	170	弱	126	0.92	0.48	8.9	1 721	31.5	525	MS	强	弱
ZM0483	清镇野麻	贵州草业所	贵州省清镇市	野生资源	串生	尖椭	红	170	弱	115	0.73	0.45	6.9	2 231	32.1	450	S	强	强
ZM0484	新店黄秆麻	贵州草业所	贵州省清镇市	地方品种	散生	心形	红	170	强	118	0.78	0.47	7.3	1 522	34.6	600	MS	中	中
ZM0485	新店红秆麻	贵州草业所	贵州省清镇市	地方品种	串生	心形	红	170	强	99	0.70	0.43	5.9	2 155	30.0	540	S	弱	强
ZM0486	新店青秆麻	贵州草业所	贵州省清镇市	地方品种	丛生	卵圆	黄绿	170	弱	118	0.83	0.85	8.2	1 602	26.1	675	S	强	强
ZM0487	龙窝青秆麻	贵州草业所	贵州省清镇市	地方品种	丛生	近圆	黄绿	170	强	121	1.02	1.00	9.4	2 330	26.9	1 425	S	强	弱
ZM0488	息烽青麻	贵州草业所	贵州省息烽县	地方品种	散生	卵圆	淡红	173	强	141	0.87	0.78	6.7	1 838	32.1	675	MR	强	强
ZM0489	串根白麻	贵州草业所	贵州省息烽县	地方品种	串生	尖椭	红	177	强	139	0.73	0.73	11.1	1 666	31.9	1 725	MS	强	强
ZM0490	窝子白麻	贵州草业所	贵州省息烽县	地方品种	串生	尖椭	淡红	179	强	142	0.77	0.57	10.0	1 745	50.2	1 800	MS	强	强
ZM0491	白云青麻	贵州草业所	贵州省贵阳市	地方品种	串生	椭圆	淡红	175	强	152	0.91	0.68	9.3	1 983	33.9	1 200	S	弱	强
ZM0492	金沙青麻	贵州草业所	贵州省金沙县	地方品种	串生	卵圆	淡红	179	强	155	0.91	0.57	9.8	1 714	47.8	1 050	S	弱	弱
ZM0493	金沙青秆麻	贵州草业所	贵州省金沙县	地方品种	串生	卵圆	淡红	173	强	152	0.89	0.40	9.1	2 191	37.6	1 350	R	强	强
ZM0494	金沙枸皮麻	贵州草业所	贵州省金沙县	地方品种	串生	近圆	红	172	强	161	0.92	0.48	8.7	2 356	33.2	1 200	S	强	强
ZM0495	大方圆麻	贵州草业所	贵州省大方县	地方品种	串生	卵圆	红	176	中	141	0.80	0.50	6.2	2 396	45.1	525	S	弱	强
ZM0496	大方青秆麻 1 号	贵州草业所	贵州省大方县	地方品种	串生	卵圆	淡红	169	强	152	0.82	0.55	8.9	2 811	29.6	1 650	MR	强	强

（续）

统一编号	种质名称	保存单位	原产地或来源地	种质类型	蔸型	叶形	雌蕾色	工艺成熟天数	分株力	株高	茎粗	鲜皮厚度	鲜皮出麻率	纤维支数	单纤维断裂强力	原麻产量	花叶病抗性	耐旱性	抗风性
ZM0497	大方青秆麻 2 号	贵州草业所	贵州省大方县	地方品种	串生	卵圆	黄绿	172	强	153	0.92	0.58	7.1	1 683	54.0	975	MR	强	强
ZM0498	毕节青麻	贵州草业所	贵州省毕节市	地方品种	串生	心形	红	177	中	159	0.92	0.53	7.5	1 764	38.7	750	MS	弱	强
ZM0499	毕节圆麻	贵州草业所	贵州省毕节市	地方品种	串生	卵圆	黄绿	180	中	138	0.85	0.43	7.0	2 164	38.7	450	MS	弱	强
ZM0500	平广白麻	贵州草业所	贵州省毕节市	地方品种	散生	卵圆	淡红	175	中	164	1.01	0.35	8.7	2 336	42.6	1 125	S	强	强
ZM0501	全英白麻	贵州草业所	贵州省毕节市	地方品种	串生	卵圆	黄绿	167	中	153	0.85	0.47	9.0	2 637	30.5	900	MR	弱	强
ZM0502	毕节青秆麻 1 号	贵州草业所	贵州省毕节市	地方品种	散生	卵圆	黄白	181	弱	133	0.81	0.47	8.0	2 189	50.2	900	MS	强	强
ZM0503	毕节青秆麻 2 号	贵州草业所	贵州省毕节市	地方品种	散生	近圆	红	177	强	178	1.08	0.60	9.3	1 668	46.2	2 025	MR	强	强
ZM0504	威宁黄秆麻	贵州草业所	贵州省威宁县	地方品种	串生	卵圆	红	182	强	152	0.83	0.56	8.3	1 882	45.1	825	MS	弱	强
ZM0505	牛棚圆麻	贵州草业所	贵州省威宁县	地方品种	串生	卵圆	深红	175	强	156	0.89	0.68	8.6	1 774	34.9	1 200	MR	弱	强
ZM0506	红圆麻	贵州草业所	贵州省威宁县	地方品种	串生	卵圆	红	175	强	152	0.88	0.50	10.4	1 887	37.2	1 350	MR	强	强
ZM0507	白圆麻	贵州草业所	贵州省威宁县	地方品种	散生	卵圆	黄白	161	中	161	1.01	0.38	6.7	2 565	42.6	525	MS	强	强
ZM0508	威宁圆麻	贵州草业所	贵州省威宁县	地方品种	串生	卵圆	黄绿	176	中	133	0.83	0.30	8.2	1 802	32.7	600	S	弱	强
ZM0509	水城青麻	贵州草业所	贵州省水城县	地方品种	串生	尖椭	淡红	177	强	132	0.72	0.35	10.1	2 077	33.0	825	R	弱	强
ZM0510	水城青秆麻	贵州草业所	贵州省水城县	地方品种	串生	近圆	淡红	181	强	144	0.82	0.37	10.8	2 200	26.7	1 650	MS	强	强
ZM0511	水城白麻	贵州草业所	贵州省水城县	地方品种	串生	卵圆	黄绿	179	强	129	0.70	0.55	9.9	1 782	43.2	450	MS	弱	强
ZM0512	弯子苎麻	贵州草业所	贵州省水城县	地方品种	串生	尖椭	淡红	173	强	147	0.84	0.47	8.8	2 308	43.2	1 050	R	强	强
ZM0513	红花麻	贵州草业所	贵州省盘县	地方品种	串生	尖椭	红	171	强	147	0.87	0.57	9.9	1 382	59.8	825	MR	弱	强
ZM0514	白花麻	贵州草业所	贵州省盘县	地方品种	串生	卵圆	微红	174	中	150	0.87	0.53	8.9	2 290	29.6	1 125	R	强	强
ZM0515	下午吨圆麻 1 号	贵州草业所	贵州省兴义市	地方品种	串生	卵圆	黄绿	164	强	147	0.87	0.48	8.2	2 168	23.8	1 200	R	强	强
ZM0516	下午吨圆麻 2 号	贵州草业所	贵州省兴义市	地方品种	串生	卵圆	淡红	178	强	162	0.83	0.42	9.7	1 846	33.0	1 050	S	弱	强
ZM0517	下午吨圆麻 3 号	贵州草业所	贵州省兴义市	地方品种	串生	椭圆	黄绿	178	中	131	0.75	0.73	10.0	1 503	35.1	825	MR	弱	强
ZM0518	杨柳坝圆麻	贵州草业所	贵州省兴义市	地方品种	串生	尖椭	红	176	强	116	0.68	0.43	8.9	1 957	26.6	1 050	MS	强	强
ZM0519	杨柳坝坐蔸麻	贵州草业所	贵州省兴义市	地方品种	丛生	椭圆	红	171	中	121	0.76	0.58	8.1	1 889	21.1	750	MR	强	强
ZM0520	普安苎麻	贵州草业所	贵州省普安县	地方品种	散生	卵圆	淡红	176	强	134	0.84	0.50	6.0	2 254	30.0	600	MS	强	弱
ZM0521	兴仁苎麻	贵州草业所	贵州省兴仁县	地方品种	串生	卵圆	黄绿	169	弱	97	0.70	0.60	8.9	2 638	32.9	450	R	弱	强

（续）

统一编号	种质名称	保存单位	原产地或来源地	种质类型	蔸型	叶形	雌蕾色	工艺成熟天数	分株力	株高	茎粗	鲜皮厚度	鲜皮出麻率	纤维支数	单纤维断裂强力	原麻产量	花叶病抗性	耐旱性	抗风性
ZM0522	册亨苎麻	贵州草业所	贵州省册亨县	地方品种	串生	椭圆	淡红	180	强	134	0.79	0.58	8.9	2 128	39.4	1 275	MS	强	强
ZM0523	黔苎一号	贵州草业所	贵州省独山县	选育品种	丛生	尖椭	淡红	180	强	189	1.03	0.72	13.5	1 404	45.1	2 400	MR	强	弱
ZM0524	圆青五号	贵州草业所	贵州省独山县	选育品种	散生	卵圆	淡红	180	强	151	0.89	0.50	10.8	1 766	29.1	1 125	S	强	强
ZM0525	平塘野麻	贵州草业所	贵州省平塘县	野生资源	丛生	心形	黄绿	186	强	124	0.88	0.53	5.0	1 538	32.2	450	S	强	强
ZM0526	湄潭野麻	贵州草业所	贵州省湄潭县	野生资源	散生	卵圆	淡红	181	强	118	0.94	0.55	4.7	1 951	22.4	450	R	强	强
ZM0527	溧水苎麻	中国麻类所	江苏省溧水县	地方品种	散生	卵圆	红	194	中	146	0.89	0.81	8.9	1 409	49.3	1 200	S	弱	强
ZM0528	江西白	中国麻类所	安徽省巢县	地方品种	丛生	卵圆	微红	190	弱	170	0.98	0.81	12.7	1 222	62.6	1 500	MS	中	强
ZM0529	含山苎麻	中国麻类所	安徽省巢县	地方品种	丛生	卵圆	微红	190	弱	156	0.98	0.79	11.3	1 308	44.4	1 200	MS	强	弱
ZM0530	黑秆腿	中国麻类所	安徽省巢县	地方品种	散生	卵圆	红	180	弱	110	0.80	0.81	12.6	1 401	48.4	1 500	MS	强	中
ZM0531	含山野麻	中国麻类所	安徽省巢县	野生资源	串生	卵圆	黄白	180	中	112	0.75	0.53	8.0	1 665	38.6	750	MS	弱	弱
ZM0532	歙县白皮苎1号	中国麻类所	安徽省歙县	地方品种	串生	卵圆	深红	181	强	150	0.93	0.70	10.7	1 546	47.1	1 125	MR	弱	弱
ZM0533	歙县白皮苎2号	中国麻类所	安徽省歙县	地方品种	散生	尖椭	深红	184	中	142	0.92	0.81	10.0	1 778	44.2	1 125	MS	中	弱
ZM0534	梅山苎麻	中国麻类所	安徽省金寨县	地方品种	散生	卵圆	红	187	强	125	0.89	0.81	9.8	1 529	43.5	1 350	MS	弱	中
ZM0535	旌德苎麻	中国麻类所	安徽省旌德县	地方品种	散生	近圆	红	180	强	120	0.82	0.79	10.8	1 772	47.6	1 650	MS	中	中
ZM0536	贵池红麻	中国麻类所	安徽省贵池县	地方品种	散生	卵圆	深红	188	弱	118	0.78	0.63	11.9	1 761	47.0	1 125	R	中	中
ZM0537	贵池青麻	中国麻类所	安徽省贵池县	地方品种	串生	卵圆	红	181	强	111	0.78	0.57	10.5	1 574	39.2	1 500	S	弱	中
ZM0538	潜山棵麻	中国麻类所	安徽省潜山县	地方品种	丛生	卵圆	红	179	弱	108	0.80	0.76	12.8	1 296	51.5	1 125	MS	弱	中
ZM0539	青阳白麻	中国麻类所	安徽省青阳县	地方品种	散生	尖椭	红	183	中	112	0.88	0.82	12.3	1 311	51.6	1 350	MR	中	中
ZM0540	阳新细叶绿	湖北经作所①	湖北省阳新县	地方品种	散生	卵圆	淡红	183	强	151	0.90	0.76	13.5	1 662	49.6	1 875	MR	中	中
ZM0541	狄田细叶绿	湖北经作所	湖北省阳新县	地方品种	散生	近圆	红	185	强	130	0.77	0.80	13.0	1 537	54.4	1 170	MR	弱	强
ZM0542	太子黄标	湖北经作所	湖北省阳新县	地方品种	散生	椭圆	淡红	185	中	160	0.80	0.75	11.9	1 489	56.1	1 590	MR	强	中
ZM0543	阳新白麻	湖北经作所	湖北省阳新县	地方品种	散生	椭圆	淡红	180	中	150	0.85	0.75	10.0	1 585	50.5	900	MS	弱	中
ZM0544	大头青	湖北经作所	湖北省阳新县	地方品种	丛生	卵圆	淡红	185	中	160	0.95	0.85	15.0	1 436	61.2	1 875	MR	强	中
ZM0545	早麻	湖北经作所	湖北省阳新县	地方品种	散生	椭圆	淡红	170	强	160	0.90	0.78	12.0	1 435	55.0	1 500	MR	强	中

① 全称为湖北省农业科学院经济作物研究所。全书下同。

（续）

统一编号	种质名称	保存单位	原产地或来源地	种质类型	蔸型	叶形	雌蕾色	工艺成熟天数	分株力	株高	茎粗	鲜皮厚度	鲜皮出麻率	纤维支数	单纤维断裂强力	原麻产量	花叶病抗性	耐旱性	抗风性
ZM0546	阳新箭秆麻	湖北经作所	湖北省阳新县	地方品种	丛生	椭圆	淡红	175	中	172	0.94	0.78	10.8	1 503	52.7	1 800	MR	强	强
ZM0547	红秆麻	湖北经作所	湖北省阳新县	地方品种	丛生	卵圆	红	180	强	170	0.92	0.80	13.6	1 349	58.3	2 100	MR	强	强
ZM0548	蒲圻细叶绿	湖北经作所	湖北省蒲圻市	地方品种	散生	近圆	红	180	强	150	0.83	0.73	15.5	1 505	54.9	1 800	MR	中	弱
ZM0549	蒲圻大叶绿	湖北经作所	湖北省蒲圻市	地方品种	散生	椭圆	淡红	180	强	158	0.87	0.78	12.1	1 463	57.9	1 875	R	强	强
ZM0550	蒲圻大叶泡1号	湖北经作所	湖北省蒲圻市	地方品种	散生	椭圆	红	170	强	138	0.83	0.75	14.3	1 394	59.4	1 950	MR	弱	弱
ZM0551	蒲圻大叶泡2号	湖北经作所	湖北省蒲圻市	地方品种	散生	卵圆	淡红	170	强	162	0.92	0.75	12.3	1 473	49.1	1 950	MR	强	弱
ZM0552	小叶绿	湖北经作所	湖北省蒲圻市	地方品种	散生	卵圆	红	165	强	145	0.82	0.73	13.4	1 457	58.3	1 875	MR	中	弱
ZM0553	加鱼细叶绿	湖北经作所	湖北省嘉鱼县	地方品种	散生	椭圆	红	180	强	148	0.87	0.78	13.3	1 499	58.9	1 950	R	中	强
ZM0554	加鱼大叶绿	湖北经作所	湖北省嘉鱼县	地方品种	散生	尖椭	红	170	强	153	1.00	0.71	10.6	1 514	43.9	1 500	MR	中	弱
ZM0555	黄野麻	湖北经作所	湖北省嘉鱼县	野生资源	散生	椭圆	绿白	168	强	153	0.87	0.77	11.7	1 580	50.8	1 500	R	中	强
ZM0556	咸宁细叶绿1号	湖北经作所	湖北省咸宁市	地方品种	散生	卵圆	淡红	172	强	168	0.98	0.82	12.3	1 514	51.8	2 025	R	中	强
ZM0557	咸宁细叶绿2号	湖北经作所	湖北省咸宁市	地方品种	散生	椭圆	淡红	180	强	160	0.91	0.76	14.5	1 413	59.0	1 950	MS	中	强
ZM0558	咸宁大叶绿	湖北经作所	湖北省咸宁市	地方品种	散生	近圆	微红	180	强	170	0.95	0.78	15.2	1 429	43.5	1 875	MR	强	强
ZM0559	黄荆皮	湖北经作所	湖北省咸宁市	地方品种	丛生	卵圆	淡红	183	中	168	0.95	0.82	13.0	1 728	47.1	1 875	MR	强	中
ZM0560	咸宁大叶白1号	湖北经作所	湖北省咸宁市	地方品种	散生	近圆	微红	174	中	170	1.05	0.71	13.4	1 493	48.6	1 800	MR	中	中
ZM0561	咸宁小叶白	湖北经作所	湖北省咸宁市	地方品种	散生	近圆	微红	175	强	150	0.82	0.74	12.5	1 530	52.9	1 800	MR	中	中
ZM0562	双溪细叶绿	湖北经作所	湖北省咸宁市	地方品种	散生	尖椭	淡红	180	强	150	0.88	0.77	12.1	1 609	57.0	1 875	MR	中	中
ZM0563	双溪白麻	湖北经作所	湖北省咸宁市	地方品种	串生	卵圆	淡红	170	强	141.7	0.78	0.73	12.3	1 845	48.8	1 290	MR	弱	强
ZM0564	双港黄叶麻	湖北经作所	湖北省咸宁市	地方品种	丛生	近圆	淡红	165	弱	134	0.82	0.65	10.4	1 626	47.0	1 125	MR	强	强
ZM0565	港边麻	湖北经作所	湖北省咸宁市	地方品种	散生	近圆	淡红	170	强	156	1.05	0.77	12.1	1 337	62.9	1 800	MR	强	弱
ZM0566	咸宁野麻	湖北经作所	湖北省咸宁市	野生资源	串生	宽卵	淡红	166	强	150	0.75	0.69	9.5	1 557	46.3	600	MR	强	强
ZM0567	小叶麻	湖北经作所	湖北省咸宁市	地方品种	串生	近圆	微红	170	强	123	0.82	0.75	13.2	1 770	44.8	1 350	R	中	强
ZM0568	竹叶青	湖北经作所	湖北省咸宁市	地方品种	散生	尖椭	淡红	175	中	154	0.88	0.78	10.9	1 435	54.8	1 500	R	强	中
ZM0569	咸宁黄叶麻	湖北经作所	湖北省咸宁市	地方品种	丛生	近圆	淡红	180	中	160	0.92	0.75	14.5	1 448	55.5	1 500	MR	强	中
ZM0570	咸宁大叶白2号	湖北经作所	湖北省咸宁市	地方品种	丛生	近圆	红	180	中	170	1.00	0.78	12.6	1 516	57.5	1 500	MR	强	中

（续）

统一编号	种质名称	保存单位	原产地或来源地	种质类型	蔸型	叶形	雌蕾色	工艺成熟天数	分株力	株高	茎粗	鲜皮厚度	鲜皮出麻率	纤维支数	单纤维断裂强力	原麻产量	花叶病抗性	耐旱性	抗风性
ZM0571	武昌细叶绿	湖北经作所	湖北省武昌区	地方品种	散生	椭圆	淡红	180	强	167	0.85	0.75	12.8	1 585	52.4	1 800	R	中	强
ZM0572	武昌黄壳麻	湖北经作所	湖北省武昌区	地方品种	散生	近圆	红	180	强	173	0.88	0.68	10.9	1 715	54.2	1 800	R	中	强
ZM0573	武昌大叶麻	湖北经作所	湖北省武昌区	地方品种	散生	尖椭	红	170	强	150	0.82	0.71	10.1	1 713	50.5	1 500	I	中	弱
ZM0574	武昌青麻	湖北经作所	湖北省武昌区	地方品种	散生	椭圆	淡红	170	强	155	0.87	0.82	12.9	1 747	40.6	1 800	MR	中	强
ZM0575	大冶大叶绿	湖北经作所	湖北省大冶市	地方品种	散生	卵圆	淡红	175	强	164	0.93	0.79	12.9	1 532	56.9	1 950	R	中	中
ZM0576	大冶青麻	湖北经作所	湖北省大冶市	地方品种	散生	近圆	红	180	中	156.3	0.88	0.88	12.9	1 429	59.1	1 875	MR	中	中
ZM0577	黄安青麻	湖北经作所	湖北省大冶市	地方品种	散生	椭圆	红	174	强	150	0.83	0.82	12.6	1 574	47.7	1 650	MR	中	强
ZM0578	金牛黄壳麻	湖北经作所	湖北省大冶市	地方品种	散生	近圆	红	180	强	158	0.83	0.79	14.6	1 426	58.9	1 800	MR	中	强
ZM0579	黄安野麻	湖北经作所	湖北省大冶市	野生资源	散生	卵圆	微红	170	强	163	0.88	0.78	14.6	1 730	44.2	1 650	R	中	弱
ZM0580	鄂城细叶绿	湖北经作所	湖北省鄂城县	地方品种	散生	椭圆	淡红	175	强	150	0.88	0.81	13.5	1 423	59.4	1 800	MR	中	强
ZM0581	鄂城大叶绿	湖北经作所	湖北省鄂城县	地方品种	散生	椭圆	红	176	强	152	0.87	0.76	13.8	1 535	52.0	1 875	MR	中	强
ZM0582	圻春黄尖1号	湖北经作所	湖北省蕲春县	地方品种	散生	卵圆	微红	165	中	165	0.85	0.79	13.6	1 426	58.1	1 875	R	强	弱
ZM0583	圻春黄尖2号	湖北经作所	湖北省蕲春县	地方品种	散生	椭圆	深红	170	强	159	0.82	0.78	13.4	1 423	54.6	1 650	MR	中	强
ZM0584	坛林大叶绿	湖北经作所	湖北省蕲春县	地方品种	散生	椭圆	红	180	强	163	0.78	0.77	15.1	1 419	61.6	1 800	MR	强	弱
ZM0585	红苏1号	湖北经作所	湖北省蕲春县	地方品种	丛生	卵圆	红	180	中	160	0.85	0.76	13.5	1 425	59.0	1 875	R	强	强
ZM0586	红苏2号	湖北经作所	湖北省蕲春县	地方品种	散生	卵圆	深红	180	强	126	0.77	0.71	14.1	1 469	50.8	1 260	MR	弱	强
ZM0587	坛林白麻	湖北经作所	湖北省蕲春县	地方品种	丛生	卵圆	红	170	中	167	0.95	0.76	14.1	1 497	51.2	1 875	MR	强	弱
ZM0588	圻春野苎麻	湖北经作所	湖北省蕲春县	野生资源	丛生	尖椭	绿白	165	弱	125	0.68	0.55	10.7	1 334	51.0	900	R	强	强
ZM0589	广济黄尖	湖北经作所	湖北省武穴市	地方品种	散生	卵圆	微红	170	强	160	0.85	0.75	12.0	1 226	59.0	1 950	MR	强	中
ZM0590	黄标	湖北经作所	湖北省武穴市	地方品种	散生	卵圆	淡红	185	强	160	0.88	0.83	15.5	1 434	50.4	1 875	MR	中	强
ZM0591	广济细叶绿	湖北经作所	湖北省武穴市	地方品种	散生	卵圆	淡红	180	强	150	0.78	0.77	13.8	1 509	42.6	1 800	R	中	中
ZM0592	黄皮棍	湖北经作所	湖北省武穴市	地方品种	丛生	卵圆	绿白	180	中	165	0.95	0.82	14.0	1 661	50.6	1 800	R	强	强
ZM0593	红骨筋	湖北经作所	湖北省武穴市	地方品种	散生	椭圆	红	185	强	150	0.85	0.82	14.5	1 635	47.4	2 100	R	强	强
ZM0594	广济大叶绿	湖北经作所	湖北省武穴市	地方品种	丛生	卵圆	红	180	中	158	0.80	0.78	12.0	1 562	55.3	1 620	S	强	弱
ZM0595	洪湖青麻	湖北经作所	湖北省洪湖市	地方品种	丛生	近圆	红	185	强	160	0.90	0.78	13.0	1 509	48.6	2 250	MR	强	强

（续）

统一编号	种质名称	保存单位	原产地或来源地	种质类型	蔸型	叶形	雌蕾色	工艺成熟天数	分株力	株高	茎粗	鲜皮厚度	鲜皮出麻率	纤维支数	单纤维断裂强力	原麻产量	花叶病抗性	耐旱性	抗风性
ZM0596	洪湖黄叶麻	湖北经作所	湖北省洪湖市	地方品种	丛生	尖椭	黄白	192	强	165	0.90	0.78	12.5	1 618	48.1	1 875	MR	强	强
ZM0597	潜江线麻	湖北经作所	湖北省潜江市	地方品种	丛生	卵圆	微红	185	强	156	0.90	0.85	14.2	1 574	53.0	1 875	I	中	强
ZM0598	细秆麻	湖北经作所	湖北省潜江市	地方品种	串生	卵圆	红	170	强	135	0.60	0.67	11.3	1 715	46.2	1 200	S	弱	弱
ZM0599	恩施青麻	湖北经作所	湖北省恩施市	地方品种	丛生	卵圆	绿白	193	中	175	0.93	0.79	13.9	1 586	50.5	1 950	MS	强	强
ZM0600	恩施鸡骨白号	湖北经作所	湖北省恩施市	地方品种	丛生	尖椭	微红	185	中	165	0.98	0.76	12.4	1 647	49.1	1 800	MS	强	强
ZM0601	恩施鸡骨白 1 号	湖北经作所	湖北省恩施市	地方品种	散生	近圆	微红	182	强	152	0.88	0.62	8.7	1 581	47.9	1 200	MR	弱	弱
ZM0602	鸡骨黄	湖北经作所	湖北省恩施市	地方品种	丛生	卵圆	微红	184	中	170	1.03	0.82	9.6	1 770	40.9	1 500	MS	强	强
ZM0603	串黄麻	湖北经作所	湖北省恩施市	地方品种	散生	卵圆	绿白	185	强	172	0.80	0.72	10.6	1 340	67.0	1 875	MR	强	强
ZM0604	广东麻	湖北经作所	湖北省恩施市	地方品种	丛生	宽卵	微红	180	弱	165	0.90	0.78	15.7	1 340	61.2	2 250	MR	强	强
ZM0605	恩施大叶泡 1 号	湖北经作所	湖北省恩施市	地方品种	丛生	卵圆	微红	190	中	170	1.00	0.84	10.6	1 642	48.0	1 950	MR	强	强
ZM0606	恩施大叶泡 2 号	湖北经作所	湖北省恩施市	地方品种	散生	卵圆	黄白	182	强	150	0.75	0.81	13.2	1 401	58.3	1 800	MS	弱	弱
ZM0607	广蔸簪	湖北经作所	湖北省恩施市	地方品种	散生	近圆	绿白	190	强	160	0.85	0.82	12.0	1 856	48.8	1 800	MR	中	强
ZM0608	毛黄麻	湖北经作所	湖北省恩施市	地方品种	散生	椭圆	红	182	强	175	0.80	0.72	10.6	1 657	44.9	1 800	MR	中	中
ZM0609	红黄麻	湖北经作所	湖北省恩施市	地方品种	丛生	近圆	淡红	185	中	183	1.05	0.77	14.9	1 516	46.2	2 250	MS	强	强
ZM0610	大叶黄麻	湖北经作所	湖北省恩施市	地方品种	散生	椭圆	淡红	186	中	160	0.88	0.76	11.2	1 342	60.3	1 800	MR	中	强
ZM0611	恩施黄麻	湖北经作所	湖北省恩施市	地方品种	串生	卵圆	微红	165	强	140	0.85	0.80	11.6	2 029	40.9	1 125	MR	弱	中
ZM0612	笔杆青麻	湖北经作所	湖北省恩施市	地方品种	丛生	卵圆	绿白	200	中	160	0.80	0.85	11.0	1 546	48.8	1 500	MR	强	强
ZM0613	建始鸡骨白	湖北经作所	湖北省建始县	地方品种	散生	椭圆	淡红	180	中	150	0.85	0.80	12.4	1 425	61.7	1 500	MR	中	强
ZM0614	建始大叶绿	湖北经作所	湖北省建始县	地方品种	丛生	卵圆	淡红	182	强	160	0.92	0.74	11.0	1 433	61.4	1 875	MR	强	中
ZM0615	建始大叶泡	湖北经作所	湖北省建始县	地方品种	散生	卵圆	红	185	强	170	0.85	0.70	12.0	1 708	44.3	1 800	MS	强	中
ZM0616	建始青麻	湖北经作所	湖北省建始县	地方品种	丛生	卵圆	绿白	192	中	150	0.90	0.74	12.0	1 449	54.0	1 800	MR	强	强
ZM0617	咸丰青麻	湖北经作所	湖北省咸丰县	地方品种	丛生	卵圆	微红	185	中	170	1.05	0.79	13.0	1 489	59.1	1 800	R	强	强
ZM0618	咸丰黄麻	湖北经作所	湖北省咸丰县	地方品种	丛生	尖椭	淡红	180	中	170	0.85	0.77	16.1	1 431	52.4	1 875	MR	强	中
ZM0619	秭归青麻	湖北经作所	湖北省秭归县	地方品种	散生	长卵	红	170	强	137	0.70	0.74	10.6	1 786	42.6	1 500	S	弱	强
ZM0620	秭归蔸儿麻	湖北经作所	湖北省秭归县	地方品种	散生	卵圆	淡红	180	强	140	0.82	0.73	15.6	1 519	50.4	1 500	MS	中	中

（续）

统一编号	种质名称	保存单位	原产地或来源地	种质类型	蔸型	叶形	雌蕾色	工艺成熟天数	分株力	株高	茎粗	鲜皮厚度	鲜皮出麻率	纤维支数	单纤维断裂强力	原麻产量	花叶病抗性	耐旱性	抗风性
ZM0621	鹤峰苎麻	湖北经作所	湖北省鹤峰县	地方品种	丛生	尖椭	红	182	中	190	1.00	0.78	10.4	1 288	64.4	1 800	S	强	强
ZM0622	利川苎麻	湖北经作所	湖北省利川市	地方品种	散生	椭圆	红	180	强	157	0.87	0.75	11.6	1 409	53.2	1 200	MR	中	弱
ZM0623	米麻	湖北经作所	湖北省兴山县	地方品种	串生	椭圆	红	170	强	155	0.85	0.72	11.7	1 623	50.1	1 350	S	中	中
ZM0624	兴山柴麻	湖北经作所	湖北省兴山县	地方品种	散生	卵圆	红	180	中	150	0.90	0.70	11.7	1 673	49.1	1 500	MS	强	强
ZM0625	枝江线麻	湖北经作所	湖北省枝江市	地方品种	串生	椭圆	红	167	强	150	0.74	0.73	12.2	1 563	49.6	1 200	MS	弱	强
ZM0626	顾店苎麻	湖北经作所	湖北省枝江市	地方品种	串生	卵圆	绿白	165	强	150	0.78	0.71	10.4	1 964	31.8	1 200	MR	弱	强
ZM0627	洛浴苎麻	湖北经作所	湖北省南漳县	地方品种	串生	椭圆	淡红	165	强	145	0.76	0.72	12.0	1 311	52.3	900	MS	弱	弱
ZM0628	安陆细叶绿	湖北经作所	湖北省安陆市	地方品种	散生	椭圆	微红	170	强	150	0.83	0.70	11.0	1 536	52.2	1 800	R	中	强
ZM0629	安陆黄叶麻	湖北经作所	湖北省安陆市	地方品种	散生	椭圆	淡红	180	中	150	0.87	0.80	10.8	1 724	45.1	1 800	R	中	强
ZM0630	达县白麻	四川达州农科所①	四川省达县	地方品种	丛生	卵圆	黄白	195	弱	150	1.00	0.74	12.0	1 000	64.4	1 500	S	强	强
ZM0631	乌麻	四川达州农科所	四川省达县	地方品种	丛生	卵圆	黄绿	198	弱	158	1.00	0.67	12.0	1 574	53.6	1 500	MS	强	强
ZM0632	黄麻	四川达州农科所	四川省达县	地方品种	串生	宽卵	淡红	183	强	130	0.80	0.40	10.7	1 874	38.1	1 125	MS	中	中
ZM0633	大黄麻	四川达州农科所	四川省达县	地方品种	丛生	卵圆	淡红	182	弱	150	0.84	0.52	10.5	1 417	66.8	1 125	MS	强	弱
ZM0634	无名麻	四川达州农科所	四川省达县	地方品种	丛生	宽卵	黄白	188	中	150	0.95	0.63	10.0	1 154	54.5	1 500	MS	强	强
ZM0635	达县家麻	四川达州农科所	四川省达县	地方品种	散生	尖椭	黄白	182	弱	140	0.90	0.65	12.8	1 693	50.3	1 500	S	强	强
ZM0636	黄白麻	四川达州农科所	四川省达县	地方品种	丛生	宽卵	淡红	185	中	140	0.90	0.82	11.0	1 331	49.3	1 875	MS	强	中
ZM0637	青白麻	四川达州农科所	四川省大竹县	地方品种	丛生	卵圆	黄绿	189	中	178	1.00	0.68	12.0	1 271	43.1	1 875	MS	中	中
ZM0638	江西麻	四川达州农科所	四川省大竹县	地方品种	散生	卵圆	黄白	183	强	150	1.00	0.61	13.0	1 466	50.8	1 500	MR	强	中
ZM0639	格蔸麻	四川达州农科所	四川省大竹县	地方品种	丛生	尖椭	黄绿	188	弱	147	0.94	0.62	12.5	1 463	60.0	1 875	S	中	强
ZM0640	大竹线麻	四川达州农科所	四川省大竹县	地方品种	散生	尖椭	黄白	193	强	155	0.90	0.76	12.0	1 772	53.7	600	R	中	弱
ZM0641	红串根	四川达州农科所	四川省大竹县	地方品种	串生	尖椭	淡红	171	强	115	0.63	0.60	9.6	1 861	43.0	1 500	MS	弱	强
ZM0642	邻水青皮麻	四川达州农科所	四川省邻水县	地方品种	散生	尖椭	黄白	194	强	140	0.90	0.65	12.0	1 500	59.6	1 500	MS	强	强
ZM0643	邻水厚皮麻	四川达州农科所	四川省邻水县	地方品种	散生	尖椭	黄绿	190	强	145	0.90	0.66	12.0	1 498	51.2	1 500	MS	强	强
ZM0644	邻水薄皮种	四川达州农科所	四川省邻水县	地方品种	散生	卵圆	淡红	185	中	130	0.80	0.55	9.5	2 351	48.2	1 500	MS	中	中

① 全称为四川省达州市农业科学研究所。全书下同。

（续）

统一编号	种质名称	保存单位	原产地或来源地	种质类型	蔸型	叶形	雌蕾色	工艺成熟天数	分株力	株高	茎粗	鲜皮厚度	鲜皮出麻率	纤维支数	单纤维断裂强力	原麻产量	花叶病抗性	耐旱性	抗风性
ZM0645	邻水苎麻	四川达州农科所	四川省邻水县	地方品种	散生	尖椭	淡红	192	弱	160	0.90	0.62	13.0	1 672	49.7	1 500	MR	中	强
ZM0646	红梗大叶胖	四川达州农科所	四川省渠县	地方品种	散生	尖椭	黄白	185	中	143	0.90	0.73	11.7	1 728	46.6	1 500	MR	中	中
ZM0647	丛麻	四川达州农科所	四川省宣汉县	地方品种	丛生	尖椭	黄绿	197	弱	142	1.00	0.61	13.0	1 330	41.2	1 500	S	强	强
ZM0648	万源家麻	四川达州农科所	四川省万源市	地方品种	串生	卵圆	黄白	190	强	142	0.65	0.54	10.5	1 292	58.4	750	S	弱	强
ZM0649	万源白麻	四川达州农科所	四川省万源市	地方品种	串生	卵圆	红	187	强	95	0.66	0.69	11.0	1 736	45.2	750	MS	弱	强
ZM0650	平昌家麻	四川达州农科所	四川省平昌县	地方品种	串生	近圆	淡红	177	强	120	0.61	0.52	9.3	1 818	57.6	1 125	S	中	中
ZM0651	平昌火麻	四川达州农科所	四川省平昌县	地方品种	串生	近圆	红	191	强	140	0.70	0.61	11.6	1 617	55.3	1 125	S	中	强
ZM0652	巴中白麻1号	四川达州农科所	四川省巴中市	地方品种	串生	宽卵	淡红	187	强	136	0.70	0.60	7.5	1 681	55.4	825	S	弱	强
ZM0653	巴中柴麻	四川达州农科所	四川省巴中市	地方品种	串生	尖椭	红	187	强	147	0.70	0.57	7.8	1 827	52.4	600	MS	弱	强
ZM0654	巴中青秆麻	四川达州农科所	四川省巴中市	地方品种	丛生	宽卵	黄白	182	弱	151	0.90	0.58	9.2	1 630	51.9	1 125	S	强	中
ZM0655	南江青麻	四川达州农科所	四川省南江县	地方品种	串生	近圆	微红	184	强	133	0.70	0.61	9.1	1 601	48.1	900	S	中	弱
ZM0656	南江白麻	四川达州农科所	四川省南江县	地方品种	串生	尖椭	黄白	179	强	123	0.68	0.57	8.0	1 810	43.9	750	S	弱	弱
ZM0657	青竹标	四川达州农科所	四川省通江县	地方品种	串生	长卵	微红	182	强	118	0.70	0.56	7.7	1 911	42.2	750	S	中	弱
ZM0658	彭水青秆麻	四川达州农科所	重庆市彭水县	地方品种	丛生	长卵	黄白	185	弱	122	0.84	0.66	12.0	1 412	59.4	1 500	S	强	强
ZM0659	黑汉子	四川达州农科所	重庆市彭水县	地方品种	丛生	尖椭	黄绿	185	弱	127	0.85	0.59	11.3	1 370	43.8	1 275	S	中	强
ZM0660	彭水黄秆麻	四川达州农科所	重庆市彭水县	地方品种	串生	卵圆	黄白	174	强	140	0.83	0.54	9.5	1 734	41.8	1 125	S	中	中
ZM0661	彩白麻	四川达州农科所	重庆市彭水县	地方品种	串生	卵圆	淡红	179	强	145	0.80		11.0	1 583	38.4	1 125	R	中	中
ZM0662	武隆青麻	四川达州农科所	重庆市武隆县	地方品种	散生	尖椭	黄白	186	弱	124	0.90	0.66	12.3	1 526	43.5	1 350	S	强	强
ZM0663	武隆竹根麻	四川达州农科所	重庆市武隆县	地方品种	散生	卵圆	黄白	185	中	126	0.80	0.55	13.6	1 460	55.6	1 125	S	中	强
ZM0664	武隆泡桐麻	四川达州农科所	重庆市武隆县	地方品种	散生	尖椭	黄白	188	弱	120	0.80	0.57	12.7	1 460	59.3	1 125	MS	中	强
ZM0665	悬麻	四川达州农科所	重庆市武隆县	地方品种	丛生	尖椭	黄绿	177	弱	142	0.80	0.54	11.4	1 973	51.2	900	S	弱	强
ZM0666	武隆红秆	四川达州农科所	重庆市武隆县	地方品种	散生	卵圆	红	183	强	147	0.90	0.71	11.0	2 054	36.5	1 875	R	中	弱
ZM0667	酉阳青壳麻	四川达州农科所	重庆市酉阳县	地方品种	丛生	尖椭	黄白	185	弱	154	0.90	0.75	12.7	1 374	61.2	1 500	MR	强	强
ZM0668	秀山圆麻	四川达州农科所	重庆市秀山县	地方品种	散生	宽卵	红	187	弱	155	0.90	0.59	11.4	1 656	49.4	1 500	MS	中	中
ZM0669	秀山家麻	四川达州农科所	重庆市秀山县	地方品种	串生	尖椭	红	185	强	120	0.75	0.62	12.5	1 584	51.0	900	S	弱	强

（续）

统一编号	种质名称	保存单位	原产地或来源地	种质类型	蔸型	叶形	雌蕾色	工艺成熟天数	分株力	株高	茎粗	鲜皮厚度	鲜皮出麻率	纤维支数	单纤维断裂强力	原麻产量	花叶病抗性	耐旱性	抗风性
ZM0670	垫江青麻	四川达州农科所	重庆市垫江县	地方品种	串生	尖椭	红	175	强	127	0.80	0.59	9.7	1 842	49.4	900	MS	中	弱
ZM0671	垫江白麻	四川达州农科所	重庆市垫江县	地方品种	散生	尖椭	红	182	弱	150	0.90	0.67	9.3	1 648	45.0	1 500	MS	中	弱
ZM0672	南川黄秆麻	四川达州农科所	重庆市南川区	地方品种	串生	卵圆	红	182	强	146	0.70	0.62	9.4	1 744	57.1	1 125	S	中	中
ZM0673	涪陵白麻	四川达州农科所	重庆市涪陵区	地方品种	丛生	尖椭	淡红	191	强	175	0.90	0.58	11.8	1 520	49.6	1 500	S	强	强
ZM0674	丰都荀麻	四川达州农科所	重庆市丰都县	地方品种	散生	卵圆	黄白	182	中	134	0.80	0.62	14.0	1 397		1 125	S	中	弱
ZM0675	丰都泡桐麻	四川达州农科所	重庆市丰都县	地方品种	散生	尖椭	淡红	189	强	147	0.87	0.56	12.5	1 505	59.0	1 125	MS	中	强
ZM0676	丰都白麻	四川达州农科所	重庆市丰都县	地方品种	串生	近圆	深红	186	强	137	0.80	0.50	10.0	1 683	43.7	750	MS	弱	弱
ZM0677	珙县圆麻	四川达州农科所	四川省珙县	地方品种	散生	宽卵	深红	191	弱	150	1.00	0.63	11.5	1 643	52.7	1 500	MS	中	强
ZM0678	珙县小麻	四川达州农科所	四川省珙县	地方品种	串生	卵圆	淡红	188	强	123	0.80	0.60	9.0	1 984	57.6	750	R	中	强
ZM0679	筠连圆麻	四川达州农科所	四川省筠连县	地方品种	散生	卵圆	红	182	弱	139	0.80	0.58	11.5	1 983	42.2	1 125	MS	弱	弱
ZM0680	筠连白麻	四川达州农科所	四川省筠连县	地方品种	串生	宽卵	淡红	177	弱	130	0.80	0.69	10.3	1 623	42.8	1 125	S	弱	弱
ZM0681	古蔺青秆麻	四川达州农科所	四川省古蔺县	地方品种	散生	尖椭	黄绿	185	弱	124	0.80	0.62	13.5	1 637	52.6	1 125	S	中	强
ZM0682	高县青秆麻	四川达州农科所	四川省高县	地方品种	丛生	近圆	淡红	191	弱	150	0.80	0.66	11.0	1 360	51.4	1 500	S	中	强
ZM0683	高县大麻	四川达州农科所	四川省高县	地方品种	丛生	宽卵	深红	188	弱	134	1.00	0.62	11.4	1 550	59.0	1 125	MS	强	中
ZM0684	兴文大黄麻	四川达州农科所	四川省兴文县	地方品种	散生	尖椭	淡红	179	强	131	0.80	0.56	10.5	1 765	50.4	1 125	R	中	中
ZM0685	兴文小黄皮	四川达州农科所	四川省兴文县	地方品种	散生	宽卵	深红	185	弱	121	0.80	0.70	10.6	1 525	47.9	900	MS	弱	弱
ZM0686	兴文小麻	四川达州农科所	四川省兴文县	地方品种	串生	近圆	红	176	弱	125	0.80	0.51	8.5	1 579	57.7	750	R	中	中
ZM0687	叙永白麻	四川达州农科所	四川省叙永县	地方品种	串生	近圆	黄白	185	强	138	0.80	0.57	11.7	2 378	39.7	1 500	MR	中	中
ZM0688	叙永青麻	四川达州农科所	四川省叙永县	地方品种	串生	卵圆	深红	182	强	148	0.80	0.56	8.2	2 292	44.9	1 125	MR	弱	强
ZM0689	叙永苎麻	四川达州农科所	四川省叙永县	地方品种	丛生	宽卵	深红	197	弱	175	1.00	0.73	9.5	1 570	32.1	1 500	R	强	强
ZM0690	屏山蔸麻	四川达州农科所	四川省屏山县	地方品种	串生	卵圆	淡红	184	强	130	0.67	0.57	8.2	2 109	45.0	750	MR	中	弱
ZM0691	屏山青白麻	四川达州农科所	四川省屏山县	地方品种	串生	尖椭	黄白	185	强	136	0.85	0.60	9.6	2 004	45.3	750	MS	弱	中
ZM0692	宜宾青秆麻	四川达州农科所	四川省宜宾市	地方品种	串生	尖椭	黄白	186	强	145	0.80	0.50	8.0	1 937	44.0	1 125	S	中	弱
ZM0693	宜宾家麻	四川达州农科所	四川省宜宾市	地方品种	串生	近圆	深红	192	强	144	0.70	0.59	10.2	1 680	50.0	1 125	MS	中	弱
ZM0694	宜宾青麻	四川达州农科所	四川省宜宾市	地方品种	串生	尖椭	深红	189	强	151	0.90	0.60	10.0	1 979	46.1	1 275	MS	中	弱

（续）

统一编号	种质名称	保存单位	原产地或来源地	种质类型	蔸型	叶形	雌蕾色	工艺成熟天数	分株力	株高	茎粗	鲜皮厚度	鲜皮出麻率	纤维支数	单纤维断裂强力	原麻产量	花叶病抗性	耐旱性	抗风性
ZM0695	宜宾白麻	四川达州农科所	四川省宜宾市	地方品种	串生	卵圆	淡红	181	强	123	0.73	0.62	11.0	1 834	40.1	750	MS	弱	弱
ZM0696	宜宾串根麻	四川达州农科所	四川省宜宾市	地方品种	串生	卵圆	黄绿	185	强	102	0.65	0.48	9.6	2 156	46.0	750	S	弱	中
ZM0697	忠县泡桐麻	四川达州农科所	重庆市忠县	地方品种	丛生	宽卵	黄白	182	弱	114	0.75	0.63	11.3	1 749		1 125	S	中	强
ZM0698	忠县青麻	四川达州农科所	重庆市忠县	地方品种	散生	卵圆	红	190	弱	132	0.80	0.61	10.0	1 681	44.5	1 125	S	中	强
ZM0699	巫溪红柄	四川达州农科所	重庆市巫溪县	地方品种	串生	尖椭	淡红	195	强	141	0.80	0.60	12.0	1 539	52.9	1 125	S	中	弱
ZM0700	巫溪大叶胖	四川达州农科所	重庆市巫溪县	地方品种	串生	宽卵	淡红	175	强	118	0.70	0.67	11.9	1 522	59.9	1 125	MS	中	强
ZM0701	巫溪家麻	四川达州农科所	重庆市巫溪县	地方品种	串生	尖椭	淡红	193	强	140	0.76	0.55	11.5	1 527	51.7	750	MS	中	弱
ZM0702	巫山线麻	四川达州农科所	重庆市巫山县	地方品种	串生	尖椭	淡红	195	强	149	0.80	0.62	12.7	1 532	52.9	1 500	MS	中	弱
ZM0703	奉节线麻	四川达州农科所	重庆市奉节县	地方品种	串生	卵圆	淡红	195	强	149	0.80		11.8	1 451	49.5	1 650	MS	中	中
ZM0704	梁平青麻	四川达州农科所	重庆市梁平县	地方品种	散生	卵圆	深红	187	弱	141	0.90	0.75	12.2	1 549	54.6	1 125	MR	中	弱
ZM0705	万县蔸麻	四川达州农科所	四川省万源市	地方品种	串生	近圆	黄白	182	强	121	0.70	0.62	8.8	1 756	53.5	750	MR	弱	强
ZM0706	万县串根麻	四川达州农科所	四川省万源市	地方品种	串生	近圆	淡红	183	强	126	0.60	0.61	9.4	1 628	49.1	750	MR	弱	强
ZM0707	巴县青皮小麻	四川达州农科所	重庆市巴南区	地方品种	串生	宽卵	黄白	185	强	132	0.70	0.56	9.4	1 879	47.0	1 125	S	中	弱
ZM0708	巴县青皮大麻	四川达州农科所	重庆市巴南区	地方品种	散生	尖椭	深红	188	强	144	0.90	0.58	9.0	1 838	50.6	1 500	MS	强	中
ZM0709	永川青皮	四川达州农科所	重庆市永川区	地方品种	散生	卵圆	淡红	184	弱	115	0.70	0.57	9.4	1 914	37.2	750	R	中	强
ZM0710	江津黄麻	四川达州农科所	重庆市江津区	地方品种	丛生	宽卵	深红	191	弱	120	0.85	0.70	10.3	1 438	58.0	900	MS	强	强
ZM0711	鸡骨麻	四川达州农科所	重庆市江津区	地方品种	串生	宽卵	淡红	178	弱	130	0.70	0.56	12.2	1 795	45.9	900	MS	中	弱
ZM0712	江津串根麻	四川达州农科所	重庆市江津区	地方品种	串生	卵圆	淡红	182	强	110	0.60	0.59	9.4	2 297	42.2	525	S	弱	强
ZM0713	荣昌青柄	四川达州农科所	重庆市荣昌县	地方品种	串生	卵圆	红	181	强	126	0.70	0.54	9.2	1 791	44.1	900	MS	中	弱
ZM0714	荣昌红柄	四川达州农科所	重庆市荣昌县	地方品种	串生	尖椭	红	181	强	127	0.70	0.58	10.0	1 835	45.8	900	MS	中	弱
ZM0715	荣昌白麻	四川达州农科所	重庆市荣昌县	地方品种	散生	近圆	深红	182	弱	110	1.00	0.69	10.0	1 597	58.2	1 125	MS	强	强
ZM0716	泸县家麻	四川达州农科所	四川省泸县	地方品种	串生	心形	淡红	187	中	127	0.80	0.52	9.0	1 918	40.8	1 500	R	中	弱
ZM0717	泸县青皮	四川达州农科所	四川省泸县	地方品种	散生	卵圆	淡红	179	中	109	0.80	0.67	9.2	1 718	43.7	1 050	MR	中	弱
ZM0718	泸县青皮麻	四川达州农科所	四川省泸县	地方品种	散生	卵圆	深红	191	弱	146	0.90	0.62	10.0	1 618	54.8	1 275	R	中	弱
ZM0719	青皮大麻	四川达州农科所	四川省泸县	地方品种	散生	卵圆	深红	191	弱	150	1.00	0.77	12.2	1 566	57.4	1 275	R	中	弱

（续）

统一编号	种质名称	保存单位	原产地或来源地	种质类型	蔸型	叶形	雌蕾色	工艺成熟天数	分株力	株高	茎粗	鲜皮厚度	鲜皮出麻率	纤维支数	单纤维断裂强力	原麻产量	花叶病抗性	耐旱性	抗风性
ZM0720	红皮小麻	四川达州农科所	四川省达县	地方品种	散生	近圆	红	183	强	130	0.90	0.71	10.0	2 157	31.9	1 875	R	中	弱
ZM0721	大红皮	四川达州农科所	四川省泸县	地方品种	散生	宽卵	红	183	强	145	0.90	0.69	10.0	1 981	41.2	1 500	R	中	弱
ZM0722	川南白皮	四川达州农科所	四川省泸县	地方品种	串生	宽卵	红	181	强	137	0.83	0.67	10.0	1 739	44.1	1 200	MS	中	弱
ZM0723	合江青麻	四川达州农科所	四川省合江县	地方品种	串生	卵圆	微红	177	强	120	0.60	0.43	9.4	2 871	37.2	600	MS	弱	强
ZM0724	合江串根麻	四川达州农科所	四川省合江县	地方品种	串生	卵圆	黄白	173	强	120	0.60	0.52	9.7	2 497	40.6	600	MS	弱	弱
ZM0725	富顺青麻	四川达州农科所	四川省富顺县	地方品种	串生	尖椭	深红	193	强	164	0.94	0.63	10.5	1 926	47.9	1 500	R	中	弱
ZM0726	隆昌白麻	四川达州农科所	四川省隆昌县	地方品种	串生	卵圆	深红	183	强	124	0.70	0.58	10.4	1 542	45.8	900	MS	弱	弱
ZM0727	隆昌黄麻	四川达州农科所	四川省隆昌县	地方品种	串生	卵圆	黄白	176	强	136	0.70	0.69	8.7	1 637	50.5	1 125	S	中	中
ZM0728	隆昌家麻	四川达州农科所	四川省隆昌县	地方品种	串生	宽卵	红	190	强	126	0.90	0.76	8.0	1 888	38.0	900	R	弱	中
ZM0729	隆昌青秆麻	四川达州农科所	四川省隆昌县	地方品种	串生	卵圆	微红	181	强	140	0.70	0.59	10.5	2 028	45.3	1 125	MR	弱	中
ZM0730	内江圆麻	四川达州农科所	四川省内江市	地方品种	散生	卵圆	黄白	192	弱	140	0.90	0.65	11.0	1 376	46.4	1 425	MS	中	弱
ZM0731	内江苎麻	四川达州农科所	四川省内江市	地方品种	散生	尖椭	淡红	189	弱	135	0.85	0.52	10.0	1 620	46.9	1 125	MS	中	弱
ZM0732	猪麻	四川达州农科所	四川省威远县	地方品种	串生	卵圆	黄白	192	强	140	0.80	0.57	9.0	1 849	53.2	1 125	MS	中	强
ZM0733	威远青麻	四川达州农科所	四川省威远县	地方品种	串生	宽卵	淡红	193	强	125	0.80	0.65	8.0	1 811	31.5	900	R	弱	强
ZM0734	红花	四川达州农科所	四川省威远县	地方品种	串生	宽卵	红	181	强	130	0.80	0.61	8.2	1 713	46.7	750	MR	中	弱
ZM0735	竹儿麻	四川达州农科所	四川省荣县	地方品种	串生	卵圆	淡红	183	强	130	0.90	0.67	9.3	2 169	36.3	1 125	MR	中	弱
ZM0736	青皮	四川达州农科所	四川省荣县	地方品种	串生	尖椭	深红	191	弱	125	0.70	0.63	10.4	1 873	44.4	1 125	MS	强	中
ZM0737	白秆	四川达州农科所	四川省荣县	地方品种	串生	尖椭	深红	182	强	110	0.70	0.73	10.0	1 686	41.5	1 200	MR	中	弱
ZM0738	荣县红心	四川达州农科所	四川省荣县	地方品种	串生	尖椭	红	186	强	151	0.80	0.70	9.4	1 576	47.4	1 125	MR	弱	弱
ZM0739	自贡青皮	四川达州农科所	四川省自贡市	地方品种	丛生	卵圆	红	185	中	132	0.80	0.53	10.0	1 982	47.1	1 125	MS	中	强
ZM0740	犍为火麻	四川达州农科所	四川省犍为县	地方品种	串生	卵圆	黄白	186	强	140	0.80	0.53	9.7	2 109	39.6	975	S	中	强
ZM0741	大麻	四川达州农科所	四川省犍为县	地方品种	串生	卵圆	红	187	中	134	0.80	0.51	7.0	1 817	63.8	975	MR	中	中
ZM0742	犍为竹根麻	四川达州农科所	四川省犍为县	地方品种	串生	卵圆	红	187	强	120	0.80	0.51	9.2	2 125	54.8	750	MS	弱	强
ZM0743	红麻	四川达州农科所	四川省犍为县	地方品种	串生	尖椭	红	181	强	142	0.80	0.68	10.3	1 296	52.8	1 350	MS	弱	弱
ZM0744	乐山圆麻	四川达州农科所	四川省乐山市	地方品种	丛生	卵圆	淡红	189	中	145	0.90	0.56	10.0	1 677	59.9	1 500	R	强	强

（续）

统一编号	种质名称	保存单位	原产地或来源地	种质类型	蔸型	叶形	雌蕾色	工艺成熟天数	分株力	株高	茎粗	鲜皮厚度	鲜皮出麻率	纤维支数	单纤维断裂强力	原麻产量	花叶病抗性	耐旱性	抗风性
ZM0745	乐山串根麻	四川达州农科所	四川省乐山市	地方品种	串生	卵圆	红	179	强	125	0.75	0.62	12.8	1 687	52.7	900	R	弱	强
ZM0746	沐川青麻	四川达州农科所	四川省沐川县	地方品种	散生	卵圆	红	181	弱	135	0.90	0.59	9.1	1 824	48.0	1 500	MR	中	中
ZM0747	遂宁圆麻	四川达州农科所	四川省遂宁市	地方品种	串生	尖椭	淡红	188	强	130	0.80	0.56	10.7	1 676	60.8	750	MS	弱	中
ZM0748	遂宁苎麻	四川达州农科所	四川省遂宁市	地方品种	串生	长卵	淡红	173	强	130	0.70	0.45	8.8	1 712	45.3	600	MS	弱	强
ZM0749	旺苍枸皮麻	四川达州农科所	四川省旺苍县	地方品种	散生	尖椭	淡红	185	弱	104	0.70	0.51	8.2	1 948	47.9	750	MS	中	强
ZM0750	旺苍串根麻	四川达州农科所	四川省旺苍县	地方品种	串生	卵圆	淡红	171	强	135	0.70	0.51	9.6	2 174	36.3	825	MR	弱	中
ZM0751	旺苍乌脚麻	四川达州农科所	四川省旺苍县	地方品种	串生	卵圆	红	171	强	146	0.70	0.57	10.6	1 772	51.4	975	MR	弱	中
ZM0752	旺苍白麻	四川达州农科所	四川省旺苍县	地方品种	串生	宽卵	红	182	中	132	0.70	0.58	10.0	1 966	57.1	975	MS	弱	弱
ZM0753	剑阁苎麻	四川达州农科所	四川省剑阁县	地方品种	串生	卵圆	红	182	强	135	0.70	0.56	10.2	1 909	58.0	750	MS	弱	强
ZM0754	广元苎麻	四川达州农科所	四川省广元市	地方品种	串生	尖椭	黄白	182	弱	110	0.70	0.59	8.0	1 737	46.5	750	S	弱	中
ZM0755	广元火麻	四川达州农科所	四川省广元市	地方品种	串生	尖椭	红	187	弱	118	0.70	0.60	11.0	1 645	51.4	750	MS	弱	弱
ZM0756	广安黄金麻	四川达州农科所	四川省广安市	地方品种	串生	卵圆	淡红	174	强	120	0.70	0.51	10.0	1 807	62.1	600	S	弱	强
ZM0757	南充苎麻	四川达州农科所	四川省南充市	地方品种	串生	近圆	黄白	185	强	140	0.80	0.64	7.0	1 477	52.7	1 125	S	中	中
ZM0758	南充家麻	四川达州农科所	四川省南充市	地方品种	串生	尖椭	淡红	177	强	141	0.80	0.53	7.5	1 771	35.0	1 125	MR	中	强
ZM0759	仪陇青秆	四川达州农科所	四川省仪陇县	地方品种	串生	卵圆	红	184	强	135	0.70	0.56	8.0	2 101	46.9	975	MS	中	中
ZM0760	黄叶	四川达州农科所	四川省仪陇县	地方品种	串生	近圆	黄白	182	强	135	0.80	0.65	8.3	1 670	50.7	900	S	中	中
ZM0761	营山白麻	四川达州农科所	四川省营山县	地方品种	串生	卵圆	深红	179	强	152	0.80	0.54	10.4	1 424	63.9	1 275	MR	中	中
ZM0762	营山青麻	四川达州农科所	四川省营山县	地方品种	串生	尖椭	微红	194	强	140	0.80	0.56	8.7	1 714	54.2	900	MR	中	弱
ZM0763	武胜苎麻	四川达州农科所	四川省武胜县	地方品种	串生	近圆	红	160	强	100	0.60	0.52	7.5	2 038	46.0	525	MS	弱	强
ZM0764	武胜白麻	四川达州农科所	四川省武胜县	地方品种	散生	卵圆	深红	183	弱	147	0.96	0.60	9.3	1 983	44.3	1 350	MS	中	中
ZM0765	大叶子 1 号	四川达州农科所	四川省武胜县	地方品种	散生	宽卵	黄白	184	强	152	0.80	0.55	10.0	1 558	50.4	1 500	MR	强	强
ZM0766	大叶子 2 号	四川达州农科所	四川省武胜县	地方品种	散生	尖椭	淡红	184	弱	132	0.90	0.57	9.0	1 678	43.0	1 125	MS	中	中
ZM0767	武胜野麻 1 号	四川达州农科所	四川省武胜县	野生资源	串生	宽卵	红	190	强	137	0.80	0.47	8.8	2 336	42.6	1 125	MR	强	强
ZM0768	武胜野麻 2 号	四川达州农科所	四川省武胜县	野生资源	串生	宽卵	黄白	190	强	135	0.80	0.46	9.7	2 392	44.2	855	R	强	强
ZM0769	川苎一号	四川达州农科所	四川省达县	选育品种	丛生	卵圆	黄白	190	弱	150	1.00	0.59	12.0	1 450	62.3	1 500	MS	强	强

（续）

统一编号	种质名称	保存单位	原产地或来源地	种质类型	蔸型	叶形	雌蕾色	工艺成熟天数	分株力	株高	茎粗	鲜皮厚度	鲜皮出麻率	纤维支数	单纤维断裂强力	原麻产量	花叶病抗性	耐旱性	抗风性
ZM0770	川苎二号	四川达州农科所	四川省达县	选育品种	丛生	尖椭	黄绿	191	中	136	0.90	0.71	13.4	1 051	65.9	1 500	MS	强	强
ZM0771	川苎三号	四川达州农科所	四川省达县	选育品种	丛生	近圆	黄白	191	弱	160	1.00	0.65	10.0	1 131	65.6	1 875	MS	强	强
ZM0772	信阳黑壳早	中国麻类所	河南省信阳市平桥区	地方品种	串生	尖椭	深红	178	中	108	0.70	0.63	12.7	1 701	42.4	825	S	弱	中
ZM0773	信阳野青麻	中国麻类所	河南省信阳市平桥区	野生资源	串生	尖椭	深红	180	强	111	0.77	0.64	11.3	1 574	49.1	750	S	弱	中
ZM0774	嵩县野麻	中国麻类所	河南省嵩县	野生资源	串生	卵圆	黄绿	177	中	140	0.60	0.55	7.0	1 571	49.1	750	S	中	中
ZM0775	旬阳绿白麻	四川达州农科所	陕西省旬阳县	地方品种	散生	卵圆	黄白	183	强	136	0.80	0.69	13.1	1 360	46.5	1 500	MS	中	中
ZM0776	汉中苎麻	四川达州农科所	陕西省汉中市	地方品种	散生	尖椭	淡红	182	弱	108	0.80	0.71	12.4	1 470	52.9	1 200	MR	强	强
ZM0777	丝麻	四川达州农科所	陕西省安康市	地方品种	散生	卵圆	淡红	194	强	137	0.88	0.71	12.2	1 167	61.9	1 500	S	中	中
ZM0778	紫阳大叶泡	四川达州农科所	陕西省紫阳县	地方品种	串生	卵圆	淡红	186	强	136	0.76	0.54	9.2	1 627	48.0	1 125	MS	中	强
ZM0779	紫阳黄秆麻	四川达州农科所	陕西省紫阳县	地方品种	丛生	尖椭	深红	198	弱	136	0.78	0.65	11.7	1 818	46.4	1 500	MS	中	中
ZM0780	钢鞭麻	中国麻类所	陕西省紫阳县	地方品种	丛生	尖椭	淡红	191	弱	142	0.80	0.71	10.0	1 197	64.0	1 350	S	中	中
ZM0781	紫阳格蔸麻	中国麻类所	陕西省紫阳县	地方品种	丛生	尖椭	淡红	195	中	139	0.83	0.84	11.3	1 141	62.3	1 200	MR	中	中
ZM0782	紫阳青秆麻	中国麻类所	陕西省紫阳县	地方品种	丛生	尖椭	深红	191	弱	124	0.72	0.79	12.7	1 650	53.7	1 125	S	中	中
ZM0783	古巴苎麻	中国麻类所	古巴	遗传材料	串生	卵圆	红	184	强	135	0.80	0.61	9.5	1 674	49.1	1 125	MR	弱	弱
ZM0784	印度苎麻	中国麻类所	印度	遗传材料	散生	卵圆	黄白	179	弱	152	0.99	0.68	9.6	1 571	49.1	1 350	MR	强	中
ZM0785	日本苎麻 1 号	湖北经作所	巴西	遗传材料	串生	尖椭	绿白	180	中	150	0.89	0.68	11.2	1 493	46.6	1 200	MR	中	强
ZM0786	日本苎麻 2 号	湖北经作所	巴西	遗传材料	串生	近圆	绿白	180	中	166	0.87	0.71	14.2	1 718	45.7	1 875	MR	中	强
ZM0787	日本苎麻 3 号	湖北经作所	巴西	遗传材料	散生	宽卵	微红	180	中	150	0.80	0.70	13.6	1 498	50.9	1 875	MR	中	强
ZM0788	日本苎麻 4 号	湖北经作所	巴西	遗传材料	串生	宽卵	微红	180	中	156	0.85	0.74	14.0	1 433	49.9	1 650	MR	中	强
ZM0789	日本苎麻 5 号	中国麻类所	巴西	遗传材料	串生	卵圆	红	194	中	152	0.97	0.81	14.1	1 369	48.9	1 350	MR	中	中
ZM0790	日本苎麻 6 号	中国麻类所	巴西	遗传材料	串生	尖椭	黄白	194	中	165	0.98	0.65	12.8	1 479	52.8	1 275	MS	中	中
ZM0791	日本苎麻 7 号	中国麻类所	巴西	遗传材料	串生	卵圆	黄绿	194	中	171	0.96	0.64	9.8	1 617		1 275	MR	中	中
ZM0792	日本苎麻 8 号	中国麻类所	巴西	遗传材料	串生	近圆	黄绿	194	中	163	1.00	0.74	13.0	1 596	49.0	1 350	MR	中	中
ZM0793	提蒙苎麻	中国麻类所	海南省陵水县	地方品种	丛生	卵圆	微红	165	中	76	0.82	0.65	10.9			938	S	强	中
ZM0794	陵水青麻	中国麻类所	海南省陵水县	地方品种	丛生	尖椭	红	169	中	72	0.68	0.55	8.1	2 200	43.1	536	MR	强	中

（续）

统一编号	种质名称	保存单位	原产地或来源地	种质类型	蔸型	叶形	雌蕾色	工艺成熟天数	分株力	株高	茎粗	鲜皮厚度	鲜皮出麻率	纤维支数	单纤维断裂强力	原麻产量	花叶病抗性	耐旱性	抗风性
ZM0795	保亭珍麻	中国麻类所	海南省保亭县	地方品种	串生	卵圆	微红	195	强	115	0.74	0.60	8.0	1 453	49.6	917	S	弱	中
ZM0796	那大苎麻	中国麻类所	海南省儋州市	地方品种	串生	卵圆	淡红	163	中	122	0.78	0.63	7.6	2 078	41.0	851	S	弱	中
ZM0797	真苎1号	中国麻类所	广东省信宜市	地方品种	丛生	卵圆	黄白	180	中	125	0.78	0.55	9.8	1 907	43.5	1 203	MR	强	中
ZM0798	真苎2号	中国麻类所	广东省信宜市	地方品种	丛生	宽卵	淡红	178	中	124	0.93	0.69	6.0	2 013	43.3	719	MS	强	中
ZM0799	白麻1号	中国麻类所	广东省高州市	地方品种	丛生	宽卵	淡红	179	中	150	0.85	0.56	11.8	1 710	54.4	1 688	S	强	中
ZM0800	白麻2号	中国麻类所	广东省高州市	地方品种	丛生	宽卵	微红	187	中	129	0.90	0.64	11.6	1 744	47.6	1 521	MS	强	中
ZM0801	龙江圆麻	广西桂林农科所	广西壮族自治区永福县	地方品种	散生	卵圆	淡红	177	弱	126	0.79	0.55	10.3	1 516	49.5	750	MS	中	中
ZM0802	宜山圆麻	广西桂林农科所	广西壮族自治区宜州市	地方品种	散生	卵圆	淡红	177	弱	120	0.82	0.62	7.9	1 762	42.8	750	S	中	中
ZM0803	六坡圆麻	广西桂林农科所	广西壮族自治区宜州市	地方品种	散生	尖椭	深红	179	弱	115	0.78	0.50	8.0	1 622	50.3	525	S	中	中
ZM0804	刘泉圆麻	广西桂林农科所	广西壮族自治区宜州市	地方品种	散生	卵圆	微红	178	弱	107	0.75	0.47	5.2	1 814	42.9	300	S	中	中
ZM0805	龙塘圆麻	广西桂林农科所	广西壮族自治区宜州市	地方品种	串生	卵圆	红	176	强	112	0.68	0.37	7.5	2 584	44.2	300	I	中	中
ZM0806	环江青麻	广西桂林农科所	广西壮族自治区环江县	地方品种	散生	卵圆	黄白	187	中	108	0.73	0.65	12.6	1 908	42.0	1 125	S	中	中
ZM0807	小叶青	广西桂林农科所	广西壮族自治区象州县	地方品种	丛生	宽卵	黄白	177	弱	117	0.86	0.67	11.0	2 087	39.8	1 350	R	强	中
ZM0808	桐木青麻	广西桂林农科所	广西壮族自治区象州县	地方品种	散生	卵圆	深红	176	弱	99	0.67	0.50	5.0	2 886	35.8	300	MR	中	中
ZM0809	石钟红柄麻	广西桂林农科所	广西壮族自治区凌云县	地方品种	散生	尖椭	深红	177	中	122	0.77	0.47	9.5	2 090	40.4	1 050	R	中	中
ZM0810	钟和青麻	广西桂林农科所	广西壮族自治区凌云县	地方品种	散生	近圆	黄白	179	弱	106	0.79	0.43	7.5	1 875		600	MS	弱	中
ZM0811	石钟青柄麻	广西桂林农科所	广西壮族自治区凌云县	地方品种	散生	近圆	黄白	182	弱	112	0.87	0.57	9.2	1 796	47.0	375	I	中	中
ZM0812	凌云野苎麻	广西桂林农科所	广西壮族自治区凌云县	野生资源	散生	卵圆	淡红	187	强	131	0.78	0.50	5.9	1 760		600	S	中	弱
ZM0813	红杆麻	广西桂林农科所	广西壮族自治区德保县	地方品种	散生	近圆	深红	177	弱	110	0.87	0.57	9.6	2 884	36.6	525	S	中	中
ZM0814	青杆麻	广西桂林农科所	广西壮族自治区德保县	地方品种	散生	近圆	微红	177	弱	109	0.87	0.65	9.5	1 706	42.9	750	R	中	中
ZM0815	渠洋青麻	广西桂林农科所	广西壮族自治区靖西市	地方品种	散生	近圆	黄白	176	弱	122	0.85	0.75	9.8	2 287	35.0	600	S	中	弱
ZM0816	渠洋大叶青	广西桂林农科所	广西壮族自治区靖西市	地方品种	散生	近圆	黄白	176	弱	122	0.90	0.70	7.8	1 644	46.4	1 125	S	中	弱
ZM0817	南坡青皮	广西桂林农科所	广西壮族自治区靖西市	地方品种	散生	卵圆	黄白	174	弱	131	0.90	0.54	7.4	1 619		600	S	中	中
ZM0818	小茎圆麻	广西桂林农科所	广西壮族自治区横县	地方品种	散生	卵圆	深红	180	弱	115	0.77	0.50	9.1	2 454	31.7	600	R	中	中
ZM0819	大茎圆麻	广西桂林农科所	广西壮族自治区横县	地方品种	散生	卵圆	淡红	181	弱	124	0.95	0.70	8.1	2 050	49.3	600	R	中	弱

（续）

统一编号	种质名称	保存单位	原产地或来源地	种质类型	蔸型	叶形	雌蕾色	工艺成熟天数	分株力	株高	茎粗	鲜皮厚度	鲜皮出麻率	纤维支数	单纤维断裂强力	原麻产量	花叶病抗性	耐旱性	抗风性
ZM0820	阳朔野苎麻	中国麻类所	广西壮族自治区阳朔县	野生资源	丛生	卵圆	深红	202	弱	130	0.98	0.67	7.8	1 756	47.1	600	MS	强	强
ZM0821	平乐青芽兜	中国麻类所	广西壮族自治区平乐县	地方品种	丛生	近圆	深红	181	弱	121	0.95	0.80	11.3	1 661	52.4	1 029	I	强	强
ZM0822	七星岩苎麻	中国麻类所	广西壮族自治区桂林市	地方品种	散生	卵圆	微红	187	强	129	0.86	0.76	7.3	1 706	42.6	1 172	S	中	中
ZM0823	宁德苎麻 1 号	中国麻类所	福建省宁德市	地方品种	串生	卵圆	微红	184	弱	40							S	弱	弱
ZM0824	宁德苎麻 2 号	中国麻类所	福建省宁德市	地方品种	串生	宽卵	微红	185	中	104	0.75	0.60	10.7	1 437	58.4	929	S	弱	弱
ZM0825	宁德苎麻 3 号	中国麻类所	福建省宁德市	地方品种	串生	卵圆	黄绿	158	中	54	0.54						S	弱	弱
ZM0826	宁德苎麻 4 号	中国麻类所	福建省宁德市	地方品种	散生	卵圆	红	180	中	111	0.74	0.61	11.1	1 328	58.0	1 181	S	中	中
ZM0827	宁德苎麻 5 号	中国麻类所	福建省宁德市	地方品种	串生	卵圆	淡红	168	中	102	0.60	0.54	11.4			455	MR	弱	弱
ZM0828	福鼎苎麻 1 号	中国麻类所	福建省福鼎市	地方品种	丛生	宽卵	黄白	176	中	120	0.84	0.62	10.5	1 595	52.2	1 610	S	强	强
ZM0829	福鼎苎麻 2 号	中国麻类所	福建省福鼎市	地方品种	散生	卵圆	微红	178	强	114	0.71	0.55	13.5	1 603	45.2	1 437	S	中	中
ZM0830	福鼎苎麻 3 号	中国麻类所	福建省福鼎市	地方品种	散生	宽卵	深红	171	强	146	0.85	0.70	13.0	1 906	49.1	3 204	S	中	中
ZM0831	蒲城苎麻 1 号	中国麻类所	福建省浦城县	地方品种	串生	卵圆	淡红	173	强	102	0.66	0.57	11.5			626	S	弱	弱
ZM0832	蒲城苎麻 2 号	中国麻类所	福建省浦城县	地方品种	散生	卵圆	微红	168	强	120	0.72	0.52	11.1	1 791	48.6	1 218	MR	中	中
ZM0833	建阳苎麻	中国麻类所	福建省建阳市	地方品种	串生	尖椭	微红	160	中	118	0.70	0.53	14.4		49.0	1 250	S	弱	弱
ZM0834	三明苎麻 1 号	中国麻类所	福建省三明市	地方品种	丛生	宽卵	淡红	169	强	114	0.87	0.84	12.9	1 441	51.1	3 218	R	强	强
ZM0835	三明苎麻 2 号	中国麻类所	福建省三明市	地方品种	散生	尖椭	红	164	强	131	0.83	0.72	12.7	1 769	46.2	2 415	MS	中	中
ZM0836	大田苎麻 1 号	中国麻类所	福建省大田县	地方品种	散生	尖椭	微红	178	强	139	0.75	0.65	14.1			3 251	S	中	中
ZM0837	大田苎麻 2 号	中国麻类所	福建省大田县	地方品种	丛生	卵圆	红	178	强	146	0.92	0.72	10.7	1 627	48.9	2 981	R	强	强
ZM0838	惠安黄心种	中国麻类所	福建省惠安县	地方品种	散生	卵圆	淡红	164	弱	115	0.71	0.60	14.0	2 127	44.7	837	MS	中	中
ZM0839	惠安绿心种	中国麻类所	福建省惠安县	地方品种	散生	卵圆	淡红	175	中	132	0.84	0.67	12.1	1 592	49.1	1 190	MS	中	中
ZM0840	宁化青苎麻	中国麻类所	福建省宁化县	地方品种	散生	卵圆	淡红	178	弱	119	0.78	0.71	10.8	1 734	48.4	945	S	中	中
ZM0841	屠家滨苎麻	中国麻类所	浙江省长兴县	地方品种	散生	卵圆	淡红	161	弱	81	0.69	0.61	9.5			377	S	中	中
ZM0842	云和苎麻 1 号	中国麻类所	浙江省云和县	地方品种	散生	宽卵	微红	171	强	117	0.76	0.66	10.8	1 270	60.0	1 290	S	中	中
ZM0843	云和苎麻 2 号	中国麻类所	浙江省云和县	地方品种	丛生	宽卵	微红	165	中	129	0.83	0.68	12.4	1 275	59.9	1 569	MR	强	强
ZM0844	云和苎麻 3 号	中国麻类所	浙江省云和县	地方品种	丛生	宽卵	微红	175	中	122	0.87	0.76	12.0	1 499	47.0	2 070	MR	强	强

（续）

统一编号	种质名称	保存单位	原产地或来源地	种质类型	蔸型	叶形	雌蕾色	工艺成熟天数	分株力	株高	茎粗	鲜皮厚度	鲜皮出麻率	纤维支数	单纤维断裂强力	原麻产量	花叶病抗性	耐旱性	抗风性
ZM0845	温州苎麻	中国麻类所	浙江省温州市	地方品种	丛生	宽卵	淡红	177	弱	117	0.80	0.72	11.8	1 515	46.7	854	MS	强	强
ZM0846	永丰黄皮麻	中国麻类所	浙江省丽水市	地方品种	丛生	卵圆	红	183	弱	147	0.91	0.77	13.3	1 529	48.9	1 890	MS	强	中
ZM0847	铁僵麻	中国麻类所	浙江省武义县	地方品种	丛生	卵圆	深红	183	中	153	0.97	0.84	11.8	1 351	48.0	2 093	S	强	中
ZM0848	乐青黄皮麻	中国麻类所	浙江省乐清市	地方品种	散生	近圆	红	195	中	116	0.80	0.64	13.4	1 751	47.7	1 575	MS	中	中
ZM0849	宜苎 1 号	中国麻类所	江西省省宜春市	地方品种	丛生	近圆	红	161	中	164	1.03	0.91	11.1	2 012	32.1	1 500	R	强	中
ZM0850	宜杂 1 号	江西苎麻所	江西省省宜春市	地方品种	丛生	近圆	淡红	186	强	176	1.21	0.88	11.7	2 398	30.2	2 250	R	强	强
ZM0851	宜杂 2 号	江西苎麻所	江西省省宜春市	地方品种	丛生	椭圆	黄白	188	强	180	1.24	0.91	12.1	2 007	30.4	2 625	MR	强	强
ZM0852	吉水苎麻	中国麻类所	江西省吉水县	地方品种	丛生	卵圆	淡红	177	中	116	0.79	0.78	11.8	1 323	52.3	1 913	R	强	强
ZM0853	牛角圩圆麻	中国麻类所	湖南省冷水滩区	地方品种	丛生	宽卵	淡红	179	中	150	0.85	0.56	11.8	1 592	50.2	1 688	R	强	强
ZM0854	黄荆兜	中国麻类所	湖南省沅江市	地方品种	散生	卵圆	淡红	174	强	114	0.60	0.59	10.4	1 887	43.1	762	R	中	中
ZM0855	万源湖野苎麻	中国麻类所	湖南省沅江市	野生资源	丛生	尖椭	淡红	174	强	121	0.78	0.71	12.2	1 284	53.5	1 371	MR	强	强
ZM0856	张家界野麻	中国麻类所	湖南省张家界市	野生资源	串生	卵圆	黄绿	164	弱	55	0.40						MR	弱	中
ZM0857	V10	中国麻类所	湖南省沅江市	地方品种	丛生	宽卵	淡红	187	强	200	1.20	0.90	11.6	1 903	48.0	2 700	R	强	强
ZM0858	79-20	中国麻类所	湖南省沅江市	地方品种	丛生	卵圆	黄白	168	弱	190	0.94	0.93	13.8	2 136	46.0	3 150	R	强	强
ZM0859	74-69	中国麻类所	湖南省沅江市	地方品种	丛生	卵圆	红	200	强	170	1.18	1.00	11.7	2 179	29.6	2 625	R	强	中
ZM0860	76-62	中国麻类所	湖南省沅江市	地方品种	丛生	近圆	红	205	中	168	1.10	0.89	10.8	1 875	39.6	2 550	R	强	中
ZM0861	79-04	中国麻类所	湖南省沅江市	地方品种	散生	卵圆	红	198	强	165	0.92	0.75	11.6	1 869	38.5	2 475	R	强	中
ZM0862	苎优 1 号	贵州草业所	贵州省独山县	选育品种	丛生	尖椭	淡红	201	强	145	0.94	0.51	9.2	1 867	28.7	3 134	R	强	强
ZM0863	苎优 2 号	贵州草业所	贵州省独山县	选育品种	散生	卵圆	淡红	196	强	144	0.93	0.63	8.4	2 050	22.8	2 055	R	强	强
ZM0864	贵定青麻	贵州草业所	贵州省贵定县	地方品种	丛生	卵圆	红	154	强	114	0.89	0.75	7.1	2 285	20.1	921	R	强	强
ZM0865	新铺白麻	贵州草业所	贵州省遵义市	地方品种	串生	卵圆	淡红	161	强	98	0.72	0.68	7.6	2 134	20.6	363	R	弱	中
ZM0866	新铺青麻	贵州草业所	贵州省遵义市	地方品种	散生	椭圆	黄绿	163	强	142	1.08	1.10	10.4	2 048	37.6	1 457	R	强	强
ZM0867	娄山黄皮麻	贵州草业所	贵州省遵义市	地方品种	串生	卵圆	红	162	强	93	0.71	0.82	8.4	2 676	27.6	243	R	中	中
ZM0868	栗木青麻	贵州草业所	贵州省罗甸县	地方品种	丛生	卵圆	黄绿	164	强	121	0.92	0.93	7.5	1 711	30.8	590	R	中	中
ZM0869	六枝苎麻	贵州草业所	贵州省六盘水市	地方品种	散生	卵圆	微红	151	强	109	0.73	0.82	6.7	1 833	26.5	236	R	中	中

（续）

统一编号	种质名称	保存单位	原产地或来源地	种质类型	蔸型	叶形	雌蕾色	工艺成熟天数	分株力	株高	茎粗	鲜皮厚度	鲜皮出麻率	纤维支数	单纤维断裂强力	原麻产量	花叶病抗性	耐旱性	抗风性
ZM0870	瓮阳青皮	贵州草业所	贵州省瓮安县	地方品种	散生	椭圆	红	175	强	106	0.61	0.73	5.9	2 457	28.6	249	R	强	强
ZM0871	珠场青皮	贵州草业所	贵州省瓮安县	地方品种	散生	尖椭	红	160	强	85	0.83	0.83	9.5	2 218	24.8	1 076	R	强	强
ZM0872	三都青皮麻	贵州草业所	贵州省三都县	地方品种	散生	卵圆	黄绿	164	强	107	0.83	0.83	11.6	1 347	41.3	599	R	强	强
ZM0873	圩角苎麻	中国麻类所	江苏省启东市	地方品种	丛生	尖椭	黄白	160	强	120	0.81	0.63	14.7	2 167	45.2	1 188	S	中	强
ZM0874	剑湖苎麻	中国麻类所	江苏省常州市武进区	地方品种	散生	卵圆	黄绿	171	弱	100	0.65	0.58	13.2	2 127	44.7	917	S	弱	中
ZM0875	歙县青皮麻	中国麻类所	安徽省歙县	地方品种	散生	卵圆	红	185	中	123	0.85	0.86	10.3	1 535	44.0	1 860	MS	中	中
ZM0876	蒲圻日本麻	中国麻类所	湖北省蒲圻市	地方品种	丛生	尖椭	淡红	173	中	145	0.87	0.75	10.8	1 461	48.8	1 538	MS	强	中
ZM0877	胡麻	湖北经作所	湖北省阳新县	地方品种	散生	椭圆	微红	172	强	147	0.85	0.74	12.9	1 889	47.9	1 425	MR	中	中
ZM0878	嘉鱼苎麻	湖北经作所	湖北省嘉鱼县	地方品种	散生	椭圆	黄白	182	强	140	0.72	0.70	11.2	1 658	46.4	1 800	R	中	强
ZM0879	大箕甫黄壳麻	湖北经作所	湖北省大冶市	地方品种	散生	近圆	红	184	中	145	0.68	0.75	14.3	1 860	41.3	1 350	MR	中	中
ZM0880	圻州青麻	湖北经作所	湖北省蕲春县	地方品种	散生	近圆	微红	178	中	170	0.81	0.80	10.6	1 539	51.1	2 400	MR	强	强
ZM0881	洪湖竹叶青	湖北经作所	湖北省洪湖市	地方品种	丛生	尖椭	红	180	强	160	0.95	0.78	13.3	1 972	40.6	2 250	I	强	强
ZM0882	洪湖细秆麻	湖北经作所	湖北省洪湖市	地方品种	散生	尖椭	微红	185	强	170	0.70	0.75	13.5	1 423	49.6	1 200	R	中	强
ZM0883	恩施黄尖	湖北经作所	湖北省恩施市	地方品种	散生	椭圆	红	175	中	165	0.85	0.67	14.0	1 437	56.0	1 500	MR	强	强
ZM0884	建始大叶麻	湖北经作所	湖北省建始县	地方品种	散生	宽卵	微红	178	强	165	0.75	0.76	12.7	1 847	44.5	1 800	I	中	弱
ZM0885	公安线麻	湖北经作所	湖北省公安县	地方品种	串生	卵圆	淡红	175	强	140	0.72	0.65	10.2	1 531	56.1	1 125	MR	弱	弱
ZM0886	大垸苎麻	湖北经作所	湖北省监利县	地方品种	散生	近圆	黄绿	180	强	145	0.80	0.72	10.5	1 882	40.5	1 500	R	中	强
ZM0887	2004-1	华中农业大学	湖北省武汉市	地方品种	散生	近圆	淡红	190	中	167	0.87	0.60	14.8	2 026	36.4	2 340	R	强	强
ZM0888	1504	华中农业大学	湖北省武汉市	地方品种	散生	近圆	红	195	中	173	0.87	0.63	12.6	2 925	28.3	1 920	R	强	强
ZM0889	红大叶胖	四川达州农科所	四川省达县	地方品种	散生	近圆	淡红	195	中	172	1.12	0.75	10.0	1 658	37.3	1 820	MR	强	强
ZM0890	达县青杠麻	四川达州农科所	四川省达县	地方品种	散生	卵圆	黄白	187	中	147	0.96	0.76	12.2	1 077	58.8	2 231	MS	强	强
ZM0891	大树青杠麻	四川达州农科所	四川省达县	地方品种	散生	卵圆	黄白	189	中	171	1.10	0.84	12.3	1 363	60.3	2 580	R	强	强
ZM0892	铁山苎麻	四川达州农科所	四川省达县	地方品种	散生	卵圆	黄白	184	中	148	0.86	0.52	8.7	1 566	49.7	1 080	S	中	弱
ZM0893	达县野麻	四川达州农科所	四川省达县	野生资源	散生	卵圆	红	186	弱	162	0.95	0.50	8.2	1 339	61.7	905	S	中	弱
ZM0894	红梗青麻 1 号	四川达州农科所	四川省大竹县	地方品种	散生	卵圆	微红	194	强	170	1.10	0.68	10.3	1 990	39.5	1 815	MR	强	中

（续）

统一编号	种质名称	保存单位	原产地或来源地	种质类型	蔸型	叶形	雌蕾色	工艺成熟天数	分株力	株高	茎粗	鲜皮厚度	鲜皮出麻率	纤维支数	单纤维断裂强力	原麻产量	花叶病抗性	耐旱性	抗风性
ZM0895	红梗青麻 2 号	四川达州农科所	四川省大竹县	地方品种	散生	卵圆	红	188	弱	149	0.85	0.51	7.5	1 763	38.6	1 080	S	中	中
ZM0896	大竹红麻	四川达州农科所	四川省大竹县	地方品种	串生	卵圆	深红	178	强	152	0.89	0.62	10.8	1 461	52.8	2 040	MR	弱	弱
ZM0897	江西白麻	四川达州农科所	四川省大竹县	地方品种	散生	宽卵	黄绿	187	中	162	1.00	0.69	11.0	1 506	49.5	2 055	MR	强	强
ZM0898	邻水串根麻	四川达州农科所	四川省邻水县	地方品种	串生	卵圆	红	185	强	151	0.84	0.48	6.9	1 557	48.3	855	MS	中	中
ZM0899	荆坪苎麻	四川达州农科所	四川省邻水县	地方品种	散生	卵圆	微红	187	强	150	0.86	0.67	10.7	1 851	43.7	1 905	MS	中	强
ZM0900	渠县青杠麻	四川达州农科所	四川省渠县	地方品种	丛生	卵圆	黄白	192	弱	145	0.85	0.60	12.5	1 737	47.8	1 500	MS	强	强
ZM0901	小青杠	四川达州农科所	四川省渠县	地方品种	散生	卵圆	黄白	187	中	145	1.00	0.71	12.3	1 546	49.4	1 260	MS	中	强
ZM0902	大花麻	四川达州农科所	四川省渠县	地方品种	散生	宽卵	黄白	188	弱	165	1.03	0.74	12.0	1 586	48.8	1 890	S	中	强
ZM0903	龙潭白麻	四川达州农科所	四川省渠县	地方品种	散生	卵圆	黄白	185	弱	171	1.03	0.78	12.5	1 490	50.3	2 130	S	中	强
ZM0904	巴中白麻 2 号	四川达州农科所	四川省宜汉县	地方品种	串生	宽卵	淡红	187	强	168	1.10	0.62	11.0	1 470	52.6	1 860	MS	强	弱
ZM0905	沙坝白麻 1 号	四川达州农科所	四川省宜汉县	地方品种	散生	近圆	深红	184	强	120	0.85	0.54	11.0	1 569	46.1	1 125	MS	中	中
ZM0906	沙坝白麻 2 号	四川达州农科所	四川省宜汉县	地方品种	散生	卵圆	黄白	187	中	143	0.90	0.61	11.4	1 979	47.5	1 230	MR	中	中
ZM0907	桃花苎麻 1 号	四川达州农科所	四川省宜汉县	地方品种	串生	宽卵	黄白	187	强	140	0.78	0.63	12.5	1 621	39.8	1 815	S	弱	强
ZM0908	桃花苎麻 2 号	四川达州农科所	四川省宜汉县	地方品种	散生	宽卵	黄白	190	强	153	0.85	0.67	12.8	1 470	51.2	1 500	S	弱	强
ZM0909	昆池苎麻 1 号	四川达州农科所	四川省宜汉县	地方品种	串生	宽卵	微红	187	强	162	0.81	0.70	12.3	1 521	34.4	1 821	MS	弱	强
ZM0910	昆池苎麻 2 号	四川达州农科所	四川省宜汉县	地方品种	串生	宽卵	黄白	185	强	171	0.90	0.55	10.2	1 595	32.7	1 245	MS	弱	强
ZM0911	昆池苎麻 3 号	四川达州农科所	四川省宜汉县	地方品种	散生	宽卵	微红	189	强	172	1.08	0.68	10.7	1 571	45.8	1 500	MR	弱	强
ZM0912	天龙麻	四川达州农科所	四川省宜汉县	地方品种	散生	卵圆	红	180	中	147	0.88	0.58	12.0	1 461	58.3	1 260	MS	中	中
ZM0913	广安青杠麻	四川达州农科所	四川省广安市	地方品种	丛生	卵圆	黄白	188	弱	152	1.00	0.78	12.0	1 637	43.8	1 305	R	强	强
ZM0914	秀山青杠麻	四川达州农科所	重庆市秀山县	地方品种	串生	尖椭	淡红	184	强	178	1.07	0.61	11.6	2 055	33.4	1 860	R	中	强
ZM0915	太原野麻	四川达州农科所	重庆市石柱县	野生资源	串生	卵圆	红	186	强	124	0.80	0.57	9.9	2 294	27.4	870	MS	弱	强
ZM0916	黔江黄杆	四川达州农科所	重庆市贵州省江区	地方品种	散生	宽卵	深红	188	弱	123	1.20	0.68	10.1	1 502	46.3	1 275	R	强	强
ZM0917	彭水青杠麻	四川达州农科所	重庆市彭水县	地方品种	串生	宽卵	红	182	强	152	1.00	0.62	10.0	1 820	36.6	1 395	MS	弱	中
ZM0918	固始苎麻 1 号	中国麻类所	河南省固始县	地方品种	散生	卵圆	深红	172	弱	107	0.65	0.60	12.4	1 601	50.8	1 425	MS	中	中
ZM0919	固始苎麻 2 号	中国麻类所	河南省固始县	地方品种	散生	卵圆	红	177	弱	99	0.67	0.63	10.5			863	MS	中	中

（续）

统一编号	种质名称	保存单位	原产地或来源地	种质类型	蔸型	叶形	雌蕾色	工艺成熟天数	分株力	株高	茎粗	鲜皮厚度	鲜皮出麻率	纤维支数	单纤维断裂强力	原麻产量	花叶病抗性	耐旱性	抗风性
ZM0920	固始苎麻 3 号	中国麻类所	河南省固始县	地方品种	串生	卵圆	黄绿	158	弱	40	0.34						MR	弱	中
ZM0921	曾岗黑杆麻	中国麻类所	河南省固始县	地方品种	丛生	卵圆	深红	171	中	114	0.68	0.60	12.3	1 803	57.8	1 083	MS	强	强
ZM0922	商城线麻	中国麻类所	河南省固始县	地方品种	丛生	尖椭	红	172	中	127	0.72	0.59	13.0	1 628	54.2	1 253	MS	强	强
ZM0923	西坪苎麻 1 号	中国麻类所	河南省西陕县	地方品种	串生	卵圆	淡红	163	弱	105	0.64	0.43	5.9			314	MS	弱	弱
ZM0924	西坪苎麻 2 号	中国麻类所	河南省西陕县	地方品种	串生	卵圆	红	168	中	78	0.59		6.8			624	MS	弱	弱
ZM0925	西坪苎麻 3 号	中国麻类所	河南省西陕县	地方品种	串生	卵圆	红	158	中	50	0.50		8.0			275	MS	弱	弱
ZM0926	老君沟野苎麻 1 号	中国麻类所	河南省西陕县	野生资源	串生	卵圆	黄绿	154	弱	55	0.54							弱	弱
ZM0927	老君沟野苎麻 2 号	中国麻类所	河南省西陕县	野生资源	串生	卵圆	黄绿	153	弱	45	0.43						MS	弱	弱
ZM0928	谭家河苎麻	中国麻类所	河南省信阳市平桥区	地方品种	散生	尖椭	淡红	174	强	123	0.74	0.65	12.2	1 807	41.8	1 704	MS	中	中
ZM0929	吉河江西麻	中国麻类所	陕西省安康市	地方品种	丛生	卵圆	黄白	175	中	115	0.73	0.60	12.1	1 372	48.3	671	R	中	中
ZM0930	石转红杆麻	中国麻类所	陕西省安康市	地方品种	散生	卵圆	微红	163	强	95	0.67	0.74	10.7		44.3	983	MS	中	中
ZM0931	石转白杆麻	中国麻类所	陕西省安康市	地方品种	串生	卵圆	黄绿	177	弱	65	0.60	0.60	6.8			218	S	弱	弱
ZM0932	石转红野麻	中国麻类所	陕西省安康市	野生资源	散生	尖椭	黄白	165	强	104	0.70	0.61	8.5		45.1	575	S	中	中
ZM0933	石转白野麻	中国麻类所	陕西省安康市	野生资源	丛生	尖椭	淡红	162	强	100	0.72	0.57	12.5	1 554	56.3	944	MS	中	中
ZM0934	石泉家麻	中国麻类所	陕西省石泉县	地方品种	散生	卵圆	微红	174	强	123	0.85	0.62	13.2	1 371	56.9	963	MR	中	中
ZM0935	平利白麻	中国麻类所	陕西省平利县	地方品种	丛生	卵圆	深红	164	中	97	0.61	0.55	10.1			500	S	中	中
ZM0936	平利野苎麻 1 号	中国麻类所	陕西省平利县	野生资源	散生	卵圆	微红	176	弱	85	0.52						MS	中	中
ZM0937	平利野苎麻 2 号	中国麻类所	陕西省平利县	野生资源	散生	尖椭	红	166	弱	116	0.66	0.58	11.9	1 799	50.7	1 017	S	中	中
ZM0938	平利大叶泡	中国麻类所	陕西省平利县	地方品种	散生	卵圆	红	177	弱	80	0.71	0.57	16.0			783	MS	中	中
ZM0939	宁陕苎麻	中国麻类所	陕西省西安市	地方品种	散生	卵圆	红	172	中	113	0.71	0.59	6.7	1 959	46.9	654	MS	中	中
ZM0940	商县苎麻 1 号	中国麻类所	陕西省商县	地方品种	散生	卵圆	淡红	185	中	121	0.74	0.77	12.4	1 279	58.3	1 392	S	中	中
ZM0941	商县苎麻 2 号	中国麻类所	陕西省商县	地方品种	散生	卵圆	淡红	188	中	120	0.67	0.62	11.6	1 332	62.1	1 107	MS	中	中
ZM0942	山阳苎麻	中国麻类所	陕西省山阳县	地方品种	散生	卵圆	淡红	185	强	116	0.79	0.78	11.8	1 547	50.5	1 913	MS	中	中
ZM0943	刚麻	中国麻类所	陕西省蓝田县	地方品种	串生	卵圆	微红	175	中	105	0.67	0.55	7.9				S	弱	弱
ZM0944	紫阳野麻	四川达州农科所	陕西省紫阳县	野生资源	丛生	尖椭	黄白	198	弱	138	0.98	0.50	12.0	1 348	50.0	1 500	R	强	强

（续）

统一编号	种质名称	保存单位	原产地或来源地	种质类型	蔸型	叶形	雌蕾色	工艺成熟天数	分株力	株高	茎粗	鲜皮厚度	鲜皮出麻率	纤维支数	单纤维断裂强力	原麻产量	花叶病抗性	耐旱性	抗风性
ZM0945	长远线麻	中国麻类所	湖北省神农架林区	地方品种	串生	卵圆	微红	181	强	127	0.69	0.62	11.6	1 186	67.2	998	S	弱	弱
ZM0946	官渡线麻	中国麻类所	湖北省保康县	地方品种	串生	卵圆	红	198	强	126	0.73	0.70	11.7	1 358	42.3	1 163	S	弱	弱
ZM0947	高牌线麻	中国麻类所	湖北省保康县	地方品种	串生	宽卵	淡红	196	强	118	0.76	0.74	11.4	1 204	56.7	1 013	S	弱	弱
ZM0948	北坡线麻 1 号	中国麻类所	湖北省房县	地方品种	散生	卵圆	微红	190	中	138	0.75	0.60	10.8	1 445	42.6	1 463	S	中	弱
ZM0949	北坡线麻 3 号	中国麻类所	湖北省房县	地方品种	散生	卵圆	微红	197	中	137	0.76	0.59	11.9	1 644	55.9	1 364	MS	中	中
ZM0950	山谷河线麻 1 号	中国麻类所	湖北省房县	地方品种	散生	尖椭	淡红	196	中	128	0.71	0.62	11.7	1 719	46.6	825	S	中	中
ZM0951	山谷河线麻 2 号	中国麻类所	湖北省房县	地方品种	串生	卵圆	微红	183	强	143	0.78	0.54	11.7	1 830	53.5	1 589	I	弱	弱
ZM0952	安阳线麻	中国麻类所	湖北省房县	地方品种	散生	宽卵	淡红	192	中	113	0.67	0.57	9.9	1 642	54.2	692	S	中	中
ZM0953	公祖线麻 2 号	中国麻类所	湖北省竹山县	地方品种	丛生	长卵	黄白	186	弱	150	0.76	0.55	9.4	1 415	61.5	788	S	强	中
ZM0954	桂坪线麻	中国麻类所	湖北省竹山县	地方品种	散生	卵圆	淡红	186	中	170	0.91	0.57	10.2	1 669	55.3	963	MS	中	中
ZM0955	吴坝线麻	中国麻类所	湖北省竹溪县	地方品种	串生	尖椭	淡红	184	强	129	0.73	0.57	9.9	1 759	50.9	651	MS	弱	弱
ZM0956	鄂坪线麻	中国麻类所	湖北省竹溪县	地方品种	散生	长卵	黄白	189	中	131	0.75	0.61	9.3	1 508	68.2	665	S	中	中
ZM0957	龙坪线麻	中国麻类所	湖北省秭归县	地方品种	串生	卵圆	深红	188	强	136	0.76	0.63	10.9	1 840	40.0	1 226	R	弱	弱
ZM0958	高阳线麻	中国麻类所	湖北省兴山县	地方品种	串生	卵圆	深红	195	强	129	0.73	0.59	11.4	1 934	29.0	924	MS	弱	弱
ZM0959	后山苎麻	中国麻类所	湖北省神农架林区	地方品种	散生	卵圆	红	184	中	155	0.88	0.67	11.4	1 543	55.2	1 913	MR	中	中
ZM0960	丰溪线麻 2 号	中国麻类所	湖北省竹溪县	地方品种	串生	宽卵	深红	194	强	135	0.77	0.61	10.4	1 613	45.6	1 038	S	弱	弱
ZM0961	来凤专壳麻 1 号	中国麻类所	湖北省来凤县	地方品种	串生	近圆	黄白	182	强	131	0.72	0.63	10.8	1 743	60.5	1 199	R	弱	弱
ZM0962	来凤白壳麻	中国麻类所	湖北省来凤县	地方品种	丛生	卵圆	微红	194	弱	146	0.79	0.66	10.7	1 634	47.8	1 149	S	强	强
ZM0963	咸丰鸡骨白	中国麻类所	湖北省咸丰县	地方品种	串生	卵圆	微红	186	强	114	0.60	0.55	11.5	1 524	49.4	989	S	弱	弱
ZM0964	建始鸡骨白 2 号	中国麻类所	湖北省建始县	地方品种	散生	长卵	深红	196	中	135	0.79	0.68	11.3	1 354	60.4	1 701	S	中	弱
ZM0965	红星线麻	中国麻类所	湖北省利川市	地方品种	散生	近圆	黄白	187	中	146	0.77	0.67	12.2	1 619	44.4	1 500	R	中	中
ZM0966	茶园线麻 1 号	中国麻类所	湖北省利川市	地方品种	串生	宽卵	微红	194	强	137	0.73	0.63	10.7	1 668	43.4	1 188	S	弱	弱
ZM0967	茶园线麻 2 号	中国麻类所	湖北省利川市	地方品种	串生	卵圆	微红	187	强	134	0.70	0.53	10.9	1 783	59.3	839	S	弱	弱
ZM0968	盘水线麻 1 号	中国麻类所	湖北省神农架林区	地方品种	散生	长卵	红	194	中	129	0.75	0.57	10.3	1 500	41.5	1 025	S	中	中
ZM0969	北坡线麻 2 号	中国麻类所	湖北省房县	地方品种	散生	卵圆	黄白	190	中	142	0.90	0.73	11.4	1 500	57.9	1 587	MS	中	中

(续)

统一编号	种质名称	保存单位	原产地或来源地	种质类型	蔸型	叶形	雌蕾色	工艺成熟天数	分株力	株高	茎粗	鲜皮厚度	鲜皮出麻率	纤维支数	单纤维断裂强力	原麻产量	花叶病抗性	耐旱性	抗风性
ZM0970	昌坪线麻 1 号	中国麻类所	湖北省房县	地方品种	串生	长卵	红	190	强	132	0.71	0.69	10.9	1 240	58.1	1 257	S	弱	弱
ZM0971	黄粮线麻	中国麻类所	湖北省房县	地方品种	串生	宽卵	微红	192	强	128	0.77	0.76	11.2	1 299	64.8	1 026	MS	弱	弱
ZM0972	兵营线麻	中国麻类所	湖北省竹溪县	地方品种	串生	卵圆	红	194	强	130	0.73	0.63	11.9	1 533	46.0	1 116	S	弱	弱
ZM0973	上坝线麻	中国麻类所	湖北省秭归县	地方品种	串生	卵圆	深红	192	强	132	0.77	0.59	11.8	1 283	38.7	1 364	S	弱	弱
ZM0974	茅坪线麻	中国麻类所	湖北省秭归县	地方品种	散生	卵圆	淡红	192	中	146	0.80	0.63	10.9	1 775	62.3	1 203	MS	中	中
ZM0975	后山线麻 1 号	中国麻类所	湖北省兴山县	地方品种	散生	尖椭	黄白	190	中	131	0.73	0.61	11.7	1 370	59.6	1 124	MR	中	中
ZM0976	石槽溪线麻	中国麻类所	湖北省兴山县	地方品种	散生	宽卵	红	192	中	143	0.82	0.67	11.1	1 267	58.1	1 526	S	中	中
ZM0977	宣恩黄麻 1 号	中国麻类所	湖北省宣恩县	地方品种	散生	卵圆	微红	187	中	144	0.83	0.57	11.4	1 520	43.5	1 188	MR	中	中
ZM0978	宣恩青壳麻 1 号	中国麻类所	湖北省宣恩县	地方品种	串生	卵圆	微红	192	强	130	0.69	0.64	11.0	1 779	53.5	977	S	弱	弱
ZM0979	来凤黄麻	中国麻类所	湖北省来凤县	地方品种	串生	近圆	微红	192	强	134	0.74	0.63	11.7	1 718	52.8	1 199	MS	弱	弱
ZM0980	桃山线麻	中国麻类所	湖北省鹤峰县	地方品种	散生	宽卵	黄白	185	中	136	0.76	0.68	10.6	1 599	48.4	1 038	S	中	中
ZM0981	朱衣线麻	中国麻类所	重庆市奉节县	地方品种	散生	近圆	微红	187	中	136	0.73	0.66	10.9	2 047	50.1	1 050	MR	中	中
ZM0982	青杆麻 2 号	中国麻类所	湖北省咸丰县	地方品种	散生	卵圆	微红	188	中	117	0.68	0.63	11.1	1 773	62.3	1 074	R	中	弱
ZM0983	大昌线麻 2 号	中国麻类所	重庆市巫山县	地方品种	串生	长卵	微红	186	强	127	0.71	0.68	10.5	1 472	55.8	1 230	S	弱	弱
ZM0984	峡口线麻	中国麻类所	湖北省建始县	地方品种	散生	尖椭	红	189	中	147	0.77	0.64	10.2	1 444	53.1	1 638	R	中	弱
ZM0985	景阳线麻	中国麻类所	湖北省建始县	地方品种	散生	卵圆	红	189	中	135	0.78	0.67	11.3	1 403	51.2	1 538	I	中	弱
ZM0986	板仓线麻	中国麻类所	湖北省神农架林区	地方品种	散生	长卵	深红	189	中	127	0.76	0.64	12.3	1 300	51.8	1 343	S	中	中
ZM0987	盘水线麻 2 号	中国麻类所	湖北省神农架林区	地方品种	串生	宽卵	红	194	强	130	0.77	0.67	10.9	1 209	54.1	1 389	MS	弱	弱
ZM0988	盘水线麻 3 号	中国麻类所	湖北省神农架林区	地方品种	散生	卵圆	红	188	中	129	0.70	0.63	11.4	1 293	54.3	1 293	S	中	中
ZM0989	铁炉线麻	中国麻类所	湖北省神农架林区	地方品种	串生	卵圆	微红	194	强	134	0.77	0.61	11.4	1 836	55.9	1 362	R	弱	弱
ZM0990	代家坪线麻	中国麻类所	湖北省神农架林区	地方品种	串生	卵圆	红	192	强	147	0.81	0.68	11.5	1 336	54.7	1 352	S	弱	弱
ZM0991	昌坪线麻 2 号	中国麻类所	湖北省房县	地方品种	散生	卵圆	微红	192	中	149	0.78	0.66	11.1	897	64.9	1 428	MR	中	中
ZM0992	沙河线麻	中国麻类所	湖北省房县	地方品种	串生	卵圆	红	190	强	143	0.89	0.65	11.3	1 514	53.7	1 487	S	弱	弱
ZM0993	封竹线麻	中国麻类所	湖北省建始县	地方品种	散生	近圆	微红	187	中	135	0.85	0.59	11.1	1 076	54.7	1 277	R	中	弱
ZM0994	宣恩大叶泡	中国麻类所	湖北省宣恩县	地方品种	串生	宽卵	红	188	强	134	0.83	0.62	12.5	1 791	49.7	1 151	S	弱	弱

（续）

统一编号	种质名称	保存单位	原产地或来源地	种质类型	蔸型	叶形	雌蕾色	工艺成熟天数	分株力	株高	茎粗	鲜皮厚度	鲜皮出麻率	纤维支数	单纤维断裂强力	原麻产量	花叶病抗性	耐旱性	抗风性
ZM0995	宣恩青麻	中国麻类所	湖北省宣恩县	地方品种	散生	卵圆	黄白	189	中	141	0.85	0.70	11.8	1 199	63.0	1 502	S	中	中
ZM0996	踩麻	中国麻类所	湖北省宣恩县	地方品种	散生	卵圆	微红	194	中	138	0.75	0.61	11.7	1 435	51.6	1 439	S	中	中
ZM0997	来凤黄壳麻 1 号	中国麻类所	湖北省来凤县	地方品种	散生	长卵	深红	192	中	132	0.78	0.78	11.2	1 547	56.8	1 380	S	中	中
ZM0998	城厢线麻	中国麻类所	重庆市巫山县	地方品种	散生	近圆	微红	190	中	143	0.87	0.74	12.3	1 068	58.9	1 703	S	中	中
ZM0999	来凤黄壳麻 2 号	中国麻类所	湖北省来凤县	地方品种	散生	卵圆	微红	191	中	125	0.79	0.70	12.5	1 298	57.6	1 488	R	中	中
ZM1000	中营线麻	中国麻类所	湖北省鹤峰县	地方品种	散生	卵圆	红	185	中	133	0.84	0.68	11.6	1 534	58.6	1 389	S	中	中
ZM1001	骡坪线麻	中国麻类所	重庆市巫山县	地方品种	散生	卵圆	红	189	中	140	0.78	0.74	11.7	1 200	66.4	1 350	S	中	中
ZM1002	青杆麻 1 号	中国麻类所	湖北省咸丰县	地方品种	散生	宽卵	微红	190	中	125	0.79	0.60	9.8	1 705	50.1	1 301	I	中	中
ZM1003	咸丰园麻	中国麻类所	湖北省咸丰县	地方品种	散生	宽卵	深红	187	中	127	0.68	0.52	9.7	1 673	61.3	615	S	中	中
ZM1004	五峰线麻	中国麻类所	湖北省五峰县	地方品种	散生	宽卵	淡红	190	中	128	0.75	0.67	11.8	1 581	52.8	1 220	S	中	中
ZM1005	龙潭苎麻	中国麻类所	湖北省建始县	地方品种	散生	宽卵	淡红	191	中	144	0.85	0.83	10.8	1 253	58.3	1 661	MR	中	中
ZM1006	建始柴麻	中国麻类所	湖北省建始县	地方品种	丛生	宽卵	红	190	弱	155	0.90	0.82	10.2	1 464	60.9	1 113	R	强	中
ZM1007	太坪线麻	中国麻类所	湖北省利川市	地方品种	串生	长卵	微红	185	强	134	0.77	0.56	11.2	1 640	44.8	1 100	MR	弱	弱
ZM1008	兴隆线麻	中国麻类所	湖北省利川市	地方品种	散生	长卵	微红	193	中	132	0.80	0.66	9.5	1 747	44.2	1 124	S	中	中
ZM1009	祈岳山线麻	中国麻类所	湖北省利川市	地方品种	串生	宽卵	微红	194	强	122	0.83	0.67	11.0	1 727	47.1	851	MR	弱	弱
ZM1010	利川鸡骨白	中国麻类所	湖北省利川市	地方品种	串生	宽卵	黄白	193	强	131	0.75	0.70	11.3	1 170	59.5	1 275	R	弱	弱
ZM1011	利川青麻	中国麻类所	湖北省利川市	地方品种	串生	尖椭	微红	183	强	138	0.79	0.63	10.6	1 750	48.1	1 188	I	弱	弱
ZM1012	堆子线麻	中国麻类所	湖北省巴东县	地方品种	串生	宽卵	深红	184	强	128	0.77	0.64	10.7	1 650	48.9	966	MR	弱	弱
ZM1013	枣子坪线麻	中国麻类所	湖北省巴东县	地方品种	串生	卵圆	黄白	188	强	109	0.70	0.60	12.3	1 575	47.8	1 088	S	弱	弱
ZM1014	铁板青	中国麻类所	湖北省恩施市	地方品种	散生	卵圆	黄白	178	强	118	0.72	0.56	11.9	1 149	52.8	1 274	MR	中	中
ZM1015	大集线麻 1 号	中国麻类所	湖北省恩施市	地方品种	散生	卵圆	淡红	144	强	125	0.64	0.46	10.6	1 530	44.5	803	S	中	中
ZM1016	三友坪线麻	中国麻类所	湖北省巴东县	地方品种	散生	宽卵	淡红	154	中	89	0.61	0.38	11.1	2 244	30.9	306	S	中	中
ZM1017	忠路线麻	中国麻类所	湖北省利川市	地方品种	串生	宽卵	淡红	191	强	102	0.58	0.40	10.8	1 915	35.6	459	S	中	中
ZM1018	锦扁线麻	中国麻类所	湖北省利川市	地方品种	散生	长卵	黄白	146	强	110	0.60	0.40	9.5	2 307	32.3	696	S	中	弱
ZM1019	木鱼坪野麻	中国麻类所	湖北省神农架林区	野生资源	串生	卵圆	黄白	193	强	125	0.78	0.66					S	弱	弱

(续)

统一编号	种质名称	保存单位	原产地或来源地	种质类型	蔸型	叶形	雌蕾色	工艺成熟天数	分株力	株高	茎粗	鲜皮厚度	鲜皮出麻率	纤维支数	单纤维断裂强力	原麻产量	花叶病抗性	耐旱性	抗风性
ZM1020	二荒坪线麻	中国麻类所	湖北省房县	地方品种	散生	尖椭	红	165	强	108	0.64	0.53	11.9	1 709	40.0	1 068	MS	中	中
ZM1021	丰溪线麻1号	中国麻类所	湖北省竹溪县	地方品种	散生	尖椭	淡红	167	强	122	0.69	0.53	10.7	2 044	35.8	858	R	弱	中
ZM1022	白鹿线麻3号	中国麻类所	重庆市巫溪县	地方品种	散生	近圆	黄白	169	中	106	0.76	0.62	13.5	1 630	42.1	1 094	I	中	中
ZM1023	宣恩鸡骨白	中国麻类所	湖北省宣恩县	地方品种	丛生	椭圆	黄白	165	中	122	0.81	0.63	12.2	1 540	40.4	1 152	S	中	中
ZM1024	宣恩黄麻2号	中国麻类所	湖北省宣恩县	地方品种	散生	尖椭	淡红	160	中	124	0.73	0.57	13.0	1 352	43.3	1 206	MS	弱	中
ZM1025	宣恩青壳麻2号	中国麻类所	湖北省宣恩县	地方品种	散生	近圆	红	155	弱	129	0.89	0.62	11.3	1 643	40.6	1 181	I	弱	中
ZM1026	通城线麻	中国麻类所	重庆市巫溪县	地方品种	散生	卵圆	微红	154	强	93	0.58	0.48	11.2	1 585	42.4	842	MS	中	中
ZM1027	来凤青壳麻2号	中国麻类所	湖北省来凤县	地方品种	散生	椭圆	红	155	强	105	0.65	0.54	12.2	1 784	39.8	1 071	MR	中	弱
ZM1028	竹园线麻2号	中国麻类所	重庆市奉节县	地方品种	散生	卵圆	微红	166	中	114	0.63	0.48	10.5	2 141	32.7	708	MR	中	中
ZM1029	长坪线麻	中国麻类所	湖北省利川市	地方品种	散生	椭圆	淡红	154	强	123	0.60	0.47	9.7	1 507	47.6	900	MR	中	中
ZM1030	利川牛耳青	中国麻类所	湖北省利川市	地方品种	散生	卵圆	红	154	强	113	0.71	0.59	12.1	1 426	42.5	1 761	S	中	中
ZM1031	利川园麻	中国麻类所	湖北省利川市	地方品种	散生	心形	黄白	176	强	99	0.64	0.45	10.5	1 824	34.3	368	S	强	中
ZM1032	凤台线麻	中国麻类所	湖北省巴东县	地方品种	散生	卵圆	黄绿	156	中	116	0.72	0.51	9.2	1 637	35.7	482	S	强	弱
ZM1033	苏家寨线麻1号	中国麻类所	湖北省恩施市	地方品种	丛生	卵圆	黄白	163	中	119	0.75	0.55	12.6	1 783	35.6	963	MS	中	中
ZM1034	公祖线麻1号	中国麻类所	湖北省竹山县	地方品种	散生	卵圆	淡红	166	中	127	0.81	0.59	10.6	1 552	43.6	1 161	R	弱	中
ZM1035	宣恩黄壳麻	中国麻类所	湖北省宣恩县	地方品种	散生	椭圆	红	158	中	104	0.66	0.55	11.7	1 559	43.9	984	S	中	中
ZM1036	长潭家麻	中国麻类所	湖北省宣恩县	地方品种	散生	椭圆	淡红	154	中	112	0.59	0.41	12.1	2 282	30.3	599	MS	中	中
ZM1037	大昌线麻1号	中国麻类所	重庆市巫山县	地方品种	散生	长卵	淡红	155	强	91	0.53	0.42	10.9	1 817	39.6	402	MR	中	中
ZM1038	尖山线麻1号	中国麻类所	重庆市巫溪县	地方品种	散生	卵圆	红	151	强	108	0.64	0.48	10.2	1 914	37.0	680	I	中	中
ZM1039	巫山青麻	中国麻类所	重庆市巫山县	地方品种	丛生	近圆	黄绿	164	中	118	0.78	0.54	14.1	1 435	45.8	785	S	中	强
ZM1040	白鹿线麻2号	中国麻类所	重庆市巫溪县	地方品种	散生	椭圆	淡红	154	强	108	0.64	0.51	13.4	1 753	38.2	1 008	MR	中	中
ZM1041	长阳线麻	中国麻类所	湖北省长阳县	地方品种	散生	椭圆	红	154	中	99	0.64	0.51	12.1	1 780	38.9	636	S	中	中
ZM1042	花坪线麻	中国麻类所	湖北省建始县	地方品种	串生	近圆	黄绿	153	强	101	0.62	0.44	12.1	1 491	43.7	603	MR	中	弱
ZM1043	恩施鸡骨白3号	中国麻类所	湖北省恩施市	地方品种	散生	椭圆	微红	187	中	128	0.73	0.53	13.7	1 300	45.1	1 236	R	中	中
ZM1044	盛坝线麻	中国麻类所	湖北省恩施市	地方品种	散生	卵圆	淡红	152	中	108	0.64	0.41	10.4	2 231	29.7	551	MS	中	弱

（续）

统一编号	种质名称	保存单位	原产地或来源地	种质类型	蔸型	叶形	雌蕾色	工艺成熟天数	分株力	株高	茎粗	鲜皮厚度	鲜皮出麻率	纤维支数	单纤维断裂强力	原麻产量	花叶病抗性	耐旱性	抗风性
ZM1045	石门线麻1号	中国麻类所	湖北省恩施市	地方品种	散生	长卵	黄白	150	中	117	0.79	0.52	10.4	1 705	48.6	722	MR	中	中
ZM1046	青中青	中国麻类所	湖北省恩施市	地方品种	散生	近圆	黄绿	177	中	134	0.88	0.61	11.5	1 837	31.9	1 269	MR	中	弱
ZM1047	鸡窝黄	中国麻类所	湖北省恩施市	地方品种	散生	椭圆	红	156	中	101	0.69	0.54	12.9	1 822	36.5	879	S	中	弱
ZM1048	朱砂溪线麻	中国麻类所	湖北省恩施市	地方品种	散生	椭圆	淡红	162	中	88	0.62	0.52	12.8	1 874	35.2	666	S	中	弱
ZM1049	石门线麻2号	中国麻类所	湖北省恩施市	地方品种	散生	椭圆	红	152	强	111	0.69	0.58	12.4	1 806	38.4	1 230	I	中	弱
ZM1050	龙凤野麻	中国麻类所	湖北省恩施市	野生资源	散生	椭圆	红	154	强	124	0.66	0.44	11.5	2 118	32.0	902	MS	中	弱
ZM1051	箭竹溪线麻	中国麻类所	湖北省利川市	地方品种	散生	心形	黄白	151	中	93	0.59	0.42	10.1	1 739	39.7	354	S	中	中
ZM1052	深溪线麻	中国麻类所	湖北省宜昌市	地方品种	散生	椭圆	红	154	中	120	0.70	0.58	13.2	1 726	42.3	1 272	S	中	弱
ZM1053	红山线麻	中国麻类所	湖北省宜都市	地方品种	散生	椭圆	淡红	151	中	120	0.69	0.66	14.1	1 123	57.4	1 275	MR	中	弱
ZM1054	大坝线麻	中国麻类所	湖北省神农架林区	地方品种	丛生	心形	微红	161	中	122	0.74	0.60	13.7	1 686	36.2	1 455	I	中	中
ZM1055	大九湖线麻	中国麻类所	湖北省神农架林区	地方品种	散生	尖椭	黄白	189	中	133	0.72	0.65					MS	中	中
ZM1056	汪家坪线麻	中国麻类所	湖北省竹溪县	地方品种	散生	近圆	黄白	148	强	103	0.58	0.48	8.3	1 897	32.1	521	S	中	中
ZM1057	泉溪线麻	中国麻类所	湖北省竹溪县	地方品种	散生	卵圆	黄绿	152	中	93	0.58	0.38	9.4	2 185	31.2	281	I	中	中
ZM1058	后山线麻3号	中国麻类所	湖北省兴山县	地方品种	散生	近圆	淡红	158	强	105	0.62	0.56	12.5	1 397	48.2	1 173	MR	中	弱
ZM1059	后山线麻2号	中国麻类所	湖北省兴山县	地方品种	散生	卵圆	淡红	165	强	96	0.66	0.63	12.6	1 376	49.2	699	S	中	中
ZM1060	古夫线麻	中国麻类所	湖北省兴山县	地方品种	散生	卵圆	淡红	148	中	119	0.76	0.54	10.7	1 981	35.4	879	I	中	弱
ZM1061	凤凰线麻	中国麻类所	重庆市巫溪县	地方品种	散生	椭圆	红	165	中	126	0.74	0.62	12.1	1 623	42.3	1 730	S	中	中
ZM1062	白鹿线麻1号	中国麻类所	重庆市巫溪县	地方品种	散生	卵圆	微红	151	强	125	0.73	0.56	10.2	2 083	29.7	1 169	R	中	弱
ZM1063	燕子线麻1号	中国麻类所	湖北省鹤峰县	地方品种	丛生	近圆	红	154	中	133	0.78	0.58					I	中	中
ZM1064	竹园线麻1号	中国麻类所	重庆市奉节县	地方品种	散生	椭圆	红	152	中	111	0.70	0.57	12.7	1 695	39.0	1 125	I	中	弱
ZM1065	燕子线麻2号	中国麻类所	湖北省鹤峰县	地方品种	丛生	尖椭	淡红	167	中	133	0.74	0.62					I	强	中
ZM1066	尖山线麻2号	中国麻类所	重庆市巫溪县	地方品种	散生	长卵	淡红	157	中	125	0.73	0.57	13.1	1 665	38.4	1 407	I	中	中
ZM1067	亮杆麻	中国麻类所	湖北省咸丰县	地方品种	散生	椭圆	红	163	强	109	0.68	0.54	12.2	1 845	38.0	1 116	MR	中	弱
ZM1068	尖山苎麻	中国麻类所	湖北省咸丰县	地方品种	丛生	近圆	淡红	157	中	107	0.78	0.61	11.9	1 213	48.1	890	R	强	弱
ZM1069	黄金洞线麻	中国麻类所	湖北省咸丰县	地方品种	散生	椭圆	红	155	中	145	0.77	0.56					MR	中	中

（续）

统一编号	种质名称	保存单位	原产地或来源地	种质类型	蔸型	叶形	雌蕾色	工艺成熟天数	分株力	株高	茎粗	鲜皮厚度	鲜皮出麻率	纤维支数	单纤维断裂强力	原麻产量	花叶病抗性	耐旱性	抗风性
ZM1070	咸丰白麻	中国麻类所	湖北省咸丰县	地方品种	散生	椭圆	红	158	中	77	0.64	0.55	12.5	1 689	46.0	417	S	中	中
ZM1071	建阳线麻	中国麻类所	湖北省建始县	地方品种	散生	卵圆	桔红	162	中	130	0.90	0.65	9.3	1 604	42.1	939	I	中	弱
ZM1072	建始大叶泡 2 号	中国麻类所	湖北省建始县	地方品种	散生	长卵	淡红	168	强	124	0.73	0.54	11.7	1 855	32.2	1 092	I	弱	弱
ZM1073	建始鸡骨白 3 号	中国麻类所	湖北省建始县	地方品种	散生	卵圆	深红	191	中	144	0.68	0.57					R	中	中
ZM1074	黄金蔸	中国麻类所	湖北省建始县	地方品种	散生	卵圆	黄绿	166	中	112	0.74	0.62	11.8	1 633	38.9	1 038	I	中	中
ZM1075	建始青麻 2 号	中国麻类所	湖北省建始县	地方品种	丛生	卵圆	红	155	弱	144	0.96	0.64	11.1	1 437	45.2	1 181	I	强	中
ZM1076	土池线麻 1 号	中国麻类所	湖北省利川市	地方品种	散生	椭圆	红	159	强	114	0.61	0.48	13.8	1 714	41.7	1 046	S	中	弱
ZM1077	祈家坪线麻	中国麻类所	湖北省巴东县	地方品种	散生	卵圆	黄白	152	中	131	0.77	0.47	8.8	1 921	30.4	722	MS	中	中
ZM1078	恩施青麻 2 号	中国麻类所	湖北省恩施市	地方品种	散生	卵圆	淡红	156	强	134	0.78	0.61	14.4	1 485	40.1	1 632	MR	中	弱
ZM1079	红柄大叶泡	中国麻类所	湖北省恩施市	地方品种	丛生	近圆	微红	192	弱	143	0.70	0.65					MS	强	强
ZM1080	青柄大叶泡	中国麻类所	湖北省恩施市	地方品种	散生	椭圆	黄白	177	中	125	0.89	0.60	11.1	1 817	33.0	1 002	I	中	中
ZM1081	青大叶泡	中国麻类所	湖北省恩施市	地方品种	散生	椭圆	红	168	中	122	0.87	0.62	12.0	1 558	44.0	1 125	I	中	中
ZM1082	满园串 2 号	中国麻类所	湖北省恩施市	地方品种	散生	卵圆	黄白	150	中	135	0.77	0.66					I	中	中
ZM1083	泡桐杆	中国麻类所	湖北省恩施市	地方品种	丛生	椭圆	淡红	156	弱	145	0.76	0.74					I	中	中
ZM1084	恩施无名麻	中国麻类所	湖北省恩施市	地方品种	丛生	心形	黄白	157	中	165	0.94	0.65	13.0	1 515		1 901	I	中	中
ZM1085	大集线麻 2 号	中国麻类所	湖北省恩施市	地方品种	散生	卵圆	淡红	145	中	109	0.66	0.42	8.6	1 982	34.8	464	MS	中	中
ZM1086	苏家寨线麻 2 号	中国麻类所	湖北省恩施市	地方品种	散生	心形	淡红	167	中	144	0.80	0.74	12.6	1 409		2 111	I	中	中
ZM1087	天坑线麻	中国麻类所	湖北省宜昌市	地方品种	散生	椭圆	淡红	156	中	163	0.88	0.79	11.3	975		2 420	R	中	中
ZM1088	古水坪线麻	中国麻类所	湖北省宜都市	地方品种	散生	椭圆	红	163	强	103	0.63	0.52	13.6	1 644	41.4	911	S	中	中
ZM1089	西宁线麻	中国麻类所	重庆市巫溪县	地方品种	丛生	卵圆	微红	187	弱	147	0.85	0.88	12.6	983		1 364	MR	强	强
ZM1090	满园串 1 号	中国麻类所	湖北省恩施市	地方品种	散生	尖椭	红	190	中	140	0.81	0.75	13.7	1 057		1 931	S	中	中
ZM1091	桃山野麻 3 号	中国麻类所	湖北省鹤峰县	野生资源	串生	卵圆	微红	189	强	147	0.78	0.65	12.8	1 256		1 466	I	弱	弱
ZM1092	木林子野麻	中国麻类所	湖北省鹤峰县	野生资源	串生	心形	淡红	190	强	157	0.82	0.71	13.5	1 468		1 877	I	弱	弱
ZM1093	红头鸡骨白 1 号	中国麻类所	湖北省恩施市	地方品种	散生	尖椭	淡红	190	中	157	0.84	0.71	12.8	1 211		2 130	S	中	中
ZM1094	红头鸡骨白 2 号	中国麻类所	湖北省恩施市	地方品种	丛生	椭圆	淡红	187	中								I	中	中

（续）

统一编号	种质名称	保存单位	原产地或来源地	种质类型	蔸型	叶形	雌蕾色	工艺成熟天数	分株力	株高	茎粗	鲜皮厚度	鲜皮出麻率	纤维支数	单纤维断裂强力	原麻产量	花叶病抗性	耐旱性	抗风性
ZM1095	真苎 3 号	中国麻类所	广东省信宜市	地方品种	散生	卵圆	黄白	191	中	117	0.69	0.59	10.8	1 444		762	MS	中	中
ZM1096	宁德苎 6 号	中国麻类所	福建省宁德市	地方品种	串生	卵圆	黄白	187	强	107	0.61	0.56	10.8	1 126		725	S	弱	弱
ZM1097	蒲城苎 3 号	中国麻类所	福建省蒲城县	地方品种	串生	尖椭	微红	195	强	121	0.71	0.60	9.2	1 668		987	S	弱	弱
ZM1098	宁德苎 7 号	中国麻类所	福建省宁德市	地方品种	散生	尖椭	微红	186	中	138	0.81	0.66	10.8	1 171		1 446	MR	中	中
ZM1099	盘水野麻	中国麻类所	湖北省神农架林区	野生资源	串生	卵圆		167	强	56	0.60	0.75					S	弱	弱
ZM1101	耒阳大叶青麻	中国麻类所	湖南省耒阳市	地方品种	串生	宽卵	淡红	185	强	100	0.70	0.50	12.0	1 170	42.5	1 125	R	弱	弱
ZM1102	邻水红顶家麻	中国麻类所	湖南省长沙市	地方品种	串生	卵圆	红	173	弱	110	0.72	0.40	11.5	2 207	50.3	825	R	弱	弱
ZM1103	邻水青顶家麻	中国麻类所	湖南省长沙市	地方品种	串生	尖椭	微红	194	弱	130	1.00	0.79	9.5	1 199	60.6	975	S	弱	强
ZM1104	大竹硬骨青麻	中国麻类所	四川省大竹县	地方品种	串生	卵圆	绿白	165	中	140	0.81	0.60	10.5	1 097	39.8	1 200	MR	弱	弱
ZM1105	广元青杆麻	中国麻类所	四川省广元市	地方品种	串生	卵圆	黄白	165	中	170	0.62	0.65	9.8	1 458	39.9	825	MS	弱	弱
ZM1106	通江苎麻	中国麻类所	四川省通江县	地方品种	串生	卵圆	淡红	178	中	175	0.70	0.60	11.0	1 088	40.0	825	MR	弱	弱
ZM1107	万源苎麻	中国麻类所	四川省万源市	地方品种	串生	卵圆	黄绿	195	强	168	0.61	0.59	8.8	1 894	29.8	1 125	R	弱	强
ZM1108	巫山果线麻	中国麻类所	重庆市巫山县	地方品种	串生	宽卵	微红	180	强	158	0.80	0.62	8.5	1 345	52.0	1 125	MR	弱	强
ZM1109	巫溪双白线麻	中国麻类所	重庆市巫溪县	地方品种	串生	卵圆	红	165	中	175	0.73	0.40	8.5	1 408	55.0	1 275	S	弱	强
ZM1110	巫溪徐家线麻	中国麻类所	重庆市巫溪县	地方品种	串生	卵圆	淡红	190	中	160	0.81	0.69	6.5	1 533	40.5	975	MR	弱	弱
ZM1111	巫溪龙店线麻	中国麻类所	重庆市巫溪县	地方品种	串生	尖椭	微红	155	中	153	0.60	0.62	10.1	1 389	45.4	1 200	I	弱	弱
ZM1112	巫溪中坝线麻	中国麻类所	重庆市巫溪县	地方品种	串生	尖椭	红	165	弱	140	0.66	0.70	9.8	1 550	39.8	1 350	MS	弱	强
ZM1113	巫溪龙台线麻	中国麻类所	重庆市巫溪县	地方品种	串生	卵圆	微红	180	弱	135	0.62	0.60	7.9	1 613	51.0	1 425	MR	弱	中
ZM1114	92-81	中国麻类所	湖南省长沙市	地方品种	串生	卵圆	微红	165	弱	130	0.52	0.58	8.2	1 867	43.2	675	MR	弱	弱
ZM1115	巫溪融科大叶麻	中国麻类所	重庆市巫溪县	地方品种	串生	卵圆	绿白	170	强	140	0.67	0.60	8.5	1 875	39.8	1 200	MS	弱	中
ZM1116	奉节梅子线麻	中国麻类所	重庆市奉节县	地方品种	串生	卵圆	红	175	强	150	0.81	0.72	7.5	2 003	48.1	1 125	I	弱	中
ZM1117	红选 1 号	中国麻类所	四川省达县	选育品种	串生	卵圆	微红	186	强	160	0.82	0.60	7.0	2 623	50.1	1 200	I	弱	中
ZM1118	红选 2 号	中国麻类所	四川省达县	选育品种	串生	卵圆	微红	194	中	171	0.60	0.75	9.5	2 140	39.8	900	R	弱	弱
ZM1119	新铺青麻	中国麻类所	贵州省遵义县	地方品种	串生	卵圆	微红	196	中	165	0.62	0.73	9.8	1 889	40.5	825	I	弱	中
ZM1120	珠场青麻	中国麻类所	贵州省贵阳市	地方品种	串生	卵圆	红	165	中	175	0.64	0.81	10.0	2 753	54.0	1 275	I	弱	中

（续）

统一编号	种质名称	保存单位	原产地或来源地	种质类型	蔸型	叶形	雌蕾色	工艺成熟天数	分株力	株高	茎粗	鲜皮厚度	鲜皮出麻率	纤维支数	单纤维断裂强力	原麻产量	花叶病抗性	耐旱性	抗风性
ZM1121	广东黄皮蔸 3 号	中国麻类所	广东省广州市	选育品种	串生	卵圆	微红	175	中	165	0.75	0.93	10.2	1 823	50.5	1 350	R	弱	强
ZM1122	安龙苎麻 2 号	中国麻类所	贵州省安龙县	地方品种	串生	尖椭	深红	180	强	175	0.82	0.67	8.8	2 094	56.0	1 425	MR	弱	中
ZM1123	坐蔸麻 3 号	中国麻类所	广东省广州市	选育品种	串生	卵圆	红	185	强	140	0.70	0.74	8.0	1 724	57.0	1 200	R	弱	强
ZM1124	广东黄皮蔸 2 号	中国麻类所	广东省广州市	选育品种	串生	尖椭	淡红	165	强	130	0.90	0.62	7.8	901	45.0	1 275	MR	弱	中
ZM1125	铜皮杆 2 号	中国麻类所	贵州省贵阳市	选育品种	串生	卵圆	淡红	192	弱	130	0.40	0.73	8.2	2 291	58.0	1 050	MS	弱	弱
ZM1126	安龙小刀麻	中国麻类所	贵州省安龙县	地方品种	串生	卵圆	红	193	弱	160	0.80	0.90	8.5	1 867	57.8	1 200	R	弱	弱
ZM1127	望漠野麻	中国麻类所	贵州省望谟县	野生资源	串生	尖椭	微红	195	中	150	0.70	0.86	9.0	1 752	50.1	975	S	弱	中
ZM1128	安龙大叶麻 1 号	中国麻类所	贵州省安龙县	地方品种	串生	宽卵	淡红	190	中	160	0.60	0.89	9.8	2 199	32.3	1 050	R	弱	中
ZM1129	安龙苎麻 1 号	中国麻类所	贵州省安龙县	地方品种	串生	尖椭	红	165	中	165	0.60	0.69	7.8	2 556	32.3	1 125	S	弱	中
ZM1130	长春青麻	中国麻类所	贵州省贵阳市	地方品种	串生	卵圆	淡红	170	中	165	0.75	0.93	8.3	1 958	32.5	825	MR	弱	中
ZM1131	台湾苎麻	中国麻类所	贵州省贵阳市	地方品种	丛生	卵圆	微红	185	强	175	0.82	0.67	8.5	1 955	35.3	975	R	强	强
ZM1132	红果麻	中国麻类所	贵州省盘县	地方品种	串生	近圆	绿白	190	中	140	0.55	0.81	7.8	1 730	50.1	1 050	R	弱	强
ZM1133	大浴见刀白	中国麻类所	湖北省大冶市	地方品种	串生	卵圆	深红	165	中	120	0.40	0.48	10.1	1 650	44.8	1 125	MR	弱	中
ZM1134	册亨家麻	中国麻类所	贵州省册亨县	地方品种	串生	近圆	微红	170	强	135	0.80	0.70	12.0	1 820	33.5	1 200	I	弱	中
ZM1135	盘县苎麻 1 号	中国麻类所	贵州省盘县	地方品种	串生	宽卵	淡红	185	强	140	0.72	0.86	10.1	1 653	55.2	825	MR	弱	中
ZM1136	广东黄皮蔸 1 号	中国麻类所	广东省广州市	选育品种	串生	卵圆	绿白	165	强	145	0.61	0.62	11.0	1 948	52.3	900	MR	弱	弱
ZM1137	万屯麻	中国麻类所	贵州省兴义市	地方品种	丛生	卵圆	淡红	170	强	155	0.70	0.66	11.0	1 258	49.0	1 050	I	强	弱
ZM1138	水箐青麻	中国麻类所	贵州省毕节市	地方品种	串生	卵圆	绿白	185	中	140	0.56	0.70	11.8	1 664	49.8	1 275	MS	弱	中
ZM1139	巧马苎麻	中国麻类所	贵州省册亨县	地方品种	串生	卵圆	淡红	165	中	150	0.83	0.90	12.1	2 050	50.1	1 125	MS	弱	中
ZM1140	新桥家麻	中国麻类所	贵州省安龙县	地方品种	串生	卵圆	绿白	175	中	150	0.83	0.90	11.3	2 098	48.8	1 050	MR	弱	中
ZM1141	铜皮杆 1 号	中国麻类所	贵州省贵阳市	地方品种	串生	卵圆	红	185	中	90	0.70	0.47	11.3	1 739	29.8	1 200	MR	弱	中
ZM1142	贞丰好麻	中国麻类所	贵州省贞丰县	地方品种	丛生	近圆	红	178	中	100	0.80	0.65	10.8	1 638	35.0	1 350	I	强	中
ZM1143	坐蔸麻 4 号	中国麻类所	广东省广州市	选育品种	串生	宽圆	红	171	弱	95	0.75	0.54	8.8	1 720	44.0	1 275	I	弱	中
ZM1144	册亨青麻	中国麻类所	贵州省册亨县	地方品种	串生	宽圆	红	160	弱	125	0.95	0.60	8.9	1 460	46.0	1 425	MR	弱	强
ZM1145	秀山青杆麻	中国麻类所	重庆市秀山县	地方品种	串生	宽圆	红	175	弱	130	0.90	0.78	7.8	1 850	45.0	1 125	MS	弱	强

（续）

统一编号	种质名称	保存单位	原产地或来源地	种质类型	蔸型	叶形	雌蕾色	工艺成熟天数	分株力	株高	茎粗	鲜皮厚度	鲜皮出麻率	纤维支数	单纤维断裂强力	原麻产量	花叶病抗性	耐旱性	抗风性
ZM1146	印尼 1 号	中国麻类所	印度尼西亚	遗传材料	散生	宽圆	红	185	弱	170	1.00	0.84	9.0	1 689	43.8	1 200	MS	中	强
ZM1147	印尼 2 号	中国麻类所	印度尼西亚	遗传材料	散生	近圆	红	180	弱	165	0.90	0.85	9.1	1 182	52.0	975	MS	中	强
ZM1148	印尼 3 号	中国麻类所	印度尼西亚	遗传材料	丛生	宽卵	红	190	中	165	0.95	0.63	10.1	1 353	54.3	1 200	MS	强	强
ZM1149	龙弟苎麻	中国麻类所	广西壮族自治区隆安县	地方品种	丛生	卵	淡红	186	中	95	0.90	0.67	9.9	1 555	55.0	1 125	MR	强	中
ZM1150	龙弟青叶苎	中国麻类所	广西壮族自治区隆安县	地方品种	丛生	宽卵	淡红	185	强	65	0.80	0.82	10.0	1 450	54.0	825	S	强	中
ZM1151	92-65	中国麻类所	湖南省长沙市	选育品种	丛生	宽卵	淡红	170	强	95	0.72	0.55	11.2	1 850	55.0	900	S	强	中
ZM1152	92-69	中国麻类所	湖南省长沙市	选育品种	散生	宽卵	淡红	175	强	95	0.72	0.47	10.1	1 280	60.0	1 125	MS	中	弱
ZM1153	那梭苎麻	中国麻类所	广西壮族自治区防城港市	地方品种	散生	宽卵	淡红	190	强	90	0.70	0.47	9.5	1 760	62.1	1 200	S	中	弱
ZM1154	洗马苎麻	中国麻类所	广西壮族自治区上思县	地方品种	散生	卵	淡红	180	强	100	0.85	0.72	8.8	1 850	44.3	1 275	MS	中	弱
ZM1155	驮卜苎麻	中国麻类所	广西壮族自治区上思县	地方品种	散生	卵	淡红	175	强	115	0.80	0.51	8.0	1 630	33.5	1 425	R	中	弱
ZM1156	那堪苎麻	中国麻类所	广西壮族自治区宁明县	地方品种	散生	卵	淡红	145	强	110	0.85	0.72	9.2	1 700	50.8	1 275	MR	中	弱
ZM1157	在客苎麻	中国麻类所	广西壮族自治区宁明县	地方品种	丛生	卵	淡红	150	强	130	0.90	0.78	9.0	1 850	33.5	1 125	R	强	中
ZM1158	板棍苎麻	中国麻类所	广西壮族自治区宁明县	地方品种	串生	宽卵	红	160	强	105	0.90	0.90	8.8	1 630	72.1	1 050	MR	弱	中
ZM1159	叫隘苎麻	中国麻类所	广西壮族自治区宁明县	地方品种	丛生	宽卵	红	190	强	115	0.95	0.70	8.5	1 750	44.6	1 350	R	强	中
ZM1160	叫隘青麻	中国麻类所	广西壮族自治区宁明县	地方品种	丛生	卵	红	185	强	120	0.80	0.71	9.0	1 640	33.5	1 275	MS	强	中
ZM1161	金钟苎麻	中国麻类所	广西壮族自治区隆林县	地方品种	散生	宽圆	红	165	强	165	1.25	0.90	8.9	1 950	33.5	1 350	S	中	中
ZM1162	三堡苎麻	中国麻类所	广西壮族自治区天峨县	地方品种	丛生	宽圆	红	175	强	120	0.75	0.62	9.0	1 630	45.3	825	S	强	中
ZM1163	六排青叶苎	中国麻类所	广西壮族自治区天峨县	地方品种	丛生	宽卵	红	164	强	115	0.80	0.62	10.1	1 780	64.1	720	S	强	中
ZM1164	龙角青麻	中国麻类所	重庆市云阳县	地方品种	丛生	卵	微红	156	中	105	0.75	0.51	7.9	2 030	32.3	1 125	MS	强	强
ZM1165	大阳家麻	中国麻类所	重庆市云阳县	地方品种	散生	宽卵	微红	175	中	150	1.00	0.67	8.5	1 450	45.0	1 200	S	中	强
ZM1166	高堤白麻	中国麻类所	重庆市酉阳县	地方品种	散生	宽卵	黄绿	165	中	125	0.90	0.59	9.6	3 354	24.9	675	MS	中	中
ZM1167	高堤青麻	中国麻类所	重庆市酉阳县	地方品种	散生	卵	黄绿	181	中	105	0.70	0.63	7.0	1 320	33.0	1 050	MS	中	弱
ZM1168	庙坝青麻	中国麻类所	重庆市南川区	地方品种	散生	卵	淡红	190	中	105	0.70	0.48	8.8	2 121	42.1	1 050	MS	中	中
ZM1169	丛丰白麻 2 号	中国麻类所	重庆市南川区	地方品种	散生	宽卵	黄	165	中	145	0.75	0.47	10.2	1 743	44.9	1 125	S	中	中
ZM1170	大平青麻	中国麻类所	重庆市南川区	地方品种	散生	宽卵	红	156	中	115	0.70	0.51	11.0	1 850	63.0	825	MS	中	中

（续）

统一编号	种质名称	保存单位	原产地或来源地	种质类型	蔸型	叶形	雌蕾色	工艺成熟天数	分株力	株高	茎粗	鲜皮厚度	鲜皮出麻率	纤维支数	单纤维断裂强力	原麻产量	花叶病抗性	耐旱性	抗风性
ZM1171	山青白麻	中国麻类所	重庆市涪陵区	地方品种	散生	宽卵	黄	145	弱	145	0.65	0.64	12.0	1 505	44.3	870	S	中	强
ZM1172	红花青叶麻	中国麻类所	广西壮族自治区隆安县	地方品种	丛生	宽卵	黄	192	弱	115	0.85	0.80	10.1	1 454	25.3	480	MS	强	强
ZM1173	万德青叶苎2号	中国麻类所	广西壮族自治区防城港市	地方品种	丛生	宽卵	红	180	弱	125	0.90	0.59	6.8	1 320	52.1	825	S	强	强
ZM1174	坡埝青叶苎1号	中国麻类所	广西壮族自治区防城港市	地方品种	丛生	宽卵	微红	186	弱	105	0.75	0.51	7.9	1 630	63.0	750	MS	强	强
ZM1175	坡埝青叶苎2号	中国麻类所	广西壮族自治区防城港市	地方品种	丛生	宽卵	微红	190	弱	120	0.82	0.68	8.8	1 450	65.0	675	MS	强	中
ZM1176	92-67（2）	中国麻类所	广西壮族自治区防城港市	地方品种	丛生	卵	红	165	中	115	0.80	0.62	9.8	1 730	52.1	750	MS	强	中
ZM1177	定业青叶苎	中国麻类所	广西壮族自治区那坡县	地方品种	丛生	宽卵	红	170	中	165	1.25	0.90	10.5	1 860	45.3	675	S	强	中
ZM1178	革步红花苎麻	中国麻类所	广西壮族自治区隆林县	地方品种	散生	卵	绿白	185	中	120	0.95	0.70	11.5	1 640	33.0	1 050	MS	中	中
ZM1179	马庄青叶苎	中国麻类所	广西壮族自治区乐业县	地方品种	散生	卵	红	185	中	165	1.25	0.90	12.0	1 650	25.3	1 125	MS	中	中
ZM1180	天峨变种麻	中国麻类所	广西壮族自治区天峨县	地方品种	散生	卵	黄白	165	中	150	1.00	0.67	11.0	1 450	53.0	450	MS	中	中
ZM1181	更新青叶苎	中国麻类所	广西壮族自治区天峨县	地方品种	散生	卵	黄白	175	中	150	0.95	0.77	10.1	2 326	43.2	600	MS	强	强
ZM1182	更新微叶苎	中国麻类所	广西壮族自治区天峨县	地方品种	丛生	卵	淡红	165	强	165	1.10	0.77	9.8	1 345	61.0	675	MS	强	强
ZM1183	平福苎麻	中国麻类所	广西壮族自治区上思县	地方品种	散生	宽卵	黄绿	170	中	180	1.10	0.83	10.1	1 740	59.0	1 215	S	中	强
ZM1184	定业苎麻	中国麻类所	广西壮族自治区那坡县	地方品种	散生	卵	淡红	165	中	150	0.85	0.70	8.5	3 449	2.0	1 125	MR	中	强
ZM1185	定车土麻	中国麻类所	广西壮族自治区隆安县	地方品种	散生	宽卵	微红	175	中	130	0.90	0.68	7.0	1 370	61.3	1 050	R	中	强
ZM1186	乔建苎麻	中国麻类所	广西壮族自治区隆安县	地方品种	散生	宽卵	淡红	181	强	130	0.95	0.70	9.0	1 950	58.6	1 350	MR	中	中
ZM1187	龙弟家青麻	中国麻类所	广西壮族自治区隆安县	地方品种	散生	宽卵	淡红	190	强	155	1.00	0.65	9.5	1 847	57.0	1 125	MS	中	弱
ZM1188	陇均家麻	中国麻类所	广西壮族自治区龙州县	地方品种	散生	宽卵	淡红	156	强	140	0.90	0.73	8.0	1 610	48.1	1 200	R	中	弱
ZM1189	瓦窑苎麻	中国麻类所	广西壮族自治区防城港市	地方品种	散生	卵	淡红	155	中	170	0.95	0.77	8.0	1 540	32.8	900	MS	中	弱
ZM1190	坡埝苎麻	中国麻类所	广西壮族自治区防城港市	地方品种	丛生	椭圆	淡红	172	中	185	1.10	0.83	9.2	2 682	54.0	780	S	强	弱
ZM1191	万德野苎麻	中国麻类所	广西壮族自治区防城港市	野生资源	丛生	卵	黄	165	中	150	0.85	0.70	9.8	2 108	62.1	450	MS	强	弱
ZM1192	大蒙青叶苎2号	中国麻类所	广西壮族自治区防城港市	地方品种	丛生	近圆	黄	178	中	130	0.90	0.68	10.0	1 854	63.0	675	S	强	中
ZM1193	那为苎麻1号	中国麻类所	广西壮族自治区防城港市	地方品种	散生	宽卵	红	180	中	120	0.85	0.88	9.5	2 759	55.0	1 110	MR	中	中
ZM1194	那为苎麻2号	中国麻类所	广西壮族自治区防城港市	地方品种	散生	卵	微红	165	中	130	0.95	0.70	11.0	3 032	45.3	1 050	MR	中	中
ZM1195		中国麻类所	广西壮族自治区防城港市	地方品种	散生	宽卵	微红	173	中	150	1.00	0.67	8.8	1 556	63.1	975	MS	中	强

（续）

统一编号	种质名称	保存单位	原产地或来源地	种质类型	蔸型	叶形	雌蕾色	工艺成熟天数	分株力	株高	茎粗	鲜皮厚度	鲜皮出麻率	纤维支数	单纤维断裂强力	原麻产量	花叶病抗性	耐旱性	抗风性
ZM1196	那堪大苎麻	中国麻类所	广西壮族自治区宁明县	地方品种	散生	卵	红	180	强	110	0.70	0.66	9.0	1 752	56.0	900	MR	中	强
ZM1197	湖润苎麻	中国麻类所	广西壮族自治区靖西市	地方品种	散生	近圆	红	182	强	120	0.80	0.50	10.1	1 658	70.0	1 230	MS	中	弱
ZM1198	南坡苎麻	中国麻类所	广西壮族自治区靖西市	地方品种	散生	宽卵	绿白	180	弱	140	0.80	0.72	8.8	1 354	63.1	750	S	中	中
ZM1199	桃坪变种麻	中国麻类所	重庆市南川区	地方品种	散生	宽卵	红	170	弱	140	1.20	0.80	10.2	1 307	62.0	675	R	中	中
ZM1200	古花苎麻	中国麻类所	重庆市南川区	地方品种	散生	卵	黄白	185	弱	160	1.10	0.72	11.0	1 198	51.4	750	MS	中	中
ZM1201	龙塘苎麻	中国麻类所	重庆市酉阳县	地方品种	丛生	宽卵	黄白	165	弱	165	1.01	0.80	12.0	1 326	52.9	1 200	MS	强	中
ZM1202	核桃苎麻	中国麻类所	重庆市贵州省江区	地方品种	散生	宽卵	淡红	158	中	158	0.82	0.85	8.8	1 552	46.5	900	MS	中	中
ZM1203	大塘野麻	中国麻类所	重庆市云阳县	野生资源	丛生	宽卵	黄绿	160	中	160	0.94	0.40	9.5	1 259	32.7	450	S	强	弱
ZM1204	龙坝线麻 1 号	中国麻类所	重庆市云阳县	地方品种	丛生	宽卵	淡红	165	弱	165	0.96	0.38	7.8	1 106	50.6	675	R	强	弱
ZM1205	凉风青麻	中国麻类所	重庆市云阳县	地方品种	散生	宽卵	微红	160		160	0.81	0.34	10.0	2 093	31.9	750	MR	中	弱
ZM1206	龙角黄杆子	中国麻类所	重庆市云阳县	地方品种	丛生	宽卵	淡红	130	中	130	0.90	0.32	12.0	1 576	43.5	900	MS	强	强
ZM1207	协力青麻	中国麻类所	重庆市云阳县	地方品种	散生	宽卵	黄绿	165	中	165	0.70	0.42	10.0	1 829	38.8	750	R	中	强
ZM1208	福利丝麻	中国麻类所	重庆市云阳县	地方品种	散生	宽卵	黄白	168	中	168	0.60	0.44	8.5	1 447	39.0	675	R	中	中
ZM1209	宝台青麻	中国麻类所	重庆市云阳县	地方品种	丛生	宽卵	淡红	170	中	170	0.80	0.85	8.9	1 227	57.6	600	MR	强	中
ZM1210	六排山野麻	中国麻类所	广西壮族自治区天峨县	野生资源	丛生	宽卵	淡红	166	中	160	0.75	0.65	9.2	1 194	55.0	375	S	强	中
ZM1211	坡结苎麻	中国麻类所	广西壮族自治区天峨县	地方品种	散生	宽卵	淡红	170	弱	153	0.65	0.60	9.8	1 633	50.4	600	MS	中	弱
ZM1212	桠杈苎麻	中国麻类所	广西壮族自治区隆林县	地方品种	散生	宽卵	淡红	165	弱	140	0.60	0.72	8.5	1 258	60.3	750	MS	中	弱
ZM1213	毕林家麻	中国麻类所	重庆市南川区	地方品种	丛生	宽卵	红	175	强	135	0.68	0.62	8.6	1 228	63.1	675	S	强	弱
ZM1214	头渡青麻	中国麻类所	重庆市南川区	地方品种	散生	宽卵	红	180	强	130	0.55	0.61	9.2	1 941	29.5	900	R	中	中
ZM1215	卷洞土麻	中国麻类所	重庆市涪陵区	地方品种	散生	宽卵	黄绿	155	强	155	0.60	0.55	10.1	1 650	34.5	1 050	MR	中	中
ZM1216	龙塘白麻	中国麻类所	重庆市涪陵区	地方品种	散生	宽卵	微红	160	中	160	0.70	0.55	11.0	2 525	39.8	1 125	R	中	中
ZM1217	青羊家麻	中国麻类所	重庆市涪陵区	地方品种	散生	宽卵	淡红	175	中	175	0.65	0.60	11.5	1 531	44.5	1 050	MS	中	中
ZM1218	珍溪家麻	中国麻类所	重庆市涪陵区	地方品种	散生	卵	微红	145	中	145	0.55	0.60	10.5	1 431	63.2	975	R	中	强
ZM1219	92-67（1）	中国麻类所	重庆市涪陵区	选育品种	散生	宽卵	微红	165	中	165	0.65	0.50	8.6	1 643	68.1	750	MS	中	弱
ZM1220	96-66	中国麻类所	重庆市涪陵区	选育品种	散生	宽卵	微红	160	弱	160	0.50	0.65	10.2	2 653	28.7	900	S	中	弱

五、红麻种质资源主要性状描述符及其数据标准

1. 统一编号 由8位数字字符串组成，是种质的唯一标识号。如“00000231”，代表具体红麻种质的编号，具有唯一性。

2. 种质名称 国内种质的原始名称和国外引进种质的中文译名。引进种质可直接填写种质的外文名称，有些种质可能只有数字编号，则该编号为种质名称。

3. 保存单位 种质提交国家种质资源长期库前的保存单位名称。

4. 原产地或来源地 国内种质原产（来源）省、市（县）名称；引进种质原产（来源）国家、地区名称或国际组织名称。

5. 种质类型 红麻种质分为野生资源、地方品种、选育品种、品系、遗传材料、其他6种类型。

6. 生育日数 在物候期观测的基础上，每份种质从出苗期至种子成熟期的天数。单位为d。

7. 叶形 现蕾期，以试验小区全部植株为观测对象，目测植株中部正常完整叶片的形状，有全叶、浅裂叶、深裂叶3种类型。

8. 叶柄色 出苗后60～90d，以试验小区全部植株为观测对象，在正常一致的光照条件下，目测植株中部叶柄表面颜色，有绿、淡红、红、紫等颜色。

9. 中期茎色 出苗后90～110d，以试验小区全部植株为观测对象，在正常一致的光照条件下，目测植株中部茎表颜色，有绿、微红、淡红、红、紫等颜色。

10. 花喉色 开花盛期，在正常一致的光照条件下（晴天9：00～10：00观察），观测20朵完全开放花（非破坏性的）的花喉颜色，有淡红、淡黄、浅红、红、棕、紫等颜色。

11. 种子千粒重 1 000粒成熟、饱满和清洁种子（含水量在12 %左右）的绝对重量。单位为g，精确到0.1g。

12. 株高 工艺成熟期，从试验小区随机取样20株，度量植株茎秆基部到主茎生长点的距离，取平均值。单位为cm，精确到0.1cm。

13. 茎粗 工艺成熟期，以度量株高样本为对象，用游标卡尺（精度为1/1 000）测量植株茎秆中部的直径，取平均值。单位为cm，精确到0.01cm。

14. 鲜皮厚 工艺成熟期，以度量株高样本为对象，用螺旋测微器（精度为1/10 000）测量植株茎秆中部的麻皮厚度，取平均值。单位为mm，精确到0.01 mm。

15. 纤维支数 束纤维工艺细度优劣的品质参数，即用长度单位表示的规定重量纤维中工艺纤维束的连接长度。单位为公支，即m/g，精确到0.1m/g。

16. 纤维强力 束纤维抗拉断能力的品质参数，即在拉伸试验中，一定长度的红麻纤维束抵抗至拉断时的所能承受的最大力。单位为N/g，即$1kg^f$＝9.806 65N，精确到0.1N/g。

17. 鲜茎出麻率 工艺成熟期，用单位重量的鲜茎，可获得一定重量的纤维。纤维重量与鲜茎重量之比值为鲜茎出麻率。以%表示，精确到0.1%。

18. 原麻产量 工艺成熟期，单位面积的干皮重为原麻产量，也称干皮产量。单位为kg/hm^2，精确到整数位。

19. 纤维产量 工艺成熟期，单位面积的干纤维重为纤维产量，也称精麻产量。单位为kg/hm^2，精确到整数位。

20. 炭疽病抗性 株高50～70cm时，采用人工接种鉴定。根据病情指数，红麻种质对炭疽病的抗性分为免疫（$DI=0$）、高抗（$0< DI <20.0$）、抗病（$20.0 \leqslant DI<40.0$）、中抗（$40.0\leqslant DI<60.0$）、感病（$60.0 \leqslant DI<80.0$）和高感（$DI\geqslant 80.0$）6个等级。

21. 备注 红麻种质特殊描述符或特殊代码的具体说明。

、红麻主要性状目录

统一编号	种质名称	保存单位	原产地或来源地	种质类型	生育日数	叶形	叶柄色	中期茎色	花喉色	种子千粒重	株高	茎粗	鲜皮厚	纤维支数	纤维强力	鲜茎出麻率	原麻产量	纤维产量	炭疽病抗性	备注
00000001	南选	广西经作所	广西壮族自治区南宁市	选育品种	210	深裂叶	绿	绿	红	26.5	400.0	1.60	1.50	271.0	430.5	6.4	6 300	3 300	中抗	
00000002	宁选	广西经作所	广西壮族自治区南宁市	选育品种	200	深裂叶	绿	绿	红	26.4	380.0	1.60	1.40	270.0	406.0	6.3	6 000	3 180	感病	
00000003	广西红皮	广西经作所	广西壮族自治区南宁市	地方品种	185	深裂叶	浅红	红	红	27.8	370.0	1.50	0.95	282.0	396.2	6.2	4 875	2 430	感病	
00000004	马红全叶	广西经作所	广西壮族自治区南宁市	选育品种	185	全叶	绿	绿	红	27.5	400.0	2.30	1.04	282.0	442.3	6.4	6 000	3 225	感病	
00000005	马红裂叶	广西经作所	广西壮族自治区南宁市	选育品种	185	深裂叶	绿	绿	红	26.0	380.0	1.60	1.28	278.0	416.8	6.4	5 985	3 000	感病	
00000006	7360A	广西经作所	广西壮族自治区南宁市	选育品种	86	深裂叶	绿	绿	红	25.0	150.0	0.80	0.64	314.5	372.4				感病	
00000007	新安无刺	广东作物所	广东省汕头市	地方品种	230	深裂叶	绿	绿	红	24.3	380.0	1.50	1.00	259.0	490.3	6.5	6 000	3 300	中抗	
00000008	耒阳红麻	广东作物所	湖南省耒阳市	地方品种	220	深裂叶	绿	绿	红	29.3	380.0	1.90	1.33	267.0	407.0	6.5	6 000	3 300	中抗	
00000009	非洲裂叶	广东作物所	广东省	地方品种	220	深裂叶	绿	绿	红	28.9	380.0	1.90	1.25	281.0	402.1	6.2	6 000	3 300	中抗	
00000010	惠阳红麻	广东作物所	广东省惠州市惠阳区	地方品种	178	深裂叶	绿	绿	红	29.6	380.0	1.90	1.20	265.0	402.1	6.3	6 000	3 240	感病	
00000011	新会红麻	广东作物所	广东省江门市新会区	地方品种	180	深裂叶	绿	绿	红	29.0	370.0	1.90	1.37	270.0	487.4	6.7	5 520	2 760	感病	
00000012	揭阳红麻	广东作物所	广东省揭阳市	地方品种	180	深裂叶	绿	绿	红	28.4	380.0	1.80	1.30	282.0	492.3	6.3	5 700	2 850	感病	
00000013	博罗全叶	广东作物所	广东省博罗县	地方品种	180	全叶	绿	绿	红	26.0	350.0	1.50	1.15	275.0	462.9	6.1	4 650	2 325	感病	
00000014	海宁红麻	广东作物所	浙江省海宁市	地方品种	190	深裂叶	绿	红	红	29.3	380.0	1.50	1.00	261.0	497.2	6.4	6 000	3 045	感病	
00000015	台湾红麻	广东作物所	台湾省	地方品种	178	深裂叶	绿	绿	红	27.0	370.0	1.60	1.15	296.0	412.9	6.3	4 305	2 160	感病	
00000016	台 A 紫	辽宁经作所	吉林省	地方品种	135	深裂叶	红	红	紫红	24.0	310.0	1.40	1.09	255.0	323.6	6.3	3 750	1 875	感病	
00000017	韶安红麻	福建甘蔗所	福建省诏安县	地方品种	240	深裂叶	绿	淡红	红	25.8	380.0	1.50	1.30	292.0	457.0	5.8	6 000	3 000	感病	
00000018	湘红一号	中国麻类所	湖南省沅江市	选育品种	210	深裂叶	绿	绿	红	26.0	380.0	1.70	1.20	286.0	494.3	6.2	6 000	3 000	中抗	
00000019	湘红二号	中国麻类所	湖南省沅江市	选育品种	190	全叶	浅红	淡红	红	30.1	370.0	1.80	1.25	274.0	442.3	6.3	5 700	3 000	中抗	
00000020	722	中国麻类所	湖南省沅江市	选育品种	220	全叶	绿	绿	红	25.0	400.0	1.80	1.25	288.0	477.6	6.5	6 300	3 300	高抗	抗倒伏
00000021	湘红早	中国麻类所	湖南省沅江市	选育品种	160	全叶	浅红	淡红	红	27.3	350.0	1.70	1.25	282.0	464.8	6.0	4 500	2 430	高抗	
00000022	71-4	中国麻类所	湖南省沅江市	选育品种	150	全叶	浅红	淡红	红	28.4	300.0	1.50	1.40	249.0	405.0	5.7	3 750	1 875	高抗	
00000023	71-57	中国麻类所	湖南省沅江市	选育品种	200	深裂叶	浅红	红	红	25.0	380.0	1.80	1.25	287.0	491.3	6.5	6 000	3 195	中抗	
00000024	71-44	中国麻类所	湖南省沅江市	选育品种	180	全叶	浅红	红	红	26.8	370.0	1.70	1.15	279.0	489.4	6.3	5 250	2 700	中抗	

(续)

统一编号	种质名称	保存单位	原产地或来源地	种质类型	生育日数	叶形	叶柄色	中期茎色	花喉色	种子千粒重	株高	茎粗	鲜皮厚	纤维支数	纤维强力	鲜茎出麻率	原麻产量	纤维产量	炭疽病抗性	备注
00000025	红麻七号	中国麻类所	湖南省沅江市	选育品种	175	深裂叶	浅红	红	红	34.2	350.0	1.60	1.20	264.0	443.3	5.9	4 500	2 250	感病	
00000026	72-3	中国麻类所	湖南省沅江市	选育品种	220	深裂叶	浅红	淡红	红	24.9	380.0	1.90	1.35	286.0	487.4	6.2	6 000	3 000	中抗	
00000027	72-44	中国麻类所	湖南省沅江市	选育品种	230	深裂叶	绿	绿	红	23.4	380.0	1.80	1.20	263.0	479.5	6.2	6 000	3 000	中抗	
00000028	G51	中国麻类所	湖南省沅江市	选育品种	220	深裂叶	绿	绿	红	27.7	380.0	1.70	1.30	308.0	507.0	6.2	6 000	3 000	中抗	
00000029	71-14	中国麻类所	湖南省沅江市	选育品种	170	全叶	浅红	淡红	红	28.0	350.0	1.50	1.14	289.0	440.3	5.7	3 750	1 875	高抗	
00000030	71-18	中国麻类所	湖南省沅江市	选育品种	190	全叶	浅红	淡红	红	27.5	360.0	1.70	1.00	276.0	452.1	5.7	3 750	1 875	高抗	
00000031	71-22	中国麻类所	湖南省沅江市	选育品种	200	全叶	浅红	淡红	红	28.5	360.0	1.80	1.21	263.0	418.7	5.6	5 250	2 700	高抗	
00000032	红麻 8 号	中国麻类所	湖南省沅江市	选育品种	200	全叶	浅红	红	红	24.5	380.0	1.70	1.35	290.0	455.0	6.2	5 250	2 625	感病	
00000033	红麻 1 号	中国麻类所	湖南省沅江市	选育品种	140	深裂叶	绿	淡红	红	24.0	290.0	1.40	1.00	293.0	374.6	5.3	3 375	1 695	感病	
00000034	红麻 2 号	中国麻类所	湖南省沅江市	选育品种	140	全叶	浅红	淡红	红	24.0	290.0	1.40	1.00	281.0	393.2	4.9	3 375	1 695	感病	
00000035	红麻 4 号	中国麻类所	湖南省沅江市	选育品种	150	全叶	浅红	淡红	红	25.0	320.0	1.40	1.00	238.0	384.4	5.1	4 125	2 070	感病	
00000036	红麻 5 号	中国麻类所	湖南省沅江市	选育品种	170	深裂叶	浅红	绿	红	25.0	350.0	1.90	1.30	270.0	395.2	4.9	4 500	2 250	感病	
00000037	红麻 20 号	中国麻类所	湖南省沅江市	选育品种	150	深裂叶	绿	绿	红	21.0	330.0	1.60	1.20	253.0	341.3	5.0	4 125	2 070	感病	
00000038	选字四号	中国麻类所	湖南省沅江市	选育品种	230	全叶	绿	绿	红	31.0	370.0	1.80	1.40	294.0	485.4	6.7	6 000	3 000	中抗	
00000039	云南元江红麻	广西经作所	云南省	地方品种	180	深裂叶	红	红	红	30.4	360.0	1.50	1.11	280.0	417.8	5.9	4 500	2 250	感病	
00000040	新红 95	中国麻类所	山东省即墨市	选育品种	160	深裂叶	浅红	红	红	27.0	350.0	1.60	1.15	252.0	318.7	4.9	3 750	1 875	感病	结果部位低
00000041	辽 7435	辽宁经作所	辽宁省沈阳市	选育品种	125	全叶	绿	绿	红	26.0	350.0	1.70	1.25	277.0	410.9	5.7	6 000	3 000	高抗	
00000042	辽 55	辽宁经作所	辽宁省沈阳市	选育品种	125	全叶	浅红	红	红	25.0	350.0	1.50	1.08	265.0	392.3	5.0	4 500	2 250	中抗	
00000043	辽红一号	辽宁经作所	辽宁省沈阳市	选育品种	120	深裂叶	绿	绿	红	24.0	300.0	1.50	1.16	273.0	397.2	5.8	3 000	1 500	感病	
00000044	辽红 3 号	辽宁经作所	辽宁省沈阳市	选育品种	110	全叶	绿	绿	红	24.0	300.0	1.40	1.31	258.0	355.0	5.0	2 625	1 350	感病	
00000045	辽 34 早	辽宁经作所	辽宁省沈阳市	选育品种	105	全叶	绿	绿	红	26.0	300.0	1.30	0.99	262.0	394.2	6.2	3 000	1 500	感病	
00000046	辽 259	辽宁经作所	辽宁省沈阳市	选育品种	125	深裂叶	绿	绿	红	28.0	330.0	1.60	1.10	255.0	321.7	5.4	4 500	2 250	感病	
00000047	辽 369	辽宁经作所	辽宁省沈阳市	选育品种	125	深裂叶	绿	绿	红	29.0	350.0	1.60	1.10	253.0	385.0		4 500	2 250	感病	
00000048	辽 1645	辽宁经作所	辽宁省沈阳市	选育品种	100	深裂叶	浅红	淡红	红	24.0	300.0	1.40	1.27	249.0	381.5	5.6	3 000	1 500	感病	
00000049	早熟红麻	辽宁经作所	辽宁省沈阳市	选育品种	100	深裂叶	绿	绿	红	26.0	240.0	1.20	0.80	232.0	405.0	5.3	1 875	975	感病	

（续）

统一编号	种质名称	保存单位	原产地或来源地	种质类型	生育日数	叶形	叶柄色	中期茎色	花喉色	种子千粒重	株高	茎粗	鲜皮厚	纤维支数	纤维强力	鲜茎出麻率	原麻产量	纤维产量	炭疽病抗性	备注
00000050	506-68	辽宁经作所	辽宁省沈阳市	选育品种	110	深裂叶	浅红	淡红	红	24.0	300.0	1.40	1.22	253.0	337.3	5.6	3 000	1 500	感病	
00000051	2-192	辽宁经作所	辽宁省沈阳市	选育品种	110	深裂叶	浅红	淡红	红	25.0	280.0	1.40	1.36	259.0	342.3	5.5	2 250	1 200	感病	
00000052	341-17	辽宁经作所	辽宁省沈阳市	选育品种	125	深裂叶	浅红	淡红	红	25.0	300.0	1.50	1.20	252.0	382.5	5.5	3 000	1 500	感病	
00000053	紫光	辽宁经作所	辽宁省沈阳市	选育品种	135	深裂叶	红	红	紫红	27.0	340.0	1.40	1.12	238.0	368.7	5.2	3 750	1 875	感病	
00000054	植保 506	辽宁经作所	辽宁省沈阳市	选育品种	130	深裂叶	浅红	淡红	红	26.0	300.0	1.50	1.31	235.0	413.8	5.3	3 750	1 875	感病	
00000055	176-10	辽宁经作所	辽宁省沈阳市	选育品种	130	深裂叶	浅红	淡红	红	25.0	340.0	1.50	1.05	243.0	388.3	6.1	3 750	1 875	感病	
00000056	青皮三号	中国麻类所	越南	选育品种	230	深裂叶	绿	绿	红	27.2	370.0	1.70	1.36	264.0	441.3	6.2	5 700	2 700	中抗	
00000057	青皮一号	广西经作所	越南	选育品种	240	全叶	绿	绿	红	26.8	370.0	1.60	1.10	245.0	365.8	5.1	5 250	3 450	感病	
00000058	印度 11 号	广西经作所	印度	选育品种	170	深裂叶	浅红	红	红	27.9	380.0	1.70	1.46	272.0	402.1	6.1	4 455	2 760	中抗	
00000059	粤红 1 号	中国麻类所	古巴	选育品种	230	全叶	浅红	淡红	红	26.3	365.0	1.80	1.30	262.0	447.2	6.3	6 000	3 000	中抗	
00000060	粤红 3 号	中国麻类所	古巴	选育品种	230	全叶	浅红	淡红	红	30.0	365.0	1.80	1.30	264.0	467.8	6.3	6 000	3 000	中抗	
00000061	粤红 5 号	中国麻类所	古巴	选育品种	220	全叶	红	红	紫红	25.2	370.0	1.70	1.38	297.0	442.3	6.0	6 000	3 000	中抗	
00000062	C2032	中国麻类所	古巴	选育品种	230	全叶	浅红	淡红	红	26.8	380.0	1.70	1.44	307.0	447.2	6.2	6 000	3 150	中抗	
00000063	EV41	中国麻类所	美国	选育品种	230	全叶	浅红	淡红	红	24.6	375.0	1.60	1.33	307.0	469.7	6.2	6 000	3 150	中抗	
00000064	BG52-1	中国麻类所	美国	选育品种	230	深裂叶	浅红	淡红	红	24.8	360.0	1.60	1.30	298.0	435.4	6.2	5 625	2 850	感病	
00000065	阿联红麻	中国麻类所	埃及	选育品种	230	全叶	红	红	紫红	43.9	360.0	1.20	1.00	298.0	321.7	4.6	4 500	2 250	感病	易倒伏
00000066	泰红 763？	中国麻类所	泰国	选育品种	230	深裂叶	浅红	红	红	25.5	390.0	2.00	1.36	334.0	435.4	6.2	6 300	3 150	中抗	
00000067	BG52-71？	广东作物所	美国	选育品种	230	深裂叶	浅红	淡红	红	24.4	380.0	1.70	1.25	267.0	392.3	6.3	6 000	3 000	中抗	
00000068	塔什干	辽宁经作所	俄罗斯	选育品种	135	深裂叶	浅红	淡红	红	27.0	320.0	1.40	1.35	284.0	398.1	6.1	2 250	1 125	感病	
00000069	粤 704	广东作物所	广东省广州市	选育品种	217	深裂叶	绿	绿	红	30.0	404.0	2.00	1.20	246.0	382.5	5.9	5 970	3 720	中抗	
00000070	粤 76-1	广东作物所	广东省广州市	选育品种	214	深裂叶	绿	绿	红	28.0	412.0	2.00	1.30	277.0	480.5	5.8	6 000	3 795	中抗	
00000071	粤 74-3	广东作物所	广东省广州市	选育品种	223	深裂叶	浅红	淡红	红	28.0	428.0	2.00	1.20	307.0	490.3	6.5	6 000	3 900	中抗	
00000072	粤 75-2	广东作物所	广东省广州市	选育品种	223	深裂叶	浅红	淡红	红	28.0	399.0	1.90	1.00	283.0	490.3	5.7	6 015	3 675	高抗	
00000073	7804	中国麻类所	湖南省沅江市	选育品种	200	深裂叶	绿	绿	红	32.5	385.0	1.90	1.50	255.0	475.6	6.3	6 300	3 225	中抗	
00000074	7802	中国麻类所	湖南省沅江市	选育品种	180	全叶	浅红	淡红	红	33.0	377.0	1.70	1.22	264.0	449.1	6.2	4 500	2 250	高抗	

（续）

统一编号	种质名称	保存单位	原产地或来源地	种质类型	生育日数	叶形	叶柄色	中期茎色	花喉色	种子千粒重	株高	茎粗	鲜皮厚	纤维支数	纤维强力	鲜茎出麻率	原麻产量	纤维产量	炭疽病抗性	备注
00000075	7805	中国麻类所	湖南省沅江市	选育品种	200	全叶	浅红	淡红	红	28.7	379.0	1.60	1.25	260.0	355.0	6.2	4 500	2 250	高抗	
00000076	浙肖麻一号	浙江萧山棉麻所[①]	浙江省杭州市	选育品种	210	深裂叶	绿	绿	红	30.0	367.0	1.80	1.20	265.0	411.9	5.5	5 250	2 700	中抗	
00000077	黔红一号	贵州草业所	贵州省独山县	选育品种	230	深裂叶	绿	绿	红	27.0	360.0	1.70	1.32	278.0	453.1	5.7	6 000	3 000	中抗	
00000078	勐海紫茎	中国麻类所	云南省	地方品种	230	深裂叶	红	红	紫红	24.0	389.0	1.80	0.98	298.0	374.6	6.2	5 250	2 550	感病	
00000079	元江紫茎	中国麻类所	云南省	地方品种	230	深裂叶	红	红	紫红	24.5	397.0	1.80	1.01	293.0	398.1	6.0	5 325	2 700	感病	
00000080	勐海红皮	中国麻类所	云南省	地方品种	230	深裂叶	浅红	红	红	28.0	386.0	1.90	1.13	262.0	333.4	5.8	6 000	3 000	感病	
00000081	云南青茎	中国麻类所	云南省	地方品种	230	深裂叶	浅红	淡红	红	26.5	382.0	1.80	1.06	255.0	402.1	5.8	5 700	2 850	感病	
00000082	台农一号	广东作物所	美国	选育品种	214	深裂叶	浅红	淡红	红	29.7	387.0	1.90	1.10	271.0	451.1	6.0	4 155	2 490	中抗	
00000083	TC2	中国麻类所	台湾省	选育品种	165	深裂叶	红	红	紫红	33.4	320.0	1.40	1.10	264.0	353.0	5.4	4 200	1 980	感病	
00000084	TC3	中国麻类所	台湾省	选育品种	105	深裂叶	浅红	淡红	红	32.0	270.0	1.30	1.00	264.0	353.0	4.8	3 450	1 500	感病	
00000085	TC53	中国麻类所	台湾省	选育品种	210	深裂叶	浅红	淡红	红	34.0	350.0	1.80	1.30	269.0	421.7	5.9	4 950	2 550	中抗	
00000086	TC178	中国麻类所	台湾省	选育品种	210	深裂叶	浅红	淡红	红	35.0	380.0	1.80	1.30	249.0	421.7	5.7	5 775	2 850	高抗	
00000087	TC179	中国麻类所	台湾省	选育品种	230	全叶	浅红	淡红	红	35.0	390.0	1.80	1.50	272.0	441.3	5.7	5 700	2 850	高抗	
00000088	TC259	中国麻类所	台湾省	选育品种	230	深裂叶	浅红	淡红	紫红	31.5	380.0	1.90	1.40	295.0	431.5	5.8	5 400	2 775	中抗	
00000089	TC261	中国麻类所	台湾省	选育品种	230	深裂叶	浅红	淡红	红	32.4	375.0	1.60	1.20	282.0	441.3	5.2	5 250	2 700	中抗	
00000090	C-2	中国麻类所	孟加拉国	选育品种	230	全叶	浅红	淡红	红	29.2	360.0	1.80	1.30	279.0	447.2	5.6	5 700	2 850	感病	
00000091	C-12	中国麻类所	孟加拉国	选育品种	230	全叶	红	淡红	红	30.0	368.0	1.60	1.20	283.0	451.1	6.0	5 400	2 775	感病	
00000092	ACC	中国麻类所	孟加拉国	选育品种	230	全叶	浅红	淡红	红	31.0	370.0	1.90	1.40	285.0	441.3	6.0	5 475	2 850	感病	
00000093	古巴 6	中国麻类所	古巴	选育品种	230	全叶	浅红	淡红	红	35.0	380.0	1.80	1.80	318.0	421.7	6.0	5 700	2 925	中抗	生长势强
00000094	古巴 8	中国麻类所	古巴	选育品种	230	全叶	浅红	淡红	红	33.0	380.0	1.90	1.70	286.0	411.9	6.0	5 700	2 925	高抗	
00000095	古巴 143	中国麻类所	古巴	遗传材料	230	深裂叶	浅红	淡红	红	30.0	360.0	1.60	1.40	277.0	421.7	6.1	5 250	2 700	高抗	
00000096	古巴 144	中国麻类所	古巴	遗传材料	230	深裂叶	浅红	淡红	紫红	32.0	350.0	1.50	1.30	283.0	451.1	5.8	5 100	2 550	中抗	
00000097	古巴 172	中国麻类所	古巴	遗传材料	215	全叶	绿	淡红	红	33.0	380.0	1.70	1.30	278.0	372.7	5.6	5 025	2 625	感病	
00000098	83-16	广东作物所	埃及	选育品种	210	全叶	浅红	红	红	28.0	389.0	2.20	1.30	223.0	284.4	5.1	4 995	3 000	中抗	
00000099	S-7	中国麻类所	萨尔瓦多	遗传材料	230	全叶	浅红	红	红	33.0	360.0	1.70	1.40	290.0	431.5	5.9	5 400	2 775	高抗	

① 全称为浙江省农业科学院萧山棉麻研究所。全书下同。

统一编号	种质名称	保存单位	原产地或来源地	种质类型	生育日数	叶形	叶柄色	中期茎色	花喉色	种子千粒重	株高	茎粗	鲜皮厚	纤维支数	纤维强力	鲜茎出麻率	原麻产量	纤维产量	炭疽病抗性	备注
00000100	S-47	中国麻类所	萨尔瓦多	遗传材料	230	全叶	浅红	淡红	红	35.0	370.0	1.80	1.80	283.0	392.3	5.8	5 250	2 700	中抗	
00000101	S-48	中国麻类所	萨尔瓦多	遗传材料	180	深裂叶	红	淡红	紫红	34.0	350.0	1.40	1.20	288.0	343.2	6.1	4 425	2 400	中抗	
00000102	S-49	中国麻类所	萨尔瓦多	遗传材料	175	深裂叶	浅红	淡红	红	32.0	325.0	1.40	1.20	285.0	441.3	6.0	4 350	2 280	中抗	
00000103	S-50	中国麻类所	萨尔瓦多	遗传材料	215	深裂叶	绿	淡红	红	33.0	350.0	1.60	1.40	288.0	402.1	6.1	5 175	2 700	中抗	
00000104	S-51	中国麻类所	萨尔瓦多	遗传材料	210	全叶	绿	绿	红	32.0	340.0	1.50	1.20	280.0	451.1	5.8	4 800	2 475	中抗	
00000105	S-52	中国麻类所	萨尔瓦多	遗传材料	230	深裂叶	红	红	红	31.0	365.0	1.70	1.20	281.0	372.7	5.8	5 250	2 700	中抗	
00000106	S-54	中国麻类所	萨尔瓦多	遗传材料	230	深裂叶	浅红	淡红	红	32.0	370.0	1.70	1.30	275.0	402.1	6.0	5 400	2 775	中抗	
00000107	S-55	中国麻类所	萨尔瓦多	遗传材料	230	全叶	红	红	紫红	32.0	360.0	1.60	1.30	310.0	353.0	6.1	5 400	2 775	中抗	
00000108	S-56	中国麻类所	萨尔瓦多	遗传材料	215	全叶	浅红	淡红	红	33.0	350.0	1.60	1.20	266.0	362.8	6.0	5 175	2 700	中抗	
00000109	S-57	中国麻类所	萨尔瓦多	遗传材料	230	深裂叶	浅红	淡红	红	33.0	370.0	1.80	1.70	298.0	431.5	6.2	5 550	2 850	高抗	生长势强
00000110	S-58	中国麻类所	萨尔瓦多	遗传材料	170	深裂叶	红	红	红	31.0	340.0	1.50	1.40	272.0	451.1	4.5	3 675	1 800	感病	
00000111	S-129	中国麻类所	萨尔瓦多	遗传材料	230	全叶	浅红	绿	红	34.0	370.0	1.60	1.40	278.0	421.7	6.2	5 550	2 850	感病	
00000112	S-298	中国麻类所	萨尔瓦多	遗传材料	175	深裂叶	浅红	淡红	红	31.0	350.0	1.80	1.50	263.0	411.9	5.2	4 800	2 625	感病	
00000113	S-299	中国麻类所	萨尔瓦多	遗传材料	230	全叶	红	红	紫红	34.0	370.0	1.70	1.40	285.0	392.3	5.8	5 175	2 700	中抗	
00000114	S-300	中国麻类所	萨尔瓦多	遗传材料	230	全叶	浅红	淡红	红	31.0	360.0	1.80	1.40	258.0	392.3	5.8	5 250	2 775	中抗	
00000115	F21	中国麻类所	法国	遗传材料	210	全叶	绿	淡红	红	32.0	352.0	1.70	1.50	270.0	382.5	5.8	5 400	2 775	感病	
00000116	83-8	广东作物所	法国	遗传材料	207	深裂叶	浅红	淡红	红	27.0	320.0	1.60	0.90	244.0	313.8	5.7	4 485	2 730	感病	
00000117	83-9	广东作物所	法国	遗传材料	207	深裂叶	浅红	淡红	红	31.0	382.0	2.00	1.20	225.0	490.3	5.3	5 100	3 105	感病	
00000118	83-10	广东作物所	法国	遗传材料	207	深裂叶	浅红	淡红	红	30.0	311.0	1.80	1.10	278.0	304.0	4.6	3 075	1 755	感病	
00000119	F60	中国麻类所	法国	遗传材料	105	深裂叶	浅红	淡红	红	30.0	250.0	1.30	1.00	232.0	313.8	4.0	2 475	1 050	感病	
00000120	F63	中国麻类所	法国	遗传材料	115	全叶	绿	淡红	红	23.0	250.0	1.10	0.90	225.0	294.2	3.8	2 100	900	感病	
00000121	F64	中国麻类所	法国	遗传材料	115	全叶	浅红	淡红	红	24.0	260.0	1.20	0.80	244.0	313.8	4.0	2 625	1 200	感病	
00000122	F65	中国麻类所	法国	遗传材料	105	全叶	浅红	淡红	红	30.0	250.0	1.30	1.00	233.0	294.2	3.9	2 550	1 200	感病	
00000123	F66	中国麻类所	法国	遗传材料	115	全叶	绿	淡红	红	27.0	280.0	1.30	1.00	238.0	333.4	4.8	3 225	1 500	感病	
00000124	F67	中国麻类所	法国	遗传材料	105	全叶	浅红	淡红	红	29.0	285.0	1.20	1.10	235.0	343.2	4.8	3 000	1 350	感病	

（续）

统一编号	种质名称	保存单位	原产地或来源地	种质类型	生育日数	叶形	叶柄色	中期茎色	花喉色	种子千粒重	株高	茎粗	鲜皮厚	纤维支数	纤维强力	鲜茎出麻率	原麻产量	纤维产量	炭疽病抗性	备注
00000125	F68	中国麻类所	法国	遗传材料	115	全叶	浅红	淡红	红	27.0	280.0	1.20	1.00	230.0	372.7	4.3	3 300	1 500	感病	
00000126	F71	中国麻类所	法国	遗传材料	170	深裂叶	浅红	红	紫红	30.0	300.0	1.40	1.30	211.0	333.4	4.4	4 125	1 950	中抗	结种部位低
00000127	F72	中国麻类所	法国	遗传材料	105	深裂叶	浅红	红	红	26.0	250.0	1.30	1.00	242.0	323.6	4.4	2 175	900	感病	
00000128	F73	中国麻类所	法国	遗传材料	140	深裂叶	浅红	淡红	红	28.0	280.0	1.40	1.30	230.0	333.4	4.8	4 200	2 025	感病	
00000129	F74	中国麻类所	法国	遗传材料	175	深裂叶	浅红	红	紫红	30.0	360.0	1.50	1.60	258.0	392.3	5.9	4 125	2 100	感病	
00000130	F75	中国麻类所	法国	遗传材料	115	深裂叶	浅红	淡红	红	24.0	260.0	1.30	1.00	225.0	313.8	4.5	3 000	1 350	感病	
00000131	F76	中国麻类所	法国	遗传材料	105	深裂叶	浅红	淡红	红	33.0	250.0	1.40	1.00	238.0	323.6	4.6	2 475	1 200	感病	种子产量高
00000132	F77	中国麻类所	法国	遗传材料	105	深裂叶	浅红	淡红	红	24.0	260.0	1.20	1.10	242.0	343.2	4.5	3 075	1 350	感病	
00000133	F79	中国麻类所	法国	遗传材料	175	深裂叶	浅红	淡红	紫红	26.0	320.0	1.40	1.10	235.0	353.0	5.6	4 500	2 325	感病	
00000134	F80	中国麻类所	法国	遗传材料	175	深裂叶	浅红	淡红	红	33.0	310.0	1.50	1.10	276.0	431.5	6.6	4 500	2 550	中抗	
00000135	F81	中国麻类所	法国	遗传材料	165	全叶	浅红	淡红	红	30.0	300.0	1.30	0.90	251.0	353.0	5.2	4 125	1 950	感病	
00000136	F82	中国麻类所	法国	遗传材料	175	深裂叶	浅红	淡红	紫红	30.0	320.0	1.40	1.30	242.0	372.7	5.3	4 200	2 130	感病	
00000137	F83	中国麻类所	法国	遗传材料	175	深裂叶	绿	淡红	紫红	32.0	340.0	1.70	1.20	246.0	343.2	5.4	4 650	2 400	感病	
00000138	F301	中国麻类所	法国	遗传材料	85	深裂叶	浅红	淡红	紫红	28.0	260.0	1.30	0.80	240.0	313.8	5.0	2 250	975	感病	
00000139	F302	中国麻类所	法国	遗传材料	85	深裂叶	浅红	淡红	红	30.0	280.0	1.10	0.80	238.0	313.8	5.0	2 775	1 050	感病	
00000140	F303	中国麻类所	法国	遗传材料	105	深裂叶	浅红	淡红	红	31.0	280.0	1.20	0.70	238.0	333.4	4.4	2 625	1 050	感病	
00000141	F305	中国麻类所	法国	遗传材料	105	深裂叶	浅红	淡红	红	31.0	300.0	1.10	0.70	230.0	343.2	4.5	3 000	1 275	感病	
00000142	F306	中国麻类所	法国	遗传材料	85	深裂叶	浅红	淡红	紫红	30.0	290.0	1.20	0.80	235.0	323.6	4.2	2 700	1 080	感病	
00000143	F309	中国麻类所	法国	遗传材料	115	全叶	浅红	淡红	紫红	27.0	310.0	1.10	0.90	215.0	313.8	4.5	3 000	1 350	感病	
00000144	F310	中国麻类所	法国	遗传材料	85	深裂叶	浅红	淡红	红	30.0	300.0	1.40	0.90	256.0	343.2	4.5	2 700	1 230	感病	
00000145	F311	中国麻类所	法国	遗传材料	85	深裂叶	浅红	淡红	紫红	30.0	280.0	1.40	1.00	250.0	323.6	4.7	2 700	1 125	感病	
00000146	F312	中国麻类所	法国	遗传材料	175	深裂叶	浅红	淡红	紫红	31.0	350.0	1.50	1.00	255.0	392.3	5.4	4 425	2 250	中抗	
00000147	F313	中国麻类所	法国	遗传材料	175	全叶	浅红	淡红	红	29.0	360.0	1.60	1.20	260.0	372.7	5.1	4 650	2 400	中抗	
00000148	F316	中国麻类所	法国	遗传材料	140	全叶	红	红	紫红	24.0	270.0	1.60	1.20	250.0	313.8	5.0	2 775	1 200	感病	
00000149	F317	中国麻类所	法国	遗传材料	230	全叶	浅红	淡红	红	34.0	350.0	1.70	1.40	288.0	441.3	6.0	5 325	2 730	感病	

（续）

统一编号	种质名称	保存单位	原产地或来源地	种质类型	生育日数	叶形	叶柄色	中期茎色	花喉色	种子千粒重	株高	茎粗	鲜皮厚	纤维支数	纤维强力	鲜茎出麻率	原麻产量	纤维产量	炭疽病抗性	备注
00000150	F318	中国麻类所	法国	遗传材料	105	全叶	浅红	淡红	红	23.0	220.0	1.40	1.00	232.0	313.8	4.7	2 250	975	感病	
00000151	F319	中国麻类所	法国	遗传材料	230	深裂叶	绿	淡红	红	30.0	330.0	1.50	1.20	270.0	441.3	6.4	4 350	2 280	中抗	
00000152	F320	中国麻类所	法国	遗传材料	105	深裂叶	浅红	淡红	紫红	23.0	250.0	1.30	1.00	244.0	333.4	5.0	2 775	1 200	感病	
00000153	F321	中国麻类所	法国	遗传材料	115	全叶	浅红	淡红	紫红	24.0	240.0	1.20	0.90	250.0	313.8	4.4	2 700	1 200	感病	
00000154	加纳红	中国麻类所	加纳	遗传材料	230	全叶	红	淡红	紫红	31.0	340.0	1.60	1.20	268.0	441.3	5.0	4 350	2 250	感病	
00000155	加纳 137	中国麻类所	加纳	遗传材料	230	全叶	绿	绿	红	32.0	380.0	1.70	1.40	270.0	431.5	5.8	5 550	2 850	中抗	
00000156	Gm22	中国麻类所	危地马拉	遗传材料	230	全叶	浅红	淡红	红	35.0	370.0	1.80	1.60	275.0	402.1	5.8	5 325	2 700	中抗	
00000157	Gm23	中国麻类所	危地马拉	遗传材料	210	全叶	浅红	淡红	红	37.0	330.0	1.60	1.20	270.0	421.7	5.7	5 100	2 625	中抗	
00000158	Gm24	中国麻类所	危地马拉	遗传材料	230	全叶	浅红	淡红	红	34.0	360.0	1.80	1.40	270.0	421.7	5.9	5 400	2 730	中抗	
00000159	Gm25	中国麻类所	危地马拉	遗传材料	230	全叶	浅红	淡红	红	30.0	340.0	1.80	1.30	260.0	402.1	5.7	5 025	2 550	中抗	
00000160	Gm26	中国麻类所	危地马拉	遗传材料	230	全叶	红	红	紫红	33.0	345.0	1.70	1.40	272.0	372.7	5.8	5 025	2 475	中抗	
00000161	Gm27	中国麻类所	危地马拉	遗传材料	220	全叶	浅红	红	红	30.0	370.0	1.70	1.40	298.0	441.3	6.0	5 250	2 700	中抗	
00000162	Gm28	中国麻类所	危地马拉	遗传材料	230	深裂叶	浅红	淡红	红	35.0	370.0	1.80	1.60	283.0	392.3	6.0	5 250	2 700	中抗	
00000163	Gm29	中国麻类所	危地马拉	遗传材料	230	全叶	绿	绿	红	32.0	375.0	1.80	1.60	280.0	392.3	5.8	5 550	2 850	高抗	
00000164	Gm30	中国麻类所	危地马拉	遗传材料	220	全叶	浅红	淡红	红	36.0	380.0	1.70	1.50	276.0	372.7	6.7	5 475	2 820	中抗	
00000165	Gm31	中国麻类所	危地马拉	遗传材料	230	全叶	绿	绿	红	37.0	360.0	1.70	1.60	282.0	372.7	5.9	5 325	2 700	感病	
00000166	Gm32	中国麻类所	危地马拉	遗传材料	230	全叶	浅红	淡红	红	32.0	350.0	1.80	1.60	307.0	411.9	6.0	5 250	2 700	感病	
00000167	Gm33	中国麻类所	危地马拉	遗传材料	230	全叶	浅红	淡红	紫红	34.0	360.0	1.70	1.50	300.0	402.1	5.7	5 400	2 730	中抗	
00000168	Gm34	中国麻类所	危地马拉	遗传材料	140	深裂叶	浅红	淡红	红	30.0	320.0	1.50	1.30	276.0	343.2	5.2	4 275	2 070	感病	
00000169	Gm168	中国麻类所	危地马拉	遗传材料	230	全叶	红	红	紫红	32.0	360.0	1.60	1.20	284.0	470.7	5.5	4 950	2 625	感病	花冠紫色
00000170	83-21	广东作物所	危地马拉	遗传材料	240	全叶	浅红	淡红	红	27.0									感病	
00000171	83-22	广东作物所	危地马拉	遗传材料	210	深裂叶	浅红	淡红	红	25.0	394.0	2.00	1.10	225.0	460.9	6.3	5 820	3 705		
00000172	Gm262	中国麻类所	危地马拉	遗传材料	215	全叶	浅红	淡红	红	33.0	380.0	1.70	1.50	309.0	333.4	5.8	5 400	2 850	高抗	
00000173	Gm293	中国麻类所	危地马拉	遗传材料	230	深裂叶	浅红	淡红	紫红	33.0	360.0	1.80	1.40	278.0	441.3	5.8	5 100	2 580	感病	
00000174	爪哇紫	中国麻类所	印度	遗传材料	175	深裂叶	黄	红	紫红	34.0	320.0	1.40	1.00	301.0	304.0	5.4	4 050	1 950	中抗	

（续）

统一编号	种质名称	保存单位	原产地或来源地	种质类型	生育日数	叶形	叶柄色	中期茎色	花喉色	种子千粒重	株高	茎粗	鲜皮厚	纤维支数	纤维强力	鲜茎出麻率	原麻产量	纤维产量	炭疽病抗性	备注
00000175	马达拉斯	中国麻类所	印度	遗传材料	210	深裂叶	黄	红	紫红	31.0	360.0	1.80	1.40	305.0	382.5	5.9	5 250	2 700	中抗	
00000176	印度红	中国麻类所	印度	遗传材料	215	深裂叶	黄	红	紫红	32.0	350.0	1.70	1.40	310.0	402.1	5.8	4 800	2 400	中抗	
00000177	83-1	广东作物所	印度	遗传材料	209	深裂叶	浅红	淡红	红	24.0	334.0	2.10	1.20	223.0	333.4	5.4	3 990	2 385	中抗	
00000178	83-2	广东作物所	印度	遗传材料	209	深裂叶	浅红	淡红	红	25.0	357.0	1.90	1.20	264.0	333.4	5.5	5 475	3 180	感病	
00000179	83-3	广东作物所	印度	遗传材料	209	深裂叶	浅红	淡红	红	29.0					411.9				感病	
00000180	83-4	广东作物所	印度	遗传材料	207	深裂叶	浅红	淡红	红	27.0	353.0	2.30	1.20	267.0	431.5	5.2			感病	矮杆短节间
00000181	83-5	广东作物所	印度	遗传材料	207	深裂叶	浅红	淡红	红	26.0	356.0	2.00	1.30	287.0	392.3	4.8	3 120	1 740	感病	
00000182	ID40	中国麻类所	印度	遗传材料	230	全叶	浅红	淡红	红	33.0	370.0	1.80	1.60	276.0	421.7	6.0	5 550	2 850	中抗	
00000183	ID41	中国麻类所	印度	遗传材料	230	全叶	浅红	淡红	红	32.0	365.0	1.70	1.50	258.0	343.2	6.1	5 400	2 775	中抗	
00000184	ID84	中国麻类所	印度	遗传材料	230	深裂叶	浅红	淡红	红	29.0	370.0	1.90	1.50	285.0	411.9	5.8	5 475	2 775	中抗	
00000185	ID85	中国麻类所	印度	遗传材料	230	全叶	绿	淡红	红	31.0	370.0	1.70	1.40	276.0	441.3	5.7	5 250	2 700	高抗	
00000186	ID86	中国麻类所	印度	遗传材料	212	深裂叶	浅红	淡红	红	27.0	360.0	1.60	1.30	274.0	431.5	5.9	5 400	2 850	高抗	
00000187	ID87	中国麻类所	印度	遗传材料	230	深裂叶	浅红	淡红	红	32.0	370.0	1.80	1.50	282.0	441.3	6.0	5 250	2 700	中抗	
00000188	ID141	中国麻类所	印度	遗传材料	210	深裂叶	浅红	淡红	红	35.0	360.0	1.60	1.40	271.0	362.8	5.5	5 250	2 700	高抗	
00000189	ID294	中国麻类所	印度	遗传材料	220	全叶	浅红	淡红	紫红	39.0	360.0	1.70	1.20	273.0	431.5	5.8	4 950	2 550	中抗	
00000190	ID295	中国麻类所	印度	遗传材料	212	全叶	浅红	淡红	红	37.0	370.0	1.80	1.50	280.0	411.9	5.5	5 400	2 775	中抗	
00000191	ID296	中国麻类所	印度	遗传材料	85	深裂叶	浅红	淡红	红	24.0	280.0	1.10	0.80	248.0	353.0	3.6	3 000	1 290	感病	
00000192	83-11	广东作物所	伊朗	遗传材料	207	深裂叶	浅红	淡红	红	27.0	317.0	1.70	1.10	271.0	372.7	5.3	2 985	1 860	感病	
00000193	伊朗裂叶	中国麻类所	伊朗	遗传材料	105	深裂叶	浅红	淡红	红	30.0	240.0	1.20	0.90	248.0	323.6	4.0	2 850	1 350	感病	
00000194	伊朗早	中国麻类所	伊朗	遗传材料	115	深裂叶	浅红	红	红	31.0	250.0	1.40	1.10	226.0	294.2	5.0	3 150	1 425	感病	
00000195	87-170	中国麻类所	伊朗	遗传材料	220	全叶	绿	绿	红	32.0	370.0	1.80	1.20	263.0	392.3	5.5	5 175	2 700	感病	
00000196	NA91	中国麻类所	尼日利亚	遗传材料	230	全叶	浅红	淡红	红	32.0	350.0	1.70	1.40	295.0	372.7	6.1	5 400	2 700	中抗	
00000197	NA92	中国麻类所	尼日利亚	遗传材料	230	深裂叶	浅红	淡红	红	31.0	360.0	1.80	1.60	287.0	362.8	5.9	5 475	2 700	中抗	
00000198	NA126	中国麻类所	尼日利亚	遗传材料	230	全叶	紫红	红	紫红	36.0	355.0	1.80	1.30	278.0	441.3	5.8	5 475	2 775	高抗	
00000199	NA127	中国麻类所	尼日利亚	遗传材料	215	全叶	紫红	红	紫红	40.0	350.0	2.00	1.50	280.0	392.3	5.9	5 325	2 700	高抗	

（续）

统一编号	种质名称	保存单位	原产地或来源地	种质类型	生育日数	叶形	叶柄色	中期茎色	花喉色	种子千粒重	株高	茎粗	鲜皮厚	纤维支数	纤维强力	鲜茎出麻率	原麻产量	纤维产量	炭疽病抗性	备注
00000200	NA128	中国麻类所	尼日利亚	遗传材料	230	全叶	紫红	红	紫红	34.0	370.0	2.00	1.70	280.0	431.5	6.2	5 475	2 850	中抗	
00000201	NA166	中国麻类所	尼日利亚	遗传材料	230	全叶	浅红	淡红	紫红	40.0	380.0	1.80	1.20	288.0	411.9	5.2	5 400	2 775	感病	
00000202	NA167	中国麻类所	尼日利亚	遗传材料	230	全叶	绿	淡红	红	33.0	370.0	1.80	1.60	275.0	441.3	5.8	5 175	2 700	中抗	
00000203	83-6	广东作物所	巴基斯坦	遗传材料	207	深裂叶	浅红	淡红	红	30.0	336.0	2.00	1.30	270.0	362.8	6.4	4 770	3 000	感病	
00000204	83-7	广东作物所	巴基斯坦	遗传材料	207	深裂叶	浅红	淡红	红	25.0	367.0	2.10	1.30	300.0	402.1	5.0	2 610	1 530	感病	
00000205	85-135	中国麻类所	菲律宾	遗传材料	210	深裂叶	浅红	淡红	红	30.0	370.0	1.60	1.40	272.0	441.3	6.1	5 325	2 775	中抗	
00000206	ZF46	中国麻类所	南非	遗传材料	175	全叶	浅红	淡红	红	31.0	350.0	1.60	1.40	290.0	392.3	5.3	4 800	2 400	高抗	
00000207	ZF61	中国麻类所	南非	遗传材料	160	深裂叶	浅红	淡红	紫红	30.0	300.0	1.40	1.20	250.0	333.4	5.2	3 750	1 800	中抗	
00000208	ZF62	中国麻类所	南非	遗传材料	115	全叶	浅红	淡红	红	28.0	250.0	1.30	1.00	253.0	343.2	4.0	2 550	1 230	感病	
00000209	ZF69	中国麻类所	南非	遗传材料	105	深裂叶	浅红	淡红	紫红	30.0	260.0	1.00	0.80	260.0	392.3	5.0	3 450	1 470	中抗	
00000210	ZF70	中国麻类所	南非	遗传材料	105	深裂叶	浅红	淡红	红	32.0	250.0	1.00	0.90	268.0	392.3	3.9	2 250	975	感病	
00000211	ZF78	中国麻类所	南非	遗传材料	105	深裂叶	浅红	淡红	紫红	30.0	255.0	1.20	0.80	280.0	441.3	4.5	2 775	1 275	感病	叶片较大
00000212	ZF134	中国麻类所	南非	遗传材料	230	深裂叶	浅红	红	紫红	27.0	350.0	1.50	1.40	279.0	441.3	5.9	5 250	2 700	感病	
00000213	ZF297	中国麻类所	南非	遗传材料	230	全叶	绿	淡红	红	31.0	350.0	1.50	1.20	305.0	392.3	5.8	4 800	2 625	感病	
00000214	ZF304	中国麻类所	南非	遗传材料	105	深裂叶	绿	淡红	红	30.0	280.0	1.10	0.70	275.0	411.9	4.4	2 700	1 200	感病	
00000215	ZF307	中国麻类所	南非	遗传材料	115	全叶	浅红	淡红	紫红	27.0	310.0	1.30	1.00	268.0	392.3	4.5	3 300	1 500	感病	
00000216	ZF308	中国麻类所	南非	遗传材料	85	深裂叶	绿	淡红	紫红	21.0	280.0	1.20	0.90	255.0	313.8	4.1	2 850	1 200	感病	
00000217	ZF314	中国麻类所	南非	遗传材料	115	全叶	浅红	淡红	红	26.0	250.0	1.30	0.90	260.0	343.2	4.0	2 400	1 050	感病	
00000218	ZF315	中国麻类所	南非	遗传材料	85	深裂叶	浅红	淡红	红	30.0	220.0	1.10	0.80	250.0	343.2	3.9	2 325	900	感病	
00000219	SD20	中国麻类所	苏丹	遗传材料	230	全叶	浅红	淡红	红	28.0	350.0	1.70	1.30	265.0	402.1	6.1	5 025	2 625	中抗	
00000220	SD124	中国麻类所	苏丹	遗传材料	230	深裂叶	浅红	淡红	红	28.0	370.0	1.60	1.20	288.0	411.9	6.1	5 475	2 850	感病	
00000221	SD125	中国麻类所	苏丹	遗传材料	230	全叶	绿	淡红	紫红	32.0	350.0	1.70	1.30	282.0	441.3	6.0	5 400	2 700	感病	
00000222	SD131	中国麻类所	苏丹	遗传材料	230	深裂叶	浅红	红	紫红	33.0	370.0	1.70	1.50	276.0	392.3	6.2	5 325	2 700	感病	
00000223	SD132	中国麻类所	苏丹	遗传材料	215	全叶	绿	淡红	红	46.0	370.0	1.80	1.70	280.0	392.3	6.1	5 475	2 775	高抗	
00000224	83-12	广东作物所	苏丹	遗传材料	209	全叶	浅红	淡红	红	25.0	334.0	1.80	1.10	291.0	392.3	5.1	3 375	2 010	中抗	

（续）

统一编号	种质名称	保存单位	原产地或来源地	种质类型	生育日数	叶形	叶柄色	中期茎色	花喉色	种子千粒重	株高	茎粗	鲜皮厚	纤维支数	纤维强力	鲜茎出麻率	原麻产量	纤维产量	炭疽病抗性	备注
00000225	83-13	广东作物所	苏丹	遗传材料	209	深裂叶	浅红	淡红	红	28.0	316.0	1.60	1.00	232.0	294.2	6.2	5 655	3 390	感病	花冠淡红色
00000226	83-14	广东作物所	苏丹	遗传材料	209	深裂叶	浅红	淡红	红										感病	
00000227	83-15	广东作物所	苏丹	遗传材料	214	深裂叶	浅红	淡红	红	25.0	372.0	1.90	1.20	218.0	362.8	6.0	4 305	2 670	感病	
00000228	83-17	广东作物所	美国	遗传材料	214	深裂叶	浅红	淡红	红	27.0	389.0	2.20	1.30	296.0	313.8	4.9	2 310	1 365	中抗	
00000229	83-18	广东作物所	美国	遗传材料	209	深裂叶	浅红	淡红	红	28.0	374.0	2.00	1.20	207.0	421.7	5.4	4 965	2 970	中抗	
00000230	83-19	广东作物所	美国	遗传材料	211	深裂叶	浅红	淡红	红	25.0	367.0	1.90	1.20	236.0	411.9	6.0	3 870	2 325	感病	
00000231	83-20	广东作物所	美国	遗传材料	240	深裂叶	浅红	淡红	紫红	28.0	394.0	1.90	1.20	251.0	441.3	6.3	5 175	3 390	中抗	花冠紫红色
00000232	BG145	中国麻类所	美国	遗传材料	215	全叶	浅红	淡红	红	33.0	340.0	1.50	1.10	280.0	421.7	5.6	5 100	2 625	中抗	
00000233	BG148	中国麻类所	美国	遗传材料	230	全叶	浅红	淡红	红	32.0	360.0	1.70	1.30	300.0	362.8	5.9	5 400	2 775	中抗	
00000234	BG149	中国麻类所	美国	遗传材料	190	深裂叶	浅红	红	紫红	29.0	340.0	1.60	1.40	287.0	441.3	4.7	4 200	2 130	中抗	
00000235	BG150	中国麻类所	美国	遗传材料	215	深裂叶	红	红	红	33.0	340.0	1.80	1.30	301.0	372.7	5.0	4 650	2 475	高抗	
00000236	BG151	中国麻类所	美国	遗传材料	230	全叶	浅红	淡红	红	35.0	345.0	1.80	1.50	307.0	353.0	5.1	4 875	2 550	中抗	
00000237	BG153	中国麻类所	美国	遗传材料	230	深裂叶	浅红	淡红	红	29.0	350.0	1.80	1.60	278.0	441.3	5.9	5 025	2 550	中抗	
00000238	BG154	中国麻类所	美国	遗传材料	95	深裂叶	浅红	淡红	红	32.0	250.0	1.30	0.90	260.0	323.6	4.2	3 300	1 500	感病	
00000239	BG155	中国麻类所	美国	遗传材料	220	全叶	绿	淡红	红	36.0	370.0	1.70	1.30	271.0	392.3	6.0	5 475	2 850	感病	
00000240	BG156	中国麻类所	美国	遗传材料	230	深裂叶	绿	淡红	紫红	35.0	350.0	1.60	1.40	275.0	411.9	5.7	4 575	2 400	中抗	
00000241	BG157	中国麻类所	美国	遗传材料	210	深裂叶	浅红	淡红	紫红	28.0	350.0	1.50	1.20	277.0	372.7	5.8	4 500	2 400	感病	
00000242	BG158	中国麻类所	美国	遗传材料	215	深裂叶	浅红	淡红	红	29.0	380.0	1.80	1.70	285.0	441.3	5.7	5 550	2 850	中抗	
00000243	BG159	中国麻类所	美国	遗传材料	210	深裂叶	浅红	淡红	红	32.0	360.0	1.60	1.40	280.0	411.9	5.7	4 800	2 475	中抗	
00000244	BG160	中国麻类所	美国	遗传材料	230	深裂叶	绿	绿	黄	31.0	380.0	1.70	1.50	310.0	372.7	5.5	5 175	2 700	中抗	花冠纯黄色
00000245	BG161	中国麻类所	美国	遗传材料	215	全叶	紫红	红	紫红	32.0	370.0	1.50	1.20	286.0	411.9	5.5	5 025	2 550	高抗	
00000246	BG162	中国麻类所	美国	遗传材料	230	深裂叶	绿	绿	黄	31.0	380.0	1.90	1.60	298.0	382.5	5.5	5 400	2 775	高抗	
00000247	BG163	中国麻类所	美国	遗传材料	230	深裂叶	红	红	紫红	32.0	390.0	1.80	1.30	296.0	441.3	6.0	5 850	2 850	中抗	
00000248	BG165	中国麻类所	美国	遗传材料	230	深裂叶	浅红	淡红	红	30.0	360.0	1.70	1.40	233.0	421.7	5.7	5 100	2 625	感病	
00000249	BG256	中国麻类所	美国	遗传材料	210	全叶	绿	绿	红	33.0	350.0	1.70	1.50	270.0	411.9	5.7	4 500	2 325	高抗	

（续）

统一编号	种质名称	保存单位	原产地或来源地	种质类型	生育日数	叶形	叶柄色	中期茎色	花喉色	种子千粒重	株高	茎粗	鲜皮厚	纤维支数	纤维强力	鲜茎出麻率	原麻产量	纤维产量	炭疽病抗性	备注
00000250	BG52-135	中国麻类所	美国	遗传材料	230	深裂叶	浅红	淡红	红	32.0	380.0	1.80	1.50	283.0	451.1	5.7	5 775	3 000	高抗	生长势强
00000251	BG52-138	中国麻类所	美国	遗传材料	230	全叶	浅红	淡红	红	32.0	380.0	1.70	1.40	256.0	460.9	5.9	5 550	2 850	中抗	
00000252	BG291	中国麻类所	美国	遗传材料	230	深裂叶	红	红	紫红	40.0	380.0	1.90	1.20	298.0	392.3	5.5	5 025	2 550	中抗	
00000253	K325	中国麻类所	美国	遗传材料	230	深裂叶	浅红	淡红	红	33.0	380.0	1.50	1.20	275.0	392.3	5.7	5 400	2 775	高抗	
00000254	K326	中国麻类所	美国	遗传材料	230	深裂叶	浅红	淡红	红	36.0	370.0	1.80	1.50	270.0	411.9	5.8	5 250	2 700	高抗	
00000255	K327	中国麻类所	美国	遗传材料	230	深裂叶	浅红	淡红	红	32.0	370.0	1.90	1.40	268.0	441.3	5.9	5 700	2 850	高抗	
00000256	K328	中国麻类所	美国	遗传材料	230	全叶	浅红	淡红	紫红	36.0	360.0	1.60	1.30	285.0	441.3	5.8	4 650	2 400	中抗	
00000257	K329	中国麻类所	美国	遗传材料	230	全叶	浅红	淡红	红	32.0	370.0	1.80	1.50	278.0	392.3	5.8	5 700	2 850	高抗	
00000258	K331	中国麻类所	美国	遗传材料	210	深裂叶	浅红	淡红	紫红	37.0	380.0	1.90	1.60	270.0	411.9	6.0	5 400	2 775	中抗	
00000259	K332	中国麻类所	美国	遗传材料	130	全叶	浅红	淡红	紫红	28.0	300.0	1.30	1.10	250.0	333.4	5.0	3 300	1 500	感病	
00000260	K333	中国麻类所	美国	遗传材料	230	深裂叶	浅红	淡红	紫红	33.0	350.0	1.60	1.40	273.0	402.1	5.8	4 875	2 700	中抗	
00000261	K334	中国麻类所	美国	遗传材料	230	深裂叶	红	红	紫红	33.0	360.0	1.90	1.60	285.0	470.7	6.0	5 400	2 775	中抗	
00000262	K335	中国麻类所	美国	遗传材料	230	深裂叶	浅红	淡红	紫红	34.0	370.0	1.70	1.30	280.0	372.7	5.7	5 550	2 775	中抗	
00000263	K336	中国麻类所	美国	遗传材料	230	全叶	浅红	淡红	红	32.0	370.0	1.80	1.50	275.0	392.3	6.0	5 100	2 625	中抗	
00000264	K337	中国麻类所	美国	遗传材料	230	深裂叶	浅红	淡红	红	35.0	380.0	1.90	1.30	270.0	441.3	5.7	5 625	2 925	中抗	
00000265	K338	中国麻类所	美国	遗传材料	230	全叶	红	红	紫红	31.0	375.0	1.80	1.40	280.0	470.7	6.0	5 700	2 880	中抗	
00000266	K339	中国麻类所	美国	遗传材料	230	深裂叶	浅红	淡红	红	35.0	370.0	1.80	1.40	265.0	441.3	6.0	5 700	2 850	中抗	
00000267	K340	中国麻类所	美国	遗传材料	105	深裂叶	浅红	淡红	紫红	33.0	250.0	1.50	1.00	250.0	323.6	5.0	3 000	1 350	感病	
00000268	K341	中国麻类所	美国	遗传材料	230	深裂叶	浅红	淡红	红	34.0	360.0	1.80	1.30	270.0	392.3	6.0	5 550	2 850	中抗	
00000269	K344	中国麻类所	美国	遗传材料	230	深裂叶	浅红	淡红	紫红	34.0	375.0	1.90	1.50	268.0	441.3	5.7	5 250	2 700	中抗	
00000270	K345	中国麻类所	美国	遗传材料	175	深裂叶	浅红	淡红	紫红	32.0	360.0	1.60	1.10	260.0	411.9	5.1	4 725	2 400	中抗	
00000271	K346	中国麻类所	美国	遗传材料	230	全叶	绿	绿	红	36.0	350.0	1.70	1.20	270.0	441.3	5.4	5 025	2 550	中抗	
00000272	K347	中国麻类所	美国	遗传材料	175	深裂叶	浅红	淡红	紫红	33.0	370.0	1.60	1.30	246.0	411.9	5.6	5 025	2 625	中抗	
00000273	K348	中国麻类所	美国	遗传材料	210	深裂叶	浅红	淡红	红	34.0	360.0	1.60	1.20	225.0	431.5	5.5	4 800	2 475	感病	
00000274	K349	中国麻类所	美国	遗传材料	210	深裂叶	绿	绿	红	38.0	370.0	1.80	1.30	244.0	392.3	5.7	5 520	2 850	感病	

（续）

统一编号	种质名称	保存单位	原产地或来源地	种质类型	生育日数	叶形	叶柄色	中期茎色	花喉色	种子千粒重	株高	茎粗	鲜皮厚	纤维支数	纤维强力	鲜茎出麻率	原麻产量	纤维产量	炭疽病抗性	备注
00000275	K350	中国麻类所	美国	遗传材料	210	深裂叶	浅红	淡红	红	35.0	365.0	1.80	1.40	285.0	470.7	5.9	5 700	2 775	中抗	
00000276	K351	中国麻类所	美国	遗传材料	230	全叶	浅红	淡红	紫红	34.0	370.0	1.70	1.30	278.0	441.3	5.6	5 325	2 700	感病	
00000277	K352	中国麻类所	美国	遗传材料	95	深裂叶	绿	绿	红	33.0	220.0	1.40	0.80	293.0	411.9	4.7	2 700	1 050	感病	
00000278	K353	中国麻类所	美国	遗传材料	95	深裂叶	浅红	绿	红	28.0	220.0	1.20	0.90	276.0	392.3	4.4	2 775	1 200	感病	
00000279	EV71	中国麻类所	美国	遗传材料	230	深裂叶	浅红	淡红	红	34.0	380.0	1.60	1.50	283.0	451.1	6.2	5 400	2 850	高抗	苗期生长快
00000280	J-1-113	中国麻类所	美国	遗传材料	230	深裂叶	浅红	淡红	红	29.0	370.0	1.80	1.40	265.0	431.5	5.4	6 000	2 775	感病	抗根结线虫病较强
00000281	K292	中国麻类所	美国	遗传材料	230	全叶	浅红	淡红	紫红	34.0	380.0	1.80	1.60	284.0	421.7	5.8	5 700	2 850	高抗	生长势强
00000282	BG146	中国麻类所	美国	遗传材料	230	全叶	绿	绿	红	32.0	350.0	1.50	1.20	300.0	421.7	5.6	5 325	2 700	感病	
00000283	BG176	中国麻类所	美国	遗传材料	230	深裂叶	浅红	淡红	红	28.0	360.0	1.50	1.30	267.0	470.7	5.8	4 800	2 625	感病	
00000284	BG255	中国麻类所	美国	遗传材料	230	深裂叶	浅红	淡红	红	32.0	355.0	1.60	1.30	275.0	441.3	5.8	5 400	2 775	高抗	
00000285	K343	中国麻类所	美国	遗传材料	230	深裂叶	红	淡红	紫红	35.0	360.0	1.80	1.40	280.0	470.7	5.8	5 175	2 625	中抗	花冠紫红色
00000286	ZB354	中国麻类所	赞比亚	遗传材料	115	全叶	浅红	淡红	紫红	29.0	280.0	1.40	1.00	246.0	343.2	4.1	3 225	1 500	感病	
00000287	ZB355	中国麻类所	赞比亚	遗传材料	230	深裂叶	浅红	淡红	紫红	32.0	370.0	1.70	1.30	270.0	392.3	5.8	5 700		感病	花冠蓝紫色
00000288	ZB356	中国麻类所	赞比亚	遗传材料	230	全叶	浅红	淡红	紫红	35.0	370.0	1.70	1.50	270.0	411.9	5.7	5 325	2 730	感病	
00000289	ZB357	中国麻类所	赞比亚	遗传材料	210	深裂叶	红	淡红	紫红	32.0	380.0	1.70	1.40	268.0	441.3	6.0	5 700		感病	花冠红色
00000290	ZB358	中国麻类所	赞比亚	遗传材料	210	深裂叶	浅红	淡红	紫红	34.0	380.0	1.80	1.30	284.0	470.7	5.7	5 400	2 775	中抗	
00000291	ZB361	中国麻类所	赞比亚	遗传材料	210	全叶	浅红	淡红	紫红	32.0	380.0	1.70	1.50	268.0	411.9	6.0	5 400	2 700	感病	花冠紫红色
00000292	ZB362	中国麻类所	赞比亚	遗传材料	230	深裂叶	浅红	淡红	紫红	34.0	370.0	1.70	1.30	260.0	441.3	5.7	5 700	2 850	中抗	
00000293	ZB363	中国麻类所	赞比亚	遗传材料	105	深裂叶	浅红	淡红	红	36.0	200.0	1.20	0.90	270.0	411.9	4.4	2 850		感病	
00000294	ZB364	中国麻类所	赞比亚	遗传材料	230	全叶	浅红	淡红	红	32.0	360.0	1.50	1.30	278.0	392.3	5.8	5 400	2 730	中抗	
00000295	ZB365	中国麻类所	赞比亚	遗传材料	230	深裂叶	浅红	淡红	红	34.0	350.0	1.60	1.40	248.0	343.2	5.8	5250		中抗	
00000296	ZB366	中国麻类所	赞比亚	遗传材料	230	全叶	浅红	淡红	红	34.0	380.0	1.80	1.30	275.0	411.9	5.6	5 850	2 850	感病	
00000297	ZB367	中国麻类所	赞比亚	遗传材料	230	全叶	红	淡红	紫红	33.0	365.0	1.80	1.40	286.0	470.7	6.1	5400		中抗	花冠浅红色
00000298	85-140	中国麻类所	津巴布韦	遗传材料	230	深裂叶	浅红	淡红	红	32.0	380.0	1.70	1.50	275.0	411.9	5.8	5 175	2 700	中抗	
00000299	85-368	中国麻类所	津巴布韦	遗传材料	230	深裂叶	浅红	淡红	红	33.0	370.0	1.80	1.40	280.0	411.9	5.6	5 250		中抗	

（续）

统一编号	种质名称	保存单位	原产地或来源地	种质类型	生育日数	叶形	叶柄色	中期茎色	花喉色	种子千粒重	株高	茎粗	鲜皮厚	纤维支数	纤维强力	鲜茎出麻率	原麻产量	纤维产量	炭疽病抗性	备注
00000300	85-369	中国麻类所	津巴布韦	遗传材料	115	深裂叶	浅红	淡红	红	29.0	330.0	1.40	1.20	248.0	343.2	4.7	4 575	2 100	感病	
00000301	K370	中国麻类所	美国	遗传材料	230	深裂叶	浅红	淡红	红	32.0	370.0	1.80	1.50			6.0	5 250	2 700	中抗	
00000302	K371	中国麻类所	美国	遗传材料	230	全叶	浅红	淡红	紫红	34.0	380.0	1.80	1.20	270.0	441.3	5.2	5 100	2 625	感病	
00000303	K372	中国麻类所	美国	遗传材料	230	全叶	浅红	淡红	紫红	34.0	360.0	1.70	1.50	275.0	411.9	5.7	5 400	2 730	感病	
00000304	K373	中国麻类所	美国	遗传材料	230	深裂叶	浅红	淡红	红	33.0	385.0	2.10	1.40	282.0	470.7	5.7	5 700	2 925	感病	
00000305	V374	中国麻类所	湖南省	选育品种	105	深裂叶	浅红	淡红	红	28.0	250.0	1.00	1.00	260.0	470.7	3.9			感病	
00000306	V375	中国麻类所	湖南省	选育品种	220	全叶	红	红	紫红	26.0	380.0	1.80	1.50	282.0	441.3	6.2	5 850	3 000	中抗	
00000307	85-164	中国麻类所	湖南省	选育品种	230	深裂叶	浅红	淡红	红	35.0	340.0	1.80	1.20	280.0	470.7	5.9	5 325	2 700	中抗	
00000308	V377	中国麻类所	湖南省	选育品种	230	深裂叶	浅红	淡红	红	32.0	370.0	1.80	1.50	278.0	441.3	6.0	5 250	2 700	中抗	
00000309	V378	中国麻类所	湖南省	选育品种	230	深裂叶	绿	绿	红	35.0	390.0	1.80	1.40	290.0	441.3	6.1	5 925	3 000	中抗	
00000310	V379	中国麻类所	湖南省	选育品种	230	深裂叶	浅红	淡红	红	36.0	400.0	1.80	1.50	280.0	470.7	6.7	6 000	3 000	中抗	
00000311	闽 359	福建甘蔗所	福建省	选育品种	220	深裂叶	绿	绿	红	30.0	336.0	1.50	1.00	321.0	392.3		7 050		中抗	
00000312	闽 369	福建甘蔗所	福建省	选育品种	220	深裂叶	绿	绿	红	29.0	340.0	1.60	1.10	327.0	441.3		6 900		中抗	花冠浅蓝色
00000313	闽 379	福建甘蔗所	福建省	选育品种	220	深裂叶	绿	黄绿	红	29.0	333.0	1.50	1.10	388.0	411.9		6 315		感病	花冠蓝紫色
00000314	快红	中国麻类所	湖南省	品系	230	全叶	浅红	淡红	红	35.0	376.0	1.80	1.80	285.0	402.1	5.8	5 250	2 715		
00000315	淡淡红	中国麻类所	湖南省	品系	230	全叶	浅红	淡红	红	30.0	383.0	1.90	1.70	285.0	411.9	5.7	5 250	2 715		
00000316	红直杆	中国麻类所	湖南省	品系	230	全叶	浅红	淡红	红	35.0	373.0	1.90	1.70	280.0	392.3	5.7	5 250	2 775		
00000317	红快早	中国麻类所	湖南省	品系	185	深裂叶	红	淡红	紫红	36.0	355.0	1.40	1.20	285.0	411.9	6.0	4 425	2 400		
00000318	拉光红	中国麻类所	湖南省	品系	220	全叶	浅红	淡红	红	36.0	385.0	1.70	1.50	278.0	372.7	6.1	5 475	2 835		
00000319	选 32	中国麻类所	湖南省	品系	230	全叶	浅红	淡红	红	32.0	355.0	1.80	1.60	307.0	411.9	6.0	5 250	2 700		
00000320	选 26	中国麻类所	湖南省	品系	230	全叶	红	红	紫红	33.0	340.0	1.70	1.40	272.0	372.7	5.8	5 025	2 475		
00000321	选 29	中国麻类所	湖南省	品系	230	全叶	绿	绿	红	32.0	375.0	1.90	1.60	275.0	392.3	5.9	5475	2 850	高抗	
00000322	红加选	中国麻类所	湖南省	品系	230	全叶	红	淡红	紫红	31.0	346.0	1.60	1.20	270.0	441.3	4.9	4 350	2 250	感病	
00000323	加选	中国麻类所	湖南省	品系	230	全叶	绿	绿	红	38.0	375.0	1.70	1.40	265.0	441.3	5.8	5 550	2 850	中抗	
00000324	选 22	中国麻类所	湖南省	品系	210	全叶	浅红	淡红	红	34.0	365.0	1.80	1.40	275.0	411.9	5.9	5 400	2 730		

（续）

统一编号	种质名称	保存单位	原产地或来源地	种质类型	生育日数	叶形	叶柄色	中期茎色	花喉色	种子千粒重	株高	茎粗	鲜皮厚	纤维支数	纤维强力	鲜茎出麻率	原麻产量	纤维产量	炭疽病抗性	备注
00000325	选 40	中国麻类所	湖南省	品系	230	全叶	浅红	淡红	红	39.0	376.0	1.80	1.60	275.0	411.9	5.9	5 550	2 850		
00000326	选 88	中国麻类所	湖南省	品系	210	深裂叶	浅红	淡红	红	35.0	365.0	1.60	1.40	270.0	372.7	5.5	5 250	2 700		
00000327	中红 55	中国麻类所	湖南省	品系	230	全叶	红	红	紫红	32.0	355.0	1.60	1.30	305.0	343.2	6.1	5 400	2 775		
00000328	中红 58	中国麻类所	湖南省	品系	215	全叶	浅红	淡红	红	33.0	350.0	1.60	1.20	267.0	362.8	6.0	5 175	2 700		
00000329	中红 59	中国麻类所	湖南省	品系	230	深裂叶	浅红	淡红	红	33.0	375.0	1.80	1.70	298.0	431.5	6.2	5 550	2 850		
00000330	中红 50	中国麻类所	湖南省	品系	215	深裂叶	绿	淡红	红	33.0	350.0	1.60	1.40	290.0	392.3	5.7	5 175	2 700		
00000331	中红 52	中国麻类所	湖南省	品系	230	深裂叶	红	红	红	31.0	370.0	1.70	1.20	280.0	372.7	5.8	5 250	2 700		
00000332	红选 19	中国麻类所	湖南省	品系	230	全叶	浅红	绿	红	34.0	375.0	1.60	1.40	280.0	421.7	6.2	5 550	2 850	感病	
00000333	红品 328	中国麻类所	湖南省	品系	230	全叶	浅红	淡红	紫红	36.0	365.0	1.60	1.30	285.0	431.5	5.7	4 650	2 400	中抗	
00000334	红品 349	中国麻类所	湖南省	品系	210	深裂叶	绿	绿	红	38.0	370.0	1.80	1.40	250.0	392.3	5.7	5 475	2 850	感病	
00000335	红品 165	中国麻类所	湖南省	品系	230	深裂叶	浅红	淡红	红	30.0	355.0	1.60	1.40	235.0	411.9	5.7	5 100	2 625	感病	
00000336	红品 337	中国麻类所	湖南省	品系	230	深裂叶	浅红	淡红	红	35.0	375.0	1.90	1.30	270.0	441.3	5.6	5 625	2 925	中抗	
00000337	中红 54	中国麻类所	湖南省	品系	230	深裂叶	浅红	淡红	红	32.0	375.0	1.70	1.30	270.0	411.9	6.0	5 400	2 775	中抗	
00000338	云红 7401	广东作物所	广东省高州市	地方品种	223	深裂叶	绿	绿	紫	28.0	373.0	2.18	1.45	267.0	294.2		5 220		高抗	
00000339	化州 79	广东作物所	广东省化州市	地方品种	225	深裂叶	绿	绿	紫	30.0	387.0	2.22	1.44	265.0	323.6		5 220		中抗	
00000340	饶平早	广东作物所	广东省饶平县	地方品种	223	深裂叶	绿	绿	紫	30.0	358.0	2.02	1.40	269.0	274.6		4 350		中抗	
00000341	饶平迟	广东作物所	广东省广州市	地方品种	223	深裂叶	绿	绿	紫	29.0	377.0	2.15	1.51	276.0	313.8		4 410		中抗	
00000342	选 16	广东作物所	广东省广州市	品系	224	深裂叶	绿	绿	紫	31.0	377.0	2.02	1.35	266.0	333.4		5 610		中抗	
00000343	粤 811	广东作物所	广东省广州市	品系	223	深裂叶	绿	绿	紫	30.0	385.0	2.16	1.50	262.0	323.6		5 520		中抗	
00000344	迟 547	广东作物所	广东省广州市	品系	223	深裂叶	绿	绿	紫	28.0	379.0	2.14	1.45	261.0	323.6		4 740		中抗	
00000345	粤 511	广东作物所	广东省广州市	品系	223	深裂叶	绿	绿	紫	30.0	362.0	2.10	1.64	256.0	323.6		4 740		中抗	
00000346	粤 528	广东作物所	广东省广州市	品系	223	深裂叶	绿	绿	紫	26.0	379.0	2.15	1.47	268.0	294.2		5 430		高抗	
00000347	粤 622	广东作物所	广东省广州市	品系	225	深裂叶	绿	绿	紫	30.0	372.0	2.15	1.62	272.0	304.0		4 950		感病	
00000348	粤 751	广东作物所	广东省广州市	品系	225	深裂叶	红	红	紫	30.0	406.0	2.23	1.55		323.6		6 045		中抗	
00000349	粤 612	广东作物所	广东省广州市	品系	227	深裂叶	绿	绿	紫	29.0	388.0	2.15	1.47	257.0	313.8		5 460		中抗	

（续）

统一编号	种质名称	保存单位	原产地或来源地	种质类型	生育日数	叶形	叶柄色	中期茎色	花喉色	种子千粒重	株高	茎粗	鲜皮厚	纤维支数	纤维强力	鲜茎出麻率	原麻产量	纤维产量	炭疽病抗性	备注
00000350	粤 58	广东作物所	广东省广州市	品系	225	深裂叶	红	红	紫	31.0	367.0	2.00	1.49	262.0	304.0		5 760		高抗	
00000351	粤 83	广东作物所	广东省广州市	品系	225	深裂叶	红	绿	紫	28.0	387.0	2.08	1.52	266.0	333.4		5 745		高抗	
00000352	807-1	广东作物所	贵州省独山县	品系	221	深裂叶	绿	绿	紫	27.0	377.0	2.08	1.43	265.0	323.6		5 595		感病	
00000353	闽红 82/34	福建甘蔗所	福建省漳州市	选育品种	193	深裂叶	绿	绿	紫	28.0	396.0	2.02	1.24	270.0	392.3		6 150		中抗	
00000354	闽红 82/59	福建甘蔗所	福建省漳州市	选育品种	193	深裂叶	绿	绿	紫	30.0	394.0	1.93	1.18	270.0	382.5		5 895		中抗	
00000355	闽红 81/04	福建甘蔗所	福建省漳州市	选育品种	193	全叶	绿	绿	紫	28.0	378.0	1.81	1.05	288.0	362.8		5 550		中抗	
00000356	闽红 360	福建甘蔗所	福建省漳州市	选育品种	185	深裂叶	绿	绿	紫	24.0	391.0	1.85	1.17	233.0	372.7		5 085		中抗	
00000357	闽红 379	福建甘蔗所	福建省漳州市	选育品种	199	全叶	绿	绿	紫	31.0	392.0	1.86	1.13	326.0	460.9		5 925		高抗	
00000358	闽红 384	福建甘蔗所	福建省漳州市	选育品种	198	深裂叶	绿	绿	紫	27.0	382.0	1.84	1.15	302.0	421.7		5 565		中抗	
00000359	闽红 362	福建甘蔗所	福建省漳州市	选育品种	191	深裂叶	绿	绿	红	28.0	397.0	1.97	1.19	233.0	372.7		5 655		中抗	
00000360	闽红 895	福建甘蔗所	福建省漳州市	选育品种	200	深裂叶	绿	绿	红	28.0	392.0	1.87	1.16	312.0	362.8		5 130		高抗	
00000361	闽红 881	福建甘蔗所	福建省漳州市	选育品种	195	全叶	绿	绿	红	30.0	391.0	1.85	1.19	296.0	382.5		5 715		中抗	
00000362	闽红 87/298	福建甘蔗所	福建省漳州市	选育品种	190	深裂叶	绿	绿	红	29.0	405.0	2.01	1.62	305.0	392.3		6 180		高抗	
00000363	闽红 84/100	福建甘蔗所	福建省漳州市	选育品种	187	深裂叶	绿	绿	紫	27.0	392.0	1.94	1.26	278.0	372.7		5 880		中抗	
00000364	福红一号	福建农林大学遗传所	福建省福州市	选育品种	193	深裂叶	绿	绿	红	31.0	380.0	1.97	1.27	280.0	362.8		6 495		中抗	
00000365	2	福建农林大学遗传所	福建省福州市	选育品种	213	深裂叶	绿	绿	红	29.0	389.0	2.04	1.30	291.0	353.0		6 855		中抗	
00000366	3	福建农林大学遗传所	福建省福州市	选育品种	225	深裂叶	微红	绿	紫	32.0	406.0	2.00	1.30	295.0	392.3		6 990		中抗	
00000367	4	福建农林大学遗传所	福建省福州市	选育品种	206	深裂叶	微红	绿	紫	33.0	498.0	1.93	1.20	293.0	372.7		6 675		中抗	
00000368	5	福建农林大学遗传所	福建省福州市	选育品种	195	深裂叶	绿	绿	红	32.0	395.0	1.90	1.20	300.0	362.8		6 615		中抗	
00000369	6	福建农林大学遗传所	福建省福州市	选育品种	208	深裂叶	微红	绿	紫	31.0	416.0	2.01	1.27	285.0	343.2		7 335		中抗	
00000370	7	福建农林大学遗传所	福建省福州市	选育品种	233	深裂叶	绿	绿	紫	32.0	407.0	1.95	1.10	332.0	372.7		6 765		中抗	
00000371	8	福建农林大学遗传所	福建省福州市	选育品种	207	深裂叶	微红	绿	紫	32.0	384.0	1.96	1.38	271.0	353.0		6 675		高抗	
00000372	9	福建农林大学遗传所	福建省福州市	选育品种	195	深裂叶	微红	绿	红	31.0	386.0	2.01	1.22	290.0	333.4		6 255		中抗	
00000373	10	福建农林大学遗传所	福建省福州市	选育品种	186	深裂叶	红	绿	紫	32.0	384.0	1.76	1.21	283.0	372.7		6 330		感病	
00000374	9128-1	福建农林大学遗传所	福建省福州市	品系	197	深裂叶	绿	绿	红	32.0	358.0	2.00	1.29	262.0	343.2		6 405		中抗	

（续）

统一编号	种质名称	保存单位	原产地或来源地	种质类型	生育日数	叶形	叶柄色	中期茎色	花喉色	种子千粒重	株高	茎粗	鲜皮厚	纤维支数	纤维强力	鲜茎出麻率	原麻产量	纤维产量	炭疽病抗性	备注
00000375	9125-3	福建农林大学遗传所	福建省福州市	品系	198	深裂叶	绿	绿	紫	30.0	376.0	1.59	0.95	273.0	313.8		5 835		高抗	
00000376	9208-1	福建农林大学遗传所	福建省福州市	品系	218	深裂叶	绿	绿	红	32.0	387.0	1.80	1.07	279.0	362.8		6 105		中抗	
00000377	9230-3	福建农林大学遗传所	福建省福州市	品系	203	全叶	淡红	绿	紫	27.0	404.0	1.68	0.94	283.0	333.4		6 210		中抗	
00000378	914-8	福建农林大学遗传所	福建省福州市	品系	205	深裂叶	绿	绿	红	32.0	392.0	1.86	1.29	286.0	313.8		6 150		中抗	
00000379	902-4	福建农林大学遗传所	福建省福州市	品系	231	深裂叶	绿	绿	红	28.0	395.0	1.85	1.19	296.0	362.8		6 165		中抗	
00000380	9017-1	福建农林大学遗传所	福建省福州市	品系	226	深裂叶	绿	绿	紫	30.0	393.0	1.89	1.18	287.0	362.8		5 955		感病	
00000381	9026-3	福建农林大学遗传所	福建省福州市	品系	231	全叶	绿	绿	紫	33.0	406.0	1.80	1.25	289.0	343.2		6 750		中抗	
00000382	911-4	福建农林大学遗传所	福建省福州市	品系	229	全叶	绿	绿	红	31.0	390.0	1.80	1.19	280.0	362.8		6 045		中抗	
00000383	913-1	福建农林大学遗传所	福建省福州市	品系	234	全叶	绿	绿	紫	28.0	408.0	1.92	1.29	284.0	362.8		6 900		中抗	
00000384	浙 751	浙江作物与核技术所	浙江省杭州市	选育品种	172	深裂叶	绿	绿	红	35.0	382.0	2.08	1.07	238.0	274.6		5 655		中抗	
00000385	红裂 28	浙江作物与核技术所	浙江省杭州市	选育品种	162	深裂叶	绿	微红	红	35.0	370.0	2.11	1.02	153.0	284.4		5 160		感病	
00000386	浙 4438	浙江作物与核技术所	浙江省杭州市	选育品种	162	深裂叶	绿	绿	红	35.0	382.0	2.25	1.12	197.0	255.0		5 610		中抗	
00000387	浙 83-5	浙江作物与核技术所	浙江省杭州市	选育品种	167	深裂叶	淡红	淡红	紫	35.0	389.0	2.18	1.48	126.0	274.6		5 745		感病	
00000388	浙 83-11	浙江作物与核技术所	浙江省杭州市	选育品种	177	深裂叶	淡红	淡红	紫	33.0	383.0	1.41	1.41	235.0	255.0		5 730		中抗	
00000389	浙 83-13	浙江作物与核技术所	浙江省杭州市	选育品种	173	深裂叶	淡红	微红	紫	35.0	376.0	1.29	1.29	152.0	245.2		5 865		中抗	
00000390	浙 83-15	浙江作物与核技术所	浙江省杭州市	选育品种	187	深裂叶	淡红	淡红	红	35.0	370.0	1.35	1.35	244.0	245.2		5 640		感病	
00000391	浙 83-24	浙江作物与核技术所	浙江省杭州市	选育品种	167	深裂叶	绿	绿	红	33.0	383.0	1.09	1.09	170.0	264.8		5 910		中抗	
00000392	浙 3008	浙江作物与核技术所	浙江省杭州市	选育品种	174	深裂叶	绿	绿	红	33.0	356.0	1.23	1.23	162.0	284.4		6 030		感病	
00000393	浙 3010	浙江作物与核技术所	浙江省杭州市	选育品种	167	深裂叶	绿	绿	红	35.0	395.0	1.41	1.41	249.0	274.6		6 330		中抗	
00000394	浙 3039	浙江作物与核技术所	浙江省杭州市	选育品种	177	深裂叶	淡红	淡红	红	37.0	360.0	1.04	1.04	186.0	264.8		6 015		感病	
00000395	浙 3080	浙江作物与核技术所	浙江省杭州市	选育品种	209	深裂叶	淡红	淡红	红	33.0	381.0	1.11	1.11	282.0	294.2		6 030		感病	
00000396	浙 8310	浙江作物与核技术所	浙江省杭州市	选育品种	209	深裂叶	绿	绿	红	35.0	380.0	1.28	1.28	183.0	274.6		6 435		中抗	
00000397	浙 367	浙江作物与核技术所	浙江省杭州市	选育品种	212	深裂叶	绿	绿	红	33.0	371.0	1.41	1.41	243.0	274.6		6 360		中抗	
00000398	浙 241	浙江作物与核技术所	浙江省杭州市	选育品种	212	深裂叶	绿	绿	红	35.0	389.0	1.50	1.50	279.0	264.8		6 375		感病	
00000399	浙 46	浙江作物与核技术所	浙江省杭州市	选育品种	212	深裂叶	绿	绿	红	35.0	401.0	1.37	1.37	264.0	304.0		6 330		中抗	

（续）

统一编号	种质名称	保存单位	原产地或来源地	种质类型	生育日数	叶形	叶柄色	中期茎色	花喉色	种子千粒重	株高	茎粗	鲜皮厚	纤维支数	纤维强力	鲜茎出麻率	原麻产量	纤维产量	炭疽病抗性	备注
00000400	浙 38-2	浙江作物与核技术所	浙江省杭州市	选育品种	207	深裂叶	绿	绿	红	33.0	365.0	1.43	1.43	277.0	343.2		6 585		中抗	
00000401	浙 401	浙江作物与核技术所	浙江省杭州市	选育品种	212	深裂叶	绿	绿	红	35.0	384.0	1.27	1.27	235.0	284.4		6 510		中抗	
00000402	浙 3091	浙江作物与核技术所	浙江省杭州市	选育品种	108	深裂叶	绿	绿	红	31.0	365.0	1.52	1.52	189.0	304.0		6 240		感病	
00000403	浙 431	浙江作物与核技术所	浙江省杭州市	选育品种	157	深裂叶	绿	绿	红	33.0	388.0	1.32	1.32	255.0	235.4		5 700		中抗	
00000404	浙 119	浙江作物与核技术所	浙江省杭州市	选育品种	208	深裂叶	红	红	紫	35.0	387.0	1.47	1.47	177.0	304.0		6 180		感病	
00000405	浙 8310 红	浙江作物与核技术所	浙江省杭州市	选育品种	209	深裂叶	淡红	淡红	红	35.0	387.0	1.39	1.39	255.0	333.4		6 510		中抗	
00000406	向阳一号	浙江作物与核技术所	浙江省杭州市	选育品种	152	深裂叶	绿	绿	红	31.0	379.0	1.39	1.39	249.0	215.7		5 640		中抗	
00000407	浙 45	浙江作物与核技术所	浙江省杭州市	选育品种	176	深裂叶	绿	绿	红	35.0	382.0	1.49	1.49	177.0	225.6		6 045		中抗	
00000408	AS223	中国麻类所	澳大利亚	遗传材料	223	深裂叶	微红	淡红	红	32.0	388.0	1.18	1.18	259.0	441.3		5 700		感病	
00000409	AS224	中国麻类所	澳大利亚	遗传材料	223	深裂叶	淡红	微红	紫	32.0	360.0	1.30	1.30	233.0	470.7		5 625		感病	
00000410	AS225	中国麻类所	澳大利亚	遗传材料	223	深裂叶	淡红	微红	红	31.0	302.0	1.31	1.31	220.0	402.1		4 950		中抗	
00000411	AS226	中国麻类所	澳大利亚	遗传材料	223	深裂叶	淡红	淡红	红	32.0	382.0	1.12	1.12	232.0	411.9		5 700		感病	
00000412	AS227	中国麻类所	澳大利亚	遗传材料	223	深裂叶	紫	紫	紫	35.0	400.0	1.32	1.32	261.0	411.9		6 000		感病	
00000413	AS228	中国麻类所	澳大利亚	遗传材料	231	深裂叶	红	淡红	红	32.0	363.0	1.73	1.21	259.0	372.7		5 475		中抗	
00000414	AS229	中国麻类所	澳大利亚	遗传材料	228	全叶	微红	微红	红	30.0	382.0	1.90	1.39	261.0	431.5		5 850		感病	
00000415	AS230	中国麻类所	澳大利亚	遗传材料	228	全叶	微红	微红	红	33.0	389.0	1.88	1.23	216.0	392.3		5 775		感病	
00000416	AS231	中国麻类所	澳大利亚	遗传材料	228	深裂叶	淡红	淡红	紫	32.0	391.0	1.87	1.28	231.0	402.1		6 000		中抗	
00000417	AS232	中国麻类所	澳大利亚	遗传材料	228	全叶	微红	微红	紫	30.0	365.0	1.67	1.16	209.0	460.9		5 550		感病	
00000418	AS233	中国麻类所	澳大利亚	遗传材料	223	全叶	淡红	淡	紫	30.0	397.0	1.84	1.14	292.0	411.9		5 775		感病	
00000419	AS234	中国麻类所	澳大利亚	遗传材料	228	全叶	淡红	淡	紫	30.0	368.0	1.88	1.25	259.0	372.7		5 625		感病	
00000420	AS235	中国麻类所	澳大利亚	遗传材料	223	全叶	淡红	淡	紫	36.0	393.0	1.95	1.18	288.0	451.1		5 700		感病	
00000421	AS236	中国麻类所	澳大利亚	遗传材料	228	全叶	红	红	紫	29.0	347.0	1.71	1.27	268.0	392.3		5 400		感病	
00000422	AS237	中国麻类所	澳大利亚	遗传材料	223	全叶	微红	微红	紫	36.0	378.0	1.91	1.55	245.0	470.7		5 700		感病	
00000423	AS238	中国麻类所	澳大利亚	遗传材料	223	深裂叶	淡红	紫	紫	28.0	330.0	1.64	1.37	258.0	372.7		5 250		中抗	
00000424	AS239	中国麻类所	澳大利亚	遗传材料	223	全叶	微红	淡红	紫	30.0	331.0	1.71	1.24				5 280		感病	

（续）

统一编号	种质名称	保存单位	原产地或来源地	种质类型	生育日数	叶形	叶柄色	中期茎色	花喉色	种子千粒重	株高	茎粗	鲜皮厚	纤维支数	纤维强力	鲜茎出麻率	原麻产量	纤维产量	炭疽病抗性	备注
00000425	AS240	中国麻类所	澳大利亚	遗传材料	223	深裂叶	微红	淡红	紫	32.0	366.0	1.92	1.36	212.0	362.8		5 475		中抗	
00000426	AS241	中国麻类所	澳大利亚	遗传材料	223	深裂叶	微红	淡红	紫	33.0	364.0	1.77	1.33	215.0	431.5		5 400		感病	
00000427	AS241（2）	中国麻类所	澳大利亚	遗传材料	223	全叶	微红	淡红	紫	30.0	368.0	1.77	1.17	248.0	392.3		5 475		感病	
00000428	AS242	中国麻类所	澳大利亚	遗传材料	228	全叶	红	淡红	紫	33.0	355.0	1.93	1.49	248.0	421.7		5 400		中抗	
00000429	AS243	中国麻类所	澳大利亚	遗传材料	223	全叶	微红	微红	红	35.0	361.0	1.93	1.41	297.0	372.7		5 700		中抗	
00000430	AS244	中国麻类所	澳大利亚	遗传材料	223	全叶	红	红	紫	39.0	375.0	1.38	1.83	214.0	402.1		5 625		中抗	
00000431	AS245	中国麻类所	澳大利亚	遗传材料	223	全叶	红	紫	紫	32.0	284.0	1.44	1.07	226.0	402.1		4 200		高抗	
00000432	AS246	中国麻类所	澳大利亚	遗传材料	223	全叶	紫	紫	紫	32.0	259.0	1.72	1.32	208.0	392.3		3 900		感病	
00000433	AS247	中国麻类所	澳大利亚	遗传材料	223	全叶	微红	淡红	红	32.0	369.0	1.73	1.33	194.0	480.5		5 550		中抗	
00000434	AS248	中国麻类所	澳大利亚	遗传材料	223	深裂叶	微红	淡红	红	31.0	341.0	1.81	1.36	216.0	451.1		5 325		中抗	
00000435	AS249	中国麻类所	澳大利亚	遗传材料	228	全叶	微红	微红	红	28.0	284.0	1.50	1.05	304.0	402.1		3 825		中抗	
00000436	G45	中国麻类所	危地马拉	遗传材料	231	全叶	淡红	淡红	红	33.0	367.0	1.78	1.34	237.0	441.3		5 625		中抗	
00000437	GT51	中国麻类所	危地马拉	遗传材料	228	深裂叶	淡红	淡红	紫	27.0	341.0	1.64	1.26	250.0	411.9		5 250		中抗	
00000438	RS-3	中国麻类所	危地马拉	遗传材料	228	深裂叶	微红	淡红	紫	30.0	342.0	1.54	1.18	236.0	421.7		5 550		中抗	
00000439	RS-10	中国麻类所	危地马拉	遗传材料	228	深裂叶	绿	微红	紫	32.0	345.0	1.72	1.28	257.0	411.9		5 400		感病	
00000440	GT-71	中国麻类所	危地马拉	遗传材料	223	深裂叶	绿	绿	红	34.0	393.0	1.90	1.40	250.0	460.9		5 775		感病	
00000441	GT-4	中国麻类所	危地马拉	遗传材料	223	全叶	绿	微红	红	30.0	386.0	1.90	1.30	232.0	421.7		5 700		中抗	
00000442	GTM153	中国麻类所	危地马拉	遗传材料	223	深裂叶	微红	红	红	32.0	344.0	1.75	1.22	271.0	460.9		5 475		感病	
00000443	GTM153（2）	中国麻类所	危地马拉	遗传材料	223	全叶	淡红	红	红	30.0	338.0	1.81	1.10	264.0	402.1		5 400		感病	
00000444	KN8	中国麻类所	肯尼亚	遗传材料	223	深裂叶	微红	淡红	红	31.0	360.0	1.63	1.09	248.0	480.5		5 400		中抗	
00000445	KN9	中国麻类所	肯尼亚	遗传材料	223	深裂叶	微红	淡红	红	33.0	359.0	1.74	1.40	246.0	402.1		5 400		中抗	
00000446	KN10	中国麻类所	肯尼亚	遗传材料	223	深裂叶	微红	淡红	红	31.0	341.0	1.68	1.35	231.0	402.1		5 475		中抗	
00000447	KN11	中国麻类所	肯尼亚	遗传材料	223	深裂叶	微红	淡红	红	31.0	346.0	1.58	1.27	284.0	490.3		5 400		中抗	
00000448	KN12	中国麻类所	肯尼亚	遗传材料	221	深裂叶	微红	淡红	紫	33.0	370.0	1.73	1.26	230.0	402.1		5 550		中抗	
00000449	KN34	中国麻类所	肯尼亚	遗传材料	231	深裂叶/全叶	微红	淡红	紫	34.0	353.0	1.56	1.36	266.0	372.7		5 400		中抗	

（续）

统一编号	种质名称	保存单位	原产地或来源地	种质类型	生育日数	叶形	叶柄色	中期茎色	花喉色	种子千粒重	株高	茎粗	鲜皮厚	纤维支数	纤维强力	鲜茎出麻率	原麻产量	纤维产量	炭疽病抗性	备注
00000450	KN135	中国麻类所	肯尼亚	遗传材料	216	深裂叶	淡红	淡红	红	33.0	370.0	1.90	1.10	235.0	392.3		5 625		感病	
00000451	KN140	中国麻类所	肯尼亚	遗传材料	231	深裂叶	淡红	淡红	红	33.0	349.0	1.85	1.16	295.0	392.3		5 325		感病	
00000452	KN141	中国麻类所	肯尼亚	遗传材料	223	深裂叶	淡红	淡红	紫	31.0	369.0	1.83	1.30	230.0	392.3		5 550		中抗	
00000453	KN142	中国麻类所	肯尼亚	遗传材料	223	深裂叶	淡红	淡红	紫	29.0	376.0	1.77	1.25	225.0	382.5		5 550		中抗	
00000454	KN250	中国麻类所	肯尼亚	遗传材料	223	深裂叶	微红	淡红	紫	33.0	354.0	1.84	1.38	216.0	382.5		5 475		中抗	
00000455	KN251	中国麻类所	肯尼亚	遗传材料	228	深裂叶	微红	微红	紫	34.0	347.0	1.78	1.31	239.0	402.1		5 325		感病	
00000456	PA255	中国麻类所	巴基斯坦	遗传材料	127	深裂叶	微红	微红	红	33.0	263.0	1.20	0.89	186.0	333.4		3 000		感病	
00000457	PA256	中国麻类所	巴基斯坦	遗传材料	127	深裂叶	微红	淡红	红	29.0	240.0	1.22	0.94	190.0	362.8		2 850		感病	
00000458	PA257	中国麻类所	巴基斯坦	遗传材料	123	全叶	红	红	红	28.0	230.0	1.51	1.22	198.0	353.0		3 000		感病	
00000459	PA258	中国麻类所	巴基斯坦	遗传材料	228	深裂叶	绿	绿	紫	30.0	263.0	1.52	1.04	208.0	372.7		3 300		感病	
00000460	PA259	中国麻类所	巴基斯坦	遗传材料	186	深裂叶	淡红	红	紫	35.0	244.0	1.27	0.98	201.0	372.7		3 450		感病	
00000461	PA261	中国麻类所	巴基斯坦	遗传材料	162	深裂叶	淡红	红	红	30.0	243.0	1.40	1.08	200.0	372.7		3 450		感病	
00000462	PA264	中国麻类所	巴基斯坦	遗传材料	142	全叶	绿	绿	黄	35.0	277.0	1.57	1.04	215.0	382.5		3 750		感病	
00000463	PA265	中国麻类所	巴基斯坦	遗传材料	137	深裂叶	微红	淡红	黄	31.0	235.0	1.30	0.92	198.0	348.1		3 000		感病	
00000464	PA266	中国麻类所	巴基斯坦	遗传材料	142	全叶	绿	绿	黄	30.0	248.0	1.42	1.01	205.0	384.4		3 150		感病	
00000465	PA268	中国麻类所	巴基斯坦	遗传材料	149	深裂叶	微红	微红	红	28.0	288.0	1.21	1.01	206.0	402.1		3 075		中抗	
00000466	PA270	中国麻类所	巴基斯坦	遗传材料	149	深裂叶	微红	淡	紫	35.0	252.0	1.42	0.96	192.0	343.2		3 450		感病	
00000467	PA271	中国麻类所	巴基斯坦	遗传材料	149	深裂叶	微红	微红	紫	39.0	245.0	1.41	1.06	190.0	353.0		3 300		感病	
00000468	PA272	中国麻类所	巴基斯坦	遗传材料	149	深裂叶	微红	微红	红	36.0	233.0	1.41	1.03	200.0	362.8		3 300		中抗	
00000469	PA273	中国麻类所	巴基斯坦	遗传材料	149	深裂叶	微红	微红	紫	30.0	240.0	1.39	0.94	182.0	333.4		4 200		感病	
00000470	PA274	中国麻类所	巴基斯坦	遗传材料	111	全叶	绿	绿	黄	30.0	242.0	1.47	1.14	185.0	343.2		3 150		感病	
00000471	PA275	中国麻类所	巴基斯坦	遗传材料	132	深裂叶	微红	微红	紫	33.0	226.0	1.14	0.87	165.0	313.8		1 800		感病	
00000472	PA276	中国麻类所	巴基斯坦	遗传材料	147	深裂叶	微红	微红	紫	33.0	248.0	1.35	1.04	198.0	382.5		3 750		感病	
00000473	PA277	中国麻类所	巴基斯坦	遗传材料	139	深裂叶	微红	淡红	红	31.0	232.0	1.29	0.97	183.0	323.6		3 000		感病	
00000474	PA278	中国麻类所	巴基斯坦	遗传材料	147	深裂叶	微红	淡红	紫	31.0	239.0	1.26	0.99	189.0	322.6		3 150		感病	

（续）

统一编号	种质名称	保存单位	原产地或来源地	种质类型	生育日数	叶形	叶柄色	中期茎色	花喉色	种子千粒重	株高	茎粗	鲜皮厚	纤维支数	纤维强力	鲜茎出麻率	原麻产量	纤维产量	炭疽病抗性	备注
00000475	PA280	中国麻类所	巴基斯坦	遗传材料	98	深裂叶	淡红	淡红	紫	32.0	253.0	1.29	0.89	185.0	333.4		2 730		感病	
00000476	PA282	中国麻类所	巴基斯坦	遗传材料	98	深裂叶	微红	淡红	红	31.0	239.0	1.18	0.96	192.0	304.0		2 100		感病	
00000477	PA283	中国麻类所	巴基斯坦	遗传材料	98	深裂叶	微红	淡红	红	31.0	231.0	1.22	1.05	194.0	343.2		3 000		感病	
00000478	PA284	中国麻类所	巴基斯坦	遗传材料	147	深裂叶	微红	淡红	红	31.0	270.0	1.32	1.07	190.0	353.0		3 300		感病	
00000479	PA285	中国麻类所	巴基斯坦	遗传材料	147	深裂叶	微红	淡红	红	30.0	232.0	1.11	0.86	190.0	343.2		2 250		感病	
00000480	PA286	中国麻类所	巴基斯坦	遗传材料	147	深裂叶	微红	淡红	红	30.0	234.0	1.26	1.00	189.0	313.8		2 400		感病	
00000481	PA287	中国麻类所	巴基斯坦	遗传材料	106	深裂叶	微红	淡红	红	32.0	242.0	1.21	0.84	198.0	343.2		2 475		感病	
00000482	PA288	中国麻类所	巴基斯坦	遗传材料	98	深裂叶	微红	淡红	红	30.0	250.0	1.21	0.89	196.0	343.2		2 700		感病	
00000483	PA289	中国麻类所	巴基斯坦	遗传材料	98	深裂叶	淡红	淡红	红	32.0	232.0	1.24	0.81	200.0	353.0		2 400		感病	
00000484	PA290	中国麻类所	巴基斯坦	遗传材料	98	深裂叶	微红	淡红	红	32.0	224.0	1.23	0.78	185.0	313.8		2 250		感病	
00000485	PA293	中国麻类所	巴基斯坦	遗传材料	98	深裂叶	淡红	淡红	紫	33.0	249.0	1.30	1.03	188.0	333.4		2 400		感病	
00000486	PA294	中国麻类所	巴基斯坦	遗传材料	98	深裂叶	淡红	淡红	紫	33.0	229.0	1.29	1.04	172.0	323.6		2 250		感病	
00000487	PA295	中国麻类所	巴基斯坦	遗传材料	98	深裂叶	淡红	淡红	紫	33.0	300.0	1.30	0.91	185.0	353.0		2 775		感病	
00000488	PA296	中国麻类所	巴基斯坦	遗传材料	98	深裂叶	微红	淡红	紫	32.0	246.0	1.20	1.03	187.0	313.8		2 250		感病	
00000489	PA297	中国麻类所	巴基斯坦	遗传材料	98	深裂叶	微红	淡红	紫	32.0	287.0	1.31	1.01	201.0	343.2		2 775		感病	
00000490	PA298	中国麻类所	巴基斯坦	遗传材料	98	深裂叶	微红	淡红	红	33.0	309.0	1.40	0.85	204.0	372.7		3 150		感病	
00000491	PA299	中国麻类所	巴基斯坦	遗传材料	98	深裂叶	微红	淡红	红	30.0	365.0	1.58	1.02	198.0	313.8		4 425		感病	
00000492	PA300	中国麻类所	巴基斯坦	遗传材料	106	深裂叶	淡红	淡红	紫	32.0	263.0	1.38	0.95	195.0	362.8		3 600		感病	
00000493	PA301	中国麻类所	巴基斯坦	遗传材料	98	深裂叶	微红	淡红	红	21.0	266.0	1.36	1.03	198.0	362.8		3 450		感病	
00000494	PA302	中国麻类所	巴基斯坦	遗传材料	98	深裂叶	微红	淡红	红	31.0	248.0	1.18	0.92	180.0	353.0		2 700		感病	
00000495	PA303	中国麻类所	巴基斯坦	遗传材料	98	深裂叶	微红	微红	紫	27.0	240.0	1.16	0.96	187.0	333.4		2 400		感病	
00000496	PA304	中国麻类所	巴基斯坦	遗传材料	98	深裂叶	微红	淡红	红	30.0	234.0	1.14	0.81	178.0	333.4		2 700		感病	
00000497	PA305	中国麻类所	巴基斯坦	遗传材料	98	深裂叶	微红	微红	红	32.0	264.0	1.14	0.76	186.0	353.0		2 925		感病	
00000498	PA306	中国麻类所	巴基斯坦	遗传材料	98	深裂叶		微红	红	29.0	282.0	1.06	0.80	187.0	343.2		3 000		感病	
00000499	PA307	中国麻类所	巴基斯坦	遗传材料	132	全叶	红	紫	红	33.0	257.0	1.33	0.86	204.0	382.5		3 300		感病	

（续）

统一编号	种质名称	保存单位	原产地或来源地	种质类型	生育日数	叶形	叶柄色	中期茎色	花喉色	种子千粒重	株高	茎粗	鲜皮厚	纤维支数	纤维强力	鲜茎出麻率	原麻产量	纤维产量	炭疽病抗性	备注
00000500	PA308	中国麻类所	巴基斯坦	遗传材料	132	全叶	红	红	紫	32.0	263.0	1.39	0.99	193.0	304.0		3 450		感病	
00000501	PA309	中国麻类所	巴基斯坦	遗传材料	149	深裂叶	红	红	紫	33.0	258.0	1.47	0.98	197.0	382.5		3 450		感病	
00000502	PA310	中国麻类所	巴基斯坦	遗传材料	149	深裂叶	红	红	紫	32.0	257.0	1.43	0.98	209.0	304.0		3 300		感病	
00000503	PA311	中国麻类所	巴基斯坦	遗传材料	149	深裂叶	红	红	紫	32.0	263.0	1.47	1.18	197.0	323.6		3 825		感病	
00000504	PA312	中国麻类所	巴基斯坦	遗传材料	149	全叶	红	红	红	33.0	268.0	1.57	1.09	207.0	392.3		3 750		感病	
00000505	PA313	中国麻类所	巴基斯坦	遗传材料	149	深裂叶	红	红	红	35.0	259.0	1.50	1.07				3 300		中抗	
00000506	PA314	中国麻类所	巴基斯坦	遗传材料	149	深裂叶	红	红	红	33.0	267.0	1.48	1.22	210.0	392.3		3 600		中抗	
00000507	PA315	中国麻类所	巴基斯坦	遗传材料	149	深裂叶	红	红	红	31.0	253.0	1.38	1.05	208.0	402.1		3 450		中抗	
00000508	PA316	中国麻类所	巴基斯坦	遗传材料	132	全叶	红	红	红	32.0	262.0	1.33	0.92	201.0	392.3		3 450		感病	
00000509	PA317	中国麻类所	巴基斯坦	遗传材料	149	深裂叶	红	红	红	30.0	256.0	1.33	1.04				3 300		感病	
00000510	FRA345	中国麻类所	法国	遗传材料	106	全叶	淡红	淡红	红	30.0	250.0	1.30	1.00	238.0	402.1		2 700		感病	
00000511	FRA346	中国麻类所	法国	遗传材料	149	深裂叶	淡红	淡红	红	24.0	320.0	1.70	1.20	248.0	402.1		4 200		中抗	
00000512	85-38	中国麻类所	法国	遗传材料	149	深裂叶	淡红	淡红	红	29.0	317.0	1.70	1.10	230.0	411.9		3 900		中抗	
00000513	85-12	中国麻类所	波兰	遗传材料	228	深裂叶	微红	淡红	紫	30.0	358.0	1.90	1.20	242.0	372.7		4 800		感病	
00000514	85-16	中国麻类所	波兰	遗传材料	198	深裂叶	微红	淡红	紫	30.0	362.0	1.80	1.30	245.0	402.1		4 800		感病	
00000515	82-15	中国麻类所	波兰	遗传材料	228	深裂叶	微红	淡红	紫	30.0	387.0	1.80	1.30	258.0	421.7		5 100		感病	
00000516	PL157	中国麻类所	波兰	遗传材料	223	深裂叶	淡红	淡红	红	33.0	307.0	1.05	1.07	242.0	392.3		5 100		中抗	
00000517	CRI156	中国麻类所	哥斯达黎加	遗传材料	223	深裂叶	淡红	淡红	红	31.0	345.0	1.64	1.11	267.0	451.1		5 325		感病	
00000518	粤引8号	广东作物所	马里	遗传材料	224	全叶	绿	绿	紫	30.0	395.0	2.13	1.42	282.0	333.4		5 640		中抗	
00000519	YOR154	中国麻类所	韩国	遗传材料	221	深裂叶	淡红	淡红	红	29.0	362.0	1.71	1.25	236.0	460.9		5 550		感病	
00000520	EGY (2)	中国麻类所	埃及	遗传材料	198	深裂叶	淡红	淡红	红	32.0	380.0	1.83	1.22	232.0	362.8		6 000		中抗	
00000521	TRA143	中国麻类所	泰国	遗传材料	223	深裂叶	淡红	淡红	红	29.0	392.0	1.94	1.27	241.0	421.7		6 000		感病	
00000522	NN60	中国麻类所	泰国	遗传材料	223	深裂叶	淡红	淡红	红	31.0	373.0	1.63	1.14	251.0	411.9		5 550		中抗	
00000523	CUB378	中国麻类所	古巴	遗传材料	220	全叶	微红	微红	紫	34.0	318.0	1.58	1.03	306.0	382.5		4 425		中抗	
00000524	US343	中国麻类所	美国	遗传材料	228	深裂叶	微红	淡红	紫	27.0	378.0	1.67	1.25	255.0	431.5		5 625		中抗	

（续）

统一编号	种质名称	保存单位	原产地或来源地	种质类型	生育日数	叶形	叶柄色	中期茎色	花喉色	种子千粒重	株高	茎粗	鲜皮厚	纤维支数	纤维强力	鲜茎出麻率	原麻产量	纤维产量	炭疽病抗性	备注
00000525	US344	中国麻类所	美国	遗传材料	228	深裂叶	微红	淡红	紫	32.0	353.0	1.71	1.21	261.0	411.9		5 250		中抗	
00000526	US369	中国麻类所	美国	遗传材料	228	深裂叶	微红	淡红	紫	32.0	393.0	1.91	1.26	214.0	490.3		6 075		中抗	
00000527	US383	中国麻类所	美国	遗传材料	228	深裂叶	微红	淡红	紫	32.0	390.0	1.87	1.25	241.0	451.1		5 850		中抗	
00000528	US395	中国麻类所	美国	遗传材料	228	深裂叶	绿	绿	红	32.0	404.0	1.58	1.29	317.0	460.9		6 000		高抗	
00000529	US410	中国麻类所	美国	遗传材料	223	深裂叶	绿	绿	红	33.0	374.0	1.56	1.11	272.0	451.1		5 550		中抗	
00000530	US413	中国麻类所	美国	遗传材料	223	深裂叶	淡红	淡红	红	33.0	375.0	1.76	1.44	276.0	441.3		5 475		中抗	
00000531	85-98	中国麻类所	美国	遗传材料	228	深裂叶	绿	微红	红	30.0	385.0	1.87	1.24	267.0	431.5		5 625		中抗	
00000532	85-44	中国麻类所	伊朗	遗传材料	159	全叶	绿	微红	红	28.0	370.0	1.80	1.20	242.0	382.5		5 400		感病	
00000533	85-45	中国麻类所	伊朗	遗传材料	159	深裂叶	微红	淡红	紫	29.0	375.0	1.67	1.22	245.0	382.5		5 475		感病	
00000534	9131-4	福建农林大学遗传所	福建省福州市	选育品种	226	深裂叶	绿	绿	紫	29.0	385.0	1.93	1.35	277.0	343.2		6465		中抗	
00000535	9134-7	福建农林大学遗传所	福建省福州市	选育品种	207	深裂叶	绿	绿	紫	29.0	398.0	1.91	1.20	282.0	362.8		6450		感病	
00000536	9211-1	福建农林大学遗传所	福建省福州市	选育品种	223	深裂叶	绿	绿	紫	30.0	414.0	1.84	1.18	282.0	362.8		6150		感病	
00000537	9222-7	福建农林大学遗传所	福建省福州市	选育品种	230	深裂叶	绿	绿	紫	32.0	400.0	1.78	1.24	297.0	353.0		6435		中抗	
00000538	粤 152	广东作物所	广东省广州市	选育品种	248	深裂叶	绿	绿	红	28.0	419.0	1.98	1.32	297.0	480.5		6645		高抗	
00000539	粤 511	广东作物所	广东省广州市	选育品种	241	深裂叶	绿	绿	红	29.0	420.0	2.03	1.28	284.0	470.7		6 030		高抗	
00000540	9301	中国麻类所	湖南省沅江市	选育品种	220	深裂叶	绿	绿	紫	33.0	362.0	1.86	1.21	270.1	367.7	6.2	4 733	2 427	高抗	
00000541	9302	中国麻类所	湖南省沅江市	选育品种	215	深裂叶	绿	绿	紫	28.0	362.0	1.87	1.15	304.4	433.5	5.6	7 844	4 128	高抗	
00000542	9303	中国麻类所	湖南省沅江市	选育品种	213	深裂叶	绿	绿	紫	33.0	363.0	1.84	1.26	280.4	470.7	5.9	7 169	3 753	中抗	
00000543	9504	中国麻类所	湖南省沅江市	选育品种	205	深裂叶	绿	绿	紫	34.0	366.0	1.85	1.24	250.5	465.8	5.6	7 464	3 929	中抗	
00000544	9305	中国麻类所	湖南省沅江市	选育品种	215	深裂叶	淡红	淡红	紫	36.0	354.0	1.81	1.21	221.9	465.8	5.4	6 005	3 177	中抗	
00000545	9306	中国麻类所	湖南省沅江市	选育品种	190	深裂叶	绿	绿	紫	32.0	337.0	1.79	1.21	247.7	402.1	5.5	6 929	3 666	抗病	
00000546	9310	中国麻类所	湖南省沅江市	选育品种	210	深裂叶	绿	绿	紫	32.0	379.0	1.96	1.34	228.8	331.5	5.8	6 230	3 228	抗病	
00000547	9311	中国麻类所	湖南省沅江市	选育品种	208	深裂叶	绿	绿	紫	34.0	360.0	1.81	1.21	313.1	433.5	5.6	5 823	3 065	中抗	
00000548	9312	中国麻类所	湖南省沅江市	选育品种	215	深裂叶	绿	绿	紫	36.0	345.0	1.74	1.18	293.3	416.8	6.3	7 022	3 528	中抗	
00000549	9313	中国麻类所	湖南省沅江市	选育品种	220	全叶	淡红	淡红	紫	33.0	323.0	1.70	1.15	352.6	383.4	5.1	2 775	1 500	感病	

（续）

统一编号	种质名称	保存单位	原产地或来源地	种质类型	生育日数	叶形	叶柄色	中期茎色	花喉色	种子千粒重	株高	茎粗	鲜皮厚	纤维支数	纤维强力	鲜茎出麻率	原麻产量	纤维产量	炭疽病抗性	备注
00000550	9314	中国麻类所	湖南省沅江市	选育品种	215	深裂叶	绿	绿	紫	32.0	349.0	1.81	1.24	180.7	349.1	6.2	5 678	2 853	中抗	
00000551	9316	中国麻类所	湖南省沅江市	选育品种	190	深裂叶	绿	绿	紫	29.0	326.0	1.84	1.25	211.6	379.5	5.0	5 877	3 177	中抗	
00000552	9318	中国麻类所	湖南省沅江市	选育品种	210	深裂叶	绿	绿	紫	33.0	349.0	1.81	1.24	302.8	365.8	5.9	3 051	1 565	抗病	
00000553	9319	中国麻类所	湖南省沅江市	选育品种	220	深裂叶	绿	绿	紫	30.0	326.0	1.75	1.20	276.9	331.5	5.6	6 722	3 501	中抗	
00000554	9322	中国麻类所	湖南省沅江市	选育品种	210	深裂叶	绿	绿	紫	28.0	364.0	1.78	1.16	259.7	436.4	5.9	9 461	5 592	中抗	
00000555	9323	中国麻类所	湖南省沅江市	选育品种	185	深裂叶	绿	绿	紫	29.0	373.0	1.78	1.16	222.7	369.7	6.1	6 824	3 591	中抗	
00000556	9324	中国麻类所	湖南省沅江市	选育品种	210	深裂叶	绿	绿	紫	25.0	384.0	1.90	1.32	231.3	369.7	6.2	6 156	3 240	中抗	
00000557	9328	中国麻类所	湖南省沅江市	选育品种	220	深裂叶	绿	绿	紫	33.0	343.0	1.67	1.13	299.1	371.7	5.8	4 808	2 828	中抗	
00000558	9329	中国麻类所	湖南省沅江市	选育品种	215	全叶	微红	微红	紫	33.0	358.0	1.88	1.24	297.6	400.1	6.2	6 906	3 453	抗病	
00000559	9330	中国麻类所	湖南省沅江市	选育品种	210	深裂叶	绿	绿	紫	32.0	368.0	1.68	1.27	249.4	433.5	5.9	6 081	3 378	感病	
00000560	9331	中国麻类所	湖南省沅江市	选育品种	210	深裂叶/全叶	绿	绿	紫	32.0	358.0	1.79	1.23	293.3	331.5	6.0	6 752	3 554	中抗	
00000561	9332	中国麻类所	湖南省沅江市	选育品种	220	深裂叶	绿	绿	紫	33.0	356.0	1.87	1.31	244.2	416.8	5.9	6 575	3 653	中抗	
00000562	9333	中国麻类所	湖南省沅江市	选育品种	215	深裂叶	淡红	淡红	紫	26.0	338.0	2.00	1.23	253.7	400.1	5.7	4 644	2 903	感病	
00000563	9334	中国麻类所	湖南省沅江市	选育品种	218	全叶	淡红	淡红	紫	24.0	335.0	1.79	1.27	291.5	423.6	5.2	4 661	2 453	感病	
00000564	9335	中国麻类所	湖南省沅江市	选育品种	193	深裂叶	绿	绿	紫	32.0	386.0	1.87	1.37	279.5	423.6	6.0	6 321	3 327	中抗	
00000565	9340	中国麻类所	湖南省沅江市	选育品种	225	全叶	微红	微红	紫	31.0	354.0	1.81	1.19	332.8	349.1	5.7	5 687	3 554	中抗	
00000566	9501	中国麻类所	湖南省沅江市	选育品种	230	深裂叶	淡红	绿	紫	34.0	353.0	1.67	1.16	244.2	505.0	6.2	6 647	3 165	中抗	
00000567	9502	中国麻类所	湖南省沅江市	选育品种	230	深裂叶	绿	绿	紫	32.0	349.0	1.76	1.18	319.1	472.7	5.3	4 398	2 415	抗病	
00000568	9503	中国麻类所	湖南省沅江市	选育品种	215	深裂叶	绿	绿	紫	33.0	357.0	1.78	1.11	298.4	416.8	5.6	6 464	3 402	中抗	
00000569	9505	中国麻类所	湖南省沅江市	选育品种	220	深裂叶	绿	绿	紫	30.0	347.0	1.76	1.25	272.6	416.8	5.4	4 728	2 627	抗病	
00000570	9506	中国麻类所	湖南省沅江市	选育品种	230	深裂叶	淡红	微红	褐	31.0	353.0	1.73	1.20	309.6	465.8	6.1	5 754	2 877	抗病	
00000571	9507	中国麻类所	湖南省沅江市	选育品种	225	深裂叶	绿	绿	褐	28.0	378.0	1.90	1.30	273.5	498.2	5.7	5 316	2 678	中抗	
00000572	9509	中国麻类所	湖南省沅江市	选育品种	225	深裂叶	绿	绿	紫	34.0	403.0	1.81	1.12	219.3	402.1	5.7	8 141	4 154	抗病	
00000573	9510	中国麻类所	湖南省沅江市	选育品种	220	深裂叶	绿	绿	紫	32.0	380.0	1.91	1.26	246.8	440.3	5.7	6 125	3 402	中抗	
00000574	RS10-2	中国麻类所	美国	遗传材料	220	深裂叶	绿	淡红	紫	24.0	345.0	1.94	1.26	211.6	331.5	5.6	5 567	3 479	中抗	

（续）

统一编号	种质名称	保存单位	原产地或来源地	种质类型	生育日数	叶形	叶柄色	中期茎色	花喉色	种子千粒重	株高	茎粗	鲜皮厚	纤维支数	纤维强力	鲜茎出麻率	原麻产量	纤维产量	炭疽病抗性	备注
00000575	NL379	中国麻类所	尼泊尔	遗传材料	185	深裂叶	绿	淡红	紫	31.0	341.0	1.73	1.31	292.4	390.3	5.0	3 888	2 102	高感	
00000576	NL380	中国麻类所	尼泊尔	遗传材料	210	深裂叶	绿	微红	紫	33.0	347.0	1.84	1.18	233.1	349.1	5.4	6 149	3 153	高感	
00000577	NL381	中国麻类所	尼泊尔	遗传材料	210	深裂叶	绿	淡红	紫	27.0	333.0	1.78	1.16	297.6	336.4	5.4	4 782	2 453	感病	
00000578	NL382	中国麻类所	尼泊尔	遗传材料	218	深裂叶	绿	微红	紫	32.0	329.0	1.82	1.21	294.9	317.7	5.2	4 868	2 589	感病	
00000579	NL383	中国麻类所	尼泊尔	遗传材料	190	深裂叶	绿	微红	紫	21.0	341.0	1.73	1.34	289.6	328.5	5.8	5 399	2 727	高感	
00000580	NL384	中国麻类所	尼泊尔	遗传材料	210	深裂叶	淡红	微红	紫	33.0	348.0	1.87	1.32	401.6	277.5	5.3		3 203	感病	
00000581	NL385	中国麻类所	尼泊尔	遗传材料	180	深裂叶	绿	微红	紫	28.0	319.0	1.80	1.25	309.6	400.1	5.2	3 092	1 602	高感	
00000582	NL386	中国麻类所	尼泊尔	遗传材料	220	深裂叶	红	淡红	紫	31.0	309.0	1.72	1.24	271.8	336.4	5.6	4 043	2 052	高感	
00000583	NL387	中国麻类所	尼泊尔	遗传材料	218	深裂叶	红	红	紫	29.0	336.0	1.84	1.29	252.8	352.1	5.5	4 407	2 319	中抗	
00000584	NL388	中国麻类所	尼泊尔	遗传材料	215	深裂叶	淡红	淡红	紫	29.0	337.0	1.77	1.26	269.2	433.5	4.8	3 803	2 090	中抗	
00000585	NL389	中国麻类所	尼泊尔	遗传材料	220	深裂叶	微红	绿	紫	30.0	327.0	1.88	1.26	239.1	455.0	5.4	4 976	2 552	感病	
00000586	NL390	中国麻类所	尼泊尔	遗传材料	210	深裂叶	淡红	淡红	紫	25.0	328.0	1.27	1.22	303.6	400.1	4.8	3 594	1 964	感病	
00000587	NL391	中国麻类所	尼泊尔	遗传材料	220	深裂叶	绿	绿	紫	33.0	333.0	1.83	1.22	237.4	383.4	5.6	4 757	2 439	感病	
00000588	NL392	中国麻类所	尼泊尔	遗传材料	210	深裂叶	淡红	淡红	紫	30.0	328.0	1.79	1.19	237.4	383.4	4.5	2 427	1 326	高感	
00000589	NL393	中国麻类所	尼泊尔	遗传材料	220	深裂叶	绿	绿	紫	32.0	335.0	1.72	1.08	247.7	400.1	5.3	6 336	3 353	高感	
00000590	NL441	中国麻类所	尼泊尔	遗传材料	220	深裂叶	淡红	淡红	紫	33.0	338.0	1.70	1.22	254.6	331.5	5.0	3 566	1 877	高感	
00000591	NL442	中国麻类所	尼泊尔	遗传材料	220	深裂叶	微红	微红	紫	32.0	348.0	1.81	1.21	293.3	285.4	5.6	5 769	2 928	感病	
00000592	NL444	中国麻类所	尼泊尔	遗传材料	230	深裂叶	淡红	淡红	紫	34.0	354.0	1.84	1.34	246.8	313.8	5.4	6 879	3 528	感病	
00000593	NL445	中国麻类所	尼泊尔	遗传材料	225	深裂叶	淡红	淡红	紫	28.0	341.0	1.75	1.22	292.4	416.8	5.0	4 334	2 282	高感	
00000594	NL446	中国麻类所	尼泊尔	遗传材料	220	深裂叶	淡红	淡红	紫	31.0	319.0	1.72	1.10	282.1	383.4	4.4	3 939	2 153	感病	
00000595	NL447	中国麻类所	尼泊尔	遗传材料	220	深裂叶	淡红	淡红	紫	32.0	329.0	1.79	1.22	283.8	438.4	5.4	5 801	3 053	感病	
00000596	NL448	中国麻类所	福建省	选育品种	220	全叶	绿	绿	紫	36.0	387.0	1.80	1.22	231.3	438.4	5.7	8 348	4 259	中抗	
00000597	7401	中国麻类所	湖南省	遗传材料	182	深裂叶	绿	绿	紫红	31.8	315.3	1.98	1.38	228.5	391.0	4.0	4 410	2 430	抗病	
00000598	71413	中国麻类所	湖南省	遗传材料	207	全叶	淡红	淡红	紫红	30.0	277.0	1.92	1.45	230.5	394.0	4.5	3 180	1 635	抗病	
00000599	8603	中国麻类所	湖南省	遗传材料	182	深裂叶	微红	微红	紫红	26.0	310.3	1.85	1.43	278.5	416.0	5.1	3 735	2 055	抗病	

（续）

统一编号	种质名称	保存单位	原产地或来源地	种质类型	生育日数	叶形	叶柄色	中期茎色	花喉色	种子千粒重	株高	茎粗	鲜皮厚	纤维支数	纤维强力	鲜茎出麻率	原麻产量	纤维产量	炭疽病抗性	备注
00000600	8602	中国麻类所	湖南省	遗传材料	185	深裂叶	绿	绿	紫红	27.0	296.8	1.89	1.36	235.5	484.0	4.8	5 400	1 875	抗病	
00000601	闽 88-13	中国麻类所	福建省	选育品种	199	深裂叶	绿	淡红	紫红	29.0	318.2	2.02	1.39	226.0	429.0	5.6	4 875	2 820	高感	
00000602	浙 3	中国麻类所	浙江省	遗传材料	199	深裂叶	绿	绿	紫红	30.0	308.5	1.99	1.49	245.5	415.0	5.6	5 115	2 805	感病	
00000603	福红 951	中国麻类所	福建省	选育品种	199	深裂叶	绿	绿	紫红	32.0	328.1	2.11	1.34	233.5	524.0	5.3	4 215	2 580	抗病	
00000604	福红 952	中国麻类所	福建省	选育品种	199	深裂叶	绿	绿	紫红	31.0	337.2	2.23	1.46	255.5	388.0	5.4	4 830	2 835	抗病	
00000605	浙 D92	中国麻类所	浙江省	遗传材料	199	深裂叶	绿	绿	紫红	30.0	340.9	2.07	1.35	243.5	450.0	5.3	4 395	2 655	抗病	
00000606	7004	中国麻类所	湖南省	遗传材料	182	全叶	红	红	紫红	28.0	336.0	2.16	1.44	252.5	444.0	5.2	2 895	1 725	抗病	
00000607	8604	中国麻类所	湖南省	遗传材料	182	深裂叶	淡红	淡红	紫红	27.0	348.5	2.14	1.61	223.5	456.0	5.6	4 425	2 730	抗病	
00000608	722-11	中国麻类所	湖南省	遗传材料	192	全叶	绿	绿	紫红	29.0	326.1	2.02	1.33	255.0	450.0	5.2	3 060	1 830	抗病	
00000609	TR8310	中国麻类所	湖南省	遗传材料	199	深裂叶	红	红	紫红	25.0	333.0	2.09	1.43	250.5	427.0	5.1	5 250	2 880	抗病	
00000610	722-12	中国麻类所	湖南省	遗传材料	199	全叶	绿	绿	紫红	26.0	341.0	2.29	1.31	230.5	433.0	4.9	4 155	2 295	抗病	
00000611	87-278	中国麻类所	湖南省	遗传材料	188	深裂叶	红	红	紫红	28.4	308.8	2.23	1.66	226.0	376.0	5.1	3 420	1 995	抗病	
00000612	87-39	中国麻类所	湖南省	遗传材料	188	深裂叶	绿	绿	紫红	29.2	304.5	2.12	1.53	208.5	382.0	5.3	3 645	2 175	抗病	
00000613	84-83	中国麻类所	湖南省	遗传材料	185	深裂叶	淡红	淡红	紫红	28.0	326.0	2.13	1.55	239.5	431.0	4.8	4 920	2 730	抗病	
00000614	辽 55B	中国麻类所	辽宁省	遗传材料	189	全叶	红	红	紫红	29.0	329.8	2.10	1.39	250.5	385.0	4.8	3 720	1 920	感病	
00000615	248901	中国麻类所	湖南省	遗传材料	269	深裂叶	红	红	紫红	30.0	201.3	1.74	1.22	256.0	298.0	3.9	2 940	1 245	抗病	
00000616	3187230	中国麻类所	湖南省	遗传材料	180	全叶	淡红	淡红	紫红	31.0	313.9	2.11	1.51	232.0	451.0	4.9	6 285	3 330	抗病	
00000617	88-190-1	中国麻类所	湖南省	遗传材料	185	全叶	淡红	红	紫红	30.0	341.0	2.24	1.42	239.0	389.0	4.7	3 540	2 025	抗病	
00000618	K76-4	中国麻类所	湖南省	遗传材料	269	深裂叶	红	红	紫红	30.0	326.3	2.23	1.47	231.0	415.0	4.9	3 825	2 190	抗病	
00000619	青 3（突变株）	中国麻类所	越南	遗传材料	203	深裂叶	绿	绿	紫红	33.0	348.0	2.71	1.55	258.0	404.0	5.5	2 745	1 545	高感	
00000620	耒红 B	中国麻类所	湖南省	遗传材料	199	深裂叶	绿	绿	紫红	31.0	313.9	2.07	1.46	253.5	373.0	5.0	3 930	2 160	抗病	
00000621	83-1485	中国麻类所	湖南省	遗传材料	185	深裂叶	紫	紫	紫红	29.0	326.1	2.03	1.34	277.5	374.0	5.2	4 020	2 070	抗病	
00000622	2008	中国麻类所	湖南省	遗传材料	270	深裂叶	红	红	紫红	28.0	314.0	2.12	1.59	233.0	427.0	5.2	4 365	2 340	抗病	
00000623	917	中国麻类所	湖南省	遗传材料	188	深裂叶	红	红	紫红	27.0	343.5	2.25	1.52	242.5	384.0	5.6	3 345	2 040	抗病	
00000624	M8359-2	中国麻类所	湖南省	遗传材料	207	深裂叶	红	红	紫红	28.0	326.5	2.19	1.45	263.5	427.0	5.1	4 890	2 595	抗病	

（续）

统一编号	种质名称	保存单位	原产地或来源地	种质类型	生育日数	叶形	叶柄色	中期茎色	花喉色	种子千粒重	株高	茎粗	鲜皮厚	纤维支数	纤维强力	鲜茎出麻率	原麻产量	纤维产量	炭疽病抗性	备注
00000625	722B	中国麻类所	湖南省	遗传材料	185	全叶	绿	绿	紫红	30.0	325.9	2.04	1.28	236.5	422.0	4.5	3 945	2 160	抗病	
00000626	85-167	中国麻类所	湖南省	遗传材料	185	深裂叶	红	红	紫红	31.0	322.5	2.10	1.35	259.5	452.0	4.8	4 275	2 205	抗病	
00000627	248898	中国麻类所	湖南省	遗传材料	288	全叶	绿	绿	紫红	30.0	273.1	2.26	1.36	256.0	329.0	4.9	3 660	1 785	抗病	
00000628	台农 1 号 B	中国麻类所	台湾省	遗传材料	196	深裂叶	红	红	紫红	29.0	276.5	1.94	1.39	240.0	305.0	5.5	2 970	1 560	抗病	
00000629	723-20	中国麻类所	湖南省	遗传材料	196	深裂叶	红	红	紫红	27.0	314.6	1.97	1.31	247.5	349.0	5.0	3 735	2 205	感病	
00000630	粤红 3 号 B	中国麻类所	广东省	遗传材料	192	全叶	红	红	紫红	28.0	293.5	1.89	1.32	252.5	322.0	4.7	2 790	1 575	感病	
00000631	非洲全叶 B	中国麻类所	广东省	遗传材料	203	全叶	红	红	紫红	32.0	305.0	1.85	1.43	244.0	333.0	4.7	4 185	2 130	抗病	
00000632	324922	中国麻类所	湖南省	遗传材料	213	全叶	淡红	淡红	紫红	30.0	264.4	1.60	1.17	258.5	332.0	4.0	2 295	1 065	抗病	
00000633	85-787	中国麻类所	湖南省	遗传材料	185	深裂叶	红	红	紫红	29.0	315.8	2.15	1.44	257.0	372.0	5.7	4 560	2 505	抗病	
00000634	87-74	中国麻类所	湖南省	遗传材料	185	全叶	淡红	淡红	紫红	27.0	306.5	2.13	1.42	261.0	403.0	5.3	3 585	2 145	抗病	
00000635	76-1	中国麻类所	湖南省	遗传材料	185	深裂叶	绿	绿	紫红	26.2	305.5	2.00	1.47	251.0	311.0	4.8	4 590	2 775	感病	
00000636	812	中国麻类所	湖南省	遗传材料	202	深裂叶	绿	绿	紫红	31.0	309.6	2.03	1.31	246.0	316.0	5.1	4 980	2 730	高感	
00000637	115	中国麻类所	湖南省	遗传材料	202	深裂叶	淡红	淡红	紫红	30.0	288.5	1.98	1.39	263.5	346.0	4.1	2 445	1 245	抗病	
00000638	803	中国麻类所	湖南省	遗传材料	207	深裂叶	紫	紫	紫红	28.0	200.5	1.34	1.15	285.0	376.0	5.3	2 771	945	抗病	
00000639	粤红 5 号 B	中国麻类所	广东省	遗传材料	203	深裂叶	淡红	淡红	紫红	27.0	298.4	2.15	1.44	246.5	411.0	5.2	4 320	2 505	抗病	
00000640	74M5	中国麻类所	湖南省	遗传材料	203	深裂叶	绿	绿	紫红	29.0	319.2	2.16	1.64	242.0	264.0	5.1	3 915	2 190	抗病	
00000641	83-1524	中国麻类所	湖南省	遗传材料	188	深裂叶	淡红	红	紫红	26.0	337.1	2.26	1.51	231.5	299.0	5.5	5 115	2 925	抗病	
00000642	K84-1	中国麻类所	湖南省	遗传材料	202	深裂叶	绿	绿	紫红	33.0	301.9	1.97	1.40	219.5	353.0	4.6	4 185	2 145	抗病	
00000643	JR8310-133	中国麻类所	湖南省	遗传材料	202	深裂叶	红	红	紫红	27.0	321.0	2.27	1.47	213.0	383.0	5.2	4 260	2 280	感病	
00000644	75113	中国麻类所	湖南省	遗传材料	201	深裂叶	绿	绿	紫红	28.0	344.5	2.36	1.49	243.5	418.0	5.1	3915	2 205	抗病	
00000645	723-23	中国麻类所	湖南省	遗传材料	185	深裂叶	淡红	淡红	紫红	30.0	328.5	2.08	1.36	240.0	400.0	4.3	3 960	2 190	抗病	
00000646	83-1635	中国麻类所	湖南省	遗传材料	185	深裂叶	红	红	紫红	32.0	311.5	2.02	1.36	237.0	355.0	5.2	3 945	2 160	抗病	
00000647	365441（R2）	中国麻类所	湖南省	遗传材料	199	深裂叶	淡红	淡红	紫红	31.0	319.5	2.24	1.41	239.5	390.0	4.8	4 125	2 265	抗病	
00000648	832728	中国麻类所	湖南省	遗传材料	188	全叶	淡红	淡红	紫红	34.0	308.5	2.14	1.44	264.5	359.0	5.5	3 345	1 965	抗病	
00000649	粤五圆叶	中国麻类所	广东省	品系	270	全叶	红	红	紫红	32.0	308.4	2.13	1.43	234.5	323.0	5.3	3630	2205	感病	

（续）

统一编号	种质名称	保存单位	原产地或来源地	种质类型	生育日数	叶形	叶柄色	中期茎色	花喉色	种子千粒重	株高	茎粗	鲜皮厚	纤维支数	纤维强力	鲜茎出麻率	原麻产量	纤维产量	炭疽病抗性	备注
00000650	湘红 1 号 B	中国麻类所	湖南省	品系	196	深裂叶	绿	绿	紫红	33.0	308.6	2.21	1.40	230.0	351.0	4.8	5 415	2 910	抗病	
00000651	801	中国麻类所	湖南省	遗传材料	207	深裂叶	紫	紫	紫红	35.0	329.5	1.99	1.26	282.0	415.0	5.2	2 835	1 455	抗病	
00000652	非麻 B	中国麻类所	湖南省	遗传材料	201	深裂叶	绿	绿	紫红	33.0	309.0	1.96	1.29	258.5	371.0	5.6	4 710	2 640	抗病	
00000653	81-965	中国麻类所	湖南省	遗传材料	188	深裂叶	绿	绿	紫红	31.0	321.0	1.99	1.26	228.5	396.0	5.6	2 010	1 155	抗病	
00000654	722-3	中国麻类所	湖南省	遗传材料	192	全叶	微红	微红	紫红	32.0	343.0	2.18	1.31	267.5	410.0	5.8	2 955	2 130	抗病	
00000655	84-141	中国麻类所	湖南省	遗传材料	196	深裂叶	红	红	紫红	30.0	342.5	2.09	1.42	230.0	451.0	6.3	4 875	3 165	抗病	
00000656	84-295	中国麻类所	湖南省	遗传材料	188	深裂叶	绿	绿	紫红	30.0	304.0	2.13	1.41	243.0	402.0	5.3	3 945	2 415	抗病	
00000657	83-1633	中国麻类所	湖南省	遗传材料	188	深裂叶	淡红	淡红	紫红	24.0	324.5	1.97	1.36	252.5	364.0	6.2	4 095	2 550	抗病	
00000658	85-858	中国麻类所	湖南省	遗传材料	188	深裂叶	绿	绿	紫红	29.0	303.0	1.99	1.46	233.5	357.0	5.8	3 285	2 010	抗病	
00000659	85-203	中国麻类所	湖南省	遗传材料	203	全叶	红	红	紫红	30.0	266.5	1.89	1.37	224.0	313.0	5.1	1 800	1 020	抗病	
00000660	85-853（1）	中国麻类所	湖南省	遗传材料	188	深裂叶	紫	紫	紫红	30.0	333.5	2.04	1.35	250.0	451.0	5.6	4 560	2 910	抗病	
00000661	GR743-4	中国麻类所	湖南省	遗传材料	269	深裂叶	淡红	淡红	紫红	30.0	302.0	2.09	1.36	234.0	400.0	5.5	3 360	2 025	抗病	
00000662	85-1633	中国麻类所	湖南省	遗传材料	192	深裂叶	红	红	紫红	33.0	336.0	2.15	1.43	222.5	347.0	5.6	2 940	1 740	抗病	
00000663	85-853（2）	中国麻类所	湖南省	遗传材料	192	深裂叶	紫	紫	紫红	31.0	333.0	2.10	1.35	248.0	466.0	5.7	3 900	2 595	抗病	
00000664	89129	中国麻类所	湖南省	遗传材料	192	深裂叶	淡红	淡红	紫红	30.0	318.0	1.98	1.42	237.5	370.0	5.7	4 290	2 520	抗病	
00000665	K76-3	中国麻类所	湖南省	遗传材料	207	深裂叶	淡红	淡红	紫红	29.0	330.5	2.17	1.33	220.0	405.0	6.3	6 660	4 080	抗病	
00000666	Tainling. Z-1	中国麻类所	台湾省	遗传材料	201	深裂叶	红	红	紫红	32.0	317.5	2.14	1.34	236.0	384.0	5.0	4 650	2 715	抗病	
00000667	Tainling. Z-2	中国麻类所	台湾省	遗传材料	199	全叶	淡红	淡红	紫红	29.0	316.5	2.02	1.33	258.0	388.0	5.4	2 955	1 695	抗病	
00000668	Tainling. Z-3	中国麻类所	台湾省	遗传材料	199	全叶	淡红	淡红	紫红	31.0	299.5	1.99	1.45	259.5	296.0	4.9	3 570	1 995	抗病	
00000669	84201	中国麻类所	湖南省	遗传材料	199	深裂叶	绿	绿	紫红	34.0	306.5	2.13	1.59	234.0	409.0	6.0	3090	2145	抗病	
00000670	9322	中国麻类所	湖南省	遗传材料	201	深裂叶	绿	绿	紫红	29.0	330.0	2.26	1.37	253.5	374.0	5.5	4155	2 400	抗病	
00000671	520	中国麻类所	湖南省	遗传材料	207	深裂叶	微红	微红	紫红	30.0	342.0	2.28	1.51	227.5	416.0	6.3	4 515	2 775	抗病	
00000672	K292B	中国麻类所	美国	遗传材料	199	全叶	红	红	紫红	31.0	326.0	2.12	1.39	231.0	378.0	5.7	4 155	2 490	抗病	
00000673	9316	中国麻类所	湖南省	遗传材料	199	深裂叶	绿	绿	紫红	28.0	353.0	2.32	1.38	228.0	374.0	6.0	4 935	2 940	抗病	
00000674	1-114-2	中国麻类所	湖南省	遗传材料	270	全叶	绿	绿	紫红	27.0	327.5	2.14	1.35	236.0	410.0	5.5	4 425	2 580	抗病	

（续）

统一编号	种质名称	保存单位	原产地或来源地	种质类型	生育日数	叶形	叶柄色	中期茎色	花喉色	种子千粒重	株高	茎粗	鲜皮厚	纤维支数	纤维强力	鲜茎出麻率	原麻产量	纤维产量	炭疽病抗性	备注
00000675	闽红 31	中国麻类所	福建省	选育品种	203	深裂叶	淡红	淡红	紫红	30.0	371.5	2.32	1.38	235.0	457.0	6.2	6 840	3 525	抗病	
00000676	闽红 321	中国麻类所	福建省	选育品种	203	深裂叶	淡红	淡红	紫红	31.0	366.0	2.33	1.62	253.5	429.0	6.6	4 680	2 655	抗病	
00000677	闽红 298	中国麻类所	福建省	选育品种	201	深裂叶	绿	绿	紫红	28.0	380.0	2.53	1.59	249.0	415.0	4.2	6 960	3 030	抗病	
00000678	闽红 96/4	中国麻类所	福建省	选育品种	201	深裂叶	淡红	淡红	紫红	29.0	383.0	2.28	1.40	224.0	425.0	6.3	4 725	3 060	抗病	
00000679	闽红 96/7	中国麻类所	福建省	选育品种	201	深裂叶	绿	绿	紫红	32.0	357.0	2.23	1.39	258.5	442.0	5.6	4 335	2 640	抗病	
00000680	福红 912	中国麻类所	福建省	选育品种	201	深裂叶	绿	绿	紫红	30.0	368.5	2.30	1.47	250.5	408.0	5.7	4 530	3 150	抗病	
00000681	福红 991	中国麻类所	福建省	选育品种	203	深裂叶	微红	微红	紫红	29.0	390.0	2.37	1.45	223.0	444.0	6.6	4 125	2 805	抗病	
00000682	福红 992	中国麻类所	福建省	选育品种	203	深裂叶	绿	绿	紫红	28.0	371.0	2.32	1.36	222.0	489.0	6.5	4 605	2 940	抗病	
00000683	TR8310（全叶）	中国麻类所	湖南省	遗传材料	187	全叶	绿	红	紫红	32.0	353.7	1.89	1.15	286.0	416.0	5.8	7 785	4 620	抗病	
00000684	722-12（裂叶）	中国麻类所	湖南省	遗传材料	211	深裂叶	绿	绿	紫红	30.0	380.0	2.33	1.38	259.0	371.0	5.2	8 880	5 040	抗病	
00000685	M-8359-2（全叶）	中国麻类所	湖南省	遗传材料	198	全叶	绿	淡红	紫红	29.0	404.0	1.95	1.16	258.2	365.1	4.9	7 253	3 564	抗病	
00000686	非洲全叶 B（裂叶）	中国麻类所	湖南省	遗传材料	192	深裂叶	绿	淡红	紫红	33.0	371.0	1.94	1.15	263.0	336.0	4.8	8 625	5 655	抗病	
00000687	87-74（全叶）	中国麻类所	湖南省	遗传材料	198	全叶	绿	淡红	紫红	30.0	422.0	2.23	1.29	274.0	397.0	5.2	5 940	3 015	抗病	
00000688	8601	中国麻类所	湖南省	遗传材料	189	深裂叶	淡红	淡红	紫红	29.5	355.3	1.95	1.27	268.0	350.0	7.2	6 615	4 755	抗病	
00000689	闽 31	中国麻类所	福建省	选育品种	192	深裂叶	绿	绿	紫红	30.0	408.0	2.22	1.16	274.0	260.0	5.4	9 330	4 740	抗病	
00000690	RI36	中国麻类所	湖南省	遗传材料	218	深裂叶	淡红	淡红	紫红	29.0	352.0	1.98	1.39	292.0	313.0	5.5	8 595	5 055	抗病	
00000691	M-8359-1	中国麻类所	湖南省	遗传材料	218	深裂叶		绿	紫红	28.0	368.2	2.20	1.58	257.0	371.0	5.7	8 280	4 995	抗病	
00000692	1181	中国麻类所	湖南省	遗传材料	189	深裂叶		淡红	紫红	30.0	363.6	1.98	1.28	286.0	361.0	6.1	5 790	3 945	抗病	
00000693	GR42	中国麻类所	湖南省	遗传材料	211	深裂叶	微红	淡红	紫红	31.0	377.0	2.24	1.36	269.0	262.0	6.3	7 425	4 995	感病	
00000694	81-280	中国麻类所	湖南省	遗传材料	184	全叶		淡红	紫红	29.0	349.4	2.03	1.45	265.0	270.0	5.1	7 365	4 335	抗病	
00000695	7004	中国麻类所	湖南省	遗传材料	189	深裂叶	绿	淡红	紫红	30.0	381.8	2.22	1.42	274.0	346.0	5.6	7 680	4 515	高感	
00000696	84201	中国麻类所	湖南省	遗传材料	189	深裂叶		绿	紫红	27.8	349.5	2.22	1.47	254.0	397.0	6.3	6 705	4 770	抗病	
00000697	K37	中国麻类所	湖南省	遗传材料	223	深裂叶	绿	淡红	紫红	32.0	368.4	2.11	1.43	264.0	375.0	5.9	8 280	5 970	抗病	
00000698	248895	中国麻类所	湖南省	遗传材料	198	深裂叶		绿	紫红	29.0	375.0	2.18	1.21	156.0	392.0	5.3	6 210	3 540	抗病	
00000699	日 36-9-3	中国麻类所	湖南省	遗传材料	204	深裂叶		淡红	紫红	27.0	369.0	1.84	1.12	275.0	385.0	5.7	6 555	3 075	抗病	

（续）

统一编号	种质名称	保存单位	原产地或来源地	种质类型	生育日数	叶形	叶柄色	中期茎色	花喉色	种子千粒重	株高	茎粗	鲜皮厚	纤维支数	纤维强力	鲜茎出麻率	原麻产量	纤维产量	炭疽病抗性	备注
00000700	浙 241	中国麻类所	湖南省	遗传材料	192	深裂叶	绿	绿	紫红	33.0	392.0	2.14	1.31	244.0	408.0	5.5	8 985	4 935	抗病	
00000701	K78	中国麻类所	湖南省	遗传材料	192	深裂叶	绿	淡红	紫红	28.0	409.0	2.45	1.38	266.0	367.0	5.8	7 020	4 485	抗病	
00000702	1181	中国麻类所	湖南省	遗传材料	184	深裂叶		淡红	紫红	28.0	367.0	2.06	1.37	247.0	395.0	6.6	6 735	4 830	抗病	
00000703	70114	中国麻类所	湖南省	遗传材料	192	深裂叶		绿	紫红	27.0	349.4	2.11	1.46	242.0	361.0	5.4	6075	3570	抗病	
00000704	K81	中国麻类所	湖南省	遗传材料	178	全叶	绿	淡红	紫红	26.0	347.7	2.04	1.21	248.0	368.0	5.5	5 835	3 945	抗病	
00000705	1181（2）	中国麻类所	湖南省	遗传材料	184	深裂叶		淡红	紫红	28.0	350.2	2.06	1.29	253.0	321.0	6.7	4 920	3 585	抗病	
00000706	K80	中国麻类所	湖南省	遗传材料	189	深裂叶	绿	淡红	紫红	29.0	323.1	1.98	1.36	270.0	428.0	6.1	5 355	3 705	抗病	
00000707	SF459	中国麻类所	美国	遗传材料	236	深裂叶	绿	淡红	紫红	30.0	314.0	1.91	1.29	264.0	380.0	5.1	6 555	3 660	抗病	
00000708	Everglades71	中国麻类所	美国	遗传材料	223	深裂叶	微红	淡红	紫红	32.0	322.6	1.96	1.42	262.0	456.0	5.5	4 935	2 670	抗病	
00000709	Dowling（7N）	中国麻类所	美国	遗传材料	192	深裂叶	绿	淡红	紫红	33.0	324.6	2.16	1.49	272.0	327.0	4.4	5 955	3 105	抗病	
00000710	Tainung2	中国麻类所	台湾省	遗传材料	236	深裂叶	绿	淡红	紫红	32.0	340.8	1.90	1.26	292.0	331.0	5.3	6 015	3 375	感病	
00000711	SF192	中国麻类所	美国	遗传材料	223	深裂叶	绿	淡红	紫红	30.0	364.4	1.90	1.23	281.0	346.0	5.3	5 955	3 675	抗病	
00000712	Everglades41	中国麻类所	美国	遗传材料	236	全叶	绿	淡红	紫红	28.0	329.4	1.61	1.19	278.0	382.0	4.8	5 055	2 760	抗病	
00000713	红金 369	中国麻类所	湖南省	遗传材料	223	深裂叶	绿	绿	紫红	30.0	386.0	2.16	1.23	272.0	461.0	6.0	7 905	4 830	感病	
00000714	粤五裂	中国麻类所	湖南省	遗传材料	211	深裂叶	绿	绿	紫红	26.0	367.4	1.95	1.37	289.0	380.0	5.6	7 215	4 425	高感	
00000715	83-10	中国麻类所	浙江省	遗传材料	218	深裂叶	绿	绿	紫红	31.0	388.2	1.96	1.28	251.0	366.0	6.0	6 165	3 945	抗病	
00000716	15–2	中国麻类所	美国	遗传材料	223	深裂叶	微红	淡红	紫红	30.0	324.0	1.63	1.15	272.0	392.0	4.2	5 115	2 790	抗病	
00000717	45–9	中国麻类所	美国	遗传材料	236	深裂叶	微红	淡红	紫红	32.0	336.0	1.84	1.32	260.0	366.0	5.0	5 820	3 255	抗病	
00000718	Chiling♯1	中国麻类所	非洲	遗传材料	236	全叶	微红	淡红	紫红	36.0	341.4	2.00	1.29	253.0	337.0	4.9	5 955	3 345	感病	
00000719	COP2R3C4	中国麻类所	美国	遗传材料	204	深裂叶		淡红	紫红	29.0	369.0	2.08	1.15	246.0	354.0	5.0	5 925	3 510	感病	
00000720	Kenya	中国麻类所	肯尼亚	遗传材料	204	深裂叶		绿	紫红	27.0	348.0	2.06	1.48	268.0	338.0	4.7	5 535	3 225	抗病	
00000721	Khon Kaen	中国麻类所	泰国	遗传材料	236	全叶	绿	淡红	紫红	28.0	353.0	1.96	1.29	268.0	327.0	4.8	5 700	3 210	感病	
00000722	Krasnador	中国麻类所	美国	遗传材料	192	深裂叶	微红	淡红	紫红	22.0	371.4	1.99	1.01	258.0	337.0	5.3	6 780	3 990	感病	
00000723	Master Fiber	中国麻类所	非洲	遗传材料	223	深裂叶	绿	淡红	紫红	34.0	381.4	2.12	1.27	287.0	372.0	4.9	6 510	3 825	高感	
00000724	MOP 1-C	中国麻类所	美国	遗传材料	198	全叶		绿	紫红	31.0	388.0	1.88	1.01	283.0	390.0	5.2	5 970	3 090	抗病	

（续）

统一编号	种质名称	保存单位	原产地或来源地	种质类型	生育日数	叶形	叶柄色	中期茎色	花喉色	种子千粒重	株高	茎粗	鲜皮厚	纤维支数	纤维强力	鲜茎出麻率	原麻产量	纤维产量	炭疽病抗性	备注
00000725	MOP 2	中国麻类所	美国	遗传材料	198	深裂叶		淡红	紫红	33.0	377.0	2.20	1.00	275.0	386.0	4.8	6 675	3 555	抗病	
00000726	MOP-5	中国麻类所	美国	遗传材料	198	深裂叶		绿	紫红	29.0	353.0	1.80	1.10	289.0	394.0	5.1	5 745	3 030	感病	
00000727	MSI 101	中国麻类所	美国	遗传材料	236	深裂叶	绿	淡红	紫红	30.0	334.4	1.83	1.32	314.0	338.0	5.5	5 055	2 850	高感	
00000728	MSI 103	中国麻类所	美国	遗传材料	236	深裂叶	绿	淡红	紫红	29.0	367.0	1.86	1.18	282.0	380.0	5.1	6 420	3 780	高感	
00000729	MSI 104 brz	中国麻类所	美国	遗传材料	236	深裂叶	紫红	紫红	紫红	29.0	351.0	1.77	1.05	282.0	401.0	4.7	6 450	3 345	感病	
00000730	MSI 104 gr	中国麻类所	美国	遗传材料	236	深裂叶	绿	绿	紫红	33.0	363.8	1.98	1.17	253.0	362.0	4.9	6 270	3 510	感病	
00000731	MSI 105	中国麻类所	美国	遗传材料	211	全叶	绿	淡红	紫红	33.0	344.4	1.72	1.07	265.0	345.0	4.2	5 580	2 700	抗病	
00000732	MSI 134	中国麻类所	美国	遗传材料	236	全叶	绿	淡红	紫红	33.0	358.4	1.94	0.97	288.0	309.0	5.6	6 525	4 185	感病	
00000733	MSI 135	中国麻类所	美国	遗传材料	236	深裂叶	绿	淡红	紫红	31.0	373.4	1.89	1.06	284.0	457.0	4.8	8 445	5 595	抗病	
00000734	MSI 136	中国麻类所	美国	遗传材料	223	深裂叶	微红	淡红	紫红	27.0	332.3	1.91	1.25	265.0	392.0	5.7	3 480	2 340	抗病	
00000735	MSI 139	中国麻类所	美国	遗传材料	236	深裂叶	绿	淡红	紫红	30.0	351.0	1.81	1.36	272.0	318.0	5.0	6 390	3 585	抗病	
00000736	MSI 77	中国麻类所	美国	遗传材料	236	深裂叶	淡红	淡红	紫红	29.0	352.4	1.74	1.08	263.0	317.0	4.5	4 440	2 610	抗病	
00000737	MSI 78	中国麻类所	美国	遗传材料	236	全叶	微红	淡红	紫红	31.0	320.0	1.66	1.27	292.0	379.0	4.8	5 670	3 135	抗病	
00000738	MSI 79	中国麻类所	美国	遗传材料	236	深裂叶	绿	淡红	紫红	33.0	342.0	1.79	1.07	262.0	379.0	4.9	6 120	3 600	抗病	
00000739	MSI 80	中国麻类所	美国	遗传材料	189	深裂叶	绿	绿	紫红	29.0	369.6	2.10	1.59	265.0	335.0	4.8	6 600	3 720	抗病	
00000740	OP1 R1 M1	中国麻类所	美国	遗传材料	198	深裂叶	淡红	淡红	紫红	29.0	374.0	2.10	1.20	275.0	379.0	4.7	6 030	3210	感病	
00000741	Rama	中国麻类所	美国	遗传材料	204	全叶		绿	紫红	28.0	333.0	1.96	1.17	283.0	375.0	5.2	5 805	2 880	感病	
00000742	Sudan Pre	中国麻类所	苏丹	遗传材料	236	深裂叶	淡红	淡红	紫红	32.0	335.2	1.73	1.21	280.0	383.0	5.3	4 800	2 820	抗病	
00000743	SPG 18-15E	中国麻类所	美国	遗传材料	198	全叶		紫	紫红	30.0	371.0	1.90	1.15	276.0	387.0	4.8	5 310	2 685	抗病	
00000744	苏丹 1 号	中国麻类所	苏丹	遗传材料	204	全叶		紫	紫红	31.0	197.0	1.27	1.00	284.0	374.0	5.1	2 205	780	抗病	
00000745	Whitten	中国麻类所	美国	遗传材料	236	全叶	绿	淡红	紫红	34.0	411.4	2.51	1.35	236.0	417.0	5.1	5 100	3 180	感病	
00000746	T2 纯种	中国麻类所	美国	遗传材料		深裂叶		绿	紫红	32.0	384.0	1.89	1.23	254.0	369.0	5.0	5 925	2 805	抗病	
00000747	印度 1 号	中国麻类所	印度	遗传材料	198	深裂叶	绿	淡红	紫红	30.0	434.0	2.34	1.18	258.0	342.0	5.0	6 855	3 240	感病	
00000748	IX 51	中国麻类所	美国	遗传材料	236	深裂叶	淡红	淡红	紫红	28.0	231.5	1.42	1.02	299.0	486.0	2.0	1 650	705	感病	
00000749	G21-1	中国麻类所	美国	遗传材料	236	全叶	微红	淡红	紫红	29.0	355.6	2.07	1.39	268.0	365.0	5.5	8 235	4 845	抗病	

（续）

统一编号	种质名称	保存单位	原产地或来源地	种质类型	生育日数	叶形	叶柄色	中期茎色	花喉色	种子千粒重	株高	茎粗	鲜皮厚	纤维支数	纤维强力	鲜茎出麻率	原麻产量	纤维产量	炭疽病抗性	备注
00000750	El Salvador	中国麻类所	南美洲	遗传材料	198	全叶		淡红	紫红	28.0	388.0	2.00	1.30	283.0	365.0	5.1	6 300	2 955	抗病	
00000751	Ghana	中国麻类所	加纳	遗传材料	204	全叶	淡红	紫	紫红	27.0	367.0	2.32	1.38	239.0	317.0	5.0	6 045	2 745	抗病	
00000752	印度 2 号	中国麻类所	印度	遗传材料	236	全叶	绿	绿	紫红	30.0	375.0	2.04	1.34	244.0	305.0	5.0	6 660	3 915	抗病	
00000753	Sudan Tardif	中国麻类所	苏丹	遗传材料	204	深裂叶		淡红	紫红	29.0	405.0	1.96	1.02	247.0	336.0	5.1	6 360	3 015	抗病	
00000754	KB2	中国麻类所	湖南省	遗传材料	223	深裂叶	绿	绿	紫红	27.0	397.0	2.14	1.39	260.0	367.0	6.3	8 790	5 340	抗病	
00000755	KB11	中国麻类所	湖南省	遗传材料	223	深裂叶	微红	红	紫红	28.0	373.8	1.94	1.41	265.0	421.0	5.6	7 410	4 545	抗病	
00000756	7004（全叶）	中国麻类所	湖南省	遗传材料	204	全叶	微红	淡红	紫红	30.0	425.0	2.44	1.37	289.0	401.0	5.2	6 540	3 360	抗病	
00000757	K76-4（全叶）	中国麻类所	湖南省	遗传材料	192	全叶	绿	红	紫红	30.0	364.6	2.09	1.44	270.0	343.0	4.9	8 535	5 505	抗病	
00000758	832728（裂叶）	中国麻类所	湖南省	遗传材料	198	深裂叶	绿	红	紫红	31.0	366.0	1.77	1.26	283.0	379.0	5.4	6 885	3 270	抗病	
00000759	7004（紫花）	中国麻类所	湖南省	遗传材料	198	深裂叶	绿	绿	紫红	30.0	463.0	2.47	1.28	273.0	368.0	5.1	7 095	3 690	抗病	
00000760	85-203（裂叶）	中国麻类所	湖南省	遗传材料	189	深裂叶	淡红	红	紫红	29.0	345.4	1.87	1.42	274.0	370.0	6.2	6 465	4 485	抗病	
00000761	K37（全叶）	中国麻类所	湖南省	遗传材料	204	全叶	绿	淡红	紫红	28.0	434.0	2.14	1.20	236.0	369.0	5.0	6 780	3 135	抗病	
00000762	K37（紫花）	中国麻类所	湖南省	遗传材料	192	深裂叶	绿	淡红	紫红	29.0	354.4	1.93	1.19	244.0	337.0	4.9	8 670	4 875	抗病	
00000763	K78（全叶）	中国麻类所	湖南省	遗传材料	198	全叶	绿	淡红	紫红	27.0	425.0	2.23	1.26	257.0	398.0	5.3	6 720	3 285	抗病	
00000764	K80（全叶）	中国麻类所	湖南省	遗传材料	184	全叶	绿	淡红	紫红	30.0	327.6	1.87	1.24	277.0	366.0	5.3	4 950	3 195	感病	
00000765	Tainling. Z-2(裂叶)	中国麻类所	台湾省	遗传材料	198	深裂叶	微红	红	紫红	26.0	386.0	2.00	1.19	247.0	369.0	5.2	4 890	2 385	抗病	
00000766	Tainling. Z-3(裂叶)	中国麻类所	台湾省	遗传材料	204	深裂叶	绿	淡红	紫红	29.0	432.0	2.49	1.33	253.0	302.0	4.8	4 575	2 205	抗病	
00000767	SF459（全叶）	中国麻类所	美国	遗传材料	204	全叶	微红	红	紫红	27.0	407.0	2.19	1.33	257.0	372.0	5.0	6 780	3 255	抗病	
00000768	Dowling(7N)(裂叶)	中国麻类所	美国	遗传材料	198	深裂叶	绿	淡红	紫红	28.0	412.0	2.44	1.37	284.0	347.0	4.8	6 105	2 805	抗病	
00000769	Everglades41（裂叶）	中国麻类所	美国	遗传材料	198	深裂叶	绿	淡红	紫红	29.0	415.0	2.06	1.17	287.0	392.0	5.2	5 685	2 610	抗病	
00000770	红金 369（紫花）	中国麻类所	湖南省	遗传材料	223	深裂叶	绿	绿	紫红	27.0	356.0	2.10	1.23	280.0	342.0	5.0	6 930	4 275	高感	
00000771	Khon Kaen（裂叶）	中国麻类所	泰国	遗传材料	236	深裂叶	绿	淡红	紫红	30.0	350.0	1.81	1.07	301.0	377.0	4.4	8 295	4 395	感病	
00000772	MSI 105（全叶）	中国麻类所	美国	遗传材料	204	全叶	绿	红	紫红	30.0	413.0	2.33	1.27	268.0	357.0	4.5	5 730	2 850	抗病	
00000773	MSI 134（裂叶）	中国麻类所	美国	遗传材料	223	深裂叶	绿	红	紫红	31.0	352.0	1.84	1.11	248.0	309.0	5.5	8 010	4 500	抗病	

（续）

统一编号	种质名称	保存单位	原产地或来源地	种质类型	生育日数	叶形	叶柄色	中期茎色	花喉色	种子千粒重	株高	茎粗	鲜皮厚	纤维支数	纤维强力	鲜茎出麻率	原麻产量	纤维产量	炭疽病抗性	备注
00000774	MSI 77（紫茎）	中国麻类所	美国	遗传材料	198	深裂叶	淡红	红	紫红	29.0	375.0	1.94	1.27	280.0	326.0	4.7	4 770	2 385	抗病	
00000775	MSI 78（裂叶）	中国麻类所	美国	遗传材料	198	深裂叶	微红	红	紫红	28.0	397.0	2.15	1.24	282.0	385.0	4.9	5 760	3 195	抗病	
00000776	MSI 79（全叶）	中国麻类所	美国	遗传材料	198	全叶	绿	红	紫红	29.0	391.0	1.97	1.22	274.0	380.0	4.8	5 925	2 790	抗病	
00000777	Whitten（裂叶）	中国麻类所	美国	遗传材料	198	深裂叶	绿	红	紫红	30.0	396.0	2.12	1.09	241.0	394.0	5.0	5 370	2 715	抗病	
00000778	印度 1 号（全叶）	中国麻类所	印度	遗传材料	198	全叶	绿	淡红	紫红	31.0	397.0	1.97	1.09	231.0	352.0	5.2	6 225	2 895	抗病	
00000779	G21-1（裂叶）	中国麻类所	湖南省	遗传材料	223	深裂叶	微红	淡红	紫红	32.0	345.4	1.96	1.27	247.0	427.0	4.5	6 285	3 510	抗病	
00000780	917	中国麻类所	湖南省	遗传材料	178	深裂叶	淡红	淡红	紫红	31.0	353.0	2.34	1.96	256.0	347.0	6.0	3 240	2 145	抗病	
00000781	辽 55（裂叶）	中国麻类所	湖南省	遗传材料	198	深裂叶	微红	红	紫红	33.0	347.0	1.58	1.34	264.0	392.0	5.2	4 590	2 145	抗病	
00000782	辽 34 早（裂叶）	中国麻类所	湖南省	遗传材料	198	全叶	绿	红	紫红	30.0	316.0	1.30	1.01	265.0	394.0	5.7	3 705	1 965	抗病	
00000783	粤 74-3（全叶）	中国麻类所	湖南省	遗传材料	198	全叶	淡红	红	紫红	30.0	382.6	1.68	1.42	297.3	352.9	4.9	6 641	3 278	感病	
00000784	TC259（全叶）	中国麻类所	台湾省	遗传材料	198	深裂叶	微红	红	紫红	28.0	372.0	1.85	1.52	304.0	412.0	5.6	5 790	2 760	抗病	
00000785	NA167（裂叶）	中国麻类所	湖南省	遗传材料	204	深裂叶	淡红	红	紫红	30.0	386.0	1.84	1.65	278.0	401.0	5.3	5 430	2 610	感病	
00000786	SD125（裂叶）	中国麻类所	苏丹	遗传材料	200	深裂叶	淡红	红	紫红	28.0	364.0	1.68	1.40	294.0	391.0	5.8	5 760	2 685	感病	
00000787	AS235（裂叶）	中国麻类所	澳大利亚	遗传材料	204	深裂叶	微红	红	紫红	34.0	402.0	1.84	1.25	259.3	382.0		6 420	3 255	感病	
00000788	AS246（裂叶）	中国麻类所	澳大利亚	遗传材料	198	深裂叶	绿	红	紫红	32.0	318.0	1.69	1.24	248.0	385.0		5 760	2 805	抗病	
00000789	EV41（裂叶）	中国麻类所	美国	遗传材料	204	全叶	微红	红	紫红	30.0	386.0	1.80	1.25	283.0	403.0	5.3	6 540	3 285	高感	
00000790	K339（全叶）	中国麻类所	美国	遗传材料	204	全叶	绿	红	紫红	29.0	379.0	1.84	1.50	261.0	403.0	5.7	5 910	2 745	感病	
00000791	粤引 83-23	中国麻类所	广东省	遗传材料	198	深裂叶	淡红	红	紫红	28.0	316.0	2.00	1.56	257.0	318.0	5.2	4 560	2 235	感病	
00000792	F321（裂叶）	中国麻类所	法国	遗传材料	198	深裂叶	微红	红	紫红	29.0	302.0	1.73	1.17	249.0	325.0	4.7	4 920	2 430	抗病	
00000793	PA274（裂叶）	中国麻类所	巴基斯坦	遗传材料	198	深裂叶	绿	淡红	紫红	30.0	281.0	1.50	1.09	236.0	317.0		4 560	2 070	抗病	
00000794	TC179（裂叶）	中国麻类所	湖南省	遗传材料	198	全叶	淡红	红	紫红	31.0	198.0	1.75	1.47	284.0	403.0	5.4	6 105	2 910	感病	
00000795	植保 506（全叶）	中国麻类所	湖南省	遗传材料	198	全叶	微红	淡红	紫红	33.0	317.0	1.60	1.35	258.0	370.0	5.2	4 530	2 190	抗病	
00000796	马红全叶（裂叶）	中国麻类所	湖南省	遗传材料	198	深裂叶	微红	红	紫红	32.0	402.0	2.13	1.12	279.0	402.0	6.1	5 775	3 045	感病	
00000797	辽 1645（全叶）	中国麻类所	湖南省	遗传材料	198	全叶	红	红	紫红	29.0	318.0	1.50	1.23	256.0	391.0	5.5	4 530	2 055	感病	

（续）

统一编号	种质名称	保存单位	原产地或来源地	种质类型	生育日数	叶形	叶柄色	中期茎色	花喉色	种子千粒重	株高	茎粗	鲜皮厚	纤维支数	纤维强力	鲜茎出麻率	原麻产量	纤维产量	炭疽病抗性	备注
00000798	辽红 3 号（裂叶）	中国麻类所	湖南省	遗传材料	198	深裂叶	绿	绿	紫红	26.0	314.0	1.73	1.24	260.0	382.0	5.4	5 700	2 775	抗病	
00000799	83-21（裂叶）	中国麻类所	美国	遗传材料	198	深裂叶	微红	红	紫红	28.0	395.3	1.84	1.59	287.0	417.3	5.1	7 176	3 567	抗病	
00000800	勐海红皮-2	中国麻类所	湖南省	遗传材料	198	深裂叶	红	紫红	紫红	29.0	390.0	1.85	1.23	264.0	391.0	5.5	5 760	2 985	抗病	
00000801	S-48（紫茎）	中国麻类所	塞拉利昂	遗传材料	198	深裂叶	淡红	红	紫红	27.0	365.0	1.50	1.30	284.0	383.0	5.8	5 520	2 730	抗病	
00000802	加纳 137（裂叶）	中国麻类所	加纳	遗传材料	200	深裂叶	淡红	红	紫红	31.0	384.0	1.67	1.39	280.0	401.0	5.5	5 760	2 895	抗病	
00000803	ZB359（淡红茎）	中国麻类所	赞比亚	遗传材料	198	深裂叶	绿	绿	紫红	27.0	390.0	1.78	1.43	273.0	393.0	5.4	5 550	2 595	抗病	
00000804	湘红 2 号（裂叶）	中国麻类所	湖南省	遗传材料	198	深裂叶	红	紫红	紫红	28.0	342.0	1.90	1.54	247.0	384.0	4.9	5 655	2 835	感病	
00000805	泰红 763（全叶）	中国麻类所	泰国	遗传材料	198	全叶	微红	淡红	紫红	26.0	376.0	1.76	1.23	286.0	388.0	6.1	6 000	2 775	抗病	
00000806	TC261-（全叶）	中国麻类所	湖南省	遗传材料	198	全叶	淡红	红	紫红	30.0	382.0	1.59	1.14	275.0	405.0	5.1	5 640	2 730	抗病	
00002001	GA42	中国麻类所	加纳	野生资源	235	深裂叶	红	红	紫	11.0	286.0	1.69	1.34	325.1	442.3	5.3	3 057	1 626	中抗	
00002002	CIV88	中国麻类所	科特迪瓦	野生资源	225	深裂叶	紫	紫	紫	12.0	291.0	1.59	1.35	335.2	334.4	5.5	2 913	1 533	中抗	
00002003	ZB89	中国麻类所	赞比亚	野生资源	230	深裂叶	淡红	淡红	紫	16.0	315.0	1.48	1.51	199.2	441.3	5.9	3 579	1 808	高抗	
00002004	ZB90	中国麻类所	赞比亚	野生资源	235	深裂叶	淡红	淡红，红刺	紫	12.0	319.0	1.46	1.32	305.6	308.9	5.8	4 754	2 402	高抗	
00002005	UG93	中国麻类所	乌干达	野生资源	245	全叶	淡红	淡红	紫	12.0	346.0	1.78	1.40	205.5	409.9	6.2	4 184	1 902	高抗	
00002006	85-130	中国麻类所	苏丹	野生资源	230	全叶	绿	绿	紫	13.0	219.0	1.56	1.15	249.6	456.0	5.8	2 438	1 238	抗病	
00002007	85-131	中国麻类所	苏丹	野生资源	230	深裂叶/全叶	紫	紫	紫	13.0	286.0	1.57	1.34	241.6	514.8	5.6	4 563	2 402	高抗	
00002008	85-132	中国麻类所	苏丹	野生资源	220	深裂叶	绿	绿	紫	25.0	394.0	1.98	1.25	303.2	378.5	5.2	4 709	2 453	高抗	
00002009	ZF133	中国麻类所	南非	野生资源	230	深裂叶	淡红	淡红	紫	9.0	360.0	1.89	1.21	315.6	475.6	5.7	3 869	1 964	高抗	
00002010	IND147	中国麻类所	印尼	野生资源	230	深裂叶	淡红	淡红	紫	14.0	310.0	1.48	1.50	261.6	472.7	6.0	3 327	1 664	感病	
00002011	EG152	中国麻类所	埃及	野生资源	230	全叶	绿	绿	紫	11.0	314.0	1.69	1.54	248.8	426.6	5.7	3 923	2 001	中抗	
00002012	85-169	中国麻类所	肯尼亚	野生资源	225	深裂叶	淡红	淡红，红点	紫	13.0	310.0	1.50	1.55	271.2	397.2	5.5	3 086	1 583	抗病	

（续）

统一编号	种质名称	保存单位	原产地或来源地	种质类型	生育日数	叶形	叶柄色	中期茎色	花喉色	种子千粒重	株高	茎粗	鲜皮厚	纤维支数	纤维强力	鲜茎出麻率	原麻产量	纤维产量	炭疽病抗性	备注
00002013	85-191	中国麻类所	坦桑尼亚	野生资源	230	深裂叶/紫叶脉	紫	紫	棕	26.0	311.0	1.52	1.04	324.0	470.7	4.8	2 247	1 202	中抗	
00002014	85-192	中国麻类所	坦桑尼亚	野生资源	230	深裂叶/紫叶脉	紫	紫	紫	22.0	337.0	1.60	1.24	273.6	530.5	5.6	2 636	1 352	感病	
00002015	85-197	中国麻类所	坦桑尼亚	野生资源	220	深裂叶	淡红	淡红，密刺	紫	17.0	311.0	1.62	1.14	317.6	456.0	5.1	4 184	2 202	高抗	
00002016	85-198	中国麻类所	坦桑尼亚	野生资源	230	深裂叶	紫	紫	棕	22.0	315.0	1.65	1.13	230.4	514.8	4.9	3 417	1 808	感病	
00002017	85-200	中国麻类所	坦桑尼亚	野生资源	230	深裂叶	紫	淡红	紫	20.0	310.0	1.60	1.12	315.2	448.2	4.8	3 440	1 737	中抗	
00002018	85-203	中国麻类所	坦桑尼亚	野生资源	215	深裂叶	淡红	淡红，密刺	紫	21.0	319.0	1.63	1.44	229.6	411.9	4.9	5 228	2 627	高抗	
00002019	85-207	中国麻类所	坦桑尼亚	野生资源	210	深裂叶	绿	绿，密刺	紫	11.0	320.0	1.65	1.47	337.6	514.8	4.8	4 389	2 217	感病	
00002020	85-208	中国麻类所	坦桑尼亚	野生资源	215	深裂叶	绿	绿，密刺	紫	19.0	335.0	1.54	1.39	322.0	478.6	5.4	5096	2627	抗病	
00002021	ZB216	中国麻类所	赞比亚	野生资源	230	深裂叶	淡红	淡红，红刺	棕	9.0	320.0	1.60	1.55	297.6	465.8	5.7	4 302	2 184	高抗	
00002022	ZB217	中国麻类所	赞比亚	野生资源	215	深裂叶	绿	绿，绿刺	紫	10.0	315.0	1.60	1.14	257.4	382.5	5.4	4 010	2 078	抗病	
00002023	ZB220	中国麻类所	赞比亚	野生资源	215	深裂叶	绿	绿	紫	11.0	325.0	1.85	1.35	242.1	393.2	4.7	3 624	1 928	抗病	
00002024	ZB221	中国麻类所	赞比亚	野生资源	210	深裂叶	淡红	淡红	紫	31.0	319.0	1.46	1.32	279.2	452.1	5.8	3 476	1 755	中抗	
00002025	ZB222	中国麻类所	赞比亚	野生资源	215	深裂叶	绿	绿，绿刺	棕	11.0	229.0	1.55	1.16	271.2	495.2	5.9	2 463	1 238	中抗	
00002026	ZB223	中国麻类所	赞比亚	野生资源	215	深裂叶	绿	绿，红刺	棕	26.0	285.0	1.50	1.31	297.6	505.0	5.3	3 344	1 733	抗病	
00002027	ZB224	中国麻类所	赞比亚	野生资源	210	深裂叶	淡红	红，红刺	棕	11.0	305.0	1.50	1.40	242.1	486.4	5.1	3 453	1 808	抗病	
00002028	ZB225	中国麻类所	赞比亚	野生资源	210	深裂叶	绿	绿	紫	11.0	285.0	1.35	1.10	241.2	514.8	4.9	2 039	1 073	中抗	
00002029	ZB226	中国麻类所	赞比亚	野生资源	210	浅裂叶	绿	绿，绿刺	棕	8.0	305.0	1.58	1.56	306.4	495.2	4.8	3 545	1 886	抗病	
00002030	ZB227	中国麻类所	赞比亚	野生资源	210	深裂叶	绿	绿，绿刺	棕	10.0	290.0	1.40	1.18	276.8	456.0	4.9	2 141	1 134	抗病	

（续）

统一编号	种质名称	保存单位	原产地或来源地	种质类型	生育日数	叶形	叶柄色	中期茎色	花喉色	种子千粒重	株高	茎粗	鲜皮厚	纤维支数	纤维强力	鲜茎出麻率	原麻产量	纤维产量	炭疽病抗性	备注
00002031	85-228	中国麻类所	坦桑尼亚	野生资源	210	深裂叶	绿	绿，绿刺	棕	23.0	320.0	1.58	1.15	322.4	517.8	5.1	4 184	2 202	高感	
00002032	85-229	中国麻类所	坦桑尼亚	野生资源	215	深裂叶	淡红	淡红	紫	26.0	327.0	1.89	1.34	324.6	505.0	6.0	4 382	2 202	感病	
00002033	85-230	中国麻类所	坦桑尼亚	野生资源	215	深裂叶	淡红	淡红	紫	24.0	310.0	1.50	1.21	299.1	449.1	3.9	2 169	1 212	高感	
00002034	85-232	中国麻类所	坦桑尼亚	野生资源	220	深裂叶	淡红	淡红，毛刺	紫	13.0	315.0	1.52	1.15	326.5	410.9	3.7	1 914	1 082	抗病	
00002035	85-234	中国麻类所	坦桑尼亚	野生资源	205	深裂叶	淡红	淡红，毛刺	紫	18.0	308.0	1.48	1.25	301.8	477.6	3.7	1 734	980	中抗	
00002036	85-235	中国麻类所	坦桑尼亚	野生资源	220	深裂叶	淡红	淡红，毛刺	紫	9.0	314.0	1.44	1.23	312.1	427.6	3.8	1 664	935	抗病	
00002037	85-237	中国麻类所	坦桑尼亚	野生资源	215	深裂叶	淡红	淡红，毛刺	紫	7.0	320.0	1.50	1.18	283.0	370.7	3.9	1 730	972	高抗	
00002038	85-238	中国麻类所	坦桑尼亚	野生资源	210	深裂叶	淡红	淡红	紫	25.0	330.0	1.55	1.25	263.2	480.5	5.0	3 147	1 656	高感	
00002039	85-239	中国麻类所	坦桑尼亚	野生资源	215	深裂叶	淡红	淡红，红刺	棕	9.0	329.0	1.50	1.15	303.2	447.2	4.4	2 627	1 436	高抗	
00002040	85-241	中国麻类所	坦桑尼亚	野生资源	205	深裂叶	淡红	淡红	紫	23.0	349.0	1.68	1.34	280.5	418.7	5.7	5 519	2 802	高抗	
00002041	85-242	中国麻类所	坦桑尼亚	野生资源	215	深裂叶	绿	绿，绿刺	紫	24.0	395.0	1.90	1.25	295.5	470.7	4.8	3 957	2 105	抗病	
00002042	85-243	中国麻类所	坦桑尼亚	野生资源	215	深裂叶	淡红	淡红，红刺	紫	10.0	190.0	1.05	0.90	284.0	451.1	5.6	1 332	680	高抗	
00002043	85-244	中国麻类所	肯尼亚	野生资源	215	深裂叶	绿	绿，绿刺	紫	10.0	325.0	1.80	1.35	247.0	382.5	5.7	4 559	2 315	高抗	
00002044	85-245	中国麻类所	肯尼亚	野生资源	210	深裂叶	绿	绿，绿刺	紫	11.0	348.0	1.75	1.26	303.0	416.8	5.1	4 338	2 271	抗病	
00002045	MX246	中国麻类所	墨西哥	野生资源	210	全叶/裂叶	绿	淡红	紫	25.0	346.0	1.88	1.36	266.0	348.1	5.5	4 880	2 502	中抗	
00002046	MX247	中国麻类所	墨西哥	野生资源	215	深裂叶	绿	淡红，红刺	紫	5.0	191.0	1.07	0.80	240.5	431.5	5.6	1 199	612	高抗	
00002047	85-249	中国麻类所	坦桑尼亚	野生资源	215	深裂叶	绿	绿	紫	9.0	195.0	1.10	1.00	275.1	377.6	5.3	1 397	728	抗病	

（续）

统一编号	种质名称	保存单位	原产地或来源地	种质类型	生育日数	叶形	叶柄色	中期茎色	花喉色	种子千粒重	株高	茎粗	鲜皮厚	纤维支数	纤维强力	鲜茎出麻率	原麻产量	纤维产量	炭疽病抗性	备注
00002048	85-250	中国麻类所	坦桑尼亚	野生资源	210	深裂叶	绿	绿	紫	9.0	385.0	1.81	1.35	249.0	389.3	5.4	5 384	2 775	感病	
00002049	SL253	中国麻类所	萨尔瓦多	野生资源	230	全叶	绿	绿	紫	12.0	322.0	1.64	1.16	221.0	431.5	5.5	4 295	2 202	高抗	
00002050	SL254	中国麻类所	萨尔瓦多	野生资源	205	深裂叶	淡红	淡红	紫	17.0	383.0	1.84	1.32	307.0	441.3	5.8	7 836	3 978	高抗	
00002051	ZB324	中国麻类所	赞比亚	野生资源	230	全叶	淡红	淡红	紫	13.0	326.0	1.85	1.35	278.0	382.5	5.6	4 719	2 408	中抗	
00002052	ZB325	中国麻类所	赞比亚	野生资源	230	深裂叶	淡红	淡红	紫	33.0	331.0	1.84	1.37	265.7	407.0	6.2	7 041	3 353	高抗	
00002053	ZB335	中国麻类所	赞比亚	野生资源	220	深裂叶	淡红	淡红	紫	29.0	285.0	1.55	1.35	239.5	367.7	5.6	4 131	2 108	抗病	
00002054	ZB342	中国麻类所	赞比亚	野生资源	220	深裂叶	淡红	淡红	紫	18.0	319.0	1.93	1.58	283.5	339.3	5.0	5 574	2 934	高抗	
00002055	ZB344	中国麻类所	赞比亚	野生资源	230	深裂叶	淡红	淡红	紫	26.0	395.0	1.95	1.75	304.4	394.2	5.0	5 658	2 978	抗病	
00002056	ZB359	中国麻类所	赞比亚	野生资源	215	深裂叶	淡红	绿/红	紫	17.0	326.0	1.88	1.33	292.5	397.2	5.6	5 294	2 702	抗病	
00002057	ZB361	中国麻类所	赞比亚	野生资源	230	全叶	淡红	淡红	紫	28.0	325.0	1.79	1.29	231.3	449.1	5.6	3 261	1 664	感病	
00002058	ZB383	中国麻类所	赞比亚	野生资源	220	深裂叶	淡红	淡红	紫	23.0	344.0	1.78	1.27	274.4	433.5	5.2	4 478	2 333	感病	
00002059	ZB384	中国麻类所	赞比亚	野生资源	210	深裂叶	淡红	淡红	紫	27.0	315.0	1.68	1.50	285.4	407.0	5.6	7 835	2 480	抗病	
00002060	ZB389	中国麻类所	赞比亚	野生资源	205	深裂叶	淡红	淡红，红刺	紫	10.0	380.0	1.80	1.41	311.5	480.5	5.5	4 529	2 322	中抗	
00002061	MX391	中国麻类所	墨西哥	野生资源	210	浅裂叶	淡红	淡红，绒毛	紫	7.0	311.0	1.61	1.14	288.5	349.1	5.4	4 535	2 337	高抗	
00002062	MX395	中国麻类所	墨西哥	野生资源	215	深裂叶	淡红	淡红	紫	21.0	335.0	1.55	1.40	287.6	411.9	5.9	5 237	2 631	抗病	
00002063	ZM401	中国麻类所	津巴不韦	野生资源	225	深裂叶	淡红	淡红	紫	14.0	325.0	1.65	1.20	286.1	451.1	5.2	4 487	2 337	抗病	
00002064	ZM412	中国麻类所	津巴不韦	野生资源	225	深裂叶	红	红	紫	28.0	321.0	1.68	1.19	235.6	407.0	5.4	4 734	2 453	抗病	
00002065	NA414	中国麻类所	尼日利亚	野生资源	225	深裂叶	淡红	淡红	紫	25.0	338.0	1.84	1.25	228.8	375.6	5.7	6 803	3 453	中抗	
00002066	NA421	中国麻类所	尼日利亚	野生资源	215	深裂叶	淡红	淡红	紫	28.0	330.0	1.75	1.26	268.5	393.2	4.7	3 137	1 677	感病	
00002067	ZB422	中国麻类所	赞比亚	野生资源	210	深裂叶	淡红	淡红	紫	25.0	259.0	1.39	1.30	289.0	377.6	4.9	1 538	818	高感	
00002068	ZB423	中国麻类所	赞比亚	野生资源	210	深裂叶	淡红	淡红	紫	25.0	325.0	1.81	1.25	269.1	378.5	5.3	3 170	1 643	高感	
00002069	ZB428	中国麻类所	赞比亚	野生资源	230	深裂叶	淡红	淡红	紫	26.0	330.0	1.85	1.20	272.5	382.5	5.2	3 047	1 587	高感	
00002070	ZB440	中国麻类所	赞比亚	野生资源	200	深裂叶	淡红	淡红	紫	20.0	334.0	1.83	1.21	269.2	446.2	5.6	3 236	1 652	高抗	
00002071	ZB412	中国麻类所	赞比亚	野生资源	205	深裂叶	淡红	淡红	紫	29.0	348.0	1.74	1.25	294.1	397.2	5.3	3 129	1 622	抗病	

、亚麻种质资源主要性状描述符及其数据标准

1. 统一编号 是种质的唯一标识号，亚麻种质资源的全国统一编号由 8 位顺序号组成。如“00000168”，代表具体亚麻种质的编号，具有唯一性。

2. 种质名称 亚麻种质的中文名称。引进种质可直接填写种质的外文名称，有些种质可能只有数字编号，则该编号为种质名称。

3. 保存单位 种质提交国家种质资源长期库前的保存单位名称。

4. 原产地或来源地 国内种质原产（来源）省、市（县）名称；引进种质原产（来源）国家、地区名称或国际组织名称。

5. 种质类型 亚麻种质分为野生资源、地方品种、选育品种、品系、遗传材料和其他 6 种类型。

6. 生育日数 在物候期观测的基础上，从出苗期到生理成熟期历时日数。单位为 d，保留整数。

7. 花瓣色 开花盛期，以试验小区全部麻株为观测对象，在正常一致的光照条件下（一般在晴天 8：00～10：00 观察），目测完全开放花朵的花瓣颜色，有白色、粉色、红色、黄色、浅蓝色、蓝色、深蓝色和紫色等。

8. 株高 工艺成熟期（纤维亚麻）或生理成熟期（油用或兼用亚麻），从试验小区中部随机取样 20 株，用直尺度量亚麻植株从子叶痕到一级分枝顶部的距离，取平均值。单位为 cm，精确到 0.1cm。

9. 工艺长度 工艺成熟期（纤维亚麻）或生理成熟期（油用或者兼用亚麻），以度量株高的样本为对象，用直尺度量亚麻植株从子叶痕到花序下部的第一分枝基部间的距离，取平均值。单位为 cm，精确到 0.1cm。

10. 分枝数 工艺成熟期（纤维亚麻）或生理成熟期（油用或者兼用亚麻），从试验小区中部随机取样 20 株，调查每株植株主茎上着生的一级分枝的个数，计算平均值。单位为个，精确到整数位。

11. 蒴果数 工艺成熟期（纤维亚麻）或生理成熟期（油用或者兼用亚麻），从试验小区中部随机取样 20 株，调查每株主茎上着生的全部含种子的蒴果个数，计算平均值。单位为个，精确到整数位。

12. 单株粒重 在植株生理成熟期，从每个试验小区中部随机取样 20 株脱粒，用 1/100 的电子天平称量 20 株亚麻上所有成熟、饱满种子的重量，取平均值得到单株粒重。单位为 g，精确到 0.1g。

13. 种皮色 种子脱粒、干燥和清选后，目测成熟种子的种皮颜色。种子应为当年收获，不采用任何机械或药物处理。胡麻种皮颜色有乳白、浅黄、黄、浅褐、褐、深红和黑褐等。

14. 种子千粒重 含水量 9%的 1 000 粒成熟、饱满和清洁的亚麻种子的绝对重量。单位为 g，精确到 0.1g。

15. 种子含油率 胡麻种子中油分重量占种子重量的百分数，采用有机溶剂抽提法测定。以%表示，精确到 0.1%。

16. 全麻率 加工后获得的长麻与短麻重量之和占干茎重量的百分数。以%表示，精确到 0.1%。

17. 原茎产量 单位面积上的亚麻植株晾干脱粒后的重量。单位为 kg/hm^2，精确到整数位。

18. 全麻产量 工艺成熟期，单位面积上的亚麻纤维总产量。单位为 kg/hm^2，精确到整数位。

19. 种子产量 单位面积上饱满、清洁种子的重量。单位为 kg/hm^2，精确到整数位。

20. 纤维强度 表示亚麻束纤维抗断裂拉力大小的品质参数。亚麻纤维试样在拉伸试验中，抵抗至拉断时所能承受的最大力为纤维强力。根据纤维强力和试样长度与重量，计算出纤维强度。单位为 N，精确到 0.1N。

21. 耐旱性 胡麻植株忍耐或抵抗干旱能力的大小。胡麻耐旱性鉴定采用盆栽试验苗期进行。苗高 10～15cm 时停止供水，当耐旱性最强的对照品种开始萎蔫时开始调查。亚麻种质的忍耐旱能力分为强（植株叶片颜色正常，有轻度的萎蔫卷缩，但每天晚上或次日早晨能较快地恢复正常状态）、中（介于强

弱之间）、弱（植株叶片变黄，生长点萎蔫下垂，叶片明显卷缩，但每天晚上或次日早晨能较快地恢复正常状态较慢或不能恢复）3个级别。

22. 抗倒性　亚麻植株忍耐或抵抗倒伏的能力。亚麻的抗倒性鉴定在开花后期或蒴果形成初期（绿熟期）进行。一般在雨后调查，以整个试验小区的全部麻株为观测对象，用目测法调查受害情况。根据受害程度，亚麻种质的抗倒性分〇级（植株直立不倒）、一级（植株倾斜角度在15°以下）、二级（植株倾斜角度在15°～45°）和三级（植株倾斜角度在45°以上）4个等级。

23. 立枯病抗性　亚麻苗期对立枯病的抗性强弱。采用多年连作病圃田间自然发病鉴定。当植株高度达5～10cm时，以试验小区的全部麻株为观察对象，调查植株因立枯病菌感染而表现出的受害情况，计算出发病率（*DR*）。根据发病率的大小，亚麻种质立枯病的抗性等级分高抗（$DR<5$）、抗病（$5\leqslant DR<10$）、中抗（$10\leqslant DR<20$）、感病（$20\leqslant DR<50$）和高感（$DR\geqslant 50$）5个等级。

24. 备注　亚麻种质特殊描述符或特殊代码的具体说明。

八、亚麻主要性状目录

统一编号	种质名称	保存单位	原产地或来源地	种质类型	生育日数	株高	工艺长	分枝数	蒴果数	种子千粒重	全麻率	原茎产量	全麻产量	种子产量	纤维强度	抗倒性	立枯病抗性
0000369	黑亚一号	黑龙江经作所[1]	黑龙江省哈尔滨市	选育品种	76	83.1	69.2	4	5	4.3	9.0	6 563	737	758	130.4	一级	高抗
0000370	黑亚二号	黑龙江经作所	黑龙江省哈尔滨市	选育品种	76	91.4	72.2	4	7	4.4	10.4	5 907	770	837	140.2	一级	高抗
0000371	黑亚三号	黑龙江经作所	黑龙江省哈尔滨市	选育品种	76	86.2	76.8	3	3	4.2	11.3	6 563	929	585	183.4	一级	高抗
0000372	6306-707	黑龙江经作所	黑龙江省哈尔滨市	品系	86	93.4	82.6	5	8	4.6	9.3	3 851	450	482	209.9	一级	高抗
0000373	6402-582	黑龙江经作所	黑龙江省哈尔滨市	品系	76	95.3	79.1	4	5	4.1	11.0	5 157	708	750	162.8	一级	高抗
0000374	6104-295	黑龙江经作所	黑龙江省哈尔滨市	品系	86	91.4	77.0	5	8	5.2	9.4	4 850	567	384	226.5	一级	高抗
0000375	6209-720	黑龙江经作所	黑龙江省哈尔滨市	品系	77	97.1	80.8	4	5	3.9	10.2	6 563	837	440	133.4	一级	高抗
0000376	6363-740	黑龙江经作所	黑龙江省哈尔滨市	品系	81	98.8	86.2	5	7	5.0	11.0	3 650	504	395	202.0	一级	高抗
0000377	6303-350	黑龙江经作所	黑龙江省哈尔滨市	品系	87	96.3	83.6	5	8	4.8	9.8	3 950	486	416	194.2	一级	高抗
0000378	6304-713	黑龙江经作所	黑龙江省哈尔滨市	品系	89	98.9	85.2	5	8	4.4	10.9	4 601	626	353	229.5	一级	高抗
0000379	6402-569	黑龙江经作所	黑龙江省哈尔滨市	品系	77	95.3	72.9	5	12	3.8	10.4	5 250	684	848	133.4	一级	高抗
0000380	6409-640	黑龙江经作所	黑龙江省哈尔滨市	品系	74	86.5	73.3	4	5	4.3	10.4	5 532	722	630	238.3	一级	高抗
0000381	6411-660	黑龙江经作所	黑龙江省哈尔滨市	品系	77	85.6	63.1	4	6	4.2	8.5	6 938	735	668	160.8	一级	高抗
0000382	6411-670-6	黑龙江经作所	黑龙江省哈尔滨市	品系	87	103.6	98.2	5	8	5.3	10.0	3 900	488	348	218.7	一级	高抗
0000383	6411-671-2	黑龙江经作所	黑龙江省哈尔滨市	品系	76	90.3	77.0	4	5	4.4	9.3	5 813	678	660	133.4	一级	高抗
0000384	6506-305	黑龙江经作所	黑龙江省哈尔滨市	品系	86	115.1	87.8	5	8	5.1	8.1	2 651	267	365	185.4	一级	高抗
0000385	6503-559	黑龙江经作所	黑龙江省哈尔滨市	品系	92	106.5	95.5	5	8	5.1	10.2	4 667	593	701	209.9	一级	高抗
0000386	7005-6	黑龙江经作所	黑龙江省哈尔滨市	品系	76	96.7	80.5	4	7	4.0	10.0	6 375	795	837	203.0	一级	高抗
0000387	7005-26-1	黑龙江经作所	黑龙江省哈尔滨市	品系	76	95.8	79.8	4	6	4.6	9.9	5 438	675	635	133.4	一级	高抗
0000388	7005-21-6-7	黑龙江经作所	黑龙江省哈尔滨市	品系	76	105.5	84.1	4	9	4.2	9.6	5 813	699	665	146.1	一级	高抗
0000389	7009-12-5	黑龙江经作所	黑龙江省哈尔滨市	品系	77	102.7	85.8	4	6	4.3	5.6	5 625	393	620	144.2	一级	高抗
0000390	7015-4	黑龙江经作所	黑龙江省哈尔滨市	品系	88	109.7	93.8	5	8	5.0	9.0	4 250	479	483	203.0	一级	高抗
0000391	7007-8	黑龙江经作所	黑龙江省哈尔滨市	品系	76	86.0	73.6	3	4	4.3	9.4	5 907	693	785	117.7	一级	高抗

① 全称为黑龙江省农业科学院经济作物研究所。全书下同。

（续）

统一编号	种质名称	保存单位	原产地或来源地	种质类型	生育日数	株高	工艺长	分枝数	蒴果数	种子千粒重	全麻率	原茎产量	全麻产量	种子产量	纤维强度	抗倒性	立枯病抗性
0000392	7102-12	黑龙江经作所	黑龙江省哈尔滨市	品系	76	88.3	66.6	4	9	4.4	8.4	5 532	578	578	224.6	一级	高抗
0000393	r67-1-681	黑龙江经作所	黑龙江省哈尔滨市	品系	86	95.5	81.0	5	8	4.5	8.4	3 300	347	366	207.9	一级	高抗
0000394	y72-12-3	黑龙江经作所	黑龙江省哈尔滨市	品系	77	95.4	82.3	3	4	4.0	11.6	6 375	926	713	136.3	一级	中抗
0000395	y72-12-4	黑龙江经作所	黑龙江省哈尔滨市	品系	74	82.9	72.1	3	4	4.0	7.7	5 438	521	719	276.6	一级	高抗
0000396	哈系 384	黑龙江经作所	黑龙江省哈尔滨市	品系	71	54.9	45.6	4	5	4.9	7.5	3 470	327	1103	154.0	一级	中抗
0000397	哈系 419	黑龙江经作所	黑龙江省哈尔滨市	品系	71	59.4	49.6	4	5	4.2	8.0	4 220	422	1056	158.9	一级	中抗
0000398	呼兰 2 号	黑龙江经作所	黑龙江省哈尔滨市	品系	71	75.4	63.6	3	4	3.6	8.7	3 938	428	645	170.6	一级	高抗
0000399	哈系 602	黑龙江经作所	黑龙江省哈尔滨市	品系	71	76.8	53.8	4	7	4.3	8.7	3 395	368	638	189.3	一级	高抗
0000400	早熟一号	黑龙江经作所	黑龙江省哈尔滨市	选育品种	71	71.3	59.6	3	6	4.4	5.5	3 752	260	825	207.9	一级	中抗
0000403	华光一号	黑龙江经作所	黑龙江省哈尔滨市	选育品种	71	74.4	63.3	3	5	4.3	9.7	4 125	498	777	169.7	一级	高抗
0000404	华光二号	黑龙江经作所	黑龙江省哈尔滨市	选育品种	71	63.7	54.5	3	4	4.4	7.1	4 220	374	1230	168.7	一级	高抗
0000405	克山	黑龙江经作所	黑龙江省哈尔滨市	选育品种	70	64.8	53.8	4	6	4.4	9.5	4 032	479	830	164.8	一级	高抗
0000406	克山一号	黑龙江经作所	黑龙江省哈尔滨市	选育品种	71	60.4	50.9	3	5	4.6	10.2	3 750	479	1100	208.9	一级	高抗
0000407	克山二号	黑龙江经作所	黑龙江省哈尔滨市	选育品种	71	64.2	51.3	3	5	4.3	8.6	3 470	374	1079	224.6	一级	高抗
0000408	克系 48	黑龙江经作所	黑龙江省哈尔滨市	品系	70	64.6	52.2	3	6	4.4	8.7	3 750	407	1077	179.5	一级	高抗
0000414	云龙	黑龙江经作所	日本	品系	75	79.6	61.6	3	6	4.7	7.5	5 532	519	1 058	142.2	一级	高抗
0000415	青柳	黑龙江经作所	日本	品系	75	62.1	53.3	3	4	4.5	10.8	3 938	534	1 032	232.4	一级	高抗
0000416	末永	黑龙江经作所	日本	品系	70	60.3	50.3	3	4	4.0	6.6	3 188	263	695	193.2	一级	高抗
0000418	蒙古一号	黑龙江经作所	蒙古	选育品种	76	47.3	37.3	3	5	5.5	7.6	2 532	242	1 212	222.6	一级	中抗
0000419	蒙古大头	黑龙江经作所	蒙古	选育品种	77	44.7	35.4	3	5	7.2	5.3	2 720	180	1 028	105.9	一级	中抗
0000420	罗马尼亚一号	黑龙江经作所	罗马尼亚	选育品种	71	47.5	37.3	4	8	4.8	9.6	2 345	282	1 220	130.4	一级	中抗
0000421	罗马尼亚二号	黑龙江经作所	罗马尼亚	选育品种	71	43.9	37.0	3	4	5.0	9.1	3 000	342	1 077	196.1	一级	中抗
0000426	瑞士一号	黑龙江经作所	瑞士	选育品种	71	63.9	52.0	4	6	4.3	6.4	3 282	263	755	98.1	一级	中抗
0000427	瑞士五号	黑龙江经作所	瑞士	选育品种	70	61.3	52.6	3	4	4.3	5.5	3 000	207	870	142.2	一级	中抗
0000428	瑞士六号	黑龙江经作所	瑞士	选育品种	70	67.7	54.7	4	4	5.0	10.2	4 220	539	837	140.2	一级	高抗
0000429	瑞士七号	黑龙江经作所	瑞士	选育品种	76	80.7	61.4	3	5	4.7	7.8	5 625	548	1 062	80.4	一级	高抗

（续）

统一编号	种质名称	保存单位	原产地或来源地	种质类型	生育日数	株高	工艺长	分枝数	蒴果数	种子千粒重	全麻率	原茎产量	全麻产量	种子产量	纤维强度	抗倒性	立枯病抗性
0000430	瑞士八号	黑龙江经作所	瑞士	选育品种	76	71.4	54.7	3	5	4.7	9.6	5 250	629	1 005	195.2	一级	中抗
0000431	瑞士九号	黑龙江经作所	瑞士	选育品种	75	68.9	56.3	4	6	4.5	11.3	4 313	609	867	223.6	一级	中抗
0000432	瑞士十号	黑龙江经作所	瑞士	选育品种	76	63.5	53.5	3	3	4.2	9.9	4 595	570	878	239.3	一级	高抗
0000436	瑞典一号	黑龙江经作所	瑞典	选育品种	76	50.8	41.1	4	8	5.4	9.6	2 438	294	1 070	173.6	一级	中抗
0000437	瑞典二号	黑龙江经作所	瑞典	选育品种	76	55.7	41.6	5	12	6.1	10.0	2 720	341	920	200.1	一级	中抗
0000438	瑞典三号	黑龙江经作所	瑞典	选育品种	76	55.0	41.5	5	8	5.1	4.6	3 563	204	980	147.1	一级	中抗
0000439	瑞典四号	黑龙江经作所	瑞典	选育品种	75	71.8	57.6	3	4	5.1	7.3	5 400	494	908	289.3	一级	高抗
0000440	瑞典五号	黑龙江经作所	瑞典	选育品种	75	61.2	48.0	5	7	5.3	8.9	3 563	395	968	237.3	一级	中抗
0000441	瑞典六号	黑龙江经作所	瑞典	选育品种	76	69.6	58.2	3	5	4.0	9.5	3 750	446	938	236.3	一级	高抗
0000442	瑞典七号	黑龙江经作所	瑞典	选育品种	77	84.1	71.4	3	4	5.1	8.0	3 750	375	983	215.8	一级	中抗
0000443	瑞典八号	黑龙江经作所	瑞典	选育品种	76	51.6	41.5	4	7	6.8	4.6	2 250	131	815	173.6	一级	中抗
0000444	油 III4-91	黑龙江经作所	瑞典	品系	76	41.2	34.3	4	5	6.8	6.5	2 720	221	818	110.8	一级	高抗
0000446	瑞典 404	黑龙江经作所	瑞典	品系	75	50.8	39.2	4	5	6.8	5.3	2 838	188	765	118.7	一级	高抗
0000449	5008	黑龙江经作所	瑞典	品系	71	62.1	50.4	3	6	4.6	9.0	3 750	420	1 058	221.6	一级	高抗
0000450	5009	黑龙江经作所	瑞典	品系	76	53.7	44.2	4	6	6.1	7.5	3 188	297	1 058	200.1	一级	中抗
0000451	5016	黑龙江经作所	瑞典	品系	76	52.6	41.3	4	8	4.3	7.2	3 000	269	983	258.9	一级	高抗
0000452	5201	黑龙江经作所	瑞典	品系	75	61.1	48.8	3	6	4.4	8.5	3 375	357	890	138.3	一级	高抗
0000453	5040	黑龙江经作所	瑞典	品系	71	57.1	42.4	5	11	4.4	8.3	2 720	284	885	186.3	一级	高抗
0000454	5041	黑龙江经作所	瑞典	品系	70	62.6	47.6	4	7	3.8	5.7	3 188	228	702	194.2	一级	高抗
0000455	5049	黑龙江经作所	瑞典	品系	69	58.1	45.7	3	6	3.9	10.1	2 720	345	845	209.9	一级	中抗
0000456	5058	黑龙江经作所	瑞典	品系	71	60.2	48.7	3	5	4.0	8.8	3 282	362	963	248.1	一级	中抗
0000457	5060	黑龙江经作所	瑞典	品系	76	59.8	47.5	4	6	5.0	9.8	3 750	461	950	191.2	一级	中抗
0000458	5069	黑龙江经作所	瑞典	品系	71	50.5	40.4	4	5	4.8	7.7	2 625	252	1 212	155.9	一级	高抗
0000459	5076	黑龙江经作所	瑞典	品系	70	62.6	52.6	3	4	4.0	8.1	5 532	560	920	177.5	二级	高抗
0000460	5082	黑龙江经作所	瑞典	品系	76	65.4	51.7	4	6	4.0	4.1	3 563	182	920	155.9	二级	中抗
0000461	5095	黑龙江经作所	瑞典	品系	75	53.4	45.2	3	5	5.1	6.5	3 188	260	965	179.5	一级	中抗

（续）

统一编号	种质名称	保存单位	原产地或来源地	种质类型	生育日数	株高	工艺长	分枝数	蒴果数	种子千粒重	全麻率	原茎产量	全麻产量	种子产量	纤维强度	抗倒性	立枯病抗性
0000462	5097	黑龙江经作所	瑞典	品系	70	67.2	52.2	4	8	3.9	9.1	3 375	386	540	117.7	一级	中抗
0000463	5098	黑龙江经作所	瑞典	品系	64	57.5	43.2	4	9	5.0	9.0	3 375	381	1 125	183.4	一级	高抗
0000464	5099	黑龙江经作所	瑞典	品系	71	54.7	43.8	4	6	4.0	6.9	3 188	275	957	227.5	一级	高抗
0000465	5101	黑龙江经作所	瑞典	品系	71	66.1	55.2	3	2	4.9	9.9	3 413	423	1 092	222.6	一级	高抗
0000466	波兰一号	黑龙江经作所	波兰	选育品种	71	62.6	50.5	4	7	4.9	8.5	3 938	419	1 305	164.8	○级	中抗
0000467	波兰二号	黑龙江经作所	波兰	选育品种	71	68.9	54.4	5	7	4.1	9.5	3 938	468	1 107	176.5	○级	中抗
0000468	波兰三号	黑龙江经作所	波兰	选育品种	71	64.8	52.8	4	6	4.2	3.4	3 470	149	1 080	170.6	○级	中抗
0000469	波兰四号	黑龙江经作所	波兰	选育品种	71	56.8	48.1	4	5	4.5	8.7	3 188	345	987	144.2	○级	高抗
0000470	新引一号	黑龙江经作所	波兰	选育品种	76	72.4	60.6	3	4	3.8	4.4	2 720	150	875	100.0	○级	高抗
0000471	新引二号	黑龙江经作所	波兰	选育品种	78	82.2	70.2	2	3	4.4	9.2	5 532	636	705	207.9	○级	中抗
0000472	新引三号	黑龙江经作所	波兰	选育品种	71	79.6	68.3	3	4	3.9	7.6	3 563	339	792	259.9	○级	中抗
0000476	保加利亚 93	黑龙江经作所	保加利亚	选育品种	69	55.9	47.3	4	5	4.4	7.5	3 000	282	912	145.1	○级	中抗
0000477	保加利亚 94	黑龙江经作所	保加利亚	选育品种	76	51.5	41.4	4	7	4.1	7.0	2 438	215	770	205.9	○级	中抗
0000478	普-25	黑龙江经作所	保加利亚	品系	75	68.3	53.7	4	7	4.4	7.7	3 375	326	642	172.6	○级	中抗
0000504	英国一号	黑龙江经作所	英国	选育品种	71	57.6	45.2	3	4	4.7	9.2	3 470	401	1 343	173.6	一级	高抗
0000505	英国二号	黑龙江经作所	英国	选育品种	71	54.4	41.4	5	8	4.1	9.4	3 000	353	1 380	160.8	一级	中抗
0000506	荷兰 13-5	黑龙江经作所	荷兰	品系	71	57.3	48.7	4	5	4.4	8.1	3 470	351	1 050	200.1	一级	中抗
0000509	Wiera	黑龙江经作所	荷兰	品系	75	71.6	61.1	2	4	4.4	8.6	4 220	452	875	188.3	一级	高抗
0000510	Reina	黑龙江经作所	荷兰	品系	71	69.7	58.7	3	4	4.4	8.3	3 750	389	837	81.4	一级	高抗
0000512	Hera	黑龙江经作所	比利时	品系	71	67.2	50.8	4	6	3.9	10.5	3 845	506	770	192.2	○级	高抗
0000513	Tissandra	黑龙江经作所	法国	品系	68	62.0	52.1	2	3	4.5	9.4	4 970	585	920	236.3	一级	高抗
0000515	火炬	黑龙江经作所	俄罗斯联邦	选育品种	71	57.8	48.0	4	6	4.7	6.5	3 563	288	1 223	144.2	一级	高抗
0000516	胜利者	黑龙江经作所	俄罗斯联邦	品系	71	63.4	52.8	3	5	3.8	7.8	3 750	365	923	217.7	一级	高抗
0000517	沙基洛夫斯基	黑龙江经作所	俄罗斯联邦	品系	71	52.9	43.1	3	7	4.5	7.3	3 282	300	1 148	228.5	一级	中抗
0000518	五何林-苏联	黑龙江经作所	俄罗斯联邦	品系	71	69.2	59.4	4	5	4.2	6.0	3 563	267	690	168.7	一级	高抗
0000519	依夫斯克	黑龙江经作所	俄罗斯联邦	品系	71	61.4	51.5	3	5	4.3	8.0	3 470	347	1178	137.3	二级	中抗

（续）

统一编号	种质名称	保存单位	原产地或来源地	种质类型	生育日数	株高	工艺长	分枝数	蒴果数	种子千粒重	全麻率	原茎产量	全麻产量	种子产量	纤维强度	抗倒性	立枯病抗性
0000520	乌尔结尼克	黑龙江经作所	俄罗斯联邦	品系	71	62.8	44.2	3	4	4.1	5.6	3 563	248	897	280.5	二级	高抗
0000521	夏奇罗夫	黑龙江经作所	俄罗斯联邦	品系	71	51.5	44.9	3	9	4.6	6.0	2 720	206	1 272	132.4	一级	高抗
0000522	纺织工人	黑龙江经作所	俄罗斯联邦	品系	71	63.2	49.1	3	6	3.9	10.1	3 750	474	1 110	216.7	二级	高抗
0000523	纺织工人	黑龙江经作所	俄罗斯联邦	品系	71	67.7	55.4	3	5	4.2	8.7	3 375	369	773	205.9	一级	中抗
0000524	瓦日格塔士	黑龙江经作所	俄罗斯联邦	品系	74	66.0	59.3	2	3	4.4	5.9	3 282	242	950	139.3	二级	高抗
0000525	斯达哈诺夫	黑龙江经作所	俄罗斯联邦	品系	73	62.3	51.5	4	6	3.9	8.3	3 000	312	1 140	157.9	二级	高抗
0000526	立陶宛	黑龙江经作所	俄罗斯联邦	品系	71	65.8	54.5	4	7	4.3	10.2	3 375	431	1 080	223.6	二级	中抗
0000527	卡尔赫斯坦	黑龙江经作所	俄罗斯联邦	品系	75	50.2	41.3	4	6	6.6	11.1	3 188	444	1 032	172.6	二级	中抗
0000528	老头沟-苏联	黑龙江经作所	俄罗斯联邦	品系	71	58.1	46.2	4	6	4.0	2.8	3 563	126	938	191.2	二级	高抗
0000529	K420	黑龙江经作所	俄罗斯联邦	品系	75	61.7	51.1	4	6	4.5	7.0	2 813	248	1 182	133.4	一级	高抗
0000530	806/3	黑龙江经作所	俄罗斯联邦	品系	75	64.8	54.7	3	5	4.8	10.3	3 357	431	965	192.2	二级	高抗
0000531	1288/12	黑龙江经作所	俄罗斯联邦	品系	71	67.7	55.8	3	5	3.8	8.9	3 375	374	585	155.0	一级	中抗
0000532	N-7	黑龙江经作所	俄罗斯联邦	品系	75	58.5	50.6	3	4	4.5	7.5	2 250	212	788	92.2	一级	高抗
0000534	n-1120	黑龙江经作所	俄罗斯联邦	品系	76	75.6	62.5	3	4	3.6	8.0	5 532	551	717	160.8	一级	高抗
0000535	苏-74	黑龙江经作所	俄罗斯联邦	品系	76	48.7	38.2	5	10	4.4	6.4	2 625	209	1 080	171.6	一级	高抗
0000536	苏-75	黑龙江经作所	俄罗斯联邦	品系	76	75.5	65.2	3	4	4.4	10.2	4 500	572	950	270.7	一级	高抗
0000537	苏-76	黑龙江经作所	俄罗斯联邦	品系	71	59.2	50.4	3	4	3.8	6.8	3 563	302	980	46.1	一级	高抗
0000538	苏-77	黑龙江经作所	俄罗斯联邦	品系	66	53.6	44.5	4	8	4.4	7.8	2 813	273	980	204.0	一级	中抗
0000539	苏-78	黑龙江经作所	俄罗斯联邦	品系	71	65.6	55.4	3	4	4.1	10.0	3 000	374	792	180.4	一级	高抗
0000540	苏-79	黑龙江经作所	俄罗斯联邦	品系	83	61.2	51.1	3	4	4.1	9.8	2 813	345	777	237.3	二级	高抗
0000541	苏-85	黑龙江经作所	俄罗斯联邦	品系	85	50.6	41.5	3	6	5.3	7.3	3 188	290	1 250	177.5	一级	高抗
0000542	苏-86	黑龙江经作所	俄罗斯联邦	品系	73	62.2	47.2	4	9	4.0	8.0	3 470	348	870	158.9	一级	高抗
0000543	苏-91	黑龙江经作所	俄罗斯联邦	品系	86	72.3	61.3	3	4	4.1	8.4	4 595	480	920	130.4	一级	中抗
0000552	FCA'SEED	黑龙江经作所	加拿大	品系	85	52.7	44.5	3	4	4.7	2.4	3 095	95	1 268	101.0	一级	中抗
0000571	捷-1	黑龙江经作所	捷克	品系	87	60.1	52.5	3	5	4.3	9.0	3 479	393	600	156.9	一级	高抗
0000572	捷-2	黑龙江经作所	捷克	品系	85	66.3	54.8	3	4	4.4	16.3	3 717	756	803	180.4	一级	中抗

（续）

统一编号	种质名称	保存单位	原产地或来源地	种质类型	生育日数	株高	工艺长	分枝数	蒴果数	种子千粒重	全麻率	原茎产量	全麻产量	种子产量	纤维强度	抗倒性	立枯病抗性
0000573	捷-3	黑龙江经作所	捷克	品系	85	71.4	61.5	3	4	4.3	19.7	3 548	872	750	191.2	一级	中抗
0000574	捷-4	黑龙江经作所	捷克	品系	85	68.6	57.2	3	4	4.3	14.9	3 503	651	818	205.9	一级	高抗
0000575	捷-5	黑龙江经作所	捷克	品系	85	72.1	57.8	3	5	4.2	18.8	3 539	830	738	201.0	一级	高抗
0000576	爱斯特拉	黑龙江经作所	比利时	品系	84	69.0	50.9	4	8	4.2	6.0	4 253	317	734	153.0	二级	高抗
0000577	Belinka	黑龙江经作所	比利时	品系	84	69.0	53.9	3	4	4.2	9.4	3 953	467	734	154.0	○级	高抗
0000578	Regina	黑龙江经作所	比利时	品系	85	63.5	49.8	3	5	4.6	10.3	3 134	404	704	98.1	○级	高抗
0000579	Nabasga	黑龙江经作所	比利时	品系	86	59.2	48.0	3	6	4.3	9.6	3 771	455	974	171.6	○级	高抗
0000580	比引一号	黑龙江经作所	比利时	品系	86	65.2	52.2	3		4.2	9.2	2 789	437	647	205.9	○级	
0000581	8305-4	黑龙江经作所	黑龙江省哈尔滨市	品系	93	88.1	64.7	3	5	4.1	9.0	2 951	333	296	194.2	一级	高抗
0000582	8353-24	黑龙江经作所	黑龙江省哈尔滨市	品系	93	88.7	73.9	3	5	5.0	8.1	3 551	362	465	163.8	一级	高抗
0000583	8284-2	黑龙江经作所	黑龙江省哈尔滨市	品系	91	77.6	66.3	3	5	4.8	8.6	3 750	402	417	178.5	一级	高抗
0000584	5015	黑龙江经作所	瑞典	品系	85	55.8	43.7	4	6	5.1	5.3	3 188	210	1 035	124.5	一级	抗病
0000585	5034	黑龙江经作所	瑞典	品系	78	56.2	44.4	4	7	5.1	6.4	2 907	233	1 163	114.7	一级	高感
0000586	5036	黑龙江经作所	瑞典	品系	85	62.6	50.3	5	8	5.0	7.8	3 563	348	1 310	175.5	一级	感病
0000587	5037	黑龙江经作所	瑞典	品系	85	49.5	39.5	3	5	4.4	7.8	3 000	291	1 095	178.5	一级	感病
0000588	5038	黑龙江经作所	瑞典	品系	81	68.7	58.6	4	6	4.0	6.5	3 563	290	545	165.7	一级	感病
0000589	5039	黑龙江经作所	瑞典	品系	84	55.6	43.8	3	5	4.5	6.0	3 375	254	773	135.3	一级	高感
0000590	5042	黑龙江经作所	瑞典	品系	81	60.8	51.6	3	4	4.2	8.4	2 813	296	780	126.5	二级	高感
0000591	5044	黑龙江经作所	瑞典	品系	85	54.0	41.6	3	4	5.0	7.1	2 720	242	1 152	177.5	一级	感病
0000592	5054	黑龙江经作所	瑞典	品系	80	60.3	45.5	4	7	3.6	5.3	3 000	198	1 002	91.2	二级	感病
0000593	5056	黑龙江经作所	瑞典	品系	79	54.4	41.6	3	5	4.3	4.4	3 000	167	908	93.2	二级	高感
0000594	5057	黑龙江经作所	瑞典	品系	79	48.6	39.6	4	5	4.8	4.7	2 625	153	890	234.4	二级	高感
0000595	5059	黑龙江经作所	瑞典	品系	78	51.6	41.1	4	7	5.8	5.8	3 282	237	1 250	176.5	一级	感病
0000596	5061	黑龙江经作所	瑞典	品系	79	64.8	49.2	4	7	6.3	6.4	3 938	317	1 014	148.1	一级	感病
0000597	5064	黑龙江经作所	瑞典	品系	79	71.8	60.9	3	4	4.7	13.0	4 125	671	810	249.1	二级	感病
0000598	5066	黑龙江经作所	瑞典	品系	83	53.5	41.3	4	7	5.3	9.5	3 188	380	960	189.3	一级	高感

（续）

统一编号	种质名称	保存单位	原产地或来源地	种质类型	生育日数	株高	工艺长	分枝数	蒴果数	种子千粒重	全麻率	原茎产量	全麻产量	种子产量	纤维强度	抗倒性	立枯病抗性
0000599	5067	黑龙江经作所	瑞典	品系	79	66.9	55.6	4	5	3.9	2.8	3 375	120	668	51.0	一级	高感
0000600	5068	黑龙江经作所	瑞典	品系	79	51.1	41.9	3	5	4.1	5.7	2 532	180	867	124.5	一级	感病
0000601	5071	黑龙江经作所	瑞典	品系	84	57.3	47.9	3	3	4.8	7.9	3 938	389	1 088	237.3	二级	高感
0000602	5072	黑龙江经作所	瑞典	品系	85	52.7	42.7	3	5	4.3	7.4	3 000	276	1 073	140.2	二级	高感
0000603	5074	黑龙江经作所	瑞典	品系	85	57.6	46.4	5	7	6.4	7.4	2 813	260	1 073	201.0	二级	高感
0000604	5077	黑龙江经作所	瑞典	品系	85	63.1	49.1	3	6	4.1	8.8	3 375	372	1 137	215.8	二级	感病
0000605	5078	黑龙江经作所	瑞典	品系	85	57.7	43.1	4	10	4.8	6.9	3 095	266	998	219.7	一级	高感
0000606	5081	黑龙江经作所	瑞典	品系	80	57.1	48.8	3	3	4.6	7.9	3 282	324	957	185.4	二级	感病
0000607	5083	黑龙江经作所	瑞典	品系	80	61.7	52.5	3	4	3.7	7.5	3 375	318	818	205.9	二级	高感
0000608	5087	黑龙江经作所	瑞典	品系	80	55.6	51.9	3	4	4.8	7.4	4 125	381	1 017	134.4	一级	感病
0000609	5047	黑龙江经作所	瑞典	品系	79	52.2	42.8	4	6	4.5	9.2	3 000	347	1 110	63.7	一级	感病
0000610	5092	黑龙江经作所	瑞典	品系	78	57.1	47.4	3	6	4.7	8.1	2 813	287	927	165.7	一级	感病
0000611	5093	黑龙江经作所	瑞典	品系	80	59.4	51.5	3	4	4.8	6.1	3 563	272	930	143.2	二级	感病
0000612	5094	黑龙江经作所	瑞典	品系	79	71.2	62.3	3	3	4.6	8.8	4 125	456	687	217.7	一级	抗病
0000613	5096	黑龙江经作所	瑞典	品系	80	67.1	50.3	4	7	4.2	5.3	3 563	234	780	238.3	二级	感病
0000614	5100	黑龙江经作所	瑞典	品系	80	67.7	59.4	2	3	4.5	6.4	3 750	299	755	211.8	一级	感病
0000615	5102	黑龙江经作所	瑞典	品系	80	57.9	46.6	3	7	4.4	9.4	3 188	375	1 115	165.7	一级	感病
0000616	5103	黑龙江经作所	瑞典	品系	79	58.8	49.4	3	4	4.7	6.4	3 470	278	867	151.0	一级	高感
0000617	5104	黑龙江经作所	瑞典	品系	80	60.5	47.4	3	6	4.0	7.8	3 563	350	975	203.0	一级	高感
0000618	5105	黑龙江经作所	瑞典	品系	83	62.5	51.9	3	4	4.2	5.5	3 095	215	732	107.9	一级	感病
0000619	5106	黑龙江经作所	瑞典	品系	83	53.1	43.0	3	5	5.1	8.1	2 813	284	923	137.3	一级	感病
0000620	5107	黑龙江经作所	瑞典	品系	80	63.0	54.0	3	4	4.5	7.4	3 000	278	758	252.0	一级	高感
0000621	5108	黑龙江经作所	瑞典	品系	84	64.9	51.9	3	5	4.4	6.7	4 032	339	1275	224.6	二级	高感
0000622	5109	黑龙江经作所	瑞典	品系	85	68.3	52.5	4	8	4.7	7.5	1 875	176	930	151.0	一级	感病
0000623	5111	黑龙江经作所	瑞典	品系	85	53.7	48.5	3	6	5.0	8.0	3 188	318	1 107	163.8	一级	感病
0000624	5112	黑龙江经作所	瑞典	品系	80	56.6	34.4	6	10	4.4	7.1	3 000	266	1025	158.9	一级	感病

（续）

统一编号	种质名称	保存单位	原产地或来源地	种质类型	生育日数	株高	工艺长	分枝数	蒴果数	种子千粒重	全麻率	原茎产量	全麻产量	种子产量	纤维强度	抗倒性	立枯病抗性
0000625	5113	黑龙江经作所	瑞典	品系	87	55.6	43.0	3	5	6.4	5.7	4 220	302	1 238	181.4	二级	高感
0000626	5114	黑龙江经作所	瑞典	品系	85	54.7	41.7	5	9	6.3	6.6	3 375	278	950	120.6	二级	感病
0000627	5117	黑龙江经作所	瑞典	品系	80	57.1	47.0	3	4	4.7	7.5	3 938	368	1 287	247.1	二级	感病
0000628	5121	黑龙江经作所	瑞典	品系	79	55.3	44.3	4	8	4.6	8.7	3 278	357	825	259.9	二级	感病
0000629	5116	黑龙江经作所	瑞典	品系	81	66.0	56.7	3	4	4.2	8.7	3 282	357	837	175.5	一级	高感
0000630	5123	黑龙江经作所	瑞典	品系	79	61.8	48.8	3	6	4.7	9.3	3 282	383	780	111.8	一级	感病
0000631	5125	黑龙江经作所	瑞典	品系	79	58.2	46.8	4	7	4.5	7.6	3 375	320	815	160.8	一级	高感
0000632	5126	黑龙江经作所	瑞典	品系	81	59.2	48.4	3	5	4.0	6.9	3 188	275	833	90.2	一级	抗病
0000633	5128	黑龙江经作所	瑞典	品系	81	60.4	44.3	4	9	4.3	6.0	3 563	266	1 040	200.1	二级	感病
0000634	5129	黑龙江经作所	瑞典	品系	85	63.7	52.5	3	6	4.2	13.2	3 375	557	867	111.8	二级	高感
0000635	5131	黑龙江经作所	瑞典	品系	82	67.3	55.0	4	7	4.5	10.2	3 750	480	980	182.4	一级	感病
0000636	5135	黑龙江经作所	瑞典	品系	85	48.9	39.9	3	5	4.3	3.1	2 625	101	1 115	242.2	一级	感病
0000637	5138	黑龙江经作所	瑞典	品系	79	62.1	51.9	2	3	4.1	6.4	3 188	257	773	210.8	一级	高感
0000638	5139	黑龙江经作所	瑞典	品系	80	53.3	44.2	3	4	4.4	6.7	5 438	453	1 107	172.6	一级	抗病
0000639	5140	黑龙江经作所	瑞典	品系	80	54.7	45.7	4	6	4.7	7.0	2 813	245	1 148	183.4	一级	高感
0000640	5141	黑龙江经作所	瑞典	品系	79	68.9	56.1	3	6	4.7	12.0	2 813	423	623	148.1	二级	高感
0000641	5142	黑龙江经作所	瑞典	品系	85	57.0	45.1	3	7	4.6	8.1	3 188	323	762	214.8	二级	感病
0000642	5145	黑龙江经作所	瑞典	品系	83	55.2	44.4	4	7	4.5	8.3	3 095	320	1 107	253.0	一级	感病
0000643	5147	黑龙江经作所	瑞典	品系	85	64.6	46.1	4	9	4.8	7.1	3 095	273	935	207.9	二级	感病
0000644	5153	黑龙江经作所	瑞典	品系	77	55.7	44.2	4	9	4.6	5.5	2 813	195	792	120.6	一级	高感
0000645	5154	黑龙江经作所	瑞典	品系	71	72.0	56.1	3	7	3.5	6.1	3 938	300	717	143.2	二级	抗病
0000646	5157	黑龙江经作所	瑞典	品系	69	55.8	51.0	3	5	4.6	4.2	3 188	167	732	127.5	一级	感病
0000647	5159	黑龙江经作所	瑞典	品系	71	53.1	43.1	4	5	5.3	8.8	2 813	309	833	135.3	一级	感病
0000648	5160	黑龙江经作所	瑞典	品系	73	71.3	45.4	5	15	5.4	5.9	3 000	221	750	156.9	一级	感病
0000649	5161	黑龙江经作所	瑞典	品系	76	58.8	48.3	3	5	4.8	6.4	3 750	300	920	144.2	一级	感病
0000650	5162	黑龙江经作所	瑞典	品系	71	70.1	55.9	4	8	4.4	6.2	4 313	336	780	169.7	一级	感病

（续）

统一编号	种质名称	保存单位	原产地或来源地	种质类型	生育日数	株高	工艺长	分枝数	蒴果数	种子千粒重	全麻率	原茎产量	全麻产量	种子产量	纤维强度	抗倒性	立枯病抗性
0000651	5163	黑龙江经作所	瑞典	品系	73	63. 1	53. 2	3	4	3. 9	9. 0	4 220	473	833	211. 8	一级	感病
0000652	5164	黑龙江经作所	瑞典	品系	74	54. 8	42. 6	4	8	4. 6	5. 0	3 000	189	968	153. 0	一级	感病
0000653	5165	黑龙江经作所	瑞典	品系	71	65. 7	53. 7	3	5	4. 0	6. 7	4 032	339	765	178. 5	二级	感病
0000654	5166	黑龙江经作所	瑞典	品系	76	52. 5	41. 8	4	7	3. 9	7. 4	2 532	236	1 055	172. 6	二级	高感
0000655	5172	黑龙江经作所	瑞典	品系	74	64. 4	51. 5	3	6	4. 5	7. 1	3 563	315	740	132. 4	一级	高感
0000656	5173	黑龙江经作所	瑞典	品系	71	61. 0	50. 4	3	4	4. 4	6. 8	3 750	318	675	135. 3	一级	感病
0000657	5174	黑龙江经作所	瑞典	品系	75	61. 2	45. 4	6	13	5. 2	8. 0	3 576	356	972	172. 6	二级	高感
0000658	5176	黑龙江经作所	瑞典	品系	69	63. 3	51. 5	3	6	4. 1	10. 1	3 095	392	807	133. 4	一级	感病
0000659	5177	黑龙江经作所	瑞典	品系	69	54. 2	44. 4	3	5	4. 1	6. 7	2 813	236	758	159. 9	二级	感病
0000660	5175	黑龙江经作所	瑞典	品系	69	60. 8	51. 3	3	5	4. 3	7. 9	3 188	317	732	136. 3	一级	感病
0000661	5179	黑龙江经作所	瑞典	品系	76	55. 2	41. 2	4	8	5. 5	6. 6	3 000	248	810	216. 7	一级	高感
0000662	5180	黑龙江经作所	瑞典	品系	70	58. 6	47. 3	3	6	4. 2	5. 8	3 188	230	912	160. 8	一级	高感
0000663	5181	黑龙江经作所	瑞典	品系	71	58. 4	44. 9	3	7	4. 9	9. 8	3 278	401	968	213. 8	一级	高感
0000664	5182	黑龙江经作所	瑞典	品系	75	57. 9	43. 9	4	6	4. 4	5. 7	3 750	267	968	188. 3	二级	高感
0000665	5183	黑龙江经作所	瑞典	品系	71	66. 7	54. 6	3	5	4. 5	7. 6	3 938	372	770	293. 2	二级	感病
0000666	5184	黑龙江经作所	瑞典	品系	76	55. 2	42. 8	4	7	4. 4	7. 1	2 813	251	1 062	243. 2	一级	感病
0000667	5185	黑龙江经作所	瑞典	品系	71	55. 5	44. 0	3	6	4. 5	7. 6	2 813	266	938	133. 4	一级	抗病
0000668	5186	黑龙江经作所	瑞典	品系	71	55. 6	44. 3	4	9	3. 9	8. 8	3 278	362	593	151. 0	一级	感病
0000669	5188	黑龙江经作所	瑞典	品系	71	57. 9	50. 0	4	5	4. 0	6. 9	3 375	293	960	150. 0	二级	高感
0000670	5189	黑龙江经作所	瑞典	品系	71	62. 6	51. 5	4	6	5. 0	7. 7	3 563	342	957	115. 7	一级	感病
0000671	5192	黑龙江经作所	瑞典	品系	76	53. 2	40. 2	4	8	5. 0	7. 3	3 000	275	972	177. 5	一级	高感
0000672	5196	黑龙江经作所	瑞典	品系	71	58. 4	50. 5	2	3	4. 7	8. 7	3 657	399	773	181. 4	二级	感病
0000673	5198	黑龙江经作所	瑞典	品系	71	74. 2	61. 8	4	6	4. 4	10. 0	4 500	561	762	142. 2	一级	感病
0000674	5201	黑龙江经作所	瑞典	品系	75	54. 7	45. 2	4	7	6. 7	11. 2	3 095	435	1 155	220. 7	一级	高感
0000675	5205	黑龙江经作所	瑞典	品系	75	70. 4	56. 3	4	7	5. 4	7. 6	4 875	465	908	134. 4	一级	感病
0000676	5208	黑龙江经作所	瑞典	品系	75	63. 9	52. 2	4	6	4. 4	9. 0	4 125	467	1 017	259. 9	一级	感病

（续）

统一编号	种质名称	保存单位	原产地或来源地	种质类型	生育日数	株高	工艺长	分枝数	蒴果数	种子千粒重	全麻率	原茎产量	全麻产量	种子产量	纤维强度	抗倒性	立枯病抗性
0000677	5209	黑龙江经作所	瑞典	品系	75	70.1	54.5	2	4	4.4	9.3	4 500	522	717	156.9	一级	高感
0000678	5210	黑龙江经作所	瑞典	品系	71	59.7	47.2	4	6	4.6	6.9	3 563	306	833	154.0	二级	高感
0000679	5211	黑龙江经作所	瑞典	品系	76	61.0	42.5	3	4	5.2	6.6	3 938	324	1 070	243.2	二级	感病
0000680	5213	黑龙江经作所	瑞典	品系	74	65.9	56.5	3	4	4.5	8.0	4 595	459	930	138.3	一级	高感
0000681	5234	黑龙江经作所	瑞典	品系	71	60.2	49.2	5	8	4.4	6.7	3 188	269	930	299.1	二级	高感
0000682	5236	黑龙江经作所	瑞典	品系	73	52.4	44.2	3	4	6.5	7.8	3 375	330	705	203.0	一级	高感
0000683	5237	黑龙江经作所	瑞典	品系	74	53.4	44.6	3	4	4.9	7.5	3 000	282	725	215.8	一级	高感
0000684	5238	黑龙江经作所	瑞典	品系	76	72.4	56.3	5	8	4.8	7.5	3 938	369	1 100	125.5	一级	感病
0000685	油 III4-95	黑龙江经作所	瑞典	品系	71	45.4	38.2	4	5	4.9	8.2	2 625	270	1 223	210.8	一级	感病
0000686	油 71-10	黑龙江经作所	俄罗斯联邦	品系	69	43.6	21.0	7	18	4.4	3.8	1 125	54	158	99.1	一级	高感
0000687	油 III4-411	黑龙江经作所	瑞典	品系	76	56.1	41.9	5	12	6.5	7.9	3 278	326	1 242	104.9	一级	感病
0000688	油 III4-410	黑龙江经作所	瑞典	品系	76	53.6	36.4	5	16	4.9	6.3	2 907	228	1 130	128.5	二级	高感
0000689	B-1	黑龙江经作所	俄罗斯联邦	品系	75	53.8	42.1	4	7	6.4	7.7	3 000	288	987	176.5	一级	感病
0000690	B-3	黑龙江经作所	俄罗斯联邦	品系	71	58.0	50.7	3	3	4.8	7.7	3 188	308	897	192.2	一级	高感
0000691	B-140	黑龙江经作所	俄罗斯联邦	品系	71	68.1	57.0	3	5	4.0	8.1	3 750	380	807	190.3	一级	感病
0000692	B-308	黑龙江经作所	俄罗斯联邦	品系	71	62.8	56.7	4	5	4.0	9.4	4 220	497	975	202.0	一级	感病
0000693	B-1650	黑龙江经作所	俄罗斯联邦	品系	75	53.8	44.1	4	6	6.3	9.2	3 000	347	1 163	241.2	一级	高感
0000694	B-5237	黑龙江经作所	俄罗斯联邦	品系	75	50.7	40.7	4	6	7.2	7.6	3 000	284	1 017	176.5	一级	高感
0000695	TYPtD	黑龙江经作所	荷兰	品系	76	68.2	47.1	2	3	4.4	13.4	4 875	816	848	147.1	二级	高感
0000696	TYPED	黑龙江经作所	荷兰	品系	76	72.9	59.5	3	4	4.5	11.5	5 813	839	945	153.0	一级	抗病
0000697	TYPEB	黑龙江经作所	荷兰	品系	77	71.5	58.6	3	5	4.5	7.3	5 625	516	1 305	176.5	二级	感病
0000698	TYPEA	黑龙江经作所	荷兰	品系	77	71.4	58.0	3	4	4.8	8.8	5 625	617	1 305	183.4	二级	感病
0000699	油-80	黑龙江经作所	俄罗斯联邦	品系	71	48.4	39.0	3	5	5.1	7.4	3 000	279	1 107	159.9	二级	高感
0000700	NE+A	黑龙江经作所	俄罗斯联邦	品系	76	59.5	44.9	5	10	7.3	9.7	3 750	456	1 395	197.1	一级	感病
0000701	Reina	黑龙江经作所	法国	品系	69	76.1	63.6	5	7	4.7	10.4	5 438	710	908	130.4	一级	感病
0000702	比利时	黑龙江经作所	比利亚	品系	77	58.3	44.0	4	7	6.1	6.4	3 563	287	867	180.4	二级	感病

（续）

统一编号	种质名称	保存单位	原产地或来源地	种质类型	生育日数	株高	工艺长	分枝数	蒴果数	种子千粒重	全麻率	原茎产量	全麻产量	种子产量	纤维强度	抗倒性	立枯病抗性
0000703	比利时白花	黑龙江经作所	比利亚	品系	71	74.6	54.9	4	8	4.7	12.4	5 438	840	1 160	163.8	○级	感病
0000704	苏-70	黑龙江经作所	俄罗斯联邦	品系	71	43.2	35.6	3	11	5.9	5.6	2 438	171	1 175	104.0	一级	感病
0000705	苏-72	黑龙江经作所	俄罗斯联邦	品系	75	48.3	39.4	3	13	5.7	6.0	2 532	191	1 163	171.6	一级	感病
0000706	苏-73	黑龙江经作所	俄罗斯联邦	品系	71	52.8	42.8	5	21	4.8	8.0	3 188	320	867	131.4	一级	感病
0000707	苏-81	黑龙江经作所	俄罗斯联邦	品系	74	68.9	53.1	4	22	4.1	8.9	3 000	333	725	185.4	二级	高感
0000708	苏-82	黑龙江经作所	俄罗斯联邦	品系	76	46.6	38.3	4	27	5.1	7.0	4 595	404	1 137	192.2	一级	感病
0000709	苏-87	黑龙江经作所	俄罗斯联邦	品系	75	52.3	40.0	5	12	5.7	5.6	2 532	177	1 032	193.2	二级	感病
0000710	苏-88	黑龙江经作所	俄罗斯联邦	品系	68	74.8	61.5	3	35	5.1	9.3	4 500	524	818	277.5	二级	感病
0000711	苏-89	黑龙江经作所	俄罗斯联邦	品系	71	45.4	37.2	3	13	5.5	5.5	2 813	195	987	127.5	二级	高感
0000712	苏-90	黑龙江经作所	俄罗斯联邦	品系	69	75.2	62.1	3	42	4.0	12.8	3 938	632	846	230.5	一级	抗病
0000713	苏-92	黑龙江经作所	俄罗斯联邦	品系	71	51.7	39.5	4	21	4.3	7.9	3 188	317	1 325	194.2	一级	高感
0000714	VCA-44-55	黑龙江经作所	意大利	品系	75	54.5	45.7	4	23	6.8	8.6	3 188	344	852	151.0	一级	高感
0000715	Z-W-5-1	黑龙江经作所	意大利	品系	70	47.6	39.0	3	23	4.1	8.1	3 375	341	1 320	134.4	一级	感病
0000716	VCA-32-53	黑龙江经作所	意大利	品系	76	53.7	43.5	4	17	7.0	6.0	3 375	252	1 197	120.6	一级	感病
0000717	保加利亚四号	黑龙江经作所	保加利亚	选育品种	76	55.5	44.7	4	15	5.8	6.3	2 813	222	1 265	220.7	二级	感病
0000718	保加利亚五号	黑龙江经作所	保加利亚	选育品种	76	54.2	45.1	3	15	4.6	5.7	3 188	228	1 167	127.5	○级	高感
0000719	保加利亚六号	黑龙江经作所	保加利亚	选育品种	75	60.1	49.3	4	22	5.2	7.3	3 563	326	960	178.5	二级	高感
0000720	Tissrare	黑龙江经作所	法国	品系	76	78.6	63.1	3	50	4.8	10.6	5 625	743	867	245.2	一级	高抗
0000721	Emeraude	黑龙江经作所	法国	品系	71	63.5	56.0	3	34	4.8	10.2	4 032	515	897	225.6	二级	抗病
0000722	斯维召内	黑龙江经作所	波兰	品系	76	87.4	68.3	5	44	3.9	8.5	6 282	666	740	121.6	二级	感病
0000723	奥尔山斯基	黑龙江经作所	俄罗斯联邦	品系	71	72.2	56.1	4	36	4.1	9.7	4 437	540	980	135.3	一级	感病
0000724	加拿大亚部地区	黑龙江经作所	加拿大	品系	75	58.2	46.3	4	22	4.7	8.7	3 000	327	1 230	179.5	一级	感病
0000725	FLA'SEFDH	黑龙江经作所	加拿大	品系	71	54.7	46.3	3	13	4.9	5.7	2 813	201	1 137	100.0	一级	高感
0000726	FLA'SEFDC	黑龙江经作所	加拿大	品系	74	54.7	41.9	4	16	4.8	6.1	3 095	237	1 167	174.6	一级	感病
0000727	9C-1	黑龙江经作所	加拿大	品系	69	70.2	58.7	3	28	4.2	10.5	3 188	420	518	152.0	二级	感病
0000728	民德一号	黑龙江经作所	德国	选育品种	69	58.2	46.9	4	19	5.0	7.6	3 000	287	1 193	183.4	一级	感病

（续）

统一编号	种质名称	保存单位	原产地或来源地	种质类型	生育日数	株高	工艺长	分枝数	蒴果数	种子千粒重	全麻率	原茎产量	全麻产量	种子产量	纤维强度	抗倒性	立枯病抗性
0000729	格鲁瓦亚	黑龙江经作所	俄罗斯联邦	品系	71	54.1	43.6	3	17	4.2	6.7	3 095	258	983	207.9	一级	感病
0000730	沃龙湟汁	黑龙江经作所	俄罗斯联邦	品系	71	64.2	53.1	5	20	4.2	7.1	3 278	293	938	276.6	一级	感病
0000731	泰加	黑龙江经作所	法国	品系	68	60.2	52.6	3	39	4.2	11.9	3 980	591	575	166.7	一级	高感
0000732	阿尔明尼亚	黑龙江经作所	俄罗斯联邦	品系	76	58.0	41.2	5	15	5.0	5.8	3 188	231	735	124.5	一级	高感
0000733	克拉拉	黑龙江经作所	法国	品系	76	72.7	57.1	3	33	4.7	7.8	5 063	497	837	144.2	一级	感病
0000734	伊绍达	黑龙江经作所	波兰	品系	75	80.9	65.9	4	5	4.9	9.0	5 063	569	995	227.5	○级	感病
0000735	维杰特	黑龙江经作所	波兰	品系	75	67.8	65.2	4	6	4.8	6.9	6 000	515	833	126.5	○级	高抗
0000736	K6	黑龙江经作所	俄罗斯联邦	品系	71	76.4	57.6	5	10	4.2	9.8	4 688	573	945	256.0	一级	感病
0000737	法 ER1	黑龙江经作所	法国	品系	71	64.2	51.3	3	4	4.5	12.7	4 875	776	1013	151.0	一级	高抗
0000738	爱尔兰	黑龙江经作所	英国	品系	70	70.6	58.6	4	5	4.7	7.5	3 657	344	1 245	111.8	一级	高感
0000739	英国亚麻	黑龙江经作所	英国	品系	71	54.8	44.8	4	5	4.7	4.9	2 907	177	1 095	184.4	一级	高感
0000740	维雷比	黑龙江经作所	英国	品系	71	64.2	55.1	2	3	4.8	7.7	4 595	443	897	104.9	一级	感病
0000741	罗克特	黑龙江经作所	英国	品系	71	71.6	56.7	4	7	4.8	5.4	3 750	255	825	155.9	一级	高抗
0000742	V4-44	黑龙江经作所	意大利	品系	76	45.5	36.6	4	7	6.9	8.9	3 000	333	1 073	196.1	一级	感病
0000743	罗马尼亚	黑龙江经作所	意大利	品系	75	45.7	35.9	3	7	5.5	9.6	2 438	291	1 167	205.0	一级	高感
0000744	加拿大亚麻	黑龙江经作所	加拿大	品系	71	48.2	38.4	4	5	6.5	6.5	2 720	221	980	103.0	一级	高感
0000745	蒙古二号	黑龙江经作所	蒙古	选育品种	75	49.3	39.7	3	6	6.5	5.9	2 907	213	968	207.9	一级	高感
0000746	日本一号	黑龙江经作所	日本	选育品种	70	62.3	48.6	3	5	4.9	6.8	3 938	336	915	217.7	二级	感病
0000747	日本二号	黑龙江经作所	日本	选育品种	71	70.4	52.0	4	7	4.2	6.9	4 220	362	930	190.3	二级	感病
0000748	日本三号	黑龙江经作所	日本	选育品种	76	73.7	58.6	4	6	4.7	7.8	4 313	420	930	185.4	二级	感病
0000749	日本四号	黑龙江经作所	日本	选育品种	74	59.4	48.0	3	5	4.7	7.1	4 032	357	1 080	227.5	一级	抗病
0000750	日本五号	黑龙江经作所	日本	选育品种	76	76.1	57.9	3	6	4.6	7.1	4 500	399	818	135.3	一级	抗病
0000751	FR2	黑龙江经作所	法国	品系	81	66.0	52.1	3	5	4.1	14.0	3 168	555	686	181.4	一级	感病
0000752	Torvokjj-4	黑龙江经作所	捷克	品系	82	69.4	57.4	3	4	4.3	14.2	3 501	620	639	147.1	一级	感病
0000753	Dalcne	黑龙江经作所	法国	品系	81	71.4	56.6	3	5	4.7	11.9	3 452	515	554	191.2	一级	抗病
0000754	Silva	黑龙江经作所	法国	品系	82	64.7	49.9	3	5	4.3	9.4	3 306	389	651	186.3	一级	抗病

（续）

统一编号	种质名称	保存单位	原产地或来源地	种质类型	生育日数	株高	工艺长	分枝数	蒴果数	种子千粒重	全麻率	原茎产量	全麻产量	种子产量	纤维强度	抗倒性	立枯病抗性
0000755	Fany	黑龙江经作所	法国	品系	79	64.9	47.1	3	8	4.2	13.0	3 407	552	752	212.8	一级	抗病
0000756	Ariane	黑龙江经作所	法国	品系	82	66.9	51.8	3	6	4.4	13.1	3 407	560	809	205.9	一级	高抗
0000757	FLA'SSED	黑龙江经作所	法国	品系	82	67.5	46.5	4	8	4.6	10.7	3 341	446	864	156.9	一级	抗病
0000758	FLA'Seeeds	黑龙江经作所	法国	品系	83	70.3	45.6	4	6	4.7	12.1	3 693	560	687	188.3	一级	抗病
0000759	FLA'SEED	黑龙江经作所	法国	品系	83	74.0	45.8	4	9	4.4	13.4	3 437	576	749	227.5	一级	抗病
0000760	米乐	黑龙江经作所	比利时	品系	79	67.3	50.5	4	5	4.5	7.6	3 092	293	774	185.4	○级	感病
0000761	爱力恩	黑龙江经作所	比利时	品系	85	68.5	46.4	6	7	5.0	12.2	2 342	357	704	191.2	○级	感病
0000762	Mapur	黑龙江经作所	美国	品系	81	76.3	47.9	3	6	4.3	11.9	2 808	417	582	161.8	一级	高感
0000763	Percello	黑龙江经作所	美国	品系	78	76.3	52.5	4	6	4.1	12.6	2 330	368	647	151.0	一级	感病
0000764	TextieFlax	黑龙江经作所	美国	品系	77	81.9	63.7	3	5	3.5	11.8	3 093	456	722	200.1	一级	高抗
0000765	Horal	黑龙江经作所	美国	品系	74	76.8	55.3	3	6	3.5	9.6	2 697	324	624	245.2	一级	中抗
0000766	Textilak	黑龙江经作所	美国	品系	71	73.2	56.8	4	6	3.8	10.9	2 918	399	539	247.1	一级	中抗
0000767	mejdinen	黑龙江经作所	美国	品系	72	59.7	44.5	5	6	4.3	8.8	2 631	288	909	233.4	一级	高抗
0000768	DIADEM	黑龙江经作所	美国	品系	73	74.5	54.5	3	4	4.2	12.3	3 021	464	885	150.0	一级	中抗
0000769	USPEA	黑龙江经作所	美国	品系	77	59.3	37.5	4	6	4.9	6.4	1 833	146	750	193.2	一级	高抗
0000770	ISTRU	黑龙江经作所	美国	品系	74	78.9	58.7	3	5	5.8	12.9	2 486	402	843	240.3	一级	高抗
0000771	Tomskil	黑龙江经作所	美国	品系	76	72.4	53.7	3	3	3.5	7.0	2 604	227	714	251.1	一级	高抗
0000772	Tuerta	黑龙江经作所	美国	品系	74	50.5	39.8	4	6	4.6	7.4	2 064	192	855	237.3	一级	高抗
0000773	Terra	黑龙江经作所	美国	品系	74	62.8	44.7	3	4	4.2	13.4	2 838	477	606	183.4	一级	高抗
0000774	Hindi	黑龙江经作所	美国	品系	74	56.9	45.6	4	5	4.0	9.8	2 361	290	533	243.2	一级	高抗
0000775	CRISTA-Fiber	黑龙江经作所	美国	品系	76	68.4	46.0	3	5	4.6	8.7	2 298	251	776	179.5	一级	高抗
0000776	CI3115	黑龙江经作所	美国	品系	76	70.5	53.3	3	6	4.1	9.5	2 027	242	494	209.9	一级	高抗
0000777	CI3117	黑龙江经作所	美国	品系	75	45.1	27.3	4	6	6.2	13.8	1 229	212	657	186.3	一级	高抗
0000778	CI3121	黑龙江经作所	美国	品系	75	53.9	38.1	4	5	6.2	8.8	2 198	242	920	205.9	一级	高抗
0000779	CI3122	黑龙江经作所	美国	品系	74	66.6	50.4	3	4	4.6	8.2	2 469	254	909	215.8	一级	高抗
0000780	Sllra	黑龙江经作所	美国	品系	72	64.9	51.8	2	4	4.6	15.5	3 267	632	756	220.7	一级	高抗

（续）

统一编号	种质名称	保存单位	原产地或来源地	种质类型	生育日数	株高	工艺长	分枝数	蒴果数	种子千粒重	全麻率	原茎产量	全麻产量	种子产量	纤维强度	抗倒性	立枯病抗性
0000781	Aoyagi	黑龙江经作所	美国	品系	74	74.5	57.7	3	6	4.0	9.8	3 519	431	639	137.3	一级	高抗
0000782	rera	黑龙江经作所	美国	品系	74	68.5	54.0	4	4	4.5	9.0	2 942	332	522	201.0	一级	高抗
0000783	Belan	黑龙江经作所	美国	品系	72	64.3	50.2	3	5	3.9	12.7	2 754	437	756	186.3	一级	高抗
0000784	Hdran	黑龙江经作所	美国	品系	72	62.2	49.5	3	4	4.6	10.2	2 735	348	636	220.7	一级	高抗
0000785	TrPEA	黑龙江经作所	美国	品系	73	66.0	53.0	3	4	4.2	21.3	2 064	551	810	166.7	一级	高抗
0000786	TrPEC	黑龙江经作所	美国	品系	72	64.5	50.9	3	4	4.7	11.0	3 000	411	695	201.0	一级	高抗
0000787	TrPEB	黑龙江经作所	美国	品系	70	67.7	54.8	3	4	4.1	10.5	3 599	471	725	163.8	一级	高抗
0000788	TrPED	黑龙江经作所	美国	品系	73	67.4	62.2	3	4	4.6	13.4	3 725	626	651	132.4	一级	高抗
0000789	24751	黑龙江经作所	德国	品系	72	63.0	56.5	4	9	4.6	9.3	2 990	348	873	197.1	二级	高抗
0000790	24754	黑龙江经作所	德国	品系	71	55.3	52.5	3	7	5.0	8.6	2 918	312	782	155.9	二级	高抗
0000791	24792	黑龙江经作所	德国	品系	72	72.5	42.9	4	9	5.0	8.3	2 672	276	870	221.6	一级	高抗
0000792	24793	黑龙江经作所	德国	品系	71	58.5	60.4	3	6	4.2	11.0	3 524	486	788	233.4	一级	高抗
0000793	24794	黑龙江经作所	德国	品系	71	67.9	48.7	3	5	4.2	10.4	2 858	372	888	164.8	三级	感病
0000794	延边	黑龙江经作所	吉林省延边朝鲜族自治州	品系	76	79.5	67.0	3	3	4.0	10.9	4 520	614	690	287.3	一级	高感
0000795	24800	黑龙江经作所	德国	品系	69	52.1	44.8	3	7	4.4	9.8	3 809	467	750	238.3	二级	感病
0000796	24828	黑龙江经作所	德国	品系	76	72.7	58.2	4	6	4.6	9.9	3 453	426	839	230.5	一级	感病
0000797	24830	黑龙江经作所	德国	品系	67	65.2	57.7	4	5	4.7	7.9	2 880	284	677	230.5	一级	感病
0000798	白花	黑龙江经作所	黑龙江省哈尔滨市	品系	77	84.6	60.8	7	8	4.6	10.0	4 500	561	837	121.6	一级	高感
0000799	褐皮白花	黑龙江经作所	黑龙江省哈尔滨市	品系	77	109.7	87.0	3	6	4.2	11.1	7 313	1 014	672	187.3	一级	感病
0000800	克系 42	黑龙江经作所	黑龙江省哈尔滨市	品系	71	63.1	52.6	4	6	4.2	7.1	3 282	291	1 035	196.1	一级	高感
0000801	克系 58	黑龙江经作所	黑龙江省哈尔滨市	品系	74	72.7	51.7	4	4	4.8	10.3	4 125	530	1 005	142.2	一级	中抗
0000802	克系 146	黑龙江经作所	黑龙江省哈尔滨市	品系	70	57.6	48.5	3	4	4.7	7.6	3 750	357	1 200	268.7	一级	抗病
0000803	克系 402	黑龙江经作所	黑龙江省哈尔滨市	品系	71	62.2	53.1	3	3	4.1	10.6	3 938	521	935	207.9	一级	感病
0000804	呼兰 292	黑龙江经作所	黑龙江省哈尔滨市	品系	71	68.0	54.1	3	5	4.3	8.4	3 938	416	563	148.1	二级	感病
0000805	r332-57	黑龙江经作所	黑龙江省哈尔滨市	品系	71	56.5	45.3	3	4	6.1	10.8	3 750	507	965	180.4	二级	感病
0000806	7107-2-4	黑龙江经作所	黑龙江省哈尔滨市	品系	76	86.4	73.9	2	2	3.9	12.8	3 667	588	650	191.2	一级	高感

（续）

统一编号	种质名称	保存单位	原产地或来源地	种质类型	生育日数	株高	工艺长	分枝数	蒴果数	种子千粒重	全麻率	原茎产量	全麻产量	种子产量	纤维强度	抗倒性	立枯病抗性
0000807	2068	黑龙江经作所	黑龙江省哈尔滨市	品系	77	95.7	81.6	3	4	4.5	10.4	2 858	372	750	150.0	一级	高感
0000808	K-4638	黑龙江经作所	俄罗斯	品系	78	65.3	57.6	4	6	3.9	16.7	3 068	641	222	231.4	○级	抗病
0000809	K-4594	黑龙江经作所	俄罗斯	品系	76	64.5	54.8	4	7	4.4	16.9	3 048	643	629	155.0	○级	抗病
0000810	K-5135	黑龙江经作所	俄罗斯	品系	75	59.6	49.3	5	7	4.1	14.2	2 143	381	605	213.8	○级	抗病
0000811	K-3978	黑龙江经作所	俄罗斯	品系	77	58.1	48.3	4	7	4.3	17.5	2 186	479	519	223.6	○级	抗病
0000812	K-2919	黑龙江经作所	俄罗斯	品系	77	54.7	45.0	5	7	3.9	12.2	2 238	340	524	154.0	○级	抗病
0000813	K-3371	黑龙江经作所	俄罗斯	品系	76	41.9	41.6	4	6	4.6	15.2	1 810	344	679	177.5	○级	抗病
0000814	K-6608	黑龙江经作所	俄罗斯	品系	77	57.5	49.8	4	7	4.1	16.5	2 429	502	595	283.4	○级	抗病
0000815	K-3692	黑龙江经作所	俄罗斯	品系	77	53.3	46.5	3	5	3.9	15.7	1 905	373	548	137.3	○级	抗病
0000816	K-3377	黑龙江经作所	俄罗斯	品系	77	53.0	48.8	3	5	4.1	17.7	2 095	463	510	174.6	○级	中抗
0000817	K-5168	黑龙江经作所	俄罗斯	品系	77	55.7	46.3	4	7	4.0	17.5	2 186	479	595	249.1	○级	抗病
0000818	K-4832	黑龙江经作所	俄罗斯	品系	66	57.0	50.1	4	6	4.3	19.6	2 381	584	658	206.9	○级	中抗
0000819	K-5038	黑龙江经作所	俄罗斯	品系	66	63.4	55.2	3	5	4.3	18.2	2 667	606	681	248.1	○级	中抗
0000820	K-4733	黑龙江经作所	俄罗斯	品系	66	64.3	55.7	3	6	4.1	16.2	3 524	715	586	275.6	○级	中抗
0000821	Славный-82	黑龙江经作所	俄罗斯	品系	76	58.2	42.2	2	4	4.2	17.8	2 714	603	572	205.9	○级	中抗
0000822	T-16	黑龙江经作所	俄罗斯	品系	76	53.3	44.3	4	6	4.1	18.2	2 667	606	515	225.6	○级	抗病
0000823	T-9	黑龙江经作所	俄罗斯	品系	76	58.7	47.8	4	8	4.0	17.0	2 667	566	642	187.3	○级	抗病
0000824	Белочка	黑龙江经作所	俄罗斯	品系	78	61.5	52.1	4	7	4.0	17.3	4 048	877	260	206.9	○级	抗病
0000825	Кром	黑龙江经作所	俄罗斯	品系	87	56.1	50.1	4	6	4.5	18.1	2 381	539	344	255.0	○级	抗病
0000826	Л-359	黑龙江经作所	俄罗斯	品系	78	64.3	50.4	4	7	3.9	19.9	2 857	710	390	219.7	○级	中抗
0000827	С-108	黑龙江经作所	俄罗斯	品系	78	60.8	53.5	4	6	4.4	18.7	2 571	600	372	205.0	○级	中抗
0000828	Смолёнский	黑龙江经作所	俄罗斯	品系	78	55.2	46.7	3	5	4.6	19.6	2 381	584	210	197.1	○级	中抗
0000829	Смолии	黑龙江经作所	俄罗斯	品系	78	62.2	52.2	4	8	4.6	18.2	2 667	606	524	213.8	○级	中抗
0000830	T-10	黑龙江经作所	俄罗斯	品系	77	51.9	50.0	4	6	4.1	14.8	3 857	712	476	281.5	○级	中抗
0000831	Л-85	黑龙江经作所	俄罗斯	品系	77	55.2	43.5	3	6	4.2	20.6	2 571	663	543	151.0	二级	高抗
0000832	Лазурный	黑龙江经作所	俄罗斯	品系	74	61.0	46.3	5	9	4.0	10.9	2 918	399	445	250.1	二级	高抗

（续）

统一编号	种质名称	保存单位	原产地或来源地	种质类型	生育日数	株高	工艺长	分枝数	蒴果数	种子千粒重	全麻率	原茎产量	全麻产量	种子产量	纤维强度	抗倒性	立枯病抗性
0000833	Союз	黑龙江经作所	俄罗斯	品系	75	58.8	50.2	4	7	4.4	16.2	3 524	715	714	159.9	二级	高抗
0000834	Торжокский	黑龙江经作所	俄罗斯	品系	72	63.1	53.7	4	5	4.4	15.4	3 714	715	407	207.9	二级	高抗
0000835	Дашковский	黑龙江经作所	俄罗斯	品系	78	60.6	51.0	5	6	4.5	19.0	3 000	713	567	210.8	二级	高抗
0000836	Оршлнский	黑龙江经作所	俄罗斯	品系	76	57.2	49.3	4	7	4.1	20.3	3 048	775	611	221.6	二级	高抗
0000837	Белинка	黑龙江经作所	俄罗斯	品系	77	56.4	47.2	3	5	4.8	17.9	2 381	532	483	162.8	二级	高抗
0000838	K-2894	黑龙江经作所	俄罗斯	品系	77	43.5	39.9	5	8	3.8	11.4	1 095	156	541	230.5	二级	高抗
0000839	K-3153	黑龙江经作所	俄罗斯	品系	72	67.0	43.2	3	5	3.8	16.6	2 429	503	674	191.2	二级	高抗
0000840	K-4137	黑龙江经作所	俄罗斯	品系	74	65.1	45.4	4	7	3.6	14.8	3 857	712	572	257.9	二级	高抗
0000841	K-4138	黑龙江经作所	俄罗斯	品系	76	61.6	52.0	3	6	3.6	20.5	2 331	597	510	225.6	二级	高抗
0000842	K-4139	黑龙江经作所	俄罗斯	品系	74	61.3	52.2	4	6	3.8	18.6	2 524	586	571	210.8	二级	高抗
0000843	K-4012	黑龙江经作所	俄罗斯	品系	71	65.9	50.0	4	7	3.6	14.6	2 297	420	471	180.4	二级	高抗
0000844	K-4831	黑龙江经作所	俄罗斯	品系	77	69.1	58.3	5	7	3.5	18.3	3 143	720	524	229.5	二级	高抗
0000845	K-4932	黑龙江经作所	俄罗斯	品系	75	65.5	54.9	4	8	3.6	21.9	3 048	834	581	237.3	二级	高抗
0000846	K-5186	黑龙江经作所	俄罗斯	品系	78	55.7	46.8	4	7	4.8	22.8	3 095	883	595	249.1	二级	高抗
0000847	r87-10-3	黑龙江经作所	黑龙江省哈尔滨市	品系	77	73.2	51.8	4	7	4.0	22.0	1 926	530	353	209.9	二级	中抗
0000848	Могиёвский	黑龙江经作所	俄罗斯	品系	77	60.0	49.9	4	6	4.0	17.5	3 048	665	300	156.9	二级	高抗
0000849	Оршанский-72	黑龙江经作所	俄罗斯	品系	77	59.7	48.4	4	10	3.4	14.6	2 297	420	486	143.2	二级	高抗
0000850	Прогресс	黑龙江经作所	俄罗斯	品系	76	59.1	49.5	4	6	3.4	18.5	2 286	530	407	220.7	二级	高抗
0000851	K-6	黑龙江经作所	俄罗斯	品系	75	62.9	53.4	4	6	4.0	17.2	2 324	500	430	243.2	二级	高抗
0000852	Тверца	黑龙江经作所	俄罗斯	品系	76	59.5	49.8	4	6	3.6	16.6	2 429	503	440	240.3	二级	高抗
0000853	Родник	黑龙江经作所	俄罗斯	品系	75	61.4	52.8	3	6	4.2	18.4	2 857	658	419	226.5	二级	高抗
0000854	A-29	黑龙江经作所	俄罗斯	品系	75	59.4	49.7	5	8	4.4	19.7	2 667	657	357	236.3	○级	中抗
0000855	Новоторскжский	黑龙江经作所	俄罗斯	品系	74	64.5	56.7	3	5	3.8	17.7	3 143	697	452	222.6	○级	中抗
0000856	Алексим	黑龙江经作所	俄罗斯	品系	73	57.6	47.2	4	7	3.8	14.6	2 297	420	386	220.7	○级	中抗
0000857	Призыв-81	黑龙江经作所	俄罗斯	品系	75	62.5	53.5	3	5	3.9	18.3	2 382	544	405	157.9	○级	中抗
0000858	Балтучяй	黑龙江经作所	俄罗斯	品系	77	53.4	45.0	3	5	4.0	19.9	1 905	474	348	222.6	○级	中抗

（续）

统一编号	种质名称	保存单位	原产地或来源地	种质类型	生育日数	株高	工艺长	分枝数	蒴果数	种子千粒重	全麻率	原茎产量	全麻产量	种子产量	纤维强度	抗倒性	立枯病抗性
0000859	高斯	黑龙江经作所	法国	品系	72	61.4	47.9	3	4	4.3	18.3	4 537	1 040	1 021	224.6	一级	高抗
0000860	阿福麦斯	黑龙江经作所	法国	品系	73	59.3	47.2	4	4	4.4	22.8	3 095	883	836	262.8	一级	高抗
0000861	2646-13	黑龙江经作所	黑龙江省哈尔滨市	品系	77	74.2	65.1	4	6	5.2	16.2	4 471	908	705	220.7	一级	抗病
0000862	7117-8	黑龙江经作所	黑龙江省哈尔滨市	品系	77	70.9	61.5	3	6	4.0	12.8	2 667	426	331	235.4	二级	中抗
0000863	7107-3-6-8-24	黑龙江经作所	黑龙江省哈尔滨市	品系	79	79.7	70.4	3	5	4.7	14.2	3 857	684	359	199.1	二级	中抗
0000864	7116-2-1-14-14-34	黑龙江经作所	黑龙江省哈尔滨市	品系	79	77.1	68.1	3	5	4.2	18.4	3 286	756	298	140.2	二级	中抗
0000865	75-53-9-1	黑龙江经作所	黑龙江省哈尔滨市	品系	71	72.5	63.2	3	6	4.5	14.8	3 048	562	286	147.1	二级	中抗
0000866	75-53-9-3	黑龙江经作所	黑龙江省哈尔滨市	品系	73	74.3	65.4	3	5	4.6	12.8	3 667	588	277	248.1	二级	中抗
0000867	75-53-9-8	黑龙江经作所	黑龙江省哈尔滨市	品系	77	74.8	64.1	3	5	4.0	15.6	3 333	648	347	233.4	二级	中抗
0000868	7621-38-24	黑龙江经作所	黑龙江省哈尔滨市	品系	77	73.9	60.6	3	7	3.7	14.4	2 810	507	357	256.9	二级	抗病
0000869	7649-10-3	黑龙江经作所	黑龙江省哈尔滨市	品系	79	76.6	64.2	3	7	4.6	15.4	3 470	670	281	215.8	二级	中抗
0000870	7641-9-3	黑龙江经作所	黑龙江省哈尔滨市	品系	79	76.1	65.0	3	6	4.8	14.9	2 966	554	318	196.1	二级	中抗
0000871	7647-10-19-8-8	黑龙江经作所	黑龙江省哈尔滨市	品系	73	67.5	59.7	3	5	4.8	13.8	3 233	558	348	218.7	二级	中抗
0000872	7843-16-4-9	黑龙江经作所	黑龙江省哈尔滨市	品系	77	82.6	69.9	3	9	4.4	13.8	3 310	571	325	275.6	二级	抗病
0000873	78-4-1-3-8	黑龙江经作所	黑龙江省哈尔滨市	品系	77	71.6	63.3	3	5	4.4	14.4	3 262	586	361	250.1	二级	中抗
0000874	80196-6	黑龙江经作所	黑龙江省哈尔滨市	品系	79	77.7	66.2	3	7	4.5	13.4	2 762	462	272	213.8	二级	中抗
0000875	80193-17	黑龙江经作所	黑龙江省哈尔滨市	品系	79	73.4	62.6	4	7	4.9	15.8	2 232	441	270	238.3	二级	中抗
0000876	80159-6-5-7	黑龙江经作所	黑龙江省哈尔滨市	品系	73	70.2	61.2	4	6	5.0	14.9	3 143	585	467	254.0	二级	抗病
0000877	80196-5-7	黑龙江经作所	黑龙江省哈尔滨市	品系	77	70.8	60.4	4	7	5.0	16.4	3 000	614	464	171.6	二级	中抗
0000878	8102-10-18	黑龙江经作所	黑龙江省哈尔滨市	品系	77	73.7	64.0	4	6	4.2	16.0	2 954	591	256	193.2	二级	中抗
0000879	8108	黑龙江经作所	黑龙江省哈尔滨市	品系	79	63.4	55.7	4	6	5.0	14.3	2 857	510	370	170.6	二级	中抗
0000880	8108-8-3-4	黑龙江经作所	黑龙江省哈尔滨市	品系	79	76.5	67.0	3	6	4.4	14.5	3 952	717	412	269.7	二级	中抗
0000881	8108-8-7	黑龙江经作所	黑龙江省哈尔滨市	品系	73	71.5	62.9	3	4	4.8	17.0	2 857	609	260	248.1	二级	感病
0000882	8108-8-9	黑龙江经作所	黑龙江省哈尔滨市	品系	77	66.5	55.2	4	7	4.6	14.1	3 050	536	365	205.9	二级	感病
0000883	r8709-4-4-6-12	黑龙江经作所	黑龙江省哈尔滨市	品系	77	103.6	86.7	3	6	5.1	11.3	4 000	564	762	271.6	二级	抗病
0000884	8122-5-9	黑龙江经作所	黑龙江省哈尔滨市	品系	79	72.8	58.4	5	11	4.8	13.4	3 854	648	626	217.7	二级	中抗

（续）

统一编号	种质名称	保存单位	原产地或来源地	种质类型	生育日数	株高	工艺长	分枝数	蒴果数	种子千粒重	全麻率	原茎产量	全麻产量	种子产量	纤维强度	抗倒性	立枯病抗性
0000885	81-28-9	黑龙江经作所	黑龙江省哈尔滨市	品系	79	72.4	60.5	4	8	4.4	16.7	3 429	718	370	248.1	一级	中抗
0000886	81-10-11	黑龙江经作所	黑龙江省哈尔滨市	品系	73	76.3	65.7	3	5	4.0	15.4	3 429	659	312	250.1	二级	中抗
0000887	81-8-3-5	黑龙江经作所	黑龙江省哈尔滨市	品系	77	72.8	62.4	4	6	4.4	17.6	3 095	681	402	253.0	二级	中抗
0000888	81-28-8	黑龙江经作所	黑龙江省哈尔滨市	品系	77	77.3	66.2	3	6	4.4	16.1	3 714	745	307	181.4	二级	中抗
0000889	81-22-5	黑龙江经作所	黑龙江省哈尔滨市	品系	79	79.2	64.5	4	5	5.0	16.5	3 571	738	524	219.7	二级	中抗
0000890	81-8-6-3-18	黑龙江经作所	黑龙江省哈尔滨市	品系	79	73.7	63.8	4	7	5.2	17.5	3 095	676	677	288.3	一级	抗病
0000891	81-27-5	黑龙江经作所	黑龙江省哈尔滨市	品系	73	78.5	67.7	3	6	4.2	16.6	3 238	670	399	176.5	二级	中抗
0000892	88016-18	黑龙江经作所	黑龙江省哈尔滨市	品系	77	119.8	101.1	4	8	4.5	13.4	3 854	648	595	221.6	一级	抗病
0000893	81-8-6-6-8	黑龙江经作所	黑龙江省哈尔滨市	品系	77	76.3	65.5	3	8	4.6	16.4	2 952	605	429	205.9	一级	抗病
0000894	81-26-2	黑龙江经作所	黑龙江省哈尔滨市	品系	79	71.9	61.8	4	8	4.7	16.0	3 810	763	292	253.0	二级	中抗
0000895	81-9-12-4	黑龙江经作所	黑龙江省哈尔滨市	品系	79	76.9	63.5	3	6	4.8	15.7	3 191	628	395	178.5	二级	中抗
0000896	r82-2-14	黑龙江经作所	黑龙江省哈尔滨市	品系	73	77.7	65.1	3	8	4.5	13.6	2 571	436	267	251.1	二级	中抗
0000897	r82-5-4	黑龙江经作所	黑龙江省哈尔滨市	品系	77	77.8	65.8	4	7	3.9	14.2	3 381	602	319	277.5	二级	中抗
0000898	r82-7-5	黑龙江经作所	黑龙江省哈尔滨市	品系	77	75.9	62.9	4	7	4.4	16.9	2 714	573	257	141.2	二级	中抗
0000899	r82-7-7	黑龙江经作所	黑龙江省哈尔滨市	品系	79	74.7	65.8	4	6	4.6	17.0	3 048	649	395	191.2	二级	中抗
0000900	r52-7-9	黑龙江经作所	黑龙江省哈尔滨市	品系	79	67.2	58.1	3	7	3.8	14.7	2 524	464	281	171.6	一级	中抗
0000901	r82-9-4	黑龙江经作所	黑龙江省哈尔滨市	品系	73	70.9	62.6	3	5	4.2	16.8	3 095	649	417	234.4	一级	中抗
0000902	8205	黑龙江经作所	黑龙江省哈尔滨市	品系	77	67.1	58.6	3	5	4.4	14.4	2 476	447	329	202.0	二级	感病
0000903	8212-7	黑龙江经作所	黑龙江省哈尔滨市	品系	77	70.8	60.4	3	6	4.3	13.4	2 191	368	287	233.4	二级	感病
0000904	8219-9	黑龙江经作所	黑龙江省哈尔滨市	品系	79	73.6	62.3	3	5	4.0	16.5	3 143	649	281	192.2	二级	中抗
0000905	8219-9-5	黑龙江经作所	黑龙江省哈尔滨市	品系	79	78.1	66.9	3	6	4.0	16.2	3 429	693	200	213.8	二级	中抗
0000906	8219-9-5-1	黑龙江经作所	黑龙江省哈尔滨市	品系	73	83.9	71.6	4	7	4.0	14.0	4 619	806	299	201.0	二级	中抗
0000907	8224	黑龙江经作所	黑龙江省哈尔滨市	品系	77	64.8	55.2	3	6	4.4	12.6	2 667	420	338	159.9	二级	感病
0000908	8227	黑龙江经作所	黑龙江省哈尔滨市	品系	77	80.0	65.3	4	8	4.2	15.7	3 191	628	441	195.2	二级	感病
0000909	8228	黑龙江经作所	黑龙江省哈尔滨市	品系	79	72.1	60.8	3	6	4.8	16.6	3 095	642	349	307.0	二级	中抗
0000910	8246-14	黑龙江经作所	黑龙江省哈尔滨市	品系	79	75.4	64.0	3	5	4.4	14.8	3 075	568	333	242.2	二级	中抗

（续）

统一编号	种质名称	保存单位	原产地或来源地	种质类型	生育日数	株高	工艺长	分枝数	蒴果数	种子千粒重	全麻率	原茎产量	全麻产量	种子产量	纤维强度	抗倒性	立枯病抗性
0000911	8230	黑龙江经作所	黑龙江省哈尔滨市	品系	77	66.6	57.1	4	6	4.6	15.8	2 286	451	370	166.7	二级	感病
0000912	8240	黑龙江经作所	黑龙江省哈尔滨市	品系	66	64.0	51.7	4	8	4.4	14.5	3 011	546	395	205.9	二级	感病
0000913	8247-1	黑龙江经作所	黑龙江省哈尔滨市	品系	68	64.3	53.2	4	8	4.6	14.9	2 952	548	426	196.1	二级	感病
0000914	8246-6-11-12	黑龙江经作所	黑龙江省哈尔滨市	品系	68	79.9	64.6	4	6	4.2	16.3	3 940	803	327	269.7	一级	抗病
0000915	8284-8-6-2	黑龙江经作所	黑龙江省哈尔滨市	品系	70	79.8	66.2	4	7	5.0	15.3	3 857	738	215	257.9	一级	抗病
0000916	r83-8-1	黑龙江经作所	黑龙江省哈尔滨市	品系	69	76.5	63.5	4	8	4.0	16.2	4 019	813	281	223.6	二级	中抗
0000917	r83-9-14	黑龙江经作所	黑龙江省哈尔滨市	品系	69	74.7	63.8	4	7	4.1	16.4	3 000	614	238	222.6	二级	中抗
0000918	8302-2-1	黑龙江经作所	黑龙江省哈尔滨市	品系	69	72.8	63.9	3	5	4.4	16.3	3 524	6 444	350	237.3	二级	感病
0000919	8302-3	黑龙江经作所	黑龙江省哈尔滨市	品系	70	68.0	57.6	4	7	4.4	16.3	3 619	736	349	185.4	二级	中抗
0000920	8305-6	黑龙江经作所	黑龙江省哈尔滨市	品系	72	74.0	61.5	4	8	4.2	14.1	3 095	547	278	155.0	二级	感病
0000921	8318-4-8-2	黑龙江经作所	黑龙江省哈尔滨市	品系	71	79.6	66.8	4	7	4.2	15.4	3 048	586	266	225.6	二级	感病
0000922	8318-4-8-4	黑龙江经作所	黑龙江省哈尔滨市	品系	71	78.0	66.7	4	6	4.2	13.4	3 000	503	210	245.2	二级	感病
0000923	8339	黑龙江经作所	黑龙江省哈尔滨市	品系	69	68.7	59.5	4	6	5.1	14.1	2 987	526	340	207.9	二级	中抗
0000924	8342	黑龙江经作所	黑龙江省哈尔滨市	品系	69	72.8	62.5	3	6	5.0	15.5	2 714	526	291	189.3	二级	中抗
0000925	8343	黑龙江经作所	黑龙江省哈尔滨市	品系	67	71.3	60.2	4	8	4.2	16.6	2 857	594	417	165.7	二级	中抗
0000926	8344	黑龙江经作所	黑龙江省哈尔滨市	品系	68	74.2	64.8	3	6	4.5	15.0	3 238	607	457	169.7	二级	中抗
0000927	8356-24	黑龙江经作所	黑龙江省哈尔滨市	品系	65	74.0	63.0	3	6	4.0	13.7	2 857	489	238	193.2	二级	中抗
0000928	8361	黑龙江经作所	黑龙江省哈尔滨市	品系	77	72.3	61.7	4	7	4.9	14.2	2 762	491	240	203.0	二级	中抗
0000929	8362	黑龙江经作所	黑龙江省哈尔滨市	品系	79	67.5	57.5	3	6	4.9	16.6	1 619	337	298	196.1	二级	感病
0000930	8305-6-1	黑龙江经作所	黑龙江省哈尔滨市	品系	79	80.0	68.2	3	7	4.2	17.3	4 048	875	247	208.9	二级	中抗
0000931	8353-24	黑龙江经作所	黑龙江省哈尔滨市	品系	77	77.2	66.6	3	5	4.1	13.4	3 095	519	293	229.5	二级	感病
0000932	84106-1	黑龙江经作所	黑龙江省哈尔滨市	品系	66	57.1	46.7	4	7	4.6	14.8	2762	510	412	191.2	一级	中抗
0000933	8484-2	黑龙江经作所	黑龙江省哈尔滨市	品系	68	80.7	67.5	3	7	5.4	10.8	2 810	378	300	225.6	二级	中抗
0000934	8463-9	黑龙江经作所	黑龙江省哈尔滨市	品系	68	83.9	73.8	3	7	4.7	15.5	3 810	736	222	189.3	二级	中抗
0000935	85-58-27	黑龙江经作所	黑龙江省哈尔滨市	品系	70	81.2	67.7	3	9	4.2	13.3	3 762	627	276	163.8	二级	中抗
0000936	85-130-1-2	黑龙江经作所	黑龙江省哈尔滨市	品系	69	60.5	50.9	4	10	5.6	14.8	2 476	457	405	152.0	二级	抗病

（续）

统一编号	种质名称	保存单位	原产地或来源地	种质类型	生育日数	株高	工艺长	分枝数	蒴果数	种子千粒重	全麻率	原茎产量	全麻产量	种子产量	纤维强度	抗倒性	立枯病抗性
0000937	85013-14-29-27	黑龙江经作所	黑龙江省哈尔滨市	品系	69	84.9	70.6	3	7	4.1	13.1	3 333	546	240	255.0	二级	中抗
0000938	85080-8-18-1	黑龙江经作所	黑龙江省哈尔滨市	品系	69	94.3	72.7	3	5	4.9	14.1	5 714	1 006	443	202.0	一级	中抗
0000939	85156-24-10	黑龙江经作所	黑龙江省哈尔滨市	品系	70	79.9	66.6	3	5	5.3	15.9	4 816	955	397	240.3	一级	中抗
0000940	85159-2	黑龙江经作所	黑龙江省哈尔滨市	品系	72	72.6	63.6	3	5	6.0	15.3	4 762	909	288	212.8	二级	中抗
0000941	85159-3	黑龙江经作所	黑龙江省哈尔滨市	品系	71	74.1	88.0	2	3	4.8	15.2	4 048	768	248	208.9	二级	感病
0000942	85159-6	黑龙江经作所	黑龙江省哈尔滨市	品系	71	73.7	66.7	2	5	5.8	15.5	4 100	794	295	184.4	二级	中抗
0000943	85159-10-13	黑龙江经作所	黑龙江省哈尔滨市	品系	69	73.7	63.9	3	5	4.1	12.4	4 381	680	365	204.0	二级	抗病
0000944	r8607-4-1-3	黑龙江经作所	黑龙江省哈尔滨市	品系	69	68.5	57.0	3	5	4.3	14.8	5 619	1 037	514	201.0	二级	中抗
0000945	r86079-1-1-1	黑龙江经作所	黑龙江省哈尔滨市	品系	67	71.3	58.1	4	7	4.3	22.5	3 238	909	229	220.7	一级	中抗
0000946	r87-12-3	黑龙江经作所	黑龙江省哈尔滨市	品系	68	65.0	55.7	3	6	4.4	17.4	4 762	1 037	414	204.0	二级	中抗
0000947	r87-33-8	黑龙江经作所	黑龙江省哈尔滨市	品系	65	81.7	69.3	5	7	4.4	22.5	3 238	909	262	142.2	二级	感病
0000948	r8709-4-4-6-7	黑龙江经作所	黑龙江省哈尔滨市	品系	77	111.9	96.5	5	7	5.4	14.9	4 125	768	215	211.8	一级	高抗
0000949	M8711-22	黑龙江经作所	黑龙江省哈尔滨市	品系	79	65.6	58.3	3	5	5.2	23.4	2 714	794	406	241.2	一级	中抗
0000950	r8744-3	黑龙江经作所	黑龙江省哈尔滨市	品系	79	72.0	64.9	3	5	4.0	16.8	3 238	680	377	201.0	一级	中抗
0000951	87092-12	黑龙江经作所	黑龙江省哈尔滨市	品系	77	66.3	60.2	3	4	4.2	17.4	4 762	1 037	475	216.7	二级	中抗
0000952	88016-8	黑龙江经作所	黑龙江省哈尔滨市	品系	66	72.4	63.5	4	7	5.4	16.8	3 238	679	768	232.4	一级	抗病
0000953	88016-18-18	黑龙江经作所	黑龙江省哈尔滨市	品系	68	73.8	63.0	4	6	4.7	16.5	4 877	1 004	567	216.7	二级	中抗
0000954	89106-20	黑龙江经作所	黑龙江省哈尔滨市	品系	68	70.0	61.7	3	4	4.6	16.3	4 000	815	456	251.1	一级	抗病
0000955	r8744-7	黑龙江经作所	黑龙江省哈尔滨市	品系	70	108.6	83.0	4	7	4.6	15.0	3 750	705	331	218.7	二级	中抗
0000956	r8744-15	黑龙江经作所	黑龙江省哈尔滨市	品系	69	107.8	91.6	4	6	4.4	14.5	3 750	678	590	199.1	二级	中抗
0000957	87109-30	黑龙江经作所	黑龙江省哈尔滨市	品系	69	70.0	61.7	3	4	4.4	16.3	4 000	815	456	251.1	二级	中抗
0000958	D93005-42-2	黑龙江经作所	黑龙江省哈尔滨市	品系	69	104.9	83.6	5	8	4.3	16.5	7 001	1 446	514	264.8	一级	抗病
0000959	88016-17-17	黑龙江经作所	黑龙江省哈尔滨市	品系	70	118.5	103.1	4	6	4.8	17.4	4 625	1 004	138	195.2	一级	抗病
0000960	81-8-6-3-4	黑龙江经作所	黑龙江省哈尔滨市	品系	72	74.2	67.2	2	4	4.8	16.3	4 000	815	495	176.5	一级	抗病
0000961	M8711-11-8	黑龙江经作所	黑龙江省哈尔滨市	品系	71	75.4	66.0	3	5	5.0	16.6	4 810	998	517	190.3	一级	抗病
0000962	87287-7	黑龙江经作所	黑龙江省哈尔滨市	品系	71	65.9	58.5	3	5	5.4	18.3	4 286	980	498	182.4	一级	高抗

（续）

统一编号	种质名称	保存单位	原产地或来源地	种质类型	生育日数	株高	工艺长	分枝数	蒴果数	种子千粒重	全麻率	原茎产量	全麻产量	种子产量	纤维强度	抗倒性	立枯病抗性
0000963	90026-18	黑龙江经作所	黑龙江省哈尔滨市	品系	69	76.2	64.4	5	7	4.4	16.6	5186	1 075	495	170.6	一级	高抗
0000964	85-58-26-4	黑龙江经作所	黑龙江省哈尔滨市	品系	69	71.1	61.4	3	5	4.0	17.9	5 476	1 223	557	178.5	一级	中抗
0000965	81-8-6-3-6	黑龙江经作所	黑龙江省哈尔滨市	品系	67	65.4	57.9	2	4	4.8	19.0	4 667	1 107	605	210.8	一级	高抗
0000966	r8607-9-1-3	黑龙江经作所	黑龙江省哈尔滨市	品系	68	70.5	61.4	3	4	4.2	15.6	5 000	978	424	198.1	一级	中抗
0000967	col70	黑龙江经作所	俄罗斯	品系	65	72.5	65.1	5	10	4.5	11.8	4 286	631	636	191.2	○级	中抗
0000968	col92	黑龙江经作所	俄罗斯	品系	77	76.6	63.3	5	7	4.1	14.4	4 762	855	651	222.6	○级	中抗
0000969	col156	黑龙江经作所	俄罗斯	品系	79	69.2	51.9	4	7	3.9	14.8	2 857	529	612	227.5	○级	中抗
0000970	col158	黑龙江经作所	俄罗斯	品系	79	79.4	56.4	5	10	4.0	10.5	4 048	531	570	232.4	○级	中抗
0000971	col168	黑龙江经作所	俄罗斯	品系	77	76.4	54.5	5	10	4.6	14.4	3 987	717	734	156.9	○级	中抗
0000972	col172	黑龙江经作所	俄罗斯	品系	66	69.4	51.0	4	6	4.6	11.9	2 238	333	839	251.1	○级	中抗
0000973	col183	黑龙江经作所	俄罗斯	品系	68	86.6	65.1	4	9	3.9	12.4	5 238	813	429	170.6	○级	中抗
0000974	col195	黑龙江经作所	俄罗斯	品系	68	67.1	48.7	5	9	4.6	13.4	4 048	679	526	196.1	○级	中抗
0000975	col323	黑龙江经作所	俄罗斯	品系	70	82.2	62.6	4	8	4.0	11.2	4 286	599	574	243.2	○级	中抗
0000976	维京	黑龙江经作所	法国	品系	69	72.3	53.1	5	8	5.1	11.5	4 048	583	864	222.6	一级	高抗
0000977	艾夫兰	黑龙江经作所	法国	品系	69	69.1	49.9	5	8	4.9	11.8	5 095	754	802	198.1	一级	中抗
0000978	K-3978	黑龙江经作所	俄罗斯	品系	69	76.9	56.1	5	8	4.1	12.3	4 048	622	798	244.2	○级	中抗
0000979	K-4190	黑龙江经作所	俄罗斯	品系	70	92.1	70.7	5	9	4.2	12.4	4 381	680	633	247.1	○级	中抗
0000980	K-4613	黑龙江经作所	俄罗斯	品系	72	84.8	58.3	5	8	3.4	12.9	3 806	614	550	269.7	○级	中抗
0000981	col166	黑龙江经作所	俄罗斯	品系	71	86.1	66.3	5	9	4.5	12.6	4 762	752	352	197.1	○级	中抗
0000982	7117	黑龙江经作所	黑龙江省哈尔滨市	品系	71	67.4	56.0	4	6	3.8	11.2	4 286	599	638	189.3	二级	中抗
0000983	7107-3-6-8-4	黑龙江经作所	黑龙江省哈尔滨市	品系	69	73.5	63.4	4	5	4.3	14.2	4 095	726	222	256.9	二级	中抗
0000984	78-11-1-4-1-7-3	黑龙江经作所	黑龙江省哈尔滨市	品系	69	73.5	63.3	4	5	4.2	14.4	3 987	717	436	211.8	二级	中抗
0000985	80196-6	黑龙江经作所	黑龙江省哈尔滨市	品系	67	77.1	66.2	3	7	4.3	13.4	2 762	462	272	213.8	二级	感病
0000986	8030-3	黑龙江经作所	黑龙江省哈尔滨市	品系	68	70.3	61.8	3	5	4.2	14.7	3 381	623	282	267.7	二级	中抗
0000987	81-30-1	黑龙江经作所	黑龙江省哈尔滨市	品系	65	74.8	63.5	3	6	4.3	17.3	3 571	772	210	225.6	二级	中抗
0000988	81-30-2	黑龙江经作所	黑龙江省哈尔滨市	品系	77	69.6	60.2	3	6	4.6	16.0	2 476	495	203	266.7	二级	中抗

（续）

统一编号	种质名称	保存单位	原产地或来源地	种质类型	生育日数	株高	工艺长	分枝数	蒴果数	种子千粒重	全麻率	原茎产量	全麻产量	种子产量	纤维强度	抗倒性	立枯病抗性
0000989	8121-1	黑龙江经作所	黑龙江省哈尔滨市	品系	79	73.9	64.0	3	7	4.5	13.6	2 524	429	224	215.8	二级	中抗
0000990	r82-26-7	黑龙江经作所	黑龙江省哈尔滨市	品系	79	71.5	60.5	3	7	4.3	12.5	3 191	499	310	166.7	二级	中抗
0000991	8219-5-9	黑龙江经作所	黑龙江省哈尔滨市	品系	77	78.1	66.9	3	6	4.6	16.2	3 429	693	218	213.8	二级	感病
0000992	8214-2	黑龙江经作所	黑龙江省哈尔滨市	品系	66	74.4	62.8	4	7	4.5	12.4	5 238	813	318	208.9	二级	中抗
0000993	8295-9	黑龙江经作所	黑龙江省哈尔滨市	品系	68	65.1	54.3	4	8	4.3	13.4	4 048	679	303	201.0	二级	中抗
0000994	r82-9-22	黑龙江经作所	黑龙江省哈尔滨市	品系	68	81.0	66.6	4	8	4.3	11.2	4 286	599	270	158.9	一级	中抗
0000995	r82-17-21	黑龙江经作所	黑龙江省哈尔滨市	品系	70	76.0	62.4	4	7	4.7	16.3	4 000	815	207	264.8	二级	中抗
0000996	8212-9	黑龙江经作所	黑龙江省哈尔滨市	品系	69	74.1	62.2	3	6	4.4	16.6	4 810	998	240	172.6	二级	中抗
0000997	82-8	黑龙江经作所	黑龙江省哈尔滨市	品系	69	65.6	55.6	3	6	4.2	18.3	4 286	980	227	139.3	二级	中抗
0000998	8202-2	黑龙江经作所	黑龙江省哈尔滨市	品系	69	66.6	56.2	3	5	4.5	16.6	5 186	1 075	205	181.4	一级	中抗
0000999	r82-17-4	黑龙江经作所	黑龙江省哈尔滨市	品系	70	77.9	66.5	3	7	4.5	17.9	5 476	1 223	206	250.1	二级	中抗
0001000	8246-15-19	黑龙江经作所	黑龙江省哈尔滨市	品系	72	74.5	63.0	4	9	4.4	19.0	4 667	1 107	368	171.6	二级	中抗
0001001	r82-2-7	黑龙江经作所	黑龙江省哈尔滨市	品系	71	74.7	65.3	4	6	4.7	16.3	4 000	815	295	191.2	一级	中抗
0001002	8295-7	黑龙江经作所	黑龙江省哈尔滨市	品系	71	62.0	52.3	4	6	4.3	11.9	2 238	333	333	178.5	一级	中抗
0001003	8346	黑龙江经作所	黑龙江省哈尔滨市	品系	69	75.2	65.4	3	6	4.2	14.4	3 987	717	226	269.7	二级	感病
0001004	8351	黑龙江经作所	黑龙江省哈尔滨市	品系	69	70.3	58.9	3	7	4.3	13.4	2 762	462	341	206.9	二级	中抗
0001005	8353	黑龙江经作所	黑龙江省哈尔滨市	品系	67	71.2	59.8	3	5	4.2	14.7	3 381	623	321	240.3	二级	中抗
0001006	8354	黑龙江经作所	黑龙江省哈尔滨市	品系	68	70.2	58.1	4	8	4.3	17.3	3 571	772	281	226.5	二级	中抗
0001007	8357	黑龙江经作所	黑龙江省哈尔滨市	品系	65	79.8	66.4	3	7	4.6	16.0	2 476	495	297	205.0	二级	中抗
0001008	8302-2	黑龙江经作所	黑龙江省哈尔滨市	品系	77	74.3	62.3	3	7	4.5	13.6	2 524	429	583	205.9	二级	中抗
0001009	D93005-20-1	黑龙江经作所	黑龙江省哈尔滨市	品系	79	108.7	86.3	6	13	4.3	16.3	4 000	815	435	191.2	二级	抗病
0001010	r87-12-4	黑龙江经作所	黑龙江省哈尔滨市	品系	79	72.1	60.8	4	8	3.5	16.6	4 810	998	584	190.3	二级	中抗
0001011	8353-12	黑龙江经作所	黑龙江省哈尔滨市	品系	77	72.4	63.3	3	5	4.8	18.3	4 286	980	397	272.6	二级	中抗
0001012	8353-15	黑龙江经作所	黑龙江省哈尔滨市	品系	66	109.9	85.5	5	10	4.3	16.6	5 186	1 075	587	129.5	二级	中抗
0001013	5323-11	黑龙江经作所	黑龙江省哈尔滨市	品系	68	75.0	64.1	3	6	4.3	17.9	5 476	1 223	505	200.1	一级	中抗
0001014	8318-4-8-4	黑龙江经作所	黑龙江省哈尔滨市	品系	68	78.0	66.7	4	6	4.3	19.0	4 667	1 107	427	245.2	一级	中抗

（续）

统一编号	种质名称	保存单位	原产地或来源地	种质类型	生育日数	株高	工艺长	分枝数	蒴果数	种子千粒重	全麻率	原茎产量	全麻产量	种子产量	纤维强度	抗倒性	立枯病抗性
0001015	8356-9	黑龙江经作所	黑龙江省哈尔滨市	品系	70	72.9	61.2	4	7	4.4	14.4	2 667	481	530	107.9	二级	中抗
0001016	8484-2	黑龙江经作所	黑龙江省哈尔滨市	品系	69	67.8	60.0	3	7	4.6	15.3	2 762	527	631	179.5	一级	中抗
0001017	89156-12-10-14	黑龙江经作所	黑龙江省哈尔滨市	品系	69	109.8	87.6	5	9	4.0	12.7	6 251	994	504	304.5	二级	抗病
0001018	84106-2	黑龙江经作所	黑龙江省哈尔滨市	品系	69	80.7	67.5	4	7	4.2	16.3	4 000	815	595	225.6	二级	中抗
0001019	84106-23	黑龙江经作所	黑龙江省哈尔滨市	品系	70	81.9	69.5	4	9	4.0	16.5	7 001	1 446	631	253.0	二级	感病
0001019	90018-13-1-2	黑龙江经作所	黑龙江省哈尔滨市	品系	69	93.3	93.3	5	6	4.4	17.3	5 405	1 171	370	316.8	一级	中抗
0001020	8463-12	黑龙江经作所	黑龙江省哈尔滨市	品系	72	79.2	67.4	3	7	4.3	17.4	4 625	1 004	451	167.7	二级	中抗
0001021	8463-9	黑龙江经作所	黑龙江省哈尔滨市	品系	71	83.9	73.8	3	7	4.5	16.3	4 000	815	618	189.3	二级	中抗
0001022	r84-25-1	黑龙江经作所	黑龙江省哈尔滨市	品系	71	78.8	66.7	4	7	4.4	16.6	4 810	998	680	257.9	二级	抗病
0001023	r8410-4	黑龙江经作所	黑龙江省哈尔滨市	品系	69	78.7	64.9	4	8	4.1	18.3	4 286	980	572	204.0	二级	中抗
0001024	85080-8-4-1	黑龙江经作所	黑龙江省哈尔滨市	品系	69	76.3	66.3	3	6	4.4	16.6	5 186	1 075	508	257.9	一级	抗病
0001025	r85-5-20	黑龙江经作所	黑龙江省哈尔滨市	品系	67	76.7	65.7	3	6	4.0	17.9	5 476	1 223	340	206.9	二级	中抗
0001026	r85-14-8	黑龙江经作所	黑龙江省哈尔滨市	品系	68	81.2	67.8	3	7	4.2	19.0	4 667	1 107	527	307.0	二级	中抗
0001027	85013-14	黑龙江经作所	黑龙江省哈尔滨市	品系	65	79.0	64.8	4	11	4.4	15.6	5 000	978	521	171.6	二级	中抗
0001028	85013-14-30	黑龙江经作所	黑龙江省哈尔滨市	品系	77	81.0	67.4	4	8	4.2	11.8	4 286	631	555	244.2	二级	中抗
0001029	85159-30	黑龙江经作所	黑龙江省哈尔滨市	品系	79	79.3	52.8	6	11	5.4	14.4	4 762	855	485	277.5	二级	中抗
0001030	85157-4-2	黑龙江经作所	黑龙江省哈尔滨市	品系	79	74.5	74.8	4	6	4.3	16.3	4 000	815	526	248.1	二级	中抗
0001031	90050-6-6-2	黑龙江经作所	黑龙江省哈尔滨市	品系	77	113.9	89.4	6	11	4.0	16.5	7 001	1 446	523	237.3	二级	抗病
0001032	85026-33-4	黑龙江经作所	黑龙江省哈尔滨市	品系	66	85.2	71.9	3	6	4.4	17.4	4 625	1 004	501	233.4	二级	中抗
0001033	85159-9-9-10	黑龙江经作所	黑龙江省哈尔滨市	品系	68	103.0	88.4	4	6	4.4	16.3	4 000	815	680	261.8	一级	抗病
0001034	87A-3	黑龙江经作所	黑龙江省哈尔滨市	品系	68	67.1	55.6	3	6	4.4	16.6	4 810	998	647	256.9	二级	中抗
0001035	r8701-1-9	黑龙江经作所	黑龙江省哈尔滨市	品系	70	68.2	60.5	3	5	4.4	18.3	4 286	980	765	233.4	一级	中抗
0001036	M8711-12	黑龙江经作所	黑龙江省哈尔滨市	品系	69	64.8	57.0	4	6	5.6	16.6	5 186	1 075	658	250.1	二级	抗病
0001037	r87-40-7	黑龙江经作所	黑龙江省哈尔滨市	品系	69	70.9	59.6	4	9	4.2	17.9	5 476	1 223	603	215.8	一级	中抗
0001038	87A-6	黑龙江经作所	黑龙江省哈尔滨市	品系	69	67.7	56.8	4	7	4.4	19.0	4 667	1 107	540	123.6	二级	中抗
0001039	87013-39	黑龙江经作所	黑龙江省哈尔滨市	品系	70	72.4	61.6	4	8	4.3	15.6	5 000	978	479	231.4	二级	感病

（续）

统一编号	种质名称	保存单位	原产地或来源地	种质类型	生育日数	株高	工艺长	分枝数	蒴果数	种子千粒重	全麻率	原茎产量	全麻产量	种子产量	纤维强度	抗倒性	立枯病抗性
0001040	r87-23-2	黑龙江经作所	黑龙江省哈尔滨市	品系	72	77.3	64.6	4	7	4.3	11.8	4 286	631	690	218.7	二级	中抗
0001041	8952	黑龙江经作所	黑龙江省哈尔滨市	品系	71	73.1	60.4	3	8	4.6	14.4	4 762	855	665	232.4	二级	中抗
0001042	M8711-10	黑龙江经作所	黑龙江省哈尔滨市	品系	71	67.1	59.1	3	5	5.6	16.6	4 810	998	617	206.9	一级	抗病
0001043	87019-22	黑龙江经作所	黑龙江省哈尔滨市	品系	69	81.4	71.7	3	6	4.4	18.3	4 286	980	396	213.8	二级	中抗
0001044	r87-47-4	黑龙江经作所	黑龙江省哈尔滨市	品系	69	69.9	59.7	5	8	4.4	16.6	5 186	1 075	0	153.0	二级	中抗
0001045	r8777-12	黑龙江经作所	黑龙江省哈尔滨市	品系	67	126.3	108.6	4	12	5.2	17.9	5 476	1 223	549	228.5	一级	中抗
0001046	87019-44	黑龙江经作所	黑龙江省哈尔滨市	品系	68	101.7	74.0	6	18	4.3	19.0	4 667	1 107	644	251.1	一级	高抗
0001047	87013-29	黑龙江经作所	黑龙江省哈尔滨市	品系	65	67.4	57.8	3	6	4.5	15.6	5 000	978	558	239.3	二级	高抗
0001057	Додник могиневский	黑龙江经作所	俄罗斯	品系	77	90.3	72.8	5	7	3.9	11.8	4 286	631	440	245.0	二级	中抗
0001058	дашковский	黑龙江经作所	俄罗斯	品系	79	91.6	75.8	5	8	4.1	14.4	4 762	855	222	269.7	二级	中抗
0001059	Кром	黑龙江经作所	俄罗斯	品系	79	92.7	76.3	5	9	4.0	17.5	5 536	1 212	510	232.4	二级	中抗
0001060	JOTRDAN	黑龙江经作所	捷克	品系	77	89.9	74.4	5	8	4.0	18.9	5 476	1 294	407	237.5	一级	中抗
0001061	MERKUR	黑龙江经作所	捷克	品系	66	80.7	67.0	4	6	4.4	17.8	4 881	1 089	549	318.7	一级	中抗
0001062	BONET	黑龙江经作所	捷克	品系	68	80.0	63.6	4	7	3.7	18.9	5 357	1 265	702	274.6	一级	感病
0001063	MARYLIN	黑龙江经作所	捷克	品系	68	81.9	65.7	5	7	4.9	21.6	5 476	1 480	629	230.5	一级	感病
0001064	Valour	黑龙江经作所	加拿大	品系	70	59.1	40.9	5	8	5.0	13.2	2 857	470	295	244.2	二级	中抗
0001065	Somme	黑龙江经作所	加拿大	品系	69	76.1	63.4	4	6	4.5	15.9	3 095	614	481	152.8	二级	中抗
0001066	AORORE	黑龙江经作所	法国	品系	69	85.1	70.6	4	6	4.2	17.8	4 643	1 035	396	274.6	二级	中抗
0001067	Norlin	黑龙江经作所	加拿大	品系	69	93.6	81.4	4	8	4.4	16.5	4 643	959	232	267.7	一级	中抗
0001068	Normsmdy	黑龙江经作所	加拿大	品系	70	57.4	42.7	5	9	4.0	10.8	2 976	400	360	137.3	一级	中抗
0001069	Acestson	黑龙江经作所	加拿大	品系	72	62.4	49.4	5	9	5.5	13.7	3 571	610	480	166.3	一级	感病
0001070	Acmcduff	黑龙江经作所	加拿大	品系	71	64.0	52.1	5	107	5.1	12.4	3 333	516	460	294.2	一级	中抗
0001071	VENUS	黑龙江经作所	法国	品系	71	81.5	66.4	4	8	4.1	17.8	4 405	979	470	199.1	一级	感病
0001072	OLIVER	黑龙江经作所	捷克	品系	69	51.6	40.4	4	7	4.5	13.6	2 500	426	500	144.2	一级	中抗
0001073	Escalina	黑龙江经作所	捷克	品系	69	78.1	65.2	4	6	4.3	15.6	3 810	744	350	280.5	一级	中抗
0001074	Flanders	黑龙江经作所	捷克	品系	67	53.7	43.2	4	8	4.8	12.8	2 381	380	433	335.4	一级	中抗

（续）

统一编号	种质名称	保存单位	原产地或来源地	种质类型	生育日数	株高	工艺长	分枝数	蒴果数	种子千粒重	全麻率	原茎产量	全麻产量	种子产量	纤维强度	抗倒性	立枯病抗性
0001075	Atalante	黑龙江经作所	捷克	品系	68	60.8	49.3	4	8	5.1	13.5	2 857	481	375	198.1	二级	中抗
0001076	Jika	黑龙江经作所	捷克	品系	65	80.9	66.1	5	7	3.8	13.3	3 929	655	250	218.7	二级	中抗
0001077	Texa	黑龙江经作所	捷克	品系	77	75.7	61.2	5	7	4.4	15.5	3 333	647	325	297.0	一级	中抗
0001078	Horan	黑龙江经作所	捷克	品系	79	81.2	67.9	4	7	3.9	16.0	2 976	594	200	215.8	一级	中抗
0001079	Agron	黑龙江经作所	捷克	品系	79	80.7	65.4	5	7	3.9	16.5	5 476	1 127	308	138.3	二级	中抗
0001080	Marina	黑龙江经作所	捷克	品系	77	87.4	73.9	4	7	4.3	15.9	5 238	1 042	265	288.5	一级	中抗
0001081	Electra	黑龙江经作所	捷克	品系	66	86.9	72.5	4	6	4.4	19.2	5 119	1 228	386	294.2	一级	中抗
0001082	Jitka	黑龙江经作所	捷克	品系	68	79.1	64.3	4	6	4.0	19.6	4 220	1 036	216	282.4	一级	感病
0001083	Diane	黑龙江经作所	法国	品系	68	93.1	78.3	4	6	4.5	19.6	4 780	1 169	396	259.9	一级	感病
0001084	云南	黑龙江经作所	云南省昆明市	品系	70	77.4	64.3	4	6	4.4	16.7	4 405	922	270	213.0	二级	中抗
0001085	抗-1	黑龙江经作所	俄罗斯	品系	69	80.9	67.4	5	9	4.0	15.1	5 119	968	304	235.9	二级	感病
0001086	抗-3	黑龙江经作所	俄罗斯	品系	69	66.2	51.6	4	8	4.2	14.7	4 286	787	427	228.5	○级	中抗
0001087	抗-4	黑龙江经作所	俄罗斯	品系	69	72.1	58.7	5	8	4.2	16.0	4 048	811	530	280.5	○级	感病
0001088	抗-5	黑龙江经作所	俄罗斯	品系	70	70.3	57.4	4	10	4.4	11.8	3 810	560	504	292.2	○级	中抗
0001089	抗-6	黑龙江经作所	俄罗斯	品系	72	61.6	48.9	5	11	4.4	11.9	3 333	497	595	264.8	○级	中抗
0001090	抗-7	黑龙江经作所	俄罗斯	品系	71	61.3	49.5	5	11	4.9	12.1	3 095	470	631	159.9	○级	中抗
0001091	85159-9-4-7	黑龙江经作所	黑龙江省哈尔滨市	品系	71	77.9	55.6	4	8	4.6	12.9	3 333	538	370	184.4	二级	中抗
0001092	D95028-10	黑龙江经作所	黑龙江省哈尔滨市	品系	69	83.8	62.6	5	9	4.3	11.5	4 381	629	451	259.9	二级	中抗
0001093	85159-10-1	黑龙江经作所	黑龙江省哈尔滨市	品系	69	76.4	54.1	4	6	4.6	16.3	4 000	815	418	213.0	一级	中抗
0001094	85156-12-10-7-3-2	黑龙江经作所	黑龙江省哈尔滨市	品系	67	72.1	58.4	5	7	5.5	12.2	3 571	546	480	235.9	一级	中抗
0001095	85156-12-10-14	黑龙江经作所	黑龙江省哈尔滨市	品系	68	76.6	54.8	4	7	5.0	16.6	4 167	865	386	228.5	一级	中抗
0001096	85026-13-5	黑龙江经作所	黑龙江省哈尔滨市	品系	65	78.1	53.9	4	8	4.2	17.1	5 643	1 209	216	280.5	一级	中抗
0001097	85-5-2-18-3-7-1	黑龙江经作所	黑龙江省哈尔滨市	品系	77	86.1	65.6	4	6	3.9	12.6	4 286	674	396	292.2	一级	高抗
0001098	85-5-2-18-16	黑龙江经作所	黑龙江省哈尔滨市	品系	79	88.7	69.1	4	6	3.8	13.1	4 286	703	270	264.8	一级	中抗
0001099	85-5-2-23-2	黑龙江经作所	黑龙江省哈尔滨市	品系	79	91.4	71.5	4	7	3.9	16.6	4 167	865	224	159.9	一级	中抗
0001100	85-5-2-33-6-14	黑龙江经作所	黑龙江省哈尔滨市	品系	77	91.1	69.3	4	7	3.7	17.1	5 643	1 209	258	259.9	一级	中抗

（续）

统一编号	种质名称	保存单位	原产地或来源地	种质类型	生育日数	株高	工艺长	分枝数	蒴果数	种子千粒重	全麻率	原茎产量	全麻产量	种子产量	纤维强度	抗倒性	立枯病抗性
0001101	85-5-2-34-1-8-7	黑龙江经作所	黑龙江省哈尔滨市	品系	66	86.1	65.6	4	6	3.9	12.6	4 286	674	458	264.8	二级	中抗
0001102	85-5-2-34-3-10	黑龙江经作所	黑龙江省哈尔滨市	品系	68	91.5	70.7	4	7	3.9	16.6	4 167	865	442	186.3	二级	中抗
0001103	85159-9-9-8	黑龙江经作所	黑龙江省哈尔滨市	品系	68	78.6	58.5	4	10	4.0	17.1	5 643	1 209	367	215.8	一级	中抗
0001104	85-120-8	黑龙江经作所	黑龙江省哈尔滨市	品系	70	83.1	64.8			4.3	16.6	4 167	865	205	196.1	一级	高抗
0001105	86045-17-13-8	黑龙江经作所	黑龙江省哈尔滨市	品系	69	95.5	82.7	3	6	4.6	17.1	5 643	1 209	360	269.7	一级	中抗
0001106	M8711-8	黑龙江经作所	黑龙江省哈尔滨市	品系	69	92.3	81.7	3	5	4.8	14.8	5 786	1 071	265	278.5	一级	中抗
0001107	87036-20	黑龙江经作所	黑龙江省哈尔滨市	品系	69	92.1	81.2	4	5	4.1	16.0	4 685	935	286	192.2	一级	中抗
0001108	r8709-4-4-6-2	黑龙江经作所	黑龙江省哈尔滨市	品系	70	75.0	50.9	4	7	4.7	16.7	4 405	922	216	269.7	一级	中抗
0001109	88043-21	黑龙江经作所	黑龙江省哈尔滨市	品系	72	78.9	59.6	4	7	4.3	15.1	5 119	968	396	319.7	一级	高抗
0001110	89119-10-18-9	黑龙江经作所	黑龙江省哈尔滨市	品系	71	82.8	65.9	4	7	4.2	16.6	4 167	865	320	259.9	二级	中抗
0001111	89156-12-10-14	黑龙江经作所	黑龙江省哈尔滨市	品系	71	76.6	54.8	4	7	5.0	17.1	5 643	1 209	260	264.8	二级	中抗
0001112	89156-12-10-7-3-2	黑龙江经作所	黑龙江省哈尔滨市	品系	69	72.1	58.4	5	7	5.2	14.8	5 786	1 071	265	186.3	二级	中抗
0001113	89156-12-10-7-6	黑龙江经作所	黑龙江省哈尔滨市	品系	67	75.3	53.2	5	9	4.8	13.2	4 286	705	508	215.8	二级	中抗
0001114	89113-13-4-8-4	黑龙江经作所	黑龙江省哈尔滨市	品系	68	88.0	68.9	3	7	5.4	10.8	4 254	575	442	196.1	一级	中抗
0001115	89113-13-4-8-6	黑龙江经作所	黑龙江省哈尔滨市	品系	65	87.3	63.8	4	9	4.7	15.1	4 048	763	467	269.7	二级	中抗
0001116	89113-14-17	黑龙江经作所	黑龙江省哈尔滨市	品系	77	99.3	87.5	3	5	5.1	17.8	5 952	1 321	375	319.7	一级	中抗
0001117	90018-3-1-28	黑龙江经作所	黑龙江省哈尔滨市	品系	79	94.7	78.8	4	7	4.5	15.0	5 881	1 103	270	259.9	一级	中抗
0001118	90118-5-5	黑龙江经作所	黑龙江省哈尔滨市	品系	79	75.1	54.5	4	7	4.2	16.6	4 167	865	224	0.0	一级	中抗
0001119	90050-6-6-2	黑龙江经作所	黑龙江省哈尔滨市	品系	77	71.8	49.7	4	6	4.4	17.1	5 643	1 209	258	0.0	一级	高抗
0001120	90018-6-3-11	黑龙江经作所	黑龙江省哈尔滨市	品系	66	92.7	80.0	3	5	4.2	14.8	5 786	1 071	458	256.0	一级	中抗
0001121	90018-6-3-11-28	黑龙江经作所	黑龙江省哈尔滨市	品系	68	78.3	53.4	5	11	4.5	16.7	4 405	922	442	0.0	一级	中抗
0001122	90018-6-3-15	黑龙江经作所	黑龙江省哈尔滨市	品系	68	93.7	78.6	3	6	4.4	15.1	5 119	968	367	199.1	一级	中抗
0001123	90018-13-1-8	黑龙江经作所	黑龙江省哈尔滨市	品系	70	75.4	75.4	4	9	3.7	16.6	4 167	865	205	0.0	一级	中抗
0001124	90159-18-2-8-9	黑龙江经作所	黑龙江省哈尔滨市	品系	69	68.1	68.1	5	8	5.2	13.3	3 333	556	427	0.0	一级	中抗
0001125	90436	黑龙江经作所	黑龙江省哈尔滨市	品系	69	79.7	79.7	4	6	4.6	14.9	4 524	842	530	173.6	一级	中抗
0001126	92025-16-9	黑龙江经作所	黑龙江省哈尔滨市	品系	69	92.0	92.0	3	5	3.5	16.6	6 191	1 284	504	210.8	一级	中抗

（续）

统一编号	种质名称	保存单位	原产地或来源地	种质类型	生育日数	株高	工艺长	分枝数	蒴果数	种子千粒重	全麻率	原茎产量	全麻产量	种子产量	纤维强度	抗倒性	立枯病抗性
0001127	92068-19-5	黑龙江经作所	黑龙江省哈尔滨市	品系	70	64.1	64.1	5	12	3.5	13.0	4 254	692	595	196.1	一级	中抗
0001128	D93001-14-4	黑龙江经作所	黑龙江省哈尔滨市	品系	72	82.4	82.4	4	7	4.2	13.6	4 529	769	631	206.9	一级	中抗
0001129	D93005-13-5	黑龙江经作所	黑龙江省哈尔滨市	品系	71	96.1	96.1	3	5	4.5	15.4	5 592	1 080	370	242.2	一级	中抗
0001130	D93005-15-5	黑龙江经作所	黑龙江省哈尔滨市	品系	71	74.4	74.4	5	10	4.5	14.8	3 810	704	451	236.3	二级	中抗
0001131	D93007-15-3	黑龙江经作所	黑龙江省哈尔滨市	品系	69	76.0	76.0	5	9	4.6	12.4	4 048	627	618	219.7	一级	中抗
0001132	D93007-15-8-11	黑龙江经作所	黑龙江省哈尔滨市	品系	67	66.1	66.1	6	16	4.8	16.7	4 405	922	480	242.2	二级	中抗
0001133	D93008-9-3	黑龙江经作所	黑龙江省哈尔滨市	品系	68	83.2	83.2	4	7	4.7	15.1	5 119	968	558	236.3	一级	中抗
0001134	D93009-10-5	黑龙江经作所	黑龙江省哈尔滨市	品系	65	85.8	85.8	4	8	4.4	16.6	4 167	865	440	219.7	一级	中抗
0001135	D93009-13-15	黑龙江经作所	黑龙江省哈尔滨市	品系	77	88.4	88.4	4	5	4.3	18.2	4 048	921	222	208.9	一级	中抗
0001136	D95010-10	黑龙江经作所	黑龙江省哈尔滨市	品系	79	80.6	80.6	6	14	4.4	12.6	4 048	638	510	258.9	二级	中抗
0001137	D95014	黑龙江经作所	黑龙江省哈尔滨市	品系	79	81.7	81.7	3	5	4.8	16.9	2 000	423	407	240.3	二级	中抗
0001138	D95027-16	黑龙江经作所	黑龙江省哈尔滨市	品系	77	82.5	82.5	4	9	4.2	16.6	4 167	865	349	220.7	二级	中抗
0001139	D95027-22-2-10	黑龙江经作所	黑龙江省哈尔滨市	品系	66	90.9	90.9	4	6	3.9	17.2	4 643	998	402	252.5	一级	中抗
0001140	D95027-9-3-1	黑龙江经作所	黑龙江省哈尔滨市	品系	68	91.2	91.2	4	6	3.8	16.7	5 405	1 131	629	279.5	一级	中抗
0001141	D95027-22-8	黑龙江经作所	黑龙江省哈尔滨市	品系	68	79.6	79.6	5	6	3.9	13.0	3 810	619	295	278.5	二级	中抗
0001142	D96021-1	黑龙江经作所	黑龙江省哈尔滨市	品系	70	81.8	81.8	3	5	3.8	18.8	5 405	1 272	481	255.0	二级	中抗
0001143	D97018-2	黑龙江经作所	黑龙江省哈尔滨市	品系	69	104.7	104.7	4	6	4.5	19.4	4 875	1 179	396	265.8	二级	中抗
0001144	D97018-7	黑龙江经作所	黑龙江省哈尔滨市	品系	69	102.8	102.8	4	6	4.5	16.9	5 500	1 159	232	183.4	二级	中抗
0001145	D97021-1	黑龙江经作所	黑龙江省哈尔滨市	品系	69	90.9	90.9	4	6	3.9	17.2	4 643	998	360	252.5	一级	中抗
0001146	H99031	黑龙江经作所	黑龙江省哈尔滨市	品系	70	85.9	85.9	4	10	3.7	13.6	3 810	648	480	192.6	一级	高抗
0001147	CoL82	黑龙江经作所	俄罗斯	品系	72	86.1	86.1	4	8	3.0	14.3	4 286	769	679	237.3	二级	中抗
0001148	CoL155	黑龙江经作所	俄罗斯	品系	71	97.9	97.9	4	7	3.5	20.8	5 357	1 392	595	207.9	二级	中抗
0001149	CoL157	黑龙江经作所	俄罗斯	品系	71	66.1	66.1	6	16	4.5	14.7	3 333	612	548	236.5	○级	中抗
0001150	CoL78	黑龙江经作所	俄罗斯	品系	69	78.8	78.8	4	7	4.3	14.8	4 048	750	510	151.0	二级	中抗
0001151	T-10	黑龙江经作所	俄罗斯	品系	67	90.9	90.9	4	6	3.9	17.2	4 643	998	595	252.5	二级	中抗
0001152	Тверца	黑龙江经作所	俄罗斯	品系	68	85.9	85.9	4	10	3.7	13.6	3 810	648	658	192.6	二级	中抗

（续）

统一编号	种质名称	保存单位	原产地或来源地	种质类型	生育日数	株高	工艺长	分枝数	蒴果数	种子千粒重	全麻率	原茎产量	全麻产量	种子产量	纤维强度	抗倒性	立枯病抗性
0001153	K-6815	黑龙江经作所	俄罗斯	品系	65	89.1	89.1	5	9	3.9	14.0	3 929	690	681	304.0	二级	中抗
0001154	дранция	黑龙江经作所	俄罗斯	品系	77	85.8	85.8	4	7	3.8	18.0	4 504	1 011	586	201.0	○级	中抗
0001155	Рамвемпековск	黑龙江经作所	俄罗斯	品系	79	81.6	81.6	5	6	3.9	19.9	4 643	1 153	572	205.9	二级	中抗
0001156	8284-11-6-12-10	黑龙江经作所	黑龙江省哈尔滨市	品系	79	92.3	92.3	5	9	4.4	13.5	5 000	842	515	294.2	一级	中抗
0001157	85-5-2-18-3-7-4	黑龙江经作所	黑龙江省哈尔滨市	品系	77	98.6	98.6	3	6	4.3	17.3	2 750	593	642	294.2	二级	中抗
0001158	85-5-2-18-3-6	黑龙江经作所	黑龙江省哈尔滨市	品系	66	103.7	103.7	3	5	4.3	16.5	5 238	1 079	260	196.1	一级	中抗
0001159	85-5-26-4	黑龙江经作所	黑龙江省哈尔滨市	品系	68	81.7	81.7	3	5	4.8	16.9	2 000	423	344	240.3	二级	中抗
0001160	85-5-26-19	黑龙江经作所	黑龙江省哈尔滨市	品系	68	91.8	91.8	3	5	4.2	14.8	2 625	485	374	284.4	一级	中抗
0001161	85-5-2-33-8-3	黑龙江经作所	黑龙江省哈尔滨市	品系	70	105.0	105.0	4	6	4.3	17.9	4 882	1 092	520	279.5	一级	中抗
0001162	85157-8-8	黑龙江经作所	黑龙江省哈尔滨市	品系	69	92.3	92.3	4	5	4.4	16.3	6 501	1 321	698	232.4	一级	中抗
0001163	89113-2-2-3	黑龙江经作所	黑龙江省哈尔滨市	品系	69	95.6	95.6	3	6	4.7	14.3	5 781	1 030	814	215.8	一级	中抗
0001164	89113-13-4-8-4	黑龙江经作所	黑龙江省哈尔滨市	品系	69	88.0	88.0	3	7	5.5	16.6	4 167	865	629	176.5	一级	高抗
0001165	89119-10-17	黑龙江经作所	黑龙江省哈尔滨市	品系	70	97.5	97.5	4	8	4.6	15.8	5 952	1 179	788	299.1	一级	中抗
0001166	89119-10-17-8	黑龙江经作所	黑龙江省哈尔滨市	品系	72	94.4	94.4	3	6	4.6	14.4	6 429	1 157	606	242.2	一级	中抗
0001167	90013-28-8	黑龙江经作所	黑龙江省哈尔滨市	品系	71	90.7	90.7	3	6	4.8	15.7	3 250	636	628	164.8	一级	中抗
0001168	90018-3-1-28	黑龙江经作所	黑龙江省哈尔滨市	品系	71	77.0	77.0	4	9	4.3	16.6	4 167	865	660	185.4	一级	中抗
0001170	90018-13-9-10	黑龙江经作所	黑龙江省哈尔滨市	品系	67	95.3	95.3	3	6	4.5	16.8	5 555	1 168	412	371.7	一级	中抗
0001171	90050-6-6-3-3	黑龙江经作所	黑龙江省哈尔滨市	品系	68	94.4	94.4	3	6	4.6	17.6	5 548	1 217	583	204.0	一级	中抗
0001172	92025-16-19	黑龙江经作所	黑龙江省哈尔滨市	品系	65	85.2	85.2	4	11	3.9	22.5	3 238	909	435	185.4	一级	中抗
0001173	92068-20	黑龙江经作所	黑龙江省哈尔滨市	品系	77	102.5	102.5	3	5	4.2	15.0	5 952	1 113	584	298.1	一级	中抗
0001174	92104-9-3	黑龙江经作所	黑龙江省哈尔滨市	品系	79	98.8	98.8	3	5	4.9	17.0	5 548	1 179	397	244.2	一级	中抗
0001175	92199-6-5	黑龙江经作所	黑龙江省哈尔滨市	品系	79	90.2	90.2	4	6	4.6	15.9	5 304	1 056	787	199.1	一级	中抗
0001176	92199-13-10	黑龙江经作所	黑龙江省哈尔滨市	品系	77	88.3	88.3	3	5	4.2	18.4	5 238	1 203	605	276.6	一级	中抗
0001177	D93005-20-1	黑龙江经作所	黑龙江省哈尔滨市	品系	66	86.6	86.6	3	6	4.8	15.2	5 071	964	427	223.6	一级	中抗
0001178	D93009-13-5	黑龙江经作所	黑龙江省哈尔滨市	品系	68	101.1	101.1	3	6	4.7	18.4	5 714	1 311	530	242.2	一级	中抗
0001179	94009-6-1	黑龙江经作所	黑龙江省哈尔滨市	品系	68	95.5	95.5	4	6	4.4	13.7	3 625	619	504	151.0	一级	中抗

（续）

统一编号	种质名称	保存单位	原产地或来源地	种质类型	生育日数	株高	工艺长	分枝数	蒴果数	种子千粒重	全麻率	原茎产量	全麻产量	种子产量	纤维强度	抗倒性	立枯病抗性
0001180	D95009-10-5	黑龙江经作所	黑龙江省哈尔滨市	品系	70	85.2	85.2	4	11	3.9	16.6	4 167	865	595	210.8	一级	中抗
0001181	D95010-17	黑龙江经作所	黑龙江省哈尔滨市	品系	69	82.8	82.8	4	7	4.4	17.6	3 250	714	631	200.1	二级	中抗
0001182	95021-6	黑龙江经作所	黑龙江省哈尔滨市	品系	69	94.4	94.4	3	4	4.3	16.0	4 452	891	370	189.3	一级	中抗
0001183	D95027-8	黑龙江经作所	黑龙江省哈尔滨市	品系	69	96.8	96.8	4	7	4.4	17.0	6 429	1 363	451	270.7	一级	中抗
0001184	95023-1	黑龙江经作所	黑龙江省哈尔滨市	品系	70	79.2	79.2	3	6	4.4	11.6	3 875	563	618	297.1	二级	中抗
0001185	D95027-9-3	黑龙江经作所	黑龙江省哈尔滨市	品系	72	104.6	104.6	4	8	4.3	16.5	3 750	773	680	254.0	二级	中抗
0001186	D95027-9-3-2	黑龙江经作所	黑龙江省哈尔滨市	品系	71	92.9	92.9	4	6	4.4	16.9	4 444	941	572	208.9	一级	中抗
0001187	D95027-9-11	黑龙江经作所	黑龙江省哈尔滨市	品系	71	92.3	92.3	4	6	4.3	17.3	5 238	1 131	508	211.8	一级	中抗
0001188	D95027-22	黑龙江经作所	黑龙江省哈尔滨市	品系	77	91.7	91.7	4	6	4.3	17.4	5 000	1 088	340	243.2	一级	中抗
0001189	96021-1-1-2	黑龙江经作所	黑龙江省哈尔滨市	品系	79	84.1	84.1	4	7	4.3	20.1	4 250	1 069	527	258.9	二级	中抗
0001190	D96021-15	黑龙江经作所	黑龙江省哈尔滨市	品系	77	88.0	88.0	3	7	4.5	19.0	4 000	948	521	115.7	二级	中抗
0001191	D97007-1	黑龙江经作所	黑龙江省哈尔滨市	品系	75	85.9	85.9	4	6	4.4	20.1	3 625	912	555	284.4	二级	中抗
0001192	D97007-3	黑龙江经作所	黑龙江省哈尔滨市	品系	78	94.5	94.5	4	8	4.7	17.9	4 875	1 091	485	256.0	二级	中抗
0001193	D97008-3	黑龙江经作所	黑龙江省哈尔滨市	品系	87	79.0	79.0	3	5	4.8	19.7	3 750	923	526	220.7	二级	中抗
0001194	D97009-15	黑龙江经作所	黑龙江省哈尔滨市	品系	75	92.4	92.4	3	7	4.6	21.5	5 000	1 341	523	227.5	二级	中抗
0001195	D97018-4	黑龙江经作所	黑龙江省哈尔滨市	品系	72	86.1	86.1	4	8	4.5	16.7	3 875	809	480	249.1	二级	中抗
0001196	M97078	黑龙江经作所	黑龙江省哈尔滨市	品系	77	75.9	75.9	3	6	4.3	16.8	2 750	578	460	159.9	二级	中抗
0001197	吉亚一号	黑龙江经作所	黑龙江省哈尔滨市	选育品种	74	94.4	94.4	3	4	4.3	16.0	4 452	891	470	189.3	一级	中抗
0001198	黑亚七号	黑龙江经作所	黑龙江省哈尔滨市	选育品种	73	106.2	106.2	5	5	4.3	15.9	5 780	1 147	360	260.9	二级	中抗
0001199	D95027-9-3-1	黑龙江经作所	黑龙江省哈尔滨市	品系	77	91.2	91.2	4	5	4.2	16.7	5 405	1 131	529	264.8	一级	中抗
0001200	黑亚 11 号	黑龙江经作所	黑龙江省哈尔滨市	选育品种	78	107.4	107.4	4	7	4.3	19.2	4 875	1 171	445	286.4	一级	中抗
0001201	Ilona	黑龙江经作所	黑龙江省哈尔滨市	品系	77	81.2	81.2	4	6	4.5	19.7	5 952	1 464	903	231.2	一级	中抗
0001202	Venica	黑龙江经作所	黑龙江省哈尔滨市	品系	71	81.7	81.7	4	7	4.6	19.5	4 762	1 160	313	184.6	一级	感病
0001203	1263-单-3	黑龙江经作所	黑龙江省哈尔滨市	品系	77	97.9	97.9	4	7	4.7	15.9	500	974	399	232.4	二级	中抗
0001204	D93007-15-8	黑龙江经作所	黑龙江省哈尔滨市	品系	74	105.8	105.8	4	6	4.5	15.8	5 220	1 029	487	236.3	一级	中抗
0001205	D93007-33	黑龙江经作所	黑龙江省哈尔滨市	品系	78	94.4	94.4	4	7	4.8	15.9	4 667	929	563	210.8	一级	中抗

（续）

统一编号	种质名称	保存单位	原产地或来源地	种质类型	生育日数	株高	工艺长	分枝数	蒴果数	种子千粒重	全麻率	原茎产量	全麻产量	种子产量	纤维强度	抗倒性	立枯病抗性
0001206	M8711-2-1	黑龙江经作所	黑龙江省哈尔滨市	品系	78	106.5	106.5	4	5	4.4	15.8	6 113	1 210	607	258.9	一级	中抗
0001207	Arsi Berkele	黑龙江经作所	埃塞俄比亚	品系	73	45.2	30.1	3	6	4.0	9.7	1 429	173	475	122.6	○级	中抗
0001208	Arsi dengego	黑龙江经作所	埃塞俄比亚	品系	77	38.8	32.1	3	5	5.0	12.5	2 143	334	318	133.4	○级	中抗
0001209	BaleWosha	黑龙江经作所	埃塞俄比亚	品系	78	39.5	32.1	3	6	3.8	18.3	2 619	599	620	128.5	二级	中抗
0001210	AddisHoletta	黑龙江经作所	埃塞俄比亚	品系	77	46.1	35.2	3	6	4.8	16.6	4 167	865	493	139.3	○级	中抗
0001211	原 90-11	黑龙江经作所	韩国	品系	71	38.8	29.5	4	6	5.0	11.4	3 929	560	437	132.4	一级	感病
0001212	原 90-13	黑龙江经作所	韩国	品系	77	26.1	20.5	4	6	4.3	9.2	1 237	143	350	148.1	一级	中抗
0001213	K-6767	黑龙江经作所	俄罗斯	品系	74	38.1	29.1	2	3	5.0	19.2	2 381	573	532	149.1	○级	中抗
0001214	LAOra	黑龙江经作所	法国	品系	81	59.1	43.1	4	6	4.3	19.6	4 762	1 168	636	182.4	一级	中抗
0001215	ELISE	黑龙江经作所	法国	品系	76	57.2	40.4	4	7	4.1	17.5	3 571	780	799	193.2	二级	感病
0001216	TYY5	黑龙江经作所	吉林省长春市	品系	79	66.9	49.7	4	6	4.4	13.6	4 286	728	337	192.2	一级	中抗
0001217	TYY13	黑龙江经作所	吉林省长春市	品系	76	63.9	50.7	4	5	4.0	16.6	4 167	865	532	191.2	二级	中抗
0001218	TYY26	黑龙江经作所	吉林省长春市	品系	69	70.3	59.0	3	3	4.5	15.5	4 762	925	318	190.3	一级	中抗
0001219	TYY29	黑龙江经作所	吉林省长春市	品系	66	72.2	55.9	4	5	4.2	19.6	2 619	641	477	182.4	一级	中抗
0001220	л-75183	黑龙江经作所	俄罗斯	品系	68	72.3	57.8	5	5	4.6	14.5	4 524	819	335	195.2	二级	中抗
0001221	Caesar Augustus	黑龙江经作所	法国	品系	68	53.1	38.0	3	5	4.5	19.3	5 714	1 380	644	216.7	一级	中抗
0001222	R8744	黑龙江经作所	黑龙江省哈尔滨市	品系	70	65.4	46.5	4	7	5.0	14.8	6 191	1 143	592	205.9	一级	中抗
0001223	Ukrajinskiy Ranniy	黑龙江经作所	乌克兰	品系	69	62.5	50.2	4	8	4.5	16.6	2 619	545	706	220.7	一级	中抗
0001224	H99031	黑龙江经作所	黑龙江省哈尔滨市	品系	69	62.6	45.9	5	10	4.4	18.2	5 714	1 299	497	221.6	三级	中抗
0001225	双亚七号	黑龙江经作所	黑龙江省哈尔滨市	选育品种	69	64.5	49.5	3	6	4.5	18.7	5 741	1 342	613	242.2	二级	中抗
0001226	3	黑龙江经作所	吉林省长春市	品系	70	41.0	25.4	5	10	4.6	14.4	3 333	599	605	191.2	二级	中抗
0001227	TYY35-1	黑龙江经作所	吉林省长春市	品系	72	59.8	42.3	4	5	3.7	15.3	3 333	636	578	153.0	三级	感病
0001228	原 2005-1	黑龙江经作所	黑龙江省哈尔滨市	品系	71	53.9	36.6	4	7	4.1	17.9	4 286	961	685	178.5	一级	中抗
0001229	Charivnyi	黑龙江经作所	乌克兰	品系	71	65.3	47.0	4	9	4.1	23.9	3 095	925	492	172.6	一级	中抗
0001230	TYY5-1	黑龙江经作所	吉林省长春市	品系	69	60.5	45.2	3	5	3.5	15.0	3 571	670	459	182.4	二级	中抗
0001231	双亚八号	黑龙江经作所	黑龙江省哈尔滨市	选育品种	81	60.6	46.3	4	5	5.1	20.5	5 238	1 341	396	216.7	一级	中抗

（续）

统一编号	种质名称	保存单位	原产地或来源地	种质类型	生育日数	株高	工艺长	分枝数	蒴果数	种子千粒重	全麻率	原茎产量	全麻产量	种子产量	纤维强度	抗倒性	立枯病抗性
0001232	双亚五号	黑龙江经作所	黑龙江省哈尔滨市	选育品种	74	79.2	59.6	4	6	5.1	16.4	6 667	1 367	548	205.0	二级	中抗
0001233	Arsi Tulujubi	黑龙江经作所	埃塞俄比亚	品系	77	50.9	35.8	3	6	4.6	21.7	2 381	646	556	192.2	○级	中抗
0001234	2	黑龙江经作所	吉林省长春市	品系	78	86.4	69.9	4	6	4.7	14.8	7 143	1 324	362	202.0	二级	中抗
0001235	Pin9	黑龙江经作所	黑龙江省哈尔滨市	品系	74	67.7	52.1	4	6	5.4	21.0	6 667	1 749	560	223.6	二级	中抗
0001236	D93001	黑龙江经作所	黑龙江省哈尔滨市	品系	75	86.5	68.2	4	6	5.1	20.4	6 667	1 698	339	221.6	二级	中抗
0001237	D99012	黑龙江经作所	黑龙江省哈尔滨市	品系	76	64.3	48.6	3	5	4.6	12.0	4 762	715	667	236.3	二级	中抗
0001238	路 3	黑龙江经作所	黑龙江省哈尔滨市	品系	76	47.5	34.1	4	7	4.9	12.1	952	144	415	149.1	一级	感病
0001239	Pin48	黑龙江经作所	黑龙江省哈尔滨市	品系	82	88.9	75.2	4	5	4.2	21.1	6 984	1 840	615	246.2	二级	中抗
0001240	Venus	黑龙江经作所	法国	品系	81	6.9	45.2	3	6	4.6	24.7	7 143	2 208	467	232.4	一级	中抗
0001241	路 2	黑龙江经作所	黑龙江省哈尔滨市	品系	76	45.2	31.9	4	7	5.5	11.7	1 429	209	678	126.5	一级	感病
0001242	963	黑龙江经作所	黑龙江省哈尔滨市	品系	75	71.9	56.0	3	5	4.5	17.3	7 619	1 652	759	213.8	三级	中抗
0001243	90050-6-6-3-8	黑龙江经作所	黑龙江省哈尔滨市	品系	69	71.6	55.5	3	5	3.9	16.1	3 810	767	551	223.6	一级	中抗
0001244	Ukrajinskiy3	黑龙江经作所	乌克兰	品系	70	50.4	38.2	3	6	4.2	30.0	2 381	894	749	226.5	二级	中抗
0001245	9143	黑龙江经作所	内蒙古自治区	品系	72	50.3	37.0	5	7	6.3	21.0	3 452	905	603	170.6	一级	感病
0001246	Pin2	黑龙江经作所	黑龙江省哈尔滨市	品系	71	75.2	58.1	3	5	5.2	18.3	6 667	1 527	544	210.8	二级	中抗
0001247	Escalina	黑龙江经作所	捷克	品系	71	60.1	42.5	3	6	4.4	20.1	4 762	1 194	461	216.7	一级	中抗
0001248	85-92-17-7	黑龙江经作所	黑龙江省哈尔滨市	品系	69	59.8	42.3	4	5	4.3	15.3	3 333	636	249	223.6	二级	中抗
0001249	144	黑龙江经作所	内蒙古自治区	品系	81	43.3	32.7	4	5	5.4	17.8	4 524	1 005	829	129.5	一级	中抗
0001250	路 1	黑龙江经作所	黑龙江省哈尔滨市	品系	74	92.4	77.5	4	9	4.4	15.0	5 000	936	295	124.5	二级	中抗
0001251	双亚六号	黑龙江经作所	黑龙江省哈尔滨市	选育品种	77	89.9	84.1	4	5	4.8	13.5	5 357	902	481	192.2	二级	中抗
0001252	20072	黑龙江经作所	黑龙江省哈尔滨市	品系	78	98.9	87.1	4	6	4.5	13.5	5 000	841	396	143.2	一级	中抗
0001253	M97104-10-8	黑龙江经作所	黑龙江省哈尔滨市	品系	74	68.2	52.3	4	6	4.9	13.9	4 286	745	258	221.6	一级	中抗
0001254	85159-2	黑龙江经作所	黑龙江省哈尔滨市	品系	75	78.2	61.7	4	6	5.5	12.3	2 381	365	275	206.9	一级	中抗
0001255	99141	黑龙江经作所	黑龙江省哈尔滨市	品系	76	73.8	57.7	4	6	4.1	17.1	5 357	1 147	367	236.3	二级	中抗
0001256	D93008-9-5	黑龙江经作所	黑龙江省哈尔滨市	品系	69	77.1	62.1	4	6	4.8	13.5	2 381	400	258	224.6	二级	中抗
0001257	Kameniar	黑龙江经作所	乌克兰	品系	70	59.3	44.6	4	9	4.2	16.6	4 167	865	375	229.5	二级	中抗

（续）

统一编号	种质名称	保存单位	原产地或来源地	种质类型	生育日数	株高	工艺长	分枝数	蒴果数	种子千粒重	全麻率	原茎产量	全麻产量	种子产量	纤维强度	抗倒性	立枯病抗性
0001258	COL92	黑龙江经作所	俄罗斯	品系	72	57.0	39.4	3	8	4.4	13.8	5 238	902	333	205.0	二级	中抗
0001259	黑亚五号	黑龙江经作所	黑龙江省哈尔滨市	选育品种	71	71.6	53.8	4	6	4.4	17.2	5 000	1 077	292	213.8	一级	感病
0001260	Pin42	黑龙江经作所	黑龙江省哈尔滨市	品系	71	76.0	60.6	4	5	5.1	16.6	4 167	865	383	221.6	二级	中抗
0001261	COL159	黑龙江经作所	俄罗斯	品系	69	56.4	40.2	4	8	4.2	17.8	3 333	743	233	195.2	一级	中抗
0001262	99143	黑龙江经作所	黑龙江省哈尔滨市	品系	81	70.1	55.3	3	5	5.1	14.3	5 000	891	225	175.5	三级	中抗
0001263	85-130-2	黑龙江经作所	黑龙江省哈尔滨市	品系	74	49.6	39.4	3	4	4.5	22.9	3 333	954	208	171.6	一级	中抗
0001264	20269	黑龙江经作所	黑龙江省哈尔滨市	品系	77	69.7	52.3	4	8	5.1	10.7	3 810	509	242	226.5	一级	中抗
0001265	原 2005-2	黑龙江经作所	黑龙江省哈尔滨市	品系	78	67.9	57.4	5	5	5.3	19.2	4 762	1 142	358	205.0	一级	中抗
0001266	col82	黑龙江经作所	法国	品系	74	97.0	76.1	5	10	3.6	17.1	5 000	1 066	642	259.9	一级	中抗
0001267	d93007-15-11	黑龙江经作所	黑龙江省哈尔滨市	品系	75	101.8	90.4	5	7	6.1	18.4	5 375	1 235	400	264.8	一级	高抗
0001268	ilona	黑龙江经作所	法国	选育品种	76	80.0	60.0	6	7	4.4	22.9	4 375	1 251	600	186.3	一级	中抗
0001269	原 1990-14	黑龙江经作所	韩国	品系	70	88.1	72.0	6	12	4.1	18.1	3 750	848	533	215.8	一级	中抗
0001270	Bilash	黑龙江经作所	乌克兰	品系	65	94.1	76.8	7	13	6.1	14.2	4 375	777	400	196.1	一级	中抗
0001271	85-58-6-4	黑龙江经作所	黑龙江省哈尔滨市	品系	69	75.3	59.6	6	12	4.0	21.8	4 417	1 201	592	269.7	一级	高抗
0001272	Agathar	黑龙江经作所	乌克兰	选育品种	69	78.2	65.7	5	8	4.0	20.0	4 208	1 052	350	223.6	一级	高抗
0001273	4	黑龙江经作所	吉林省长春市	品系	69	77.0	58.0	5	9	4.3	18.2	3 750	855	225	129.5	一级	中抗
0001274	油用亚麻	黑龙江经作所	内蒙古自治区	品系	66	78.0	60.0	5	8	3.7	25.0	4 583	1 432	508	124.5	一级	中抗
0001275	424	黑龙江经作所	黑龙江省哈尔滨市	品系	68	79.2	64.8	4	5	6.5	21.2	4 792	1 272	375	192.2	一级	中抗
0001276	Bale Horoboka	黑龙江经作所	埃塞俄比亚	品系	68	77.0	64.0	7	9	4.4	15.3	3 333	636	367	143.2	○级	中抗
0001277	Iorja87	黑龙江经作所	乌克兰	品系	70	73.0	56.9	5	9	4.1	22.4	4 208	1 178	317	221.6	一级	中抗
0001278	948	黑龙江经作所	黑龙江省哈尔滨市	品系	69	69.8	58.8	5	8	4.7	23.0	3 417	982	417	206.9	一级	中抗
0001279	94-20	黑龙江经作所	黑龙江省哈尔滨市	品系	69	69.0	58.0	5	6	4.0	21.2	3 750	993	217	236.3	一级	中抗
0001280	H89-6	黑龙江经作所	黑龙江省哈尔滨市	品系	69	71.0	50.0	5	7	4.2	19.5	4 375	1 065	392	224.6	一级	高抗
0001281	黑亚四号	黑龙江经作所	黑龙江省哈尔滨市	选育品种	70	92.3	76.7	5	10	3.9	19.1	4 792	1 142	217	229.5	一级	高抗
0001282	Pin47	黑龙江经作所	黑龙江省哈尔滨市	品系	72	60.4	49.3	4	5	4.4	14.2	4 792	851	242	205.0	一级	高抗
0001283	H99018	黑龙江经作所	黑龙江省哈尔滨市	品系	71	67.2	51.8	6	10	5.0	19.1	4 708	1 122	233	213.8	一级	高抗

（续）

统一编号	种质名称	保存单位	原产地或来源地	种质类型	生育日数	株高	工艺长	分枝数	蒴果数	种子千粒重	全麻率	原茎产量	全麻产量	种子产量	纤维强度	抗倒性	立枯病抗性
0001284	85-52-2	黑龙江经作所	黑龙江省哈尔滨市	品系	71	97.3	84.0	5	6	4.6	23.0	4 167	1 198	400	221.6	一级	中抗
0001285	Pin1	黑龙江经作所	黑龙江省哈尔滨市	品系	69	101.8	86.3	5	7	4.8	19.9	4 583	1 141	217	195.2	一级	中抗
0001286	D93007-33	黑龙江经作所	黑龙江省哈尔滨市	品系	69	58.0	45.0	5	8	4.4	26.9	3 333	1 122	208	175.5	一级	高抗
0001287	89259	黑龙江经作所	内蒙古自治区	品系	67	77.3	63.7	5	9	3.9	21.7	3 125	849	350	171.6	一级	中抗
0001288	Pin38	黑龙江经作所	黑龙江省哈尔滨市	品系	68	116.7	104.1	4	5	4.2	22.4	5 833	1 631	608	226.5	一级	中抗
0001289	Pin39	黑龙江经作所	黑龙江省哈尔滨市	品系	65	115.9	97.7	5	8	3.7	18.3	5 417	1 239	283	205.0	一级	中抗
0001290	Arsi Reac Arab	黑龙江经作所	埃塞俄比亚	品系	65	71.2	58.9	5	8	4.1	20.5	2 917	748	217	259.9	○级	中抗
0001291	04-233	黑龙江经作所	黑龙江省哈尔滨市	品系	67	92.8	79.7	5	7	4.2	17.7	4 917	1 090	283	264.8	一级	中抗
0001292	Pin16	黑龙江经作所	黑龙江省哈尔滨市	品系	65	86.5	73.4	5	8	4.1	22.2	5 208	1 447	600	186.3	一级	高抗
0001293	D93005-31-2	黑龙江经作所	黑龙江省哈尔滨市	品系	66	65.6	55.4	5	8	3.6	18.3	5 417	1 239	258	215.8	一级	中抗
0001294	Elatum	黑龙江经作所	波兰	品系	71	103.9	87.1	6	10	4.4	26.1	4 125	1 345	208	196.1	○级	中抗
0001316	Choresmicum	黑龙江经作所	波兰	品系	71	98.6	84.7	5	7	4.9	20.8	4 583	1 191	383	269.7	○级	中抗
0001317	原 2005-19	黑龙江经作所	埃及	品系	71	71.2	58.9	5	8	4.1	20.5	2 917	748	225	223.6	○级	中抗
0001319	Glukhivskiy2	黑龙江经作所	乌克兰	品系	71	95.0	80.0	5	8	3.8	24.2	2 917	884	475	129.5	一级	中抗
0001320	D95009-13	黑龙江经作所	黑龙江省哈尔滨市	品系	72	83.5	71.4	3	5	4.0	22.2	5 208	1 447	658	124.5	一级	中抗
0001321	原 2003-65	黑龙江经作所	黑龙江省哈尔滨市	品系	67	71.2	56.2	5	8	4.1	21.2	4 375	1 159	550	192.2	一级	高抗
0001322	D95023-5	黑龙江经作所	黑龙江省哈尔滨市	品系	74	71.3	60.9	4	6	4.0	19.9	4 583	1 141	425	211.8	一级	高抗
0001323	原 2003-26	黑龙江经作所	黑龙江省哈尔滨市	品系	75	109.7	97.6	4	7	4.3	22.2	5 208	1 447	425	221.6	一级	高抗
0001324	原 2003-66	黑龙江经作所	黑龙江省哈尔滨市	品系	72	116.6	103.9	5	10	6.1	20.7	4 792	1 240	575	206.9	一级	高抗
0001325	SXY7	黑龙江经作所	黑龙江省哈尔滨市	品系	64	71.3	54.7	6	11	3.9	20.9	4 583	1 198	292	236.3	一级	中抗
0001326	SXY12	黑龙江经作所	黑龙江省哈尔滨市	品系	64	87.9	74.3	5	9	3.9	19.3	4 708	1 135	217	224.6	一级	中抗
0001327	原 2003-43	黑龙江经作所	黑龙江省哈尔滨市	品系	66	95.0	80.0	7	10	4.0	22.2	5 208	1 447	483	229.5	一级	高抗
0001328	6411-670-2	黑龙江经作所	黑龙江省哈尔滨市	品系	66	93.8	76.2	4	10	4.2	23.3	3 750	1 094	367	205.0	一级	中抗
0001329	Laura	黑龙江经作所	荷兰	品系	64	77.2	64.6	4	6	4.4	18.9	3 833	908	233	213.8	一级	中抗
0001330	原 2003-5	黑龙江经作所	黑龙江省哈尔滨市	品系	66	76.0	60.0	4	7	4.3	25.9	5 417	1 756	375	221.6	一级	高抗
0001331	原 2003-67	黑龙江经作所	黑龙江省哈尔滨市	品系	71	116.7	104.1	4	5	4.2	22.4	5 833	1 631	233	195.2	一级	高抗

（续）

统一编号	种质名称	保存单位	原产地或来源地	种质类型	生育日数	株高	工艺长	分枝数	蒴果数	种子千粒重	全麻率	原茎产量	全麻产量	种子产量	纤维强度	抗倒性	立枯病抗性
0001332	原 2003-31	黑龙江经作所	黑龙江省哈尔滨市	品系	66	115.9	97.7	5	8	3.7	18.3	5 417	1 239	208	175.5	一级	高抗
0001333	SXY5	黑龙江经作所	黑龙江省哈尔滨市	品系	65	117.1	105.7	4	5	3.7	18.3	5 417	1 239	392	171.6	一级	高抗
0001334	原 2003-70	黑龙江经作所	黑龙江省哈尔滨市	品系	65	109.7	97.6	4	7	4.3	22.2	5 208	1 447	433	226.5	一级	高抗
0001335	原 2003-69	黑龙江经作所	黑龙江省哈尔滨市	品系	65	120.5	108.7	4	6	3.6	20.3	5 833	1 481	300	205.0	一级	高抗
0001336	原 2005-14	黑龙江经作所	黑龙江省哈尔滨市	品系	66	115.2	104.9	4	5	6.1	19.0	5 000	1 190	275	259.9	一级	中抗
0001337	原 2003-27	黑龙江经作所	黑龙江省哈尔滨市	品系	66	111.5	100.5	5	7	4.4	21.1	5 000	1 321	267	264.8	一级	高抗
0001338	Charivnyi	黑龙江经作所	乌克兰	选育品种	66	116.6	107.1	4	6	4.1	18.6	4 583	1 064	292	186.3	一级	中抗
0001339	Album	黑龙江经作所	波兰	品系	66	95.0	80.0	7	10	4.0	16.9	3 333	703	417	215.8	〇级	中抗
0001340	TYY2	黑龙江经作所	黑龙江省哈尔滨市	品系	66	128.5	107.5	4	4	4.0	20.7	5 417	1 405	458	196.1	一级	中抗
0001341	SXY14	黑龙江经作所	黑龙江省哈尔滨市	品系	66	120.2	107.2	5	6	4.0	18.9	6 667	1 572	325	269.7	一级	高抗
0001342	YCH	黑龙江经作所	黑龙江省哈尔滨市	品系	66	95.0	75.0	3	6	4.3	21.3	4 583	1 219	233	223.6	一级	高抗
0001343	87203-93	黑龙江经作所	黑龙江省哈尔滨市	品系	71	98.7	79.6	3	4	3.7	24.4	4 875	1 488	717	207.9	一级	高抗
0001344	Jan-97	黑龙江经作所	黑龙江省哈尔滨市	品系	71	97.0	80.0	5	7	6.5	20.0	4 375	1 096	250	203.0	一级	中抗
0001345	原 2003-51	黑龙江经作所	黑龙江省哈尔滨市	品系	71	69.9	58.1	4	6	4.4	21.1	4 208	1 110	533	192.2	一级	高抗
0001346	SXY17	黑龙江经作所	黑龙江省哈尔滨市	品系	71	71.0	50.0	5	10	4.1	21.2	4 375	1 159	625	211.8	一级	高抗
0001347	1	黑龙江经作所	黑龙江省哈尔滨市	品系	71	73.0	60.0	4	4	4.7	19.9	4 583	1 141	842	221.6	一级	中抗
0001348	SXY20	黑龙江经作所	黑龙江省哈尔滨市	品系	70	110.0	94.0	5	6	4.0	21.7	5 000	1 358	250	206.9	一级	高抗
0001349	原 2003-43	黑龙江经作所	黑龙江省哈尔滨市	品系	72	106.3	93.4	3	5	4.2	19.3	4 583	1 103	542	236.3	一级	高抗
0001350	Kameniar	黑龙江经作所	乌克兰	品系	76	60.0	50.0	3	6	3.9	22.6	3 038	858	675	224.6	一级	中抗
0001351	原 2003-75	黑龙江经作所	黑龙江省哈尔滨市	品系	76	98.0	83.7	4	6	4.4	20.6	4 583	1 179	492	229.5	一级	高抗
0001352	Indicum	黑龙江经作所	波兰	品系	76	94.4	80.4	4	7	5.0	22.7	4 167	1 184	242	205.0	〇级	高抗
0001353	原 2003-42	黑龙江经作所	黑龙江省哈尔滨市	品系	75	79.6	65.8	4	7	4.6	21.5	4 958	1 334	542	213.8	一级	高抗
0001354	D95029-7-5	黑龙江经作所	黑龙江省哈尔滨市	品系	66	82.0	70.0	5	6	4.8	23.1	4 167	1204	625	221.6	二级	高抗
0001355	SXY18	黑龙江经作所	黑龙江省哈尔滨市	品系	66	90.1	73.1	4	6	4.4	25.7	4 583	1 472	433	195.2	一级	高抗
0001356	原 2003-18	黑龙江经作所	黑龙江省哈尔滨市	品系	66	91.1	72.5	5	8	3.9	21.8	4 608	1 254	633	175.5	一级	高抗
0001357	原 2003-50	黑龙江经作所	黑龙江省哈尔滨市	品系	66	89.3	70.9	4	8	4.2	19.0	4 833	1 148	583	171.6	一级	高抗

（续）

统一编号	种质名称	保存单位	原产地或来源地	种质类型	生育日数	株高	工艺长	分枝数	蒴果数	种子千粒重	全麻率	原茎产量	全麻产量	种子产量	纤维强度	抗倒性	立枯病抗性
0001358	原 203-26	黑龙江经作所	黑龙江省哈尔滨市	品系	66	67.0	52.0	5	8	3.5	19.7	4 600	1 131	833	226.5	一级	高抗
0001359	原 2003-30	黑龙江经作所	黑龙江省哈尔滨市	品系	66	102.5	86.8	5	10	4.4	22.4	4 208	1 178	617	205.0	一级	高抗
0001360	Agathear	黑龙江经作所	法国	品系	65	70.0	57.0	6	8	4.2	26.6	4 167	1 388	292	259.9	一级	高抗
0001361	原 2003-28	黑龙江经作所	黑龙江省哈尔滨市	品系	64	59.2	51.9	4	7	4.1	23.1	4 333	1 251	492	264.8	一级	高抗
0001362	SXY8	黑龙江经作所	黑龙江省哈尔滨市	品系	69	62.8	50.8	5	8	3.6	18.6	4 375	1 015	433	186.3	一级	中抗
0001363	原 2003-65	黑龙江经作所	黑龙江省哈尔滨市	品系	70	62.7	53.1	3	4	4.2	22.4	4 208	1 178	275	215.8	一级	中抗
0001364	原 2003-42①	黑龙江经作所	黑龙江省哈尔滨市	品系	71	100.5	84.7	4	7	3.6	18.4	4 203	969	533	196.1	一级	中抗
0001365	Albocoeruleum	黑龙江经作所	波兰	品系	66	67.7	56.2	3	5	5.3	14.2	5 583	989	308	269.7	○级	中抗
0001366	Sxy19	黑龙江经作所	黑龙江省哈尔滨市	品系	72	102.5	86.8	5	10	4.4	22.4	4 208	1 178	358	223.6	一级	高抗
0001367	6	黑龙江经作所	黑龙江省哈尔滨市	品系	72	111.0	94.8	4	7	3.8	23.5	3 750	1 104	392	178.5	一级	中抗
0001368	原 2003-52	黑龙江经作所	黑龙江省哈尔滨市	品系	72	66.5	55.0	4	6	3.8	16.0	5 183	1 036	530	193.2	一级	中抗
0001369	Persey	黑龙江经作所	乌克兰	品系	65	71.0	51.0	6	8	5.1	21.5	4 192	1 124	402	192.2	一级	中抗
0001370	Rosario	黑龙江经作所	美国	品系	65	72.6	58.5	5	9	5.9	15.3	4 583	878	534	143.2	○级	中抗
0001371	Saldo	黑龙江经作所	乌克兰	品系	70	63.8	52.0	4	5	5.2	23.1	3 750	1 081	760	221.6	一级	中抗
0001372	Sxy2	黑龙江经作所	黑龙江省哈尔滨市	品系	70	73.7	64.8	4	7	6.0	30.1	4 167	1 569	611	206.9	一级	中抗
0001373	Ukrajinskiyranniy	黑龙江经作所	乌克兰	品系	70	86.5	73.5	4	5	5.8	12.7	5 625	891	617	236.3	一级	中抗
0001374	K-6201	黑龙江经作所	俄罗斯	品系	63	80.2	64.3	4	7	6.3	15.4	3 750	723	712	224.6	一级	中抗
0001375	No. 6626-1938	黑龙江经作所	美国	品系	61	64.0	46.0	5	7	6.7	19.0	4 167	991	608	229.5	○级	中抗
0001376	Buda	黑龙江经作所	匈牙利	品系	71	65.0	45.0	5	7	5.1	15.4	3 750	723	455	205.0	一级	中抗
0001377	No. 205	黑龙江经作所	摩洛哥	品系	71	66.6	54.1	5	9	5.9	15.0	4 375	818	540	213.8	一级	中抗
0001378	89-29	黑龙江经作所	德国	品系	71	64.0	47.0	6	8	5.2	17.3	3 917	846	495	221.6	一级	中抗
0001379	Recolte	黑龙江经作所	摩洛哥	品系	71	58.0	40.0	5	9	6.0	16.6	4 203	872	510	195.2	一级	中抗
0001380	No. 15578	黑龙江经作所	伊朗	品系	52	74.0	67.0	4	5	5.8	15.0	4 375	818	275	175.5	一级	中抗
0001381	Zakar	黑龙江经作所	波兰	品系	70	77.0	60.0	4	7	6.0	17.6	4 233	933	500	171.6	○级	中抗
0001382	Devtscher endress	黑龙江经作所	匈牙利	品系	66	70.0	55.0	65	10	3.5	15.2	4 208	798	658	167.7	一级	中抗
0001383	Spi 242203 fibr	黑龙江经作所	加拿大	品系	66	72.0	57.0	6	10	3.7	15.4	3 750	723	733	205.0	○级	中抗

（续）

统一编号	种质名称	保存单位	原产地或来源地	种质类型	生育日数	株高	工艺长	分枝数	蒴果数	种子千粒重	全麻率	原茎产量	全麻产量	种子产量	纤维强度	抗倒性	立枯病抗性
0001384	P. I. 253924	黑龙江经作所	叙利亚	品系	61	65.2	53.3	5	9	6.2	17.5	4 167	913	726	259.9	一级	中抗
0001385	K-5790	黑龙江经作所	俄罗斯	品系	62	85.0	67.0	6	9	5.9	17.5	4 583	1 002	651	264.8	一级	中抗
0001386	原 2003-12	黑龙江经作所	黑龙江省哈尔滨市	品系	68	60.1	50.1	4	5	5.7	19.4	5 000	1 214	587	186.3	一级	中抗
0001387	原 2003-24	黑龙江经作所	黑龙江省哈尔滨市	品系	68	64.0	48.0	6	11	4.5	18.9	4 375	1 034	789	215.8	一级	高抗
0001388	原 2003-25	黑龙江经作所	黑龙江省哈尔滨市	品系	68	94.0	79.9	5	7	4.7	26.6	4 167	1 388	502	196.1	一级	高抗
0001389	Elatum	黑龙江经作所	波兰	品系	68	91.0	72.0	6	11	5.3	18.5	4 500	1 042	723	269.7	○级	中抗
0001390	Caesium	黑龙江经作所	波兰	品系	68	98.0	80.0	5	7	5.3	18.1	4 583	1 036	520	223.6	○级	中抗
0001391	24800 高大	黑龙江经作所	黑龙江省哈尔滨市	品系	68	102.0	90.0	5	8	5.4	26.2	5 000	1 637	232	207.9	二级	高抗
0001392	Syac	黑龙江经作所	黑龙江省哈尔滨市	品系	64	71.0	51.0	6	8	3.9	19.6	4 583	1 124	477	212.8	一级	中抗
0001393	7000ha-1	黑龙江经作所	黑龙江省哈尔滨市	品系	65	111.5	100.5	5	7	5.4	21.1	5 000	1 321	403	192.2	一级	高抗
0001394	Sxy16	黑龙江经作所	黑龙江省哈尔滨市	品系	65	89.0	76.0	5	9	4.7	13.3	5 625	934	636	241.2	一级	高抗
0001395	Piadem	黑龙江经作所	波兰	品系	67	71.0	56.2	5	7	5.0	15.2	4 208	798	513	221.6	○级	中抗
0001396	891259	黑龙江经作所	黑龙江省哈尔滨市	品系	72	74.0	52.0	5	7	5.3	18.2	4 208	955	850	206.9	一级	中抗
0001397	Sxy15	黑龙江经作所	黑龙江省哈尔滨市	品系	72	60.0	46.0	5	9	4.2	16.9	5 625	1 186	562	236.3	二级	高抗
0001398	electra	黑龙江经作所	荷兰	品系	65	59.6	47.4	5	9	5.7	18.4	4 283	984	568	224.6	一级	中抗
0001399	cascade	黑龙江经作所	美国	品系	66	79.4	69.5	4	5	4.5	12.5	4 625	725	397	200.1	一级	中抗
0001400	Benv。real	黑龙江经作所	阿根廷	品系	66	71.8	57.5	5	8	4.7	18.7	3 750	878	612	185.4	○级	中抗
0001401	pin27	黑龙江经作所	黑龙江省哈尔滨市	品系	71	94.0	79.9	5	7	4.7	26.6	4 167	1 388	688	213.8	一级	高抗
0001402	May-21	黑龙江经作所	黑龙江省哈尔滨市	品系	70	116.6	107.1	4	6	4.4	19.5	4 375	1 064	445	221.6	一级	高抗
0001403	85-120-2-9	黑龙江经作所	黑龙江省哈尔滨市	品系	74	98.0	80.0	5	7	4.2	21.1	4 300	1 136	530	195.2	一级	中抗
0001405	Russian intro	黑龙江经作所	俄罗斯	品系	72	78.0	60.0	4	6	5.3	20.8	4 417	1 151	402	175.5	一级	中抗
0001406	85159-6-5-7	黑龙江经作所	黑龙江省哈尔滨市	品系	72	101.5	90.5	5	7	5.4	21.1	5 000	1 321	448	171.6	一级	中抗
0001407	R1/1	黑龙江经作所	波兰	品系	71	74.0	52.0	5	7	5.3	20.1	4 208	1 055	361	226.5	○级	中抗
0001408	Tyy1	黑龙江经作所	黑龙江省哈尔滨市	品系	70	94.0	79.9	5	7	4.7	26.6	4 167	1 388	403	205.0	一级	高抗
0001409	Sxy13	黑龙江经作所	黑龙江省哈尔滨市	品系	68	102.0	90.0	5	8	5.4	26.2	5 000	1 637	417	259.9	二级	高抗
0001410	SPI242202Fiber	黑龙江经作所	美国	品系	67	72.6	60.3	5	7	5.4	13.3	4 792	799	474	196.1	○级	中抗

（续）

统一编号	种质名称	保存单位	原产地或来源地	种质类型	生育日数	株高	工艺长	分枝数	蒴果数	种子千粒重	全麻率	原茎产量	全麻产量	种子产量	纤维强度	抗倒性	立枯病抗性
0001411	K-5165	黑龙江经作所	俄罗斯	品系	65	76.8	58.3	5	11	5.3	17.5	3 917	857	507	186.3	一级	中抗
0001412	smolish	黑龙江经作所	乌克兰	品系	75	74.9	59.4	5	8	5.4	19.7	4 033	991	362	215.8	一级	中抗
0001413	Charivnyi	黑龙江经作所	乌克兰	品系	65	62.9	48.9	5	8	4.5	20.8	4 417	1 151	348	196.1	一级	中抗
0001414	Hlazur	黑龙江经作所	乌克兰	品系	75	72.6	58.5	5	9	4.6	20.8	4 167	1 081	464	220.7	一级	中抗
0001415	Stormont	黑龙江经作所	美国	品系	63	76.7	59.3	5	10	5.1	15.7	4 375	857	364	184.4	一级	中抗
0001416	No。1276	黑龙江经作所	加拿大	品系	65	78.0	60.0	5	7	4.7	16.2	4 625	939	468	129.5	○级	中抗
0001417	OPALINE	黑龙江经作所	荷兰	品系	75	72.6	58.5	5	9	4.6	18.7	3 750	878	384	124.5	一级	中抗
0001418	culbert	黑龙江经作所	荷兰	品系	65	76.8	58.3	5	11	5.3	17.5	3 917	857	389	192.2	一级	中抗
0001419	N. P. （RR） 5	黑龙江经作所	印度	品系	75	74.9	59.4	5	8	5.4	17.7	4 026	890	375	143.2	一级	中抗
0001420	原 2003-82	黑龙江经作所	黑龙江省哈尔滨市	品系	75	81.0	70.1	5	8	4.5	14.6	4 333	791	384	221.6	一级	高抗
0001421	J. W. S	黑龙江经作所	非洲	品系	75	64.0	46.0	5	7	4.2	19.7	4 033	991	430	148.1	一级	中抗
0001422	262522	黑龙江经作所	以色列	品系	75	72.6	58.5	5	9	4.6	18.7	3 750	878	362	165.7	一级	中抗
0001423	Eckendorfi	黑龙江经作所	匈牙利	品系	75	66.5	55.0	4	6	4.7	17.9	4 192	936	416	175.5	一级	中抗
0001424	原 2003-20	黑龙江经作所	黑龙江省哈尔滨市	品系	75	71.0	51.0	6	8	3.9	19.6	4 583	1 124	381	171.6	一级	中抗
0001425	2-52	黑龙江经作所	黑龙江省哈尔滨市	品系	68	102.0	90.0	5	8	5.4	26.2	5 000	1 637	362	205.0	二级	高抗
0001426	Karnobat	黑龙江经作所	匈牙利	品系	75	72.6	58.5	5	9	4.6	18.7	3 750	878	348	213.8	一级	中抗
0001427	Pin2006-2	黑龙江经作所	黑龙江省哈尔滨市	品系	75	63.8	52.0	4	5	4.2	20.8	4 167	1 081	407	221.6	一级	高抗
0001428	20073	黑龙江经作所	黑龙江省哈尔滨市	品系	63	76.7	59.3	5	10	5.1	15.7	4 375	857	350	195.2	一级	中抗
0001429	pin1	黑龙江经作所	黑龙江省哈尔滨市	品系	74	98.0	80.0	5	7	4.2	21.1	4 300	1 136	339	175.5	一级	中抗
0001430	XYAC	黑龙江经作所	黑龙江省哈尔滨市	品系	75	109.7	97.6	4	7	5.0	19.0	5 208	1 239	307	171.6	一级	高抗
0001431	原 2003-76	黑龙江经作所	黑龙江省哈尔滨市	品系	75	73.7	64.8	4	7	4.1	22.3	5 625	1 569	429	226.5	一级	高抗
0001432	Sxy3	黑龙江经作所	黑龙江省哈尔滨市	品系	75	86.5	73.5	4	5	3.6	23.5	4 167	1 223	375	205.0	一级	中抗
0001433	K-6540	黑龙江经作所	俄罗斯	品系	75	80.2	64.3	4	7	4.5	19.0	3 750	891	388	201.0	一级	中抗
0001434	2474	黑龙江经作所	黑龙江省哈尔滨市	品系	77	64.0	46.0	5	7	4.2	20.1	4 333	1 091	427	264.8	一级	中抗
0001435	L9801-1	黑龙江经作所	黑龙江省哈尔滨市	品系	75	65.0	45.0	5	7	4.1	22.6	4 575	1 292	318	186.3	一级	高抗
0001436	Modran	黑龙江经作所	波兰	品系	72	66.6	54.1	5	9	3.6	25.2	4 217	1 326	348	215.8	○级	中抗

（续）

统一编号	种质名称	保存单位	原产地或来源地	种质类型	生育日数	株高	工艺长	分枝数	蒴果数	种子千粒重	全麻率	原茎产量	全麻产量	种子产量	纤维强度	抗倒性	立枯病抗性
0001437	Orszanski3	黑龙江经作所	波兰	品系	75	64.0	47.0	6	8	4.2	16.7	3 917	820	341	196.1	○级	中抗
0001438	D97007-9	黑龙江经作所	黑龙江省哈尔滨市	品系	76	58.0	40.0	5	9	4.1	22.9	4 792	1 372	232	269.7	一级	高抗
0001439	LH990071126	黑龙江经作所	黑龙江省哈尔滨市	品系	76	74.0	67.0	4	5	3.6	20.4	4 833	1 234	363	223.6	一级	高抗
0001440	褐皮	黑龙江经作所	黑龙江省哈尔滨市	品系	66	77.0	60.0	4	7	4.2	19.6	4 208	1 033	356	129.5	一级	中抗
0001441	12	黑龙江经作所	黑龙江省哈尔滨市	品系	79	89.8	74.6	6	11	3.6	18.8	4 125	970	448	124.5	一级	中抗
0001442	Rosario	黑龙江经作所	俄罗斯	品系	75	58.6	51.5	3	4	4.2	19.7	4 167	1 028	529	192.2	一级	中抗
0001443	Avon	黑龙江经作所	美国	品系	77	65.2	53.3	5	9	4.1	12.4	4 583	713	5 54	143.2	一级	中抗
0001444	Russian intro-1	黑龙江经作所	俄罗斯	品系	77	85.0	67.0	6	9	3.6	16.0	4 500	902	370	221.6	一级	中抗
0001445	K-6526	黑龙江经作所	俄罗斯	品系	75	60.1	50.1	4	5	4.5	22.2	4 375	1 214	507	206.9	一级	中抗
0001446	K-5326	黑龙江经作所	俄罗斯	品系	62	64.0	48.0	6	11	4.2	19.9	4 167	1 034	614	236.3	一级	中抗
0001447	K-4972	黑龙江经作所	俄罗斯	品系	62	94.0	79.9	5	7	4.1	16.8	5 833	1 225	603	224.6	一级	中抗
0001448	л281	黑龙江经作所	俄罗斯	品系	74	91.0	72.0	6	11	3.6	17.5	3 917	857	505	229.5	一级	中抗
0001449	K-5245	黑龙江经作所	俄罗斯	品系	74	88.0	70.0	5	7	4.2	19.3	4 300	1 036	520	205.0	一级	中抗
0001450	K-4996	黑龙江经作所	俄罗斯	品系	74	77.0	60.0	4	7	4.2	18.8	4 125	970	478	213.8	一级	中抗
0001451	K-6542	黑龙江经作所	俄罗斯	品系	77	90.9	75.9	4	6	3.6	19.1	4 750	1 135	561	221.6	一级	中抗
0001452	K-5313	黑龙江经作所	俄罗斯	品系	77	65.6	54.0	4	6	4.2	18.3	4 625	1 056	551	195.2	一级	中抗
0001453	л-299	黑龙江经作所	俄罗斯	品系	78	89.0	76.0	5	9	3.6	17.8	4 208	934	661	175.5	一级	中抗
0001454	原 2003-130	黑龙江经作所	黑龙江省哈尔滨市	品系	79	71.0	56.2	5	7	4.2	14.6	4 375	798	410	171.6	一级	中抗
0001455	л299	黑龙江经作所	俄罗斯	品系	85	77.0	60.0	4	7	4.2	18.7	3 750	878	232	226.5	一级	中抗
0001456	K-5316	黑龙江经作所	俄罗斯	品系	75	60.0	46.0	5	9	4.4	20.7	4 583	1 186	477	205.0	一级	中抗
0001457	K-6514	黑龙江经作所	俄罗斯	品系	74	59.6	47.4	5	9	5.0	20.5	4 625	1 184	403	259.9	一级	中抗
0001458	原 2003-81	黑龙江经作所	黑龙江省哈尔滨市	品系	74	116.7	104.1	4	5	4.2	16.8	5 833	1 225	636	264.8	二级	高抗
0001459	原 2003-77	黑龙江经作所	黑龙江省哈尔滨市	品系	72	115.9	97.7	5	8	3.9	24.1	5 417	1 631	513	186.3	二级	高抗
0001460	原 2003-35	黑龙江经作所	黑龙江省哈尔滨市	品系	74	117.1	105.7	4	5	4.4	18.3	5 417	1 239	850	215.8	二级	高抗
0001461	原 2003-45	黑龙江经作所	黑龙江省哈尔滨市	品系	75	109.7	97.6	4	7	5.0	19.0	5 208	1 239	562	196.1	二级	高抗
0001462	原 2003-79	黑龙江经作所	黑龙江省哈尔滨市	品系	74	72.6	60.3	5	7	4.6	21.9	3 970	1 088	568	269.7	二级	高抗
0001463	原 2003-80	黑龙江经作所	黑龙江省哈尔滨市	品系	73	111.5	100.5	5	7	4.8	21.1	5 000	1 321	297	226.5	二级	中抗
0001464	K-6531	黑龙江经作所	俄罗斯	品系	79	71.0	56.2	5	7	4.2	14.6	4 375	798	561	185.4	一级	中抗
0001465	原 2003-45	黑龙江经作所	黑龙江省哈尔滨市	品系	71	106.3	93.4	3	5	3.9	22.1	4 583	1 264	551	259.9	二级	中抗

、胡麻（油用亚麻）主要性状目录

统一编号	种质名称	保存单位	原产地或来源地	种质类型	生育日数	花瓣色	株高	工艺长度	分枝数	蒴果数	单株粒重	种皮色	种子千粒重	种子含油率	耐旱性	立枯病抗性	备注
00000001	和田巴合奇来胡麻	新疆经作所①	新疆维吾尔自治区和田县	地方品种	84	蓝色	51.6	32.9	4			褐	4.6				抗倒中
00000002	墨玉红胡麻	新疆经作所	新疆维吾尔自治区墨玉县	地方品种	83	蓝色	55.6	34.7	5			褐	4.1				抗倒弱
00000003	叶成红胡麻	新疆经作所	新疆维吾尔自治区叶城县	地方品种	83	深蓝色	51.6	23.6	4			褐	3.9				抗倒中
00000004	麦盖提早熟白胡麻	新疆经作所	新疆维吾尔自治区麦盖提县	地方品种	95	白色	63.9	43.6	5			黄	3.9				抗倒中
00000005	麦盖提红胡麻	新疆经作所	新疆维吾尔自治区麦盖提县	地方品种	104	蓝色	69.0	47.3	4			淡褐	3.0				抗倒中
00000006	莎车早熟胡麻	新疆经作所	新疆维吾尔自治区莎车县	地方品种	94	白色	66.7	45.1	4			黄	3.9				抗倒中
00000007	莎车早熟白胡麻	新疆经作所	新疆维吾尔自治区莎车县	地方品种	86	白色	47.8	20.6	3			黄	4.6				抗倒中
00000008	莎车早熟胡麻	新疆经作所	新疆维吾尔自治区莎车县	地方品种	89	蓝色	56.1	35.0	3			褐	3.0				抗倒中
00000009	莎车红胡麻	新疆经作所	新疆维吾尔自治区莎车县	地方品种	79	蓝色	44.5	22.0	4			褐	3.5				抗倒中
00000010	疏附红胡麻	新疆经作所	新疆维吾尔自治区疏附县	地方品种	88	蓝色	58.6	36.8	5			淡褐	3.0				抗倒中
00000011	疏勒油用胡麻	新疆经作所	新疆维吾尔自治区疏勒县	地方品种	89	蓝色	56.1	35.2	4			褐	3.4				抗倒中
00000012	疏勒红胡麻	新疆经作所	新疆维吾尔自治区疏勒县	地方品种	89	蓝色	54.1	35.9	4			淡褐	3.2				抗倒中
00000013	疏勒白胡麻	新疆经作所	新疆维吾尔自治区疏勒县	地方品种	92	白色	61.5	42.9	4			黄	3.8				抗倒中
00000014	英吉沙胡麻	新疆经作所	新疆维吾尔自治区英吉沙县	地方品种	92	深蓝色	55.9	33.4	4			褐	2.9				抗倒中
00000015	喀什胡麻	新疆经作所	新疆维吾尔自治区喀什市	地方品种	79	蓝色	48.2	23.4	4			褐	3.8				抗倒中
00000016	巴楚胡麻	新疆经作所	新疆维吾尔自治区巴楚县	地方品种	104	蓝色	62.2	38.1	4			褐	3.0				抗倒中
00000017	阿克苏白胡麻	新疆经作所	新疆维吾尔自治区阿克苏市	地方品种	99	白色	58.4	39.2	4			黄	3.2				抗倒中
00000018	阿克苏红胡麻	新疆经作所	新疆维吾尔自治区阿克苏市	地方品种	104	蓝色	68.3	43.4	4			淡褐	3.0				抗倒中
00000019	拜城白胡麻	新疆经作所	新疆维吾尔自治区拜城县	地方品种	91	白色	63.3	57.8	3			黄	3.6				抗倒中
00000020	库尔勒红胡麻	新疆经作所	新疆维吾尔自治区库尔勒市	地方品种	98	蓝色	68.6	48.8	4			淡褐	3.0				抗倒弱
00000021	焉耆胡麻	新疆经作所	新疆维吾尔自治区焉耆县	地方品种	106	蓝色	72.6	41.4	4			褐	3.1				抗倒中
00000022	乌鲁木齐胡麻	新疆经作所	新疆维吾尔自治区乌鲁木齐市	地方品种	83	蓝色	61.4	26.7	4			褐	3.5				抗倒中
00000023	乌鲁木齐晚熟胡麻	新疆经作所	新疆维吾尔自治区乌鲁木齐市	地方品种	99	蓝色	63.2	39.6	3			褐	3.0				抗倒弱
00000024	米泉胡麻	新疆经作所	新疆维吾尔自治区米泉市	地方品种	98	蓝色	68.4	43.5	5			褐	3.2				抗倒中

① 全称为新疆农业科学院经济作物研究所。全书下同。

（续）

统一编号	种质名称	保存单位	原产地或来源地	种质类型	生育日数	花瓣色	株高	工艺长度	分枝数	蒴果数	单株粒重	种皮色	种子千粒重	种子含油率	耐旱性	立枯病抗性	备注
00000025	昌吉胡麻	新疆经作所	新疆维吾尔自治区昌吉市	地方品种	96	蓝色	53.2	34.4	3			淡褐	4.1				抗倒中
00000026	奇台白胡麻	新疆经作所	新疆维吾尔自治区奇台县	地方品种	84	蓝色	54.7	37.3	3			黄	3.0				抗倒中
00000027	奇台红胡麻	新疆经作所	新疆维吾尔自治区奇台县	地方品种	83	蓝色	45.7	23.6	4			淡褐	3.2				抗倒中
00000028	玛纳斯胡麻	新疆经作所	新疆维吾尔自治区玛纳斯县	地方品种	101	蓝色	57.7	39.3	4			褐	3.8				抗倒弱
00000029	玛纳斯白胡麻	新疆经作所	新疆维吾尔自治区玛纳斯县	地方品种	101	白色	56.6	39.5	3			黄	4.2				抗倒弱
00000030	沙湾红胡麻	新疆经作所	新疆维吾尔自治区沙湾县	地方品种	101	蓝色	64.3	44.1	3			淡褐	3.8				抗倒弱
00000031	沙湾白胡麻	新疆经作所	新疆维吾尔自治区沙湾县	地方品种	90	白色	58.6	37.6	4			黄	3.7				抗倒弱
00000032	乌什白胡麻	新疆经作所	新疆维吾尔自治区乌什县	地方品种	88	白色	57.4	36.9	5			黄	2.8				抗倒弱
00000033	乌苏红胡麻	新疆经作所	新疆维吾尔自治区乌苏市	地方品种	106	蓝色	67.4	41.6	5			褐	3.8				抗倒弱
00000034	和靖胡麻	新疆经作所	新疆维吾尔自治区和静县	地方品种	106	蓝色	66.8	46.7	4			褐	2.9				抗倒弱
00000035	伊宁红胡麻	新疆经作所	新疆维吾尔自治区伊宁市	地方品种	88	蓝色	64.4	44.7	5			褐	3.4				抗倒弱
00000036	新源胡麻	新疆经作所	新疆维吾尔自治区新源县	地方品种	94	蓝色	71.5	47.8	4			褐	3.0				抗倒弱
00000037	精河胡麻	新疆经作所	新疆维吾尔自治区精河县	地方品种	96	蓝色	66.1	50.3	4			褐	3.0				抗倒弱
00000038	额敏胡麻	新疆经作所	新疆维吾尔自治区额敏县	地方品种	88	蓝色	52.4	28.7	5			褐	3.1				抗倒弱
00000039	绥定胡麻	新疆经作所	新疆维吾尔自治区霍城县	地方品种	94	蓝色	64.1	44.7	4			淡褐	3.2				抗倒弱
00000040	特克斯胡麻	新疆经作所	新疆维吾尔自治区特克斯县	地方品种	83	蓝色	56.2	30.8	4			褐	3.1				抗倒弱
00000041	察布查尔胡麻	新疆经作所	新疆维吾尔自治区察布查尔县	地方品种	94	蓝色	53.8	40.9	4			褐	3.0				抗倒弱
00000042	阿尔泰胡麻	新疆经作所	新疆维吾尔自治区阿勒泰市	地方品种	93	蓝色	60.6	39.9	4			褐	3.0				抗倒弱
00000043	塔木河胡麻	新疆经作所	新疆维吾尔自治区塔城市	地方品种	94	蓝色	54.4	45.5	3			褐	4.2				抗倒弱
00000044	塔木河红胡麻	新疆经作所	新疆维吾尔自治区塔城市	地方品种	95	蓝色	52.2	39.9	2			褐	4.9				抗倒中
00000045	胡麻	青海农林院①	青海省化隆县	地方品种	127	蓝色	89.8	21.0	4			褐	5.0				抗倒差，不整齐
00000046	白胡麻	青海农林院	青海省海东市	地方品种		蓝色	66.8	16.2	3			褐	5.0				抗旱弱
00000047	红胡麻	青海农林院	青海省海东市	地方品种	122	蓝色	74.4	30.8	3			褐	5.4				抗倒，抗病
00000048	红胡麻	青海农林院	青海省海东市	地方品种	123	蓝色	80.6	40.2	3			褐	4.6				耐水肥
00000049	红胡麻	青海农林院	青海省民和县	地方品种	123	蓝色	86.2	39.8	3			褐	5.1				抗旱中等

① 全称为青海省农林科学院。全书下同。

（续）

统一编号	种质名称	保存单位	原产地或来源地	种质类型	生育日数	花瓣色	株高	工艺长度	分枝数	蒴果数	单株粒重	种皮色	种子千粒重	种子含油率	耐旱性	立枯病抗性	备注
00000050	白胡麻	青海农林院	青海省大通县	地方品种	129	蓝色	63.0	18.0	4			黄褐	5.4				抗旱抗倒弱
00000051	低红胡麻	青海农林院	青海省大通县	地方品种	123	蓝色	61.0	18.8	5			褐	4.0				抗旱抗倒
00000052	高胡麻	青海农林院	青海省大通县	地方品种	135	蓝色	85.2	44.0	4			褐	5.2				不抗倒
00000053	低红胡麻	青海农林院	青海省湟中县	地方品种	124	蓝色	59.0	19.8	3			褐	4.8				抗倒
00000054	小红胡麻	青海农林院	青海省湟中县	地方品种	124	蓝色	57.8	18.4	3			褐	4.5				抗旱抗倒
00000055	小红胡麻	青海农林院	青海省湟中县	地方品种	121	蓝色	74.0	18.4	1			褐	4.5				抗倒中等
00000056	白胡麻	青海农林院	青海省湟中县	地方品种	124	白色	91.2	31.6	3			褐	5.4				抗旱抗倒中等
00000057	八红胡麻	青海农林院	青海省民和县	地方品种	123	蓝色	84.4	32.0	3			褐	4.5				抗倒中等无病
00000058	红胡麻	青海农林院	青海省民和县	地方品种	124	蓝色	74.4	38.4	3			褐	4.7				抗旱中等,抗病
00000059	红胡麻	青海农林院	青海省民和县	地方品种	128	蓝色	83.2	31.6	3			褐	4.6				倒伏无病
00000060	胡麻	青海农林院	青海省民和县	地方品种	121	蓝色	87.2	33.0	3			褐	5.0				抗旱抗倒中等
00000061	小胡麻	青海农林院	青海省海东市	地方品种	118	蓝色	74.0	32.8	3			褐	4.7				无病抗旱倒
00000062	胡麻	青海农林院	青海省贵德县	地方品种	116	蓝色	66.8	24.8	2			褐	4.5				不抗倒，抗病
00000063	胡麻	青海农林院	青海省民和县	地方品种	115	蓝色	74.8	22.8	5			褐	5.0				抗倒无病
00000064	小红胡麻	青海农林院	青海省民和县	地方品种	116	蓝色	71.4	28.4	4			褐	5.0				抗倒中无病
00000065	红胡麻	青海农林院	青海省湟中县	地方品种	117	蓝色	56.2	19.2	3			褐	4.2				抗倒中等
00000066	胡麻	青海农林院	青海省都蓝色县	地方品种	114	蓝色	49.4	15.8	4			褐	5.0				抗旱,正齐,无病
00000067	红胡麻	青海农林院	青海省湟中县	地方品种	117	蓝色	56.8	26.4	4			褐	4.8				抗旱,倒中,无病
00000068	小红胡麻	青海农林院	青海省湟中县	地方品种	110	蓝色	66.8	20.4	3			褐	4.1				无病抗旱倒中
00000069	大红胡麻	青海农林院	青海省湟中县	地方品种	116	蓝色	83.0	33.4	3			褐	4.4				抗倒弱
00000070	小红胡麻	青海农林院	青海省湟中县	地方品种	115	蓝色	59.4	20.4	3			褐	4.6				抗病抗旱倒中
00000071	胡麻	青海农林院	青海省兴海县	地方品种	116	蓝色	55.0	21.2	3			褐	5.4				抗病，抗倒
00000072	胡麻	青海农林院	青海省共和县	地方品种	117	蓝色	66.2	27.6	4			褐	4.7				抗倒弱
00000073	红胡麻	青海农林院	青海省湟中县	地方品种	114	蓝色	59.2	25.0	4			褐	4.5				抗旱，倒病强
00000074	胡麻	青海农林院	青海省兴海县	地方品种	117	蓝色	61.0	28.2	4			褐	4.7				无病,抗旱,倒
00000075	胡麻	青海农林院	青海省兴海县	地方品种	117	蓝色	58.6	28.2	5			褐	5.8				抗病，旱倒

（续）

统一编号	种质名称	保存单位	原产地或来源地	种质类型	生育日数	花瓣色	株高	工艺长度	分枝数	蒴果数	单株粒重	种皮色	种子千粒重	种子含油率	耐旱性	立枯病抗性	备注
00000076	胡麻	青海农林院	青海省循化县	地方品种	113	蓝色	55.0	21.8	6			褐	4.7				抗病，倒
00000077	胡麻	青海农林院	青海省互助县	地方品种	112	蓝色	59.8	24.6	4			褐	4.3				抗旱，病，强
00000078	红胡麻	青海农林院	青海省互助县	地方品种	112	蓝色	64.0	21.2	5			褐	4.4				抗旱倒中等
00000079	低胡麻	青海农林院	青海省互助县	地方品种	113	蓝色	58.4	15.6	6			褐	4.7				抗倒中等
00000080	高胡麻	青海农林院	青海省互助县	地方品种	115	蓝色	81.2	31.8	4			褐	4.3				抗旱，抗倒弱
00000081	高胡麻	青海农林院	青海省互助县	地方品种	116	蓝色	92.0	40.2	4			褐	4.5				中等
00000082	白胡麻	青海农林院	青海省互助县	地方品种	113	蓝色	72.4	21.4	5			淡褐	4.8				抗倒,抗旱性强
00000083	高胡麻	青海农林院	青海省互助县	地方品种	113	蓝色	71.2	25.6	5			褐	5.0				抗倒,抗旱性强
00000084	低胡麻	青海农林院	青海省互助县	地方品种	113	蓝色	66.8	19.2	4			褐	5.0				抗倒,抗旱性强
00000085	高胡麻	青海农林院	青海省互助县	地方品种	119	蓝色	91.8	41.4	4			褐	5.8				抗倒,抗旱性强
00000086	低胡麻	青海农林院	青海省互助县	地方品种	110	蓝色	65.2	17.6	5			褐	4.7				抗倒,抗旱性强
00000087	红胡麻	青海农林院	青海省民和县	地方品种	110	蓝色	83.4	36.2	6			褐	5.0				抗倒,抗旱性强
00000088	红胡麻	青海农林院	青海省民和县	地方品种	110	蓝色	84.0	24.4	4			褐	5.0				抗倒,抗旱性强
00000089	红胡麻	青海农林院	青海省民和县	地方品种	114	蓝色	42.6	32.8	4			褐	5.3				抗病旱，倒强
00000090	红胡麻	青海农林院	青海省民和县	地方品种	115	蓝色	85.4	31.2	3			褐	5.3				表现弱
00000091	小红胡麻	青海农林院	青海省民和县	地方品种	115	蓝色	92.8	45.2	3			褐	4.7				弱
00000092	胡麻	青海农林院	青海省民和县	地方品种	115	蓝色	79.0	31.2	4			褐	5.3				强
00000093	红胡麻	青海农林院	青海省民和县	地方品种	115	蓝色	76.2	27.6	4			淡褐	4.6				强
00000094	大胡麻	青海农林院	青海省民和县	地方品种	118	蓝色	92.0	34.2	4			淡褐	5.2				强
00000095	胡麻	青海农林院	青海省民和县	地方品种	118	蓝色	68.6	31.0	4			淡褐	4.5				强
00000096	红胡麻	青海农林院	青海省民和县	地方品种	118	蓝色	87.6	24.2	4			淡褐	5.6				中
00000097	红胡麻	青海农林院	青海省民和县	地方品种	118	蓝色	76.6	29.4	3			淡褐	5.5				中
00000098	胡麻	青海农林院	青海省化隆县	地方品种	118	蓝色	67.2	16.4	2			淡褐	5.1				弱
00000099	大有山红胡麻	青海农林院	青海省湟中县	地方品种	119	蓝色	63.4	23.6	4			淡褐	5.0				抗倒，抗旱
00000100	定亚1号	甘肃定西农科院①	甘肃省定西市	选育品种	113	蓝色	51.4	39.5	4			淡褐	6.2				抗旱高抗锈

① 全称为甘肃省定西市农业科学研究院。全书下同。

（续）

统一编号	种质名称	保存单位	原产地或来源地	种质类型	生育日数	花瓣色	株高	工艺长度	分枝数	蒴果数	单株粒重	种皮色	种子千粒重	种子含油率	耐旱性	立枯病抗性	备注
00000101	定亚2号	甘肃定西农科院	甘肃省定西市	选育品种	113	蓝色	45.4	30.2	5			淡褐	6.4				抗旱抗锈
00000102	定亚3号	甘肃定西农科院	甘肃省定西市	选育品种	111	蓝色	46.8	30.2	5			褐	6.0				抗旱抗锈
00000103	定亚4号	甘肃定西农科院	甘肃省定西市	选育品种	120	蓝色	51.2	36.7	5			褐	7.2				抗旱抗锈
00000104	定亚5号	甘肃定西农科院	甘肃省定西市	选育品种	111	蓝色	46.3	31.0	3				7.2				
00000105	定亚6号	甘肃定西农科院	甘肃省定西市	选育品种	115	蓝色	51.3	35.6	4			深褐	8.2				抗旱，锈病虫
00000106	定亚7号	甘肃定西农科院	甘肃省定西市	选育品种	112	蓝色	53.8	37.1	4				7.0				
00000107	定亚8号	甘肃定西农科院	甘肃省定西市	选育品种	110	蓝色	43.6	30.9	4				7.4				
00000108	定亚9号	甘肃定西农科院	甘肃省定西市	选育品种	111	蓝色	42.8	29.9	4				6.4				
00000109	定亚10号	甘肃定西农科院	甘肃省定西市	选育品种	118	蓝色	52.4	40.2	4			褐	6.8				抗旱,锈耐水肥
00000110	定亚11号	甘肃定西农科院	甘肃省定西市	选育品种	112	蓝色	45.0	32.1	4			褐	6.0				抗旱，锈
00000111	定亚12号	甘肃定西农科院	甘肃省定西市	选育品种	111	蓝色	50.1	33.3	4			褐	6.2				抗旱，锈
00000112	定亚13号	甘肃定西农科院	甘肃省定西市	选育品种	113	蓝色	51.4	38.0	5				6.4				
00000113	定亚14号	甘肃定西农科院	甘肃省定西市	选育品种	114	蓝色	52.8	35.4	4				7.6				抗旱，锈
00000114	尧甸高杆	甘肃定西农科院	甘肃省临洮县	地方品种	91	蓝色	61.3	48.1	3			深褐	4.6				抗倒
00000115	尧甸低杆	甘肃定西农科院	甘肃省临洮县	地方品种	91	蓝色	46.6	33.0	3			深褐	5.2				
00000116	陇西白粒	甘肃定西农科院	甘肃省陇西县	地方品种	94	白色	54.4	33.5	3			黄白	5.1				抗倒
00000117	山丹胡麻	甘肃作物所①	甘肃省山丹县	地方品种	92	蓝色	70.6	46.8	6			褐	5.0				抗旱
00000118	张掖白胡麻	甘肃作物所	甘肃省张掖市	地方品种	94	白色	69.5	48.1	4			黄	5.1				抗旱
00000119	高台红胡麻	甘肃作物所	甘肃省高台县	地方品种	96	蓝色	81.0	54.7	5			褐	6.0				抗旱
00000120	民乐红胡麻	甘肃作物所	甘肃省民乐县	地方品种	99	蓝色	54.7	42.2	4			褐	5.0				抗旱
00000121	甘亚1号	甘肃作物所	甘肃省张掖市	选育品种	104	白色	72.2	54.4	5			黄					抗旱
00000122	68-1188-1	甘肃作物所	宁夏回族自治区永宁县	选育品种	103	蓝色	43.3	28.2	4			褐	10.0				
00000123	敦煌红胡麻	甘肃作物所	甘肃省敦煌市	地方品种	107	蓝色	59.9	45.4	5			褐	5.4				不抗锈病
00000124	敦煌白胡麻	甘肃作物所	甘肃省敦煌市	地方品种	107	白色	51.6	38.2	4			黄	4.2				不抗锈病
00000125	酒泉红胡麻	甘肃作物所	甘肃省酒泉市	地方品种	107	蓝色	53.1	37.0	8			褐	4.3				不抗锈病

① 全称为甘肃省农业科学院作物研究所。全书下同。

（续）

统一编号	种质名称	保存单位	原产地或来源地	种质类型	生育日数	花瓣色	株高	工艺长度	分枝数	蒴果数	单株粒重	种皮色	种子千粒重	种子含油率	耐旱性	立枯病抗性	备注
00000126	酒泉白胡麻	甘肃作物所	甘肃省酒泉市	地方品种	108	白色	54.9	42.5	4			黄	5.0				不抗锈病
00000127	高台红胡麻	甘肃作物所	甘肃省高台县	地方品种	110	蓝色	41.3	26.3	9			褐	5.4				不抗锈病
00000128	高台白胡麻	甘肃作物所	甘肃省高台县	地方品种	112	白色	50.9	35.5	4			黄	5.0				不抗锈病
00000129	张掖红胡麻	甘肃作物所	甘肃省张掖市	地方品种	114	蓝色	42.8	24.4	4			褐	5.2				不抗锈病
00000130	张掖混籽	甘肃作物所	甘肃省张掖市	地方品种	109	蓝色	45.8	30.7	7			褐	4.7				不抗锈病
00000131	临泽白胡麻	甘肃作物所	甘肃省临泽县	地方品种	108	白色	51.5	36.4	4			黄	4.2				不抗锈病
00000132	永昌胡麻	甘肃作物所	甘肃省永昌县	地方品种	105	蓝色	48.2	32.8	3			褐	5.4				不抗锈病
00000133	武威红胡麻	甘肃作物所	甘肃省武威市	地方品种	112	蓝色	43.6	29.9	2			褐	5.3				不抗锈病
00000134	武威白胡麻	甘肃作物所	甘肃省武威市	地方品种	111	白色	47.0	21.0	5			黄	6.6				不抗锈病
00000135	黄羊白	甘肃作物所	甘肃省武威市	地方品种	108	蓝色	64.5	45.1	4			黄	4.5				不抗锈病
00000136	民勤胡麻	甘肃作物所	甘肃省民勤县	地方品种	105	蓝色	48.2	23.6	8			褐	4.5				不抗锈病
00000137	中川胡麻	甘肃作物所	甘肃省定西市	地方品种	107	蓝色	53.0	29.5	3			褐	6.3				不抗锈病
00000138	会宁红胡麻	甘肃作物所	甘肃省会宁县	地方品种	109	蓝色	44.0	32.1	3			褐	6.0				不抗锈病
00000139	陇西红胡麻	甘肃作物所	甘肃省陇西县	地方品种	110	蓝色	42.5	29.5	4			褐	5.4				不抗锈病
00000140	渭源胡麻	甘肃作物所	甘肃省渭源县	地方品种	107	蓝色	46.1	29.3	3			褐	4.9				不抗锈病
00000141	尧甸白胡麻	甘肃作物所	甘肃省临洮县	地方品种	109	白色	43.1	27.1	3			黄	4.5				不抗锈病
00000142	靖远红胡麻	甘肃作物所	甘肃省靖远县	地方品种	110	蓝色	51.5	24.3	4			褐	6.0				不抗锈病
00000143	榆中红胡麻	甘肃作物所	甘肃省榆中县	地方品种	96	蓝色	41.7	27.2	4			褐	5.0				不抗锈病
00000144	皋蓝色红胡麻	甘肃作物所	甘肃省皋蓝色县	地方品种	100	蓝色	51.4	34.4	7			褐	4.3				不抗锈病
00000145	皋蓝色白胡麻	甘肃作物所	甘肃省皋蓝色县	地方品种	107	白色	38.5	23.5	4			黄	5.6				不抗锈病
00000146	皋蓝色二混籽	甘肃作物所	甘肃省皋蓝色县	地方品种	107	蓝色	45.0	29.2	6			褐	5.3				不抗锈病
00000147	静宁红胡麻	甘肃作物所	甘肃省静宁县	地方品种	109	蓝色	48.2	39.5	2			褐	5.4				不抗锈病
00000148	东乡红胡麻	甘肃作物所	甘肃省东乡县	地方品种	107	蓝色	40.8	30.2	2			褐	4.0				不抗锈病
00000149	东乡白胡麻	甘肃作物所	甘肃省东乡县	地方品种	105	白色	42.5	28.9	4			黄	5.4				不抗锈病
00000150	东乡高秆	甘肃作物所	甘肃省东乡县	地方品种	100	蓝色	60.7	43.8	3			淡褐	4.3				不抗锈病
00000151	临夏白胡麻	甘肃作物所	甘肃省临夏市	地方品种	106	白色	48.4	24.8	5			黄	5.2				不抗锈病

（续）

统一编号	种质名称	保存单位	原产地或来源地	种质类型	生育日数	花瓣色	株高	工艺长度	分枝数	蒴果数	单株粒重	种皮色	种子千粒重	种子含油率	耐旱性	立枯病抗性	备注
00000152	和政紫胡麻	甘肃作物所	甘肃省和政县	地方品种	114	蓝色	44.4	27.1	4			褐	3.7				不抗锈病
00000153	广河红胡麻	甘肃作物所	甘肃省广河县	地方品种	104	蓝色	46.5	36.6	2			褐	4.8				不抗锈病
00000154	景泰红胡麻	甘肃作物所	甘肃省景泰县	地方品种	106	蓝色	54.2	47.0	4			褐	4.4				不抗锈病
00000155	景泰白胡麻	甘肃作物所	甘肃省景泰县	地方品种	112	白色	59.3	38.4	3			黄	4.3				不抗锈病
00000156	庆阳胡麻	甘肃作物所	甘肃省庆阳市	地方品种	114	蓝色	51.2	38.5	2			褐	5.6				不抗锈病
00000157	环县胡麻	甘肃作物所	甘肃省环县	地方品种	112	蓝色	63.4	49.1	3			褐	6.0				不抗锈病
00000158	宁县胡麻	甘肃作物所	甘肃省宁县	地方品种	110	蓝色	42.8	30.6	3			褐	3.5				不抗锈病
00000159	崇信红胡麻	甘肃作物所	甘肃省崇信县	地方品种	112	蓝色	45.3	32.9	3			褐	5.1				不抗锈病
00000160	天水红胡麻	甘肃作物所	甘肃省天水市	地方品种	107	蓝色	47.5	34.0	4				5.1				不抗锈病
00000161	天水白胡麻	甘肃作物所	甘肃省天水市	地方品种	100	白色	65.0	37.9	6				4.6				不抗锈病
00000162	天水胡麻	甘肃作物所	甘肃省天水市	地方品种	100	蓝色	56.0	45.0	3				4.6				不抗锈病
00000163	西和红胡麻	甘肃作物所	甘肃省西和县	地方品种	112	蓝色	45.6	24.5	2			褐	5.2				不抗锈病
00000164	礼县白胡麻	甘肃作物所	甘肃省礼县	地方品种	110	白色	54.0	36.5	4			黄	4.3				不抗锈病
00000165	礼县低脚	甘肃作物所	甘肃省礼县	地方品种	101	蓝色	47.4	36.0	3			褐	5.0				不抗锈病
00000166	礼县高脚	甘肃作物所	甘肃省礼县	地方品种	102	蓝色	50.0	30.3	3			淡褐	4.8				不抗锈病
00000167	清水胡麻	甘肃作物所	甘肃省清水县	地方品种	107	蓝色	44.8	31.9	2			褐	4.2				不抗锈病
00000168	压浪胡麻	甘肃作物所	甘肃省庄浪县	地方品种	104	蓝色	49.3	35.0	4			褐	5.0				不抗锈病
00000169	岷县胡麻	甘肃作物所	甘肃省岷县	地方品种	109	蓝色	38.5	29.5	3			褐	4.4				不抗锈病
00000170	岩昌短脚	甘肃作物所	甘肃省岩昌县	地方品种	101	蓝色	43.7	31.1	5			褐	4.4				不抗锈病
00000171	岩昌长脚	甘肃作物所	甘肃省岩昌县	地方品种	92	蓝色	52.3	42.4	3			褐	4.3				不抗锈病
00000172	省场胡麻	甘肃作物所	甘肃省蓝色州市	选育品种	111	蓝色	66.0	43.5	3			褐	5.3				不抗锈病
00000173	甘亚 2 号	甘肃作物所	甘肃省蓝色州市	选育品种	116	蓝色	58.9	43.9	9			褐	6.4				抗倒强
00000174	甘亚 3 号	甘肃作物所	甘肃省蓝色州市	选育品种	123	白色	69.7	52.0	6			褐	8.6				抗旱强
00000175	甘亚 4 号	甘肃作物所	甘肃省蓝色州市	选育品种	115	蓝色	70.6	47.3	5			褐	6.6				抗倒抗锈
00000176	陇亚 1 号	甘肃作物所	甘肃省蓝色州市	选育品种	117	蓝色	65.4	46.3	4			褐	8.1				抗锈
00000177	陇亚 2 号	甘肃作物所	甘肃省蓝色州市	选育品种	119	蓝色	48.6	33.5	5			淡褐	8.8				抗旱强

（续）

统一编号	种质名称	保存单位	原产地或来源地	种质类型	生育日数	花瓣色	株高	工艺长度	分枝数	蒴果数	单株粒重	种皮色	种子千粒重	种子含油率	耐旱性	立枯病抗性	备注
00000178	陇亚 3 号	甘肃作物所	甘肃省蓝色州市	选育品种	115	蓝色	53.0	36.1	4			褐	6.3				抗倒抗锈
00000179	陇亚 4 号	甘肃作物所	甘肃省蓝色州市	选育品种	113	蓝色	52.0	33.9	6			褐	8.1				抗旱强
00000180	陇亚 5 号	甘肃作物所	甘肃省蓝色州市	选育品种	110	蓝色	55.6	35.9	6			褐	7.7				抗旱耐脊
00000181	173 选 3	甘肃作物所	甘肃省蓝色州市	选育品种	122	蓝色	61.6	37.0				褐	8.0				耐水肥
00000182	633-4	甘肃作物所	甘肃省蓝色州市	选育品种	114	蓝色	63.4	35.9					7.2				耐水肥
00000183	6332-6	甘肃作物所	甘肃省蓝色州市	选育品种	114	蓝色	57.1	37.1	6			褐	7.1				耐水肥
00000184	二混子	宁夏种质资源所①	宁夏回族自治区永宁县	选育品种	94	蓝色	67.0	53.0				深褐	5.2				不抗倒
00000185	白胡麻	宁夏种质资源所	宁夏回族自治区贺蓝色县	选育品种	85	白色	53.0	35.0				黄	5.3				不抗倒
00000186	宁亚一号	宁夏种质资源所	河北省尚义县	选育品种	95	蓝色	55.0	36.8				深褐	10.4				抗倒
00000187	宁亚二号	宁夏种质资源所	宁夏回族自治区永宁县	选育品种	93	蓝色	62.0	42.0				深褐	8.3				不抗倒
00000188	71-126	宁夏种质资源所	宁夏回族自治区永宁县	选育品种	90	蓝色	70.0	55.0				深褐	7.3				抗倒
00000189	71-142	宁夏种质资源所	宁夏回族自治区永宁县	选育品种	93	蓝色	71.0	57.0				淡褐	7.9				不抗倒
00000190	71-146	宁夏种质资源所	宁夏回族自治区永宁县	选育品种	85	蓝色	48.0	34.0				深褐	9.3				抗倒
00000191	旱胡麻	宁夏固原分院②	宁夏回族自治区青铜峡市	选育品种	87	蓝色	39.0	25.3	3			深褐	5.6				不抗倒
00000192	固原红	宁夏固原分院	宁夏回族自治区固原市	选育品种	97	蓝色	43.5	36.3	3			深褐	4.8				抗旱
00000193	固杂一号	宁夏固原分院	宁夏回族自治区固原市	选育品种	112	蓝色	47.3	37.9	3			深褐	6.1				抗旱
00000194	固杂二号	宁夏固原分院	宁夏回族自治区固原市	选育品种	106	蓝色	48.1	41.5	4			淡褐	6.0				抗旱
00000195	固杂三号	宁夏固原分院	宁夏回族自治区固原市	选育品种	100	蓝色	67.4	53.2	4			深褐	6.9				抗旱
00000196	固系一号	宁夏固原分院	宁夏回族自治区固原市	选育品种	90	蓝色	58.2	42.0	6			深褐	6.4				抗倒
00000197	平鲁白胡麻	山西高寒区作物所③	山西省朔州市平鲁区	选育品种	101	白色	66.1	47.0	3			黄	4.1				抗倒中等
00000198	雁系 17 号	山西高寒区作物所	山西省大同市	选育品种	94	白色	57.9	37.7	4			黄绿	4.6				抗倒强
00000199	右玉白胡麻	山西高寒区作物所	山西省右玉县	选育品种	101	白色	67.8	47.3	2			黄	3.9				抗倒中等
00000200	大同五号	山西高寒区作物所	山西省大同市	选育品种	99	白色	58.2	47.5	3			黄白	6.0				抗倒中等
00000201	左云白胡麻	山西高寒区作物所	山西省左云县	地方品种	96	白色	66.4	48.8	4			黄	4.6				抗倒中等

① 全称为宁夏农林科学院种质资源研究所。全书下同。
② 全称为宁夏农林科学院固原分院。全书下同。
③ 全称为山西省农业科学院高寒区作物研究所。全书下同。

（续）

统一编号	种质名称	保存单位	原产地或来源地	种质类型	生育日数	花瓣色	株高	工艺长度	分枝数	蒴果数	单株粒重	种皮色	种子千粒重	种子含油率	耐旱性	立枯病抗性	备注
00000202	宁武白胡麻	山西高寒区作物所	山西省宁武县	地方品种	101	白色	59.5	49.5	2			黄	5.4				抗倒中等
00000203	左云红胡麻	山西高寒区作物所	山西省左云县	地方品种	101	蓝色	52.0	43.0	2			褐	5.2				抗倒中等
00000204	代县胡麻	山西高寒区作物所	山西省代县	地方品种	105	蓝色	62.5	45.7	3			褐	5.2				抗倒中等
00000205	灵石胡麻	山西高寒区作物所	山西省灵石县	地方品种	105	蓝色	67.9	53.4	2			褐	5.1				抗倒中等
00000206	左权胡麻	山西高寒区作物所	山西省左权县	地方品种	105	蓝色	69.9	51.7	3			褐	4.9				抗倒中等
00000207	交城胡麻	山西高寒区作物所	山西省交城县	地方品种	104	蓝色	70.8	53.0	3			褐	5.4				抗倒中等
00000208	孝义胡麻	山西高寒区作物所	山西省孝义市	地方品种	104	蓝色	68.4	50.2	2			褐	5.0				抗倒中等
00000209	寿阳胡麻	山西高寒区作物所	山西省寿阳县	地方品种	104	蓝色	65.9	46.1	3			褐	5.1				抗倒中等
00000210	离山胡麻	山西高寒区作物所	山西省吕梁市	地方品种	105	蓝色	67.0	49.0	3			褐	7.0				抗倒中等
00000211	昔阳胡麻	山西高寒区作物所	山西省昔阳县	地方品种	105	蓝色	69.3	48.6	3			褐	5.1				抗倒中等
00000212	定襄胡麻	山西高寒区作物所	山西省定襄县	地方品种	105	蓝色	66.9	51.0	2			褐	5.2				抗倒中等
00000213	崞县胡麻	山西高寒区作物所	山西省原平市	地方品种	106	蓝色	64.3	48.5	2			褐	5.4				抗倒中等
00000214	静乐胡麻	山西高寒区作物所	山西省静乐县	地方品种	100	蓝色	64.1	49.7	3			褐	5.3				抗倒中等
00000215	崞县亚麻	山西高寒区作物所	山西省原平市	地方品种	100	蓝色	62.2	42.1	4			褐	5.5				抗倒中等
00000216	静乐红胡麻	山西高寒区作物所	山西省静乐县	地方品种	95	蓝色	38.7	27.3	3			褐	7.0				抗倒中等
00000217	定襄亚麻	山西高寒区作物所	山西省定襄县	地方品种	106	蓝色	65.8	49.0	3			褐	4.5				抗倒中等
00000218	榆次胡麻	山西高寒区作物所	山西省晋中市榆次区	地方品种	106	蓝色	69.4	57.7	3			褐	4.4				抗倒中等
00000219	平鲁小胡麻	山西高寒区作物所	山西省朔州市	地方品种	95	蓝色	61.4	45.0	3			淡褐	5.6				抗倒中等
00000220	平鲁红胡麻	山西高寒区作物所	山西省朔州市平鲁区	地方品种	96	蓝色	60.6	46.1	2			褐	5.2				抗倒中等
00000221	平鲁金点胡麻	山西高寒区作物所	山西省朔州市平鲁区	地方品种	92	蓝色	53.2	41.2	2			褐	5.3				抗倒中等
00000222	平鲁大红袍	山西高寒区作物所	山西省朔州市平鲁区	地方品种	92	蓝色	52.2	40.0	2			褐	4.8				抗倒中等
00000223	大同红胡麻	山西高寒区作物所	山西省大同市	地方品种	101	蓝色	61.4	46.8	3			褐	5.4				抗倒中等
00000224	大同大红袍	山西高寒区作物所	山西省大同市	地方品种	107	蓝色	67.8	55.5	2			褐	4.9				抗倒中等
00000225	大同骚胡	山西高寒区作物所	山西省大同市	地方品种	102	蓝色	64.3	48.2	3			褐	5.8				抗倒中等
00000226	山阴红胡麻	山西高寒区作物所	山西省山阴县	地方品种	101	蓝色	69.2	49.2	3			淡褐	5.1				抗倒中等
00000227	浑源红胡麻	山西高寒区作物所	山西省浑源县	地方品种	96	蓝色	52.7	40.5	2			褐	4.3				抗倒中等

（续）

统一编号	种质名称	保存单位	原产地或来源地	种质类型	生育日数	花瓣色	株高	工艺长度	分枝数	蒴果数	单株粒重	种皮色	种子千粒重	种子含油率	耐旱性	立枯病抗性	备注
00000228	天镇小胡麻	山西高寒区作物所	山西省天镇县	地方品种	104	蓝色	71.7	58.6	2			褐	5.5				抗倒中等
00000229	阳高胡麻（1）	山西高寒区作物所	山西省阳高县	地方品种	103	蓝色	67.5	52.3	2			褐	5.2				抗倒中等
00000230	阳高胡麻（2）	山西高寒区作物所	山西省阳高县	地方品种	103	蓝色	67.3	55.5	2			褐	5.3				抗倒中等
00000231	灵邱大日期	山西高寒区作物所	山西省灵丘县	地方品种	99	蓝色	64.2	48.2	3			褐	5.1				抗倒中等
00000232	广灵胡麻	山西高寒区作物所	山西省广灵县	地方品种	99	蓝色	59.0	47.7	3			褐	5.2				抗倒中等
00000233	天镇大胡麻	山西高寒区作物所	山西省天镇县	地方品种	103	蓝色	66.9	50.2	4			褐	6.0				抗倒中等
00000234	朔县红胡麻	山西高寒区作物所	山西省朔州市朔城区	地方品种	103	蓝色	61.7	49.2	3			褐	5.2				抗倒中等
00000235	静乐尚义	山西高寒区作物所	山西省朔州市朔城区	地方品种	100	蓝色	55.0	42.6	3			褐	5.3				抗倒中等
00000236	兴县紫胡麻	山西高寒区作物所	山西省兴县	地方品种	105	蓝色	64.6	49.8	3			褐	5.3				抗倒中等
00000237	兴县红胡麻	山西高寒区作物所	山西省河曲县	地方品种	104	蓝色	61.0	42.1	3			褐	5.1				抗倒中等
00000238	河曲红胡麻	山西高寒区作物所	山西省宝德县	地方品种	105	蓝色	54.1	43.1	2			褐	5.6				抗倒中等
00000239	宝德胡麻	山西高寒区作物所	山西省偏关县	地方品种	104	蓝色	69.2	52.5	3			褐	5.9				抗倒中等
00000240	偏关胡麻	山西高寒区作物所	山西省岢岚县	地方品种	105	蓝色	61.2	44.4	3			褐	5.0				抗倒中等
00000241	岢胡麻	山西高寒区作物所	山西省五寨县	地方品种	105	蓝色	51.7	41.5	2			褐	5.3				抗倒中等
00000242	县胡麻	山西高寒区作物所	山西省宁武县	地方品种	106	蓝色	59.0	44.9	3			褐	5.4				抗倒中等
00000243	五寨胡麻	山西高寒区作物所	山西省五台县	地方品种	102	蓝色	58.5	42.8	3			褐	5.0				抗倒中等
00000244	宁武胡麻	山西高寒区作物所	山西省宁武县	地方品种	102	蓝色	51.0	38.5	2			褐	5.1				抗倒中等
00000245	五台胡麻	山西高寒区作物所	山西省五台县	地方品种	102	蓝色	53.7	41.6	3			褐	5.0				抗倒中等
00000246	凡峙胡麻	山西高寒区作物所	山西省繁峙县	地方品种	102	蓝色	55.9	43.4	3			褐	5.4				抗倒中等
00000247	阳泉胡麻	山西高寒区作物所	山西省阳泉市	地方品种	106	蓝色	69.1	55.1	3			褐	5.3				抗倒中等
00000248	临县胡麻	山西高寒区作物所	山西省临县	地方品种	101	蓝色	56.7	41.0	3			褐	4.7				抗倒中等
00000249	阳曲大胡麻	山西高寒区作物所	山西省阳曲县	地方品种	106	蓝色	65.4	50.0	3			褐	4.2				抗倒中等
00000250	崞县大胡麻	山西高寒区作物所	山西省原平市	地方品种	106	蓝色	66.6	52.9	3			褐	5.5				抗倒中等
00000251	五台亚麻	山西高寒区作物所	山西省五台县	地方品种	98	蓝色	49.6	37.5	2			褐	4.6				抗倒中等
00000252	忻县亚麻	山西高寒区作物所	山西省忻州市	地方品种	106	蓝色	66.8	54.5	2			深褐	3.8				抗倒中等
00000253	应县胡麻	山西高寒区作物所	山西省应县	地方品种	99	蓝色	70.1	55.5	3			深褐	4.8				抗倒中等

（续）

统一编号	种质名称	保存单位	原产地或来源地	种质类型	生育日数	花瓣色	株高	工艺长度	分枝数	蒴果数	单株粒重	种皮色	种子千粒重	种子含油率	耐旱性	立枯病抗性	备注
00000254	右玉胡麻	山西高寒区作物所	山西省右玉县	地方品种	104	蓝色	60.3	46.0	3			深褐	7.2				抗倒中等
00000255	大同北山区	山西高寒区作物所	山西省大同市	地方品种		蓝色	57.9	46.0	3			深褐	3.2				抗倒强
00000256	雁农一号	山西高寒区作物所	山西省大同市	选育品种	91	蓝色	53.2	40.3	5			深褐	5.5				抗倒中等
00000257	雁系 25 号	山西高寒区作物所	山西省大同市	选育品种	96	蓝色	68.0	58.5	2			深褐	5.9				抗倒中等
00000258	雁杂 10 号	山西高寒区作物所	山西省大同市	选育品种	101	蓝色	49.3	33.5	3			深褐	6.9				抗倒中等
00000259	雁杂 30 号	山西高寒区作物所	山西省大同市	选育品种	92	蓝色	34.3	22.4	3			淡褐	8.1				抗倒中等
00000260	雁杂 27 号	山西高寒区作物所	山西省大同市	选育品种	103	蓝色	65.5	50.5	3			深褐	6.5				抗倒强
00000261	晋亚一号（大同三号）	山西高寒区作物所	山西省大同市	选育品种	94	蓝色	53.6	42.7	4			褐	6.0				抗倒中等
00000262	晋亚二号（大同四号）	山西高寒区作物所	山西省大同市	选育品种	94	蓝色	47.1	34.7	5			褐	7.4				抗倒中等
00000263	晋亚三号（大同七号）	山西高寒区作物所	山西省大同市	选育品种	94	蓝色	50.5	32.4	5			褐	6.2				抗倒中等
00000264	71-1-6	山西高寒区作物所	山西省大同市	选育品种	94	蓝色	50.3	35.7	4			褐	7.0				抗倒中等
00000265	多伦小胡麻	内蒙古特色作物所①	内蒙古自治区多伦县	地方品种	101	蓝色	58.0	39.0	6			褐	4.5				抗倒中等
00000266	多伦大一号	内蒙古特色作物所	内蒙古自治区多伦县	地方品种	100	蓝色	59.0	38.0	6			褐	5.0				抗倒中等
00000267	多伦大二号	内蒙古特色作物所	内蒙古自治区多伦县	地方品种	107	蓝色	56.0	36.0	5			褐	5.1				抗倒中等
00000268	化德白	内蒙古特色作物所	内蒙古自治区化德县	地方品种	112	白色	64.0	46.0	11			黄	5.0				抗倒中等
00000269	化德小	内蒙古特色作物所	内蒙古自治区化德县	地方品种	111	蓝色	62.0	42.0	6			褐	5.0				抗倒中等
00000270	化德大（高）	内蒙古特色作物所	内蒙古自治区化德县	地方品种	100	蓝色	64.0	44.0	6			褐	4.1				抗倒中等
00000271	化德大（矮）	内蒙古特色作物所	内蒙古自治区化德县	地方品种	114	蓝色	45.0	30.0	5			褐	9.4				
00000272	化德一号	内蒙古特色作物所	内蒙古自治区化德县	地方品种	101	蓝色	59.0	41.0	6			褐	4.4				
00000273	化德二号	内蒙古特色作物所	内蒙古自治区化德县	地方品种	101	蓝色	68.0	48.0	7			褐	4.2				
00000274	察右后旗	内蒙古特色作物所	内蒙古自治区察右后旗	地方品种	110	蓝色	63.0	43.0	7			褐	4.7				
00000275	察右后旗小	内蒙古特色作物所	内蒙古自治区察右后旗	地方品种	112	蓝色	62.0	44.0	7			褐	4.7				
00000276	察右后旗大	内蒙古特色作物所	内蒙古自治区察右后旗	地方品种	113	蓝色	42.0	28.0	5			褐	9.7				
00000277	察右后旗普通	内蒙古特色作物所	内蒙古自治区察右后旗	地方品种	110	蓝色	63.0	40.0	9			褐	4.4				
00000278	集宁一号	内蒙古特色作物所	内蒙古自治区乌蓝色察布市集宁区	地方品种	110	蓝色	65.0	44.0	6			褐	4.8				

① 全称为内蒙古自治区农牧业科学院特色作物研究所。全书下同。

（续）

统一编号	种质名称	保存单位	原产地或来源地	种质类型	生育日数	花瓣色	株高	工艺长度	分枝数	蒴果数	单株粒重	种皮色	种子千粒重	种子含油率	耐旱性	立枯病抗性	备注
00000279	集宁二号	内蒙古特色作物所	内蒙古自治区乌蓝色察布市集宁区	地方品种	112	蓝色	62.0	42.0	6			褐	4.7				
00000280	集宁三号	内蒙古特色作物所	内蒙古自治区乌蓝色察布市集宁区	地方品种	112	蓝色	64.0	42.0	7			褐	4.6				
00000281	卓资胡麻	内蒙古特色作物所	内蒙古自治区卓资县	地方品种	108	蓝色	62.0	44.0	6			褐	4.5				
00000282	卓资白	内蒙古特色作物所	内蒙古自治区卓资县	地方品种	113	白色	65.0	44.0	6			黄	4.3				
00000283	卓资红	内蒙古特色作物所	内蒙古自治区卓资县	地方品种	108	蓝色	63.0	38.0	6			褐	4.7				
00000284	龙胜	内蒙古特色作物所	内蒙古自治区卓资县	地方品种	115	蓝色	67.0	46.0	6			褐	4.4				
00000285	凉城一号	内蒙古特色作物所	内蒙古自治区凉城县	地方品种	106	蓝色	53.0	35.0	5			褐	4.9				
00000286	凉城二号	内蒙古特色作物所	内蒙古自治区凉城县	地方品种	111	蓝色	64.0	42.0	6			褐	4.6				
00000287	凉城三号	内蒙古特色作物所	内蒙古自治区凉城县	地方品种	114	白色	69.0	49.0	6			黄	4.2				
00000288	凉城四号	内蒙古特色作物所	内蒙古自治区凉城县	地方品种	115	蓝色	60.0	32.0	6			褐	4.2				
00000289	凉城五号	内蒙古特色作物所	内蒙古自治区凉城县	地方品种	118	蓝色	60.0	36.0	7			褐	4.1				
00000290	凉城六号	内蒙古特色作物所	内蒙古自治区凉城县	地方品种	111	蓝色	60.0	40.0	6			褐	4.7				
00000291	凉城七号	内蒙古特色作物所	内蒙古自治区凉城县	地方品种	107	蓝色	56.0	37.0	6			褐	4.9				
00000292	凉城八号	内蒙古特色作物所	内蒙古自治区凉城县	地方品种	115	蓝色	62.0	32.0	5			褐	4.2				
00000293	凉城九号	内蒙古特色作物所	内蒙古自治区凉城县	地方品种	109	蓝色	54.0	43.0	6			褐	4.7				
00000294	凉城十号	内蒙古特色作物所	内蒙古自治区凉城县	地方品种	106	蓝色	64.0	37.0	4			褐	4.9				
00000295	武东一号	内蒙古特色作物所	内蒙古自治区武安县	地方品种	111	蓝色	66.0	43.0	6			褐	4.6				
00000296	武东二号	内蒙古特色作物所	内蒙古自治区武安县	地方品种	111	蓝色	66.0	45.0	7			褐	4.9				
00000297	土旗胡麻	内蒙古特色作物所	内蒙古自治区土默特左旗	地方品种	115	蓝色	70.0	49.0	6			褐	4.5				
00000298	和林胡麻	内蒙古特色作物所	内蒙古自治区和林格尔县	地方品种	116	蓝色	70.0	47.0	8			褐	4.5				
00000299	托县一号	内蒙古特色作物所	内蒙古自治区托克托县	地方品种	116	蓝色	71.0	50.0	8			褐	4.4				
00000300	托县二号	内蒙古特色作物所	内蒙古自治区托克托县	地方品种	118	蓝色	70.0	47.0	9			褐	3.7				
00000301	莎县胡麻	内蒙古特色作物所	内蒙古自治区莎县	地方品种	118	蓝色	71.0	46.0	7			褐	3.8				
00000302	莎县白	内蒙古特色作物所	内蒙古自治区莎县	地方品种	117	白色	67.0	47.0	12			褐	4.2				
00000303	莎县红	内蒙古特色作物所	内蒙古自治区莎县	地方品种	117	蓝色	70.0	46.0	10			褐	4.1				
00000304	固阳一号	内蒙古特色作物所	内蒙古自治区固阳县	地方品种	117	蓝色	66.0	44.0	6			褐	4.3				

（续）

统一编号	种质名称	保存单位	原产地或来源地	种质类型	生育日数	花瓣色	株高	工艺长度	分枝数	蒴果数	单株粒重	种皮色	种子千粒重	种子含油率	耐旱性	立枯病抗性	备注
00000305	固阳二号	内蒙古特色作物所	内蒙古自治区固阳县	地方品种	116	蓝色	71.0	51.0	6			褐	4.3				
00000306	包头一号	内蒙古特色作物所	内蒙古自治区包头市	地方品种	114	蓝色	69.0	49.0	7			褐	4.5				
00000307	包头二号	内蒙古特色作物所	内蒙古自治区包头市	地方品种	116	蓝色	70.0	49.0	6			褐	4.4				
00000308	中后旗一号	内蒙古特色作物所	内蒙古自治区巴彦淖尔市	地方品种	115	蓝色	66.0	50.0	6			褐	4.5				
00000309	中后旗二号	内蒙古特色作物所	内蒙古自治区巴彦淖尔市	地方品种	118	白色	67.0	45.0	1			黄	4.1				
00000310	中后旗三号	内蒙古特色作物所	内蒙古自治区巴彦淖尔市	地方品种	116	蓝色	70.0	50.0	8			褐	4.3				
00000311	中后旗四号	内蒙古特色作物所	内蒙古自治区巴彦淖尔市	地方品种	115	蓝色	69.0	48.0	7			褐	4.2				
00000312	中后旗五号	内蒙古特色作物所	内蒙古自治区巴彦淖尔市	地方品种	116	蓝色	72.0	49.0	6			褐	4.3				
00000313	中后旗六号	内蒙古特色作物所	内蒙古自治区巴彦淖尔市	地方品种	115	蓝色	69.0	46.0	7			褐	4.8				
00000314	中后旗七号	内蒙古特色作物所	内蒙古自治区巴彦淖尔市	地方品种	116	蓝色	70.0	48.0	9			褐	4.2				
00000315	晏红	内蒙古特色作物所	内蒙古自治区赤峰市	地方品种	114	蓝色	66.0	48.0	7			褐	3.9				
00000316	伊盟一号	内蒙古特色作物所	内蒙古自治区鄂尔多斯市	地方品种	113	蓝色	74.0	51.0	11			褐	4.4				
00000317	伊盟二号	内蒙古特色作物所	内蒙古自治区鄂尔多斯市	地方品种	116	蓝色	70.0	49.0	9			褐	4.3				
00000318	伊盟三号	内蒙古特色作物所	内蒙古自治区鄂尔多斯市	地方品种	115	蓝色	73.0	55.0	9			褐	5.0				
00000319	伊盟四号	内蒙古特色作物所	内蒙古自治区鄂尔多斯市	地方品种	101	蓝色	72.0	51.0	7			褐	4.2				
00000320	临河胡麻	内蒙古特色作物所	内蒙古自治区巴彦淖尔市临河区	地方品种	101	白色	69.0	48.0	6			褐	4.6				
00000321	临河白	内蒙古特色作物所	内蒙古自治区巴彦淖尔市临河区	地方品种	114	白色						黄	4.7				
00000322	米仓胡麻	内蒙古特色作物所	内蒙古自治区杭锦后旗	地方品种	110	蓝色	70.0	49.0	6			褐	4.3				
00000323	四子王旗大片	内蒙古特色作物所	内蒙古自治区四子王旗	地方品种	113	蓝色	42.0	28.0	4			褐	10.0				
00000324	四子王旗红	内蒙古特色作物所	内蒙古自治区四子王旗	地方品种	111	蓝色	65.0	43.0	7			褐	5.0				
00000325	兴和小头	内蒙古特色作物所	内蒙古自治区兴和县	地方品种	112	蓝色	63.0	44.0	6			褐	4.8				
00000326	清水河本地	内蒙古特色作物所	内蒙古自治区清水河县	地方品种	116	蓝色	60.0	35.0	5			褐	6.0				
00000327	武川红	内蒙古特色作物所	内蒙古自治区武川县	地方品种	115	蓝色	71.0	51.0	6			褐	4.4				
00000328	丰镇小胡麻	内蒙古特色作物所	内蒙古自治区丰镇市	地方品种	111	蓝色	64.0	43.0	5			褐	4.9				
00000329	丰镇本地	内蒙古特色作物所	内蒙古自治区丰镇市	地方品种	111	蓝色	64.0	44.0	6			褐	4.6				
00000330	赤峰一号	内蒙古特色作物所	内蒙古自治区赤峰市	地方品种	115	蓝色	69.0	48.0	8			褐	4.2				

（续）

统一编号	种质名称	保存单位	原产地或来源地	种质类型	生育日数	花瓣色	株高	工艺长度	分枝数	蒴果数	单株粒重	种皮色	种子千粒重	种子含油率	耐旱性	立枯病抗性	备注
00000331	赤峰二号	内蒙古特色作物所	内蒙古自治区赤峰市	地方品种	112	蓝色	68.0	47.0	6			褐	4.6				
00000332	克旗一号	内蒙古特色作物所	克什克腾旗	地方品种	111	蓝色	65.0	41.0	7			褐	4.5				
00000333	克旗二号	内蒙古特色作物所	克什克腾旗	地方品种	111	蓝色	63.0	41.0	7			褐	4.5				
00000334	喀喇沁	内蒙古特色作物所	内蒙古自治区赤峰市	地方品种	116	蓝色	70.0	49.0	7			褐	4.1				
00000335	五原个别	内蒙古特色作物所	内蒙古自治区五原县	地方品种	113	蓝色	66.0	45.0	8			褐	4.6				
00000336	清水河（高）	内蒙古特色作物所	内蒙古自治区清水河县	地方品种	114	蓝色	60.0	43.0	4			褐	4.8				
00000337	清水河（矮）	内蒙古特色作物所	内蒙古自治区清水河县	地方品种	120	蓝色	44.0	27.0	7			褐	10.2				
00000338	蒙选 014	内蒙古特色作物所	内蒙古自治区呼和浩特市	选育品种	116	蓝色	42.0	25.0	3			褐	9.0				
00000339	蒙选 025	内蒙古特色作物所	内蒙古自治区呼和浩特市	选育品种	116	蓝色	47.0	24.0	4			褐	9.0				
00000340	蒙选 063	内蒙古特色作物所	内蒙古自治区呼和浩特市	选育品种	116	蓝色	53.0	25.0	7			褐	9.0				
00000341	蒙选 198	内蒙古特色作物所	内蒙古自治区呼和浩特市	选育品种	110	蓝色						褐					
00000342	蒙选 224	内蒙古特色作物所	内蒙古自治区呼和浩特市	选育品种	116	蓝色	48.0	33.0	3			褐	9.0				
00000343	蒙选 230	内蒙古特色作物所	内蒙古自治区呼和浩特市	选育品种	116	蓝色	59.0	38.0	5			褐	7.7				
00000344	蒙选 252	内蒙古特色作物所	内蒙古自治区呼和浩特市	选育品种	116	蓝色						褐					
00000345	陕坝一号	内蒙古特色作物所	内蒙古自治区巴彦淖尔市	选育品种	114	蓝色	75.0	50.0	6			褐	5.2				
00000346	白盖胡麻	内蒙古特色作物所	内蒙古自治区巴彦淖尔市	选育品种	114	蓝色	76.0	46.0	8			褐	5.3				
00000347	蒙选 119	内蒙古特色作物所	内蒙古自治区呼和浩特市	选育品种	116	蓝色	55.0	20.0	7			褐	10.0				
00000348	联合双旗	内蒙古特色作物所	内蒙古自治区察右前旗	选育品种	116	蓝色	58.0	31.0	5			褐	6.5				
00000349	蒙亚一号	内蒙古特色作物所	内蒙古自治区呼和浩特市	选育品种	119	蓝色	54.0	38.0	5			褐	8.8				
00000350	蒙亚二号	内蒙古特色作物所	内蒙古自治区呼和浩特市	选育品种	119	蓝色	63.0	44.0	7			褐	8.5				
00000351	蒙亚三号	内蒙古特色作物所	内蒙古自治区呼和浩特市	选育品种	119	蓝色	60.0	37.0	8			褐	8.6				
00000352	蒙选 611	内蒙古特色作物所	内蒙古自治区呼和浩特市	选育品种	95	蓝色	38.3	26.5	2			褐	7.5				
00000353	蒙选 357	内蒙古特色作物所	内蒙古自治区呼和浩特市	选育品种	96	蓝色	48.4	38.6	3			褐	5.5				
00000354	河套红 11	内蒙古特色作物所	内蒙古自治区巴彦淖尔市	选育品种	101	蓝色	62.4	47.3	2			褐	4.8				
00000355	河套红 21	内蒙古特色作物所	内蒙古自治区巴彦淖尔市	选育品种	107	蓝色	64.6	47.9	3			褐	4.1				
00000356	蒙选 309	内蒙古特色作物所	内蒙古自治区呼和浩特市	选育品种	100	蓝色	54.5	41.8	4			褐	5.3				

（续）

统一编号	种质名称	保存单位	原产地或来源地	种质类型	生育日数	花瓣色	株高	工艺长度	分枝数	蒴果数	单株粒重	种皮色	种子千粒重	种子含油率	耐旱性	立枯病抗性	备注
00000357	伊杂五号	内蒙古特色作物所	内蒙古自治区鄂尔多斯市	选育品种	102	蓝色	51.8	31.6	3			褐	9.4				
00000358	伊选 63-11	内蒙古特色作物所	内蒙古自治区鄂尔多斯市	选育品种	102	蓝色	55.8	41.4	3			褐	6.4				
00000359	康保小胡麻	河北张家口农科院①	河北省康保县	地方品种	106	蓝色	40.0	32.2	4			褐	5.4				抗倒中
00000360	尚义小桃胡麻	河北张家口农科院	河北省尚义县	地方品种	115	蓝色	41.9	26.2	5			褐	5.3				
00000361	张北白胡麻	河北张家口农科院	河北省张北县	地方品种	114	白色	40.3	27.5	4			白	5.8				
00000362	本站大桃胡麻	河北张家口农科院	河北省张家口市	地方品种	106	蓝色	36.5	24.3	4			褐	10.4				抗倒
00000363	六六三	河北张家口农科院	河北省张家口市	选育品种	90	蓝色	59.1	42.8	6			褐	4.8				
00000364	59-199	河北张家口农科院	河北省张家口市	选育品种	89	蓝色	36.4	22.5	4			褐	8.6				
00000365	59-919	河北张家口农科院	河北省张家口市	选育品种	93	蓝色	65.3	46.9	4			褐	5.2				
00000366	59-212	河北张家口农科院	河北省张家口市	选育品种	113	蓝色	52.0	37.8	3			褐	6.8				
00000367	59-208	河北张家口农科院	河北省张家口市	选育品种	108	蓝色	45.4	37.4	3			褐	9.4				
00000368	59-158	河北张家口农科院	河北省张家口市	选育品种	95	蓝色	36.2	19.7	7			褐	8.8				
00001601	RIGOR SEL.	河北张家口农科院	美国	遗传材料	94	蓝色	37.0	30.0	6	22		浅褐	6.7			抗病	
00001602	1661 SELECTION	河北张家口农科院	美国	遗传材料	79	蓝色	57.0	26.0	3	33		褐	4.3			高抗	
00001603	N. D. RES，NO. 52	河北张家口农科院	美国	遗传材料	94	蓝色	53.0	31.0	4	28		浅褐	4.3			抗病	
00001604	C. I. 193×112	河北张家口农科院	美国	遗传材料	83	白色	77.0	51.0	3	14		褐	4.2			高抗	
00001605	ARGENTINE	河北张家口农科院	俄罗斯	遗传材料	77	白色	87.0	55.0	3	35		褐	4.3			抗病	
00001606	DEHISCENT	河北张家口农科院	俄罗斯	遗传材料	81	蓝色	52.0	30.0	5	22		褐	4.5			抗病	
00001607	SAGINAW×OTTAWA 770	河北张家口农科院	美国	遗传材料	91	白色	53.0	26.0	5	25		浅褐	4.1			抗病	
00001608	ARGENTINE SEL.	河北张家口农科院	美国	遗传材料	86	蓝色	40.0	29.0	3	14		褐	7.0			抗病	
00001609	SMDKEY GOLDEN	河北张家口农科院	美国	遗传材料	87	白色	47.0	27.0	4	23		深红	6.0			抗病	
00001610	AR. (CROSS) SEL	河北张家口农科院	乌拉圭	遗传材料	93	蓝色	36.0	29.0	4	9		褐	6.0			感病	
00001611	REPETIBLE 117	河北张家口农科院	乌拉圭	遗传材料	86	蓝色	43.0	22.0	3	20		褐	5.5			抗病	
00001612	ISMAILPUR	河北张家口农科院	印度	遗传材料	81	蓝色	49.0	25.0	3	22		褐	4.8			抗病	
00001613	DORST	河北张家口农科院	美国	遗传材料	76	蓝色	39.0	23.0	3	24		褐	3.5			感病	

① 全称为河北省张家口市农业科学院。全书下同。

（续）

统一编号	种质名称	保存单位	原产地或来源地	种质类型	生育日数	花瓣色	株高	工艺长度	分枝数	蒴果数	单株粒重	种皮色	种子千粒重	种子含油率	耐旱性	立枯病抗性	备注
00001614	CALIF. NO. 8	河北张家口农科院	荷兰	遗传材料	97	蓝色	55.0	37.0	4	30		褐	6.8			抗病	
00001615	BAY KOROL	河北张家口农科院	美国	遗传材料	102	蓝色	45.0	34.0	4	31		褐	6.0			抗病	
00001616	C. I. 355×BISON	河北张家口农科院	美国	遗传材料	92	蓝色	57.0	35.0	5	18		褐	5.9			感病	
00001617	C. I. 355×BISON	河北张家口农科院	美国	遗传材料	92	蓝色	78.0	48.0	4	31		浅褐	4.7			感病	
00001618	C. I. 355×BISON	河北张家口农科院	美国	遗传材料	92	蓝色	60.0	39.0	2	25		褐	5.5			抗病	
00001619	C. I. 355×BISON	河北张家口农科院	美国	遗传材料	100	蓝色	69.0	44.0	5	29		褐	5.0			抗病	
00001620	ARG. 291×SMOKY GOLD	河北张家口农科院	美国	遗传材料	101	蓝色	52.0	34.0	4	36		褐	5.5			抗病	
00001621	ARG. 404×BISON	河北张家口农科院	美国	遗传材料	86	蓝色	61.0	39.0	4	33		褐	5.8			抗病	
00001622	RIO×BGOLD×BVDA	河北张家口农科院	美国	遗传材料	93	蓝色	62.0	42.0	6	27		褐	6.1			抗病	
00001623	LIRAL MONARCH	河北张家口农科院	美国	遗传材料	93	蓝色	65.0	40.0	3	28		褐	4.8			抗病	
00001624	RDNEW×BISON	河北张家口农科院	加拿大	遗传材料	93	蓝色	55.0	30.0	4	25		褐	5.4			抗病	
00001625	SHEYENNE	河北张家口农科院	美国	遗传材料	97	蓝色	53.0	29.0	5	24		褐	5.2			抗病	
00001626	MINN. II-36-P4	河北张家口农科院	美国	遗传材料	85	蓝色	61.0	33.0	5	19		褐	5.3			抗病	
00001627	BIRIO	河北张家口农科院	美国	遗传材料	88	蓝色	58.0	42.0	6	20		浅褐	6.2			抗病	
00001628	SIBE×914	河北张家口农科院	美国	遗传材料	93	蓝色	71.0	48.0	3	17		浅褐	7.2			抗病	
00001629	7167/40	河北张家口农科院	阿根廷	遗传材料	97	蓝色	38.0	22.0	3	32		浅褐	5.9			抗病	
00001630	AR	河北张家口农科院	乌拉圭	遗传材料	95	蓝色	39.0	24.0	4	18		浅褐	5.4			抗病	
00001631	NO. 204	河北张家口农科院	乌拉圭	遗传材料	86	蓝色	33.0	16.0	5	28		浅褐	4.6			抗病	
00001632	CI980×REDSDN(II-41-5)	河北张家口农科院	美国	遗传材料	88	蓝色	37.0	16.0	3	24		褐	4.5			感病	
00001633	BISON/JWS//1073	河北张家口农科院	美国	遗传材料	88	蓝色	55.0	30.0	4	24		浅褐	5.2			感病	
00001634	VIKING×(BIS×RIO)W18	河北张家口农科院	美国	遗传材料	88	蓝色	46.0	27.0	4	17		浅褐	6.2			抗病	
00001635	VICTORY SEL 3254	河北张家口农科院	美国	遗传材料	86	白色	42.0	29.0	3	22		褐	7.4			抗病	
00001636	DAHLEM	河北张家口农科院	德国	遗传材料	67	蓝色	56.0	27.0	3	18		浅褐	3.9			抗病	
00001637	MARITIME	河北张家口农科院	美国	遗传材料	98	蓝色	32.0	21.0	5	30		浅褐	6.3			感病	
00001638	BUDA×J. W. S	河北张家口农科院	美国	遗传材料	85	蓝色	69.0	49.0	4	25		浅褐	4.6			高抗	
00001639	ARGENTINE463×CI97	河北张家口农科院	美国	遗传材料	84	蓝色	52.0	34.0	5	18		褐	6.1			高抗	

（续）

统一编号	种质名称	保存单位	原产地或来源地	种质类型	生育日数	花瓣色	株高	工艺长度	分枝数	蒴果数	单株粒重	种皮色	种子千粒重	种子含油率	耐旱性	立枯病抗性	备注
00001640	ARG191BIS×(VIKGBILINDA)	河北张家口农科院	美国	遗传材料	78	蓝色	58.0	36.0	5	23		褐	5.1			高抗	
00001641	ARG. 8C×B. GOLDEN	河北张家口农科院	加拿大	遗传材料	94	蓝色	46.0	32.0	4	17		褐	6.7			高抗	
00001642	BURKE	河北张家口农科院	美国	遗传材料	85	蓝色	58.0	36.0	6	33		褐	3.8			高抗	
00001643	CASS	河北张家口农科院	美国	遗传材料	86	蓝色	65.0	20.0	7	19		浅褐	5.6			高抗	
00001644	MRYE/BISON	河北张家口农科院	美国	遗传材料	86	蓝色	42.0	27.0	4	22		褐	5.7			高抗	
00001645	MORY/BISON	河北张家口农科院	美国	遗传材料	86	蓝色	48.0	27.0	3	17		褐	5.3			抗病	
00001646	SORAV 65	河北张家口农科院	德国	遗传材料	95	蓝色	42.0	28.0	3	24		褐	5.7			抗病	
00001647	PERGAMINA6962-1	河北张家口农科院	阿根廷	遗传材料	87	蓝色	35.0	12.0	3	13		浅褐	5.1			抗病	
00001648	BUCK. 113 10500/46	河北张家口农科院	阿根廷	遗传材料	87	蓝色	47.0	33.0	4	22		褐	6.3			感病	
00001649	BENV. REAL	河北张家口农科院	阿根廷	遗传材料	82	蓝色	48.0	33.0	4	19		褐	5.6			抗病	
00001650	10383/46	河北张家口农科院	阿根廷	遗传材料	94	白色	32.0	16.0	4	20		褐	4.9			感病	
00001651	10382/46	河北张家口农科院	阿根廷	遗传材料	86	蓝色	41.0	27.0	5	22		浅褐	5.9			抗病	
00001652	10385/46	河北张家口农科院	阿根廷	遗传材料	77	白色	33.0	24.0	3	18		浅褐	4.0			感病	
00001653	10392/46	河北张家口农科院	阿根廷	遗传材料	83	白色	38.0	24.0	2	18		褐	5.1			抗病	
00001654	10397/46	河北张家口农科院	阿根廷	遗传材料	95	蓝色	35.0	21.0	3	24		浅褐	6.2			抗病	
00001655	10401/46	河北张家口农科院	阿根廷	遗传材料	91	白色	48.0	28.0	3	15		褐	5.7			抗病	
00001656	10413/46	河北张家口农科院	阿根廷	遗传材料	98	蓝色	48.0	38.0	5	26		浅褐	5.6			抗病	
00001657	19422/46	河北张家口农科院	阿根廷	遗传材料	86	蓝色	36.0	22.0	6	15		浅褐	5.2			感病	
00001658	19428/46	河北张家口农科院	阿根廷	遗传材料	84	蓝色	50.0	30.0	3	39		浅褐	5.6			感病	
00001659	CAWNPORD NO. 1206	河北张家口农科院	印度	遗传材料	101	蓝色	48.0	35.0	3	32		褐	4.4			抗病	
00001660	TYPE 11	河北张家口农科院	印度	遗传材料	85	白色	54.0	29.0	3	52		褐	6.2			抗病	
00001661	CRYSTAL×REDSON	河北张家口农科院	美国	遗传材料	83	蓝色	72.0	39.0	5	21		浅褐	3.7			抗病	
00001662	BELADI C. P. I. 8095	河北张家口农科院	埃及	遗传材料	88	蓝色	60.0	31.0	4	14		浅褐	5.1			高抗	
00001663	RELADE W. 24	河北张家口农科院	埃及	遗传材料	91	蓝色	54.0	38.0	4	25		褐	6.1			感病	
00001664	BELADI Y 6903	河北张家口农科院	埃及	遗传材料	87	蓝色	38.0	22.0	5	26		浅褐	4.6			抗病	
00001665	BELADI Y 6906	河北张家口农科院	埃及	遗传材料	93	蓝色	44.0	27.0	6	26		褐	5.0			感病	

（续）

统一编号	种质名称	保存单位	原产地或来源地	种质类型	生育日数	花瓣色	株高	工艺长度	分枝数	蒴果数	单株粒重	种皮色	种子千粒重	种子含油率	耐旱性	立枯病抗性	备注
00001666	BENVENUTO LABRADOR	河北张家口农科院	埃及	遗传材料	93	蓝色	52.0	27.0	4	17		褐	4.0			抗病	
00001667	BENVENVTO REAL	河北张家口农科院	埃及	遗传材料	90	蓝色	52.0	29.0	3	45		褐	4.8			抗病	
00001668	CAWNPORE NO. 1150	河北张家口农科院	埃及	遗传材料	94	蓝色	51.0	35.0	3	33		浅褐	6.2			抗病	
00001669	CAWNPORE NO. 1193	河北张家口农科院	埃及	遗传材料	95	蓝色	66.0	43.0	3	33		褐	3.1			抗病	
00001670	RIJKI	河北张家口农科院	保加利亚	遗传材料	93	蓝色	35.5	30.0	3	29		浅褐	3.7			抗病	
00001671	INDIAN TYPE 5	河北张家口农科院	印度	遗传材料	94	蓝色	39.0	30.0	4	26		褐	4.2			感病	
00001672	NO. 1206	河北张家口农科院	印度	遗传材料	94	蓝色	51.0	38.0	4	53		浅褐	3.9			高抗	
00001673	WEIRA	河北张家口农科院	荷兰	遗传材料	87	蓝色	44.0	24.0	3	27		浅褐	4.8			感病	
00001674	LUOMAL，MAATIAIS YEL	河北张家口农科院	芬兰	遗传材料	78	蓝色	45.0	34.0	4	22		浅褐	4.3			高抗	
00001675	(CAN×ARG)(ARRCW×97)	河北张家口农科院	加拿大	遗传材料	82	蓝色	33.0	23.0	3	28		浅褐	4.3			高抗	
00001676	B-5128×ZENITH	河北张家口农科院	加拿大	遗传材料	86	蓝色	36.0	27.0	4	52		浅褐	4.5			抗病	
00001677	LEINHO DO CVINA	河北张家口农科院	非洲	遗传材料	79	蓝色	43.0	27.0	4	15		褐	4.3			感病	
00001678	P. I. 211733	河北张家口农科院	阿富汗	遗传材料	96	蓝色	52.0	33.0	4	44		浅褐	3.9			高抗	
00001679	VENTNOR	河北张家口农科院	澳大利亚	遗传材料	74	蓝色	38.0	30.0	4	23		褐	4.8			抗病	
00001680	1690-S	河北张家口农科院	伊朗	遗传材料	86	蓝色	44.0	25.0	3	12		褐	5.7			高抗	
00001681	NO. 8	河北张家口农科院	英国	遗传材料	79	蓝色	72.0	39.0	5	21		浅褐	3.7			高抗	
00001682	SHEYENNE×CI 1332	河北张家口农科院	南美	遗传材料	77	蓝色	60.0	31.0	4	14		浅褐	5.1			抗病	
00001683	KVGINE	河北张家口农科院	阿根廷	遗传材料	95	蓝色	54.0	38.0	4	25		褐	6.1			抗病	
00001684	NO. 412	河北张家口农科院	埃塞俄比亚	遗传材料	86	蓝色	38.0	22.0	5	26		浅褐	4.6			高感	
00001685	NO. 15578	河北张家口农科院	伊朗	遗传材料	101	蓝色	44.0	27.0	6	26		褐	5.0			感病	
00001686	RVSSIAN INTRO.	河北张家口农科院	俄罗斯	遗传材料	79	蓝色	52.0	27.0	4	17		褐	4.0			感病	
00001687	KOTO×RDNEW，SEI 4028	河北张家口农科院	美国	遗传材料	95	蓝色	52.0	29.0	3	45		褐	4.8			感病	
00001688	BIWING×（I1980LII-40-3）	河北张家口农科院	美国	遗传材料	101	蓝色	51.0	35.0	3	33		浅褐	6.2			感病	
00001689	BISON×387-1 II-31-13	河北张家口农科院	美国	遗传材料	92	蓝色	66.0	43.0	3	33		褐	3.1			抗病	
00001690	10438/46	河北张家口农科院	阿根廷	遗传材料	78	蓝色	35.5	30.0	3	29		浅褐	3.7			抗病	
00001691	3W WINTER TYPE	河北张家口农科院	阿根廷	遗传材料	98	蓝色	39.0	30.0	4	26		褐	4.2			抗病	

（续）

统一编号	种质名称	保存单位	原产地或来源地	种质类型	生育日数	花瓣色	株高	工艺长度	分枝数	蒴果数	单株粒重	种皮色	种子千粒重	种子含油率	耐旱性	立枯病抗性	备注
00001692	6W WINTER TYPE	河北张家口农科院	阿根廷	遗传材料	95	蓝色	51.0	38.0	4	53		浅褐	3.9			高抗	
00001693	10W WINTER TYPE	河北张家口农科院	阿根廷	遗传材料	95	蓝色	44.0	24.0	3	27		浅褐	4.8			抗病	
00001694	18W WINTER TYPE	河北张家口农科院	阿根廷	遗传材料	97	蓝色	45.0	34.0	4	22		浅褐	4.3			抗病	
00001695	19W WINTER TYPE	河北张家口农科院	阿根廷	遗传材料	97	蓝色	33.0	23.0	3	28		浅褐	4.3			感病	
00001696	22W WINTER TYPE	河北张家口农科院	阿根廷	遗传材料	97	蓝色	36.0	27.0	4	52		浅褐	4.5			高抗	
00001697	23W WINTER TYPE	河北张家口农科院	阿根廷	遗传材料	98	蓝色	43.0	27.0	4	15		褐	4.3			高抗	
00001698	24W WINTER TYPE	河北张家口农科院	阿根廷	遗传材料	96	蓝色	52.0	33.0	4	44		浅褐	3.9			抗病	
00001699	26W WINTER TYPE	河北张家口农科院	阿根廷	遗传材料	94	蓝色	38.0	30.0	4	23		褐	4.8			抗病	
00001700	28W WINTER TYPE	河北张家口农科院	阿根廷	遗传材料	83	蓝色	44.0	25.0	3	12		褐	5.7			感病	
00001701	36W WINTER YTPE	河北张家口农科院	阿根廷	遗传材料	95	蓝色	42.0	30.0	4	19		浅褐	4.6			抗病	
00001702	40W WINTER YTPE	河北张家口农科院	阿根廷	遗传材料	95	蓝色	31.0	17.0	4	22		褐	4.6			感病	
00001703	42W WINTER YTPE	河北张家口农科院	阿根廷	遗传材料	96	蓝色	32.0	23.0	3	42		浅褐	3.8			感病	
00001704	45W WINTER YTPE	河北张家口农科院	阿根廷	遗传材料	98	蓝色	45.0	39.0	3	11		褐	4.7			抗病	
00001705	53W WINTER YTPE	河北张家口农科院	阿根廷	遗传材料	96	蓝色	42.0	19.0	4	33		浅褐	4.3			感病	
00001706	37420 FIBER	河北张家口农科院	阿根廷	遗传材料	76	蓝色	70.0	48.0	2	25		褐	4.2			抗病	
00001707	32001 FIBER	河北张家口农科院	阿根廷	遗传材料	76	蓝色	81.0	59.0	4	20		褐	4.2			抗病	
00001708	83403 FIBER	河北张家口农科院	阿根廷	遗传材料	87	蓝色	56.0	37.0	2	12		浅褐	4.8			抗病	
00001709	86802 FIBER	河北张家口农科院	阿根廷	遗传材料	87	蓝色	53.0	29.0	5	23		浅褐	4.6			高抗	
00001710	111301 FIBER	河北张家口农科院	阿根廷	遗传材料	83	蓝色	54.0	37.0	3	26		浅褐	3.9			抗病	
00001711	87114 FIBER	河北张家口农科院	阿根廷	遗传材料	96	蓝色	65.0	45.0	3	29		褐	4.4			感病	
00001712	87124 FIBER	河北张家口农科院	阿根廷	遗传材料	85	蓝色	56.0	39.0	3	28		褐	3.6			感病	
00001713	PERCFLLO	河北张家口农科院	美国	遗传材料	94	蓝色	48.0	24.0	4	32		浅褐	5.5			高抗	
00001714	NORFOLX QUEEN	河北张家口农科院	美国	遗传材料	93	蓝色	55.0	31.0	4	41		褐	5.1			高抗	
00001715	46123 FIBER	河北张家口农科院	阿根廷	遗传材料	87	蓝色	73.0	55.0	4	21		褐	4.4			感病	
00001716	018 1102 FIBER	河北张家口农科院	阿根廷	遗传材料	87	蓝色	62.0	44.0	3	23		褐	4.3			抗病	
00001717	98903 FIBER	河北张家口农科院	阿根廷	遗传材料	84	蓝色	65.0	40.0	4	40		褐	4.3			高抗	

（续）

统一编号	种质名称	保存单位	原产地或来源地	种质类型	生育日数	花瓣色	株高	工艺长度	分枝数	蒴果数	单株粒重	种皮色	种子千粒重	种子含油率	耐旱性	立枯病抗性	备注
00001718	LIRAL PRINCE	河北张家口农科院	巴尼圭巴	遗传材料	86	蓝色	59.0	39.0	4	29		浅褐	3.6			感病	
00001719	TALMVNE	河北张家口农科院	美国	遗传材料	96	蓝色	86.0	62.0	4	32		浅褐	3.7			高抗	
00001720	CONCURRENT	河北张家口农科院	美国	遗传材料	95	白色	61.0	42.0	5	25		褐	3.6			高感	
00001721	WIERSEMA	河北张家口农科院	美国	遗传材料	83	蓝色	85.0	47.0	3	33		褐	3.7			高抗	
00001722	CIRRUS	河北张家口农科院	美国	遗传材料	84	蓝色	72.0	48.0	3	24		褐	4.1			高抗	
00001723	REMRANDT	河北张家口农科院	美国	遗传材料	96	蓝色	75.0	57.0	4	26		浅褐	4.9			抗病	
00001724	SPI 242201 FIBER	河北张家口农科院	阿根廷	遗传材料	85	白色	37.0	22.0	5	17		浅褐	4.8			高感	
00001725	SPI 242203 FIBER	河北张家口农科院	阿根廷	遗传材料	79	蓝色	84.0	74.0	3	14		褐	3.9			高抗	
00001726	REDWOOD HI-OIL BVLK	河北张家口农科院	美国	遗传材料	85	蓝色	42.0	26.0	3	18		褐	5.3			感病	
00001727	PEPETIBLE 117×REDS	河北张家口农科院	加拿大	遗传材料	82	蓝色	52.0	34.0	4	18		褐	5.7			高抗	
00001728	248636	河北张家口农科院	巴基斯坦	遗传材料	85	蓝色	51.0	32.0	2	16		褐	7.1			感病	
00001729	248903	河北张家口农科院	印度	遗传材料	83	白色	92.0	60.0	3	40		浅褐	4.3			感病	
00001730	248907	河北张家口农科院	印度	遗传材料	83	蓝色	63.0	49.0	3	20		浅褐	3.9			感病	
00001731	248908	河北张家口农科院	印度	遗传材料	81	蓝色	50.0	36.0	5	33		褐	3.9			感病	
00001732	248638	河北张家口农科院	巴基斯坦	遗传材料	75	蓝色	78.0	50.0	5	26		浅褐	5.5			抗病	
00001733	248910	河北张家口农科院	印度	遗传材料	81	蓝色	75.0	53.0	3	28		褐	4.1			感病	
00001734	248914	河北张家口农科院	印度	遗传材料	91	蓝色	52.0	32.0	2	50		褐	7.1			感病	
00001735	248915	河北张家口农科院	印度	遗传材料	85	蓝色	51.0	30.0	3	16		浅褐	5.7			抗病	
00001736	248925	河北张家口农科院	印度	遗传材料	84	蓝色	53.0	35.0	3	25		褐	5.5			感病	
00001737	HENDI	河北张家口农科院	匈牙利	遗传材料	88	蓝色	44.0	29.0	2	24		褐	5.7			感病	
00001738	HOSSSZUHATI 7016	河北张家口农科院	匈牙利	遗传材料	81	蓝色	43.0	29.0	3	19		浅褐	5.8			感病	
00001739	HOSSSZUHATI 8401	河北张家口农科院	匈牙利	遗传材料	84	蓝色	40.0	17.0	3	26		浅褐	6.2			感病	
00001740	MARTONT	河北张家口农科院	匈牙利	遗传材料	95	蓝色	51.0	35.0	6	38		浅褐	4.7			感病	
00001741	MUSSEL	河北张家口农科院	匈牙利	遗传材料	84	蓝色	46.0	26.0	3	29		褐	6.7			感病	
00001742	RERCELLO	河北张家口农科院	匈牙利	遗传材料	93	蓝色	67.0	50.0	3	48		褐	5.6			感病	
00001743	P. I. 281460	河北张家口农科院	阿根廷	遗传材料	89	蓝色	57.0	41.0	3	34		浅褐	5.4			高抗	

（续）

统一编号	种质名称	保存单位	原产地或来源地	种质类型	生育日数	花瓣色	株高	工艺长度	分枝数	蒴果数	单株粒重	种皮色	种子千粒重	种子含油率	耐旱性	立枯病抗性	备注
00001744	REMORANDT	河北张家口农科院	匈牙利	遗传材料	96	蓝色	35.0	18.0	2	9		褐	4.6			高感	
00001745	SZICILISI ELSJLLEN	河北张家口农科院	匈牙利	遗传材料	88	蓝色	49.0	32.0	3	22		浅褐	5.6			感病	
00001746	TEXALA	河北张家口农科院	匈牙利	遗传材料	83	蓝色	62.0	35.0	2	13		浅褐	5.9			高感	
00001747	TEXTIL FLAX	河北张家口农科院	匈牙利	遗传材料	100	蓝色	57.0	39.0	3	28		褐	6.4			抗病	
00001748	TOROK 4	河北张家口农科院	匈牙利	遗传材料	107	蓝色	33.0	26.0	5	29		褐	6.5			抗病	
00001749	TOROK 10	河北张家口农科院	匈牙利	遗传材料	106	蓝色	36.0	27.0	5	19		褐	6.3			高感	
00001750	TRIUMPH	河北张家口农科院	匈牙利	遗传材料	79	蓝色	41.0	35.0	5	18		浅褐	4.9			感病	
00001751	NEWTURK	河北张家口农科院	美国	遗传材料	86	蓝色	28.0	20.0	3	25		浅褐	5.3			感病	
00001752	DILLMAN	河北张家口农科院	美国	遗传材料	86	蓝色	35.0	21.0	4	13		褐	5.6			感病	
00001753	MAC	河北张家口农科院	美国	遗传材料	84	蓝色	31.0	17.0	3	29		浅褐	4.9			抗病	
00001754	PVNJAB 53	河北张家口农科院	美国	遗传材料	79	蓝色	61.0	43.0	3	18		浅褐	4.1			感病	
00001755	C. I. B73 SEL. 2	河北张家口农科院	加拿大	遗传材料	79	蓝色	46.0	27.0	3	15		浅褐	6.3			感病	
00001756	P. I. 250089	河北张家口农科院	伊朗	遗传材料	81	蓝色	25.0	19.0	5	12		浅褐	3.7			高感	
00001757	P. I. 249991	河北张家口农科院	伊朗	遗传材料	88	蓝色	36.0	19.0	3	23		浅褐	5.5			高感	
00001758	P. I. 249993	河北张家口农科院	伊朗	遗传材料	87	蓝色	41.0	28.0	3	32		褐	6.7			感病	
00001759	P. I. 250093	河北张家口农科院	伊朗	遗传材料	86	蓝色	31.0	21.0	4	29		褐	5.3			感病	
00001760	P. I. 250381	河北张家口农科院	巴基斯坦	遗传材料	95	蓝色	41.0	29.0	4	24		浅褐	4.8			感病	
00001761	P. I. 250492	河北张家口农科院	巴基斯坦	遗传材料	89	蓝色	35.5	26.0	5	15		褐	4.9			抗病	
00001762	P. I. 250493	河北张家口农科院	巴基斯坦	遗传材料	95	蓝色	32.0	21.0	4	35		浅褐	5.8			感病	
00001763	TYPE 1	河北张家口农科院	巴基斯坦	遗传材料	81	蓝色	30.0	15.0	3	19		浅褐	5.5			高感	
00001764	TYPE 5	河北张家口农科院	巴基斯坦	遗传材料	78	白色	23.0	13.0	4	10		浅褐	4.3			高感	
00001765	TYPE 12	河北张家口农科院	巴基斯坦	遗传材料	78	蓝色	20.0	13.0	2	6		浅褐	3.9			高感	
00001766	TYPE 16	河北张家口农科院	巴基斯坦	遗传材料	78	白色	19.0	14.0	3	5		浅褐	4.2			高感	
00001767	TYPE 17	河北张家口农科院	巴基斯坦	遗传材料	86	蓝色	42.0	24.0	5	38		褐	6.3			高感	
00001768	TYPE 22	河北张家口农科院	巴基斯坦	遗传材料	78	蓝色	14.0	11.0	3	6		褐	4.0			高感	
00001769	TYPE 23	河北张家口农科院	巴基斯坦	遗传材料	78	蓝色	15.0	11.0	2	4		褐	4.5			高感	

（续）

统一编号	种质名称	保存单位	原产地或来源地	种质类型	生育日数	花瓣色	株高	工艺长度	分枝数	蒴果数	单株粒重	种皮色	种子千粒重	种子含油率	耐旱性	立枯病抗性	备注
00001770	TYPE 24	河北张家口农科院	巴基斯坦	遗传材料	92	蓝色	46.0	28.0	4	26		褐	6.3			高感	
00001771	P. I. 250543	河北张家口农科院	巴基斯坦	遗传材料	78	蓝色	15.0	10.0	4	10		浅褐	3.3			高感	
00001772	P. I. 250550	河北张家口农科院	巴基斯坦	遗传材料	100	白色	39.0	31.0	3	31		浅褐	5.8			感病	
00001773	P. I. 250551	河北张家口农科院	巴基斯坦	遗传材料	85	蓝色	40.0	27.0	3	15		黄	5.7			感病	
00001774	P. I. 250555	河北张家口农科院	巴基斯坦	遗传材料	84	蓝色	41.0	28.0	2	37		黄	4.6			高感	
00001775	P. I. 250558	河北张家口农科院	巴基斯坦	遗传材料	92	白色	39.0	24.0	4	22		褐	5.6			高感	
00001776	P. I. 250561	河北张家口农科院	巴基斯坦	遗传材料	87	白色	40.0	25.0	3	21		浅褐	5.5			感病	
00001777	P. I. 250565	河北张家口农科院	巴基斯坦	遗传材料	93	浅蓝色	29.0	17.0	3	27		浅褐	4.8			感病	
00001778	P. I. 250566	河北张家口农科院	巴基斯坦	遗传材料	88	蓝色	44.0	24.0	4	19		浅褐	4.7			高感	
00001779	P. I. 250568	河北张家口农科院	巴基斯坦	遗传材料	83	蓝色	40.0	28.0	4	14		浅褐	5.6			高感	
00001780	P. I. 250569	河北张家口农科院	巴基斯坦	遗传材料	82	蓝色	32.0	18.0	4	24		浅褐	5.5			感病	
00001781	P. I. 250570	河北张家口农科院	巴基斯坦	遗传材料	79	白色	36.0	21.0	3	11		浅褐	5.5			高感	
00001782	P. I. 250616	河北张家口农科院	巴基斯坦	遗传材料	78	蓝色	36.0	19.0	4	22		浅褐	6.6			感病	
00001783	RACACIVNI×GIIA	河北张家口农科院	匈牙利	遗传材料	87	蓝色	51.0	30.0	4	19		浅褐	6.6			高感	
00001784	P. I. 250732	河北张家口农科院	伊朗	遗传材料	87	蓝色	45.0	32.0	3	15		浅褐	4.7			感病	
00001785	P. I. 250733	河北张家口农科院	伊朗	遗传材料	85	蓝色	37.0	25.0	3	14		浅褐	5.0			感病	
00001786	P. I. 250862	河北张家口农科院	伊朗	遗传材料	81	蓝色	29.0	19.0	4	45		浅褐	3.5			感病	
00001787	P. I. 250864	河北张家口农科院	伊朗	遗传材料	82	白色	56.0	22.0	3	20		浅褐	5.5			感病	
00001788	10442146	河北张家口农科院	阿根廷	遗传材料	85	蓝色	41.0	24.0	4	43		浅褐	4.9			抗病	
00001789	P. I. 250870	河北张家口农科院	伊朗	遗传材料	95	蓝色	38.0	25.0	3	56		浅褐	4.1			抗病	
00001790	P. I. 250871	河北张家口农科院	伊朗	遗传材料	95	蓝色	38.0	28.0	5	33		褐	4.5			感病	
00001791	P. I. 250871	河北张家口农科院	伊朗	遗传材料	109	蓝色	50.0	34.0	2	23		褐	4.5			高感	
00001792	P. I. 215469	河北张家口农科院	土耳其	遗传材料	89	蓝色	45.0	24.0	4	6		浅褐	6.7			感病	
00001793	CLARKLIN/C12783	河北张家口农科院	南美	遗传材料	79	蓝色	53.0	32.0	3	24		浅褐	4.3			抗病	
00001794	P. I. 253975	河北张家口农科院	叙利亚	遗传材料	87	蓝色	43.0	31.0	4	22		褐	6.4			感病	
00001795	P. I. 253980	河北张家口农科院	叙利亚	遗传材料	96	蓝色	51.0	36.0	5	22		褐	8.5			感病	

（续）

统一编号	种质名称	保存单位	原产地或来源地	种质类型	生育日数	花瓣色	株高	工艺长度	分枝数	蒴果数	单株粒重	种皮色	种子千粒重	种子含油率	耐旱性	立枯病抗性	备注
00001796	NOP. 113	河北张家口农科院	伊朗	遗传材料	79	浅蓝色	52.0	41.0	4	4		褐	2.8			高感	
00001797	NC 5-2	河北张家口农科院	伊朗	遗传材料	86	白色	43.0	34.0	4	14		褐	8.6			高感	
00001798	S. P. I. NO. 229564	河北张家口农科院	南斯拉夫	遗传材料	86	蓝色	31.0	15.0	3	25		浅褐	4.2			感病	
00001799	N. P. （RR）440	河北张家口农科院	印度	遗传材料	86	蓝色	24.0	12.0	3	16		褐	7.4			抗病	
00001800	DASHNFELT	河北张家口农科院	荷兰	遗传材料	98	蓝色	51.0	35.0	3	27		褐	5.0			抗病	
00001801	MOORAN	河北张家口农科院	波兰	遗传材料	78	蓝色	23.0	12.0	3	14		褐	4.9			感病	
00001802	SHATILOV	河北张家口农科院	俄罗斯	遗传材料	85	蓝色	45.0	24.0	4	28		浅褐	4.6			感病	
00001803	P. I. 260267	河北张家口农科院	埃塞俄比亚	遗传材料	85	蓝色	38.0	20.0	3	17		浅褐	5.2			抗病	
00001804	BETA 88	河北张家口农科院	匈牙利	遗传材料	85	蓝色	47.0	27.0	4	25		浅褐	5.9			高感	
00001805	CREPITAM TABOR	河北张家口农科院	匈牙利	遗传材料	85	蓝色	60.0	34.0	3	20		褐	5.7			抗病	
00001806	HOSSZUHATI	河北张家口农科院	匈牙利	遗传材料	98	蓝色	45.5	34.0	4	23		褐	6.6			高感	
00001807	UNGARSKI SEKAT	河北张家口农科院	匈牙利	遗传材料	85	蓝色	37.0	22.0	3	16		浅褐	5.4			高感	
00001808	KRVMPNOSEMENNII	河北张家口农科院	俄罗斯	遗传材料	92	蓝色	42.0	24.0	2	22		浅褐	6.0			感病	
00001809	PREDILSCHTSCHIK	河北张家口农科院	俄罗斯	遗传材料	100	蓝色	50.0	39.0	5	23		褐	5.8			抗病	
00001810	SEIREK	河北张家口农科院	俄罗斯	遗传材料	103	蓝色	50.0	39.0	5	25		浅褐	6.7			抗病	
00001811	STEPNOI	河北张家口农科院	俄罗斯	遗传材料	103	蓝色	41.0	38.0	5	26		浅褐	6.9			感病	
00001812	SWETOTSCH	河北张家口农科院	俄罗斯	遗传材料	98	蓝色	45.0	32.0	5	13		浅褐	5.6			感病	
00001813	ZARSKI	河北张家口农科院	俄罗斯	遗传材料	83	蓝色	37.0	23.0	3	19		浅褐	5.7			感病	
00001814	CHISSAISKI	河北张家口农科院	俄罗斯	遗传材料	85	蓝色	40.0	24.0	4	28		浅褐	5.2			抗病	
00001815	P. I. 260267	河北张家口农科院	埃塞俄比亚	遗传材料	95	蓝色	51.0	31.0	4	27		浅褐	5.4			高感	
00001816	5468-C	河北张家口农科院	加拿大	遗传材料	95	蓝色	50.0	41.0	3	17		浅褐	5.5			抗病	
00001817	262522	河北张家口农科院	以色列	遗传材料	85	蓝色	51.0	34.0	3	30		浅褐	6.0			感病	
00001818	262523	河北张家口农科院	以色列	遗传材料	81	蓝色	47.0	20.0	3	23		浅褐	5.7			抗病	
00001819	252525	河北张家口农科院	以色列	遗传材料	79	蓝色	42.0	27.0	4	16		浅褐	5.9			高感	
00001820	262527	河北张家口农科院	以色列	遗传材料	104	白色	61.0	47.0	5	18		黄	5.7			抗病	
00001821	262528	河北张家口农科院	匈牙利	遗传材料	83	蓝色	59.0	36.0	3	30		浅褐	5.0			抗病	

（续）

统一编号	种质名称	保存单位	原产地或来源地	种质类型	生育日数	花瓣色	株高	工艺长度	分枝数	蒴果数	单株粒重	种皮色	种子千粒重	种子含油率	耐旱性	立枯病抗性	备注
00001822	REDWOODXBIRP33-6	河北张家口农科院	美国	遗传材料	87	蓝色	54.0	33.0	3	17		浅褐	6.1			高抗	
00001823	GILGIT	河北张家口农科院	巴基斯坦	遗传材料	96	蓝色	63.0	40.0	3	51		浅褐	6.7			抗病	
00001824	NORSTAR	河北张家口农科院	美国	遗传材料	85	蓝色	53.0	30.0	3	44		褐	5.2			抗病	
00001825	P. I. 281458	河北张家口农科院	阿根廷	遗传材料	88	蓝色	47.0	33.0	3	17		褐	6.2			高抗	
00001826	P. I. 281459	河北张家口农科院	阿根廷	遗传材料	88	白色	42.0	24.0	3	31		黄	5.6			感病	
00001827	DANESE 129B PI 276 6	河北张家口农科院	希腊	遗传材料	98	蓝色	44.0	26.0	4	20		褐	5.0			高感	
00001828	GIIA	河北张家口农科院	希腊	遗传材料	85	蓝色	43.0	24.0	4	26		浅褐	5.9			高感	
00001829	IRAK	河北张家口农科院	希腊	遗传材料	98	蓝色	45.0	25.0	3	38		褐	5.4			高感	
00001830	P. I. 281472	河北张家口农科院	阿根廷	遗传材料	83	蓝色	44.0	35.0	3	26		褐	6.2			高抗	
00001831	NO. 11	河北张家口农科院	摩洛哥	遗传材料	84	蓝色	32.0	19.0	2	17		浅褐	6.7			抗病	
00001832	MESSENIAS 1598	河北张家口农科院	希腊	遗传材料	100	蓝色	36.0	18.0	3	24		褐	5.2			感病	
00001833	NO. 2105 PI 289083	河北张家口农科院	匈牙利	遗传材料	84	蓝色	31.0	16.0	3	18		浅褐	8.0			感病	
00001834	NO. 2105 PI 289088	河北张家口农科院	匈牙利	遗传材料	97	蓝色	45.0	23.0	2	28		褐	7.4			感病	
00001835	NO. 2105 PI 289089	河北张家口农科院	匈牙利	遗传材料	97	蓝色	41.0	30.0	2	31		褐	6.6			抗病	
00001836	SZEGEDI AFA OLAJ	河北张家口农科院	匈牙利	遗传材料	85	蓝色	43.0	26.0	3	21		浅褐	5.8			感病	
00001837	HOSSZAHATI 7022	河北张家口农科院	匈牙利	遗传材料	83	蓝色	40.0	23.0	3	25		浅褐	5.7			感病	
00001838	NO. 129	河北张家口农科院	摩洛哥	遗传材料	87	蓝色	36.0	19.0	2	21		浅褐	8.0			感病	
00001839	NO. 205	河北张家口农科院	摩洛哥	遗传材料	83	蓝色	29.0	21.0	4	11		浅褐	8.3			感病	
00001840	KARNOBAT	河北张家口农科院	匈牙利	遗传材料	85	蓝色	40.0	23.0	5	17		褐	6.3			感病	
00001841	SZICILIANI OLAJ.	河北张家口农科院	匈牙利	遗传材料	83	蓝色	52.0	34.0	4	20		褐	6.0			感病	
00001842	HINDI	河北张家口农科院	匈牙利	遗传材料	79	蓝色	55.0	30.0	3	34		浅褐	6.2			感病	
00001843	KARNOBAT 4	河北张家口农科院	匈牙利	遗传材料	82	蓝色	51.0	30.0	3	18		浅褐	6.9			感病	
00001844	H39/A LAPLAT	河北张家口农科院	匈牙利	遗传材料	87	白色	31.0	18.0	3	23		褐	6.6			感病	
00001845	MVSCEL	河北张家口农科院	匈牙利	遗传材料	84	蓝色	55.0	31.0	2	46		浅褐	6.3			感病	
00001846	BARRADAS BENAFIN	河北张家口农科院	匈牙利	遗传材料	87	蓝色	41.0	22.0	4	25		浅褐	7.0			高抗	
00001847	ENDRESS DLAJ.	河北张家口农科院	匈牙利	遗传材料	80	蓝色	46.0	27.0	3	16		浅褐	6.9			感病	

（续）

统一编号	种质名称	保存单位	原产地或来源地	种质类型	生育日数	花瓣色	株高	工艺长度	分枝数	蒴果数	单株粒重	种皮色	种子千粒重	种子含油率	耐旱性	立枯病抗性	备注
00001848	METCHA	河北张家口农科院	匈牙利	遗传材料	78	蓝色	51.0	36.0	4	17		褐	4.4			感病	
00001849	DEVTSCHER ENDRESS	河北张家口农科院	匈牙利	遗传材料	81	蓝色	57.0	33.0	4	37		褐	5.7			感病	
00001850	PALESTINSKI	河北张家口农科院	匈牙利	遗传材料	78	蓝色	34.0	19.0	4	11		浅褐	6.9			抗病	
00001851	DUNES	河北张家口农科院	美国	遗传材料	77	蓝色	25.0	14.0	2	15		褐	6.1			抗病	
00001852	AMALLA	河北张家口农科院	美国	遗传材料	82	蓝色	56.0	37.0	4	19		褐	8.6			抗病	
00001853	TADZIKSKIJ	河北张家口农科院	俄罗斯	遗传材料	78	蓝色	43.0	24.0	2	17		浅褐	4.2			高抗	
00001854	F9 TOMSK REGION	河北张家口农科院	俄罗斯	遗传材料	78	蓝色	60.0	37.0	4	19		褐	4.6			抗病	
00001855	TUNIS	河北张家口农科院	澳大利亚	遗传材料	96	蓝色	47.0	34.0	2	24		褐	6.1			抗病	
00001856	URUGUAY P. I. 300962	河北张家口农科院	澳大利亚	遗传材料	96	蓝色	48.0	21.0	2	32		褐	6.1			抗病	
00001857	FR KHOY. IRAN	河北张家口农科院	伊朗	遗传材料	96	蓝色	49.0	31.0	3	11		浅褐	4.8			高感	
00001858	FR SRINIGAR KASHMIR	河北张家口农科院	印度	遗传材料	98	蓝色	41.0	26.0	3	16		浅褐	4.2			感病	
00001859	NO. 548	河北张家口农科院	摩洛哥	遗传材料	93	蓝色	35.0	24.0	4	12		褐	6.7			抗病	
00001860	GOULAND. NAGAR-DEORI	河北张家口农科院	印度	遗传材料	78	蓝色	27.0	12.0	3	13		褐	4.2			抗病	
00001861	NEELUM	河北张家口农科院	印度	遗传材料	94	蓝色	31.0	25.0	4	10		褐	11.6			感病	
00001862	L. G. 018OB	河北张家口农科院	摩洛哥	遗传材料	84	蓝色	35.0	20.0	2	15		褐	7.5			感病	
00001863	BENGAL P. I. 305239	河北张家口农科院	印度	遗传材料	82	蓝色	16.0	8.0	3	9		褐	4.8			抗病	
00001864	PERVANCHE	河北张家口农科院	法国	遗传材料	83	蓝色	50.0	32.0	4	13		褐	5.5			抗病	
00001865	1015	河北张家口农科院	摩洛哥	遗传材料	86	蓝色	39.0	18.0	3	20		褐	7.7			感病	
00001866	L. G. 0195-4	河北张家口农科院	摩洛哥	遗传材料	101	蓝色	50.0	28.0	3	16		褐	6.3			抗病	
00001867	LINOTT	河北张家口农科院	加拿大	遗传材料	83	蓝色	62.0	31.0	3	22		褐	5.3			高抗	
00001868	ROST-RESIST. PI3110	河北张家口农科院	匈牙利	遗传材料	88	蓝色	43.0	23.0	3	33		浅褐	6.8			抗病	
00001869	P. I. 311129	河北张家口农科院	尼加拉瓜	遗传材料	76	蓝色	51.0	27.0	3	21		褐	4.5			高抗	
00001870	KOTOWIECKI	河北张家口农科院	波兰	遗传材料	94	蓝色	43.0	33.0	4	31		浅褐	5.9			高感	
00001871	NORLANDSELECTION	河北张家口农科院	美国	遗传材料	96	蓝色	60.0	38.0	4	31		褐	6.0			高抗	
00001872	F. R. 497	河北张家口农科院	巴尼圭巴	遗传材料	89	蓝色	61.0	47.0	5	17		褐	6.3			高抗	
00001873	KAMENIZA	河北张家口农科院	澳大利亚	遗传材料	102	蓝色	39.0	28.0	3	17		浅褐	6.8			感病	

（续）

统一编号	种质名称	保存单位	原产地或来源地	种质类型	生育日数	花瓣色	株高	工艺长度	分枝数	蒴果数	单株粒重	种皮色	种子千粒重	种子含油率	耐旱性	立枯病抗性	备注
00001874	ND 293 B-5128×BIRI	河北张家口农科院	美国	遗传材料	89	蓝色	47.0	29.0	3	30		褐	5.4			抗病	
00001875	WIERA 5L+1P. I. 3201	河北张家口农科院	荷兰	遗传材料	86	蓝色	62.0	38.0	3	21		褐	5.0			抗病	
00001876	WIERA 12 M3 P. I. 32017	河北张家口农科院	荷兰	遗传材料	94	白色	75.0	64.0	3	17		浅褐	4.1			抗病	
00001877	PARANA	河北张家口农科院	阿根廷	遗传材料	92	白色	48.0	27.0	4	30		褐	6.8			高抗	
00001878	W5618RO-75	河北张家口农科院	澳大利亚	遗传材料	96	蓝色	67.0	36.0	3	29		褐	4.8			抗病	
00001879	W5618RO-140	河北张家口农科院	澳大利亚	遗传材料	89	蓝色	42.0	24.0	3	28		浅褐	6.2			高抗	
00001880	W5623RO-24	河北张家口农科院	澳大利亚	遗传材料	96	白色	41.0	26.0	3	14		褐	6.8			感病	
00001881	W5658 ON-19	河北张家口农科院	澳大利亚	遗传材料	105	白色	50.0	42.0	4	19		褐	7.2			感病	
00001882	BELADI SELN	河北张家口农科院	澳大利亚	遗传材料	89	蓝色	45.0	25.0	10	25		褐	7.2			抗病	
00001883	A 1200	河北张家口农科院	波兰	遗传材料	96	蓝色	55.0	32.0	3	27		浅褐	6.0			抗病	
00001884	C. A. N. 2612-A（CANAD）	河北张家口农科院	波兰	遗传材料	89	蓝色	58.0	40.0	4	36		褐	6.0			高抗	
00001885	CROCUS	河北张家口农科院	波兰	遗传材料	96	蓝色	39.0	24.0	6	26		浅褐	3.6			感病	
00001886	SILICIANA	河北张家口农科院	波兰	遗传材料	96	蓝色	36.0	23.0	3	25		浅褐	7.8			感病	
00001887	SVALDF 0222	河北张家口农科院	波兰	遗传材料	96	蓝色	47.0	35.0	3	12		浅褐	3.6			感病	
00001888	SZEKACS 6-1	河北张家口农科院	波兰	遗传材料	79	蓝色	56.0	32.0	5	27		浅褐	5.6			抗病	
00001889	SWMPERSKY ZDAR	河北张家口农科院	波兰	遗传材料	87	蓝色	66.0	45.0	5	24		褐	6.2			感病	
00001890	RENEW×BISON	河北张家口农科院	美国	遗传材料	90	蓝色	30.0	12.0	3	17		褐	7.5			抗病	
00001891	DE MET CHA PI 242978	河北张家口农科院	法国	遗传材料	79	白色	56.0	31.0	3	21		褐	4.7			抗病	
00001892	ERYTHRFE	河北张家口农科院	法国	遗传材料	85	蓝色	41.0	22.0	4	17		褐	3.9			感病	
00001893	SAFI 1. 4-2-1	河北张家口农科院	法国	遗传材料	87	蓝色	49.0	31.0	3	17		浅褐	8.6			感病	
00001894	SAFI 1. 4-2-Z	河北张家口农科院	法国	遗传材料	88	蓝色	50.0	32.0	2	24		褐	8.4			感病	
00001895	II-29-16 PI 342989	河北张家口农科院	法国	遗传材料	81	蓝色	46.0	30.0	3	15		浅褐	5.2			高抗	
00001896	5 GG SEL. ♯5	河北张家口农科院	法国	遗传材料	85	蓝色	40.0	28.0	3	19		褐	6.9			抗病	
00001897	ALBOFEIRA	河北张家口农科院	法国	遗传材料	91	蓝色	37.0	20.0	4	26		褐	7.9			抗病	
00001898	GIZA	河北张家口农科院	法国	遗传材料	91	蓝色	41.0	28.0	5	24		褐	9.2			抗病	
00001899	TVNISIE（DE） N 132	河北张家口农科院	法国	遗传材料	90	蓝色	53.0	30.0	3	17		褐	5.3			感病	

(续)

统一编号	种质名称	保存单位	原产地或来源地	种质类型	生育日数	花瓣色	株高	工艺长度	分枝数	蒴果数	单株粒重	种皮色	种子千粒重	种子含油率	耐旱性	立枯病抗性	备注
00001900	LA ESTANZVELA	河北张家口农科院	法国	遗传材料	85	蓝色	40.0	23.0	3	14		褐	5.7			抗病	
00001901	LA ESTANZUELAH1.3	河北张家口农科院	法国	遗传材料	91	蓝色	42.0	20.0	2	18		褐	6.2			抗病	
00001902	LA ESTANZUELA HRE	河北张家口农科院	法国	遗传材料	89	蓝色	37.0	21.0	2	16		褐	6.5			抗病	
00001903	LA ESTANZVELA AR RG	河北张家口农科院	法国	遗传材料	88	蓝色	51.0	37.0	3	19		浅褐	6.0			抗病	
00001904	LILA（E 590）	河北张家口农科院	法国	遗传材料	88	蓝色	48.0	28.0	2	26		褐	5.8			感病	
00001905	GENTIANE（H19）	河北张家口农科院	法国	遗传材料	85	蓝色	41.0	26.0	3	35		褐	5.8			感病	
00001906	HIVER CENTRE Q UEST	河北张家口农科院	法国	遗传材料	91	蓝色	45.0	29.0	3	23		褐	5.3			感病	
00001907	LINA. GROSSES VILM1.	河北张家口农科院	法国	遗传材料	90	蓝色	28.0	20.0	5	15		浅褐	6.4			感病	
00001908	OCEAN	河北张家口农科院	法国	遗传材料	85	蓝色	39.0	24.0	3	18		褐	5.5			感病	
00001909	REMES 1.8	河北张家口农科院	法国	遗传材料	88	蓝色	33.0	21.0	5	9		褐	6.5			感病	
00001910	MVLT. G. -BISON LN	河北张家口农科院	法国	遗传材料	87	蓝色	32.0	19.0	3	13		褐	7.2			高感	
00001911	CYPRVS	河北张家口农科院	法国	遗传材料	85	蓝色	42.0	24.0	2	23		褐	6.5			高感	
00001912	HIVER DE CREMONE	河北张家口农科院	法国	遗传材料	89	蓝色	53.0	33.0	3	27		褐	5.8			感病	
00001913	PRINTEMPS DE CREMONE	河北张家口农科院	法国	遗传材料	96	蓝色	34.0	21.0	2	41		褐	4.2			感病	
00001914	LG 01 1.8	河北张家口农科院	法国	遗传材料	98	蓝色	53.0	33.0	3	31		浅褐	6.9			高感	
00001915	LG 100	河北张家口农科院	法国	遗传材料	96	蓝色	42.0	27.0	3	32		浅褐	7.5			高感	
00001916	LG 153	河北张家口农科院	法国	遗传材料	87	蓝色	49.0	28.0	3	30		浅褐	4.9			高感	
00001917	MAROC	河北张家口农科院	法国	遗传材料	87	蓝色	35.5	18.0	2	19		浅褐	7.0			高感	
00001918	MAROC DE GEMLDVX 1.7	河北张家口农科院	法国	遗传材料	89	蓝色	34.0	20.0	4	21		浅褐	6.5			抗病	
00001919	RABAT 1.1	河北张家口农科院	法国	遗传材料	85	蓝色	43.0	25.0	3	13		浅褐	7.1			感病	
00001920	SAFI 1.1-1-5	河北张家口农科院	法国	遗传材料	96	蓝色	43.0	33.0	4	12		褐	8.9			感病	
00001921	SAFI 1.1-2-1	河北张家口农科院	法国	遗传材料	99	蓝色	50.0	32.0	3	12		褐	9.2			感病	
00001922	SAFI 1.1-2-2	河北张家口农科院	法国	遗传材料	99	蓝色	48.0	37.0	3	20		浅褐	7.2			感病	
00001923	LA ESTANZVELA 117	河北张家口农科院	法国	遗传材料	85	蓝色	53.0	28.0	3	16		褐	6.0			高抗	
00001924	LA ESTANZVELA E 2	河北张家口农科院	法国	遗传材料	99	蓝色	52.0	31.0	3	37		浅褐	5.6			高抗	
00001925	LA ESTANZUELA SACAVE	河北张家口农科院	法国	遗传材料	90	蓝色	40.0	31.0	2	20		褐	5.8			高抗	

（续）

统一编号	种质名称	保存单位	原产地或来源地	种质类型	生育日数	花瓣色	株高	工艺长度	分枝数	蒴果数	单株粒重	种皮色	种子千粒重	种子含油率	耐旱性	立枯病抗性	备注
00001926	REPETIBLE 30-33	河北张家口农科院	法国	遗传材料	89	蓝色	35.0	28.0	3	19		褐	6.5			抗病	
00001927	REPETIBLE 117	河北张家口农科院	法国	遗传材料	88	蓝色	37.0	22.0	3	37		褐	6.0			抗病	
00001928	REPETIBLE 117 1.2	河北张家口农科院	法国	遗传材料	85	蓝色	35.0	23.0	4	32		褐	5.7			抗病	
00001929	LOSTROMA ROSE 1.5	河北张家口农科院	法国	遗传材料	99	蓝色	55.0	41.0	4	26		褐	4.7			感病	
00001930	LINO DE CABIRO	河北张家口农科院	法国	遗传材料	87	蓝色	42.0	22.0	3	22		褐	5.7			感病	
00001931	LINO DE SAMARE 1.4	河北张家口农科院	法国	遗传材料	79	蓝色	40.0	25.0	3	24		褐	6.1			感病	
00001932	LINO DE SAMARE 1.8-4	河北张家口农科院	法国	遗传材料	87	蓝色	51.0	35.0	4	24		褐	6.5			感病	
00001933	LINO DE SAMARE 1.8-5	河北张家口农科院	法国	遗传材料	79	蓝色	41.0	26.0	3	11		褐	7.3			感病	
00001934	HIVER DE YOUGOSOL. 1	河北张家口农科院	法国	遗传材料	98	蓝色	42.0	30.0	4	19		浅褐	4.2			感病	
00001935	HIVER DE YOUGOSOL. 1	河北张家口农科院	法国	遗传材料	98	蓝色	56.0	30.0	2	25		褐	6.6			抗病	
00001936	HIVER DE YOUGOSOL. 1	河北张家口农科院	法国	遗传材料	105	蓝色	70.0	51.0	3	28		褐	6.0			抗病	
00001937	028-8	河北张家口农科院	法国	遗传材料	92	白色	40.0	20.0	3	15		深褐	6.6			高抗	
00001938	ETHIOPIAN(BACK AOUL)	河北张家口农科院	埃塞俄比亚	遗传材料	86	蓝色	37.0	26.0	4	15		褐	3.9			高抗	
00001939	BR 3991	河北张家口农科院	美国	遗传材料	89	蓝色	46.0	37.0	5	17		褐	6.3			感病	
00001940	OTT770B×ARG8C X AR X CI9	河北张家口农科院	加拿大	遗传材料	91	蓝色	64.0	44.0	4	12		浅褐	5.3			高抗	
00001941	248920	河北张家口农科院	印度	遗传材料	104	蓝色	48.0	36.0	3	12		浅褐	6.8			抗病	
00001942	P. I. 249990	河北张家口农科院	伊朗	遗传材料	97	蓝色	52.0	40.0	5	21		浅褐	6.0			高抗	
00001943	P. I. 250222	河北张家口农科院	巴基斯坦	遗传材料	82	蓝色	35.0	23.0	3	17		褐	5.7			感病	
00001944	P. I. 250544	河北张家口农科院	巴基斯坦	遗传材料	92	蓝色	49.0	35.0	5	43		浅褐	6.8			感病	
00001945	P. I. 250386	河北张家口农科院	巴基斯坦	遗传材料	89	蓝色	43.0	22.0	3	18		浅褐	5.9			抗病	
00001946	P. I. 250562	河北张家口农科院	巴基斯坦	遗传材料	97	蓝色	50.0	38.0	4	20		浅褐	5.8			感病	
00001947	P. I. 250564	河北张家口农科院	巴基斯坦	遗传材料	97	白色	56.0	44.0	3	27		褐	5.7			感病	
00001948	LUISIZIA	河北张家口农科院	俄罗斯	遗传材料	100	白色	55.0	42.0	4	23		褐	6.5			感病	
00001949	STOWRUPOLSKI	河北张家口农科院	俄罗斯	遗传材料	100	蓝色	50.0	41.0	3	14		褐	6.9			感病	
00001950	N. D. 2-B-5128 SEL	河北张家口农科院	美国	遗传材料	88	蓝色	70.0	52.0	3	15		褐	6.1			感病	
00001951	F. P. 308	河北张家口农科院	巴尼圭巴	遗传材料	93	蓝色	60.0	42.0	3	20		褐	5.9			高抗	

（续）

统一编号	种质名称	保存单位	原产地或来源地	种质类型	生育日数	花瓣色	株高	工艺长度	分枝数	蒴果数	单株粒重	种皮色	种子千粒重	种子含油率	耐旱性	立枯病抗性	备注
00001952	P. I. 281457	河北张家口农科院	阿根廷	遗传材料	99	蓝色	54.0	43.0	4	20		褐	6.2			高抗	
00001953	P. I. 281466	河北张家口农科院	阿根廷	遗传材料	98	蓝色	50.0	36.0	4	27		褐	6.3			感病	
00001954	P. I. 241467	河北张家口农科院	阿根廷	遗传材料	100	蓝色	51.0	35.0	3	14		褐	6.5			高抗	
00001955	ALTAMVRA	河北张家口农科院	希腊	遗传材料	97	蓝色	63.0	52.0	4	23		浅褐	6.8			高抗	
00001956	TRIKALA	河北张家口农科院	希腊	遗传材料	98	蓝色	49.0	38.0	4	21		褐	5.5			抗病	
00001957	YIANNITSA	河北张家口农科院	希腊	遗传材料	101	蓝色	52.0	43.0	4	26		褐	6.4			感病	
00001958	LAPREVIZION	河北张家口农科院	匈牙利	遗传材料	103	蓝色	50.0	43.0	6	20		褐	6.9			抗病	
00001959	RIO×BGOLD×BVDA	河北张家口农科院	匈牙利	遗传材料	101	蓝色	49.0	37.0	4	23		褐	6.3			感病	
00001960	ARAD	河北张家口农科院	匈牙利	遗传材料	92	蓝色	46.0	32.0	3	19		褐	7.4			感病	
00001961	VER. 1647. PI 289136	河北张家口农科院	匈牙利	遗传材料	97	蓝色	47.0	37.0	3	16		褐	7.0			感病	
00001962	LINA CUJMIR	河北张家口农科院	匈牙利	遗传材料	94	蓝色	52.0	41.0	4	16		褐	7.4			抗病	
00001963	LINA DETA	河北张家口农科院	匈牙利	遗传材料	93	蓝色	52.0	40.0	7	29		褐	7.6			感病	
00001964	P. I. 289141	河北张家口农科院	匈牙利	遗传材料	93	蓝色	55.0	42.0	5	17		褐	7.7			抗病	
00001965	SZTEPNOJ	河北张家口农科院	匈牙利	遗传材料	93	蓝色	48.0	36.0	5	23		褐	6.8			感病	
00001966	SETEPNOJ	河北张家口农科院	匈牙利	遗传材料	90	蓝色	52.0	38.0	5	23		褐	6.3			抗病	
00001967	DONZZKOJ	河北张家口农科院	匈牙利	遗传材料	89	蓝色	55.0	44.0	5	22		褐	5.9			抗病	
00001968	M. 2890 PI 289148	河北张家口农科院	匈牙利	遗传材料	94	蓝色	50.0	38.0	6	26		褐	7.0			感病	
00001969	M. 4664 PI 289149	河北张家口农科院	匈牙利	遗传材料	99	蓝色	58.0	44.0	3	19		褐	6.5			感病	
00001970	HUMPATA	河北张家口农科院	匈牙利	遗传材料	100	蓝色	49.0	36.0	3	21		褐	7.8			感病	
00001971	MAROS OLAJ	河北张家口农科院	匈牙利	遗传材料	99	蓝色	43.0	30.0	6	18		褐	7.1			感病	
00001972	NO. 547	河北张家口农科院	摩洛哥	遗传材料	98	蓝色	48.0	37.0	3	14		褐	9.2			感病	
00001973	RWO×MARMN 61-2032	河北张家口农科院	美国	遗传材料	98	蓝色	38.0	26.0	3	13		褐	8.9			抗病	
00001974	BISON RVST RES. LM3N1	河北张家口农科院	美国	遗传材料	93	蓝色	54.0	38.0	6	18		褐	6.4			抗病	
00001975	GENTIANA	河北张家口农科院	波兰	遗传材料	96	蓝色	45.0	31.0	3	10		褐	7.8			抗病	
00001976	HOSHAVGABAD	河北张家口农科院	波兰	遗传材料	87	蓝色	57.0	39.0	5	22		深褐	5.5			抗病	
00001977	KVBANSK IJ 22	河北张家口农科院	波兰	遗传材料	93	蓝色	54.0	40.0	5	21		深褐	7.2			感病	

（续）

统一编号	种质名称	保存单位	原产地或来源地	种质类型	生育日数	花瓣色	株高	工艺长度	分枝数	蒴果数	单株粒重	种皮色	种子千粒重	种子含油率	耐旱性	立枯病抗性	备注
00001978	MACROSPERMAE GRDFL.	河北张家口农科院	法国	遗传材料	110	蓝色	62.0	47.0	6	15		深褐	7.3			高感	
00001979	SAVLOF ATLAS OL.	河北张家口农科院	法国	遗传材料	94	蓝色	39.0	29.0	5	20		褐	7.9			感病	
00001980	BELA ELEK F 496	河北张家口农科院	法国	遗传材料	99	蓝色	49.0	41.0	3	15		深褐	6.8			抗病	
00001981	LA ESTANZUELA 1251.	河北张家口农科院	法国	遗传材料	98	蓝色	47.0	36.0	2	8		褐	6.3			抗病	
00001982	LINO 540 LA ESTANZ.	河北张家口农科院	法国	遗传材料	98	蓝色	69.0	33.0	4	17		褐	6.4			抗病	
00001983	LINO 541 LA ESTANZ.	河北张家口农科院	法国	遗传材料	105	蓝色	45.0	34.0	3	18		褐	6.5			感病	
00001984	REPE TIBLE 84	河北张家口农科院	法国	遗传材料	95	蓝色	45.0	36.0	4	19		浅褐	6.7			抗病	
00001985	REPETIBLE 117 RG241	河北张家口农科院	法国	遗传材料	94	蓝色	47.0	36.0	4	12		褐	7.1			抗病	
00001986	MVLT. G. -BISON L6M3N	河北张家口农科院	美国	遗传材料	94	蓝色	55.0	46.0	5	24		深褐	6.7			抗病	
00001987	MARSIC	河北张家口农科院	意大利	遗传材料	102	蓝色	42.0	28.0	5	18		褐	8.4			感病	
00001988	TRENTO	河北张家口农科院	意大利	遗传材料	103	蓝色	49.0	40.0	4	16		褐	7.8			感病	
00001989	CVLBERT	河北张家口农科院	美国	遗传材料	90	蓝色	47.0	39.0	3	29		褐	6.2			抗病	
00001990	BIRSTAR×BR KUBE 32	河北张家口农科院	美国	遗传材料	93	蓝色	59.0	44.0	4	25		深褐	5.8			抗病	
00001991	NORED×BR LINE 411	河北张家口农科院	美国	遗传材料	93	蓝色	58.0	41.0	4	28		褐	5.9			抗病	
00001992	NORED×BR LINE 456	河北张家口农科院	美国	遗传材料	93	蓝色	56.0	41.0	4	18		褐	5.6			高抗	
00001993	NORED×BR LINE 375	河北张家口农科院	美国	遗传材料	97	蓝色	58.0	47.0	4	24		褐	5.5			抗病	
00001994	WINDOM×BR LINE 269	河北张家口农科院	美国	遗传材料	98	蓝色	67.0	54.0	4	12		褐	5.8			抗病	
00001995	FLOR M393-704 L/B	河北张家口农科院	美国	遗传材料	92	蓝色	55.0	43.0	5	29		褐	5.8			抗病	
00001996	CRISTA-FIBER	河北张家口农科院	荷兰	遗传材料	89	蓝色	69.0	56.0	4	26		深褐	4.3			高抗	
00001997	028-3	河北张家口农科院	法国	遗传材料	71	白色	51.0	34.0	3	17		褐	4.3			高抗	
00001998	SD 1439	河北张家口农科院	南美	遗传材料	77	蓝色	44.0	32.0	3	9		褐	5.6			抗病	
00001999	BOMBAY R88	河北张家口农科院	法国	遗传材料	74	蓝色	46.0	37.0	4	18		褐	5.0			抗病	
00002000	25W WINTER TYPE	河北张家口农科院	阿根廷	遗传材料	97	蓝色	33.0	26.0	5	25		浅褐	4.3			抗病	
00002001	8W WINTER TYPE	河北张家口农科院	阿根廷	遗传材料	102	蓝色	49.0	34.0	5	26		浅褐	4.2			感病	
00002002	P. I. 281463	河北张家口农科院	阿根廷	遗传材料	100	蓝色	46.0	37.0	3	16		褐	6.9			抗病	
00002003	E. E. P. 671 P. 10678-	河北张家口农科院	阿根廷	遗传材料	90	蓝色	68.0	52.0	5	18		褐	5.5			高抗	

（续）

统一编号	种质名称	保存单位	原产地或来源地	种质类型	生育日数	花瓣色	株高	工艺长度	分枝数	蒴果数	单株粒重	种皮色	种子千粒重	种子含油率	耐旱性	立枯病抗性	备注
00002004	P. I. 281464	河北张家口农科院	阿根廷	遗传材料	90	蓝色	51.0	40.0	4	26		褐	6.5			抗病	
00002005	P. I. 281470	河北张家口农科院	阿根廷	遗传材料	98	蓝色	59.0	43.0	4	23		褐	6.4			高抗	
00002006	E. E. P. 145 P-6879	河北张家口农科院	阿根廷	遗传材料	97	蓝色	48.0	39.0	4	19		褐	6.3			抗病	
00002007	P. I. 281469	河北张家口农科院	阿根廷	遗传材料	101	蓝色	43.0	37.0	5	22		浅褐	6.0			高抗	
00002008	E. E. P. 608 AH588	河北张家口农科院	阿根廷	遗传材料	90	蓝色	64.0	49.0	4	22		褐	6.9			抗病	
00002009	LINA GROS GRAIN	河北张家口农科院	匈牙利	遗传材料	94	蓝色	52.0	43.0	6	24		褐	6.9			感病	
00002010	COMMVNE	河北张家口农科院	希腊	遗传材料	103	蓝色	53.0	43.0	4	24		浅褐	6.6			高感	
00002011	M. 5656 PI 289150	河北张家口农科院	匈牙利	遗传材料	99	蓝色	56.0	37.0	3	27		浅褐	7.1			抗病	
00002012	CEIMBRAGO	河北张家口农科院	匈牙利	遗传材料	94	蓝色	45.0	36.0	6	17		褐	6.2			感病	
00002013	HOSSZAHATI TAIE	河北张家口农科院	匈牙利	遗传材料	102	蓝色	43.0	32.0	5	25		浅褐	6.9			感病	
00002014	BETA 91 PI 289093	河北张家口农科院	匈牙利	遗传材料	94	蓝色	56.0	43.0	5	24		浅褐	7.9			高感	
00002015	HINDI	河北张家口农科院	希腊	遗传材料	103	蓝色	63.0	45.0	5	25		褐	7.0			感病	
00002016	CANADA 125 PI 27667	河北张家口农科院	希腊	遗传材料	93	蓝色	57.0	40.0	4	24		浅褐	5.8			抗病	
00002017	BENVENVTO REALE	河北张家口农科院	匈牙利	遗传材料	99	蓝色	43.0	27.0	4	21		褐	7.2			感病	
00002018	HOSSZVHATI 8401	河北张家口农科院	匈牙利	遗传材料	102	蓝色	40.0	29.0	6	26		浅褐	7.0			感病	
00002019	REDWING 92 PI 276 69	河北张家口农科院	希腊	遗传材料	108	蓝色	54.0	35.0	6	48		褐	6.6			感病	
00002020	LINKO DE RIGA	河北张家口农科院	匈牙利	遗传材料	99	蓝色	54.0	42.0	4	7		褐	6.2			抗病	
00002021	BOLLEY GOLDEN	河北张家口农科院	匈牙利	遗传材料	94	蓝色	48.0	37.0	7	31		褐	6.4			感病	
00002022	ALTAMURA	河北张家口农科院	希腊	遗传材料	107	蓝色	66.0	54.0	4	26		浅褐	6.2			抗病	
00002023	2-4D SENSITIVE	河北张家口农科院	美国	遗传材料	108	蓝色	53.0	34.0	5	28		浅褐	7.4			感病	
00002024	CRYSTAL HYBRID 1-3	河北张家口农科院	美国	遗传材料	88	蓝色	56.0	47.0	5	40		褐	5.4			感病	
00002025	VERIN	河北张家口农科院	匈牙利	遗传材料	93	蓝色	49.0	33.0	4	21		褐	8.4			抗病	
00002026	H391B LAPLAT	河北张家口农科院	匈牙利	遗传材料	101	蓝色	50.0	23.0	4	21		褐	7.7			感病	
00002027	HOLL ANDIA	河北张家口农科院	希腊	遗传材料	99	蓝色	67.0	48.0	5	41		褐	7.7			感病	
00002028	CRYSTAL HYBRID 2-1	河北张家口农科院	美国	遗传材料	88	蓝色	51.0	42.0	5	29		褐	5.0			抗病	
00002029	F. P. 301	河北张家口农科院	巴尼圭巴	遗传材料	93	蓝色	67.0	52.0	4	17		褐	5.6			感病	

（续）

统一编号	种质名称	保存单位	原产地或来源地	种质类型	生育日数	花瓣色	株高	工艺长度	分枝数	蒴果数	单株粒重	种皮色	种子千粒重	种子含油率	耐旱性	立枯病抗性	备注
00002030	SUMPERSKEY OLAJ.	河北张家口农科院	匈牙利	遗传材料	90	蓝色	55.0	38.0	3	12		浅褐	7.7			感病	
00002031	P. I. 281468	河北张家口农科院	阿根廷	遗传材料	101	蓝色	45.0	37.0	4	14		褐	7.0			感病	
00002032	KVBANSK IJ9	河北张家口农科院	波兰	遗传材料	93	蓝色	43.0	34.0	4	18		褐	7.6			感病	
00002033	KRIST INA	河北张家口农科院	波兰	遗传材料	89	蓝色	60.0	47.0	3	16		褐	5.1			感病	
00002034	KETENI KAYSERE	河北张家口农科院	波兰	遗传材料	93	蓝色	48.0	35.0	2	8		褐	6.6			感病	
00002035	C. A. N. 2900-C（CANAD）	河北张家口农科院	波兰	遗传材料	96	蓝色	44.0	30.0	3	16		褐	7.9			高抗	
00002036	P. I. 281471	河北张家口农科院	阿根廷	遗传材料	102	蓝色	45.0	34.0	3	17		褐	7.0			抗病	
00002037	C. A. N. 2763-A（CANAD）	河北张家口农科院	波兰	遗传材料	96	蓝色	46.0	31.0	4	21		褐	6.2			抗病	
00002038	KVBANSKIJ1	河北张家口农科院	波兰	遗传材料	93	蓝色	44.0	33.0	5	16		褐	7.6			抗病	
00002039	CZECH. INTRO.	河北张家口农科院	波兰	遗传材料	91	蓝色	60.0	51.0	4	7		褐	5.3			抗病	
00002040	KARNOBAT 1065	河北张家口农科院	波兰	遗传材料	96	蓝色	53.0	39.0	5	23		褐	6.2			感病	
00002041	HINDI 153B	河北张家口农科院	希腊	遗传材料	103	蓝色	54.0	43.0	3	12		褐	7.9			感病	
00002042	SZEREPI OLAJLEN	河北张家口农科院	匈牙利	遗传材料	104	蓝色	46.0	33.0	4	15		浅褐	6.7			高感	
00002043	GIZA	河北张家口农科院	法国	遗传材料	103	蓝色	44.0	33.0	7	12		褐	6.8			感病	
00002044	VALVTA 87C	河北张家口农科院	希腊	遗传材料	93	蓝色	54.0	38.0	4	26		褐	7.3			感病	
00002045	OCEAN	河北张家口农科院	波兰	遗传材料	98	蓝色	48.0	35.0	5	17		褐	5.4			抗病	
00002046	VALVTA 81 PI 276 697	河北张家口农科院	希腊	遗传材料	93	蓝色	57.0	36.0	4	20		褐	6.9			感病	
00002047	MARTIN	河北张家口农科院	波兰	遗传材料	91	蓝色	49.0	40.0	5	16		深褐	7.0			高感	
00002048	CHARUS	河北张家口农科院	波兰	遗传材料	93	蓝色	54.0	41.0	3	17		褐	6.2			感病	
00002049	MESSENIAS 159 C	河北张家口农科院	希腊	遗传材料	111	蓝色	62.0	62.0	5	19		浅褐	6.7			感病	
00002050	MESSENIAS	河北张家口农科院	希腊	遗传材料	101	蓝色	43.0	36.0	4	31		浅褐	4.2			抗病	
00002051	REDWOOD×BIRIO 202	河北张家口农科院	美国	遗传材料	97	蓝色	56.0	45.0	3	12		褐	5.8			感病	
00002052	SADD S ENGL	河北张家口农科院	希腊	遗传材料	102	蓝色	60.0	49.0	4	23		褐	6.8			高感	
00002053	P I 281461	河北张家口农科院	阿根廷	遗传材料	100	蓝色	45.0	36.0	3	20		褐	4.8			感病	
00002054	LABORATORIVM	河北张家口农科院	波兰	遗传材料	94	蓝色	43.0	34.0	7	17		褐	5.9			抗病	
00002055	MEROC	河北张家口农科院	波兰	遗传材料	91	蓝色	47.0	36.0	3	13		褐	6.1			抗病	

（续）

统一编号	种质名称	保存单位	原产地或来源地	种质类型	生育日数	花瓣色	株高	工艺长度	分枝数	蒴果数	单株粒重	种皮色	种子千粒重	种子含油率	耐旱性	立枯病抗性	备注
00002056	TEX. S. 4-6WALSHXNGOLD	河北张家口农科院	美国	遗传材料	97	蓝色	40.0	29.0	3	12		褐	7.4			抗病	
00002057	P-6098-17-3-1	河北张家口农科院	波兰	遗传材料	104	蓝色	43.0	35.0	3	10		褐	6.6			感病	
00002058	II-30-35PI 242990	河北张家口农科院	法国	遗传材料	98	蓝色	38.0	29.0	3	17		褐	6.9			感病	
00002059	P. I. 242999	河北张家口农科院	法国	遗传材料	98	蓝色	43.0	31.0	3	14		褐	7.3			感病	
00002060	VALACHIF 1.2	河北张家口农科院	法国	遗传材料	88	蓝色	50.0	39.0	4	12		褐	7.0			感病	
00002061	KARNOBAT EH69	河北张家口农科院	法国	遗传材料	72	蓝色	42.0	31.0	3	25		褐	5.1			抗病	
00002062	P. I. 321641	河北张家口农科院	波兰	遗传材料	98	蓝色	61.0	28.0	3	22		褐	5.0			抗病	
00002063	COLOMIA CAP MIRANDA	河北张家口农科院	法国	遗传材料	76	蓝色	51.0	40.0	4	21		深褐	4.8			抗病	
00002064	COLOMIA CAP MIRANDA	河北张家口农科院	法国	遗传材料	73	蓝色	46.0	34.0	3	16		深褐	4.9			抗病	
00002065	NO. 797 PI 342992	河北张家口农科院	法国	遗传材料	86	蓝色	47.0	39.0	4	13		深褐	6.1			抗病	
00002066	VALVTA	河北张家口农科院	波兰	遗传材料	93	蓝色	50.0	36.0	5	21		褐	6.2			感病	
00002067	KARNOBAT 1410 1.7	河北张家口农科院	法国	遗传材料	91	蓝色	36.0	29.0	3	21		褐	7.1			抗病	
00002068	KARNOBAT 1591 1.9	河北张家口农科院	法国	遗传材料	90	蓝色	32.0	26.0	3	16		褐	6.1			感病	
00002069	COMVNDE DIAZ	河北张家口农科院	法国	遗传材料	71	蓝色	37.0	20.0	3	10		深褐	4.8			抗病	
00002070	LA EST ANZVELA AR 1.3	河北张家口农科院	法国	遗传材料	98	蓝色	49.0	36.0	4	20		浅褐	7.0			抗病	
00002071	AFGH ANISTAN	河北张家口农科院	波兰	遗传材料	93	蓝色	40.0	27.0	2	16		深褐	6.8			感病	
00002072	COLONIA CAM SAFI 40	河北张家口农科院	法国	遗传材料	107	蓝色	55.0	46.0	4	15		褐	3.6			抗病	
00002073	COLNIA CAM SAFI 39	河北张家口农科院	法国	遗传材料	104	蓝色	50.0	43.0	4	16		浅褐	5.9			抗病	
00002074	ROLAND	河北张家口农科院	波兰	遗传材料	91	蓝色	49.0	40.0	6	24		深褐	6.7			抗病	
00002075	SOPIA DE9	河北张家口农科院	法国	遗传材料	89	蓝色	39.0	28.0	5	25		褐	7.9			感病	
00002076	BERNBURGER OL.	河北张家口农科院	波兰	遗传材料	93	蓝色	58.0	39.0	4	19		褐	7.3			感病	
00002077	SAFI 1.4-4	河北张家口农科院	法国	遗传材料	101	蓝色	53.0	41.0	6	16		褐	9.3			感病	
00002078	AVL-A ESTANZUELA	河北张家口农科院	波兰	遗传材料	93	蓝色	41.0	30.0	4	16		褐	7.1			抗病	
00002079	BULHARSKY 1290	河北张家口农科院	波兰	遗传材料	94	蓝色	41.0	30.0	3	17		褐	7.5			抗病	
00002080	BOERGEN 114X	河北张家口农科院	波兰	遗传材料	97	蓝色	44.0	29.0	4	12		褐	6.7			抗病	
00002081	BULHARSKY 4332	河北张家口农科院	波兰	遗传材料	94	蓝色	47.0	36.0	4	22		褐	7.2			抗病	

（续）

统一编号	种质名称	保存单位	原产地或来源地	种质类型	生育日数	花瓣色	株高	工艺长度	分枝数	蒴果数	单株粒重	种皮色	种子千粒重	种子含油率	耐旱性	立枯病抗性	备注
00002082	ALC-II-6	河北张家口农科院	波兰	遗传材料	89	白色	55.0	43.0	3	12		褐	5.1			感病	
00002083	RABA 0189	河北张家口农科院	波兰	遗传材料	103	蓝色	47.0	40.0	5	12		褐	6.5			抗病	
00002084	RABA 0196	河北张家口农科院	波兰	遗传材料	110	蓝色	49.0	37.0	5	21		褐	6.1			感病	
00002085	VORIN	河北张家口农科院	波兰	遗传材料	94	蓝色	60.0	45.0	5	15		褐	7.0			抗病	
00002086	BARB ARIGO	河北张家口农科院	波兰	遗传材料	106	蓝色	40.0	33.0	3	11		褐	6.8			感病	
00002087	AV81×ESTANZVELA	河北张家口农科院	波兰	遗传材料	96	蓝色	48.0	36.0	4	13		褐	6.7			抗病	
00002088	L2L2（515）	河北张家口农科院	美国	遗传材料	64	蓝色	57.0	42.0	6	25		浅褐	6.4			抗病	
00002089	TARAQVI	河北张家口农科院	阿根廷	遗传材料	98	蓝色	48.0	35.0	3	16		褐	7.8			抗病	
00002090	RANCAQVA	河北张家口农科院	阿根廷	遗传材料	102	蓝色	47.0	39.0	4	22		浅褐	6.4			抗病	
00002091	TIMBV	河北张家口农科院	阿根廷	遗传材料	93	蓝色	43.0	26.0	4	19		浅褐	6.7			感病	
00002092	WIERA 5NN P. I. 32017	河北张家口农科院	荷兰	遗传材料	93	白色	65.0	54.0	4	18		浅褐	4.4			抗病	
00002093	WIERA 12L P. I. 320183	河北张家口农科院	荷兰	遗传材料	91	白色	79.0	60.0	4	11		浅褐	4.6			感病	
00002094	MULT. G. -NNP3P3	河北张家口农科院	美国	遗传材料	92	蓝色	52.0	44.0	3	9		浅褐	5.5			高感	
00002095	NIP3/NIP3	河北张家口农科院	美国	遗传材料	90	蓝色	55.0	45.0	5	10		浅褐	6.6			感病	
00002096	NNI（KUGLER C.）	河北张家口农科院	美国	遗传材料	89	蓝色	55.0	41.0	4	14		浅褐	6.9			抗病	
00002097	M3M3（B15）	河北张家口农科院	美国	遗传材料	93	蓝色	52.0	40.0	3	31		浅褐	6.4			抗病	
00002098	KK（B15）	河北张家口农科院	美国	遗传材料	89	蓝色	48.0	39.0	5	26		浅褐	6.1			抗病	
00002099	N1N1（B12）	河北张家口农科院	美国	遗传材料	90	蓝色	46.0	34.0	4	13		浅褐	6.0			高抗	
00002100	L6L6（B15）	河北张家口农科院	美国	遗传材料	88	蓝色	54.0	40.0	4	20		浅褐	6.2			抗病	
00002101	M1M1（B15）	河北张家口农科院	美国	遗传材料	90	蓝色	53.0	42.0	5	24		浅褐	6.1			抗病	
00002102	LINIP3/N1P3	河北张家口农科院	美国	遗传材料	94	蓝色	59.0	49.0	4	14		浅褐	5.5			高抗	
00002103	M4M4（B15）	河北张家口农科院	美国	遗传材料	88	蓝色	57.0	43.0	6	20		浅褐	6.5			抗病	
00002104	MVLT. G. -L6L6N1N1	河北张家口农科院	美国	遗传材料	88	蓝色	52.0	39.0	5	26		浅褐	6.5			高抗	
00002105	MVLT. G. -L6L6N1N1	河北张家口农科院	美国	遗传材料	88	蓝色	44.0	35.0	5	23		浅褐	6.6			抗病	
00002106	L6L6M3M3	河北张家口农科院	美国	遗传材料	87	蓝色	45.0	32.0	4	19		浅褐	6.5			高抗	
00002107	LLNN	河北张家口农科院	美国	遗传材料	95	白色	59.0	43.0	5	17		黄	5.7			抗病	

（续）

统一编号	种质名称	保存单位	原产地或来源地	种质类型	生育日数	花瓣色	株高	工艺长度	分枝数	蒴果数	单株粒重	种皮色	种子千粒重	种子含油率	耐旱性	立枯病抗性	备注
00002108	M3M3NN	河北张家口农科院	美国	遗传材料	89	蓝色	57.0	44.0	4	25		浅褐	6.3			高抗	
00002109	NP/NP	河北张家口农科院	美国	遗传材料	90	蓝色	42.0	32.0	3	26		浅褐	5.0			高抗	
00002110	NP3/NP3	河北张家口农科院	美国	遗传材料	92	蓝色	49.0	41.0	4	24		浅褐	5.6			高抗	
00002111	MULT. G. -MMM3M3	河北张家口农科院	美国	遗传材料	89	蓝色	60.0	46.0	5	15		褐	6.1			高抗	
00002112	NN1/NN1	河北张家口农科院	美国	遗传材料	89	蓝色	55.0	41.0	4	14		浅褐	6.9			高抗	
00002113	M3M3P3P3	河北张家口农科院	美国	遗传材料	93	蓝色	54.0	40.0	4	19		浅褐	5.7			高抗	
00002114	LL（B15）	河北张家口农科院	美国	遗传材料	86	蓝色	58.0	46.0	7	20		浅褐	6.4			抗病	
00002115	MM（B12）	河北张家口农科院	美国	遗传材料	86	蓝色	52.0	39.0	4	18		浅褐	6.5			抗病	
00002116	NN（B15）	河北张家口农科院	美国	遗传材料	91	蓝色	48.0	38.0	3	20		浅褐	6.0			高抗	
00002117	ISO-8W（RWO×1455AA）	河北张家口农科院	美国	遗传材料	96	白色	49.0	36.0	3	13		褐	6.3			抗病	
00002118	RWD. ×MAR. 7961-248	河北张家口农科院	美国	遗传材料	81	蓝色	47.0	35.0	4	25		浅褐	5.1			抗病	
00002119	WINDON×2138（68-60）	河北张家口农科院	美国	遗传材料	94	蓝色	50.0	41.0	4	21		浅褐	5.6			抗病	
00002120	ND375 BIRIO×BISON	河北张家口农科院	美国	遗传材料	89	蓝色	54.0	42.0	4	26		浅褐	6.7			感病	
00002121	ND385 BIRIO×BOLLE	河北张家口农科院	美国	遗传材料	89	蓝色	50.0	37.0	4	17		浅褐	6.5			感病	
00002122	ND389 BIRIO×BOLLE	河北张家口农科院	美国	遗传材料	94	蓝色	55.0	40.0	5	26		浅褐	7.0			抗病	
00002123	ND427 BIRIO×BOLLE	河北张家口农科院	美国	遗传材料	94	蓝色	48.0	34.0	4	26		浅褐	6.5			抗病	
00002124	H723 F3-6-3-3-4-2-2	河北张家口农科院	阿根廷	遗传材料	86	蓝色	51.0	37.0	4	24		浅褐	5.5			抗病	
00002125	H677 F5-2-1-1-1-1	河北张家口农科院	阿根廷	遗传材料	78	蓝色	50.0	36.0	3	23		褐	5.4			抗病	
00002126	SANTA CATAL INA6	河北张家口农科院	阿根廷	遗传材料	103	蓝色	40.0	31.0	4	12		浅褐	6.7			感病	
00002127	PUELCHE	河北张家口农科院	阿根廷	遗传材料	96	蓝色	45.0	35.0	4	18		褐	5.9			感病	
00002128	TOBA	河北张家口农科院	阿根廷	遗传材料	75	蓝色	43.0	34.0	3	17		褐	6.8			抗病	
00002129	WIERA 5 L+？P. I. 3201	河北张家口农科院	荷兰	遗传材料	78	白色	58.0	47.0	5	23		浅褐	4.3			抗病	
00002130	GOLDSCHEIN	河北张家口农科院	芬兰	遗传材料	94	蓝色	64.0	52.0	4	22		褐	7.5			抗病	
00002131	RIO	河北张家口农科院	匈牙利	遗传材料	96	蓝色	47.0	34.0	3	20		褐	7.2			抗病	
00002132	GALEGO	河北张家口农科院	匈牙利	遗传材料	99	蓝色	47.0	29.0	3	17		浅褐	7.0			高感	
00002133	PRIMARERA	河北张家口农科院	匈牙利	遗传材料	97	蓝色	57.0	43.0	5	28		浅褐	7.0			感病	

（续）

统一编号	种质名称	保存单位	原产地或来源地	种质类型	生育日数	花瓣色	株高	工艺长度	分枝数	蒴果数	单株粒重	种皮色	种子千粒重	种子含油率	耐旱性	立枯病抗性	备注
00002134	CI 1537/RWD	河北张家口农科院	美国	遗传材料	97	蓝色	53.0	40.0	3	16		褐	5.8			抗病	
00002135	RWD.×CRYST（II-52-1）	河北张家口农科院	美国	遗传材料	97	蓝色	55.0	42.0	3	19		浅褐	5.3			抗病	
00002136	F. V. 386. 97（F. 9. 41）	河北张家口农科院	加拿大	遗传材料	91	蓝色	54.0	44.0	5	13		褐	4.9			抗病	
00002137	PSKORSKIJ	河北张家口农科院	俄罗斯	遗传材料	76	蓝色	66.0	55.0	4	21		浅褐	4.7			抗病	
00002138	T-10 TOMSKREGION	河北张家口农科院	俄罗斯	遗传材料	78	蓝色	75.0	59.0	5	11		褐	5.0			抗病	
00002139	INDVS	河北张家口农科院	英国	遗传材料	109	蓝色	70.0	58.0	4	28		褐	5.7			感病	
00002140	ALFA OLAJLEN	河北张家口农科院	波兰	遗传材料	99	蓝色	42.0	28.0	5	15		浅褐	6.7			高感	
00002141	KVSTANAI DISTRIG	河北张家口农科院	河北省张家口市	遗传材料	94	蓝色	53.0	41.0	4	22		浅褐	7.4			高感	
00002142	LCSD 200	河北张家口农科院	英国	遗传材料	89	蓝色	61.0	46.0	5	20		浅褐	7.1			高感	
00002143	RWD×MAR MN 61-21	河北张家口农科院	美国	遗传材料	94	蓝色	58.0	47.0	4	13		褐	8.0			抗病	
00002144	REDWOOD×4III-57-82	河北张家口农科院	美国	遗传材料	90	蓝色	61.0	44.0	2	18		褐	6.8			感病	
00002145	CSOHAJ	河北张家口农科院	波兰	遗传材料	99	蓝色	50.0	35.0	3	20		褐	6.5			感病	
00002146	STENSBALLE	河北张家口农科院	匈牙利	遗传材料	94	蓝色	57.0	35.0	4	24		褐	7.1			抗病	
00002147	DIADEM	河北张家口农科院	匈牙利	遗传材料	94	蓝色	33.0	26.0	5	8		褐	6.8			抗病	
00002148	W5659 ON-70	河北张家口农科院	澳大利亚	遗传材料	106	蓝色	49.0	38.0	6	19		褐	7.5			抗病	
00002149	P. I. 284863	河北张家口农科院	波兰	遗传材料	90	蓝色	48.0	35.0	5	23		褐	6.9			感病	
00002150	AUSZTRALIAI OLAJ	河北张家口农科院	匈牙利	遗传材料	94	蓝色	58.0	41.0	3	16		浅褐	7.1			抗病	
00002151	ENTRES RIOS	河北张家口农科院	波兰	遗传材料	98	蓝色	53.0	42.0	4	15		褐	5.1			抗病	
00002152	G-2（URUGVAY）	河北张家口农科院	波兰	遗传材料	96	蓝色	53.0	39.0	5	23		褐	6.2			感病	
00002153	JALOMITA	河北张家口农科院	匈牙利	遗传材料	93	蓝色	52.0	41.0	3	20		褐	7.8			抗病	
00002154	RWD×MAR MM 61-2122	河北张家口农科院	美国	遗传材料	90	蓝色	44.0	35.0	6	26		褐	6.3			抗病	
00002155	REDWOOD 65	河北张家口农科院	巴尼圭巴	遗传材料	102	蓝色	54.0	43.0	5	25		浅褐	5.6			抗病	
00002156	W5618RO-92	河北张家口农科院	澳大利亚	遗传材料	93	蓝色	42.0	34.0	3	18		褐	7.3			抗病	
00002157	2-4D TOLERANT	河北张家口农科院	美国	遗传材料	105	蓝色	55.0	36.0	7	28		浅褐	5.1			感病	
00002158	COLONIA ITANQVA	河北张家口农科院	法国	遗传材料	73	蓝色	45.0	34.0	4	16		褐	5.1			抗病	
00002159	HAZELDEAN	河北张家口农科院	澳大利亚	遗传材料	97	蓝色	51.0	36.0	4	11		褐	7.7			感病	

（续）

统一编号	种质名称	保存单位	原产地或来源地	种质类型	生育日数	花瓣色	株高	工艺长度	分枝数	蒴果数	单株粒重	种皮色	种子千粒重	种子含油率	耐旱性	立枯病抗性	备注
00002160	CUJAVI	河北张家口农科院	匈牙利	遗传材料	93	蓝色	43.0	32.0	5	20		褐	7.0			感病	
00002161	HENPI	河北张家口农科院	匈牙利	遗传材料	96	蓝色	43.0	35.0	4	14		深褐	6.4			感病	
00002162	CRYPRVS	河北张家口农科院	匈牙利	遗传材料	64	蓝色	43.0	35.0	4	17		褐	8.1			感病	
00002163	BARNAULSKIJ	河北张家口农科院	俄罗斯	遗传材料	90	蓝色	53.0	40.0	3	17		褐	7.1			高感	
00002164	MARINE×4III-57-12	河北张家口农科院	美国	遗传材料	91	蓝色	55.0	36.0	7	28		浅褐	5.1			高感	
00002165	P. I. 2885B	河北张家口农科院	印度	遗传材料	88	蓝色	50.0	36.0	6	24		褐	6.6			高感	
00002166	CHAURRA DLAJ.	河北张家口农科院	匈牙利	遗传材料	98	蓝色	44.0	30.0	4	32		褐	6.8			感病	
00002167	BONNY DOON	河北张家口农科院	澳大利亚	遗传材料	97	白色	50.0	36.0	5	18		褐	7.2			抗病	
00002168	BENVENVTO LABR.	河北张家口农科院	匈牙利	遗传材料	96	蓝色	50.0	37.0	3	11		褐	6.4			抗病	
00002169	REZISTA	河北张家口农科院	匈牙利	遗传材料	101	白色/蓝色	55.0	44.0	4	25		褐	6.5			抗病	
00002170	OTTAWA 770B	河北张家口农科院	匈牙利	遗传材料	102	白色	55.0	39.0	3	21		黄	5.2			高抗	
00002171	SAN ELIAS	河北张家口农科院	波兰	遗传材料	93	蓝色	45.0	36.0	3	13		褐	5.7			抗病	
00002172	NO. 1051 PI 289090	河北张家口农科院	匈牙利	遗传材料	101	蓝色	43.0	34.0	7	20		浅褐	8.0			抗病	
00002173	LONG 4	河北张家口农科院	美国	遗传材料	95	白色/蓝色	62.0	48.0	4	18		褐	4.1			高抗	
00002174	ROCKET×γ132	河北张家口农科院	加拿大	遗传材料	88	蓝色	65.0	40.0	5	21		褐	5.3			抗病	
00002175	WINONA	河北张家口农科院	美国	遗传材料	76	白色	60.0	41.0	3	27		浅褐	4.0			抗病	
00002176	BGOLD×BISVN 644×3	河北张家口农科院	美国	遗传材料	87	白色	49.0	35.0	2	19		褐	5.5			抗病	
00002177	N. D. RES. 5 SEL.	河北张家口农科院	美国	遗传材料	81	白色	56.0	41.0	3	25		褐	3.8			抗病	
00002178	TAMMES PALE BLVE	河北张家口农科院	荷兰	遗传材料	77	白色	60.0	40.0	3	22		浅褐	4.7			高抗	
00002179	RESERVE 3 * 1112	河北张家口农科院	美国	遗传材料	90	白色	62.0	45.0	3	26		浅褐	5.1			高抗	
00002180	WHITE SAGINAW	河北张家口农科院	美国	遗传材料	80	白色	58.0	39.0	4	25		褐	4.2			高抗	
00002181	H1-1-51-20 SEL.	河北张家口农科院	美国	遗传材料	92	蓝色	70.0	49.0	3	19		褐	4.7			高抗	
00002182	10473146	河北张家口农科院	阿根廷	遗传材料	90	蓝色	56.0	32.0	3	18		浅褐	5.3			抗病	
00002183	C. I. 975×1073	河北张家口农科院	美国	遗传材料	77	蓝色	47.0	36.0	2	20		浅褐	4.7			抗病	
00002184	VERY PALE BLVE	河北张家口农科院	澳大利亚	遗传材料	84	蓝色	49.0	32.0	4	29		浅褐	3.5			感病	
00002185	CREPITANS (NOLLAR E44)	河北张家口农科院	西班牙	遗传材料	85	白色	60.0	41.0	4	48		浅褐	5.2			高抗	

（续）

统一编号	种质名称	保存单位	原产地或来源地	种质类型	生育日数	花瓣色	株高	工艺长度	分枝数	蒴果数	单株粒重	种皮色	种子千粒重	种子含油率	耐旱性	立枯病抗性	备注
00002186	BGOLD×REDWING 644×3	河北张家口农科院	美国	遗传材料	91	蓝色	56.0	38.0	4	17		浅褐	5.1			高抗	
00002187	BIRIO/1134 SEL	河北张家口农科院	美国	遗传材料	85	蓝色	46.0	34.0	4	17		浅褐	4.9			抗病	
00002188	INDIAN TYPE 11	河北张家口农科院	印度	遗传材料	85	蓝色	54.0	40.0	4	28		浅褐	5.2			高抗	
00002189	10470/46	河北张家口农科院	阿根廷	遗传材料	79	蓝色	33.0	18.0	3	17		浅褐	5.5			抗病	
00002190	10418/46	河北张家口农科院	阿根廷	遗传材料	93	蓝色	44.0	25.0	4	23		浅褐	4.3			高抗	
00002191	7528/40	河北张家口农科院	阿根廷	遗传材料	91	蓝色	43.0	27.0	2	20		褐	5.1			抗病	
00002192	10451/46	河北张家口农科院	阿根廷	遗传材料	77	蓝色	36.0	24.0	3	19		浅褐	5.0			高抗	
00002193	VICTORY B	河北张家口农科院	美国	遗传材料	85	白色	41.0	23.0	3	16		浅褐	6.4			抗病	
00002194	10433/46	河北张家口农科院	阿根廷	遗传材料	89	蓝色	37.0	25.0	3	20		浅褐	5.5			抗病	
00002195	10461/46	河北张家口农科院	阿根廷	遗传材料	79	蓝色	37.0	22.0	3	19		浅褐	4.6			抗病	
00002196	10469/46	河北张家口农科院	阿根廷	遗传材料	78	蓝色	31.0	19.0	4	21		浅褐	5.9			抗病	
00002197	10474/46	河北张家口农科院	阿根廷	遗传材料	75	蓝色	28.0	17.0	3	22		褐	6.4			抗病	
00002198	10482/46	河北张家口农科院	阿根廷	遗传材料	97	蓝色	51.0	31.0	4	45		褐	4.9			抗病	
00002199	10483/46	河北张家口农科院	阿根廷	遗传材料	100	蓝色	47.0	35.0	3	29		浅褐	5.8			抗病	
00002200	10484/46	河北张家口农科院	阿根廷	遗传材料	86	蓝色	34.0	22.0	5	28		浅褐	5.5			抗病	
00002201	10486/46	河北张家口农科院	阿根廷	遗传材料	85	蓝色	41.0	25.0	3	26		浅褐	5.4			抗病	
00002202	GVATEMALA INTRO.	河北张家口农科院	危地马拉	遗传材料	78	蓝色	27.0	16.0	3	14		浅褐	6.9			抗病	
00002203	P. I. 167302	河北张家口农科院	土耳其	遗传材料	99	蓝色	54.0	39.0	5	20		浅褐	6.4			抗病	
00002204	P. I. 167306	河北张家口农科院	土耳其	遗传材料	103	蓝色	54.0	22.0	5	23		浅褐	6.2			高抗	
00002205	P. I. 170507	河北张家口农科院	土耳其	遗传材料	89	蓝色	55.0	33.0	5	71		浅褐	6.6			高抗	
00002206	P. I. 172962	河北张家口农科院	土耳其	遗传材料	101	蓝色	54.0	27.0	4	29		褐	6.4			抗病	
00002207	GERCELLO P. I. 173243	河北张家口农科院	荷兰	遗传材料	101	蓝色	39.0	23.0	3	46		褐	5.3			高抗	
00002208	P. I. 175765	河北张家口农科院	土耳其	遗传材料	102	蓝色	50.0	31.0	4	22		褐	6.0			抗病	
00002209	P. I. 176619	河北张家口农科院	土耳其	遗传材料	96	蓝色	86.0	44.0	4	8		浅褐	5.9			高抗	
00002210	P. I. 183058	河北张家口农科院	印度	遗传材料	86	蓝色	41.0	26.0	3	15		褐	5.0			抗病	
00002211	P. I. 183690	河北张家口农科院	土耳其	遗传材料	101	蓝色	50.0	26.0	5	50		褐	6.8			抗病	

（续）

统一编号	种质名称	保存单位	原产地或来源地	种质类型	生育日数	花瓣色	株高	工艺长度	分枝数	蒴果数	单株粒重	种皮色	种子千粒重	种子含油率	耐旱性	立枯病抗性	备注
00002212	CAN 3870A	河北张家口农科院	加拿大	遗传材料	96	蓝色	54.0	38.0	4	24		褐	5.4			抗病	
00002213	RAJA	河北张家口农科院	加拿大	遗传材料	84	蓝色	53.0	31.0	2	35		褐	5.4			抗病	
00002214	JWSI43B9×REPETIBLE-V	河北张家口农科院	加拿大	遗传材料	83	蓝色	64.0	46.0	2	35		褐	5.8			高抗	
00002215	ARG. 191-BIS×VIK-BI	河北张家口农科院	美国	遗传材料	94	蓝色	61.0	45.0	5	41		浅褐	5.7			抗病	
00002216	P. I. 193554	河北张家口农科院	埃塞俄比亚	遗传材料	95	蓝色	30.0	23.0	5	17		浅褐	4.4			抗病	
00002217	P. I. 193820	河北张家口农科院	埃塞俄比亚	遗传材料	103	蓝色	37.0	23.0	4	34		浅褐	4.9			抗病	
00002218	P. I. 193823	河北张家口农科院	埃塞俄比亚	遗传材料	87	蓝色	24.0	14.0	4	33		浅褐	4.1			抗病	
00002219	NAN. SHO PI 194834	河北张家口农科院	日本	遗传材料	80	蓝色	70.0	46.0	4	21		浅褐	4.1				
00002220	VNRYU	河北张家口农科院	日本	遗传材料	86	蓝色	70.0	49.0	3	19		褐	4.8			高抗	
00002221	P. I. 195611	河北张家口农科院	埃塞俄比亚	遗传材料	102	蓝色	57.0	39.0	5	25		褐	4.8			抗病	
00002222	BENVENUTO LABR	河北张家口农科院	阿根廷	遗传材料	91	蓝色	54.0	34.0	4	21		褐	5.9			抗病	
00002223	CAWNPORE NO. 1193	河北张家口农科院	印度	遗传材料	85	蓝色	45.0	31.0	2	22		褐	6.7			抗病	
00002224	NO. 9	河北张家口农科院	保加利亚	遗传材料	80	蓝色	27.0	20.0	3	19		褐	7.9			感病	
00002225	N. P. 55	河北张家口农科院	印度	遗传材料	78	蓝色	20.0	14.0	2	6		褐	4.8			感病	
00002226	N. P. 75	河北张家口农科院	印度	遗传材料	78	蓝色	23.0	8.0	3	14		褐	4.8			高感	
00002227	N. P. 83	河北张家口农科院	印度	遗传材料	98	蓝色	35.0	16.0	4	5		褐	4.2			抗病	
00002228	N. P. 108	河北张家口农科院	印度	遗传材料	80	蓝色	42.0	19.0	3	8		褐	8.6			感病	
00002229	N. P. （RR）45	河北张家口农科院	印度	遗传材料	79	白色	23.0	16.0	3	12		褐	6.1			感病	
00002230	N. P. （RR）405	河北张家口农科院	印度	遗传材料	80	蓝色	27.0	16.0	3	11		褐	5.2			高感	
00002231	N. P. （RR）438	河北张家口农科院	印度	遗传材料	78	白色	33.0	20.0	3	16		褐	6.6			感病	
00002232	BARNAND	河北张家口农科院	俄罗斯	遗传材料	85	蓝色	49.0	23.0	4	27		褐	5.3			抗病	
00002233	BVCHARIAN	河北张家口农科院	俄罗斯	遗传材料	85	蓝色	37.0	20.0	4	12		褐	5.0			感病	
00002234	BETA 201	河北张家口农科院	匈牙利	遗传材料	85	蓝色	29.0	15.0	3	14		褐	5.9			高感	
00002235	P. I. 269 925	河北张家口农科院	巴基斯坦	遗传材料	85	蓝色	31.0	22.0	3	9		褐	4.3			感病	
00002236	NO. 11 PI 289081	河北张家口农科院	匈牙利	遗传材料	85	蓝色	40.0	19.0	3	20		浅褐	6.4			感病	
00002237	NO. 547 PI 289084	河北张家口农科院	匈牙利	遗传材料	83	蓝色	39.0	22.0	3	26		浅褐	6.9			抗病	

（续）

统一编号	种质名称	保存单位	原产地或来源地	种质类型	生育日数	花瓣色	株高	工艺长度	分枝数	蒴果数	单株粒重	种皮色	种子千粒重	种子含油率	耐旱性	立枯病抗性	备注
00002238	NO. 1040 PI 289086	河北张家口农科院	匈牙利	遗传材料	87	蓝色	35.0	19.0	5	10		浅褐	9.2			高感	
00002239	BETA	河北张家口农科院	匈牙利	遗传材料	94	蓝色	65.0	37.0	3	14		浅褐	9.0			感病	
00002240	N. P. (RR) 204 PI3052	河北张家口农科院	印度	遗传材料	92	蓝色	28.0	16.0	6	28		浅褐	9.8			高感	
00002241	K-2PUNJAB P. I. 30523	河北张家口农科院	印度	遗传材料	89	蓝色	36.0	24.0	7	21		浅褐	9.6			抗病	
00002242	LCSD-200	河北张家口农科院	波兰	遗传材料	99	蓝色	54.0	28.0	3	15		浅褐	6.2			抗病	
00002243	W55650KC-64-93	河北张家口农科院	澳大利亚	遗传材料	94	蓝色	46.0	34.0	5	20		浅褐	6.9			抗病	
00002244	W5577 QN-855	河北张家口农科院	澳大利亚	遗传材料	92	白色	37.0	26.0	3	10		浅褐	7.2			高感	
00002245	W5618RO-41	河北张家口农科院	澳大利亚	遗传材料	93	蓝色	40.0	28.0	4	26		浅褐	7.1			高感	
00002246	RABA 0-1	河北张家口农科院	波兰	遗传材料	108	蓝色	56.0	37.0	4	12		浅褐	6.3			感病	
00002247	LG 01 1. 1	河北张家口农科院	法国	遗传材料	104	蓝色	50.0	39.0	3	15		褐	8.4			感病	
00002248	SAGINO	河北张家口农科院	日本	遗传材料	78	蓝色	49.0	34.0	4	13		褐	4.8			感病	
00002249	GISSARSKY	河北张家口农科院	俄罗斯	遗传材料	90	蓝色	36.0	22.0	4	21		褐	5.1			感病	
00002250	P. I. 170497	河北张家口农科院	土耳其	遗传材料	85	蓝色	40.0	18.0	3	22		褐	5.8			感病	
00002251	P. I. 173916	河北张家口农科院	印度	遗传材料	86	蓝色	31.0	22.0	4	16		浅褐	5.1			感病	
00002252	VERY PALE BLUE CRIMP	河北张家口农科院	澳大利亚	遗传材料	81	白色	50.0	31.0	5	20		浅褐	3.3			高感	
00002253	FIBLD MO. 13883	河北张家口农科院	印度	遗传材料	82	蓝色	30.0	16.0	5	8		浅褐	5.5			抗病	
00002254	1546-S	河北张家口农科院	伊朗	遗传材料	92	蓝色	55.0	27.0	4	35		浅褐	5.5			高感	
00002255	1304-S	河北张家口农科院	阿富汗	遗传材料	96	蓝色	50.0	31.0	3	35		浅褐	4.3			高感	
00002256	TAMMES PALE BLUE	河北张家口农科院	荷兰	遗传材料	83	蓝色	68.0	46.0	4	43		褐	4.8			高感	
00002257	N. P. 3	河北张家口农科院	印度	遗传材料	85	白色	34.0	21.0	3	32		黄	6.2			抗病	
00002258	P. I. 170499	河北张家口农科院	土耳其	遗传材料	94	蓝色	43.0	30.0	5	15		褐	7.2			感病	
00002259	P. I. 179355	河北张家口农科院	土耳其	遗传材料	87	蓝色	44.0	20.0	4	29		褐	5.7			高抗	
00002260	RUSSIAN INTRO.	河北张家口农科院	俄罗斯	遗传材料	77	蓝色	50.0	37.0	3	14		浅褐	3.8			抗病	
00002261	HVMOATA	河北张家口农科院	非洲	遗传材料	81	蓝色	30.0	19.0	3	9		浅褐	6.6			感病	
00002262	87804 FIBER	河北张家口农科院	阿根廷	遗传材料	92	蓝色	62.0	45.0	4	27		浅褐	4.7			感病	
00002263	P. I. 250374	河北张家口农科院	巴基斯坦	遗传材料	81	蓝色	42.0	23.0	3	18		褐	5.4			抗病	

（续）

统一编号	种质名称	保存单位	原产地或来源地	种质类型	生育日数	花瓣色	株高	工艺长度	分枝数	蒴果数	单株粒重	种皮色	种子千粒重	种子含油率	耐旱性	立枯病抗性	备注
00002264	N. P. 4	河北张家口农科院	印度	遗传材料	98	蓝色	41.0	32.0	3	24		褐	5.1			抗病	
00002265	DE METCHA PI 342978	河北张家口农科院	法国	遗传材料	72	白色	34.0	23.0	5	22		褐	4.5			抗病	
00002266	85-21	河北张家口农科院	丹麦	遗传材料	94	蓝色	61.0	41.0	6	44		褐	6.7			抗病	
00002267	89-2	河北张家口农科院	西德	遗传材料	95	蓝色	50.0	35.0	4	20		浅褐	5.5			抗病	
00002268	89-10	河北张家口农科院	西德	遗传材料	76	蓝色	56.0	40.0	3	13		浅褐	4.0			抗病	
00002269	89-17	河北张家口农科院	西德	遗传材料	87	白色	63.0	30.0	5	22		黄	3.8			抗病	
00002270	89-20	河北张家口农科院	西德	遗传材料	94	蓝色	55.0	37.0	4	29		褐	3.6			抗病	
00002271	89-21	河北张家口农科院	西德	遗传材料	76	白色	68.0	42.0	3	21		褐	3.3			抗病	
00002272	89-29	河北张家口农科院	西德	遗传材料	96	蓝色	47.0	39.0	6	36		浅褐	4.9			抗病	
00002273	89-7	河北张家口农科院	西德	遗传材料	80	蓝色	77.0	53.0	4	23		褐	3.0			抗病	
00002274	Jul-89	河北张家口农科院	西德	遗传材料	94	蓝色	78.0	58.0	7	38		褐	4.7			抗病	
00002275	NO. 10	河北张家口农科院	摩洛哥	遗传材料	85	蓝色	29.0	15.0	3	14		浅褐	5.9			抗病	
00002276	EMIRDAY	河北张家口农科院	土耳其	遗传材料	96	蓝色	36.0	23.0	6	30		浅褐	7.9			感病	
00002277	OTTAMA770B×BISON	河北张家口农科院	美国	遗传材料	91	蓝色	66.0	32.0	4	15		褐	7.2			抗病	
00002278	P. I. 780	河北张家口农科院	印度	遗传材料	85	蓝色	16.0	10.0	2	6		褐	6.1			感病	
00002279	KRISLIMA SPANADSLIN	河北张家口农科院	瑞典	遗传材料	85	蓝色	46.0	28.0	3	17		褐	4.5			抗病	
00002280	FIELD NO. 17	河北张家口农科院	土耳其	遗传材料	86	蓝色	35.0	17.0	4	17		褐	4.8			高感	
00002281	248913	河北张家口农科院	印度	遗传材料	77	蓝色	23.0	15.0	3	7		褐	6.9			抗病	
00002282	248921	河北张家口农科院	印度	遗传材料	93	蓝色	49.0	25.0	4	14		褐	7.8			抗病	
00002283	N. P. 54	河北张家口农科院	印度	遗传材料	96	蓝色	29.0	16.0	3	14		褐	5.3			感病	
00002284	N. P. 46	河北张家口农科院	印度	遗传材料	94	蓝色	26.0	14.0	4	26		褐	4.7			抗病	
00002285	89-8	河北张家口农科院	西德	遗传材料	101	蓝色	37.0	17.0	4	28		褐	9.1			感病	
00002286	89-27	河北张家口农科院	西德	遗传材料	95	蓝色	73.0	49.0	4	28		褐	5.4			抗病	
00002287	P. I. 214328	河北张家口农科院	印度	遗传材料	86	蓝色	37.0	27.0	3	9		褐	4.7			感病	
00002288	RVSSIANIN TRO.	河北张家口农科院	俄罗斯	遗传材料	85	蓝色	69.0	32.0	3	18		褐	4.6			抗病	
00002289	P. I. 250546	河北张家口农科院	巴基斯坦	遗传材料	91	蓝色	29.0	19.0	3	8		褐	4.3			感病	

（续）

统一编号	种质名称	保存单位	原产地或来源地	种质类型	生育日数	花瓣色	株高	工艺长度	分枝数	蒴果数	单株粒重	种皮色	种子千粒重	种子含油率	耐旱性	立枯病抗性	备注
00002290	P. I. 250734	河北张家口农科院	伊朗	遗传材料	109	蓝色	56.0	25.0	3	9		褐	5.5			抗病	
00002291	P. I. 250868	河北张家口农科院	伊朗	遗传材料	101	蓝色	58.0	25.0	4	13		褐	4.4			抗病	
00002292	N. P. （RR）5	河北张家口农科院	印度	遗传材料	90	白色	32.0	15.0	3	12		褐	9.3			感病	
00002293	P. I. 170496	河北张家口农科院	土耳其	遗传材料	89	蓝色	49.0	23.0	3	32		褐	5.8			感病	
00002294	P. I. 181057	河北张家口农科院	印度	遗传材料	76	白色	20.0	11.0	3	9		褐	5.8			感病	
00002295	NORED	河北张家口农科院	美国	遗传材料	99	蓝色	78.0	40.0	6	35		褐	4.9			感病	
00002296	P. I. 250380	河北张家口农科院	巴基斯坦	遗传材料	103	蓝色	27.0	15.0	3	17		褐	4.7			感病	
00002297	N. P. 36	河北张家口农科院	印度	遗传材料	94	蓝色	25.0	12.0	5	17		褐	5.7			感病	
00002298	P. I. 177448	河北张家口农科院	土耳其	遗传材料	88	蓝色	44.0	17.0	3	16		褐	5.1			抗病	
00002299	P. I. 476618	河北张家口农科院	土耳其	遗传材料	93	蓝色	41.0	15.0	4	23		褐	3.7			抗病	
00002300	HYB. 35	河北张家口农科院	印度	遗传材料	87	蓝色	22.0	14.0	4	9		褐	6.1			感病	
00002301	P. I. 250091	河北张家口农科院	伊朗	遗传材料	93	蓝色	39.0	27.0	4	21		褐	7.1			高感	
00002302	P. I. 251292	河北张家口农科院	伊朗	遗传材料	93	蓝色	54.0	24.0	4	9		褐	6.1			感病	
00002303	T477	河北张家口农科院	印度	遗传材料	79	蓝色	17.0	8.0	3	7		褐	4.8			感病	
00002304	N. P. （RR）37	河北张家口农科院	印度	遗传材料	85	白色	51.0	36.0	3	10		褐	5.3			感病	
00002305	N. P. 56	河北张家口农科院	印度	遗传材料	84	蓝色	26.0	10.0	4	18		褐	4.2			感病	
00002306	C. I. 355×BISON	河北张家口农科院	美国	遗传材料	89	蓝色	83.0	48.0	4	17		褐	4.3			抗病	
00002307	89-13	河北张家口农科院	西德	遗传材料	86	蓝色	42.0	27.0	3	8		褐	5.3			感病	
00002308	P. I. 177447	河北张家口农科院	土耳其	遗传材料	102	蓝色	32.0	27.0	3	11		浅褐	5.8			抗病	
00002309	411704 FIBER	河北张家口农科院	阿根廷	遗传材料	82	白色	80.0	52.0	5	22		褐	4.4			抗病	
00002310	1158-S	河北张家口农科院	阿富汗	遗传材料	94	蓝色	50.0	30.0	5	11		浅褐	4.4			抗病	
00002311	P. I. 250933	河北张家口农科院	伊朗	遗传材料	92	蓝色	47.0	34.0	3	12		褐	5.7			高感	
00002312	N. P. 29	河北张家口农科院	印度	遗传材料	81	蓝色	30.0	12.0	3	15		浅褐	4.2			高感	
00002313	BISON×CI 36	河北张家口农科院	美国	遗传材料	96	蓝色	55.0	21.0	4	38		浅褐	5.6			抗病	
00002314	REDWOOD×BIRIO 87-5	河北张家口农科院	美国	遗传材料	89	蓝色	48.0	34.0	4	17		褐	5.6			抗病	
00002315	DANESE	河北张家口农科院	希腊	遗传材料	96	蓝色	47.0	38.0	3	21		褐	6.2			感病	

（续）

统一编号	种质名称	保存单位	原产地或来源地	种质类型	生育日数	花瓣色	株高	工艺长度	分枝数	蒴果数	单株粒重	种皮色	种子千粒重	种子含油率	耐旱性	立枯病抗性	备注
00002316	ND 436 BIRIO×BOLLE	河北张家口农科院	美国	遗传材料	93	蓝色	53.0	34.0	3	11		褐	5.1			抗病	
00002317	N. D. RESISTANT 52	河北张家口农科院	美国	遗传材料	79	蓝色	37.0	20.0	5	19		褐	3.5			感病	
00002318	SHEYENNE×975（W18-34）	河北张家口农科院	美国	遗传材料	87	蓝色	64.0	41.0	4	29		褐	5.3			抗病	
00002319	NOVA ROSSISK SELECTI	河北张家口农科院	美国	遗传材料	92	蓝色	24.0	13.0	4	10		褐	5.0			高抗	
00002320	LINOTA	河北张家口农科院	美国	遗传材料	80	蓝色	52.0	31.0	4	29		褐	3.8			抗病	
00002321	ABYSSINIA（BROWN）	河北张家口农科院	埃塞俄比亚	遗传材料	85	蓝色	56.0	31.0	4	19		褐	3.7			高抗	
00002322	LAPLATA	河北张家口农科院	加拿大	遗传材料	85	蓝色	46.0	28.0	4	36		褐	4.4			抗病	
00002323	CROWN	河北张家口农科院	加拿大	遗传材料	80	白色	45.0	25.0	2	20		褐	6.1			抗病	
00002324	TAMMES ♯3W HITE INVO	河北张家口农科院	荷兰	遗传材料	82	蓝色	62.0	35.0	5	19		深褐	4.2			抗病	
00002325	TAMMES ♯7 PINK	河北张家口农科院	荷兰	遗传材料	80	蓝色	51.0	34.0	4	42		深黄	4.1			抗病	
00002326	MOROCCO	河北张家口农科院	埃及	遗传材料	90	蓝色	40.0	24.0	3	19		褐	6.7			抗病	
00002327	SHEYENNE×CI 1332	河北张家口农科院	南美	遗传材料	94	蓝色	41.0	26.0	3	29		浅褐	5.2			抗病	
00002328	MAVVE	河北张家口农科院	埃及	遗传材料	91	蓝色	40.0	22.0	3	26		褐	5.8			抗病	
00002329	1926 ROW 210	河北张家口农科院	美国	遗传材料	81	白色	47.0	26.0	4	28		浅褐	5.9			抗病	
00002330	ARGENTINA SELECTION	河北张家口农科院	美国	遗传材料	89	蓝色	55.0	38.0	5	25		褐	5.0			抗病	
00002331	C. I. 355×BISON	河北张家口农科院	美国	遗传材料	93	蓝色	62.0	41.0	3	36		浅褐	5.7			抗病	
00002332	ARGENTINE	河北张家口农科院	美国	遗传材料	91	蓝色	50.0	33.0	5	32		褐	6.3			高抗	
00002333	RVSSIAN INTRO.	河北张家口农科院	俄罗斯	遗传材料	95	蓝色	56.0	35.0	4	38		浅褐	4.8			高抗	
00002334	TALL PINK	河北张家口农科院	美国	遗传材料	82	蓝色	55.0	36.0	3	33		褐	4.4			抗病	
00002335	RUSSIANINTRO	河北张家口农科院	俄罗斯	遗传材料	99	蓝色	78.0	44.0	4	26		浅褐	4.4			抗病	
00002336	ARGENTINE SELECTION	河北张家口农科院	美国	遗传材料	96	蓝色	40.0	24.0	6	39		褐	6.5			抗病	
00002337	ARGENTINE SELECTION	河北张家口农科院	美国	遗传材料	94	蓝色	38.0	23.0	3	31		褐	6.7			抗病	
00002338	ROMAN WINTER	河北张家口农科院	荷兰	遗传材料	94	蓝色	51.0	30.0	4	44		褐	4.2			抗病	
00002339	RVSSIAN INTRO	河北张家口农科院	俄罗斯	遗传材料	69	蓝色	43.0	29.0	3	34		褐	5.5			抗病	
00002340	WILLISTON GOLDEN	河北张家口农科院	美国	遗传材料	103	白色	47.0	22.0	4	13		褐	6.1			抗病	
00002341	RVSSIAN INTRO	河北张家口农科院	俄罗斯	遗传材料	79	蓝色	41.0	27.0	3	10		褐	3.1			感病	

（续）

统一编号	种质名称	保存单位	原产地或来源地	种质类型	生育日数	花瓣色	株高	工艺长度	分枝数	蒴果数	单株粒重	种皮色	种子千粒重	种子含油率	耐旱性	立枯病抗性	备注
00002342	NEWLAND×BISON SEL.	河北张家口农科院	美国	遗传材料	93	蓝色	60.0	41.0	4	30		褐	4.8			抗病	
00002343	RENEW	河北张家口农科院	美国	遗传材料	86	蓝色	60.0	46.0	7	22		褐	5.6			高抗	
00002344	NOVELTY	河北张家口农科院	加拿大	遗传材料	80	蓝色	62.0	37.0	2	31		浅褐	3.7			抗病	
00002345	KLEIN	河北张家口农科院	阿根廷	遗传材料	84	蓝色	47.0	39.0	5	21		浅褐	6.1			高抗	
00002346	NO. 5242-1937	河北张家口农科院	美国	遗传材料	87	蓝色	63.0	42.0	3	31		浅褐	5.6			抗病	
00002347	BUDA×（19×112）SE	河北张家口农科院	美国	遗传材料	93	蓝色	60.0	45.0	3	23		浅褐	5.2			抗病	
00002348	OTTAWA	河北张家口农科院	美国	遗传材料	86	蓝色	57.0	39.0	4	61		褐	5.3			抗病	
00002349	RUSSIAN INTRO.	河北张家口农科院	俄罗斯	遗传材料	91	蓝色	33.0	25.0	2	32		褐	6.0			抗病	
00002350	LEONA	河北张家口农科院	美国	遗传材料	95	蓝色	64.0	41.0	4	41		褐	4.9			高抗	
00002351	BUDA×（19×112）SE	河北张家口农科院	美国	遗传材料	93	蓝色	65.0	45.0	4	31		褐	4.9			感病	
00002352	BISON×CI 36	河北张家口农科院	美国	遗传材料	86	蓝色	58.0	41.0	4	24		浅褐	5.0			抗病	
00002353	CI300×355	河北张家口农科院	美国	遗传材料	82	蓝色	56.0	33.0	3	23		褐	5.7			抗病	
00002354	CI300×355	河北张家口农科院	美国	遗传材料	95	蓝色	45.0	28.0	4	30		褐	4.4			抗病	
00002355	BGOLD×REDWING 644×3	河北张家口农科院	美国	遗传材料	76	蓝色	32.0	18.0	3	11		褐	5.5			感病	
00002356	MED. TYPE MOVRISCOE17	河北张家口农科院	西班牙	遗传材料	85	蓝色	61.0	42.0	6	28		褐	6.5			感病	
00002357	BISON×（19×112）	河北张家口农科院	美国	遗传材料	92	蓝色	63.0	42.0	4	33		褐	5.1			抗病	
00002358	BISON×（BISON×JWS）	河北张家口农科院	美国	遗传材料	93	蓝色	50.0	33.0	4	25		褐	5.6			感病	
00002359	ARGENTINE SEL. G5	河北张家口农科院	美国	遗传材料	97	蓝色	45.0	32.0	5	24		浅褐	5.6			抗病	
00002360	BIWING×CI980（II-40-3）	河北张家口农科院	美国	遗传材料	99	蓝色	63.0	43.0	5	19		褐	5.6			抗病	
00002361	ROCKET	河北张家口农科院	加拿大	遗传材料	86	蓝色	51.0	38.0	5	23		褐	5.8			抗病	
00002362	89-11	河北张家口农科院	西德	遗传材料	82	蓝色	64.0	42.0	3	11		褐	5.1			抗病	
00002363	CAWNPORE NO. 483	河北张家口农科院	印度	遗传材料	86	蓝色	50.0	29.0	4	27		褐	6.0			抗病	
00002364	1159-S	河北张家口农科院	阿根廷	遗传材料	89	蓝色	49.0	33.0	4	22		浅褐	6.4			抗病	
00002365	NO. 129	河北张家口农科院	摩洛哥	遗传材料	96	蓝色	48.0	31.0	3	33		浅褐	5.5			高抗	
00002366	WALSH	河北张家口农科院	美国	遗传材料	92	蓝色	65.0	43.0	4	17		褐	7.7			抗病	
00002367	CHAVRRA OLAJLEN	河北张家口农科院	匈牙利	遗传材料	88	蓝色	50.0	34.0	2	21		浅褐	5.5			高抗	

（续）

统一编号	种质名称	保存单位	原产地或来源地	种质类型	生育日数	花瓣色	株高	工艺长度	分枝数	蒴果数	单株粒重	种皮色	种子千粒重	种子含油率	耐旱性	立枯病抗性	备注
00002368	KARNOBAT 4	河北张家口农科院	匈牙利	遗传材料	80	蓝色	50.0	34.0	2	18		浅褐	6.8			感病	
00002369	PUBLICION FACULTAO	河北张家口农科院	匈牙利	遗传材料	91	蓝色	56.0	39.0	3	24		浅褐	6.4			抗病	
00002370	80-92-392	河北张家口农科院	河北省张家口市	地方品种	96	蓝色	48.0	29.0	4	12		浅褐	8.1			抗病	
00002371	P. I. 250738	河北张家口农科院	伊朗	遗传材料	81	蓝色	54.0	29.0	3	18		浅褐	6.5			感病	
00002372	N. P. 24	河北张家口农科院	印度	遗传材料	95	蓝色	50.0	30.0	4	31		浅褐	5.5			高感	
00002373	FLACHSKOPF	河北张家口农科院	德国	遗传材料	98	蓝色	50.0	27.0	3	17		浅褐	7.0			高感	
00002374	RE KORD	河北张家口农科院	波兰	遗传材料	95	蓝色	60.0	44.0	3	25		浅褐	5.9			高感	
00002375	RWD×BIRIO（II-54-2）	河北张家口农科院	美国	遗传材料	82	蓝色	50.0	31.0	3	23		褐	5.8			抗病	
00002376	NORALTA	河北张家口农科院	巴尼圭巴	遗传材料	81	蓝色	57.0	40.0	4	20		浅褐	4.6			感病	
00002377	MM37MM3	河北张家口农科院	美国	遗传材料	82	蓝色	50.0	37.0	4	24		褐	6.2			高抗	
00002378	ND520 B-5128×RDCKE	河北张家口农科院	美国	遗传材料	92	蓝色	55.0	35.0	4	28		褐	6.1			抗病	
00002379	58-H 13-B-1	河北张家口农科院	阿根廷	遗传材料	96	蓝色	55.0	33.0	3	31		褐	5.1			高抗	
00002380	SD 1374	河北张家口农科院	南美	遗传材料	86	蓝色	54.0	37.0	3	31		褐	5.7			高抗	
00002381	P. I. 250730	河北张家口农科院	伊朗	遗传材料	93	蓝色	65.0	54.0	5	15		浅褐	6.8			感病	
00002382	EPT07	河北张家口农科院	法国	遗传材料	90	蓝色	49.0	38.0	5	19		褐	4.8			感病	
00002383	KENYA C. I. 709	河北张家口农科院	波兰	遗传材料	96	蓝色	50.0	37.0	5	23		浅褐	8.3			抗病	
00002384	BUDA×（19×112）SE	河北张家口农科院	美国	遗传材料	91	蓝色	52.0	38.0	2	25		浅褐	5.1			抗病	
00002385	J. W. S.	河北张家口农科院	加拿大	遗传材料	83	蓝色	63.0	36.0	3	33		褐	5.1			感病	
00002386	LILA	河北张家口农科院	波兰	遗传材料	97	蓝色	39.0	28.0	3	17		褐	6.8			抗病	
00002387	LINA GROSSES VILM1.	河北张家口农科院	法国	遗传材料	91	蓝色	45.0	38.0	3	23		深褐	7.5			高抗	
00002388	KARNOBAT 1410 1.1	河北张家口农科院	法国	遗传材料	96	蓝色	50.0	34.0	3	15		浅褐	6.2			感病	
00002389	TVNISIE（DE）CAP BON	河北张家口农科院	法国	遗传材料	98	蓝色	50.0	39.0	4	12		褐	8.8			感病	
00002390	VALACHIE 1.5-7	河北张家口农科院	法国	遗传材料	88	白色	49.0	38.0	3	16		褐	6.6			抗病	
00002391	EMERAVDE	河北张家口农科院	法国	遗传材料	76	蓝色	75.0	59.0	4	18		褐	4.6			抗病	
00002392	MARTIN	河北张家口农科院	匈牙利	遗传材料	94	蓝色	53.0	42.0	4	22		浅褐	7.0			抗病	
00002393	RWD×BIRIO NM61-10	河北张家口农科院	美国	遗传材料	90	蓝色	50.0	41.0	6	27		褐	6.4			感病	

（续）

统一编号	种质名称	保存单位	原产地或来源地	种质类型	生育日数	花瓣色	株高	工艺长度	分枝数	蒴果数	单株粒重	种皮色	种子千粒重	种子含油率	耐旱性	立枯病抗性	备注
00002394	RWD×MAR MN61-2032	河北张家口农科院	美国	遗传材料	90	蓝色	53.0	38.0	6	25		褐	5.9			感病	
00002395	CALAR	河北张家口农科院	澳大利亚	遗传材料	97	蓝色	51.0	39.0	3	14		褐	7.2			感病	
00002396	BISON	河北张家口农科院	匈牙利	遗传材料	92	蓝色	65.0	36.0	6	24		褐	6.7			高抗	
00002397	L6L6N1N1	河北张家口农科院	美国	遗传材料	88	蓝色	53.0	42.0	5	15		浅褐	6.5			感病	
00002398	P. I. 182228	河北张家口农科院	土耳其	遗传材料	93	蓝色	41.0	18.0	2	11		褐	5.6			感病	
00002399	49-99	河北张家口农科院	河北省张家口市	地方品种	105	蓝色	75.0	45.0	6	13		褐	7.5			感病	
00002400	RUSSIAN INTRO.	河北张家口农科院	俄罗斯	遗传材料	86	深蓝色	81.0	41.0	4	27		褐	3.9			抗病	
00002401	坝亚三号	河北张家口农科院	河北省张家口市	地方品种	106	蓝色	57.6	42.7	6	16		褐	8.8			感病	
00002402	TAMMES TYPE 11	河北张家口农科院	荷兰	遗传材料	93	蓝色	52.0	32.0	3	8		褐	5.5			感病	
00002403	B GOLD×BISIN 644×3	河北张家口农科院	美国	遗传材料	95	蓝色	63.0	38.0	3	9		深褐	5.1			抗病	
00002404	KOTO×BISON（D40-8）	河北张家口农科院	美国	遗传材料	95	蓝色	81.0	57.0	4	15		褐	5.3			抗病	
00002405	KOTO×REDWING（D40-1）	河北张家口农科院	美国	遗传材料	90	浅蓝色	73.0	10.0	4	7		深褐	5.4			抗病	
00002406	C. A. M. 56-3894A	河北张家口农科院	加拿大	遗传材料	85	白色	41.0	23.0	3	16		褐	6.4			高抗	
00002407	坝亚二号	河北张家口农科院	河北省张家口市	选育品种	109	蓝色	69.0	51.0	4	12		褐	7.3			感病	
00002408	10446/46	河北张家口农科院	阿根廷	遗传材料	91	蓝色	44.0	23.0	3	17		浅褐	5.3			抗病	
00002409	80. 29. 25 SELECTON	河北张家口农科院	美国	遗传材料	91	蓝色	54.0	30.0	4	34		浅褐	5.2			高抗	
00002410	10472/46	河北张家口农科院	阿根廷	遗传材料	92	紫色/红色	44.0	36.0	3	18		浅褐	5.5			高抗	
00002411	P. I. 177003	河北张家口农科院	土耳其	遗传材料	91	蓝色	44.0	36.0	4	18		浅褐	5.5			高抗	
00002412	MINN SEL WINONA×77	河北张家口农科院	美国	遗传材料	87	蓝色	45.0	33.0	4	29		浅褐	4.5			高抗	
00002413	BISON×CI 36SEL3	河北张家口农科院	美国	遗传材料	90	蓝色	44.0	31.0	4	30		浅褐	5.1			抗病	
00002414	RIO×CI 26 SEL 2	河北张家口农科院	美国	遗传材料	91	蓝色	46.0	34.0	3	24		浅褐	4.7			高抗	
00002415	10445/46	河北张家口农科院	阿根廷	遗传材料	91	蓝色	56.0	29.0	2	34		浅褐	5.3			高抗	
00002416	BISON×CI 36	河北张家口农科院	美国	遗传材料	90	蓝色	35.0	21.0	4	18		褐	4.9			感病	
00002417	RVSSIAN INTRO.	河北张家口农科院	俄罗斯	遗传材料	77	蓝色	47.0	29.0	5	19		褐	3.9			高抗	
00002418	P. I. 178973	河北张家口农科院	土耳其	遗传材料	92	蓝色	35.0	24.0	2	10		褐	6.7			高抗	
00002419	RUSSIAN INTRO.	河北张家口农科院	俄罗斯	遗传材料	86	蓝色	58.0	32.0	4	24		褐	4.9			抗病	

（续）

统一编号	种质名称	保存单位	原产地或来源地	种质类型	生育日数	花瓣色	株高	工艺长度	分枝数	蒴果数	单株粒重	种皮色	种子千粒重	种子含油率	耐旱性	立枯病抗性	备注
00002420	TAMMES TYPE 10	河北张家口农科院	荷兰	遗传材料	86	白色	52.0	37.0	3	11		浅褐	4.0			高抗	
00002421	P. I. 193821	河北张家口农科院	埃塞俄比亚	遗传材料	90	蓝色	48.0	30.0	2	18		褐	6.7			高抗	
00002422	P. I. 181058	河北张家口农科院	印度	遗传材料	91	浅蓝色	51.0	27.0	4	21		褐	5.8			感病	
00002423	MARSHALL	河北张家口农科院	美国	品系	85	蓝色	60.0	43.0	3	19		褐	5.4			高抗	
00002424	RVSSIAN INTRO.	河北张家口农科院	俄罗斯	遗传材料	85	蓝色	57.0	36.0	4	27		褐	3.8			抗病	
00002425	RVSSIAN INTRO.	河北张家口农科院	俄罗斯	遗传材料	85	蓝色	48.0	31.0	4	24		褐	4.0			高抗	
00002426	DOLGUNETZ	河北张家口农科院	俄罗斯	遗传材料	85	蓝色	59.0	40.0	3	16		褐	4.1			高抗	
00002427	COMMON PIMKCIBSE	河北张家口农科院	美国	遗传材料	81	蓝色	57.0	35.0	2	21		褐	4.5			高抗	
00002428	B GOLD×REDWUBG 644×3	河北张家口农科院	美国	遗传材料	90	蓝色	46.0	32.0	4	16		褐	5.8			高抗	
00002429	CI 342×BGOLDEN	河北张家口农科院	美国	遗传材料	86	蓝色	47.0	32.0	3	15		褐	5.1			抗病	
00002430	VOZ	河北张家口农科院	俄罗斯	遗传材料	90	紫色/红色	55.0	38.0	5	13		浅褐	3.6			抗病	
00002431	PI 91，031	河北张家口农科院	俄罗斯	遗传材料	79	蓝色	53.0	33.0	4	31		褐	3.9			抗病	
00002432	CI300×355	河北张家口农科院	美国	遗传材料	91	蓝色	46.0	30.0	4	19		褐	5.3			抗病	
00002433	RVSSIAN INTRO.	河北张家口农科院	俄罗斯	遗传材料	82	蓝色	47.0	25.0	3	20		褐	5.4			高抗	
00002434	TAMMES TYPE 3	河北张家口农科院	荷兰	遗传材料	83	蓝色	48.0	31.0	4	28		褐	5.4			高抗	
00002435	RVSSIAN INTRO.	河北张家口农科院	俄罗斯	遗传材料	83	蓝色	67.0	42.0	4	21		褐	4.8			高抗	
00002436	PALE BLVE	河北张家口农科院	美国	遗传材料	82	白色	56.0	36.0	3	32		褐	4.0			抗病	
00002437	MVLTIPLE CROSS	河北张家口农科院	美国	遗传材料	82	蓝色	61.0	28.0	4	24		褐	6.5			高抗	
00002438	RVSSIAN INTRO.	河北张家口农科院	俄罗斯	遗传材料	76	蓝色	53.0	26.0	4	16		褐	4.1			感病	
00002439	BISON×ABY. YELLOW	河北张家口农科院	美国	遗传材料	83	蓝色	47.0	30.0	3	25		褐	5.6			抗病	
00002440	ROSSIAN INTRO.	河北张家口农科院	俄罗斯	遗传材料	78	蓝色	51.0	28.0	3	23		褐	4.2			高抗	
00002441	LUSATIA	河北张家口农科院	德国	遗传材料	79	蓝色	60.0	39.0	3	21		褐	4.5			感病	
00002442	RUSSIAN INTRO.	河北张家口农科院	俄罗斯	遗传材料	79	蓝色	64.0	41.0	3	14		褐	4.1			抗病	
00002443	CRYS×REDSON（II-41-2）	河北张家口农科院	美国	遗传材料	89	蓝色	62.0	44.0	3	26		褐	5.6			高抗	
00002444	RVSSOAN INTRO.	河北张家口农科院	俄罗斯	遗传材料	87	蓝色	61.0	36.0	3	24		褐	4.6			高抗	
00002445	C. I. 1559（III-5-1）	河北张家口农科院	美国	遗传材料	91	蓝色	59.0	39.0	3	23		褐	5.5			抗病	

（续）

统一编号	种质名称	保存单位	原产地或来源地	种质类型	生育日数	花瓣色	株高	工艺长度	分枝数	蒴果数	单株粒重	种皮色	种子千粒重	种子含油率	耐旱性	立枯病抗性	备注
00002446	NO. 1	河北张家口农科院	英国	遗传材料	92	蓝色	55.0	38.0	3	16		褐	5.8			抗病	
00002447	AVON	河北张家口农科院	美国	遗传材料	82	蓝色	57.0	40.0	3	26		褐	5.5			高抗	
00002448	坝亚一号	河北张家口农科院	河北省张家口市	地方品种	105	蓝色	65.0	42.0	4	10		褐	7.2			感病	
00002449	BISON×RDEWING	河北张家口农科院	美国	遗传材料	85	蓝色	48.0	27.0	2	28		褐	5.7			高抗	
00002450	WHITE SAGINAW	河北张家口农科院	美国	遗传材料	78	白色	75.0	45.0	3	30		褐	3.9			高抗	
00002451	RVSSIAN INTRO.	河北张家口农科院	俄罗斯	遗传材料	79	蓝色	70.0	44.0	3	20		褐	4.0			高抗	
00002452	BISON×ABY. YELLOW	河北张家口农科院	美国	遗传材料	83	蓝色	50.0	28.0	3	23		褐	5.1			高抗	
00002453	RVSSIAN INTRO.	河北张家口农科院	俄罗斯	遗传材料	81	蓝色	61.0	30.0	2	21		褐	4.4			高抗	
00002454	REDWOOD×CASCADE	河北张家口农科院	南美	遗传材料	91	蓝色	59.0	30.0	3	26		褐	5.5			高抗	
00002455	RESERVE 3 * 1112	河北张家口农科院	美国	遗传材料	92	蓝色	65.0	46.0	3	26		褐	5.5			高抗	
00002456	SAIDA8AD	河北张家口农科院	伊朗	遗传材料	88	蓝色	62.0	39.0	4	19		褐	5.6			高抗	
00002457	NO. DAK. RES. NO. 52	河北张家口农科院	美国	遗传材料	92	蓝色	62.0	41.0	3	25		褐	6.2			高抗	
00002458	RIOCO 280×CI 263	河北张家口农科院	美国	遗传材料	94	蓝色	66.0	38.0	3	39		褐	4.6			高抗	
00002459	COMMON WHITE	河北张家口农科院	俄罗斯	遗传材料	78	白色	65.0	41.0	3	23		褐	3.9			高抗	
00002460	BVDA	河北张家口农科院	美国	遗传材料	95	蓝色	60.0	45.0	4	50		褐	5.4			高抗	
00002461	J. W. S.	河北张家口农科院	非洲	遗传材料	83	蓝色	68.0	45.0	4	22		褐	6.1			高抗	
00002462	10485/46	河北张家口农科院	阿根廷	遗传材料	92	蓝色	48.0	28.0	3	19		浅褐	5.3			抗病	
00002463	BLANC	河北张家口农科院	加拿大	遗传材料	75	浅蓝色	64.0	43.0	4	35		浅褐	4.9			抗病	
00002464	TAMMES ♯5 LIGHTBLVE	河北张家口农科院	荷兰	遗传材料	79	蓝色	80.0	52.0	3	35		褐	5.9			高抗	
00002465	LONG H. O. 125	河北张家口农科院	美国	遗传材料	84	蓝色	67.0	52.0	4	26		褐	4.6			抗病	
00002466	MONL STON	河北张家口农科院	美国	遗传材料	87	蓝色	53.0	29.0	3	23		褐	5.0			高抗	
00002467	CONCU RRENT	河北张家口农科院	荷兰	遗传材料	80	蓝色	68.0	38.0	5	17		浅褐	3.1			抗病	
00002468	RVSSIAN INTRO.	河北张家口农科院	俄罗斯	遗传材料	80	蓝色	68.0	45.0	3	17		浅褐	4.0			高抗	
00002469	BGOLD×REDWING 644×3	河北张家口农科院	美国	遗传材料	84	蓝色	52.0	26.0	4	29		褐	5.7			抗病	
00002470	REDWING，NAT. YBRID	河北张家口农科院	美国	遗传材料	85	蓝色	58.0	35.0	3	30		褐	4.8			高抗	
00002471	RUSSIAN INTRO.	河北张家口农科院	俄罗斯	遗传材料	77	蓝色	56.0	22.0	3	19		褐	4.2			高抗	

（续）

统一编号	种质名称	保存单位	原产地或来源地	种质类型	生育日数	花瓣色	株高	工艺长度	分枝数	蒴果数	单株粒重	种皮色	种子千粒重	种子含油率	耐旱性	立枯病抗性	备注
00002472	HERCVLESE	河北张家口农科院	荷兰	遗传材料	85	蓝色	74.0	51.0	3	30		褐	4.3			抗病	
00002473	STORMONT GOSSAMER	河北张家口农科院	加拿大	遗传材料	85	蓝色	50.0	35.0	3	17		浅褐	4.1			抗病	
00002474	CRYSTAL×CI 975	河北张家口农科院	加拿大	遗传材料	92	蓝色	59.0	32.0	3	16		褐	5.4			抗病	
00002475	ABYSSINIA（BROWN）	河北张家口农科院	埃塞俄比亚	遗传材料	87	蓝色	60.0	39.0	4	18		褐	4.2			高抗	
00002476	TOWNER	河北张家口农科院	美国	遗传材料	87	蓝色	54.0	32.0	2	22		褐	5.1			高抗	
00002477	BUDA 80	河北张家口农科院	美国	遗传材料	87	蓝色	54.0	34.0	4	16		褐	4.7			抗病	
00002478	LONG 66	河北张家口农科院	美国	遗传材料	92	白色	61.0	45.0	4	22		黄	4.8			抗病	
00002479	C. I. 161 SEL.	河北张家口农科院	美国	遗传材料	95	蓝色	57.0	41.0	4	22		褐	5.2			感病	
00002480	TAMMES TYPE 12	河北张家口农科院	荷兰	遗传材料	83	白色	71.0	43.0	3	32		褐	4.3			抗病	
00002481	EWIGEN 100	河北张家口农科院	德国	遗传材料	78	蓝色	59.0	36.0	3	24		浅褐	4.1			感病	
00002482	10421/46	河北张家口农科院	阿根廷	遗传材料	83	蓝色	58.0	36.0	3	31		浅褐	4.1			高抗	
00002483	BUDA×（19×112）SE	河北张家口农科院	美国	遗传材料	87	蓝色	61.0	36.0	3	24		褐	5.2			高抗	
00002484	DEHISCINT L CREPITAN	河北张家口农科院	西班牙	遗传材料	85	蓝色	62.0	38.0	4	17		浅褐	5.0			高抗	
00002485	RVSSIAN INTRO.	河北张家口农科院	俄罗斯	遗传材料	85	蓝色	64.0	30.0	3	27		褐	4.4			高抗	
00002486	CAN. 3209	河北张家口农科院	加拿大	遗传材料	83	白色	60.0	23.0	3	35		褐	5.4			高抗	
00002487	RVSSIAN INTRO.	河北张家口农科院	俄罗斯	遗传材料	77	蓝色	59.0	35.0	2	27		褐	4.3			抗病	
00002488	10425/46	河北张家口农科院	阿根廷	遗传材料	79	蓝色	57.0	36.0	2	12		褐	4.3			感病	
00002489	LIRAL CROWN	河北张家口农科院	南美	遗传材料	78	蓝色	65.0	42.0	3	13		褐	4.9			抗病	
00002490	80-101-24	河北张家口农科院	河北省张家口市	品系	105	蓝色	58.0	41.0	5	13		褐	8.2			抗病	
00002491	BLVE DVTCH SELECTION	河北张家口农科院	美国	遗传材料	79	蓝色	58.0	33.0	4	29		浅褐	4.3			高抗	
00002492	N. D. NO. 43，013	河北张家口农科院	美国	遗传材料	87	蓝色	66.0	47.0	2	31		浅褐	4.4			高抗	
00002493	BISON×387-1II-31-13	河北张家口农科院	美国	遗传材料	83	蓝色	68.0	43.0	4	24		褐	4.9			抗病	
00002494	MORYE	河北张家口农科院	阿根廷	遗传材料	83	蓝色	61.0	41.0	2	19		褐	4.8			高抗	
00002495	B GOLD×REDWING PIN	河北张家口农科院	美国	遗传材料	95	白色	55.0	37.0	3	19		黄	5.3			高抗	
00002496	INDIAN COMMERCIAL	河北张家口农科院	美国	遗传材料	87	蓝色	79.0	54.0	3	20		褐	4.5			抗病	
00002497	RESERVE 2＊/112	河北张家口农科院	美国	遗传材料	90	蓝色	63.0	45.0	4	27		褐	5.5			高抗	

（续）

统一编号	种质名称	保存单位	原产地或来源地	种质类型	生育日数	花瓣色	株高	工艺长度	分枝数	蒴果数	单株粒重	种皮色	种子千粒重	种子含油率	耐旱性	立枯病抗性	备注
00002498	BISON×REDWING11-29-	河北张家口农科院	美国	遗传材料	83	蓝色	62.0	43.0	3	48		褐	5.2			抗病	
00002499	10464146	河北张家口农科院	阿根廷	遗传材料	83	蓝色	67.0	44.0	3	23		褐	5.4			感病	
00002500	NO. 84-I	河北张家口农科院	乌拉圭	遗传材料	95	蓝色	52.0	31.0	3	23		浅褐	5.4			抗病	
00002501	RVSSIAN INTRO.	河北张家口农科院	俄罗斯	遗传材料	78	蓝色	64.0	43.0	3	17		褐	4.4			抗病	
00002502	NWEKAND×E. 19/112	河北张家口农科院	美国	遗传材料	82	蓝色	65.0	36.0	3	39		褐	4.7			高抗	
00002503	CASILDA	河北张家口农科院	阿根廷	遗传材料	75	蓝色	64.0	39.0	3	34		褐	3.8			高抗	
00002504	B GOLD×REDWING 644×3	河北张家口农科院	美国	遗传材料	90	蓝色	56.0	43.0	3	13		浅褐	4.7			抗病	
00002505	TAMMES TYPE 13	河北张家口农科院	荷兰	遗传材料	78	蓝色	67.0	41.0	2	32		褐	4.0			高抗	
00002506	MALA3RIGO	河北张家口农科院	阿根廷	遗传材料	77	蓝色	61.0	40.0	3	28		褐	3.2			抗病	
00002507	TAMMES TYPE 6	河北张家口农科院	荷兰	遗传材料	76	蓝色	54.0	31.0	3	31		褐	4.8			抗病	
00002508	ZENITH	河北张家口农科院	美国	遗传材料	88	蓝色	62.0	40.0	4	27		浅褐	5.3			高抗	
00002509	MARINE 62	河北张家口农科院	美国	遗传材料	78	蓝色	64.0	39.0	3	23		褐	4.9			高抗	
00002510	BVDA×（19×112）SE	河北张家口农科院	美国	遗传材料	88	蓝色	59.0	33.0	4	22		浅褐	5.2			高抗	
00002511	BUCK 2	河北张家口农科院	阿根廷	遗传材料	87	蓝色	56.0	39.0	3	21		浅褐	4.7			高抗	
00002512	RUSSIAN INTRO	河北张家口农科院	俄罗斯	遗传材料	78	蓝色	65.0	37.0	4	28		褐	4.1			抗病	
00002513	WINONA×OTTAWA7708	河北张家口农科院	美国	遗传材料	78	蓝色	66.0	39.0	3	34		浅褐	4.5			抗病	
00002514	10433/46	河北张家口农科院	阿根廷	遗传材料	98	白色	64.0	49.0	3	28		浅褐	5.6			抗病	
00002515	BGOLD×REDWING 644×3	河北张家口农科院	美国	遗传材料	94	蓝色	54.0	39.0	3	15		浅褐	4.8			高抗	
00002516	RIO×BVDA SEL.	河北张家口农科院	美国	遗传材料	90	蓝色	58.0	31.0	4	23		浅褐	4.6			高抗	
00002517	MOROCCO	河北张家口农科院	埃及	遗传材料	83	蓝色	41.0	25.0	2	20		浅褐	6.7			高抗	
00002518	CI 342×644. SEL. 6	河北张家口农科院	美国	遗传材料	95	蓝色	46.0	28.0	4	19		浅褐	5.9			高抗	
00002519	RVSSIAN INTRO.	河北张家口农科院	俄罗斯	遗传材料	78	蓝色	54.0	30.0	2	31		浅褐	3.4			高抗	
00002520	P. I. 177000	河北张家口农科院	土耳其	遗传材料	92	蓝色	42.0	25.0	4	28		浅褐	7.1			高抗	
00002521	PALE BLVE	河北张家口农科院	美国	遗传材料	81	白色	47.0	29.0	3	21		褐	4.2			抗病	
00002522	10412/46	河北张家口农科院	阿根廷	遗传材料	89	蓝色	42.0	21.0	3	10		浅褐	4.7			高抗	
00002523	DEEP PINK	河北张家口农科院	美国	遗传材料	86	蓝色	50.0	28.0	3	19		浅褐	5.0			抗病	

（续）

统一编号	种质名称	保存单位	原产地或来源地	种质类型	生育日数	花瓣色	株高	工艺长度	分枝数	蒴果数	单株粒重	种皮色	种子千粒重	种子含油率	耐旱性	立枯病抗性	备注
00002524	BISON×（19×112）	河北张家口农科院	美国	遗传材料	82	蓝色	61.0	39.0	5	26		浅褐	5.1			高抗	
00002525	VICTORY D	河北张家口农科院	美国	遗传材料	85	白色	51.0	33.0	4	14		浅褐	6.8			抗病	
00002526	CRYS×REDSON（II-41-2）	河北张家口农科院	美国	遗传材料	87	蓝色	60.0	37.0	4	26		浅褐	5.3			高抗	
00002527	BOMBAY	河北张家口农科院	印度	遗传材料	92	蓝色	38.0	24.0	3	19		浅褐	5.9			抗病	
00002528	10453/46	河北张家口农科院	阿根廷	遗传材料	95	蓝色	61.0	46.0	3	32		浅褐	7.0			抗病	
00002529	10431/46	河北张家口农科院	阿根廷	遗传材料	91	蓝色	35.0	23.0	4	21		浅褐	4.7			抗病	
00002530	10426/46	河北张家口农科院	阿根廷	遗传材料	95	蓝色	40.0	27.0	4	44		浅褐	5.7			抗病	
00002531	CAPA	河北张家口农科院	阿根廷	遗传材料	94	蓝色	53.0	31.0	3	26		浅褐	5.4			高抗	
00002532	BGOLD×REDWING BLV	河北张家口农科院	美国	遗传材料	94	蓝色	56.0	34.0	4	43		浅褐	5.2			高抗	
00002533	RUSSIAN INTRO.	河北张家口农科院	俄罗斯	遗传材料	75	蓝色	49.0	32.0	2	22		浅褐	4.1			抗病	
00002534	RUSSIAN INTRO.	河北张家口农科院	俄罗斯	遗传材料	75	蓝色	56.0	33.0	4	25		浅褐	3.6			抗病	
00002535	VALUTALIN	河北张家口农科院	瑞典	遗传材料	87	蓝色	49.0	32.0	3	28		浅褐	6.0			抗病	
00002536	NOVELTY	河北张家口农科院	加拿大	遗传材料	96	蓝色	52.0	32.0	3	23		褐	5.8			高抗	
00002537	CIRRVS	河北张家口农科院	加拿大	遗传材料	88	蓝色	51.0	37.0	3	16		褐	4.8			感病	
00002538	BOLLEY SEL 5615	河北张家口农科院	美国	遗传材料	93	蓝色	38.0	26.0	2	8		褐	5.6			高抗	
00002539	CLAY	河北张家口农科院	美国	遗传材料	87	蓝色	54.0	35.0	2	26		褐	5.9			高抗	
00002540	BISON×479 II-30-52	河北张家口农科院	美国	遗传材料	83	蓝色	69.0	41.0	2	35		褐	5.3			抗病	
00002541	NO. 6821-1938	河北张家口农科院	美国	遗传材料	87	白色	58.0	37.0	4	20		褐	6.0			高抗	
00002542	BISON×BEDWINGII-29-	河北张家口农科院	美国	遗传材料	80	蓝色	61.0	35.0	2	32		褐	5.0			高抗	
00002543	BISON×（19×112E）	河北张家口农科院	美国	遗传材料	83	蓝色	69.0	38.0	4	39		浅褐	4.3			高抗	
00002544	RVSSIAN INTRO.	河北张家口农科院	俄罗斯	遗传材料	75	蓝色	60.0	33.0	4	15		浅褐	3.3			高抗	
00002545	NO. 7341-1938	河北张家口农科院	美国	遗传材料	91	蓝色	55.0	32.0	3	28		浅褐	6.1			高抗	
00002546	BISON×REDWING	河北张家口农科院	美国	遗传材料	80	蓝色	56.0	33.0	3	14		浅褐	5.2			高抗	
00002547	DEHISCINT LCREPITAN	河北张家口农科院	俄罗斯	遗传材料	83	蓝色	54.0	33.0	3	22		褐	4.5			抗病	
00002548	BISON×REDWING	河北张家口农科院	美国	遗传材料	83	蓝色	53.0	25.0	3	16		浅褐	5.3			高抗	
00002549	BUDA×ARG. NO. 1	河北张家口农科院	美国	遗传材料	83	蓝色	55.0	30.0	3	21		浅褐	3.9			高抗	

（续）

统一编号	种质名称	保存单位	原产地或来源地	种质类型	生育日数	花瓣色	株高	工艺长度	分枝数	蒴果数	单株粒重	种皮色	种子千粒重	种子含油率	耐旱性	立枯病抗性	备注
00002550	CI 116/REDWOOD	河北张家口农科院	美国	遗传材料	96	蓝色	57.0	37.0	3	27		浅褐	5.4			高抗	
00002551	10452/46	河北张家口农科院	阿根廷	遗传材料	79	蓝色	37.0	15.0	3	19		浅褐	4.2			高抗	
00002552	NO. 6156-1938	河北张家口农科院	美国	遗传材料	96	蓝色	60.0	37.0	4	22		浅褐	6.2			高抗	
00002553	CI 150×119×176	河北张家口农科院	美国	遗传材料	92	蓝色	50.0	24.0	3	20		浅褐	4.7			高抗	
00002554	BISON×649	河北张家口农科院	美国	遗传材料	87	蓝色	59.0	34.0	3	20		褐	6.0			高抗	
00002555	CI 975/85123	河北张家口农科院	美国	遗传材料	90	蓝色	54.0	37.0	4	24		褐	5.3			抗病	
00002556	INDIAN SELECTION	河北张家口农科院	印度	遗传材料	80	蓝色	57.0	38.0	3	20		浅褐	4.7			抗病	
00002557	RVSSIAN INTRO.	河北张家口农科院	俄罗斯	遗传材料	79	蓝色	54.0	36.0	3	42		浅褐	3.8			高感	
00002558	BILLINGS	河北张家口农科院	美国	遗传材料	92	蓝色	58.0	39.0	3	28		褐	5.1			感病	
00002559	N. D. RES. NO. 114	河北张家口农科院	美国	遗传材料	89	蓝色	56.0	35.0	3	30		浅褐	4.3			高抗	
00002560	PS 1600	河北张家口农科院	德国	遗传材料	79	蓝色	46.0	33.0	2	18		浅褐	4.7			抗病	
00002561	NEWBVD	河北张家口农科院	美国	遗传材料	79	蓝色	56.0	37.0	3	27		褐	4.7			抗病	
00002562	WALSH×BVDA	河北张家口农科院	美国	遗传材料	83	蓝色	56.0	39.0	3	18		浅褐	4.8			高抗	
00002563	SAGINAW×BONBAY	河北张家口农科院	美国	遗传材料	81	蓝色	56.0	41.0	3	26		浅褐	4.1			高抗	
00002564	MINNSELWINONA×77	河北张家口农科院	美国	遗传材料	90	白色	62.0	40.0	4	35		黄	3.9			感病	
00002565	10455/46	河北张家口农科院	阿根廷	遗传材料	92	深蓝色	40.0	27.0	2	16		褐	6.3			感病	
00002566	RVSSIAN INTRO.	河北张家口农科院	俄罗斯	遗传材料	79	蓝色	69.0	37.0	6	34		褐	3.6			抗病	
00002567	C. I. 355×BISON	河北张家口农科院	美国	遗传材料	92	蓝色	58.0	43.0	3	16		浅褐	5.3			抗病	
00002568	BIWING×CI980（II-40-4）	河北张家口农科院	美国	遗传材料	81	蓝色	61.0	36.0	3	31		浅褐	5.7			感病	
00002569	RVSSIAN INTRO.	河北张家口农科院	俄罗斯	遗传材料	79	蓝色	63.0	40.0	3	31		浅褐	3.7			感病	
00002570	RVSSIAN INTRO.	河北张家口农科院	俄罗斯	遗传材料	79	蓝色	60.0	36.0	2	25		浅褐	4.0			抗病	
00002571	BVDA×（19×112）	河北张家口农科院	美国	遗传材料	92	蓝色	60.0	40.0	5	42		浅褐	5.0			抗病	
00002572	NOVA ROSSISK	河北张家口农科院	俄罗斯	遗传材料	79	蓝色	55.0	35.0	3	22		褐	4.0			抗病	
00002573	PERGAMINO 6962-2	河北张家口农科院	阿根廷	遗传材料	92	蓝色	45.0	27.0	3	22		褐	6.0			抗病	
00002574	C. I. 151 SEL	河北张家口农科院	美国	遗传材料	92	蓝色	68.0	53.0	3	33		褐	4.9			高抗	
00002575	10415/46	河北张家口农科院	阿根廷	遗传材料	92	蓝色	36.0	22.0	3	20		褐	5.6			高抗	

（续）

统一编号	种质名称	保存单位	原产地或来源地	种质类型	生育日数	花瓣色	株高	工艺长度	分枝数	蒴果数	单株粒重	种皮色	种子千粒重	种子含油率	耐旱性	立枯病抗性	备注
00002576	RESERVE 2 * /112	河北张家口农科院	美国	遗传材料	92	蓝色	45.0	31.0	3	19		褐	4.7			高抗	
00002577	P. I. 197321	河北张家口农科院	希腊	遗传材料	86	白色	61.0	43.0	3	18		黄	4.5			高抗	
00002578	ENTRE RIOS	河北张家口农科院	阿根廷	遗传材料	91	蓝色	58.0	45.0	3	28		褐	5.0			感病	
00002579	RVSSIAN INTRO.	河北张家口农科院	俄罗斯	遗传材料	79	蓝色	56.0	36.0	3	29		褐	4.1			感病	
00002580	CI 19×112 SELECT10	河北张家口农科院	美国	遗传材料	86	蓝色	69.0	47.0	4	21		褐	4.4			高抗	
00002581	ROYAL×REDWING	河北张家口农科院	加拿大	遗传材料	85	浅蓝色	58.0	29.0	3	38		浅褐	4.4			抗病	
00002582	COMMON	河北张家口农科院	美国	遗传材料	78	白色	57.0	35.0	2	26		浅褐	3.9			高抗	
00002583	TAMMES♯7 PINK	河北张家口农科院	荷兰	遗传材料	96	白色	51.0	24.0	5	12		褐	3.8			抗病	
00002584	10427/46	河北张家口农科院	阿根廷	遗传材料	101	蓝色	45.0	27.0	4	20		浅褐	5.5			感病	
00002585	ARMAS	河北张家口农科院	土耳其	遗传材料	102	蓝色	57.0	35.0	4	15		褐	8.9			感病	
00002586	IWS×BISON（E 6-3-1)	河北张家口农科院	美国	遗传材料	79	蓝色	60.0	40.0	4	26		褐	4.9			抗病	
00002587	10462/46	河北张家口农科院	阿根廷	遗传材料	92	白色	48.0	28.0	2	24		浅褐	5.6			感病	
00002588	AGR. 1-25-70 SEL	河北张家口农科院	美国	遗传材料	92	蓝色	53.0	32.0	5	38		褐	5.2			抗病	
00002589	C. I. 355×BISON	河北张家口农科院	美国	遗传材料	87	蓝色	46.0	27.0	4	28		褐	6.1			感病	
00002590	BISON×649II-31-2	河北张家口农科院	美国	遗传材料	86	蓝色	55.0	38.0	4	26		褐	5.6			感病	
00002591	KOTO×CI914	河北张家口农科院	美国	遗传材料	83	蓝色	63.0	40.0	4	28		褐	5.4			感病	
00002592	WILDEN	河北张家口农科院	美国	遗传材料	92	蓝色	65.0	43.0	3	24		褐	6.9			感病	
00002593	BIWING×CI 980（11-40-3)	河北张家口农科院	美国	遗传材料	95	蓝色	52.0	37.0	2	28		褐	5.8			感病	
00002594	KOTO×REDWING SEL40	河北张家口农科院	美国	遗传材料	85	蓝色	60.0	42.0	3	21		褐	5.0			抗病	
00002595	BISON×REDWING	河北张家口农科院	美国	遗传材料	81	蓝色	47.0	30.0	3	16		褐	5.7			感病	
00002596	WARD	河北张家口农科院	美国	遗传材料	88	蓝色	51.0	30.0	3	19		褐	5.1			感病	
00002597	10457/46	河北张家口农科院	阿根廷	遗传材料	78	蓝色	41.0	22.0	2	10		浅褐	4.9			感病	
00002598	1043/46	河北张家口农科院	阿根廷	遗传材料	92	蓝色	45.0	35.0	2	19		浅褐	6.2			高抗	
00002599	NO. 7126-1938	河北张家口农科院	美国	遗传材料	81	蓝色	39.0	32.0	3	12		浅褐	5.7			感病	
00002600	LINDA	河北张家口农科院	美国	遗传材料	83	蓝色	58.0	36.0	3	16		褐	6.2			抗病	
00002601	AMBO	河北张家口农科院	埃塞俄比亚	遗传材料	95	蓝色	32.0	18.0	4	21		褐	4.6			抗病	

（续）

统一编号	种质名称	保存单位	原产地或来源地	种质类型	生育日数	花瓣色	株高	工艺长度	分枝数	蒴果数	单株粒重	种皮色	种子千粒重	种子含油率	耐旱性	立枯病抗性	备注
00002602	ARNY	河北张家口农科院	美国	遗传材料	85	蓝色	50.0	36.0	4	15		褐	5.4			抗病	
00002603	CI 975×SHEYENNE	河北张家口农科院	美国	遗传材料	79	蓝色	41.0	36.0	3	10		褐	4.8			高抗	
00002604	86-13-116	河北张家口农科院	河北省张家口市	品系	102	蓝色	71.0	48.0	4	11		浅褐	7.5			高抗	
00002605	10384/46	河北张家口农科院	阿根廷	遗传材料	81	白色	35.0	26.0	3	22		褐	4.5			高抗	
00002606	KOTO SIB	河北张家口农科院	美国	遗传材料	81	蓝色	45.0	35.0	3	15		褐	4.5			抗病	
00002607	PILAR	河北张家口农科院	阿根廷	遗传材料	79	蓝色	40.0	28.0	4	16		浅褐	4.2			抗病	
00002608	10409/46	河北张家口农科院	阿根廷	遗传材料	86	蓝色	36.0	28.0	4	12		褐	5.5			抗病	
00002609	BISON/REWLD/479/B15	河北张家口农科院	美国	遗传材料	81	蓝色	46.0	38.0	5	13		褐	5.4			抗病	
00002610	NEWLAND×（19×112）	河北张家口农科院	美国	遗传材料	80	蓝色	47.0	36.0	5	22		深褐	4.5			抗病	
00002611	RVSSIAN INTRO.	河北张家口农科院	俄罗斯	遗传材料	72	蓝色	37.0	24.0	3	20		褐	4.3			抗病	
00002612	NO. 6634-1938	河北张家口农科院	美国	遗传材料	81	蓝色	35.0	28.0	3	17		褐	6.0			高抗	
00002613	KLEIN	河北张家口农科院	阿根廷	遗传材料	81	蓝色	32.0	25.0	3	9		浅褐	5.7			抗病	
00002614	PVSSIAN INTRO.	河北张家口农科院	俄罗斯	遗传材料	81	蓝色	41.0	30.0	3	21		浅褐	3.8			抗病	
00002615	6925/40	河北张家口农科院	阿根廷	遗传材料	81	深蓝色	44.0	35.0	4	12		浅褐	4.5			抗病	
00002616	C. I. 975×1116	河北张家口农科院	美国	遗传材料	81	蓝色	45.0	32.0	3	30		浅褐	4.2			抗病	
00002617	CHIPPEWA	河北张家口农科院	美国	遗传材料	75	蓝色	41.0	29.0	3	11		浅褐	3.8			高抗	
00002618	BISON×RIO	河北张家口农科院	美国	遗传材料	80	深蓝色	47.0	38.0	5	19		浅褐	5.1			抗病	
00002619	LA PREVISION 18/46	河北张家口农科院	阿根廷	遗传材料	95	蓝色	41.0	31.0	3	14		浅褐	6.0			抗病	
00002620	RVSSIAN INTRO.	河北张家口农科院	俄罗斯	遗传材料	83	蓝色	58.0	38.0	5	19		褐	3.9			感病	
00002621	PINNACLE	河北张家口农科院	美国	遗传材料	81	白色	62.0	43.0	4	14		褐	4.0			抗病	
00002622	PERGAMINO 7223-1	河北张家口农科院	阿根廷	遗传材料	92	蓝色	39.0	25.0	2	13		浅褐	6.1			抗病	
00002623	10395/46	河北张家口农科院	阿根廷	遗传材料	89	白色	38.0	22.0	3	21		浅褐	5.6			感病	
00002624	CHINESE COMMERCIAL	河北张家口农科院	美国	遗传材料	89	蓝色	43.0	29.0	4	19		浅褐	5.2			感病	
00002625	NORLAND	河北张家口农科院	美国	遗传材料	89	蓝色	44.0	35.0	3	18		浅褐	5.5			抗病	
00002626	ROYAL	河北张家口农科院	美国	遗传材料	92	蓝色	45.0	33.0	2	20		褐	6.3			抗病	
00002627	10391/46	河北张家口农科院	阿根廷	遗传材料	88	白色	35.0	29.0	2	11		黄	5.7			抗病	

（续）

统一编号	种质名称	保存单位	原产地或来源地	种质类型	生育日数	花瓣色	株高	工艺长度	分枝数	蒴果数	单株粒重	种皮色	种子千粒重	种子含油率	耐旱性	立枯病抗性	备注
00002628	BIWING（BISON×REDW）	河北张家口农科院	美国	遗传材料	78	蓝色	51.0	42.0	4	19		褐	4.5			高抗	
00002629	NO. 6626-1938	河北张家口农科院	美国	遗传材料	78	蓝色	43.0	31.0	3	15		浅褐	5.1			抗病	
00002630	10477/46	河北张家口农科院	阿根廷	遗传材料	89	蓝色	39.0	26.0	2	14		褐	5.0			抗病	
00002631	QVERANDI M. A.	河北张家口农科院	阿根廷	遗传材料	85	蓝色	32.0	23.0	2	10		浅褐	5.6			感病	
00002632	ROTO	河北张家口农科院	美国	遗传材料	87	蓝色	55.0	37.0	3	18		褐	4.6			高抗	
00002633	KOTO×REDWING	河北张家口农科院	美国	遗传材料	85	蓝色	43.0	31.0	3	9		褐	4.7			高抗	
00002634	BENVENNVTO	河北张家口农科院	阿根廷	遗传材料	85	蓝色	35.0	27.0	4	9		浅褐	5.8			高抗	
00002635	C. I. 1118×CI. 111	河北张家口农科院	美国	遗传材料	89	蓝色	49.0	35.0	3	15		浅褐	5.1			抗病	
00002636	TAMMES TYPE 1	河北张家口农科院	荷兰	遗传材料	89	蓝色	61.0	36.0	3	21		浅褐	4.9			高抗	
00002637	ECKENDORF	河北张家口农科院	德国	遗传材料	78	蓝色	63.0	36.0	3	23		浅褐	4.8			抗病	
00002638	RNW×BIS（KOTO×RDWG）RW	河北张家口农科院	美国	遗传材料	89	蓝色	42.0	30.0	3	24		褐	5.1			抗病	
00002639	10436/46	河北张家口农科院	阿根廷	遗传材料	89	蓝色	40.0	23.0	4	14		浅褐	4.8			抗病	
00002640	SMOKEY BOLDEN＃1846	河北张家口农科院	美国	遗传材料	89	蓝色	49.0	31.0	3	21		浅褐	4.0			抗病	
00002641	坝亚五号	河北张家口农科院	河北省张家口市	地方品种	106	蓝色	61.2	41.0	4	13		褐	7.7			抗病	
00002642	P. I. 171701	河北张家口农科院	土耳其	遗传材料	96	蓝色	54.0	31.0	5	22		褐	4.3			抗病	
00002643	P. I. 181744	河北张家口农科院	叙利亚	遗传材料	80	蓝色	33.0	20.0	3	30		浅褐	4.6			高抗	
00002644	10407/46	河北张家口农科院	阿根廷	遗传材料	90	蓝色	45.0	30.0	3	27		浅褐	5.4			感病	
00002645	BISON×CI36	河北张家口农科院	美国	遗传材料	90	蓝色	51.0	31.0	2	18		浅褐	5.0			感病	
00002646	SLOPE	河北张家口农科院	美国	遗传材料	80	蓝色	56.0	34.0	3	35		褐	3.7			抗病	
00002647	P. I. 171700	河北张家口农科院	土耳其	遗传材料	76	蓝色	51.0	31.0	5	12		褐	5.2			抗病	
00002648	10458/46	河北张家口农科院	阿根廷	遗传材料	90	蓝色	43.0	21.0	4	19		浅褐	5.4			抗病	
00002649	KOTO×BVDA 80. SEL 40	河北张家口农科院	美国	遗传材料	90	蓝色	45.0	30.0	3	27		浅褐	5.0			抗病	
00002650	NO. 5066-1937	河北张家口农科院	美国	遗传材料	93	蓝色	43.0	26.0	3	23		浅褐	5.6			抗病	
00002651	PERCELLO BLUE	河北张家口农科院	法国	遗传材料	92	蓝色	37.0	20.0	3	25		浅褐	5.9			感病	
00002652	10404/46	河北张家口农科院	阿根廷	遗传材料	92	蓝色	46.0	25.0	3	17		浅褐	6.8			抗病	

（续）

统一编号	种质名称	保存单位	原产地或来源地	种质类型	生育日数	花瓣色	株高	工艺长度	分枝数	蒴果数	单株粒重	种皮色	种子千粒重	种子含油率	耐旱性	立枯病抗性	备注
00002653	C. A. M. 67-3901B	河北张家口农科院	加拿大	遗传材料	94	白色	49.0	32.0	2	13		浅褐	6.2			抗病	
00002654	RUSSIAN INTRO.	河北张家口农科院	俄罗斯	遗传材料	80	蓝色	39.0	28.0	3	18		浅褐	3.6			抗病	
00002655	SHORT ARGENTLNE	河北张家口农科院	美国	遗传材料	94	蓝色	29.0	15.0	2	24		浅褐	5.9			抗病	
00002656	BVDA	河北张家口农科院	匈牙利	遗传材料	92	蓝色	55.0	31.0	3	27		浅褐	5.2			抗病	
00002657	99403 FIBER	河北张家口农科院	阿根廷	遗传材料	78	蓝色	70.0	47.0	3	26		浅褐	4.3			抗病	
00002658	USSR ＃ 2	河北张家口农科院	美国	遗传材料	95	蓝色	45.0	31.0	4	20		浅褐	5.0			抗病	
00002659	LA PREVIIION	河北张家口农科院	匈牙利	遗传材料	92	蓝色	60.0	44.0	2	33		浅褐	6.6			高抗	
00002660	MAPVN	河北张家口农科院	匈牙利	遗传材料	78	蓝色	64.0	40.0	3	16		褐	4.4			抗病	
00002661	P. I. 250867	河北张家口农科院	伊朗	遗传材料	92	蓝色	40.0	22.0	3	27		浅褐	4.2			抗病	
00002662	110502 FIBER	河北张家口农科院	阿根廷	遗传材料	89	蓝色	80.0	45.0	4	14		浅褐	4.8			抗病	
00002663	CREE	河北张家口农科院	巴尼圭巴	遗传材料	95	蓝色	57.0	39.0	3	19		浅褐	5.5			高抗	
00002664	STORMONT GOSS	河北张家口农科院	美国	遗传材料	90	蓝色	79.0	61.0	4	27		浅褐	4.3			高抗	
00002665	31601 FIBER	河北张家口农科院	阿根廷	遗传材料	92	蓝色	53.0	32.0	3	25		浅褐	4.1			抗病	
00002666	P. I. 250092	河北张家口农科院	伊朗	遗传材料	86	蓝色	33.0	20.0	3	16		浅褐	5.8			抗病	
00002667	RW WINTER TYPE	河北张家口农科院	阿根廷	遗传材料	93	蓝色	37.0	20.0	3	21		浅褐	6.3			抗病	
00002668	P. I. 249697	河北张家口农科院	西班牙	遗传材料	86	蓝色	28.0	47.0	2	18		浅褐	5.0			感病	
00002669	VER. ＃1647	河北张家口农科院	俄罗斯	遗传材料	88	蓝色	48.0	24.0	5	32		浅褐	4.9			感病	
00002670	MATHIS	河北张家口农科院	匈牙利	遗传材料	81	蓝色	52.0	32.0	2	30		褐	3.8			抗病	
00002671	85409 FIBER	河北张家口农科院	阿根廷	遗传材料	84	蓝色	53.0	33.0	4	23		浅褐	4.4			抗病	
00002672	9W WINTER TYPE	河北张家口农科院	阿根廷	遗传材料	100	蓝色	41.0	29.0	3	25		浅褐	4.9			抗病	
00002673	KARNOBAT 5	河北张家口农科院	匈牙利	遗传材料	84	蓝色	35.0	22.0	3	19		浅褐	5.9			高抗	
00002674	FIVEL	河北张家口农科院	匈牙利	遗传材料	92	蓝色	81.0	52.0	3	26		褐	3.6			高抗	
00002675	GVERANDI	河北张家口农科院	匈牙利	遗传材料	66	蓝色	42.0	18.0	3	19		浅褐	6.2			抗病	
00002676	57W WINTER TYPE	河北张家口农科院	阿根廷	遗传材料	98	蓝色	35.0	21.0	2	26		浅褐	3.9			抗病	
00002677	SPI 242202 FIBER	河北张家口农科院	阿根廷	遗传材料	97	蓝色	56.0	41.0	4	19		浅褐	6.0			感病	
00002678	WADA	河北张家口农科院	美国	遗传材料	85	紫色	67.0	43.0	2	22		浅褐	4.0			抗病	

（续）

统一编号	种质名称	保存单位	原产地或来源地	种质类型	生育日数	花瓣色	株高	工艺长度	分枝数	蒴果数	单株粒重	种皮色	种子千粒重	种子含油率	耐旱性	立枯病抗性	备注
00002679	R1/1	河北张家口农科院	波兰	遗传材料	95	蓝色	48.0	25.0	3	18		浅褐	5.4			抗病	
00002680	KARNOBAT 6	河北张家口农科院	匈牙利	遗传材料	95	蓝色	46.0	29.0	3	14		浅褐	5.1			抗病	
00002681	SPI 238197 FIBER	河北张家口农科院	阿根廷	遗传材料	81	蓝色	60.0	35.0	3	17		浅褐	3.8			抗病	
00002682	31001 FIBER	河北张家口农科院	阿根廷	遗传材料	89	蓝色	75.0	55.0	3	19		浅褐	4.1			抗病	
00002683	HOSSIVHATI	河北张家口农科院	匈牙利	遗传材料	95	蓝色	28.0	13.0	3	10		浅褐	6.9			抗病	
00002684	PREMAVERA	河北张家口农科院	匈牙利	遗传材料	90	蓝色	45.0	31.0	4	11		浅褐	5.8			抗病	
00002685	CLARK LIN/CI 2783	河北张家口农科院	美国	遗传材料	90	蓝色	66.0	34.0	2	22		褐	5.3			抗病	
00002686	HALLANDIA	河北张家口农科院	美国	遗传材料	95	蓝色	57.0	37.0	3	22		浅褐	7.3			高抗	
00002687	RISON×CI 36	河北张家口农科院	美国	遗传材料	89	蓝色	55.0	40.0	4	17		浅褐	5.2			抗病	
00002688	49W WINTER TYPE	河北张家口农科院	阿根廷	遗传材料	94	蓝色	36.0	21.0	3	27		浅褐	4.4			抗病	
00002689	43W WINTER TYPE	河北张家口农科院	阿根廷	遗传材料	89	蓝色	37.0	25.0	3	34		浅褐	4.6			抗病	
00002690	DAK×CRYSTAL-BIS (4265)	河北张家口农科院	加拿大	遗传材料	89	蓝色	67.0	47.0	4	28		褐	5.8			抗病	
00002691	210311 FIBER	河北张家口农科院	阿根廷	遗传材料	80	蓝色	77.0	55.0	3	14		浅褐	4.1			高抗	
00002692	N 39/A LA PLATA	河北张家口农科院	匈牙利	遗传材料	95	蓝色	48.0	25.0	3	37		浅褐	6.7			抗病	
00002693	C12790/N419	河北张家口农科院	美国	遗传材料	88	蓝色	50.0	28.0	3	29		浅褐	5.3			抗病	
00002694	87219 FIBER	河北张家口农科院	阿根廷	遗传材料	88	蓝色	65.0	43.0	4	32		浅褐	3.9			抗病	
00002695	29W WINTER TYPE	河北张家口农科院	阿根廷	遗传材料	96	蓝色	37.0	22.0	4	43		浅褐	4.2			高抗	
00002696	R 2/1	河北张家口农科院	波兰	遗传材料	91	蓝色	37.0	25.0	2	43		浅褐	5.3			高抗	
00002697	411704 FBER	河北张家口农科院	阿根廷	遗传材料	78	白色	82.0	47.0	3	23		浅褐	4.1			抗病	
00002698	27W WINTER TYPE	河北张家口农科院	阿根廷	遗传材料	91	蓝色	42.0	26.0	3	45		浅褐	5.1			抗病	
00002699	SPI 240339 FIBER	河北张家口农科院	阿根廷	遗传材料	89	蓝色	53.0	35.0	2	8		浅褐	3.3			感病	
00002700	KRASNOKUT	河北张家口农科院	俄罗斯	遗传材料	85	蓝色	42.0	24.0	3	38		浅褐	5.7			感病	
00002701	210201 FIBER	河北张家口农科院	阿根廷	遗传材料	86	白色	79.0	49.0	3	28		浅褐	4.4			感病	
00002702	N. P. 8	河北张家口农科院	印度	遗传材料	86	紫色	29.0	15.0	3	13		褐	2.9			抗病	
00002703	RISIA SEL	河北张家口农科院	美国	遗传材料	80	蓝色	35.0	15.0	2	21		浅褐	4.8			高抗	
00002704	34109 FIBER	河北张家口农科院	阿根廷	遗传材料	90	蓝色	69.0	46.0	4	8		浅褐	5.2			高抗	

（续）

统一编号	种质名称	保存单位	原产地或来源地	种质类型	生育日数	花瓣色	株高	工艺长度	分枝数	蒴果数	单株粒重	种皮色	种子千粒重	种子含油率	耐旱性	立枯病抗性	备注
00002705	N. P.（RR）494	河北张家口农科院	印度	遗传材料	96	蓝色	40.0	26.0	3	15		浅褐	7.3			抗病	
00002706	210319 FIBER	河北张家口农科院	阿根廷	遗传材料	92	蓝色	53.0	33.0	3	23		褐	4.4			高抗	
00002707	MOTLEY	河北张家口农科院	美国	遗传材料	92	蓝色	67.0	41.0	3	22		浅褐	4.1			高抗	
00002708	TE×TILAK	河北张家口农科院	波兰	遗传材料	96	蓝色	56.0	40.0	3	18		浅褐	4.0			高抗	
00002709	17W WINTER TYPE	河北张家口农科院	阿根廷	遗传材料	98	蓝色	60.0	19.0	3	36		浅褐	4.7			高抗	
00002710	55W WINTER TYPE	河北张家口农科院	阿根廷	遗传材料	101	蓝色	41.0	23.0	3	25		浅褐	4.2			抗病	
00002711	30W WINTER TYPE	河北张家口农科院	阿根廷	遗传材料	96	蓝色	43.0	28.0	5	47		浅褐	4.4			高抗	
00002712	SVMMIT	河北张家口农科院	美国	遗传材料	88	蓝色	45.0	24.0	3	18		浅褐	5.7			感病	
00002713	NORED	河北张家口农科院	美国	遗传材料	84	蓝色	59.0	29.0	5	14		浅褐	4.9			感病	
00002714	33701 FIBER	河北张家口农科院	阿根廷	遗传材料	86	蓝色	83.0	55.0	3	25		褐	4.4			感病	
00002715	STAKHANOUSTZ	河北张家口农科院	美国	遗传材料	88	蓝色	76.0	51.0	4	21		褐	4.7			抗病	
00002716	LEVCANTHVM	河北张家口农科院	匈牙利	遗传材料	94	蓝色	70.0	41.0	6	27		褐	4.5			高抗	
00002717	21039 FIBER	河北张家口农科院	阿根廷	遗传材料	91	蓝色	69.0	47.0	6	24		褐	4.6			抗病	
00002718	7W WINTER TYPE	河北张家口农科院	阿根廷	遗传材料	94	蓝色	35.0	25.0	4	29		褐	5.4			抗病	
00002719	P. I. 170514	河北张家口农科院	土耳其	遗传材料	103	蓝色	60.0	33.0	3	13		褐	5.2			抗病	
00002720	83403 FIBER	河北张家口农科院	阿根廷	遗传材料	90	蓝色	52.0	36.0	6	26		浅褐	4.6			抗病	
00002721	P. I. 170508	河北张家口农科院	土耳其	遗传材料	102	蓝色	49.0	22.0	3	8		褐	5.2			抗病	
00002722	10387/46	河北张家口农科院	阿根廷	遗传材料	84	白色	44.0	20.0	3	9		褐	4.8			抗病	
00002723	GALEGO	河北张家口农科院	匈牙利	遗传材料	86	蓝色	43.0	25.0	4	29		浅褐	5.6			感病	
00002724	P. I. 250864	河北张家口农科院	伊朗	遗传材料	90	白色	55.0	35.0	3	23		褐	5.1			感病	
00002725	HOSSZVHATI 7022	河北张家口农科院	匈牙利	遗传材料	86	蓝色	45.0	25.0	3	21		浅褐	5.9			感病	
00002726	HOSSZVHATI TAJFAJTA	河北张家口农科院	匈牙利	遗传材料	86	蓝色	46.0	27.0	3	19		浅褐	5.5			感病	
00002727	CULBERT	河北张家口农科院	美国	遗传材料	90	蓝色	45.0	30.0	4	27		浅褐	5.1			感病	
00002728	LINOTT	河北张家口农科院	加拿大	遗传材料	81	蓝色	50.0	25.0	3	15		浅褐	4.8			高抗	
00002729	33W WINTER TYPE	河北张家口农科院	阿根廷	遗传材料	96	蓝色	38.0	27.0	4	20		褐	4.3			抗病	
00002730	50W WINTER TYPE	河北张家口农科院	阿根廷	遗传材料	96	蓝色	35.0	27.0	3	26		褐	3.8			抗病	

（续）

统一编号	种质名称	保存单位	原产地或来源地	种质类型	生育日数	花瓣色	株高	工艺长度	分枝数	蒴果数	单株粒重	种皮色	种子千粒重	种子含油率	耐旱性	立枯病抗性	备注
00002731	CASCADE	河北张家口农科院	美国	遗传材料	96	蓝色	44.0	33.0	3	23		浅褐	6.3			感病	
00002732	SOCTOSS LEVCHTE	河北张家口农科院	匈牙利	遗传材料	84	蓝色	61.0	41.0	4	29		褐	4.9			感病	
00002733	HORAL	河北张家口农科院	匈牙利	遗传材料	90	蓝色	73.0	50.0	4	30		浅褐	4.4			感病	
00002734	P. I. 281460	河北张家口农科院	阿根廷	遗传材料	90	蓝色	65.0	41.0	5	24		浅褐	5.2			高抗	
00002735	8PI 238196 FIBER	河北张家口农科院	阿根廷	遗传材料	90	白色	73.0	54.0	3	13		浅褐	4.7			感病	
00002736	NEWLAND	河北张家口农科院	美国	遗传材料	86	蓝色	61.0	40.0	4	23		浅褐	4.6			抗病	
00002737	P. I. 253783	河北张家口农科院	伊拉克	遗传材料	92	蓝色	38.0	24.0	3	22		浅褐	7.7			高感	
00002738	HOLLANDIA	河北张家口农科院	匈牙利	遗传材料	89	蓝色	60.0	35.0	2	27		浅褐	4.8			感病	
00002739	PERNAV	河北张家口农科院	匈牙利	遗传材料	76	蓝色	67.0	45.0	5	32		褐	3.7			感病	
00002740	51W WINTER TYPE	河北张家口农科院	阿根廷	遗传材料	81	蓝色	41.0	24.0	2	15		浅褐	4.0			抗病	
00002741	KARNOBAT 4	河北张家口农科院	匈牙利	遗传材料	77	蓝色	47.0	29.0	2	18		浅褐	5.8			感病	
00002742	20W WINTER TYPE	河北张家口农科院	阿根廷	遗传材料	96	蓝色	45.0	29.0	4	44		浅褐	4.2			感病	
00002743	TOROK 11	河北张家口农科院	匈牙利	遗传材料	74	蓝色	54.0	32.0	3	12		浅褐	5.6			高感	
00002744	FORMOSA	河北张家口农科院	匈牙利	遗传材料	96	蓝色	68.0	45.0	3	32		褐	4.6			抗病	
00002745	DAEHNFELDT 369	河北张家口农科院	匈牙利	遗传材料	96	蓝色	55.0	42.0	5	21		褐	5.9			感病	
00002746	ECKENDORFI	河北张家口农科院	匈牙利	遗传材料	89	蓝色	51.0	31.0	4	21		褐	5.1			高抗	
00002747	52W WINTER TYPE	河北张家口农科院	阿根廷	遗传材料	94	蓝色	42.0	24.0	5	35		褐	4.9			高抗	
00002748	坝亚四号	河北张家口农科院	河北省张家口市	选育品种	80	蓝色	38.0	28.0	4	8		褐	9.0			感病	
00002749	P. I. 250864	河北张家口农科院	伊朗	遗传材料	93	蓝色	40.0	20.0	3	17		褐	5.8			抗病	
00002750	56W WINTER TYPE	河北张家口农科院	阿根廷	遗传材料	96	蓝色	41.0	30.0	2	46		褐	4.2			高抗	
00002751	44W WINTER TYPE	河北张家口农科院	阿根廷	遗传材料	95	蓝色	41.0	29.0	5	33		浅褐	4.7			感病	
00002752	1049	河北张家口农科院	摩洛哥	遗传材料	96	蓝色	35.0	29.0	4	22		浅褐	3.9			抗病	
00002753	KARNOBAT	河北张家口农科院	匈牙利	遗传材料	83	蓝色	47.0	29.0	3	21		褐	5.6			感病	
00002754	10439/46	河北张家口农科院	阿根廷	遗传材料	83	蓝色	48.0	28.0	3	18		褐	6.0			抗病	
00002755	ITALIA ROMA	河北张家口农科院	阿根廷	遗传材料	91	蓝色	51.0	31.0	4	20		浅褐	6.3			感病	
00002756	NO. 6052-1938	河北张家口农科院	美国	遗传材料	96	蓝色	53.0	29.0	3	30		浅褐	5.0			抗病	

（续）

统一编号	种质名称	保存单位	原产地或来源地	种质类型	生育日数	花瓣色	株高	工艺长度	分枝数	蒴果数	单株粒重	种皮色	种子千粒重	种子含油率	耐旱性	立枯病抗性	备注
00002757	ITALIA ROMA	河北张家口农科院	阿根廷	遗传材料	89	蓝色	57.0	37.0	4	23		浅褐	5.9			抗病	
00002758	B GOLD×BISON 644×3	河北张家口农科院	美国	遗传材料	94	蓝色	42.0	28.0	6	36		浅褐	5.5			感病	
00002759	10478/46	河北张家口农科院	阿根廷	遗传材料	98	蓝色	55.0	37.0	5	34		浅褐	5.3			感病	
00002760	N. D. RESISTANT 714	河北张家口农科院	美国	遗传材料	80	白色	62.0	36.0	5	25		褐	4.0			高抗	
00002761	CI 342×644. SEL. 7	河北张家口农科院	美国	遗传材料	92	白色	59.0	743.0	3	24		浅褐	5.6			高抗	
00002762	10459/46	河北张家口农科院	阿根廷	遗传材料	92	蓝色	36.0	19.0	3	25		浅褐	5.8			高抗	
00002763	LINETA	河北张家口农科院	阿根廷	遗传材料	92	蓝色	41.0	22.0	3	17		浅褐	5.6			高抗	
00002764	CREPITANA（PRINAVERA）	河北张家口农科院	西班牙	遗传材料	89	蓝色	53.0	39.0	3	26		褐	5.3			高抗	
00002765	KLEIN 18 10493/46	河北张家口农科院	阿根廷	遗传材料	89	蓝色	40.0	21.0	4	20		褐	5.2			抗病	
00002766	BISON/JWS//1073	河北张家口农科院	美国	遗传材料	79	蓝色	58.0	38.0	4	29		褐	4.7			高抗	
00002767	PEERL ESS	河北张家口农科院	美国	遗传材料	88	蓝色	55.0	32.0	3	29		浅褐	4.7			感病	
00002768	LIRAL DOMINION	河北张家口农科院	加拿大	遗传材料	88	蓝色	62.0	44.0	4	15		褐	6.3			高抗	
00002769	10475/46	河北张家口农科院	阿根廷	遗传材料	92	深蓝色	47.0	31.0	4	18		浅褐	5.8			抗病	
00002770	MALABRIGOXPVNJAB	河北张家口农科院	印度	遗传材料	92	蓝色	41.0	26.0	3	24		浅褐	5.9			感病	
00002771	ATLAS	河北张家口农科院	瑞典	遗传材料	89	蓝色	40.0	30.0	3	22		褐	5.1			抗病	
00002772	10479/46	河北张家口农科院	阿根廷	遗传材料	92	蓝色	43.0	27.0	4	22		浅褐	5.5			高抗	
00002773	VICTORY A	河北张家口农科院	美国	遗传材料	85	白色	52.0	33.0	2	26		浅褐	6.4			高抗	
00002774	KOTO×REDWING. SEL40	河北张家口农科院	美国	遗传材料	89	蓝色	49.0	30.0	3	24		浅褐	4.9			高抗	
00002775	HOLLANDIA	河北张家口农科院	荷兰	遗传材料	80	蓝色	65.0	43.0	4	19		浅褐	4.1			高抗	
00002776	BLANC	河北张家口农科院	加拿大	遗传材料	83	白色	61.0	42.0	3	34		浅褐	5.3			高抗	
00002777	CRYSTAL×REDSON（II-41）	河北张家口农科院	美国	遗传材料	89	蓝色	55.0	32.0	4	19		浅褐	8.8			高抗	
00002778	10396/46	河北张家口农科院	阿根廷	遗传材料	74	蓝色	52.0	33.0	3	19		褐	3.8			抗病	
00002779	RVSSIAN INTRO.	河北张家口农科院	俄罗斯	遗传材料	96	蓝色	45.0	27.0	3	30		褐	5.8			感病	
00002780	6916/40	河北张家口农科院	阿根廷	遗传材料	89	蓝色	42.0	27.0	3	30		浅褐	6.2			抗病	
00002781	RVSSIAN INTRO.	河北张家口农科院	俄罗斯	遗传材料	88	蓝色	60.0	35.0	5	30		褐	4.1			感病	
00002782	RVDA×BISON	河北张家口农科院	美国	遗传材料	90	蓝色	55.0	33.0	5	25		浅褐	5.5			高抗	

（续）

统一编号	种质名称	保存单位	原产地或来源地	种质类型	生育日数	花瓣色	株高	工艺长度	分枝数	蒴果数	单株粒重	种皮色	种子千粒重	种子含油率	耐旱性	立枯病抗性	备注
00002783	BIWING×CI980 (II-40-3)	河北张家口农科院	美国	遗传材料	95	蓝色	65.0	45.0	4	17		浅褐	6.1			抗病	
00002784	NORSK×AVSTRALIAN×BIS	河北张家口农科院	美国	遗传材料	92	蓝色	49.0	25.0	3	24		浅褐	7.0			抗病	
00002785	VICTORY C	河北张家口农科院	美国	遗传材料	97	白色	43.0	31.0	3	22		浅褐	6.4			高抗	
00002786	NO. 7066-1938	河北张家口农科院	美国	遗传材料	95	蓝色	58.0	44.0	5	23		浅褐	5.6			高抗	
00002787	BARNE S	河北张家口农科院	美国	遗传材料	95	蓝色	64.0	42.0	4	23		浅褐	6.0			感病	
00002788	INDIAN 12-12	河北张家口农科院	美国	遗传材料	96	蓝色	39.0	29.0	4	23		浅褐	9.9			抗病	
00002789	NVRS. 38-2205	河北张家口农科院	美国	遗传材料	82	蓝色	50.0	36.0	3	25		褐	4.9			抗病	
00002790	REDWOOD×C. I. 1116	河北张家口农科院	美国	遗传材料	81	蓝色	43.0	32.0	3	19		褐	6.4			感病	
00002791	TAMMES TYPE 4	河北张家口农科院	荷兰	遗传材料	80	蓝色	61.0	43.0	3	39		浅褐	4.4			抗病	
00002792	10476/46	河北张家口农科院	阿根廷	遗传材料	91	蓝色	41.0	30.0	2	15		褐	6.2			抗病	
00002793	10481/46	河北张家口农科院	阿根廷	遗传材料	92	蓝色/紫色	40.0	30.0	3	14		浅褐	5.6			抗病	
00002794	CORTLAND	河北张家口农科院	美国	遗传材料	91	蓝色	45.0	27.0	5	19		浅褐	5.5			抗病	
00002795	6962/40	河北张家口农科院	阿根廷	遗传材料	85	蓝色	37.0	27.0	3	25		浅褐	5.0			感病	
00002796	RENEW×KOTO	河北张家口农科院	美国	遗传材料	78	蓝色	50.0	35.0	4	33		浅褐	4.9			感病	
00002797	N. D. NO. 1851	河北张家口农科院	美国	遗传材料	89	蓝色	42.0	29.0	2	19		浅褐	4.7			抗病	
00002798	P. I. 179353	河北张家口农科院	土耳其	遗传材料	91	白色/蓝色	55.0	36.0	3	11		褐	5.8			抗病	
00002799	P. I. 250738	河北张家口农科院	伊朗	遗传材料	85	蓝色	37.0	28.0	3	12		浅褐	5.9			抗病	
00002800	SKOT RESTLEN	河北张家口农科院	匈牙利	遗传材料	85	蓝色	58.0	37.0	3	10		褐	3.7			高感	
00002801	DAEHNFELDT	河北张家口农科院	匈牙利	遗传材料	83	蓝色	47.0	33.0	3	43		浅褐	6.1			抗病	
00002802	CROWN	河北张家口农科院	匈牙利	遗传材料	92	蓝色	51.0	38.0	4	16		浅褐	5.6			感病	
00002803	39W WINTER TYPE	河北张家口农科院	阿根廷	遗传材料	79	蓝色	74.0	57.0	3	25		浅褐	4.9			抗病	
00002804	54W WINTER TYPE	河北张家口农科院	阿根廷	遗传材料	92	蓝色	33.0	23.0	3	19		浅褐	4.2			抗病	
00002805	5W WINTER TYPE	河北张家口农科院	阿根廷	遗传材料	96	蓝色	48.0	30.0	5	23		浅褐	4.3			抗病	
00002806	83202 FIBER	河北张家口农科院	阿根廷	遗传材料	85	蓝色	64.0	42.0	4	30		浅褐	4.9			感病	
00002807	WIERSEMA	河北张家口农科院	荷兰	遗传材料	90	白色	65.0	46.0	4	24		浅褐	4.4			感病	
00002808	C. I. 161SEL.	河北张家口农科院	美国	遗传材料	92	蓝色	53.0	39.0	4	30		褐	4.8			抗病	

（续）

统一编号	种质名称	保存单位	原产地或来源地	种质类型	生育日数	花瓣色	株高	工艺长度	分枝数	蒴果数	单株粒重	种皮色	种子千粒重	种子含油率	耐旱性	立枯病抗性	备注
00002809	LONG 83	河北张家口农科院	美国	遗传材料	91	白色	50.0	40.0	3	21		褐	4.8			高抗	
00002810	NO. 5310-1937	河北张家口农科院	美国	遗传材料	92	蓝色	43.0	25.0	3	23		褐	5.6			高抗	
00002811	N. D. RES. 726	河北张家口农科院	美国	遗传材料	82	蓝色	55.0	40.0	3	27		浅褐	4.5			感病	
00002812	10480/46	河北张家口农科院	阿根廷	遗传材料	90	蓝色	30.0	20.0	4	15		浅褐	5.3			抗病	
00002813	PEHANJO	河北张家口农科院	阿根廷	遗传材料	82	蓝色	55.0	37.0	3	25		褐	3.9			感病	
00002814	MAUVE	河北张家口农科院	埃及	遗传材料	91	蓝色	35.0	26.0	3	15		褐	5.9			高感	
00002815	J. W. S.	河北张家口农科院	英国	遗传材料	90	蓝色	56.0	39.0	5	26		浅褐	4.5			高感	
00002816	C. I. 115 SEL.	河北张家口农科院	美国	遗传材料	88	浅蓝色	36.0	23.0	5	25		浅褐	4.7			抗病	
00002817	SAGIND♯2	河北张家口农科院	日本	遗传材料	88	蓝色	68.0	38.0	4	26		浅褐	4.9			感病	
00002818	ARG. 191-BIS×VIK-BI	河北张家口农科院	美国	遗传材料	91	蓝色	45.0	32.0	5	20		浅褐	5.0			抗病	
00002819	WILLSTON BROWH	河北张家口农科院	美国	遗传材料	90	蓝色	48.0	35.0	3	24		褐	5.1			感病	
00002820	RVSSIANH INTRO.	河北张家口农科院	俄罗斯	遗传材料	74	蓝色	61.0	44.0	3	23		褐	3.8			高抗	
00002821	B GOLD×BISON 644×3	河北张家口农科院	美国	遗传材料	89	蓝色	35.0	23.0	3	12		浅褐	5.2			抗病	
00002822	10449/46	河北张家口农科院	阿根廷	遗传材料	81	蓝色	46.0	30.0	2	12		褐	5.8			感病	
00002823	TAMMES ♯2 WHITE	河北张家口农科院	荷兰	遗传材料	83	白色	74.0	47.0	4	21		褐	3.7			抗病	
00002824	RIO×BVDA SEL.	河北张家口农科院	美国	遗传材料	85	蓝色	48.0	33.0	4	39		浅褐	4.9			高抗	
00002825	RENEW×BISON	河北张家口农科院	美国	遗传材料	81	蓝色	50.0	40.0	4	27		褐	5.5			高抗	
00002826	WELLS	河北张家口农科院	美国	遗传材料	89	蓝色	37.0	29.0	3	20		褐	5.4			高抗	
00002827	RENEW×BISON	河北张家口农科院	美国	遗传材料	78	蓝色	60.0	45.0	3	12		褐	5.5			抗病	
00002828	KOTO×REDWING	河北张家口农科院	美国	遗传材料	83	蓝色	55.0	37.0	4	39		浅褐	4.6			抗病	
00002829	10444/46	河北张家口农科院	阿根廷	遗传材料	88	蓝色	40.0	31.0	4	21		浅褐	5.1			高抗	
00002830	P. I. 220666	河北张家口农科院	阿富汗	遗传材料	83	蓝色	50.0	28.0	3	34		褐	5.6			感病	
00002831	CSE×REDWING	河北张家口农科院	加拿大	遗传材料	82	蓝色	55.0	35.0	4	23		褐	4.4			感病	
00002832	DEHISCINT L CREPITAN	河北张家口农科院	俄罗斯	遗传材料	77	蓝色	48.0	30.0	4	15		浅褐	4.3			感病	
00002833	LA PREVISION 18	河北张家口农科院	阿根廷	遗传材料	92	蓝色	50.0	38.0	3	19		浅褐	6.4			感病	
00002834	RVSSIAN INTRO.	河北张家口农科院	俄罗斯	遗传材料	92	蓝色	54.0	38.0	4	25		浅褐	5.3			感病	

（续）

统一编号	种质名称	保存单位	原产地或来源地	种质类型	生育日数	花瓣色	株高	工艺长度	分枝数	蒴果数	单株粒重	种皮色	种子千粒重	种子含油率	耐旱性	立枯病抗性	备注
00002835	DTTAWA TT08	河北张家口农科院	加拿大	遗传材料	90	白色	45.0	29.0	4	25		黄	5.4			抗病	
00002836	POLK	河北张家口农科院	美国	遗传材料	81	蓝色	45.0	27.0	3	23		褐	6.5			抗病	
00002837	CREPITANSMOVRISCOET	河北张家口农科院	西班牙	遗传材料	103	紫色	58.0	39.0	3	26		褐	3.6			抗病	
00002838	P. I. 170503	河北张家口农科院	土耳其	遗传材料	96	蓝色	41.0	26.0	4	21		褐	6.3			感病	
00002839	P. I. 172961	河北张家口农科院	土耳其	遗传材料	89	蓝色	44.0	30.0	3	19		褐	6.9			抗病	
00002840	P. I. 172965	河北张家口农科院	土耳其	遗传材料	86	蓝色	45.0	30.0	3	31		褐	6.8			感病	
00002841	P. I. 175773	河北张家口农科院	土耳其	遗传材料	94	蓝色	45.0	24.0	4	42		褐	7.8			抗病	
00002842	P. I. 182229	河北张家口农科院	土耳其	遗传材料	96	蓝色	38.0	21.0	3	15		浅褐	6.1			感病	
00002843	VRVGVAY 36/48	河北张家口农科院	澳大利亚	遗传材料	96	蓝色	52.0	27.0	3	19		褐	5.2			感病	
00002844	R. R. 38	河北张家口农科院	印度	遗传材料	92	蓝色	56.0	40.0	4	42		褐	5.8			抗病	
00002845	1689-S	河北张家口农科院	伊朗	遗传材料	89	蓝色	51.0	39.0	4	28		褐	5.6			感病	
00002846	BVEA80×（BGOLD×RIO）	河北张家口农科院	美国	遗传材料	94	蓝色	47.0	36.0	3	34		浅褐	4.6			感病	
00002847	P. I. 179344	河北张家口农科院	土耳其	遗传材料	94	蓝色	39.0	18.0	4	22		浅褐	6.5			抗病	
00002848	P. I. 179343	河北张家口农科院	土耳其	遗传材料	89	蓝色	45.0	21.0	4	28		褐	5.6			感病	
00002849	10388/46	河北张家口农科院	阿根廷	遗传材料	94	白色	48.0	30.0	5	24		褐	6.1			高抗	
00002850	27W WINTER TYPE	河北张家口农科院	阿根廷	遗传材料	94	蓝色	42.0	32.0	3	22		浅褐	6.3			抗病	
00002851	12C12 SELECTION	河北张家口农科院	乌拉圭	遗传材料	90	白色	60.0	35.0	4	23		浅褐	7.1			感病	
00002852	REDWING	河北张家口农科院	美国	遗传材料	81	蓝色	60.0	32.0	3	28		褐	4.6			抗病	
00002853	F. I. NO. 3	河北张家口农科院	美国	遗传材料	82	蓝色	55.0	36.0	4	44		褐	4.1			感病	
00002854	80. 377. 4 SELECTION	河北张家口农科院	美国	遗传材料	90	蓝色	55.0	37.0	5	52		浅褐	6.1			抗病	
00002855	BELADI Y6420	河北张家口农科院	澳大利亚	遗传材料	90	蓝色	65.0	43.0	4	35		褐	5.8			高抗	
00002856	BVDA	河北张家口农科院	美国	遗传材料	84	蓝色	57.0	35.0	4	35		褐	4.4			感病	
00002857	10441/46	河北张家口农科院	阿根廷	遗传材料	83	蓝色	29.0	16.0	4	44		浅褐	6.5			高抗	
00002858	RVSSIAN INTRO.	河北张家口农科院	俄罗斯	遗传材料	73	浅蓝色	61.0	34.0	3	18		褐	3.8			感病	
00002859	NO. 2274	河北张家口农科院	保加利亚	遗传材料	91	蓝色/白色	58.0	45.0	3	25		浅褐	5.7			高抗	
00002860	TALL PINK	河北张家口农科院	美国	遗传材料	81	蓝色	62.0	40.0	3	32		褐	4.5			抗病	

（续）

统一编号	种质名称	保存单位	原产地或来源地	种质类型	生育日数	花瓣色	株高	工艺长度	分枝数	蒴果数	单株粒重	种皮色	种子千粒重	种子含油率	耐旱性	立枯病抗性	备注
00002861	10398/46	河北张家口农科院	阿根廷	遗传材料	91	浅蓝色	51.0	25.0	3	22		浅褐	7.1			感病	
00002862	10466/46	河北张家口农科院	阿根廷	遗传材料	83	蓝色	40.0	21.0	3	44		浅褐	5.5			高抗	
00002863	TAMMES TYPES	河北张家口农科院	荷兰	遗传材料	84	蓝色	66.0	44.0	4	21		浅褐	4.8			高抗	
00002864	BISBEE	河北张家口农科院	美国	遗传材料	88	蓝色	68.0	40.0	9	68		褐	4.4			抗病	
00002865	DEANZA	河北张家口农科院	美国	遗传材料	90	蓝色	56.0	37.0	6	59		浅褐	5.9			高抗	
00002866	P. I. 179351	河北张家口农科院	土耳其	遗传材料	92	蓝色	48.0	28.0	4	19		浅褐	6.7			抗病	
00002867	MINN. II-36-P255	河北张家口农科院	美国	遗传材料	82	蓝色	65.0	44.0	6	24		浅褐	4.3			高抗	
00002868	REDSON	河北张家口农科院	美国	遗传材料	91	蓝色	62.0	34.0	4	22		浅褐	4.8			高抗	
00002869	N. D. RES. 114 BOLLEY	河北张家口农科院	美国	遗传材料	79	蓝色	67.0	36.0	7	61		褐	3.8			高抗	
00002870	CALIF. NO. 2	河北张家口农科院	美国	遗传材料	90	蓝色	63.0	35.0	5	47		浅褐	5.8			高抗	
00002871	SAGINAW×OTTAWA 770	河北张家口农科院	美国	遗传材料	87	蓝色	67.0	48.0	3	52		浅褐	4.4			高抗	
00002872	10430/46	河北张家口农科院	阿根廷	遗传材料	88	蓝色	60.0	28.0	7	15		浅褐	6.6			抗病	
00002873	BVDA×（19×112）	河北张家口农科院	美国	遗传材料	89	蓝色	58.0	37.0	8	15		浅褐	4.5			抗病	
00002874	REPETIBLE 3/33	河北张家口农科院	乌拉圭	遗传材料	89	蓝色	54.0	33.0	5	25		浅褐	5.7			感病	
00002875	C. I. 355×BISON	河北张家口农科院	美国	遗传材料	104	蓝色	57.0	29.0	4	32		褐	4.8			感病	
00002876	RVSSIAN INTRO.	河北张家口农科院	俄罗斯	遗传材料	92	蓝色	43.0	27.0	4	16		浅褐	3.1			感病	
00002877	DELADI Y 6903	河北张家口农科院	澳大利亚	遗传材料	94	蓝色	73.0	54.0	7	90		浅褐	5.7			抗病	
00002878	JWS/BISON/SHEYENNE	河北张家口农科院	美国	遗传材料	80	蓝色	61.0	34.0	5	36		褐	5.0			高抗	
00002879	L. VSITATLSSIMVMCREPI	河北张家口农科院	荷兰	遗传材料	88	蓝色	61.0	43.0	5	50		浅褐	4.2			抗病	
00002880	ARGENTE463×CI97	河北张家口农科院	美国	遗传材料	90	蓝色	67.0	37.0	3	45		浅褐	6.4			高抗	
00002881	BEWENVTO REALE	河北张家口农科院	阿根廷	遗传材料	79	蓝色	39.0	18.0	2	28		浅褐	5.1			高抗	
00002882	JWS×BISONXH	河北张家口农科院	美国	遗传材料	90	蓝色	58.0	31.0	3	42		浅褐	5.0			高抗	
00002883	SHEYENNE×CI975	河北张家口农科院	美国	遗传材料	82	蓝色	58.0	36.0	5	50		褐	5.5			高抗	
00002884	ABYSSINIA（YELLOW）	河北张家口农科院	埃塞俄比亚	遗传材料	90	蓝色	64.0	37.0	3	35		浅褐	4.3			高抗	
00002885	BISOH×RIO	河北张家口农科院	美国	遗传材料	88	蓝色	66.0	52.0	3	36		浅褐	5.4			抗病	
00002886	DAKOTA	河北张家口农科院	美国	遗传材料	89	蓝色	57.0	40.0	3	59		浅褐	5.9			高抗	

（续）

统一编号	种质名称	保存单位	原产地或来源地	种质类型	生育日数	花瓣色	株高	工艺长度	分枝数	蒴果数	单株粒重	种皮色	种子千粒重	种子含油率	耐旱性	立枯病抗性	备注
00002887	RVSSIAN INTRO.	河北张家口农科院	俄罗斯	遗传材料	78	蓝色	70.0	42.0	3	35		褐	3.6			高抗	
00002888	KLEIN NO. 11	河北张家口农科院	阿根廷	遗传材料	89	蓝色	23.0	17.0	3	27		浅褐	5.7			高抗	
00002889	CI 1134/1125	河北张家口农科院	美国	遗传材料	85	蓝色	60.0	35.0	4	32		浅褐	5.9			抗病	
00002890	6953/40	河北张家口农科院	阿根廷	遗传材料	77	蓝色	46.0	23.0	3	22		浅褐	4.2			感病	
00002891	RENEW×BISON	河北张家口农科院	美国	遗传材料	88	蓝色	58.0	40.0	4	18		褐	5.4			高抗	
00002892	10440/46	河北张家口农科院	阿根廷	遗传材料	92	蓝色	44.0	23.0	3	23		褐	7.3			高抗	
00002893	RVSSIAN INTRO.	河北张家口农科院	俄罗斯	遗传材料	74	蓝色	67.0	37.0	2	22		褐	3.9			抗病	
00002894	BOLLEY NO. 147	河北张家口农科院	美国	遗传材料	111	蓝色	73.0	40.0	5	64		浅褐	5.8			抗病	
00002895	BGOLD/1049//SHEYENK	河北张家口农科院	美国	遗传材料	85	蓝色	65.0	32.0	3	27		浅褐	5.6			抗病	
00002896	ARGENTINE462×CI100	河北张家口农科院	美国	遗传材料	90	蓝色	65.0	48.0	4	59		浅褐	5.5			抗病	
00002897	ARROW	河北张家口农科院	美国	遗传材料	83	蓝色	64.0	32.0	4	40		褐	5.9			抗病	
00002898	RVSSIAN INTRO.	河北张家口农科院	俄罗斯	遗传材料	81	蓝色	54.0	31.0	5	27		浅褐	4.0			抗病	
00002899	10414/46	河北张家口农科院	阿根廷	遗传材料	94	蓝色	62.0	44.0	3	59		浅褐	5.5			抗病	
00002900	CI679×BISON（II-33-P4）	河北张家口农科院	美国	遗传材料	79	蓝色	79.0	51.0	4	35		褐	5.7			高抗	
00002901	10437/46	河北张家口农科院	阿根廷	遗传材料	90	蓝色	50.0	31.0	4	17		褐	6.6			抗病	
00002902	BIWING×CI980（II-40-3）	河北张家口农科院	美国	遗传材料	90	蓝色	73.0	44.0	3	51		浅褐	6.1			高抗	
00002903	10471/46	河北张家口农科院	阿根廷	遗传材料	90	蓝色	46.0	25.0	3	42		浅褐	5.5			高抗	
00002904	SIB206	河北张家口农科院	美国	遗传材料	90	蓝色	59.0	35.0	3	33		浅褐	6.8			感病	
00002905	NO. 1486	河北张家口农科院	保加利亚	遗传材料	90	蓝色	62.0	38.0	4	43		浅褐	5.3			高抗	
00002906	10394/46	河北张家口农科院	阿根廷	遗传材料	90	白色	45.0	25.0	3	40		浅褐	6.4			抗病	
00002907	VICTORY	河北张家口农科院	美国	遗传材料	94	蓝色	55.0	31.0	4	60		浅褐	5.1			抗病	
00002908	GRANT	河北张家口农科院	美国	遗传材料	89	蓝色	70.0	41.0	4	83		褐	5.7			抗病	
00002909	RIO×BVDASEL.	河北张家口农科院	美国	遗传材料	90	蓝色	62.0	40.0	4	47		浅褐	4.5			高抗	
00002910	BIWING×CI980（II-40-3）	河北张家口农科院	美国	遗传材料	89	蓝色	70.0	50.0	5	44		浅褐	6.2			感病	
00002911	BISON/JWS//1073	河北张家口农科院	美国	遗传材料	87	蓝色	53.0	31.0	3	47		浅褐	4.8			高抗	
00002912	NO. 1276	河北张家口农科院	美国	遗传材料	87	蓝色	54.0	33.0	4	9		褐	6.5			抗病	

（续）

统一编号	种质名称	保存单位	原产地或来源地	种质类型	生育日数	花瓣色	株高	工艺长度	分枝数	蒴果数	单株粒重	种皮色	种子千粒重	种子含油率	耐旱性	立枯病抗性	备注
00002913	10412/46	河北张家口农科院	阿根廷	遗传材料	86	白色	42.0	21.0	2	43		浅褐	6.6			抗病	
00002914	10411/46	河北张家口农科院	美国	遗传材料	93	蓝色	49.0	29.0	3	32		浅褐	5.1			感病	
00002915	NO. 1234	河北张家口农科院	美国	遗传材料	114	蓝色	50.0	24.0	4	24		褐	5.9			高抗	
00002916	RVSSIAN INTRO.	河北张家口农科院	俄罗斯	遗传材料	88	蓝色	69.0	33.0	4	42		褐	3.9			抗病	
00002917	PALE BL. SEL. M. D. R.	河北张家口农科院	美国	遗传材料	84	白色	53.0	29.0	2	33		浅褐	3.6			抗病	
00002918	BVCK 114	河北张家口农科院	阿根廷	遗传材料	91	蓝色	48.0	28.0	3	19		浅褐	6.2			高抗	
00002919	PSKOV	河北张家口农科院	俄罗斯	遗传材料	91	蓝色	50.0	30.0	3	33		浅褐	5.3			抗病	
00002920	QVERANDI	河北张家口农科院	阿根廷	遗传材料	89	蓝色	41.0	27.0	2	4		浅褐	6.3			抗病	
00002921	NO. 6773-1938	河北张家口农科院	美国	遗传材料	89	白色	62.0	28.0	4	17		黄	4.7			抗病	
00002922	ARGENTINE SELECTION	河北张家口农科院	美国	遗传材料	91	浅蓝色	60.0	41.0	3	30		浅褐	7.0			抗病	
00002923	PERGAMINO 7223-4	河北张家口农科院	阿根廷	遗传材料	81	蓝色	40.0	17.0	3	31		浅褐	4.9			感病	
00002924	TASH	河北张家口农科院	阿富汗	遗传材料	100	蓝色	49.0	23.0	4	15		浅褐	3.7			感病	
00002925	RVSSIAN INTRO.	河北张家口农科院	俄罗斯	遗传材料	75	蓝色	61.0	32.0	3	22		褐	4.1			感病	
00002926	7223/40	河北张家口农科院	阿根廷	遗传材料	75	蓝色	41.0	25.0	5	29		浅褐	4.5			高感	
00002927	REPETIBLE 117	河北张家口农科院	乌拉圭	遗传材料	82	蓝色	45.0	25.0	3	49		浅褐	5.7			感病	
00002928	DIADEM	河北张家口农科院	加拿大	遗传材料	89	白色	53.0	37.0	2	47		褐	4.3			感病	
00002929	CI679XBISON（II-33-P5）	河北张家口农科院	美国	遗传材料	89	蓝色	65.0	36.0	3	26		褐	5.8			感病	
00002930	LINO	河北张家口农科院	阿根廷	遗传材料	91	蓝色	42.0	22.0	3	30		浅褐	7.4			高抗	
00002931	10419/46	河北张家口农科院	阿根廷	遗传材料	94	蓝色	42.0	22.0	5	18		浅褐	3.1			抗病	
00002932	REDWOOD	河北张家口农科院	美国	遗传材料	120	蓝色	45.0	28.0	4	22		浅褐	8.8			抗病	
00002933	JANE	河北张家口农科院	美国	遗传材料	85	白色	60.0	40.0	4	25		褐	4.7			抗病	
00002934	KENYA	河北张家口农科院	非洲	遗传材料	81	浅蓝色	44.0	30.0	3	25		浅褐	4.7			高抗	
00002935	N. D. NVR. NO. 1740	河北张家口农科院	德国	遗传材料	94	浅蓝色	53.0	27.0	3	15		浅褐	6.5			抗病	
00002936	10443/46	河北张家口农科院	阿根廷	遗传材料	93	浅蓝色	46.0	30.0	4	38		浅褐	5.8			抗病	
00002937	10485/46	河北张家口农科院	阿根廷	遗传材料	92	蓝色	49.0	28.0	3	19		浅褐	5.3			抗病	
00002938	10417/46	河北张家口农科院	阿根廷	遗传材料	100	蓝色	60.0	35.0	4	29		褐	6.4			高抗	

（续）

统一编号	种质名称	保存单位	原产地或来源地	种质类型	生育日数	花瓣色	株高	工艺长度	分枝数	蒴果数	单株粒重	种皮色	种子千粒重	种子含油率	耐旱性	立枯病抗性	备注
00002939	P. I. 170511	河北张家口农科院	土耳其	遗传材料	92	蓝色	65.0	47.0	4	43		浅褐	6.1			抗病	
00002940	ARGENTINE SELECTION	河北张家口农科院	美国	遗传材料	94	蓝色	50.0	30.0	4	31		浅褐	6.0			感病	
00002941	BVDA80×CBGOLD×RIO	河北张家口农科院	美国	遗传材料	87	浅蓝色	45.0	22.0	2	23		浅褐	6.5			感病	
00002942	P. I. 250372	河北张家口农科院	巴基斯坦	遗传材料	81	蓝色	37.0	22.0	3	21		褐	5.4			感病	
00002943	88003 FIBER	河北张家口农科院	阿根廷	遗传材料	94	蓝色	53.0	41.0	5	23		浅褐	4.9			感病	
00002944	S. P. I. NO. 229564	河北张家口农科院	南斯拉夫	遗传材料	86	蓝色	31.0	15.0	3	25		褐	4.2			感病	
00002945	P. I. 250223	河北张家口农科院	巴基斯坦	遗传材料	84	蓝色	38.0	24.0	3	17		褐	5.4			高感	
00002946	ITALIA ROMA	河北张家口农科院	阿根廷	遗传材料	93	蓝色	50.0	40.0	5	26		褐	5.6			抗病	
00002947	10446/46	河北张家口农科院	阿根廷	遗传材料	80	蓝色	30.0	18.0	3	8		褐	5.9			抗病	
00002948	10460/46	河北张家口农科院	阿根廷	遗传材料	87	蓝色	49.0	16.0	3	12		褐	4.6			抗病	
00002949	P. I. 167398	河北张家口农科院	土耳其	遗传材料	85	蓝色	48.0	27.0	3	7		褐	6.2			抗病	
00002950	P. 8. 18227	河北张家口农科院	土耳其	遗传材料	84	蓝色	29.0	19.0	5	16		褐	4.6			抗病	
00002951	62-2	内蒙古特色作物所	内蒙古自治区呼和浩特市	品系	94	蓝色	62.9		4	13	0.4	褐	5.0	37.6	强	高抗	
00002952	63-4	内蒙古特色作物所	内蒙古自治区呼和浩特市	品系	87	蓝色	64.0		4	9	0.3	褐	6.2	38.8	强	高抗	
00002953	63-10	内蒙古特色作物所	内蒙古自治区呼和浩特市	品系	85	蓝色	63.4		4	12	0.5	褐	5.8	39.9	强	高抗	
00002954	63-15	内蒙古特色作物所	内蒙古自治区呼和浩特市	品系	94	蓝色	62.1		5	11	0.5	褐	5.8	39.2	强	高抗	
00002955	63-19	内蒙古特色作物所	内蒙古自治区呼和浩特市	品系	94	蓝色	64.6		5	15	0.5	褐	6.1	39.6	强	高抗	
00002956	64-16	内蒙古特色作物所	内蒙古自治区呼和浩特市	品系	94	蓝色	65.8		4	11	0.4	褐	6.6	36.5	强	高抗	
00002957	64022	内蒙古特色作物所	内蒙古自治区呼和浩特市	品系	94	蓝色	63.0		4	14	0.6	褐	5.2	34.6	强	高抗	
00002958	64-31	内蒙古特色作物所	内蒙古自治区呼和浩特市	品系	94	蓝色	61.3		6	22	0.8	褐	6.5	36.1	强	高抗	
00002959	64-41	内蒙古特色作物所	内蒙古自治区呼和浩特市	品系	94	蓝色	58.5		5	21	1.0	褐	6.5	37.7	强	高抗	
00002960	64-45	内蒙古特色作物所	内蒙古自治区呼和浩特市	品系	94	蓝色	57.8		4	12	0.4	褐	6.2	38.4	强	高抗	
00002961	64-50	内蒙古特色作物所	内蒙古自治区呼和浩特市	品系	94	蓝色	57.0		4	8	0.3	褐	6.4	38.4	强	高抗	
00002962	64-3	内蒙古特色作物所	内蒙古自治区呼和浩特市	品系	94	蓝色	64.4		4	9	0.4	褐	6.5	38.9	强	高抗	
00002963	65-9	内蒙古特色作物所	内蒙古自治区呼和浩特市	品系	94	蓝色	67.3		4	11	0.4	褐	5.1	36.8	强	高抗	
00002964	65-12	内蒙古特色作物所	内蒙古自治区呼和浩特市	品系	94	白色	58.2		8	32	1.1	褐	7.3	39.7	强	高抗	

（续）

统一编号	种质名称	保存单位	原产地或来源地	种质类型	生育日数	花瓣色	株高	工艺长度	分枝数	蒴果数	单株粒重	种皮色	种子千粒重	种子含油率	耐旱性	立枯病抗性	备注
00002965	65-15	内蒙古特色作物所	内蒙古自治区呼和浩特市	品系	94	蓝色	53.9		4	12	0.5	褐	6.5	38.7	强	高抗	
00002966	65-28	内蒙古特色作物所	内蒙古自治区呼和浩特市	品系	94	蓝色	66.1		5	24	0.9	褐	6.8	37.4	强	高抗	
00002967	66-11	内蒙古特色作物所	内蒙古自治区呼和浩特市	品系	94	蓝色	64.0		5	9	0.4	褐	7.0	38.5	强	高抗	
00002968	66-3	内蒙古特色作物所	内蒙古自治区呼和浩特市	品系	94	蓝色	63.7		4	16	0.5	褐	6.5	37.7	强	高抗	
00002969	66-8	内蒙古特色作物所	内蒙古自治区呼和浩特市	品系	85	蓝色	61.1		4	11	0.5	褐	6.3	34.4	强	高抗	
00002970	66-17	内蒙古特色作物所	内蒙古自治区呼和浩特市	品系	89	蓝色	63.1		5	13	0.4	褐	5.3	39.3	强	高抗	
00002971	66-25	内蒙古特色作物所	内蒙古自治区呼和浩特市	品系	94	蓝色	62.3		6	19	1.1	褐	6.7	40.4	强	高抗	
00002972	66-35	内蒙古特色作物所	内蒙古自治区呼和浩特市	品系	94	蓝色	57.7		5	20	1.1	褐	6.9	37.4	强	高抗	
00002973	71-4	内蒙古特色作物所	内蒙古自治区呼和浩特市	品系	94	蓝色	50.3		4	8	0.4	褐	8.1	38.9	强	高抗	
00002974	71-6	内蒙古特色作物所	内蒙古自治区呼和浩特市	品系	94	蓝色	56.1		4	10	0.6	褐	6.7	38.9	强	高抗	
00002975	71-11	内蒙古特色作物所	内蒙古自治区呼和浩特市	品系	94	蓝色	53.9		7	13	0.5	褐	5.5	37.7	强	高抗	
00002976	71-16	内蒙古特色作物所	内蒙古自治区呼和浩特市	品系	94	蓝色	52.5		4	14	0.6	褐	7.3	39.1	强	高抗	
00002977	71-47	内蒙古特色作物所	内蒙古自治区呼和浩特市	品系	94	蓝色	49.8		4	14	0.7	褐	8.2	40.0	强	高抗	
00002978	72-8	内蒙古特色作物所	内蒙古自治区呼和浩特市	品系	94	蓝色	61.6		4	14	0.7	褐	5.5	39.0	强	高抗	
00002979	72-11	内蒙古特色作物所	内蒙古自治区呼和浩特市	品系	94	蓝色	48.5		4	31	0.9	褐	6.7	38.6	强	高抗	
00002980	72-17	内蒙古特色作物所	内蒙古自治区呼和浩特市	品系	94	蓝色	54.3		5	21	1.0	褐	6.7	38.4	强	高抗	
00002981	72-15	内蒙古特色作物所	内蒙古自治区呼和浩特市	品系	94	蓝色	45.7		5	24	1.1	褐	7.2	41.7	强	高抗	
00002982	72-28	内蒙古特色作物所	内蒙古自治区呼和浩特市	品系	85	蓝色	48.3		4	10	0.5	褐	6.6	41.7	强	高抗	
00002983	72-39	内蒙古特色作物所	内蒙古自治区呼和浩特市	品系	87	白色	64.8		4	14	0.6	黄	6.4	38.9	强	高抗	
00002984	72-51	内蒙古特色作物所	内蒙古自治区呼和浩特市	品系	94	蓝色	53.4		5	12	0.4	褐	6.0	39.6	强	高抗	
00002985	72-60	内蒙古特色作物所	内蒙古自治区呼和浩特市	品系	89	蓝色	51.3		3	7	0.3	褐	6.1	38.5	强	高抗	
00002986	73-8	内蒙古特色作物所	内蒙古自治区呼和浩特市	品系	94	白色	59.4		5	31	1.0	褐	7.0	37.7	强	高抗	
00002987	73-11	内蒙古特色作物所	内蒙古自治区呼和浩特市	品系	85	蓝色	55.7		4	9	0.3	褐	6.1	37.4	强	高抗	
00002988	73-19	内蒙古特色作物所	内蒙古自治区呼和浩特市	品系	97	蓝色	42.0		3	5	0.2	褐	6.5	38.3	强	高抗	
00002989	73-25	内蒙古特色作物所	内蒙古自治区呼和浩特市	品系	85	蓝色	54.5		3	5	0.5	褐	6.0	39.7	强	高抗	
00002990	73-39	内蒙古特色作物所	内蒙古自治区呼和浩特市	品系	94	蓝色	53.5		4	11	0.5	褐	7.9	39.7	强	高抗	

（续）

统一编号	种质名称	保存单位	原产地或来源地	种质类型	生育日数	花瓣色	株高	工艺长度	分枝数	蒴果数	单株粒重	种皮色	种子千粒重	种子含油率	耐旱性	立枯病抗性	备注
00002991	73-45	内蒙古特色作物所	内蒙古自治区呼和浩特市	品系	87	蓝色	53.1		5	10	0.5	褐	7.0	37.6	强	高抗	
00002992	73-22	内蒙古特色作物所	内蒙古自治区呼和浩特市	品系	94	蓝色	51.6		4	14	0.4	褐	6.1	38.8	强	高抗	
00002993	73-27	内蒙古特色作物所	内蒙古自治区呼和浩特市	品系	85	蓝色	65.3		6	25	1.0	黄褐	6.0	39.2	强	高抗	
00002994	73-33	内蒙古特色作物所	内蒙古自治区呼和浩特市	品系	89	蓝色	51.4		4	10	0.5	褐	8.0	39.4	强	高抗	
00002995	73-38	内蒙古特色作物所	内蒙古自治区呼和浩特市	品系	89	蓝色	59.3		4	11	0.6	褐	7.7	38.5	强	高抗	
00002996	73-49	内蒙古特色作物所	内蒙古自治区呼和浩特市	品系	94	蓝色	51.0		4	11	0.3	褐	7.5	39.5	强	高抗	
00002997	73A-3	内蒙古特色作物所	内蒙古自治区呼和浩特市	品系	89	蓝色	71.8		5	26	1.0	褐	6.6	39.5	强	高抗	
00002998	73A-6	内蒙古特色作物所	内蒙古自治区呼和浩特市	品系	87	蓝色	58.0		4	14	0.6	褐	6.8	38.4	中	高抗	
00002999	73A-11	内蒙古特色作物所	内蒙古自治区呼和浩特市	品系	85	蓝色	66.9		5	12	0.5	褐	6.0	37.5	中	高抗	
00003000	73A-15	内蒙古特色作物所	内蒙古自治区呼和浩特市	品系	85	蓝色	69.6		5	18	0.7	褐	5.3	38.4	强	高抗	
00003001	73A-31	内蒙古特色作物所	内蒙古自治区呼和浩特市	品系	85	紫色	55.2		3	11	0.4	褐	7.0	41.5	中	高抗	
00003002	73A-40	内蒙古特色作物所	内蒙古自治区呼和浩特市	品系	87	蓝色	56.9		4	10	0.4	褐	6.0	42.3	中	高抗	
00003003	73A-47	内蒙古特色作物所	内蒙古自治区呼和浩特市	品系	94	蓝色	65.2		5	14	0.6	褐	7.4	38.9	中	高抗	
00003004	73A-55	内蒙古特色作物所	内蒙古自治区呼和浩特市	品系	94	蓝色	66.4		4	19	0.8	褐	6.7	42.3	中	高抗	
00003005	73A-61	内蒙古特色作物所	内蒙古自治区呼和浩特市	品系	89	蓝色	59.9		4	8	0.4	褐	6.7	40.7	中	高抗	
00003006	73A-64	内蒙古特色作物所	内蒙古自治区呼和浩特市	品系	85	蓝色	66.3		4	13	0.5	褐	5.9	40.5	中	高抗	
00003007	73A-81	内蒙古特色作物所	内蒙古自治区呼和浩特市	品系	94	蓝色	66.0		4	8	0.3	褐	6.6	40.9	中	高抗	
00003008	73A-74	内蒙古特色作物所	内蒙古自治区呼和浩特市	品系	87	蓝色	65.5		5	16	0.8	褐	6.6	41.5	中	高抗	
00003009	73A-56	内蒙古特色作物所	内蒙古自治区呼和浩特市	品系	89	蓝色	60.3		4	22	1.0	褐	7.2	38.4	中	高抗	
00003010	73A-45	内蒙古特色作物所	内蒙古自治区呼和浩特市	品系	87	粉色	48.5		4	11	0.5	黄	7.0	38.5	强	高抗	
00003011	73A-84	内蒙古特色作物所	内蒙古自治区呼和浩特市	品系	94	粉色	51.0		4	17	0.7	褐	6.5	38.5	中	高抗	
00003012	73A-87	内蒙古特色作物所	内蒙古自治区呼和浩特市	品系	94	蓝色	58.0		4	11	0.5	褐	6.1	41.5	中	高抗	
00003013	73A-91	内蒙古特色作物所	内蒙古自治区呼和浩特市	品系	94	蓝色	54.4		4	10	0.5	褐	7.4	39.9	中	高抗	
00003014	73A-94	内蒙古特色作物所	内蒙古自治区呼和浩特市	品系	94	蓝色	57.3		4	10	0.4	褐	8.0	40.0	强	高抗	
00003015	74A-6	内蒙古特色作物所	内蒙古自治区呼和浩特市	品系	94	蓝色	61.0		4	10	0.5	褐	7.0	39.9	中	高抗	
00003016	74A-11	内蒙古特色作物所	内蒙古自治区呼和浩特市	品系	85	蓝色	57.2		3	9	0.4	褐	7.1	39.7	中	高抗	

（续）

统一编号	种质名称	保存单位	原产地或来源地	种质类型	生育日数	花瓣色	株高	工艺长度	分枝数	蒴果数	单株粒重	种皮色	种子千粒重	种子含油率	耐旱性	立枯病抗性	备注
00003017	74A-16	内蒙古特色作物所	内蒙古自治区呼和浩特市	品系	89	蓝色	49.2		3	6	0.3	褐	9.0	40.3	中	高抗	
00003018	74A-21	内蒙古特色作物所	内蒙古自治区呼和浩特市	品系	85	蓝色	62.1		4	10	0.5	褐	6.8	41.2	中	高抗	
00003019	74A-26	内蒙古特色作物所	内蒙古自治区呼和浩特市	品系	87	蓝色	58.3		4	12	0.5	褐	6.8	42.6	中	高抗	
00003020	74A-29	内蒙古特色作物所	内蒙古自治区呼和浩特市	品系	87	蓝色	51.9		5	17	1.0	褐	10.1	42.7	强	高抗	
00003021	74A-33	内蒙古特色作物所	内蒙古自治区呼和浩特市	品系	87	蓝色	52.7		4	15	0.6	褐	7.2	43.6	中	高抗	
00003022	74A-36	内蒙古特色作物所	内蒙古自治区呼和浩特市	品系	87	蓝色	80.5		4	20	1.0	褐	6.8	42.7	中	高抗	
00003023	74A-48	内蒙古特色作物所	内蒙古自治区呼和浩特市	品系	87	蓝色	54.9		3	16	0.5	褐	6.7	40.7	强	高抗	
00003024	74A-51	内蒙古特色作物所	内蒙古自治区呼和浩特市	品系	124	蓝色	63.6		4	12	0.8	褐	8.0	39.2	中	高抗	
00003025	74A-59	内蒙古特色作物所	内蒙古自治区呼和浩特市	品系	85	蓝色	59.1		5	11	0.7	褐	8.0	42.1	强	高抗	
00003026	74N-8	内蒙古特色作物所	内蒙古自治区呼和浩特市	品系	89	蓝色	53.2		4	11	0.6	褐	8.8	39.9	强	高抗	
00003027	74N-11	内蒙古特色作物所	内蒙古自治区呼和浩特市	品系	89	蓝色	59.5		4	11	0.4	褐	7.5	39.2	强	高抗	
00003028	74N-17	内蒙古特色作物所	内蒙古自治区呼和浩特市	品系	89	蓝色	52.9		4	17	0.4	褐	6.6	40.0	强	高抗	
00003029	74N-21	内蒙古特色作物所	内蒙古自治区呼和浩特市	品系	87	蓝色	66.8		4	20	0.8	褐	6.5	40.5	强	高抗	
00003030	74N-33	内蒙古特色作物所	内蒙古自治区呼和浩特市	品系	85	蓝色	69.6		5	36	1.1	褐	6.6	40.9	强	高抗	
00003031	74N-37	内蒙古特色作物所	内蒙古自治区呼和浩特市	品系	89	蓝色	64.1		7	25	0.8	褐	6.5	43.1	强	高抗	
00003032	74N-43	内蒙古特色作物所	内蒙古自治区呼和浩特市	品系	89	白色	55.9		5	18	1.0	褐	7.3	41.5	中	高抗	
00003033	74N-49	内蒙古特色作物所	内蒙古自治区呼和浩特市	品系	87	蓝色	66.2		3	18	0.6	褐	6.7	41.2	强	高抗	
00003034	74N-55	内蒙古特色作物所	内蒙古自治区呼和浩特市	品系	89	蓝色	55.9		5	21	1.0	褐	8.2	41.5	中	高抗	
00003035	74N-61	内蒙古特色作物所	内蒙古自治区呼和浩特市	品系	89	蓝色	68.7		4	15	0.4	褐	7.1	42.8	中	高抗	
00003036	74N-71	内蒙古特色作物所	内蒙古自治区呼和浩特市	品系	85	蓝色	70.4		6	20	1.0	褐	6.4	37.8	中	高抗	
00003037	74N-77	内蒙古特色作物所	内蒙古自治区呼和浩特市	品系	85	蓝色	64.9		5	11	0.5	褐	6.7	41.6	中	高抗	
00003038	75A-3	内蒙古特色作物所	内蒙古自治区呼和浩特市	品系	85	蓝色	64.9		4	13	0.7	褐	7.2	41.3	中	高抗	
00003039	75A-6	内蒙古特色作物所	内蒙古自治区呼和浩特市	品系	87	蓝色	61.3		5	17	0.4	褐	6.1	40.7	强	高抗	
00003040	75A-11	内蒙古特色作物所	内蒙古自治区呼和浩特市	品系	87	蓝色	73.0		5	22	0.6	褐	6.4	42.1	强	高抗	
00003041	75A-17	内蒙古特色作物所	内蒙古自治区呼和浩特市	品系	89	白色	32.9		5	14	0.6	褐	6.7	40.9	中	高抗	
00003042	75A-23	内蒙古特色作物所	内蒙古自治区呼和浩特市	品系	89	蓝色	67.6		4	11	0.5	黄褐	6.6	41.3	中	高抗	

（续）

统一编号	种质名称	保存单位	原产地或来源地	种质类型	生育日数	花瓣色	株高	工艺长度	分枝数	蒴果数	单株粒重	种皮色	种子千粒重	种子含油率	耐旱性	立枯病抗性	备注
00003043	75A-27	内蒙古特色作物所	内蒙古自治区呼和浩特市	品系	87	蓝色	62.0		6	18	0.9	褐	6.4	41.3	中	高抗	
00003044	75A-32	内蒙古特色作物所	内蒙古自治区呼和浩特市	品系	87	蓝色	67.5		5	13	0.6	褐	7.0	40.0	中	高抗	
00003045	75A-37	内蒙古特色作物所	内蒙古自治区呼和浩特市	品系	87	蓝色	66.8		5	12	0.8	褐	6.9	40.0	中	高抗	
00003046	75A-49	内蒙古特色作物所	内蒙古自治区呼和浩特市	品系	85	蓝色	59.0		4	18	0.7	褐	5.9	40.5	强	高抗	
00003047	75J-3	内蒙古特色作物所	内蒙古自治区呼和浩特市	品系	87	蓝色	55.0		3	15	0.6	褐	6.4	40.2	强	高抗	
00003048	75J-8	内蒙古特色作物所	内蒙古自治区呼和浩特市	品系	85	蓝色	61.9		4	16	0.6	褐	7.4	43.4	强	高抗	
00003049	75J-11	内蒙古特色作物所	内蒙古自治区呼和浩特市	品系	89	蓝色	60.9		4	10	0.4	褐	4.4	42.6	强	高抗	
00003050	75N-8	内蒙古特色作物所	内蒙古自治区呼和浩特市	品系	89	蓝色	58.4		4	8	0.3	褐	6.8	40.0	强	高抗	
00003051	75N-11	内蒙古特色作物所	内蒙古自治区呼和浩特市	品系	89	蓝色	62.5		5	15	0.6	褐	7.6	41.6	强	高抗	
00003052	75N-15	内蒙古特色作物所	内蒙古自治区呼和浩特市	品系	85	蓝色	64.7		5	11	0.5	褐	6.8	41.4	强	高抗	
00003053	75N-17	内蒙古特色作物所	内蒙古自治区呼和浩特市	品系	89	蓝色	54.0		3	9	0.6	褐	8.7	40.7	强	高抗	
00003054	75N-23	内蒙古特色作物所	内蒙古自治区呼和浩特市	品系	87	白色	56.3		5	12	0.6	褐	7.5	39.3	强	高抗	
00003055	75N-26	内蒙古特色作物所	内蒙古自治区呼和浩特市	品系	87	蓝色	55.5		4	9	0.5	褐	7.5	39.4	强	高抗	
00003056	75N-33	内蒙古特色作物所	内蒙古自治区呼和浩特市	品系	87	蓝色	54.7		4	15	0.6	褐	6.1	40.4	强	高抗	
00003057	75N-44	内蒙古特色作物所	内蒙古自治区呼和浩特市	品系	87	蓝色	57.8		3	8	0.4	褐	7.0	40.2	强	高抗	
00003058	75N-51	内蒙古特色作物所	内蒙古自治区呼和浩特市	品系	87	蓝色	57.9		3	15	0.5	褐	7.4	42.2	中	高抗	
00003059	76A-3	内蒙古特色作物所	内蒙古自治区呼和浩特市	品系	94	白色	64.0		4	8	0.3	黄	5.7	42.1	强	高抗	
00003060	76A-6	内蒙古特色作物所	内蒙古自治区呼和浩特市	品系	85	蓝色	59.1		4	7	0.3	褐	8.1	41.4	强	高抗	
00003061	76A-12	内蒙古特色作物所	内蒙古自治区呼和浩特市	品系	85	蓝色	63.1		4	14	0.4	褐	4.5	38.1	强	高抗	
00003062	76A-17	内蒙古特色作物所	内蒙古自治区呼和浩特市	品系	85	蓝色	66.5		4	10	0.4	褐	4.7	39.2	强	高抗	
00003063	76A-24	内蒙古特色作物所	内蒙古自治区呼和浩特市	品系	85	蓝色	73.3		4	26	1.0	褐	5.5	40.3	强	高抗	
00003064	76A-31	内蒙古特色作物所	内蒙古自治区呼和浩特市	品系	87	蓝色	65.1		4	13	0.5	褐	5.9	40.3	强	高抗	
00003065	76N-6	内蒙古特色作物所	内蒙古自治区呼和浩特市	品系	94	蓝色	50.8		4	12	0.6	褐	7.3	43.9	强	高抗	
00003066	76N-9	内蒙古特色作物所	内蒙古自治区呼和浩特市	品系	87	白色	67.9		4	14	0.5	褐	4.5	38.3	强	高抗	
00003067	76N-11	内蒙古特色作物所	内蒙古自治区呼和浩特市	品系	94	蓝色	71.3		6	27	0.9	褐	5.0	40.2	强	高抗	
00003068	76N-19	内蒙古特色作物所	内蒙古自治区呼和浩特市	品系	94	蓝色	68.8		6	19	0.8	褐	5.7	42.4	强	高抗	

（续）

统一编号	种质名称	保存单位	原产地或来源地	种质类型	生育日数	花瓣色	株高	工艺长度	分枝数	蒴果数	单株粒重	种皮色	种子千粒重	种子含油率	耐旱性	立枯病抗性	备注
00003069	76N-25	内蒙古特色作物所	内蒙古自治区呼和浩特市	品系	94	蓝色	60.6		4	12	0.7	褐	6.2	40.1	强	高抗	
00003070	76N-33	内蒙古特色作物所	内蒙古自治区呼和浩特市	品系	85	蓝色	69.6		5	12	0.5	褐	4.3	38.3	强	高抗	
00003071	76N-36	内蒙古特色作物所	内蒙古自治区呼和浩特市	品系	85	蓝色	53.1		3	17	0.4	褐	5.3	39.0	强	高抗	
00003072	76N-39	内蒙古特色作物所	内蒙古自治区呼和浩特市	品系	94	蓝色	61.8		5	22	0.9	褐	5.2	41.5	强	高抗	
00003073	76N-42	内蒙古特色作物所	内蒙古自治区呼和浩特市	品系	94	蓝色	62.5		8	22	1.0	褐	7.9	41.5	强	高抗	
00003074	76N-45	内蒙古特色作物所	内蒙古自治区呼和浩特市	品系	94	蓝色	57.3		5	21	1.0	褐	7.4	39.5	强	高抗	
00003075	76J-5	内蒙古特色作物所	内蒙古自治区呼和浩特市	品系	98	蓝色	61.6		4	12	0.5	褐	5.8	41.3	强	高抗	
00003076	76J-8	内蒙古特色作物所	内蒙古自治区呼和浩特市	品系	94	白色	60.5		4	16	0.6	褐	5.3	39.0	强	高抗	
00003077	76J-11	内蒙古特色作物所	内蒙古自治区呼和浩特市	品系	89	蓝色	55.6		3	15	0.7	褐	6.0	41.3	强	高抗	
00003078	76J-16	内蒙古特色作物所	内蒙古自治区呼和浩特市	品系	94	蓝色	65.1		5	10	0.4	褐	6.2	41.3	强	高抗	
00003079	76J-21	内蒙古特色作物所	内蒙古自治区呼和浩特市	品系	94	蓝色	60.7		4	7	0.2	褐	4.5	43.3	强	高抗	
00003080	76J-32	内蒙古特色作物所	内蒙古自治区呼和浩特市	品系	94	蓝色	69.5		6	28	1.1	褐	5.1	42.0	强	高抗	
00003081	76J-37	内蒙古特色作物所	内蒙古自治区呼和浩特市	品系	94	浅蓝色	61.4		4	9	0.3	褐	4.4	39.9	强	高抗	
00003082	77A-5	内蒙古特色作物所	内蒙古自治区呼和浩特市	品系	94	蓝色	55.9		4	12	0.5	褐	3.4	38.5	强	高抗	
00003083	77A-7	内蒙古特色作物所	内蒙古自治区呼和浩特市	品系	94	蓝色	60.8		3	9	0.3	褐	5.1	42.8	中	高抗	
00003084	77A-11	内蒙古特色作物所	内蒙古自治区呼和浩特市	品系	94	蓝色	56.7		4	14	0.5	褐	6.6	43.3	强	高抗	
00003085	77A-15	内蒙古特色作物所	内蒙古自治区呼和浩特市	品系	85	白色	56.1		3	7	0.4	褐	4.4	38.5	中	高抗	
00003086	77A-22	内蒙古特色作物所	内蒙古自治区呼和浩特市	品系	89	深蓝色	51.8		5	17	0.7	褐	6.7	40.8	强	高抗	
00003087	77A-26	内蒙古特色作物所	内蒙古自治区呼和浩特市	品系	89	深蓝色	58.2		5	18	0.8	褐	5.6	39.6	中	高抗	
00003088	77A-27	内蒙古特色作物所	内蒙古自治区呼和浩特市	品系	80	深蓝色	50.4		4	9	0.2	褐	4.6	39.0	中	高抗	
00003089	77A-32	内蒙古特色作物所	内蒙古自治区呼和浩特市	品系	85	蓝色	68.5		5	31	1.0	褐	4.4	36.1	中	高抗	
00003090	77A-35	内蒙古特色作物所	内蒙古自治区呼和浩特市	品系	89	蓝色	65.1		4	22	1.1	褐	6.9	39.8	强	高抗	
00003091	77A-41	内蒙古特色作物所	内蒙古自治区呼和浩特市	品系	80	深蓝色	64.6		4	10	0.4	褐	4.8	40.1	中	高抗	
00003092	77A-47	内蒙古特色作物所	内蒙古自治区呼和浩特市	品系	87	深蓝色	60.0		4	13	0.6	褐	6.0	40.6	中	高抗	
00003093	77A-51	内蒙古特色作物所	内蒙古自治区呼和浩特市	品系	89	深蓝色	70.3		5	21	1.0	褐	6.0	42.4	强	高抗	
00003094	77A-59	内蒙古特色作物所	内蒙古自治区呼和浩特市	品系	89	深蓝色	54.6		5	20	0.6	褐	5.6	40.0	强	高抗	

（续）

统一编号	种质名称	保存单位	原产地或来源地	种质类型	生育日数	花瓣色	株高	工艺长度	分枝数	蒴果数	单株粒重	种皮色	种子千粒重	种子含油率	耐旱性	立枯病抗性	备注
00003095	77A-61	内蒙古特色作物所	内蒙古自治区呼和浩特市	品系	85	蓝色	62.5		5	30	1.1	褐	6.0	40.3	中	高抗	
00003096	77N-8	内蒙古特色作物所	内蒙古自治区呼和浩特市	品系	85	深蓝色	55.9		4	16	0.7	褐	6.2	40.2	中	高抗	
00003097	77N-11	内蒙古特色作物所	内蒙古自治区呼和浩特市	品系	89	深蓝色	54.7		4	16	0.7	褐	6.1	41.1	强	高抗	
00003098	77N-15	内蒙古特色作物所	内蒙古自治区呼和浩特市	品系	87	紫色	44.0		3	6	0.3	褐	6.3	40.3	强	高抗	
00003099	77N-17	内蒙古特色作物所	内蒙古自治区呼和浩特市	品系	124	白色	55.8		4	9	0.4	褐	6.4	41.2	中	高抗	
00003100	77N-19	内蒙古特色作物所	内蒙古自治区呼和浩特市	品系	87	深蓝色	63.7		4	10	0.4	褐	6.4	41.0	中	高抗	
00003101	77N-23	内蒙古特色作物所	内蒙古自治区呼和浩特市	品系	87	深蓝色	59.5		4	9	0.4	褐	6.4	41.4	强	高抗	
00003102	77N-26	内蒙古特色作物所	内蒙古自治区呼和浩特市	品系	85	蓝色	57.3		5	21	0.8	褐	7.4	40.8	强	高抗	
00003103	77N-33	内蒙古特色作物所	内蒙古自治区呼和浩特市	品系	87	蓝色	67.1		5	23	0.6	褐	4.0	36.2	中	高抗	
00003104	77N-37	内蒙古特色作物所	内蒙古自治区呼和浩特市	品系	87	蓝色	61.4		4	10	0.4	褐	6.0	40.6	中	高抗	
00003105	77J-3	内蒙古特色作物所	内蒙古自治区呼和浩特市	品系	87	蓝色	68.7		5	20	0.5	褐	7.0	36.7	中	高抗	
00003106	77J-7	内蒙古特色作物所	内蒙古自治区呼和浩特市	品系	87	蓝色	70.4		4	10	0.4	褐	4.9	39.7	强	高抗	
00003107	77J-9	内蒙古特色作物所	内蒙古自治区呼和浩特市	品系	87	蓝色	71.5		6	21	1.0	褐	6.3	41.6	强	高抗	
00003108	77J-13	内蒙古特色作物所	内蒙古自治区呼和浩特市	品系	94	蓝色	59.0		4	9	0.4	褐	7.9	40.6	强	高抗	
00003109	77J-18	内蒙古特色作物所	内蒙古自治区呼和浩特市	品系	89	深蓝色	57.7		4	10	0.5	褐	6.0	41.6	强	高抗	
00003110	77J-24	内蒙古特色作物所	内蒙古自治区呼和浩特市	品系	89	蓝色	66.5		5	12	0.5	褐	5.6	39.6	强	高抗	
00003111	77J-27	内蒙古特色作物所	内蒙古自治区呼和浩特市	品系	87	蓝色	45.9		4	16	0.7	褐	6.8	38.4	中	高抗	
00003112	77J-29	内蒙古特色作物所	内蒙古自治区呼和浩特市	品系	80	蓝色	57.8		4	8	0.4	褐	6.1	39.4	强	高抗	
00003113	77J-33	内蒙古特色作物所	内蒙古自治区呼和浩特市	品系	94	蓝色	47.9		3	15	0.6	褐	6.6	39.1	强	高抗	
00003114	77J-37	内蒙古特色作物所	内蒙古自治区呼和浩特市	品系	87	蓝色	61.7		4	8	0.3	褐	5.2	37.6	中	高抗	
00003115	77J-41	内蒙古特色作物所	内蒙古自治区呼和浩特市	品系	87	深蓝色	61.4		5	17	0.5	褐	7.0	40.4	强	高抗	
00003116	78KA-2	内蒙古特色作物所	内蒙古自治区呼和浩特市	品系	87	深蓝色	59.5		4	17	0.4	褐	4.8	41.5	中	高抗	
00003117	78KA-7	内蒙古特色作物所	内蒙古自治区呼和浩特市	品系	85	蓝色	47.2		4	17	0.4	褐	6.6	39.7	中	高抗	
00003118	78KA-11	内蒙古特色作物所	内蒙古自治区呼和浩特市	品系	89	蓝色	50.9		4	16	0.6	褐	6.8	40.3	强	高抗	
00003119	78KA-11	内蒙古特色作物所	内蒙古自治区呼和浩特市	品系	89	深蓝色	49.0		3	15	0.5	褐	6.6	40.1	中	高抗	
00003120	78KA-14	内蒙古特色作物所	内蒙古自治区呼和浩特市	品系	89	浅蓝色	58.9		4	7	0.3	黄褐	6.2	39.3	中	高抗	

（续）

统一编号	种质名称	保存单位	原产地或来源地	种质类型	生育日数	花瓣色	株高	工艺长度	分枝数	蒴果数	单株粒重	种皮色	种子千粒重	种子含油率	耐旱性	立枯病抗性	备注
00003121	78KA-17	内蒙古特色作物所	内蒙古自治区呼和浩特市	品系	85	蓝色	45.2		3	15	0.3	褐	5.0	38.3	中	高抗	
00003122	78KA-22	内蒙古特色作物所	内蒙古自治区呼和浩特市	品系	89	蓝色	67.6		5	24	0.7	褐	5.4	41.2	中	高抗	
00003123	78KA-25	内蒙古特色作物所	内蒙古自治区呼和浩特市	品系	87	蓝色	60.7		6	16	0.6	褐	6.0	39.7	中	高抗	
00003124	78KA-31	内蒙古特色作物所	内蒙古自治区呼和浩特市	品系	89	蓝色	59.5		6	16	0.4	褐	4.8	38.6	中	高抗	
00003125	78KA-35	内蒙古特色作物所	内蒙古自治区呼和浩特市	品系	94	浅蓝色	48.0		3	16	0.5	褐	5.8	40.3	中	高抗	
00003126	78KA-38	内蒙古特色作物所	内蒙古自治区呼和浩特市	品系	94	蓝色	43.0		4	10	0.4	褐	6.6	38.4	中	高抗	
00003127	78KA-43	内蒙古特色作物所	内蒙古自治区呼和浩特市	品系	94	蓝色	45.7		3	8	0.5	褐	7.4	39.5	中	高抗	
00003128	78A-3	内蒙古特色作物所	内蒙古自治区呼和浩特市	品系	94	蓝色	53.7		4	9	0.4	褐	6.7	38.7	中	高抗	
00003129	78A-4	内蒙古特色作物所	内蒙古自治区呼和浩特市	品系	94	蓝色	50.7		4	13	0.6	褐	7.1	37.2	强	高抗	
00003130	78A-6	内蒙古特色作物所	内蒙古自治区呼和浩特市	品系	94	蓝色	57.8		4	16	0.7	褐	7.2	37.8	强	高抗	
00003131	78A-9	内蒙古特色作物所	内蒙古自治区呼和浩特市	品系	94	浅蓝色	55.8		3	13	0.5	褐	6.2	38.8	强	高抗	
00003132	78A-12	内蒙古特色作物所	内蒙古自治区呼和浩特市	品系	87	浅蓝色	55.1		5	16	0.8	褐	7.1	38.7	强	高抗	
00003133	78A-15	内蒙古特色作物所	内蒙古自治区呼和浩特市	品系	85	蓝色	59.6		4	7	0.3	褐	4.8	38.1	中	高抗	
00003134	78A-16	内蒙古特色作物所	内蒙古自治区呼和浩特市	品系	85	蓝色	53.4		5	15	0.7	褐	6.8	37.5	中	高抗	
00003135	78A-17	内蒙古特色作物所	内蒙古自治区呼和浩特市	品系	124	蓝色	70.4		5	13	0.7	褐	6.1	38.0	强	高抗	
00003136	78A-21	内蒙古特色作物所	内蒙古自治区呼和浩特市	品系	85	深蓝色	66.8		4	10	0.5	褐	4.2	38.8	中	高抗	
00003137	78A-22	内蒙古特色作物所	内蒙古自治区呼和浩特市	品系	87	深蓝色	61.3		4	7	0.3	褐	6.6	38.4	强	高抗	
00003138	78A-27	内蒙古特色作物所	内蒙古自治区呼和浩特市	品系	94	深蓝色	60.9		3	15	0.8	褐	6.9	39.6	强	高抗	
00003139	78A-33	内蒙古特色作物所	内蒙古自治区呼和浩特市	品系	87	白色	67.2		4	9	0.5	褐	4.5	38.7	强	高抗	
00003140	78A-35	内蒙古特色作物所	内蒙古自治区呼和浩特市	品系	80	浅蓝色	57.0		4	17	0.6	褐	10.0	36.9	中	高抗	
00003141	78A-37	内蒙古特色作物所	内蒙古自治区呼和浩特市	品系	89	浅蓝色	55.3		4	7	0.4	褐	6.2	37.9	强	高抗	
00003142	78N-4	内蒙古特色作物所	内蒙古自治区呼和浩特市	品系	85	浅蓝色	62.5		3	8	0.5	褐	6.0	37.1	中	高抗	
00003143	78N-5	内蒙古特色作物所	内蒙古自治区呼和浩特市	品系	89	蓝色	87.6		4	24	0.9	褐	5.0	38.9	强	高抗	
00003144	78N-7	内蒙古特色作物所	内蒙古自治区呼和浩特市	品系	94	蓝色	53.2		4	10	0.5	褐	6.6	38.8	强	高抗	
00003145	78N-10	内蒙古特色作物所	内蒙古自治区呼和浩特市	品系	87	白色	51.0		5	15	0.7	褐	7.1	38.9	强	高抗	
00003146	78N-13	内蒙古特色作物所	内蒙古自治区呼和浩特市	品系	94	白色	46.7		3	14	0.6	褐	9.2	37.8	强	高抗	

（续）

统一编号	种质名称	保存单位	原产地或来源地	种质类型	生育日数	花瓣色	株高	工艺长度	分枝数	蒴果数	单株粒重	种皮色	种子千粒重	种子含油率	耐旱性	立枯病抗性	备注
00003147	78N-14	内蒙古特色作物所	内蒙古自治区呼和浩特市	品系	87	蓝色	49.7		2	13	0.5	褐	5.2	37.9	中	高抗	
00003148	78N-16	内蒙古特色作物所	内蒙古自治区呼和浩特市	品系	80	深蓝色	56.2		3	15	0.3	褐	4.6	37.5	中	高抗	
00003149	78N-19	内蒙古特色作物所	内蒙古自治区呼和浩特市	品系	80	蓝色	70.7		6	25	0.8	褐	6.0	38.3	中	高抗	
00003150	78N-22	内蒙古特色作物所	内蒙古自治区呼和浩特市	品系	89	蓝色	68.2		4	30	0.9	褐	7.2	39.7	强	高抗	
00003151	78N-23	内蒙古特色作物所	内蒙古自治区呼和浩特市	品系	87	白色	55.8		4	6	0.4	褐	6.4	39.6	强	高抗	
00003152	78J-4	内蒙古特色作物所	内蒙古自治区呼和浩特市	品系	87	蓝色	62.9		4	10	0.3	褐	5.1	38.7	中	高抗	
00003153	78J-6	内蒙古特色作物所	内蒙古自治区呼和浩特市	品系	87	浅蓝色	57.8		4	16	0.5	褐	6.0	40.0	中	高抗	
00003154	78J-7	内蒙古特色作物所	内蒙古自治区呼和浩特市	品系	94	浅蓝色	58.5		4	16	0.4	褐	5.1	37.9	强	高抗	
00003155	78J-9	内蒙古特色作物所	内蒙古自治区呼和浩特市	品系	80	深蓝色	69.6		4	15	0.4	褐	6.6	36.3	中	高抗	
00003156	78J-11	内蒙古特色作物所	内蒙古自治区呼和浩特市	品系	80	深蓝色	61.3		3	9	0.3	褐	4.9	34.4	中	高抗	
00003157	78J-13	内蒙古特色作物所	内蒙古自治区呼和浩特市	品系	80	深蓝色	58.7		3	16	0.4	褐	4.6	34.4	中	高抗	
00003158	78J-15	内蒙古特色作物所	内蒙古自治区呼和浩特市	品系	80	深蓝色	68.3		4	12	0.5	褐	5.9	36.0	中	高抗	
00003159	78J-16	内蒙古特色作物所	内蒙古自治区呼和浩特市	品系	89	深蓝色	54.5		5	13	0.6	褐	6.8	38.7	强	高抗	
00003160	78J-18	内蒙古特色作物所	内蒙古自治区呼和浩特市	品系	87	深蓝色	57.8		3	9	0.4	褐	6.1	40.4	中	高抗	
00003161	78J-19	内蒙古特色作物所	内蒙古自治区呼和浩特市	品系	87	浅蓝色	63.3		5	9	0.6	褐	5.5	37.2	中	高抗	
00003162	78J-24	内蒙古特色作物所	内蒙古自治区呼和浩特市	品系	87	深蓝色	53.3		3	13	0.5	褐	6.3	37.1	强	高抗	
00003163	79A-3	内蒙古特色作物所	内蒙古自治区呼和浩特市	品系	87	浅蓝色	51.7		4	16	0.6	褐	7.4	38.5	强	高抗	
00003164	79A-5	内蒙古特色作物所	内蒙古自治区呼和浩特市	品系	87	浅蓝色	50.9		3	15	0.5	褐	5.2	35.7	中	高抗	
00003165	79A-6	内蒙古特色作物所	内蒙古自治区呼和浩特市	品系	89	蓝色	59.0		4	9	0.5	褐	6.4	39.8	强	高抗	
00003166	79A-8	内蒙古特色作物所	内蒙古自治区呼和浩特市	品系	85	蓝色	62.1		4	7	0.3	褐	4.5	37.9	中	高抗	
00003167	79A-13	内蒙古特色作物所	内蒙古自治区呼和浩特市	品系	84	深蓝色	53.4		5	11	0.4	褐	6.9	38.8	中	高抗	
00003168	79A-17	内蒙古特色作物所	内蒙古自治区呼和浩特市	品系	80	蓝色	62.2		4	10	0.4	褐	5.6	36.4	中	高抗	
00003169	79A-18	内蒙古特色作物所	内蒙古自治区呼和浩特市	品系	87	深蓝色	73.0		4	8	0.3	褐	6.0	35.0	中	高抗	
00003170	79A-20	内蒙古特色作物所	内蒙古自治区呼和浩特市	品系	87	深蓝色	69.6		4	9	0.3	褐	5.2	38.4	中	高抗	
00003171	79A-25	内蒙古特色作物所	内蒙古自治区呼和浩特市	品系	87	蓝色	64.8		4	9	0.4	褐	6.9	38.3	强	高抗	
00003172	79A-26	内蒙古特色作物所	内蒙古自治区呼和浩特市	品系	87	蓝色	69.9		4	8	0.3	褐	4.9	35.7	强	高抗	

（续）

统一编号	种质名称	保存单位	原产地或来源地	种质类型	生育日数	花瓣色	株高	工艺长度	分枝数	蒴果数	单株粒重	种皮色	种子千粒重	种子含油率	耐旱性	立枯病抗性	备注
00003173	79A-35	内蒙古特色作物所	内蒙古自治区呼和浩特市	品系	87	蓝色	58.9		4	12	0.5	褐	6.0	38.6	中	高抗	
00003174	79A-41	内蒙古特色作物所	内蒙古自治区呼和浩特市	品系	87	蓝色	60.3		4	13	0.6	褐	6.8	40.8	中	高抗	
00003175	79A-43	内蒙古特色作物所	内蒙古自治区呼和浩特市	品系	87	紫色	46.9		5	17	0.7	褐	8.0	39.6	中	高抗	
00003176	79A-45	内蒙古特色作物所	内蒙古自治区呼和浩特市	品系	85	蓝色	80.3		4	1	0.4	褐	5.0	37.4	强	高抗	
00003177	79A-47	内蒙古特色作物所	内蒙古自治区呼和浩特市	品系	85	蓝色	60.6		4	9	0.4	褐	6.0	39.6	中	高抗	
00003178	79A-53	内蒙古特色作物所	内蒙古自治区呼和浩特市	品系	85	蓝色	77.4		4	5	0.3	褐	4.6	37.1	弱	高抗	
00003179	79A-57	内蒙古特色作物所	内蒙古自治区呼和浩特市	品系	87	蓝色	49.9		4	8	0.3	褐	6.0	38.8	强	高抗	
00003180	79A-57	内蒙古特色作物所	内蒙古自治区呼和浩特市	品系	87	蓝色	68.6		5	21	0.8	褐	6.4	39.1	中	高抗	
00003181	79A-56	内蒙古特色作物所	内蒙古自治区呼和浩特市	品系	87	深蓝色	52.8		4	7	0.3	褐	7.1	39.2	强	高抗	
00003182	79N-3	内蒙古特色作物所	内蒙古自治区呼和浩特市	品系	80	蓝色	57.7		4	9	0.4	褐	6.9	41.0	强	高抗	
00003183	79N-6	内蒙古特色作物所	内蒙古自治区呼和浩特市	品系	80	蓝色	81.4		4	7	0.3	褐	5.0	38.7	中	高抗	
00003184	79N-8	内蒙古特色作物所	内蒙古自治区呼和浩特市	品系	80	蓝色	80.2		4	12	0.4	褐	4.0	38.6	中	高抗	
00003185	79N-11	内蒙古特色作物所	内蒙古自治区呼和浩特市	品系	89	浅蓝色	62.7		5	31	1.0	褐	7.4	41.1	强	高抗	
00003186	79N-13	内蒙古特色作物所	内蒙古自治区呼和浩特市	品系	87	蓝色	66.5		5	12	0.5	褐	7.4	41.5	强	高抗	
00003187	79N-15	内蒙古特色作物所	内蒙古自治区呼和浩特市	品系	87	深蓝色	60.7		4	11	0.5	褐	5.4	41.0	中	高抗	
00003188	79N-19	内蒙古特色作物所	内蒙古自治区呼和浩特市	品系	94	深蓝色	59.6		4	8	0.5	褐	8.3	41.5	强	高抗	
00003189	79N-21	内蒙古特色作物所	内蒙古自治区呼和浩特市	品系	85	紫色/红色	52.7		4	11	0.5		7.4	42.9	中	高抗	
00003190	79J-4	内蒙古特色作物所	内蒙古自治区呼和浩特市	品系	85	蓝色	58.8		4	13	0.6	褐	6.8	41.3	强	高抗	
00003191	79J-5	内蒙古特色作物所	内蒙古自治区呼和浩特市	品系	87	蓝色	60.8		5	19	0.5	褐	7.1	40.0	强	高抗	
00003192	79J-7	内蒙古特色作物所	内蒙古自治区呼和浩特市	品系	85	深蓝色	55.9		3	14	0.5	褐	5.6	38.3	中	高抗	
00003193	79J-9	内蒙古特色作物所	内蒙古自治区呼和浩特市	品系	87	蓝色	55.4		4	10	0.4	褐	5.8	41.5	强	高抗	
00003194	79J-11	内蒙古特色作物所	内蒙古自治区呼和浩特市	品系	87	蓝色	57.1		4	11	0.5	褐	6.0	40.9	中	高抗	
00003195	79J-12	内蒙古特色作物所	内蒙古自治区呼和浩特市	品系	87	蓝色	55.4		4	10	0.4	褐	9.9	39.9	强	高抗	
00003196	79J-14	内蒙古特色作物所	内蒙古自治区呼和浩特市	品系	87	深蓝色	63.0		5	16	0.6	褐	5.7	40.5	强	高抗	
00003197	79J-21	内蒙古特色作物所	内蒙古自治区呼和浩特市	品系	85	深蓝色	61.9		5	15	0.4	褐	5.3	39.7	强	高抗	
00003198	79J-25	内蒙古特色作物所	内蒙古自治区呼和浩特市	品系	85	深蓝色	66.1		5	13	0.6	褐	6.4	39.5	强	高抗	

（续）

统一编号	种质名称	保存单位	原产地或来源地	种质类型	生育日数	花瓣色	株高	工艺长度	分枝数	蒴果数	单株粒重	种皮色	种子千粒重	种子含油率	耐旱性	立枯病抗性	备注
00003199	79J-31	内蒙古特色作物所	内蒙古自治区呼和浩特市	品系	87	深蓝色	61.9		4	10	0.5	褐	7.0	39.0	强	高抗	
00003200	80A-4	内蒙古特色作物所	内蒙古自治区呼和浩特市	品系	89	深蓝色	64.6		3	6	0.3	褐	7.3	39.7	强	高抗	
00003201	80A-5	内蒙古特色作物所	内蒙古自治区呼和浩特市	品系	94	浅蓝色	61.1		4	20	0.6	褐	5.0	38.7	中	高抗	
00003202	80A-9	内蒙古特色作物所	内蒙古自治区呼和浩特市	品系	94	蓝色	66.5		5	9	0.5		6.6	38.4	中	高抗	
00003203	80A-11	内蒙古特色作物所	内蒙古自治区呼和浩特市	品系	89	深蓝色	57.8		4	7	0.3	褐	5.7	38.5	中	高抗	
00003204	80A-13	内蒙古特色作物所	内蒙古自治区呼和浩特市	品系	80	白色	56.4		3	15	0.4	褐	4.0	38.5	强	高抗	
00003205	80A-15	内蒙古特色作物所	内蒙古自治区呼和浩特市	品系	94	蓝色	65.2		5	32	0.8	褐	6.0	36.9	强	高抗	
00003206	80KA-2	内蒙古特色作物所	内蒙古自治区呼和浩特市	品系	89	深蓝色	62.7		4	13	0.6	褐	6.9	35.9	强	高抗	
00003207	80KA-3	内蒙古特色作物所	内蒙古自治区呼和浩特市	品系	89	深蓝色	50.2		3	5	0.3	褐	6.5	37.4	中	高抗	
00003208	80KA-7	内蒙古特色作物所	内蒙古自治区呼和浩特市	品系	80	深蓝色	59.4		4	10	0.4	褐	5.6	37.8	中	高抗	
00003209	80KA-9	内蒙古特色作物所	内蒙古自治区呼和浩特市	品系	85	深蓝色	76.1		6	23	0.5	褐	5.6	37.7	中	高抗	
00003210	80KA-10	内蒙古特色作物所	内蒙古自治区呼和浩特市	品系	85	深蓝色	54.5		4	10	0.5	褐	7.4	38.3	强	高抗	
00003211	80KA-11	内蒙古特色作物所	内蒙古自治区呼和浩特市	品系	85	蓝色	67.6		4	11	0.5	褐	6.0	38.4	中	高抗	
00003212	80KA-17	内蒙古特色作物所	内蒙古自治区呼和浩特市	品系	85	浅蓝色	53.9		4	9	0.4	褐	7.0	38.1	强	高抗	
00003213	80KA-19	内蒙古特色作物所	内蒙古自治区呼和浩特市	品系	87	蓝色	61.7		4	9	0.3	褐	6.2	38.6	中	高抗	
00003214	80N-7	内蒙古特色作物所	内蒙古自治区呼和浩特市	品系	94	蓝色	56.3		5	19	0.9	褐	6.6	39.7	弱	高抗	
00003215	80N-9	内蒙古特色作物所	内蒙古自治区呼和浩特市	品系	87	蓝色	48.0		4	9	0.4	褐	6.8	38.4	强	高抗	
00003216	80N-11	内蒙古特色作物所	内蒙古自治区呼和浩特市	品系	87	深蓝色	55.6		4	6	0.3	褐	5.4	37.4	中	高抗	
00003217	80N-13	内蒙古特色作物所	内蒙古自治区呼和浩特市	品系	80	深蓝色	50.1		4	9	0.4	褐	6.4	38.3	中	高抗	
00003218	双 5	内蒙古特色作物所	山西省大同市	选育品种	94	深蓝色	54.8		4	10	0.3	褐	6.9	41.0	强	高抗	
00003219	双 6	内蒙古特色作物所	山西省大同市	选育品种	94	蓝色	54.4		5	26	0.8	褐	5.5	38.7	中	高抗	
00003220	双 7	内蒙古特色作物所	山西省大同市	选育品种	94	蓝色	65.4		5	25	1.0	褐	6.1	41.4	中	高抗	
00003221	双 8	内蒙古特色作物所	山西省大同市	选育品种	94	蓝色	54.8		3	15	0.7	褐	7.5	40.4	中	高抗	
00003222	双 9	内蒙古特色作物所	山西省大同市	选育品种	94	蓝色	46.9		3	9	0.4	褐	8.7	40.0	中	高抗	
00003223	双 10	内蒙古特色作物所	山西省大同市	选育品种	94	蓝色	57.2		5	11	0.8	褐	10.0	40.0	中	高抗	
00003224	80N15	内蒙古特色作物所	山西省大同市	品系	87	白色	52.6		5	10	0.4	褐	6.1	40.6	中	高抗	

（续）

统一编号	种质名称	保存单位	原产地或来源地	种质类型	生育日数	花瓣色	株高	工艺长度	分枝数	蒴果数	单株粒重	种皮色	种子千粒重	种子含油率	耐旱性	立枯病抗性	备注
00003225	80N18	内蒙古特色作物所	山西省大同市	品系	87	蓝色	72.0		4	14	0.8	褐	4.2	39.7	强	高抗	
00003226	80N-39	内蒙古特色作物所	内蒙古自治区呼和浩特市	品系	85	白色	91.6		4	15	0.7	褐	5.3	37.0	弱	高抗	
00003227	79-1	内蒙古特色作物所	内蒙古自治区乌兰察布盟	品系	85	蓝色	73.3		6	15	0.6	褐	6.4	40.8	强	高抗	
00003228	80N-24	内蒙古特色作物所	内蒙古自治区呼和浩特市	品系	87	蓝色	83.2		2	8	0.4	褐	5.1	37.6	中	高抗	
00003229	80N-31	内蒙古特色作物所	内蒙古自治区呼和浩特市	品系	89	蓝色	59.8		4	17	0.7	褐	8.7	40.5	中	高抗	
00003230	80N-35	内蒙古特色作物所	内蒙古自治区呼和浩特市	品系	89	蓝色	48.8		4	12	0.8	褐	8.3	38.1	中	高抗	
00003231	80N-39	内蒙古特色作物所	内蒙古自治区呼和浩特市	品系	89	蓝色	48.7		4	14	1.0	褐	12.3	39.2	中	高抗	
00003232	80N-42	内蒙古特色作物所	内蒙古自治区呼和浩特市	品系	89	蓝色	54.7		5	12	0.8	褐	9.2	40.1	中	高抗	
00003233	78KA-16	内蒙古特色作物所	内蒙古自治区呼和浩特市	品系	87	蓝色	67.1		4	11	0.6	褐	6.8	40.9	中	高抗	
00003234	80N-41	内蒙古特色作物所	内蒙古自治区呼和浩特市	品系	87	蓝色	60.8		4	21	1.0	褐	6.0	41.9	中	高抗	
00003235	80N-47	内蒙古特色作物所	内蒙古自治区呼和浩特市	品系	80	蓝色	85.0		4	13	0.5	褐	5.3	38.3	强	高抗	
00003236	80N-48	内蒙古特色作物所	内蒙古自治区呼和浩特市	品系	80	白色	104.4		3	6	0.3	褐	5.1	37.0	中	高抗	
00003237	80N-52	内蒙古特色作物所	内蒙古自治区呼和浩特市	品系	80	蓝色	99.7		4	8	0.4	褐	5.1	38.1	中	高抗	
00003238	80N-56	内蒙古特色作物所	内蒙古自治区呼和浩特市	品系	87	蓝色	55.0		2	18	0.7	褐	8.0	41.4	中	高抗	
00003239	80N-59	内蒙古特色作物所	内蒙古自治区呼和浩特市	品系	87	蓝色	75.7		5	21	1.0	褐	7.6	41.2	中	高抗	
00003240	80N-61	内蒙古特色作物所	内蒙古自治区呼和浩特市	品系	87	蓝色	61.6		4	10	0.5	褐	6.0	40.8	中	高抗	
00003241	7873-1	内蒙古特色作物所	内蒙古自治区呼和浩特市	品系	87	蓝色	66.3		4	11	0.6	褐	7.1	40.8	中	高抗	
00003242	78KA-6	内蒙古特色作物所	内蒙古自治区呼和浩特市	品系	87	蓝色	66.2		5	21	1.1	褐	6.4	41.6	中	高抗	
00003243	81A-0	内蒙古特色作物所	内蒙古自治区呼和浩特市	品系	87	蓝色	62.1		4	34	1.0	褐	6.8	40.0	强	高抗	
00003244	70-14	内蒙古特色作物所	内蒙古自治区呼和浩特市	品系	87	蓝色	59.1		7	25	0.9	褐	7.7	40.3	中	高抗	
00003245	关内二号	内蒙古特色作物所	宁夏回族自治区固原市	选育品种	87	蓝色	71.7		7	24	0.9	褐	4.7	37.3	中	高抗	
00003246	关内16号	内蒙古特色作物所	宁夏回族自治区固原市	选育品种	87	蓝色	58.0		11	21	0.9	褐	7.0	39.7	中	高抗	
00003247	关内18号	内蒙古特色作物所	宁夏回族自治区固原市	选育品种	87	蓝色	75.3		4	23	0.6	褐	4.0	37.7	中	高抗	
00003248	关内20号	内蒙古特色作物所	宁夏回族自治区固原市	选育品种	87	深蓝色	52.4		5	25	0.9	褐	7.0	38.5	中	高抗	
00003249	关内21号	内蒙古特色作物所	宁夏回族自治区固原市	选育品种	87	蓝色	51.3		4	20	0.9	褐	7.0	38.7	中	高抗	
00003250	五寨2号	内蒙古特色作物所	山西省五寨县	选育品种	87	蓝色	51.7		4	22	1.2	褐	7.1	38.2	中	高抗	

（续）

统一编号	种质名称	保存单位	原产地或来源地	种质类型	生育日数	花瓣色	株高	工艺长度	分枝数	蒴果数	单株粒重	种皮色	种子千粒重	种子含油率	耐旱性	立枯病抗性	备注
00003251	五寨 3 号	内蒙古特色作物所	山西省五寨县	选育品种	87	蓝色	61.8		5	25	1.1	褐	6.1	38.2	强	高抗	
00003252	五寨 4 号	内蒙古特色作物所	山西省五寨县	选育品种	87	蓝色	61.4		4	25	1.1	褐	8.4	39.2	强	高抗	
00003253	五寨 5 号	内蒙古特色作物所	山西省五寨县	选育品种	87	蓝色	55.3		4	27	1.0	褐	7.5	38.0	强	高抗	
00003254	五寨 17 号	内蒙古特色作物所	山西省五寨县	选育品种	87	蓝色	64.2		4	24	1.1	褐	7.5	39.1	强	高抗	
00003255	五寨 19 号	内蒙古特色作物所	山西省五寨县	选育品种	87	蓝色	53.3		4	25	1.1	褐	8.0	38.3	强	高抗	
00003256	五寨 28 号	内蒙古特色作物所	山西省五寨县	选育品种	87	蓝色	56.0		4	25	1.0	褐	7.6	37.6	强	高抗	
00003257	五寨 29 号	内蒙古特色作物所	山西省五寨县	选育品种	87	蓝色	72.1		3	28	0.6	褐	7.2	38.6	强	高抗	
00003258	7917-8	内蒙古特色作物所	内蒙古自治区呼和浩特市	品系	87	蓝色	62.5		5	14	0.7	褐	7.0	38.4	强	高抗	
00003259	7920	内蒙古特色作物所	内蒙古自治区呼和浩特市	品系	87	蓝色	58.9		4	11	0.7	褐	8.0	40.8	中	高抗	
00003260	81N-42	内蒙古特色作物所	内蒙古自治区呼和浩特市	品系	85	蓝色	43.8		4	12	0.8	褐	6.9	38.6	中	高抗	
00003261	81N-46	内蒙古特色作物所	内蒙古自治区呼和浩特市	品系	89	蓝色	62.3		5	19	1.0	褐	6.8	41.7	中	高抗	
00003262	81N-48	内蒙古特色作物所	内蒙古自治区呼和浩特市	品系	89	蓝色	34.9		4	9	0.7	褐	6.9	40.2	中	高抗	
00003263	37078	内蒙古特色作物所	甘肃省兰州市	品系	89	蓝色	54.1		4	6		褐	8.2	39.6	中	高抗	
00003264	85134	内蒙古特色作物所	甘肃省兰州市	品系	87	蓝色	61.0		4	9	0.4	褐	8.2	41.4	中	高抗	
00003265	陇 7-11-11	内蒙古特色作物所	甘肃省兰州市	选育品种	87	蓝色	51.1		4	9	0.4	褐	7.1	41.3	弱	高抗	
00003266	陇 772911	内蒙古特色作物所	甘肃省兰州市	选育品种	87	蓝色	42.5		4	11	0.5	褐	6.6	39.9	弱	高抗	
00003267	陇 7-6-11	内蒙古特色作物所	甘肃省兰州市	选育品种	94	蓝色	63.6		4	10	0.5	褐	6.5	38.7	中	高抗	
00003268	B1	内蒙古特色作物所	内蒙古自治区呼和浩特市	品系	108	蓝色	71.2		4	11	0.7	褐	7.6	43.9	强	抗病	
00003269	B2	内蒙古特色作物所	内蒙古自治区呼和浩特市	品系	112	蓝色	73.7		4	11	0.7	褐	7.3	41.4	强	抗病	
00003270	B3	内蒙古特色作物所	内蒙古自治区呼和浩特市	品系	108	蓝色	71.7		5	11	0.8	褐	7.5	40.6	强	抗病	
00003271	B4	内蒙古特色作物所	内蒙古自治区呼和浩特市	品系	112	蓝色	83.1		5	12	0.9	褐	7.1	41.9	强	抗病	
00003272	B5	内蒙古特色作物所	内蒙古自治区呼和浩特市	品系	112	蓝色	70.9		4	9	0.5	褐	7.0	41.6	强	抗病	
00003273	内亚二号	内蒙古特色作物所	内蒙古自治区呼和浩特市	选育品种	108	蓝色	68.9		4	10	0.7	褐	7.3	42.3	强	抗病	
00003274	内亚四号	内蒙古特色作物所	内蒙古自治区呼和浩特市	选育品种	96	蓝色	42.5		4	10	0.5	褐	8.0	43.1	强	抗病	
00003275	天亚六号	内蒙古特色作物所	甘肃省兰州市	选育品种	88	蓝色	80.6		5	13	0.7	褐	7.3	42.2	强	高抗	
00003276	定亚 15 号	内蒙古特色作物所	甘肃省定西市	选育品种	87	蓝色	58.8		4	10	0.4	褐	7.0	38.2	强	高抗	

（续）

统一编号	种质名称	保存单位	原产地或来源地	种质类型	生育日数	花瓣色	株高	工艺长度	分枝数	蒴果数	单株粒重	种皮色	种子千粒重	种子含油率	耐旱性	立枯病抗性	备注
00003277	定亚 16 号	内蒙古特色作物所	甘肃省定西市	选育品种	87	深蓝色	57.1		4	9	0.5	褐	8.1	40.9	强	高抗	
00003278	定亚 17 号	内蒙古特色作物所	甘肃省定西市	选育品种	87	深蓝色	51.6		4	9	0.4	褐	7.4	40.8	强	高抗	
00003279	8227	内蒙古特色作物所	甘肃省定西市	品系	89	深蓝色	51.2		4	10	0.6	褐	8.6	42.5	强	高抗	
00003280	7916	内蒙古特色作物所	甘肃省定西市	品系	82	深蓝色	58.5		4	16	0.7	褐	8.0	38.5	强	高抗	
00003281	7819	内蒙古特色作物所	甘肃省定西市	品系	82	深蓝色	48.2		3	14	0.6	褐	7.6	40.5	强	高抗	
00003282	81N-50	内蒙古特色作物所	内蒙古自治区呼和浩特市	品系	89	蓝色	66.0		3	10	0.5	褐	4.2	38.6	强	高抗	
00003283	81N-54	内蒙古特色作物所	内蒙古自治区呼和浩特市	品系	89	蓝色	60.7		4	9	0.4	褐	4.0	39.2	强	高抗	
00003284	81N-59	内蒙古特色作物所	内蒙古自治区呼和浩特市	品系	86	白色	69.5		4	12	0.5	黄	4.6	37.9	强	高抗	
00003285	81N-65	内蒙古特色作物所	内蒙古自治区呼和浩特市	品系	84	蓝色	36.8		5	17	0.6	褐	4.1	38.5	强	高抗	
00003286	81N-68	内蒙古特色作物所	内蒙古自治区呼和浩特市	品系	85	蓝色	62.7		4	16	0.6	褐	4.7	39.4	强	高抗	
00003287	81N-70	内蒙古特色作物所	内蒙古自治区呼和浩特市	品系	89	蓝色	52.6		3	8	0.5	褐	5.3	39.5	强	高抗	
00003288	81N-74	内蒙古特色作物所	内蒙古自治区呼和浩特市	品系	89	蓝色	47.7		4	14	0.5	褐	5.5	38.8	强	高抗	
00003289	81N-75	内蒙古特色作物所	内蒙古自治区呼和浩特市	品系	89	蓝色	38.2		4	15	0.6	褐	6.7	39.2	强	高抗	
00003290	775A	内蒙古特色作物所	内蒙古自治区呼和浩特市	品系	89	白色	86.3		5	15	0.6	褐	7.8	38.6	强	高抗	
00003291	775B	内蒙古特色作物所	内蒙古自治区呼和浩特市	品系	89	白色	87.2		4	15	0.7	褐	7.0	36.3	强	高抗	
00003292	775C	内蒙古特色作物所	内蒙古自治区呼和浩特市	品系	89	蓝色	84.4		4	9	0.5	褐	7.0	37.7	强	高抗	
00003293	85100	内蒙古特色作物所	内蒙古自治区呼和浩特市	品系	89	蓝色	89.4		5	13	0.6	褐	7.4	39.3	强	高抗	
00003294	8412	内蒙古特色作物所	内蒙古自治区呼和浩特市	品系	89	蓝色	80.3		4	7	0.5	褐	10.7	39.3	强	高抗	
00003295	85051-B	内蒙古特色作物所	内蒙古自治区呼和浩特市	品系	89	蓝色	86.1		5	16	0.7	褐	8.4	38.7	强	高抗	
00003296	79069	内蒙古特色作物所	新疆维吾尔自治区伊犁州	品系	85	蓝色	76.2		4	12	0.6	褐	7.0	40.9	强	高抗	
00003297	86096	内蒙古特色作物所	新疆维吾尔自治区伊犁州	品系	85	蓝色	97.8		4	10	0.6	褐	6.2	37.2	中	高抗	
00003298	8615	内蒙古特色作物所	新疆维吾尔自治区伊犁州	品系	89	蓝色	99.7		3	9	0.5	褐	5.9	38.3	中	高抗	
00003299	85-84-2	内蒙古特色作物所	甘肃省天水市	品系	89	白色	79.5		7	23	1.0	黄	6.8	40.1	中	高抗	
00003300	84-69-1	内蒙古特色作物所	甘肃省天水市	品系	89	蓝色	84.1		5	17	0.7	褐	7.2	37.1	强	高抗	
00003301	天水	内蒙古特色作物所	甘肃省天水市	品系	89	蓝色	79.7		7	21	1.0	褐	7.2	41.8	强	高抗	
00003302	7751-2	内蒙古特色作物所	内蒙古自治区呼和浩特市	品系	89	蓝色	82.5		5	17	0.9	褐	8.6	39.4	强	高抗	

（续）

统一编号	种质名称	保存单位	原产地或来源地	种质类型	生育日数	花瓣色	株高	工艺长度	分枝数	蒴果数	单株粒重	种皮色	种子千粒重	种子含油率	耐旱性	立枯病抗性	备注
00003303	256	内蒙古特色作物所	内蒙古自治区呼和浩特市	品系	85	蓝色	94.3		5	12	0.5	褐	5.9	39.3	强	高抗	
00003304	81KA-22	内蒙古特色作物所	内蒙古自治区呼和浩特市	品系	98	蓝色	68.6		5	17	0.7	褐	7.8	40.9	强	高抗	
00003305	81KA-25	内蒙古特色作物所	内蒙古自治区呼和浩特市	品系	97	蓝色	72.2		6	18	0.6	褐	6.9	39.8	强	高抗	
00003306	81KA-28	内蒙古特色作物所	内蒙古自治区呼和浩特市	品系	97	蓝色	73.8		5	15	0.6	褐	7.6	37.8	强	高抗	
00003307	81KA-33	内蒙古特色作物所	内蒙古自治区呼和浩特市	品系	91	白色	57.4		5	14	0.6	黄	6.4	40.9	强	高抗	
00003308	81KA-35	内蒙古特色作物所	内蒙古自治区呼和浩特市	品系	91	蓝色	56.7		5	21	1.0	褐	9.5	40.1	强	高抗	
00003309	80058	内蒙古特色作物所	内蒙古自治区呼和浩特市	品系	110	蓝色	66.7		6	19	0.9	褐	8.9	40.6	强	高抗	
00003310	79059	内蒙古特色作物所	内蒙古自治区呼和浩特市	品系	108	蓝色	61.9		4	14	0.8	褐	8.4	39.7	强	高抗	
00003311	79075	内蒙古特色作物所	新疆维吾尔自治区伊犁州	品系	112	蓝色	73.6		6	22	1.1	褐	8.0	42.4	强	高抗	
00003312	79103	内蒙古特色作物所	新疆维吾尔自治区伊犁州	品系	110	白色	66.5		6	18	0.9	褐	8.0	42.0	强	高抗	
00003313	790124	内蒙古特色作物所	新疆维吾尔自治区伊犁州	品系	109	蓝色	73.1		6	21	1.0	褐	7.2	44.0	强	高抗	
00003314	79073	内蒙古特色作物所	新疆维吾尔自治区伊犁州	品系	109	白色	63.1		5	16	0.7	黄	7.0	44.2	强	高抗	
00003315	79065	内蒙古特色作物所	新疆维吾尔自治区伊犁州	品系	109	蓝色	71.3		5	16	0.7	褐	6.9	40.6	强	抗病	
00003316	78161	内蒙古特色作物所	新疆维吾尔自治区伊犁州	品系	115	蓝色	60.6		5	19	0.7	褐	7.9	43.9	强	高抗	
00003317	定亚 19	内蒙古特色作物所	甘肃省定西市	选育品种	101	蓝色	40.0		4	13	0.6	褐	8.0	42.0	强	高抗	
00003318	8018-482	内蒙古特色作物所	宁夏回族自治区固原市	品系	112	蓝色	73.1		5	20	0.9	褐	7.2	40.4	强	高抗	
00003319	8035-1813	内蒙古特色作物所	宁夏回族自治区固原市	品系	108	蓝色	70.1		4	25	1.1	褐	7.5	40.7	强	高抗	
00003320	85086	内蒙古特色作物所	宁夏回族自治区固原市	品系	108	蓝色	63.7		4	24	0.9	褐	8.5	39.8	强	高抗	
00003321	8236-9	内蒙古特色作物所	宁夏回族自治区固原市	品系	108	蓝色	69.7		4	27	0.8	褐	7.0	40.6	强	高抗	
00003322	8033-16	内蒙古特色作物所	宁夏回族自治区固原市	品系	112	蓝色	75.8		4	26	0.9	褐	7.0	39.4	强	高抗	
00003323	8224-24	内蒙古特色作物所	宁夏回族自治区固原市	品系	108	蓝色	73.4		4	26	1.0	褐	6.4	43.0	强	高抗	
00003324	8236-22	内蒙古特色作物所	宁夏回族自治区固原市	品系	112	蓝色	65.6		4	29	1.1	褐	6.8	40.5	强	高抗	
00003325	81KN-41	内蒙古特色作物所	内蒙古自治区呼和浩特市	品系	112	蓝色	58.2		5	28	1.1	褐	8.4	39.7	中	抗病	
00003326	定亚 10 号	内蒙古特色作物所	甘肃省定西市	选育品种	112	蓝色	66.1		4	24	1.0	褐	8.4	39.4	强	高抗	
00003327	定亚 20 号	内蒙古特色作物所	甘肃省定西市	选育品种	112	蓝色	65.3		4	26	1.0	褐	6.5	39.9	强	抗病	
00003328	8777-24	内蒙古特色作物所	山西省大同市	品系	108	蓝色	64.3		4	21	0.9	褐	6.3	40.4	强	抗病	

（续）

统一编号	种质名称	保存单位	原产地或来源地	种质类型	生育日数	花瓣色	株高	工艺长度	分枝数	蒴果数	单株粒重	种皮色	种子千粒重	种子含油率	耐旱性	立枯病抗性	备注
00003329	8777-3	内蒙古特色作物所	山西省大同市	品系	112	蓝色	80.4		4	26	1.1	褐	5.7	39.2	强	抗病	
00003330	8796	内蒙古特色作物所	山西省大同市	品系	112	蓝色	74.8		4	30	1.1	褐	6.4	41.9	强	抗病	
00003331	89139	内蒙古特色作物所	宁夏回族自治区固原市	品系	108	蓝色	62.6		4	23	1.0	褐	8.5	40.7	强	高抗	
00003332	8166-1-4	内蒙古特色作物所	甘肃省张掖市	品系	112	白色	67.5		4	28	1.0	黄	7.0	40.2	强	高抗	
00003333	6610-14	内蒙古特色作物所	甘肃省张掖市	品系	108	白色	60.2		4	22	0.9	黄	6.3	39.2	强	抗病	
00003334	87101	内蒙古特色作物所	甘肃省天水市	品系	108	蓝色	67.8		4	19	0.9	褐	7.0	39.1	强	抗病	
00003335	8591-9	内蒙古特色作物所	甘肃省天水市	品系	108	蓝色	58.3		3	28	1.1	褐	6.8	38.4	中	抗病	
00003336	天亚2号	内蒙古特色作物所	甘肃省天水市	选育品种	108	蓝色	66.2		5	26	1.1	褐	6.4	39.7	强	抗病	
00003337	天亚五号	内蒙古特色作物所	甘肃省天水市	选育品种	112	蓝色	66.6		4	27	1.0	褐	6.4	39.3	强	抗病	
00003338	86124	内蒙古特色作物所	甘肃省天水市	品系	112	蓝色	72.2		5	27	1.0	褐	6.0	41.9	强	抗病	
00003339	86190	内蒙古特色作物所	甘肃省天水市	品系	108	蓝色	71.5		5	28	1.1	褐	8.0	39.9	强	高抗	
00003340	定亚8420	内蒙古特色作物所	甘肃省定西市	选育品种	112	蓝色	67.8		5	26	1.1	褐	7.1	41.3	强	抗病	
00003341	定亚8421	内蒙古特色作物所	甘肃省定西市	选育品种	112	蓝色	71.7		4	19	0.5	褐	7.2	40.9	强	抗病	
00003342	85134	内蒙古特色作物所	甘肃省兰州市	品系	109	蓝色	66.1		4	19	0.6	褐	8.0	41.5	强	抗病	
00003343	H4	内蒙古特色作物所	内蒙古自治区呼和浩特市	品系	108	蓝色	60.2		4	28	1.1	褐	8.0	40.9	强	抗病	
00003344	H9	内蒙古特色作物所	内蒙古自治区呼和浩特市	品系	108	蓝色	70.4		4	26	1.0	褐	6.0	41.0	强	抗病	
00003345	H14	内蒙古特色作物所	内蒙古自治区呼和浩特市	品系	100	蓝色	80.1		4	21	0.8	褐	6.0	40.9	强	抗病	
00003346	H15	内蒙古特色作物所	内蒙古自治区呼和浩特市	品系	108	蓝色	72.3		4	30	0.9	褐	5.3	42.8	强	抗病	
00003347	H19	内蒙古特色作物所	内蒙古自治区呼和浩特市	品系	112	蓝色	52.4		4	23	1.1	褐	7.1	41.5	强	抗病	
00003348	H21	内蒙古特色作物所	内蒙古自治区呼和浩特市	品系	112	蓝色	78.0		4	21	1.0	褐	6.8	40.2	强	抗病	
00003349	H26	内蒙古特色作物所	内蒙古自治区呼和浩特市	品系	112	蓝色	62.6		4	23	0.8	褐	6.5	39.3	强	抗病	
00003350	H28	内蒙古特色作物所	内蒙古自治区呼和浩特市	品系	108	蓝色	55.8		4	22	0.9	褐	6.6	41.8	强	抗病	
00003351	H31	内蒙古特色作物所	内蒙古自治区呼和浩特市	品系	112	白色	69.1		5	32	1.1	黄	6.6	43.4	强	高抗	
00003352	H32	内蒙古特色作物所	内蒙古自治区呼和浩特市	品系	112	蓝色	66.4		4	30	1.0	褐	6.3	42.7	强	高抗	
00003353	H37	内蒙古特色作物所	内蒙古自治区呼和浩特市	品系	108	蓝色	59.5		5	26	0.9	褐	7.2	41.3	强	高抗	
00003354	H45	内蒙古特色作物所	内蒙古自治区呼和浩特市	品系	108	蓝色	62.0		4	14	0.7	褐	6.9	38.1	强	高抗	

（续）

统一编号	种质名称	保存单位	原产地或来源地	种质类型	生育日数	花瓣色	株高	工艺长度	分枝数	蒴果数	单株粒重	种皮色	种子千粒重	种子含油率	耐旱性	立枯病抗性	备注
00003355	H46	内蒙古特色作物所	内蒙古自治区呼和浩特市	品系	108	蓝色	73.3		5	23	0.9	褐	7.6	40.5	强	高抗	
00003356	H48	内蒙古特色作物所	内蒙古自治区呼和浩特市	品系	108	蓝色	68.3		4	20	0.5	褐	7.1	40.0	强	高抗	
00003357	H49	内蒙古特色作物所	内蒙古自治区呼和浩特市	品系	108	蓝色	59.7		4	22	0.7	褐	7.2	42.8	强	高抗	
00003358	H50	内蒙古特色作物所	内蒙古自治区呼和浩特市	品系	108	蓝色	61.7		4	27	0.9	褐	6.4	39.7	强	抗病	
00003359	H52	内蒙古特色作物所	内蒙古自治区呼和浩特市	品系	108	蓝色	74.8		4	20	0.8	褐	5.6	40.7	中	抗病	
00003360	H54	内蒙古特色作物所	内蒙古自治区呼和浩特市	品系	108	蓝色	54.0		3	14	0.4	褐	7.6	42.0	中	抗病	
00003361	H55	内蒙古特色作物所	内蒙古自治区呼和浩特市	品系	108	蓝色	60.4		4	26	1.1	褐	7.0	42.0	中	高抗	
00003362	H57	内蒙古特色作物所	内蒙古自治区呼和浩特市	品系	108	蓝色	59.8		4	28	0.8	褐	7.0	42.4	中	高抗	
00003363	H58	内蒙古特色作物所	内蒙古自治区呼和浩特市	品系	108	蓝色	65.5		5	29	1.1	褐	7.3	41.2	中	抗病	
00003364	H1	内蒙古特色作物所	内蒙古自治区呼和浩特市	品系	112	蓝色	82.6		4	25	1.0	褐	7.2	41.9	中	高抗	
00003365	H12	内蒙古特色作物所	内蒙古自治区呼和浩特市	品系	112	蓝色	65.3		4	28	0.7	褐	7.7	42.3	中	抗病	
00003366	H38	内蒙古特色作物所	内蒙古自治区呼和浩特市	品系	108	蓝色	73.1		4	22	0.8	褐	6.8	41.3	中	抗病	
00003367	H39	内蒙古特色作物所	内蒙古自治区呼和浩特市	品系	108	蓝色/紫色	64.3		4	27	0.7	褐	7.2	40.9	中	抗病	
00003368	H40	内蒙古特色作物所	内蒙古自治区呼和浩特市	品系	108	蓝色	54.8		4	27	1.0	褐	8.1	40.5	强	抗病	
00003369	H41	内蒙古特色作物所	内蒙古自治区呼和浩特市	品系	108	蓝色	57.5		3	18	0.8	褐	7.5	40.0	强	高抗	
00003370	H42	内蒙古特色作物所	内蒙古自治区呼和浩特市	品系	112	蓝色	76.4		4	27	1.0	褐	7.2	42.5	中	高抗	
00003371	H44	内蒙古特色作物所	内蒙古自治区呼和浩特市	品系	112	蓝色	59.7		4	23	0.9	褐	7.9	40.6	中	高抗	
00003372	H56	内蒙古特色作物所	内蒙古自治区呼和浩特市	品系	112	蓝色	60.8		4	21	0.7	褐	7.9	41.6	强	高抗	
00003373	82KA-3	内蒙古特色作物所	内蒙古自治区呼和浩特市	品系	108	蓝色	64.6		4	27	0.6	褐	6.4	40.6	强	抗病	
00003374	82KA-7	内蒙古特色作物所	内蒙古自治区呼和浩特市	品系	108	蓝色	62.8		4	21	1.1	褐	6.8	41.8	强	高抗	
00003375	82KA-8	内蒙古特色作物所	内蒙古自治区呼和浩特市	品系	112	蓝色	64.8		4	20	0.7	褐	5.9	39.9	强	高抗	
00003376	82KA-9	内蒙古特色作物所	内蒙古自治区呼和浩特市	品系	108	蓝色	70.3		4	29	0.8	褐	6.4	40.5	中	高抗	
00003377	82KA-17	内蒙古特色作物所	内蒙古自治区呼和浩特市	品系	112	蓝色	74.4		4	22	1.0	褐	6.3	42.1	中	高抗	
00003378	82KA-20	内蒙古特色作物所	内蒙古自治区呼和浩特市	品系	112	蓝色	68.2		4	23	0.9	褐	6.4	39.4	中	高抗	
00003379	82A-5	内蒙古特色作物所	内蒙古自治区呼和浩特市	品系	112	蓝色	73.2		4	22	0.9	褐	6.1	40.1	中	抗病	
00003380	82A-6	内蒙古特色作物所	内蒙古自治区呼和浩特市	品系	112	蓝色	70.5		4	21	0.7	褐	6.2	40.3	中	抗病	

（续）

统一编号	种质名称	保存单位	原产地或来源地	种质类型	生育日数	花瓣色	株高	工艺长度	分枝数	蒴果数	单株粒重	种皮色	种子千粒重	种子含油率	耐旱性	立枯病抗性	备注
00003381	82A-11	内蒙古特色作物所	内蒙古自治区呼和浩特市	品系	112	蓝色	77.8		4	28	1.0	褐	6.4	39.1	中	高抗	
00003382	82A-12	内蒙古特色作物所	内蒙古自治区呼和浩特市	品系	112	蓝色	73.7		4	18	0.7	褐	7.0	39.7	中	高抗	
00003383	82A-15	内蒙古特色作物所	内蒙古自治区呼和浩特市	品系	112	蓝色	76.5		3	18	0.5	褐	5.3	40.8	中	抗病	
00003384	82A-21	内蒙古特色作物所	内蒙古自治区呼和浩特市	品系	112	蓝色	74.1		4	24	0.8	褐	7.0	40.6	中	高抗	
00003385	82A-25	内蒙古特色作物所	内蒙古自治区呼和浩特市	品系	108	蓝色	72.6		4	24	0.8	褐	6.9	40.4	中	高抗	
00003386	82A-33	内蒙古特色作物所	内蒙古自治区呼和浩特市	品系	112	蓝色	77.8		4	29	0.8	褐	6.0	40.3	中	高抗	
00003387	82N-38	内蒙古特色作物所	内蒙古自治区呼和浩特市	品系	112	蓝色	66.8		4	25	0.7	褐	6.0	40.6	中	高抗	
00003388	82N-9	内蒙古特色作物所	内蒙古自治区呼和浩特市	品系	112	白色	68.8		4	25	0.9	黄	5.2	40.8	中	抗病	
00003389	82N-11	内蒙古特色作物所	内蒙古自治区呼和浩特市	品系	112	白色	68.9		4	23	0.8	黄褐	6.4	41.4	中	抗病	
00003390	82N-17	内蒙古特色作物所	内蒙古自治区呼和浩特市	品系	112	蓝色	72.1		4	28	1.0	褐	7.0	39.2	中	高抗	
00003391	83KA-4	内蒙古特色作物所	内蒙古自治区呼和浩特市	品系	108	蓝色	76.5		4	28	0.7	褐	6.0	40.7	强	高抗	
00003392	83KA-6	内蒙古特色作物所	内蒙古自治区呼和浩特市	品系	108	蓝色	77.0		4	22	1.0	褐	7.2	41.2	中	高抗	
00003393	83KA-7	内蒙古特色作物所	内蒙古自治区呼和浩特市	品系	108	蓝色	75.5		4	18	0.5	褐	6.4	41.2	中	抗病	
00003394	83KA-8	内蒙古特色作物所	内蒙古自治区呼和浩特市	品系	112	蓝色	81.7		5	27	0.8	褐	5.9	39.8	中	高抗	
00003395	83KA-12	内蒙古特色作物所	内蒙古自治区呼和浩特市	品系	112	蓝色	86.9		4	17	0.6	褐	5.6	39.1	中	高抗	
00003396	83KA-15	内蒙古特色作物所	内蒙古自治区呼和浩特市	品系	108	蓝色	72.1		4	23	1.0	褐	6.8	40.5	中	高抗	
00003397	83KA-17	内蒙古特色作物所	内蒙古自治区呼和浩特市	品系	108	蓝色	71.7		4	22	0.8	褐	6.6	42.6	中	高抗	
00003398	83KA-19	内蒙古特色作物所	内蒙古自治区呼和浩特市	品系	112	蓝色	69.3		4	19	0.7	褐	6.6	39.0	中	抗病	
00003399	83KA-21	内蒙古特色作物所	内蒙古自治区呼和浩特市	品系	112	蓝色	75.7		4	11	0.5	褐	6.8	41.0	中	高抗	
00003400	83KA-25	内蒙古特色作物所	内蒙古自治区呼和浩特市	品系	108	蓝色	76.2		5	22	1.1	褐	6.4	40.8	中	高抗	
00003401	83KA-27	内蒙古特色作物所	内蒙古自治区呼和浩特市	品系	108	蓝色	61.7		5	28	1.1	褐	6.9	39.8	强	高抗	
00003402	83KA-31	内蒙古特色作物所	内蒙古自治区呼和浩特市	品系	108	蓝色	71.0		4	19	0.6	褐	6.4	38.2	强	高抗	
00003403	83KA-38	内蒙古特色作物所	内蒙古自治区呼和浩特市	品系	112	蓝色	61.9		5	29	0.8	褐	6.5	40.0	中	高抗	
00003404	83KA-50	内蒙古特色作物所	内蒙古自治区呼和浩特市	品系	112	蓝色	72.9		4	13	0.7	褐	5.2	38.7	中	高抗	
00003405	83KA-52	内蒙古特色作物所	内蒙古自治区呼和浩特市	品系	112	蓝色	81.2		4	12	1.0	褐	5.7	40.4	中	高抗	
00003406	83KA-54	内蒙古特色作物所	内蒙古自治区呼和浩特市	品系	112	蓝色	68.8		4	14	0.9	褐	6.0	40.7	中	高抗	

（续）

统一编号	种质名称	保存单位	原产地或来源地	种质类型	生育日数	花瓣色	株高	工艺长度	分枝数	蒴果数	单株粒重	种皮色	种子千粒重	种子含油率	耐旱性	立枯病抗性	备注
00003407	83KA-61	内蒙古特色作物所	内蒙古自治区呼和浩特市	品系	108	蓝色	76.2		4	21	0.8	褐	6.4	38.8	强	高抗	
00003408	83KA-62	内蒙古特色作物所	内蒙古自治区呼和浩特市	品系	108	蓝色	73.8		4	26	1.0	褐	5.9	40.6	强	抗病	
00003409	83KA-67	内蒙古特色作物所	内蒙古自治区呼和浩特市	品系	108	白色	72.9		4	21	1.0	黄	7.1	43.0	强	抗病	
00003410	83KA-70	内蒙古特色作物所	内蒙古自治区呼和浩特市	品系	108	蓝色	58.5		4	27	0.9	褐	6.4	41.6	强	抗病	
00003411	83KA-81	内蒙古特色作物所	内蒙古自治区呼和浩特市	品系	108	蓝色	79.2		4	24	0.8	褐	6.4	39.4	强	高抗	
00003412	84KA-30	内蒙古特色作物所	内蒙古自治区呼和浩特市	品系	108	蓝色	77.5		4	17	0.7	褐	6.8	41.0	中	高抗	
00003413	84A-36	内蒙古特色作物所	内蒙古自治区呼和浩特市	品系	108	蓝色	74.2		4	19	0.6	褐	6.8	40.4	中	高抗	
00003414	84A-43	内蒙古特色作物所	内蒙古自治区呼和浩特市	品系	108	蓝色	69.6		4	11	0.5	褐	5.2	40.3	中	高抗	
00003415	84A-51	内蒙古特色作物所	内蒙古自治区呼和浩特市	品系	108	蓝色	73.0		4	23	0.8	褐	6.4	41.3	中	高抗	
00003416	84A-53	内蒙古特色作物所	内蒙古自治区呼和浩特市	品系	108	蓝色	80.1		4	20	1.0	褐	5.9	41.2	中	高抗	
00003417	84A-59	内蒙古特色作物所	内蒙古自治区呼和浩特市	品系	108	蓝色	73.4		4	19	0.8	褐	7.2	40.6	中	高抗	
00003418	84N-3	内蒙古特色作物所	内蒙古自治区呼和浩特市	品系	108	蓝色	73.7		4	25	1.1	褐	6.8	40.7	中	高抗	
00003419	84N-5	内蒙古特色作物所	内蒙古自治区呼和浩特市	品系	108	白色	89.6		3	21	1.0	褐	5.2	42.4	中	高抗	
00003420	84N-7	内蒙古特色作物所	内蒙古自治区呼和浩特市	品系	112	蓝色	67.6		4	22	1.0	褐	6.0	41.2	中	抗病	
00003421	84N-11	内蒙古特色作物所	内蒙古自治区呼和浩特市	品系	112	蓝色	85.0		4	20	0.9	褐	6.4	41.1	中	高抗	
00003422	84N-12	内蒙古特色作物所	内蒙古自治区呼和浩特市	品系	112	蓝色	74.1		4	26	0.6	褐	6.0	39.8	中	抗病	
00003423	84N-16	内蒙古特色作物所	内蒙古自治区呼和浩特市	品系	108	蓝色	69.5		4	19	0.4	褐	6.5	40.8	中	抗病	
00003424	84N-18	内蒙古特色作物所	内蒙古自治区呼和浩特市	品系	108	蓝色	84.3		4	17	0.9	褐	6.4	39.3	中	抗病	
00003425	84N-19	内蒙古特色作物所	内蒙古自治区呼和浩特市	品系	108	蓝色	77.1		4	17	0.7	褐	5.6	38.6	中	抗病	
00003426	84N-21	内蒙古特色作物所	内蒙古自治区呼和浩特市	品系	112	蓝色	77.2		4	21	1.0	褐	4.8	43.0	中	高抗	
00003427	84N-30	内蒙古特色作物所	内蒙古自治区呼和浩特市	品系	112	蓝色	67.8		4	16	0.7	褐	6.0	40.4	中	高抗	
00003428	84N-31	内蒙古特色作物所	内蒙古自治区呼和浩特市	品系	112	白色	74.9		5	27	1.2	黄褐	6.5	41.0	中	高抗	
00003429	84N-34	内蒙古特色作物所	内蒙古自治区呼和浩特市	品系	108	蓝色	76.8		4	20	1.1	褐	6.3	40.6	中	高抗	
00003430	84N-36	内蒙古特色作物所	内蒙古自治区呼和浩特市	品系	108	蓝色	66.4		4	15	0.5	褐	6.0	40.8	中	高抗	
00003431	84N-38	内蒙古特色作物所	内蒙古自治区呼和浩特市	品系	108	蓝色	75.2		4	15	0.6	褐	6.6	41.3	中	高抗	
00003432	84KN-9	内蒙古特色作物所	内蒙古自治区呼和浩特市	品系	112	蓝色	68.0		4	10	0.5	褐	6.0	41.1	强	高抗	

（续）

统一编号	种质名称	保存单位	原产地或来源地	种质类型	生育日数	花瓣色	株高	工艺长度	分枝数	蒴果数	单株粒重	种皮色	种子千粒重	种子含油率	耐旱性	立枯病抗性	备注
00003433	84KN-12	内蒙古特色作物所	内蒙古自治区呼和浩特市	品系	112	蓝色	67.9		3	14	0.8	褐	6.3	39.9	强	高抗	
00003434	84KN-15	内蒙古特色作物所	内蒙古自治区呼和浩特市	品系	112	蓝色	75.5		4	21	1.0	褐	6.4	40.2	强	高抗	
00003435	84KN-18	内蒙古特色作物所	内蒙古自治区呼和浩特市	品系	112	蓝色	72.0		4	22	1.0	褐	7.6	40.7	强	高抗	
00003436	84KN-21	内蒙古特色作物所	内蒙古自治区呼和浩特市	品系	112	蓝色	67.5		4	23	1.1	褐	7.5	40.6	强	高抗	
00003437	84KN-25	内蒙古特色作物所	内蒙古自治区呼和浩特市	品系	112	蓝色	74.1		5	23	0.9	褐	7.0	42.5	强	高抗	
00003438	84KN-30	内蒙古特色作物所	内蒙古自治区呼和浩特市	品系	112	蓝色	69.7		3	16	0.6	褐	6.3	41.5	强	高抗	
00003439	84KN-33	内蒙古特色作物所	内蒙古自治区呼和浩特市	品系	112	蓝色	75.9		4	27	1.1	褐	6.0	39.8	强	高抗	
00003440	84KN-234	内蒙古特色作物所	内蒙古自治区呼和浩特市	品系	112	蓝色	70.1		3	14	0.7	褐	5.6	39.5	强	高抗	
00003441	85A-4	内蒙古特色作物所	内蒙古自治区呼和浩特市	品系	112	蓝色	75.6		4	23	0.7	褐	6.6	42.5	强	高抗	
00003442	85A-7	内蒙古特色作物所	内蒙古自治区呼和浩特市	品系	112	蓝色	78.3		4	20	0.7	褐	6.4	40.1	强	高抗	
00003443	85A-9	内蒙古特色作物所	内蒙古自治区呼和浩特市	品系	112	蓝色	69.7		4	32	1.0	褐	5.5	39.5	强	高抗	
00003444	85A-11	内蒙古特色作物所	内蒙古自治区呼和浩特市	品系	112	蓝色	77.6		3	17	0.8	褐	6.2	41.7	强	高抗	
00003445	85A-12	内蒙古特色作物所	内蒙古自治区呼和浩特市	品系	108	浅蓝色	75.4		5	24	1.1	褐	6.4	39.4	强	高抗	
00003446	85A-14	内蒙古特色作物所	内蒙古自治区呼和浩特市	品系	108	白色	70.6		4	20	1.1	褐	6.0	39.3	强	高抗	
00003447	A1	内蒙古特色作物所	内蒙古自治区呼和浩特市	品系	108	浅蓝色	74.5		4	21	1.1	黄	7.2	42.0	强	高抗	
00003448	A2	内蒙古特色作物所	内蒙古自治区呼和浩特市	品系	108	浅蓝色	82.2		4	24	1.1	褐	6.8	42.3	强	高抗	
00003449	A3	内蒙古特色作物所	内蒙古自治区呼和浩特市	品系	108	浅蓝色	70.5		4	20	0.9	褐	8.7	40.3	强	高抗	
00003450	A4	内蒙古特色作物所	内蒙古自治区呼和浩特市	品系	108	浅蓝色	70.4		4	25	1.1	褐	7.6	39.4	强	高抗	
00003451	喀什 77BA	内蒙古特色作物所	新疆维吾尔自治区喀什市	品系	108	蓝色	53.3		4	21	1.1	褐	9.9	42.6	中	高抗	
00003452	喀什 8638	内蒙古特色作物所	新疆维吾尔自治区喀什市	品系	108	蓝色	47.8		4	17	0.7	褐	9.2	41.0	中	高抗	
00003453	喀什 7350	内蒙古特色作物所	新疆维吾尔自治区喀什市	品系	112	蓝色	60.9		4	23	1.0	褐	6.3	38.6	强	高抗	
00003454	8912	内蒙古特色作物所	新疆维吾尔自治区喀什市	品系	104	蓝色	70.0		4	10	0.5	褐	7.5	41.0	强	高抗	
00003461	P. I. 194305	河北张家口农科院	荷兰	遗传材料	88	蓝色	45.0	13.0	4	7		褐	2.4			感病	
00003462	KAGALNITZ	河北张家口农科院	俄罗斯	遗传材料	92	蓝色	75.0	27.0	6	34		浅褐	5.9			感病	
00003463	GOAR 183A	河北张家口农科院	美国	遗传材料	94	蓝色	35.0	18.0	4	16		褐	5.1			感病	
00003464	89-12	河北张家口农科院	德国	遗传材料	81	蓝色	45.0	28.0	5	36		褐	5.6			感病	

（续）

统一编号	种质名称	保存单位	原产地或来源地	种质类型	生育日数	花瓣色	株高	工艺长度	分枝数	蒴果数	单株粒重	种皮色	种子千粒重	种子含油率	耐旱性	立枯病抗性	备注
00003465	89-18	河北张家口农科院	德国	遗传材料	95	蓝色	42.0	31.0	4	14		褐	3.9			感病	
00003466	DAMONT	河北张家口农科院	美国	遗传材料	100	紫色	52.0	28.0	3	9		褐	3.5			感病	
00003467	PVNJAB	河北张家口农科院	印度	遗传材料	99	蓝色	73.0	39.0	3	13		褐	3.2			抗病	
00003468	JALAVN	河北张家口农科院	印度	遗传材料	100	蓝色	73.0	34.0	5	27		浅褐	5.9			高抗	
00003469	OTTAWA WHITE FLOWER	河北张家口农科院	加拿大	遗传材料	97	白色	67.0	34.0	4	16		浅褐	4.2			抗病	
00003470	ESCALADA	河北张家口农科院	阿根廷	遗传材料	97	紫色	45.0	20.0	3	9		褐	4.7			抗病	
00003471	VSSVRISK	河北张家口农科院	河北省张家口市	遗传材料	101	紫色	37.0	15.0	2	19		褐	3.9			抗病	
00003472	TAMMES#9 DARKPINK	河北张家口农科院	荷兰	遗传材料	103	白色	61.0	28.0	2	8		褐	4.5			感病	
00003473	MINNESOTA 281 SEL.	河北张家口农科院	美国	遗传材料	98	白色	85.0	52.0	4	19		褐	4.0			高抗	
00003474	RIGOR	河北张家口农科院	美国	遗传材料	100	蓝色	38.0	16.0	3	7		褐	6.6			感病	
00003475	DEHISCENT	河北张家口农科院	俄罗斯	遗传材料	100	蓝色	65.0	28.0	3	10		褐	3.6			感病	
00003476	RVSSIAN INTRO.	河北张家口农科院	俄罗斯	遗传材料	103	蓝色	53.0	28.0	5	8		褐	3.8			感病	
00003477	RVSSIAN INTRO.	河北张家口农科院	俄罗斯	遗传材料	98	蓝色	66.0	38.0	3	16		褐	3.8			感病	
00003478	RVSSIAN INTRO.	河北张家口农科院	俄罗斯	遗传材料	104	蓝色	68.0	39.0	3	12		褐	3.0			感病	
00003479	RVSSIAN INTRO.	河北张家口农科院	俄罗斯	遗传材料	100	深蓝色	63.0	37.0	3	14		褐	4.3			抗病	
00003480	RVSSIAN INTRO.	河北张家口农科院	俄罗斯	遗传材料	95	蓝色	60.0	35.0	4	14		褐	3.9			抗病	
00003481	RVSSIAN INTRO.	河北张家口农科院	俄罗斯	遗传材料	93	蓝色	62.0	37.0	3	11		褐	3.4			抗病	
00003482	RVSSIAN INTRO.	河北张家口农科院	俄罗斯	遗传材料	101	蓝色	66.0	42.0	3	12		褐	3.5			高抗	
00003483	RVSSIAN INTRO.	河北张家口农科院	俄罗斯	遗传材料	109	蓝色	50.0	26.0	7	47		褐	5.2			抗病	
00003484	PI 91，035	河北张家口农科院	俄罗斯	遗传材料	102	蓝色	71.0	44.0	3	14		褐	3.8			感病	
00003485	LIGHT PINK	河北张家口农科院	美国	遗传材料	102	浅粉色	48.0	25.0	3	16		黄	5.0			抗病	
00003486	CYPPUS	河北张家口农科院	加拿大	遗传材料	93	蓝色	39.0	23.0	2	8		褐	6.6			感病	
00003487	RIGO	河北张家口农科院	美国	遗传材料	99	白色/蓝色	54.0	34.0	3	11		浅褐	6.3			抗病	
00003488	ARGENTINE SEL. LAVEN	河北张家口农科院	美国	遗传材料	101	蓝色	52.0	32.0	3	13		浅褐	4.7			抗病	
00003489	MOOSE	河北张家口农科院	澳大利亚	遗传材料	103	蓝色	63.0	26.0	3	12		浅褐	6.7			感病	
00003490	NORTHDAKOTA 1844	河北张家口农科院	美国	遗传材料	102	白色/蓝色	60.0	40.0	5	34		浅褐	4.9			抗病	
00003491	INDIAN COMMERCIAL	河北张家口农科院	印度	遗传材料	100	蓝色	72.0	44.0	5	17		浅褐	3.9			感病	
00003492	9B SELECTION	河北张家口农科院	乌拉圭	遗传材料	95	蓝色	42.0	26.0	3	17		褐	5.4			感病	
00003493	AM.（CROSS）SEL.	河北张家口农科院	乌拉圭	遗传材料	95	蓝色	46.0	25.0	3	15		褐	4.7			抗病	
00003494	C. I. 161 SEL.	河北张家口农科院	美国	遗传材料	101	蓝色	65.0	38.0	2	17		褐	4.7			抗病	
00003495	MILAS	河北张家口农科院	土耳其	遗传材料	101	蓝色	58.0	28.0	4	13		褐	6.5			抗病	

十、大麻种质资源主要性状描述符及其数据标准

1. 统一编号 由8位数字字符串组成，是种质的唯一标识号。如“00000110”，代表具体大麻种质的编号，具有唯一性。

2. 种质名称 国内种质的原始名称和国外引进种质的中文译名。引进种质可直接填写种质的外文名称，有些种质可能只有数字编号，则该编号为种质名称。

3. 保存单位 种质提交国家种质资源长期库前的保存单位名称。

4. 原产地或来源地 国内种质原产（来源）省、市（县）名称；引进种质原产（来源）国家、地区名称或国际组织名称。

5. 种质类型 大麻种质分为野生资源、地方品种、选育品种、品系、遗传材料和其他6种类型。

6. 工艺成熟期 当雄株已过花期，花粉大量散落，雌株开始结实，小区麻株茎上部叶片黄绿色、下部1/3叶片凋落，表明大麻已达到工艺成熟时期。以试验小区全部麻株为观测对象，记录小区2/3以上的植株达到工艺成熟的日期为工艺成熟期。表示方法为“月日”，格式为“MMDD”。如“0829”，表示8月29日。

7. 种子成熟期 当雌株植株花序中部坚果苞片变成黑褐色时，表明大麻种子进入种子成熟期。以试验小区全部雌株为观测对象，记录小区2/3以上植株达到种子成熟的日期，即为种子成熟期。表示方法为“月日”，格式为“MMDD”。如“0911”，表示9月11日。

8. 下胚轴色 第一对真叶展开时，在正常一致的光照条件下，目测试验小区全部幼苗下胚轴的颜色。有绿、浅紫、紫等颜色。

9. 性型 在大麻植株的开花盛期，以试验小区全部麻株为观测对象，目测小区雄株和雌株的分布情况，以雄株的有无来确定种质的性型。有雌雄同株（群体内无雄株）和雌雄异株（群体内有雄株）两种性型。

10. 种皮颜色 目测正常成熟的大麻种子（当年收获，没有采取任何机械或药物处理）的表皮颜色，有浅灰、灰、浅褐、银灰、褐、灰黑和黑褐等颜色。

11. 种子千粒重 1 000粒大麻种子（含水量在12%左右）的重量。单位为g，精确到0.1g。

12. 株高 在大麻植株的工艺成熟期，从试验小区随机抽样20株（非破坏性的，雌株、雄株各10株）为观测对象，用直尺度量每株麻从茎秆最基部到主茎生长点的距离。单位为cm，精确到0.1cm。

13. 干茎出麻率 工艺成熟期，单位重量的大麻干茎获得的纤维与干茎重量之比值。以%表示，精确到0.1%。

14. 精麻产量 工艺成熟期，单位面积的大麻纤维重量。单位为kg/hm^2，精确到整数。

15. 种子产量 种子成熟期，单位面积的大麻种子重量。单位为kg/hm^2，精确到整数。

16. 种子含油率 单位重量的大麻种子中脂肪重量占种子重量的百分率。以%表示，精确到0.1%。

17. 纤维断裂强度 大麻纤维抗拉断能力的品质参数。大麻纤维试样在拉伸试验中，抵抗至断时所能承受的最大力为断裂强力。根据断裂强力和试样长度与重量，计算出断裂强度。单位为N/g（$1kg^f$＝9.806 65N），精确到0.1N/g。

18. 大麻跳蜱抗性 大麻跳蜱的抗性鉴定采用苗期田间自然发病鉴定。在大麻植株的苗期，当大麻跳蜱虫害发生后，在虫害发生盛期从试验小区中部随机取样10株，以每株生长点以下5片完全展开叶为观测对象，调查每个叶片上的虫口数目，得到每株的虫口密度。以10株虫口密度的算术平均值表示每份种质的虫口密度。根据虫口密度，大麻跳蜱的抗性分为抗病（虫口密度＜70）、中抗（70≤虫口密度＜120）和感病（虫口密度≥120）3个等级。

十一、大麻主要性状目录

统一编号	种质名称	保存单位	原产地或来源地	种质类型	工艺成熟期	种子成熟期	下胚轴色	性型	种皮颜色	种子千粒重	株高	干茎出麻率	精麻产量	种子产量	种子含油率	纤维断裂强度	大麻跳蚺抗性
00000001	沧源	黑龙江经作所	云南省沧源县	地方品种	0815	1115	紫	雌雄异株	褐	36.7	250.0	17.0	1 200	900	28.2	845.3	中抗
00000002	耿马	黑龙江经作所	云南省耿马县	地方品种	0815	1115	紫	雌雄异株	褐	36.5	250.0	17.8	1 200	900	28.0	833.6	中抗
00000003	临沧	黑龙江经作所	云南省临沧市	地方品种	0815	1115	紫	雌雄异株	黄褐	36.6	250.0	17.2	1 200	900	27.8	835.5	中抗
00000004	镇康	黑龙江经作所	云南省镇康县	地方品种	0815	1115	紫	雌雄异株	褐	32.4	250.0	18.2	1 200	900	26.4	826.7	中抗
00000005	云县	黑龙江经作所	云南省云县	地方品种	0815	1115	紫	雌雄异株	褐	28.4	250.0	17.4	1 200	900	30.1	837.5	中抗
00000006	楚雄	黑龙江经作所	云南省楚雄市	地方品种	0815	1115	紫	雌雄异株	褐	25.6	250.0	17.0	1 050	900	30.2	843.4	中抗
00000007	弥渡	黑龙江经作所	云南省弥渡县	地方品种	0805	1115	紫	雌雄异株	褐	29.3	250.0	19.1	1 050	900	34.0	836.5	中抗
00000008	姚安	黑龙江经作所	云南省姚安县	地方品种	0805	1115	紫	雌雄异株	褐	27.7	250.0	17.6	1 200	900	32.3	835.5	中抗
00000009	武定	黑龙江经作所	云南省武定县	地方品种	0805	1115	紫	雌雄异株	褐	27.6	250.0	19.1	1 200	900	31.0	831.6	中抗
00000010	祥云	黑龙江经作所	云南省祥云县	地方品种	0805	1115	紫	雌雄异株	灰褐	26.0	250.0	17.4	1 050	900	31.3	830.6	中抗
00000011	元谋	黑龙江经作所	云南省元谋县	地方品种	0805	1115	紫	雌雄异株	灰褐	26.4	250.0	17.0	1 050	900	32.0	833.6	中抗
00000012	大姚	黑龙江经作所	云南省大姚县	地方品种	0805	1115	紫	雌雄异株	褐	26.5	280.0	19.5	1 200	900	33.0	849.3	中抗
00000013	大理	黑龙江经作所	云南省大理市	地方品种	0805	1115	紫	雌雄异株	褐	30.4	250.0	17.5	1 050	900	32.4	837.5	中抗
00000014	云龙	黑龙江经作所	云南省云龙县	地方品种	0805	1115	紫	雌雄异株	褐	24.0	250.0	18.5	1 050	900	34.8	839.4	中抗
00000015	永仁	黑龙江经作所	云南省永仁县	地方品种	0805	1115	紫	雌雄异株	褐	26.3	250.0	17.1	1 050	900	33.0	835.5	中抗
00000016	碧江	黑龙江经作所	云南省丽江市	地方品种	0825	1205	紫	雌雄异株	褐	24.5	250.0	17.3	1 050	900	31.8	823.8	中抗
00000017	丽江	黑龙江经作所	云南省丽江市	地方品种	0825	1205	紫	雌雄异株	褐	30.0	250.0	17.2	1 050	900	33.3	826.7	中抗
00000018	彝良	黑龙江经作所	云南省彝良县	地方品种	0905	1215	紫	雌雄异株	褐	27.0	250.0	18.9	1 050	900	34.1	837.5	中抗
00000019	中甸	黑龙江经作所	云南省香格里拉县	地方品种	0825	1215	紫	雌雄异株	褐	30.5	250.0	17.0	1 050	900	34.0	824.7	中抗
00000020	笕桥	黑龙江经作所	浙江省杭州市	地方品种	0615	0725	紫	雌雄异株	灰褐	9.3	300.0	18.1	1 350	1350	24.6	869.8	感病
00000021	桐乡	黑龙江经作所	浙江省桐乡市	地方品种	0615	0725	紫	雌雄异株	灰褐	10.7	300.0	18.2	1 350	1350	26.8	867.9	感病
00000022	嘉兴	黑龙江经作所	浙江省嘉兴市	地方品种	0615	0725	紫	雌雄异株	灰褐	13.6	300.0	18.1	1 350	1350	28.1	872.8	感病
00000023	平湖	黑龙江经作所	浙江省平湖市	地方品种	0615	0725	紫	雌雄异株	灰褐	11.2	300.0	17.4	1 350	1350	27.2	857.1	感病
00000024	湖州	黑龙江经作所	浙江省湖州市	地方品种	0615	0725	紫	雌雄异株	灰褐	11.5	300.0	17.8	1 350	1350	28.0	859.1	感病
00000025	淮阴	黑龙江经作所	江苏省淮安市淮阴区	地方品种	0805	1005	紫	雌雄异株	褐	14.0	300.0	18.0	1 500	600	31.5	847.3	感病

（续）

统一编号	种质名称	保存单位	原产地或来源地	种质类型	工艺成熟期	种子成熟期	下胚轴色	性型	种皮颜色	种子千粒重	株高	干茎出麻率	精麻产量	种子产量	种子含油率	纤维断裂强度	大麻跳蚺抗性
00000026	睢宁	黑龙江经作所	江苏省睢宁县	地方品种	0805	1005	紫	雌雄异株	褐	16.8	300.0	18.5	1 500	600	30.4	846.3	感病
00000027	宿迁	黑龙江经作所	江苏省宿迁市	地方品种	0815	1005	紫	雌雄异株	褐	17.1	280.0	18.2	1 350	600	30.8	838.5	感病
00000028	沭阳	黑龙江经作所	江苏省沭阳县	地方品种	0705	0915	紫	雌雄异株	褐	16.4	300.0	18.0	1 350	600	31.0	840.4	感病
00000029	崇庆	黑龙江经作所	四川省崇州市	地方品种	0525	0725	紫	雌雄异株	银灰	10.0	250.0	19.0	1 200	600	30.8	941.4	强
00000030	温江	黑龙江经作所	四川省成都市温江区	地方品种	0525	0725	紫	雌雄异株	银灰	9.7	250.0	20.4	1 200	600	30.2	944.4	强
00000031	金瓜花	黑龙江经作所	四川省郫县	地方品种	0525	0725	紫	雌雄异株	银灰	9.7	250.0	21.2	1 200	600	30.2	946.3	强
00000032	灌县	黑龙江经作所	四川省都江堰市	地方品种	0525	0725	紫	雌雄异株	银灰	9.5	250.0	21.5	1 200	600	29.8	943.4	强
00000033	火麻	黑龙江经作所	安徽省六安市	地方品种	0625	0725	淡紫	雌雄异株	褐	17.0	300.0	20.2	1 500	900	30.5	923.8	感病
00000034	寒麻	黑龙江经作所	安徽省六安市	地方品种	0625	0905	淡紫	雌雄异株	褐	18.0	400.0	20.1	1 500	900	31.2	931.6	感病
00000035	叶集	黑龙江经作所	安徽省霍邱县	地方品种	0625	0925	淡紫	雌雄异株	褐	17.9	350.0	20.8	1 500	900	30.4	921.8	感病
00000036	信阳	黑龙江经作所	河南省信阳市	地方品种	0625	0925	淡紫	雌雄异株	褐	17.0	260.0	20.1	1 200	750	30.9	902.2	感病
00000037	汝南	黑龙江经作所	河南省汝南县	地方品种	0625	0925	淡紫	雌雄异株	褐	20.2	260.0	18.7	1 200	750	30.8	915.9	感病
00000038	线麻	黑龙江经作所	河南省固始县	地方品种	0625	0925	淡紫	雌雄异株	褐	18.3	250.0	18.2	1 200	750	32.4	926.7	感病
00000039	遂平	黑龙江经作所	河南省遂平县	地方品种	0625	0925	淡紫	雌雄异株	灰褐	18.5	260.0	18.4	1 200	750	31.0	921.8	感病
00000040	上蔡	黑龙江经作所	河南省上蔡县	地方品种	0625	0925	淡紫	雌雄异株	褐	20.5	270.0	17.3	1 200	750	32.3	919.9	感病
00000041	方城	黑龙江经作所	河南省方城县	地方品种	0625	0925	淡紫	雌雄异株	褐	18.7	250.0	18.4	1 200	750	32.0	912.0	感病
00000042	西峡	黑龙江经作所	河南省西峡县	地方品种	0705	0925	淡紫	雌雄异株	褐	23.4	250.0	17.3	1 200	750	31.1	914.0	感病
00000043	项城	黑龙江经作所	河南省项城市	地方品种	0705	0925	淡紫	雌雄异株	灰褐	20.3	250.0	16.3	1 200	750	30.4	910.1	感病
00000044	栾川	黑龙江经作所	河南省栾川县	地方品种	0705	0925	淡紫	雌雄异株	褐	23.6	250.0	18.4	1 200	750	30.5	915.9	感病
00000045	郯城	黑龙江经作所	山东省郯城县	地方品种	0725	0805	淡紫	雌雄异株	褐	16.0	250.0	17.5	1 200	750	30.1	645.3	中抗
00000046	苍山	黑龙江经作所	山东省苍山县	地方品种	0725	0805	淡紫	雌雄异株	褐	16.9	250.0	17.7	1 200	900	30.3	637.4	中抗
00000047	滕县	黑龙江经作所	山东省滕州市	地方品种	0825	0925	淡紫	雌雄异株	褐	22.8	250.0	18.3	1 200	900	28.8	640.4	中抗
00000048	平邑	黑龙江经作所	山东省平邑	地方品种	0825	0925	淡紫	雌雄异株	褐	21.0	250.0	17.2	1 200	900	29.3	643.3	中抗
00000049	莒县	黑龙江经作所	山东省莒县	地方品种	0725	0805	淡绿	雌雄异株	褐	18.0	250.0	16.3	1 200	900	32.7	646.3	中抗
00000050	莱芜	黑龙江经作所	山东省莱芜市	地方品种	0715	0925	淡绿	雌雄异株	灰褐	18.5	250.0	18.3	1 800	900	31.0	611.0	感病
00000051	肥城	黑龙江经作所	山东省肥城市	地方品种	0825	0925	淡紫	雌雄异株	黄褐	20.3	250.0	17.4	1 800	900	32.1	615.9	感病

（续）

统一编号	种质名称	保存单位	原产地或来源地	种质类型	工艺成熟期	种子成熟期	下胚轴色	性型	种皮颜色	种子千粒重	株高	干茎出麻率	精麻产量	种子产量	种子含油率	纤维断裂强度	大麻跳蚺抗性
00000052	邢台	黑龙江经作所	河北省邢台市	地方品种	0715	0925	淡紫	雌雄异株	浅褐	20.0	300.0	18.0	1 200	900	31.4	917.9	感病
00000053	平山	黑龙江经作所	河北省平山县	地方品种	0715	0925	淡紫	雌雄异株	浅褐	26.5	280.0	17.0	1 050	900	31.6	915.9	感病
00000054	大白皮	黑龙江经作所	河北省蔚县	地方品种	0805	0925	淡褐	雌雄异株	黄褐	25.0	300.0	18.2	1 500	750	33.7	921.8	感病
00000055	阳原	黑龙江经作所	河北省阳原县	地方品种	0805	0925	淡褐	雌雄异株	褐	24.1	280.0	18.0	1 200	750	35.2	922.8	感病
00000056	宣化	黑龙江经作所	河北省张家口市	地方品种	0805	0925	淡褐	雌雄异株	褐	26.0	260.0	18.0	1 050	750	32.0	902.2	感病
00000057	阳城	黑龙江经作所	山西省阳城县	地方品种	0805	0925	淡紫	雌雄异株	浅褐	17.3	260.0	18.0	1 050	750	31.4	815.9	中抗
00000058	新绛	黑龙江经作所	山西省新绛县	地方品种	0715	0915	淡紫	雌雄异株	黄褐	26.9	260.0	18.0	1 050	750	31.0	814.0	中抗
00000059	沁源	黑龙江经作所	山西省沁源县	地方品种	0715	0915	淡紫	雌雄异株	黄褐	28.0	250.0	17.0	1 050	750	30.2	817.9	中抗
00000060	榆次	黑龙江经作所	山西省晋中市榆次区	地方品种	0715	0915	淡紫	雌雄异株	黄褐	27.0	250.0	17.5	1 050	750	30.1	815.9	中抗
00000061	黄璋麻	黑龙江经作所	山西省左权县	地方品种	0715	1005	淡紫	雌雄异株	黄褐	29.3	300.0	17.6	1 350	750	32.6	819.8	中抗
00000062	和顺	黑龙江经作所	山西省和顺县	地方品种	0715	1005	淡紫	雌雄异株	黄褐	26.3	260.0	19.5	1 350	900	34.9	817.9	中抗
00000063	方山	黑龙江经作所	山西省方山县	地方品种	0715	1005	淡紫	雌雄异株	黑褐	16.1	250.0	18.2	1 350	900	33.1	815.9	中抗
00000064	定襄	黑龙江经作所	山西省定襄县	地方品种	0715	1005	淡紫	雌雄异株	浅褐	25.3	300.0	17.1	1 350	900	33.0	814.0	中抗
00000065	原平	黑龙江经作所	山西省原平市	地方品种	0715	1005	淡紫	雌雄异株	浅褐	25.4	300.0	16.9	1 350	900	32.8	813.0	中抗
00000066	朔县	黑龙江经作所	山西省朔州市朔城区	地方品种	0715	1005	淡紫	雌雄异株	褐	23.0	280.0	16.4	1 350	900	31.4	811.0	中抗
00000067	河曲	黑龙江经作所	山西省河曲县	地方品种	0715	1005	淡紫	雌雄异株	黑褐	23.2	270.0	17.5	1 350	900	31.3	814.0	中抗
00000068	广灵	黑龙江经作所	山西省广灵县	地方品种	0715	1005	淡紫	雌雄异株	浅褐	25.6	300.0	17.8	1 350	900	33.3	819.8	中抗
00000069	商县	黑龙江经作所	陕西省商洛市	地方品种	0715	0925	淡紫	雌雄异株	黄褐	26.9	280.0	17.6	1 350	900	34.0	863.0	抗病
00000070	宝鸡	黑龙江经作所	陕西省宝鸡市	地方品种	0715	0925	淡紫	雌雄异株	黄褐	18.7	280.0	17.2	1 200	900	34.2	864.9	抗病
00000071	陇县	黑龙江经作所	陕西省陇县	地方品种	0715	1005	淡紫	雌雄异株	浅褐	26.7	300.0	18.6	1 200	900	34.4	866.9	抗病
00000072	蒲城	黑龙江经作所	陕西省蒲城县	地方品种	0715	0925	淡紫	雌雄异株	浅褐	26.9	280.0	17.1	1 050	900	31.4	863.0	抗病
00000073	彬县	黑龙江经作所	陕西省彬县	地方品种	0715	0925	淡紫	雌雄异株	浅褐	31.0	280.0	17.0	1 050	900	33.4	864.9	抗病
00000074	赣城	黑龙江经作所	江西省赣州市	地方品种	0705	0925	淡绿	雌雄异株	黑褐	30.1	300.0	18.2	1500	900	33.5	865.9	抗病
00000075	黄龙	黑龙江经作所	陕西省黄龙县	地方品种	0715	1005	淡绿	雌雄异株	黑褐	30.7	280.0	18.8	1 200	750	34.8	866.9	抗病
00000076	富县	黑龙江经作所	陕西省富县	地方品种	0715	0925	淡绿	雌雄异株	褐	32.0	280.0	17.2	1 050	750	32.0	868.9	抗病
00000077	志丹	黑龙江经作所	陕西省志丹县	地方品种	0715	1005	淡绿	雌雄异株	褐	32.5	260.0	17.1	1 050	750	32.5	865.9	抗病

（续）

统一编号	种质名称	保存单位	原产地或来源地	种质类型	工艺成熟期	种子成熟期	下胚轴色	性型	种皮颜色	种子千粒重	株高	干茎出麻率	精麻产量	种子产量	种子含油率	纤维断裂强度	大麻跳蚺抗性
00000078	定边	黑龙江经作所	陕西省定边县	地方品种	0715	1005	淡绿	雌雄异株	黑褐	32.0	260.0	17.4	1 050	750	34.0	867.9	抗病
00000079	神水	黑龙江经作所	陕西省神木县	地方品种	0715	1005	淡绿	雌雄异株	褐	26.0	260.0	17.3	1 050	750	34.1	869.8	抗病
00000080	武都	黑龙江经作所	甘肃省陇南市	地方品种	0715	0925	淡绿	雌雄异株	黄褐	22.7	280.0	17.0	1 050	750	30.2	963.0	抗病
00000081	康县	黑龙江经作所	甘肃省康县	地方品种	0715	0925	淡紫	雌雄异株	黄褐	22.5	300.0	17.4	1 200	1 200	30.7	961.1	抗病
00000082	舟曲	黑龙江经作所	甘肃省舟曲县	地方品种	0725	0925	淡紫	雌雄异株	褐	20.5	300.0	17.1	1 200	1050	33.3	964.0	抗病
00000083	武山	黑龙江经作所	甘肃省武山县	地方品种	0705	0815	淡紫	雌雄异株	黄褐	26.4	270.0	17.1	1 200	1050	30.7	965.0	抗病
00000084	清水	黑龙江经作所	甘肃省清水县	地方品种	0715	0925	淡紫	雌雄异株	黑褐	26.7	300.0	18.0	1 350	1050	32.0	973.8	抗病
00000085	陇西	黑龙江经作所	甘肃省陇西县	地方品种	0715	1005	淡紫	雌雄异株	黄褐	25.1	300.0	18.2	1 350	1050	31.4	945.4	抗病
00000086	康乐	黑龙江经作所	甘肃省康乐县	地方品种	0715	1005	淡紫	雌雄异株	黄褐	26.5	280.0	17.0	1 200	1050	31.3	944.4	抗病
00000087	华亭	黑龙江经作所	甘肃省华亭县	地方品种	0815	0925	淡紫	雌雄异株	褐	20.4	300.0	17.0	1 200	750	32.0	963.0	抗病
00000088	靖远	黑龙江经作所	甘肃省靖远县	地方品种	0725	1015	淡紫	雌雄异株	黑褐	21.4	300.0	20.2	1 350	1500	34.8	964.0	抗病
00000089	环县	黑龙江经作所	甘肃省环县	地方品种	0725	1015	淡紫	雌雄异株	黑褐	22.0	280.0	17.0	1 200	900	34.8	951.2	抗病
00000090	古浪	黑龙江经作所	甘肃省古浪县	地方品种	0715	0925	淡紫	雌雄异株	浅褐	26.1	250.0	17.1	1 050	1500	34.4	882.6	抗病
00000091	酒泉	黑龙江经作所	甘肃省酒泉市	地方品种	0725	0925	淡紫	雌雄异株	黄褐	20.1	250.0	17.3	1 050	1 200	33.1	876.7	抗病
00000092	敦煌	黑龙江经作所	甘肃省敦煌市	地方品种	0725	0925	淡紫	雌雄异株	黄褐	22.2	250.0	17.0	1 050	750	30.7	878.7	抗病
00000093	泾源	黑龙江经作所	宁夏回族自治区泾源县	地方品种	0725	0925	淡紫	雌雄异株	褐	27.8	280.0	18.2	1 350	750	29.7	955.2	抗病
00000094	固源	黑龙江经作所	宁夏回族自治区固原市	地方品种	0725	0925	淡紫	雌雄异株	褐	26.8	250.0	18.0	1 200	900	30.3	828.7	抗病
00000095	中宁	黑龙江经作所	宁夏回族自治区中宁县	地方品种	0725	0925	淡紫	雌雄异株	黑褐	14.3	250.0	17.4	1 050	900	31.4	833.6	抗病
00000096	中卫	黑龙江经作所	宁夏回族自治区中卫市	地方品种	0715	0925	紫	雌雄异株	黑褐	14.4	250.0	17.0	1 050	1 200	35.6	836.5	抗病
00000097	盐池	黑龙江经作所	宁夏回族自治区盐池县	地方品种	0715	1005	紫	雌雄异株	黑褐	16.4	280.0	17.5	1 350	900	34.1	880.6	抗病
00000098	吴忠	黑龙江经作所	宁夏回族自治区吴忠市	地方品种	0715	0925	淡紫	雌雄异株	黑褐	16.4	260.0	17.1	1 050	900	32.2	829.6	抗病
00000099	永宁	黑龙江经作所	宁夏回族自治区永宁县	地方品种	0715	0925	淡紫	雌雄异株	浅褐	23.3	250.0	17.4	1 050	900	31.4	823.8	抗病
00000100	平罗	黑龙江经作所	宁夏回族自治区平罗县	地方品种	0715	0925	淡紫	雌雄异株	浅褐	25.9	250.0	17.0	1 050	900	30.2	826.7	抗病
00000101	西宁	黑龙江经作所	青海省西宁市	地方品种	0715	0925	淡紫	雌雄异株	褐	20.4	250.0	17.2	1 050	900	31.4	819.8	抗病
00000102	湟中	黑龙江经作所	青海省湟中县	地方品种	0715	0925	淡紫	雌雄异株	黄褐	26.5	250.0	17.5	1 050	900	30.3	852.2	抗病
00000103	互助	黑龙江经作所	青海省互助县	地方品种	0715	0925	淡紫	雌雄异株	黄褐	22.7	250.0	17.0	1 050	900	31.2	817.9	抗病

（续）

统一编号	种质名称	保存单位	原产地或来源地	种质类型	工艺成熟期	种子成熟期	下胚轴色	性型	种皮颜色	种子千粒重	株高	干茎出麻率	精麻产量	种子产量	种子含油率	纤维断裂强度	大麻跳蚺抗性
00000104	焉耆	黑龙江经作所	新疆维吾尔自治区焉耆县	地方品种	0715	0925	淡紫	雌雄异株	褐	21.8	250.0	17.2	1 050	900	31.8	868.9	抗病
00000105	哈密	黑龙江经作所	新疆维吾尔自治区哈密市	地方品种	0715	0925	淡紫	雌雄异株	褐	22.4	250.0	17.4	1 050	900	32.4	869.8	抗病
00000106	奇台	黑龙江经作所	新疆维吾尔自治区奇台县	地方品种	0815	1005	淡紫	雌雄异株	褐	22.0	250.0	18.0	1 050	900	30.8	876.7	抗病
00000107	霍城	黑龙江经作所	新疆维吾尔自治区霍城县	地方品种	0815	1005	淡紫	雌雄异株	褐	22.2	250.0	17.5	1 050	900	33.5	908.1	抗病
00000108	清源	黑龙江经作所	辽宁省清源县	地方品种	0825	0925	淡紫	雌雄异株	黄褐	23.5	300.0	19.0	1 050	900	32.3	764.9	抗病
00000109	彰武	黑龙江经作所	辽宁省彰武县	地方品种	0825	0925	淡紫	雌雄异株	褐	23.0	250.0	17.0	1 050	750	31.1	768.8	抗病
00000110	西丰	黑龙江经作所	辽宁省西丰县	地方品种	0825	0925	淡紫	雌雄异株	黄褐	23.1	300.0	16.8	1 350	750	30.7	767.9	抗病
00000111	昌图	黑龙江经作所	辽宁省昌图县	地方品种	0825	0925	淡紫	雌雄异株	黄褐	22.6	250.0	18.2	1 050	750	30.2	769.8	抗病
00000112	通化	黑龙江经作所	吉林省通化市	地方品种	0825	0925	淡紫	雌雄异株	黄褐	24.0	300.0	17.4	1 200	750	30.4	749.2	抗病
00000113	临江	黑龙江经作所	吉林省临江市	地方品种	0815	0925	淡紫	雌雄异株	褐	23.2	300.0	17.7	1 500	750	30.2	767.9	抗病
00000114	榆树	黑龙江经作所	吉林省榆树市	地方品种	0815	0925	淡紫	雌雄异株	褐	20.0	250.0	18.0	1 050	750	30.4	768.8	抗病
00000115	扶余	黑龙江经作所	吉林省扶余市	地方品种	0815	0925	淡紫	雌雄异株	褐	21.9	250.0	17.4	1 050	750	31.4	764.9	抗病
00000116	洮安	黑龙江经作所	吉林省洮安县	地方品种	0815	0925	淡紫	雌雄异株	浅褐	22.0	250.0	17.3	1 050	750	31.3	770.8	抗病
00000117	东宁	黑龙江经作所	黑龙江省东宁县	地方品种	0815	0925	淡紫	雌雄异株	褐	24.2	250.0	17.2	1 050	750	30.1	745.3	抗病
00000118	五常	黑龙江经作所	黑龙江省五常市	地方品种	0815	0925	淡紫	雌雄异株	褐	24.6	300.0	19.0	1 350	750	31.1	764.9	抗病
00000119	鸡西	黑龙江经作所	黑龙江省鸡西市	地方品种	0815	0925	淡紫	雌雄异株	褐	25.0	250.0	16.8	1 050	750	31.2	725.7	抗病
00000120	林口	黑龙江经作所	黑龙江省林口县	地方品种	0815	0925	淡紫	雌雄异株	褐	23.1	250.0	17.0	1 050	750	32.3	741.4	抗病
00000121	阿城	黑龙江经作所	黑龙江省哈尔滨市阿城区	地方品种	0815	0925	淡紫	雌雄异株	浅褐	24.4	250.0	17.4	1 050	750	31.4	751.2	抗病
00000122	勃利	黑龙江经作所	黑龙江省勃利县	地方品种	0815	0925	淡紫	雌雄异株	浅褐	23.0	250.0	17.1	1 050	750	31.0	764.9	抗病
00000123	同株基	黑龙江经作所	黑龙江省哈尔滨市	地方品种	0815	0925	淡紫	雌雄异株	褐	23.3	300.0	18.4	1 350	750	32.2	836.5	抗病
00000124	通河	黑龙江经作所	黑龙江省通河县	地方品种	0815	0925	淡紫	雌雄异株	灰褐	22.8	250.0	17.0	1 050	750	33.1	794.3	抗病
00000125	望奎	黑龙江经作所	黑龙江省望奎县	地方品种	0815	0925	淡紫	雌雄异株	浅褐	22.2	250.0	17.1	1 050	750	31.2	823.8	抗病
00000126	明水	黑龙江经作所	黑龙江省明水县	地方品种	0815	0925	淡紫	雌雄异株	褐	23.0	250.0	17.2	1 050	750	32.0	749.2	抗病
00000127	拜泉	黑龙江经作所	黑龙江省拜泉县	地方品种	0815	0925	淡紫	雌雄异株	褐	23.8	280.0	17.4	1 200	750	32.3	788.5	抗病
00000128	依安	黑龙江经作所	黑龙江省依安县	地方品种	0815	0925	淡紫	雌雄异株	浅褐	25.6	250.0	17.0	1 050	750	31.0	741.4	抗病
00000129	克山	黑龙江经作所	黑龙江省克山县	地方品种	0815	0925	淡紫	雌雄异株	褐	22.2	280.0	17.8	1 200	750	30.8	841.4	抗病

（续）

统一编号	种质名称	保存单位	原产地或来源地	种质类型	工艺成熟期	种子成熟期	下胚轴色	性型	种皮颜色	种子千粒重	株高	干茎出麻率	精麻产量	种子产量	种子含油率	纤维断裂强度	大麻跳蚺抗性
00000130	北安	黑龙江经作所	黑龙江省北安市	地方品种	0815	0925	淡紫	雌雄异株	褐	22.4	250.0	17.0	1 050	750	31.6	784.5	抗病
00000131	讷河	黑龙江经作所	黑龙江省讷河市	地方品种	0815	0925	淡紫	雌雄异株	浅褐	22.0	250.0	17.4	1 050	750	30.4	829.6	抗病
00000132	嫩江	黑龙江经作所	黑龙江省嫩江县	地方品种	0815	0925	淡紫	雌雄异株	灰褐	19.0	250.0	17.2	1 050	750	31.5	768.8	抗病
00000133	孙吴	黑龙江经作所	黑龙江省孙吴县	地方品种	0815	0925	淡紫	雌雄异株	浅褐	20.9	250.0	17.0	1 050	750	31.1	751.2	抗病
00000134	黑河	黑龙江经作所	黑龙江省黑河市	地方品种	0815	0925	淡紫	雌雄异株	褐	20.0	250.0	17.1	1 050	750	32.2	762.0	抗病
00000136	洱源	辽宁经作所①	云南省洱源县	地方品种	1005	1025	紫	雌雄异株	灰	20.0	310.0	17.0	1 095	405	32.0	637.4	感病
00000137	金平	辽宁经作所	云南省金平县	地方品种	1005	1025	紫	雌雄异株	灰	22.0	305.0	17.0	1 320	420	31.0	392.3	感病
00000138	路南	辽宁经作所	云南省石林县	地方品种	1005	1025	紫	雌雄异株	灰	20.0	335.0	17.0	1 230	390	31.0	637.4	感病
00000139	蒙自	辽宁经作所	云南省蒙自市	地方品种	1005	1025	紫	雌雄异株	灰	20.0	335.0	18.0	795	420	29.0	441.3	感病
00000140	岫岩	辽宁经作所	辽宁省岫岩县	地方品种	0815	0915	紫	雌雄异株	褐	20.0	260.0	16.0	825	600	31.0	490.3	感病
00000141	田家山	辽宁经作所	湖北省麻城市	地方品种	0925	1025	淡紫	雌雄异株	灰	15.0	315.0	17.0	780	375	30.0	490.3	抗病
00000142	阳日	辽宁经作所	湖北省神农架林区	地方品种	0925	1025	淡紫	雌雄异株	灰	17.0	300.0	17.0	390	255	28.0	686.5	感病
00000143	南公营子	辽宁经作所	辽宁省喀左县	地方品种	0915	0925	绿	雌雄异株	灰	21.0	330.0	19.0	1 350	600	31.0	686.5	感病
00000144	榛子	辽宁经作所	湖北省宜昌市	地方品种	0925	1025	紫	雌雄异株	深灰	22.0	295.0	16.0	870	435	30.0	539.4	感病
00000145	龙门河	辽宁经作所	湖北省兴山县	地方品种	0925	1025	紫	雌雄异株	灰	20.0	290.0	17.0	975	390	30.0	480.5	感病
00000146	二道	吉林经作所	吉林省长春市二道区	地方品种	0825	0915	绿	雌雄异株	灰	20.0	300.0	18.0	1 170	675	30.0	637.4	感病
00000147	官店	辽宁经作所	湖北省建始县	地方品种	0915	0925	紫	雌雄异株	灰	19.0	315.0	16.0	750	360	27.0	539.4	感病
00000148	柳条	辽宁经作所	辽宁省抚顺县	地方品种	0805	0905	绿	雌雄异株	褐	19.0	250.0	16.0	675	600	27.0	490.3	感病
00000149	椿木营	辽宁经作所	湖北恩施州	地方品种	0925	1025	紫	雌雄异株	灰	18.0	305.0	16.0	840	375	30.0	294.2	感病
00000150	大城子	辽宁经作所	辽宁省喀左县	地方品种	0815	0905	绿	雌雄异株	灰	19.0	310.0	18.0	1 050	750	28.0	588.4	感病
00000151	李阳	辽宁经作所	陕西省靖边县	地方品种	0815	0925	紫	雌雄异株	灰	16.0	295.0	17.0	675	750	30.0	588.4	感病
00000152	李疙瘩	辽宁经作所	陕西省杨凌区	地方品种	0825	1005	紫	雌雄异株	浅灰	19.0	310.0	16.0	720	675	30.0	490.3	感病
00000154	安赛	辽宁经作所	陕西省安塞县	地方品种	0725	0905	紫	雌雄异株	灰	20.0	290.0	17.0	855	750	29.0	588.4	感病
00000155	落南	辽宁经作所	陕西省落南县	地方品种	0725	0905	紫	雌雄异株	灰	22.0	295.0	17.0	825	675	34.0	490.3	感病
00000156	延安	辽宁经作所	陕西省延安市	地方品种	0725	0905	紫	雌雄异株	灰	16.0	290.0	18.0	675	600	33.0	588.4	感病

① 全称为辽宁省农业科学院经济作物研究所。全书下同。

（续）

统一编号	种质名称	保存单位	原产地或来源地	种质类型	工艺成熟期	种子成熟期	下胚轴色	性型	种皮颜色	种子千粒重	株高	干茎出麻率	精麻产量	种子产量	种子含油率	纤维断裂强度	大麻跳蚺抗性
00000157	隆昌	辽宁经作所	辽宁省辽阳县	地方品种	0725	0825	紫	雌雄异株	深灰	17.0	270.0	16.0	600	675	29.0	470.7	感病
00000158	吉林 2 号	辽宁经作所	吉林省公主岭市	选育品种	0725	0905	紫	雌雄异株	灰	16.0	225.0	16.0	1 020	660	29.0	441.3	感病
00000159	吉林 4 号	辽宁经作所	吉林省公主岭市	选育品种	0725	0905	紫	雌雄异株	灰	17.0	225.0	17.0	630	645	29.0	588.4	感病
00000160	吉林 6 号	辽宁经作所	吉林省公主岭市	选育品种	0725	0905	紫	雌雄异株	灰	21.0	275.0	16.0	990	675	28.0	490.3	感病
00000161	吉林 7 号	辽宁经作所	吉林省公主岭市	选育品种	0725	0905	紫	雌雄异株	灰	20.0	225.0	16.0	840	600	29.0	539.4	感病
00000162	吉林 9 号	辽宁经作所	吉林省公主岭市	选育品种	0725	0905	紫	雌雄异株	灰	19.0	230.0	17.0	750	570	30.0	490.3	感病
00000163	扶余	辽宁经作所	吉林省扶余市	地方品种	0725	0825	紫	雌雄异株	灰	18.0	270.0	16.0	690	555	30.0	539.4	感病
00000164	前郭	辽宁经作所	吉林省前郭县	地方品种	0725	0825	紫	雌雄异株	灰	20.0	220.0	18.0	825	600	31.0	441.3	感病
00000165	柳河	辽宁经作所	吉林省柳河县	地方品种	0725	0825	紫	雌雄异株	灰	19.0	210.0	18.0	885	630	29.0	539.4	感病
00000166	梅河	辽宁经作所	吉林省梅河口市	地方品种	0725	0905	紫	雌雄异株	灰	18.0	250.0	16.0	780	675	30.0	490.3	感病
00000167	双阳	辽宁经作所	吉林省长春市双阳区	地方品种	0725	0905	紫	雌雄异株	灰	18.0	295.0	17.0	720	675	27.0	588.4	感病
00000168	东风	辽宁经作所	吉林省东丰县	地方品种	0725	0905	紫	雌雄异株	灰	18.0	270.0	17.0	600	675	28.0	539.4	感病
00000169	宁安	辽宁经作所	黑龙江省宁安市	地方品种	0715	0825	紫	雌雄异株	灰	18.0	225.0	16.0	720	750	30.0	490.3	感病
00000170	绥化	辽宁经作所	黑龙江省绥化市	地方品种	0725	0905	紫	雌雄异株	灰	16.0	235.0	17.0	750	705	31.0	441.3	感病
00000171	海伦	辽宁经作所	黑龙江省海伦市	地方品种	0715	0825	紫	雌雄异株	灰	17.0	225.0	19.0	630	630	30.0	490.3	感病
00000172	宽甸	辽宁经作所	辽宁省宽甸县	地方品种	0825	1005	紫	雌雄异株	灰	20.0	290.0	16.0	795	600	30.0	392.3	感病
00000173	凤城	辽宁经作所	辽宁省凤城市	地方品种	0825	1005	紫	雌雄异株	灰	20.0	300.0	17.0	750	480	31.0	784.5	感病
00000174	丹东	辽宁经作所	辽宁省丹东市	地方品种	0825	1005	紫	雌雄异株	灰	20.0	295.0	19.0	705	675	28.0	392.3	感病
00000175	鞍山	辽宁经作所	辽宁省鞍山市	地方品种	0815	0925	紫	雌雄异株	灰	19.0	285.0	18.0	1 080	675	30.0	539.4	感病
00000176	本溪	辽宁经作所	辽宁省本溪市	地方品种	0805	0925	紫	雌雄异株	灰	18.0	220.0	16.0	750	600	30.0	490.3	感病
00000177	昌图	辽宁经作所	辽宁省昌图县	地方品种	0805	0925	紫	雌雄异株	灰	18.0	230.0	17.0	675	600	31.0	441.3	感病
00000178	333	辽宁经作所	辽宁省辽阳市	选育品种	0825	1005	紫	雌雄异株	灰	18.0	330.0	19.0	735	750	30.0	539.4	感病
00000179	安平	辽宁经作所	辽宁省安平	地方品种	0815	0925	紫	雌雄异株	灰	18.0	290.0	17.0	990	600	30.0	588.4	感病

（续）

统一编号	种质名称	保存单位	原产地或来源地	种质类型	工艺成熟期	种子成熟期	下胚轴色	性型	种皮颜色	种子千粒重	株高	干茎出麻率	精麻产量	种子产量	种子含油率	纤维断裂强度	大麻跳蝍抗性
00000180	宁城	辽宁经作所	内蒙古自治区宁城县	地方品种	0805	0915	紫	雌雄异株	灰	18.0	260.0	17.0	675	600	29.0	490.3	感病
00000181	三棵树	辽宁经作所	辽宁省昌图县	地方品种	0805	0915	紫	雌雄异株	灰	18.0	240.0	16.0	600	675	30.0	441.3	感病
00000182	凌源	辽宁经作所	辽宁省凌源市	地方品种	0815	0925	绿	雌雄异株	褐	20.0	280.0	18.0	825	750	29.0	588.4	感病
00000183	喀左	辽宁经作所	辽宁省喀左县	地方品种	0815	0925	绿	雌雄异株	褐	19.0	270.0	19.0	825	900	30.0	637.4	感病
00000184	浑江	辽宁经作所	吉林省白山市浑江区	地方品种	0715	0825	绿	雌雄异株	灰	17.0	240.0	17.0	675	675	29.0	490.3	感病
00000185	灯塔	辽宁经作所	辽宁省灯塔市	地方品种	0725	0825	紫	雌雄异株	灰	17.0	240.0	17.0	600	600	30.0	490.3	感病
00000186	林东	辽宁经作所	内蒙古自治区赤峰市	地方品种	0725	0825	紫	雌雄异株	灰	18.0	280.0	17.0	900	675	30.0	441.3	感病
00000187	万福	辽宁经作所	辽宁省盖州市	地方品种	0725	0825	绿	雌雄异株	灰	17.0	270.0	17.0	750	675	30.0	441.3	感病
00000188	翁牛特	辽宁经作所	内蒙古自治区翁牛特旗	地方品种	0725	0825	紫	雌雄异株	褐	16.0	250.0	16.0	600	525	34.0	392.3	感病
00000189	庄河	辽宁经作所	辽宁省庄河市	地方品种	0805	0905	紫	雌雄异株	灰	16.0	270.0	16.0	675	750	29.0	441.3	感病
00000190	盖县	辽宁经作所	辽宁省盖县	地方品种	0805	0905	绿	雌雄异株	灰	16.0	270.0	17.0	600	675	30.0	441.3	感病
00000191	汉中	辽宁经作所	陕西省汉中市	地方品种	0905	1015	绿	雌雄异株	灰	18.0	300.0	18.0	900	300	30.0	490.3	感病
00000192	营口	辽宁经作所	辽宁省营口市	地方品种	0805	0915	绿	雌雄异株	灰	18.0	290.0	17.0	750	720	30.0	539.4	感病
00000193	左家	辽宁经作所	吉林省吉林市昌邑区	地方品种	0725	0825	紫	雌雄异株	灰	17.0	240.0	16.0	675	675	30.0	441.3	感病
00000194	辽中	辽宁经作所	辽宁省辽中县	地方品种	0725	0825	绿	雌雄异株	灰	18.0	240.0	16.0	675	750	28.0	490.3	感病
00000195	富锦	辽宁经作所	黑龙江省富锦市	地方品种	0715	0805	紫	雌雄异株	灰	16.0	210.0	16.0	645	600	30.0	392.3	感病
00000196	邯郸	辽宁经作所	河北省邯郸市	地方品种	0905	1025	绿	雌雄异株	褐	19.0	310.0	17.0	975	525	30.0	490.3	感病
00000197	六间房	辽宁经作所	辽宁省辽中县	地方品种	0805	0925	绿	雌雄异株	灰	19.0	300.0	17.0	750	675	33.0	441.3	感病
00000198	海城	辽宁经作所	辽宁省海城市	地方品种	0805	0925	绿	雌雄异株	灰褐	18.0	300.0	17.0	900	750	28.0	441.3	感病
00000199	复县	辽宁经作所	辽宁省瓦房店市	地方品种	0805	0925	绿	雌雄异株	灰	18.0	280.0	17.0	675	675	29.0	490.3	感病
00000200	双辽	辽宁经作所	吉林省双辽市	地方品种	0805	0915	紫	雌雄异株	褐	16.0	260.0	16.0	750	600	30.0	392.3	感病
00000201	兆东	辽宁经作所	黑龙江省肇东市	地方品种	0715	0805	紫	雌雄异株	褐	16.0	250.0	16.0	525	675	31.0	392.3	感病
00000202	建昌	辽宁经作所	辽宁省建昌县	地方品种	0805	0915	绿	雌雄异株	灰	17.0	270.0	16.0	600	600	30.0	441.3	感病

（续）

统一编号	种质名称	保存单位	原产地或来源地	种质类型	工艺成熟期	种子成熟期	下胚轴色	性型	种皮颜色	种子千粒重	株高	干茎出麻率	精麻产量	种子产量	种子含油率	纤维断裂强度	大麻跳蚤抗性
00000203	迁安1号	辽宁经作所	河北省迁安市	选育品种	0805	0905	绿	雌雄异株	灰	17.0	290.0	17.0	675	600	32.0	392.3	感病
00000204	迁安2号	辽宁经作所	河北省迁安市	选育品种	0815	0915	绿	雌雄异株	灰	17.0	270.0	17.0	675	600	32.0	490.3	感病
00000205	青龙	辽宁经作所	河北省青龙县	地方品种	0805	0905	绿	雌雄异株	灰	17.0	240.0	16.0	600	600	32.0	392.3	感病
00000206	三岔河	辽宁经作所	辽宁省海城市	地方品种	0805	0905	紫	雌雄异株	灰	16.0	210.0	16.0	600	525	29.0	392.3	/
00000207	大岭	辽宁经作所	黑龙江省哈尔滨市	地方品种	0725	0825	绿	雌雄异株	灰	16.0	200.0	16.0	525	450	29.0	343.2	感病
00000208	磨刀石	辽宁经作所	黑龙江省牡丹江市	地方品种	0805	0825	绿	雌雄异株	灰	16.0	220.0	16.0	450	450	30.0	343.2	感病
00000209	大吉口1号	辽宁经作所	河北省平泉县	选育品种	0725	0815	绿	雌雄异株	灰	16.0	280.0	16.0	750	675	30.0	490.3	感病
00000210	大吉口2号	辽宁经作所	河北省平泉县	选育品种	0805	0815	绿	雌雄异株	灰	16.0	240.0	16.0	600	600	30.0	441.3	感病
00000211	承德	辽宁经作所	河北省承德市	地方品种	0805	0815	紫	雌雄异株	灰	16.0	250.0	16.0	675	675	30.0	441.3	感病
00000212	喀喇沁	辽宁经作所	内蒙古自治区喀喇沁旗	地方品种	0725	0805	绿	雌雄异株	灰白	18.0	280.0	17.0	750	525	28.0	490.3	感病
00000213	新县	辽宁经作所	河南省新县	地方品种	0825	0905	绿	雌雄异株	灰	20.0	300.0	18.0	825	450	30.0	490.3	感病
00000214	平谷	辽宁经作所	北京市平谷区	地方品种	0805	0925	绿	雌雄异株	灰	19.0	300.0	17.0	750	450	30.0	539.4	感病
00000215	通北	辽宁经作所	黑龙江省黑河市	地方品种	0715	0815	紫	雌雄异株	灰	18.0	250.0	16.0	600	600	29.0	490.3	感病
00000216	宜良	辽宁经作所	云南省宜良县	地方品种	0915	1025	绿	雌雄异株	灰	19.0	320.0	18.0	825	300	31.0	539.4	感病
00000217	榆树	辽宁经作所	辽宁省抚顺县	地方品种	0805	0905	绿	雌雄异株	褐	17.0	270.0	17.0	750	600	32.0	490.3	感病
00000218	龙城	辽宁经作所	辽宁省朝阳市龙城区	地方品种	0815	0915	绿	雌雄异株	灰	18.0	280.0	17.0	600	675	30.0	441.3	感病
00000219	义县	辽宁经作所	辽宁省义县	地方品种	0805	0905	绿	雌雄异株	灰	17.0	240.0	16.0	600	675	31.0	490.3	感病
00000220	南杂木	辽宁经作所	辽宁省新宾县	地方品种	0825	0925	绿	雌雄异株	灰	18.0	310.0	17.0	675	450	30.0	539.4	感病
00000221	新宾	辽宁经作所	辽宁省新宾县	地方品种	0825	0925	紫	雌雄异株	灰	17.0	280.0	17.0	450	600	30.0	392.3	感病
00000222	禄劝	辽宁经作所	云南省禄劝县	地方品种	0915	1025	绿	雌雄异株	灰	20.0	330.0	19.0	900	225	29.0	490.3	感病
00000223	灵武	辽宁经作所	宁夏回族自治区灵武市	地方品种	0805	0915	紫	雌雄异株	灰白	18.0	280.0	17.0	900	600	30.0	441.3	感病
00000224	乌海	辽宁经作所	内蒙古自治区乌海市	地方品种	0805	0915	紫	雌雄异株	灰	17.0	270.0	17.0	750	675	31.0	441.3	感病
00000225	临河	辽宁经作所	宁夏回族自治区灵武市	地方品种	0805	0915	绿	雌雄异株	灰白	17.0	290.0	17.0	675	750	32.0	441.3	感病

（续）

统一编号	种质名称	保存单位	原产地或来源地	种质类型	工艺成熟期	种子成熟期	下胚轴色	性型	种皮颜色	种子千粒重	株高	干茎出麻率	精麻产量	种子产量	种子含油率	纤维断裂强度	大麻跳蚺抗性
00000226	石嘴山	辽宁经作所	宁夏回族自治区石嘴山市	地方品种	0815	0915	绿	雌雄异株	灰白	17.0	290.0	16.0	750	750	32.0	392.3	感病
00000228	新都	辽宁经作所	四川省成都市	地方品种	0815	0925	绿	雌雄异株	灰	18.0	310.0	18.0	975	300	30.0	588.4	感病
00000229	迪庆	辽宁经作所	云南省迪庆藏族自治州	地方品种	0915	1025	绿	雌雄异株	灰	19.0	310.0	18.0	900	300	30.0	637.4	感病
00000230	沁县	辽宁经作所	山西省沁县	地方品种	0815	0925	绿	雌雄异株	灰	18.0	300.0	17.0	825	375	30.0	588.4	感病
00000231	大巴	辽宁经作所	四川省	地方品种	0905	1015	绿	雌雄异株	灰	18.0	300.0	19.0	900	300	27.0	588.4	感病
00000232	呼兰	辽宁经作所	黑龙江省哈尔滨市呼兰区	地方品种	0805	0905	紫	雌雄异株	灰	16.0	280.0	17.0	750	600	30.0	441.3	感病
00000233	杨屯	辽宁经作所	辽宁省盖州市	地方品种	0805	0915	紫	雌雄异株	褐	16.0	270.0	16.0	600	600	28.0	392.3	感病
00000235	Юсо-31	黑龙江经作所	俄罗斯	选育品种	0901	0802		雌雄同株	灰	18.6	177.0	23.4	1 472	1 358			感病
00000236	Юсо-11	黑龙江经作所	俄罗斯	选育品种	0826	0731		雌雄同株	灰	18.2	165.0	22.1	1 275	1 257			感病
00000237	Венико	黑龙江经作所	波兰	选育品种	0824	0729		雌雄同株	灰	18.8	156.0	23.6	1 433	1 423			中抗
00000238	Виалоб	黑龙江经作所	波兰	选育品种	0827	0728		雌雄同株	灰	18.7	163.0	21.6	1 355	1 434			中抗
00000239	德国	黑龙江经作所	德国	选育品种	0904	0801		雌雄异株	灰	18	165.0	23.8	1 391	1 450			抗病
00000240	法国	黑龙江经作所	法国	选育品种	0906	0812		雌雄异株	灰	18.3	163.0	17.6	1 792	1 154			抗病
00000241	梁山	黑龙江经作所	山东省梁山县	地方品种	0928	0820		雌雄异株	灰	19.4	230.0	21.3	1 765	686			抗病
00000242	元谋-1	黑龙江经作所	云南省元谋县	地方品种	1013	0830		雌雄异株	灰	19.6	270.0	16.2	1 842	786			抗病
00000243	元谋-2	黑龙江经作所	云南省元谋县	地方品种	1015	0830		雌雄异株	灰	19.7	267.0	18.3	1 692	688			抗病
00000244	元谋-3	黑龙江经作所	云南省元谋县	地方品种	1012	0830		雌雄异株	灰褐	19.3	262.0	16.7	1 678	532			抗病
00000245	永源-1	黑龙江经作所	云南凤庆县	地方品种	1013	0830		雌雄异株	灰	19.2	250.0	17.2	1 819	654			抗病
00000246	永源-2	黑龙江经作所	云南凤庆县	地方品种	1012	0830		雌雄异株	灰	19.6	256.0	18.3	1 694	569			抗病
00000247	天水	黑龙江经作所	甘肃省天水市	地方品种	1002	0825		雌雄异株	灰	19.4	230.0	17.4	1 715	753			抗病
00000248	大连	黑龙江经作所	辽宁省大连市	地方品种	0922	0816		雌雄异株	灰	19.5	205.0	22.3	1 865	988			抗病
00000249	灵丘	黑龙江经作所	山西省灵丘县	地方品种	0923	0816		雌雄异株	灰	19.7	210.0	20.1	1 467	865			抗病
00000250	昌图	黑龙江经作所	辽宁省昌图县	地方品种	0921	0815		雌雄异株	灰	19.3	199.0	23.2	1 779	1 052			抗病

（续）

统一编号	种质名称	保存单位	原产地或来源地	种质类型	工艺成熟期	种子成熟期	下胚轴色	性型	种皮颜色	种子千粒重	株高	干茎出麻率	精麻产量	种子产量	种子含油率	纤维断裂强度	大麻跳蚺抗性
00000251	托克托	黑龙江经作所	内蒙古自治区托克托县	地方品种	0920	0815		雌雄异株	灰	19.4	200.0	21.3	1 760	999			抗病
00000252	丘北	黑龙江经作所	云南省丘北县	地方品种	1015	0904		雌雄异株	灰	19.2	256.0	17.6	1 754	567			抗病
00000253	沈阳	黑龙江经作所	辽宁省沈阳市	地方品种	1023	0820		雌雄异株	灰	19.5	210.0	23.2	1 960	1 033			抗病
00000254	新源野生	黑龙江经作所	新疆维吾尔自治区新源县	野生资源	1008	0913		雌雄异株	浅灰	8.6	168.0	16.8	1 002	353			抗病
00000255	元谋-4	黑龙江经作所	云南省元谋县	地方品种	1014	0820		雌雄异株	灰	19.7	256.0	18.1	1 773	589			抗病
00000256	Золотоножский-15	黑龙江经作所	乌克兰	选育品种	0910	0815		雌雄同株	灰	17.9	180.0	18.6	1 666	1449			抗病
00000257	Юсо-11	黑龙江经作所	乌克兰	选育品种	0904	0810		雌雄同株	灰	18.2	174.0	21.7	1 340	1 464			抗病
00000258	Глуховский-33-1	黑龙江经作所	乌克兰	选育品种	0913	0813		雌雄同株	灰	18.8	177.0	21.3	1 639	1730			抗病
00000259	Глуховский-33-2	黑龙江经作所	乌克兰	选育品种	0911	0810		雌雄同株	灰	18.4	182.0	21.4	1 431	1 543			抗病
00000260	Юсо-14	黑龙江经作所	乌克兰	选育品种	0814	0805		雌雄同株	灰	18.9	159.0	20.9	1 723	1 270			抗病
00000261	Днепский-6	黑龙江经作所	乌克兰	选育品种	0815	0805		雌雄同株	灰	18.2	178.0	21.6	1 847	1 283			抗病
00000262	Днепский-14	黑龙江经作所	乌克兰	选育品种	0816	0805		雌雄同株	灰	18.6	182.0	20.9	1 817	1 283			抗病
00000263	Юсо31-1	黑龙江经作所	乌克兰	选育品种	0913	0815		雌雄同株	灰	18.3	188.0	24.1	2 366	1 206			抗病
00000264	Юсо31-2	黑龙江经作所	乌克兰	选育品种	0912	0815		雌雄同株	灰	18.4	185.0	24.3	1 914	1 106			抗病
00000265	Юсо31-3	黑龙江经作所	乌克兰	选育品种	0910	0810		雌雄同株	灰	18.7	183.0	23.9	1 708	1 024			抗病
00000266	波引 1 号	黑龙江经作所	波兰	选育品种	0914	0813		雌雄同株	灰	18.2	177.0	19.0	1 847	1 581			抗病
00000267	波引 2 号	黑龙江经作所	波兰	选育品种	0912	0813		雌雄同株	灰	18.6	172.0	19.8	1 859	1 366			抗病
00000268	波引 3 号	黑龙江经作所	波兰	选育品种	0915	0813		雌雄同株	灰	18.4	170.0	22.9	2 498	1 110			抗病
00000269	波引 4 号	黑龙江经作所	波兰	选育品种	0913	0813		雌雄同株	灰	18.6	180.0	26.0	1 967	1 295			抗病
00000270	波引 5 号	黑龙江经作所	波兰	选育品种	0913	0813		雌雄同株	灰	18.5	188.0	21.5	2 047	1 296			抗病
00000271	云麻 1 号	黑龙江经作所	云南省昆明市	选育品种	1006	0820		雌雄异株	灰	19.5	277.0	19.2	2 084	879			抗病
00000272	六安寒麻	黑龙江经作所	安徽省六安市	选育品种	0929	0820		雌雄异株	灰	19.6	254.0	20.4	2 210	822			抗病
00000273	鲁麻 1 号	黑龙江经作所	山东省济南市	选育品种	0916	0820		雌雄异株	灰	19.9	251.0	21.3	1 972	1 002			抗病
00000274	Юсо-31	黑龙江经作所	波兰	选育品种	0818	0815		雌雄同株	灰	18.8	176.0	22.6	1 827	1 257			抗病
00000275	Глуховский-33	黑龙江经作所	波兰	选育品种	0817	0815		雌雄同株	灰	18.3	180.0	23.0	1 756	1 133			抗病

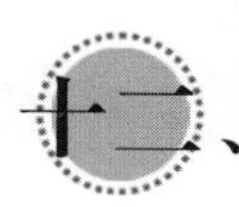

十二、青麻种质资源主要性状描述符及其数据标准

1. 统一编号 由8位数字字符串组成，是种质的唯一标识号。如“00000043”，代表具体青麻种质的编号，具有唯一性。

2. 种质名称 国内种质的原始名称和国外引进种质的中文译名。引进种质可直接填写种质的外文名称，有些种质可能只有数字编号，则该编号为种质名称。

3. 保存单位 种质提交国家种质资源长期库前的保存单位名称。

4. 原产地或来源地 国内种质原产（来源）省、市（县）名称；引进种质原产（来源）国家、地区名称或国际组织名称。

5. 种质类型 青麻种质分为野生资源、地方品种、选育品种、品系、遗传材料、其他6种类型。

6. 生育日数 在物候期观测的基础上，每份种质从出苗期至种子成熟期的天数。单位为d。

7. 叶形 现蕾期，以试验小区全部植株为观测对象，中部正常完整叶片的形状，有心脏形、圆形2种类型。

8. 中期茎色 出苗后60～80d，以试验小区全部植株为观测对象，在正常一致的光照条件下，目测植株中部茎表颜色，有绿、浅紫、紫等颜色。

9. 种皮色 目测青麻正常成熟种子的表皮颜色。有浅灰、灰、灰黑、黑等颜色。

10. 种子千粒重 1 000粒青麻种子（含水量在12%左右）的重量。单位为g。

11. 株高 工艺成熟期，度量20株植株从茎秆基部到主茎生长点的距离，取平均值。单位为cm，精确到0.1cm。

12. 节间长度 工艺成熟期，以度量株高的样本为对象，度量植株茎秆中部10节的平均长度，取平均值。单位为cm，精确到0.1cm。

13. 茎粗 工艺成熟期，以度量株高的样本为对象，用游标卡尺（精度为1/1 000）测量植株茎秆中部的直径，取平均值。单位为cm，精确到0.01cm。

十三、青麻主要性状目录

统一编号	种质名称	保存单位	原产地或来源地	种质类型	生育日数	叶形	中期茎色	种皮色	种子千粒重	株高	节间长度	茎粗
00000001	白莲青麻	辽宁经作所	湖北省神农架林区	地方品种	82	圆形	绿	灰黑	10.1	250.0	12.4	1.20
00000002	新坪青麻	辽宁经作所	湖北省神农架林区	地方品种	82	圆形	绿	灰黑	10.4	250.0	11.9	1.20
00000003	板仓青麻	辽宁经作所	湖北省神农架林区	地方品种	82	圆形	绿	灰黑	10.1	210.0	11.6	1.00
00000004	下谷坪青麻	辽宁经作所	湖北省神农架林区	地方品种	82	圆形	绿	灰黑	10.1	220.0	10.8	1.20
00000005	阳日青麻	辽宁经作所	湖北省神农架林区	地方品种	85	圆形	绿	灰黑	10.3	189.0	11.0	1.00
00000006	三垸青麻	辽宁经作所	湖北省神农架林区	地方品种	80	圆形	绿	灰黑	9.2	253.0	12.2	1.10
00000007	松柏青麻	辽宁经作所	湖北省神农架林区	地方品种	85	圆形	绿	灰黑	10.2	250.0	12.2	1.10
00000008	朝阳青麻	辽宁经作所	湖北省神农架林区	地方品种	85	圆形	绿	灰黑	9.3	253.0	11.5	1.10
00000009	大木一号	辽宁经作所	湖北省房县	地方品种	90	圆形	紫	灰黑	15.6	285.0	11.4	1.10
00000010	大木二号	辽宁经作所	湖北省房县	地方品种	85	圆形	紫	灰黑	15.6	269.0	11.6	1.10
00000011	大木三号	辽宁经作所	湖北省房县	地方品种	85	圆形	绿	灰黑	10.1	231.0	11.5	1.10
00000012	上龛青麻	辽宁经作所	湖北省房县	地方品种	81	圆形	绿	灰黑	10.2	260.0	11.8	1.10
00000013	九道青麻	辽宁经作所	湖北省房县	地方品种	85	圆形	绿	灰黑	10.3	256.0	11.0	1.00
00000014	黄粮青麻	辽宁经作所	湖北省房县	地方品种	90	圆形	绿	灰黑	11.1	242.0	11.6	1.10
00000015	堑坪青麻	辽宁经作所	湖北省房县	地方品种	92	圆形	紫	灰黑	16.6	279.0	11.9	1.10
00000016	桥上青麻	辽宁经作所	湖北省房县	地方品种	80	圆形	绿	灰黑	9.2	288.0	11.3	1.10
00000017	汪家青麻	辽宁经作所	湖北省竹溪县	地方品种	87	圆形	绿	灰黑	15.6	289.0	11.4	1.10
00000018	五胜青麻	辽宁经作所	湖北省竹溪县	地方品种	93	圆形	紫	灰黑	15.5	281.0	11.4	1.10
00000019	红发青麻	辽宁经作所	湖北省竹溪县	地方品种	107	圆形	紫	灰黑	15.5	297.0	12.4	1.20
00000020	新街青麻	辽宁经作所	湖北省竹溪县	地方品种	85	圆形	绿	灰黑	9.1	264.0	11.4	1.10
00000021	石甸河青	辽宁经作所	湖北省竹溪县	地方品种	85	圆形	绿	灰黑	11.0	284.0	12.4	1.20
00000022	旭光青麻	辽宁经作所	湖北省竹溪县	地方品种	90	圆形	绿	灰黑	10.3	257.0	12.4	1.10

（续）

统一编号	种质名称	保存单位	原产地或来源地	种质类型	生育日数	叶形	中期茎色	种皮色	种子千粒重	株高	节间长度	茎粗
00000023	青云1号	辽宁经作所	湖北省竹溪县	地方品种	90	圆形	紫	灰黑	15.5	303.0	11.5	1.10
00000024	青云2号	辽宁经作所	湖北省竹溪县	地方品种	85	圆形	绿	灰黑	10.1	249.0	10.3	1.00
00000025	上鄂坪青麻	辽宁经作所	湖北省竹溪县	地方品种	87	圆形	绿	灰黑	10.4	242.0	10.8	1.00
00000026	板庙青麻	辽宁经作所	湖北省兴山县	地方品种	87	圆形	绿	灰黑	10.1	270.0	11.0	1.10
00000027	鲁坎青麻	辽宁经作所	湖北省竹山县	地方品种	85	圆形	绿	灰黑	10.2	260.0	11.0	1.10
00000028	鲁坎2号	辽宁经作所	湖北省竹山县	地方品种	87	圆形	绿	灰黑	16.5	296.0	11.4	1.10
00000029	大庙青麻	辽宁经作所	湖北省竹山县	地方品种	90	圆形	绿	灰黑	10.2	288.0	10.5	1.10
00000030	得胜青麻	辽宁经作所	湖北省竹山县	地方品种	87	圆形	绿	灰黑	10.4	282.0	11.0	1.00
00000031	城效青麻	辽宁经作所	湖北省竹山县	地方品种	78	圆形	绿	灰黑	9.3	250.0	10.8	1.10
00000032	桂坪青麻	辽宁经作所	湖北省竹山县	地方品种	90	圆形	绿	灰黑	9.2	280.0	11.0	1.10
00000033	大营盘青麻	辽宁经作所	湖北省竹山县	地方品种	78	圆形	绿	灰黑	10.2	298.0	10.6	1.10
00000034	李家湾青麻	辽宁经作所	湖北省保康县	地方品种	78	圆形	绿	灰黑	10.3	270.0	11.2	1.10
00000035	官渡1号	辽宁经作所	湖北省保康县	地方品种	78	圆形	绿	灰黑	10.3	266.0	11.2	1.10
00000036	官渡2号	辽宁经作所	湖北省保康县	地方品种	85	圆形	绿	灰黑	10.5	268.0	11.0	1.10
00000037	合作1号	辽宁经作所	湖北省保康县	地方品种	87	圆形	绿	灰黑	15.5	288.0	11.4	1.10
00000038	合作2号	辽宁经作所	湖北省保康县	地方品种	85	圆形	紫	灰黑	16.6	282.0	10.8	1.10
00000039	合作3号	辽宁经作所	湖北省保康县	地方品种	87	圆形	绿	灰黑	15.5	328.0	12.2	1.30
00000040	高牌1号	辽宁经作所	湖北省保康县	地方品种	85	圆形	绿	灰黑	9.2	252.0	11.8	1.20
00000041	高牌2号	辽宁经作所	湖北省保康县	地方品种	90	圆形	紫	灰黑	15.5	300.0	11.6	1.20
00000042	七界河青麻	辽宁经作所	湖北省保康县	地方品种	85	圆形	绿	灰黑	10.1	282.0	11.2	1.10
00000043	深溪青麻	辽宁经作所	湖北省宜昌市	地方品种	85	圆形	绿	灰黑	9.2	264.0	11.2	1.10
00000044	资丘青麻	辽宁经作所	湖北省长阳县	地方品种	105	圆形	绿	灰黑	9.2	222.0	10.8	1.10
00000045	大坎青麻	辽宁经作所	湖北省咸丰县	地方品种	85	圆形	绿	灰黑	10.4	212.0	11.0	1.00

（续）

统一编号	种质名称	保存单位	原产地或来源地	种质类型	生育日数	叶形	中期茎色	种皮色	种子千粒重	株高	节间长度	茎粗
00000046	万胜青麻	辽宁经作所	湖北省奉节县	地方品种	85	圆形	绿	灰黑	9.1	214.0	11.2	1.10
00000047	鱼鳞 1 号	辽宁经作所	重庆市巫溪县	地方品种	90	圆形	绿	灰黑	9.0	160.0	8.8	1.00
00000048	鱼鳞 2 号	辽宁经作所	重庆市巫溪县	地方品种	87	圆形	绿	灰黑	9.2	170.0	9.0	1.00
00000049	鱼鳞 3 号	辽宁经作所	重庆市巫溪县	地方品种	87	圆形	绿	灰黑	9.0	220.0	10.0	1.00
00000050	建华青麻	辽宁经作所	重庆市巫山县	地方品种	85	圆形	紫	灰黑	10.4	228.0	11.0	1.00
00000051	东乡青麻	辽宁经作所	重庆市巫山县	地方品种	87	圆形	绿	灰黑	10.1	234.0	10.8	1.00
00000052	楚阳青麻	辽宁经作所	重庆市巫山县	地方品种	100	圆形	绿	灰黑	9.1	204.0	10.8	1.10
00000053	巫山青麻	辽宁经作所	重庆市巫山县	地方品种	95	圆形	绿	灰黑	9.2	264.0	10.8	1.10
00000054	大岭青麻	辽宁经作所	湖北省神农架林区	地方品种	90	圆形	绿	灰黑	11.0	220.0	10.4	1.00
00000055	百果青麻	辽宁经作所	重庆市巫山县	地方品种	95	圆形	绿	灰黑	10.2	230.0	11.0	1.00
00000056	岳营青麻	辽宁经作所	湖北省竹溪县	地方品种	95	圆形	绿	灰黑	9.1	290.0	10.0	1.10
00000057	洞窑青麻	辽宁经作所	湖北省竹溪县	地方品种	97	圆形	绿	灰黑	10.4	230.0	10.0	1.10
00000058	双阳青麻	辽宁经作所	重庆市巫溪县	地方品种	95	圆形	绿	灰黑	9.1	230.0	10.0	1.00
00000059	昌坪青麻	辽宁经作所	湖北省房县	地方品种	95	圆形	绿	灰黑	10.0	250.0	10.2	1.10
00000060	龙店青麻	辽宁经作所	重庆市巫溪县	地方品种	90	圆形	绿	灰黑	10.5	262.0	11.4	1.10
00000061	新华青麻	辽宁经作所	湖北省神农架林区	地方品种	90	圆形	绿	灰黑	9.3	234.0	10.2	1.00
00000062	肖树湾青麻	辽宁经作所	湖北省神农架林区	地方品种	90	圆形	绿	灰黑	9.3	300.0	11.0	1.00
00000063	商丘	辽宁经作所	河南省商丘市	地方品种	135	圆形	绿	灰黑	15.7	306.0	11.0	1.00
00000064	洋河	辽宁经作所	辽宁省凤城市	地方品种	115	圆形	绿	灰黑	16.7	316.0	12.2	1.30
00000065	日河	辽宁经作所	辽宁省辽阳县	地方品种	116	圆形	绿	灰黑	16.7	294.0	12.2	1.20
00000066	凌源	辽宁经作所	辽宁省凌源市	地方品种	117	圆形	绿	灰黑	16.4	316.0	12.6	1.30
00000067	霸县	辽宁经作所	河北省霸州市	地方品种	135	圆形	紫	灰黑	9.0	294.0	12.2	1.30
00000068	小粒青麻	辽宁经作所	辽宁省新民市	地方品种	115	圆形	绿	灰黑	16.7	320.0	12.2	1.20

（续）

统一编号	种质名称	保存单位	原产地或来源地	种质类型	生育日数	叶形	中期茎色	种皮色	种子千粒重	株高	节间长度	茎粗
00000069	台安	辽宁经作所	辽宁省台安县	地方品种	115	圆形	绿	灰黑	16.7	316.0	12.2	1.20
00000070	营口	辽宁经作所	辽宁省营口市	地方品种	115	圆形	绿	灰黑	16.8	326.0	11.4	1.20
00000071	北京紫杆	辽宁经作所	北京市	地方品种	130	圆形	紫	灰黑	16.4	332.0	12.6	1.30
00000072	海城	辽宁经作所	辽宁省海城市	地方品种	115	圆形	绿	灰黑	16.5	308.0	12.4	1.20
00000073	黄百花	辽宁经作所	山东省聊城市	地方品种	122	圆形	绿	灰黑	15.5	290.0	12.6	1.20
00000074	开原	辽宁经作所	辽宁省开原市	地方品种	105	圆形	绿	灰黑	15.4	308.0	12.6	1.20
00000075	兴隆	辽宁经作所	辽宁省新民市	地方品种	80	圆形	绿	灰黑	9.0	208.0	9.2	0.90
00000076	高台懒麻	辽宁经作所	辽宁省新民市	地方品种	85	圆形	绿	灰黑	15.5	200.0	9.2	0.90
00000077	吉林1号	辽宁经作所	吉林省长春市	品系	100	圆形	绿	灰黑	15.4	248.0	10.4	0.90
00000078	吉林2号	辽宁经作所	吉林省长春市	品系	95	圆形	绿	灰黑	15.4	224.0	10.0	1.00
00000079	吉林3号	辽宁经作所	吉林省长春市	品系	95	圆形	绿	灰黑	16.0	248.0	9.8	0.90
00000080	凌源灰粒	辽宁经作所	辽宁省凌源市	地方品种	110	圆形	绿	灰黑	9.1	280.0	10.0	1.20
00000081	鲁家坎青麻	辽宁经作所	湖北省竹山县	地方品种	102	圆形	绿	灰黑	9.1	230.0	9.8	1.10
00000082	高城青麻	辽宁经作所	辽宁省沈阳市	地方品种	120	圆形	绿	灰黑	10.0	155.0	10.0	1.10
00000083	兰家青麻	辽宁经作所	辽宁省辽阳县	地方品种	115	圆形	绿	灰黑	10.0	150.0	9.0	1.20
00000084	安平青麻	辽宁经作所	辽宁省辽阳市	地方品种	115	圆形	绿	灰黑	9.9	140.0	10.0	1.10
00000085	太子河青麻	辽宁经作所	辽宁省辽阳市太子河区	地方品种	75	圆形	绿	灰黑	9.2	135.0	10.0	1.00
00000086	辽中青麻	辽宁经作所	辽宁省辽中县	地方品种	117	圆形	绿	灰黑	10.0	140.0	11.0	1.10
00000087	北票青麻	辽宁经作所	辽宁省北票市	地方品种	115	圆形	绿	灰黑	10.0	145.0	10.0	1.10
00000088	朝阳青麻	辽宁经作所	辽宁省朝阳市	地方品种	115	圆形	绿	灰黑	10.0	150.0	11.1	1.20
00000089	大石桥青麻	辽宁经作所	辽宁省大石桥市	地方品种	115	圆形	绿	灰黑	11.1	160.0	11.1	1.20
00000090	锦西青麻	辽宁经作所	辽宁省锦州市	地方品种	120	圆形	绿	灰黑	10.7	165.0	11.1	1.20
00000091	天津青麻	辽宁经作所	天津市	地方品种	125	圆形	绿	灰黑	10.0	130.0	11.1	1.00

（续）

统一编号	种质名称	保存单位	原产地或来源地	种质类型	生育日数	叶形	中期茎色	种皮色	种子千粒重	株高	节间长度	茎粗
00000092	廊房青麻	辽宁经作所	河北省廊坊市	地方品种	125	圆形	绿	灰黑	10.0	200.0	11.0	1.30
00000093	彭县青麻	辽宁经作所	四川省彭县	地方品种	130	圆形	绿	灰黑	9.8	210.0	11.2	1.40
00000094	灌县青麻	辽宁经作所	四川省都江堰市	地方品种	130	圆形	绿	灰黑	10.0	135.0	11.1	1.20
00000095	鞍山青麻	辽宁经作所	辽宁省鞍山市	地方品种	115	圆形	绿	灰黑	11.2	180.0	11.2	1.40
00000096	新县青麻	辽宁经作所	河南省新县	地方品种	125	圆形	绿	灰黑	10.5	145.0	11.1	1.20
00000097	长沟沿青麻	辽宁经作所	辽宁省辽阳市	地方品种	120	圆形	绿	灰黑	12.3	230.0	12.2	1.30
00000098	建昌青麻	辽宁经作所	辽宁省建昌县	地方品种	115	圆形	绿	灰黑	10.0	225.0	12.1	1.30
00000099	兴城青麻	辽宁经作所	辽宁省兴城市	地方品种	120	圆形	绿	灰黑	11.0	240.0	13.1	1.00
00000100	盖县万福青麻	辽宁经作所	辽宁省盖县	地方品种	120	圆形	绿	灰黑	10.0	235.0	11.0	1.40
00000101	杨屯青麻	辽宁经作所	辽宁省辽阳市	地方品种	120	圆形	绿	灰黑	15.0	250.0	13.0	1.20
00000102	康平青麻	辽宁经作所	辽宁省康平县	地方品种	115	圆形	绿	灰黑	14.0	150.0	12.2	1.20
00000103	彰武青麻	辽宁经作所	辽宁省彰武县	地方品种	110	圆形	绿	灰黑	12.0	145.0	11.3	1.10
00000104	十里河青麻	辽宁经作所	辽宁省沈阳市	地方品种	120	圆形	绿	灰黑	13.0	140.0	11.0	1.10
00000105	孤山青麻	辽宁经作所	辽宁省海城市	地方品种	170	圆形	绿	灰黑	9.0	130.0	10.0	0.90
00000106	简石沟青麻	辽宁经作所	辽宁省朝阳市	地方品种	170	圆形	绿	灰黑	9.2	130.0	0.9	0.90
00000107	001CJ/HNSY	中国麻类所	海南省三亚市	野生资源	125	心脏形	绿	灰黑	8.2	125.4	7.5	0.90
00000108	002CJ/HNSY	中国麻类所	海南省三亚市	野生资源	125	心脏形	绿	灰黑	8.5	120.4	8.0	0.80
00000109	003CJ/HNSY	中国麻类所	海南省三亚市	野生资源	125	心脏形	绿	灰黑	8.1	125.0	8.3	0.90
00000110	004CJ/HNSY	中国麻类所	海南省三亚市	野生资源	125	心脏形	绿	灰黑	7.9	117.8	8.6	0.80
00000111	005CJ/HNSY	中国麻类所	海南省三亚市	野生资源	125	心脏形	绿	灰黑	8.7	115.4	8.7	0.90
00000112	006CJ/HNSY	中国麻类所	海南省三亚市	野生资源	125	心脏形	绿	灰黑	10.5	119.7	9.1	0.80
00000113	007CJ/HNSY	中国麻类所	海南省三亚市	野生资源	125	心脏形	绿	灰黑	9.0	121.4	7.8	0.90
00000114	008CJ/HNSY	中国麻类所	海南省三亚市	野生资源	125	心脏形	绿	灰黑	9.2	122.7	7.5	0.90

（续）

统一编号	种质名称	保存单位	原产地或来源地	种质类型	生育日数	叶形	中期茎色	种皮色	种子千粒重	株高	节间长度	茎粗
00000115	009CJ/HNSY	中国麻类所	海南省三亚市	野生资源	125	心脏形	绿	灰黑	8.6	113.8	8.0	0.80
00000116	010CJ/HNSY	中国麻类所	海南省三亚市	野生资源	125	心脏形	绿	灰黑	9.4	119.6	8.1	0.80
00000117	011CJ/HNXX	中国麻类所	河南省新乡市	地方品种	100	心脏形	绿	灰黑	10.1	155.0	11.2	1.20
00000118	012CJ/HNSY	中国麻类所	海南省三亚市	地方品种	120	心脏形	绿	灰黑	8.3	120.0	7.2	0.90
00000119	013CJ/FJQZ	中国麻类所	福建省泉州市	地方品种	120	心脏形	绿	灰黑	9.1	217.4	10.4	1.20
00000120	001CJ/HNYJ	中国麻类所	湖南省沅江市	地方品种	100	心脏形	绿	灰黑	10.3	145.0	8.8	1.00
00000121	002CJ/HNYJ	中国麻类所	湖南省沅江市	地方品种	100	心脏形	绿	灰黑	10.2	138.0	8.0	1.10
00000122	003CJ/HNYJ	中国麻类所	湖南省沅江市	地方品种	100	心脏形	绿	灰黑	11.0	142.0	9.0	1.00
00000123	004CJ/HNYJ	中国麻类所	湖南省沅江市	地方品种	100	心脏形	绿	灰黑	10.4	140.0	9.0	1.00
00000124	005CJ/HNYJ	中国麻类所	湖南省沅江市	地方品种	100	心脏形	绿	灰黑	10.4	135.0	9.0	1.00
00000125	006CJ/HNYJ	中国麻类所	湖南省沅江市	地方品种	100	心脏形	绿	灰黑	10.2	150.0	8.0	1.10
00000126	007CJ/HNYJ	中国麻类所	湖南省沅江市	地方品种	105	心脏形	绿	灰黑	12.0	155.0	8.0	1.10
00000127	008CJ/HNYJ	中国麻类所	湖南省沅江市	地方品种	105	心脏形	绿	灰黑	11.0	152.0	8.3	1.10
00000128	009CJ/HNYJ	中国麻类所	湖南省沅江市	地方品种	100	心脏形	绿	灰黑	10.1	148.0	8.5	1.10
00000129	010CJ/HNYJ	中国麻类所	湖南省沅江市	地方品种	105	心脏形	绿	灰黑	11.2	145.0	8.6	1.00
00000130	011CJ/HNYJ	中国麻类所	湖南省沅江市	地方品种	105	心脏形	绿	灰黑	10.4	159.0	9.0	1.00
00000131	012CJ/HNYJ	中国麻类所	湖南省沅江市	地方品种	80	心脏形	绿	灰黑	10.3	165.0	9.1	1.10
00000132	013CJ/HNYJ	中国麻类所	湖南省沅江市	地方品种	80	心脏形	绿	灰黑	10.7	154.0	8.4	1.10
00000133	014CJ/HNYJ	中国麻类所	湖南省沅江市	地方品种	100	心脏形	绿	灰黑	10.1	143.0	8.1	1.00
00000134	015CJ/HNYJ	中国麻类所	湖南省沅江市	地方品种	80	心脏形	绿	灰黑	12.0	157.0	8.7	0.90
00000135	016CJ/HNYJ	中国麻类所	湖南省沅江市	地方品种	65	心脏形	绿	灰黑	10.4	148.0	9.3	0.90
00000136	001A	中国麻类所	河南省安阳市	地方品种	80	心脏形	绿	灰黑	12.3	168.0	12.0	1.25
00000137	002A	中国麻类所	河南省安阳市	地方品种	100	心脏形	绿	灰黑	10.4	150.0	11.5	1.20

（续）

统一编号	种质名称	保存单位	原产地或来源地	种质类型	生育日数	叶形	中期茎色	种皮色	种子千粒重	株高	节间长度	茎粗
00000138	003A	中国麻类所	陕西省杨凌区	地方品种	100	心脏形	绿	灰黑	10.1	208.0	11.2	1.10
00000139	004A	中国麻类所	陕西省合阳县	地方品种	100	心脏形	绿	灰黑	9.2	184.0	11.0	1.10
00000140	005A	中国麻类所	河北省廊坊市	地方品种	65	心脏形	绿	灰黑	9.0	217.9	11.0	1.20
00000141	006A	中国麻类所	河北省沧州市	地方品种	80	心脏形	绿	灰黑	9.4	282.5	12.0	1.30
00000142	007A	中国麻类所	河北省邯郸市	地方品种	70	心脏形	绿	灰黑	9.8	254.6	12.5	1.30
00000143	008A	中国麻类所	四川省内江市	地方品种	100	心脏形	绿	灰黑	11.1	207.0	11.0	1.28
00000144	010A	中国麻类所	吉林省辽源市	地方品种	65	心脏形	紫	灰	11.0	141.0	8.4	1.00
00000145	011A	中国麻类所	吉林省辽源市	地方品种	65	心脏形	绿	灰黑	9.3	143.0	8.7	1.00
00000146	012A	中国麻类所	山西省太原市	地方品种	80	心脏形	绿	灰黑	9.3	215.0	10.8	1.10
00000147	013A	中国麻类所	山西省沁源县	地方品种	80	心脏形	绿	灰黑	10.2	205.0	10.4	1.20
00000148	14A	中国麻类所	北京市延庆县	地方品种	100	心脏形	绿	灰黑	10.5	236.4	11.0	1.25
00000149	015A	中国麻类所	北京市延庆县	地方品种	80	心脏形	绿	灰黑	9.2	267.2	11.0	1.20
00000150	016A	中国麻类所	北京市延庆县	地方品种	95	心脏形	绿	灰黑	10.3	250.6	10.5	1.10
00000151	017A	中国麻类所	北京市延庆县	地方品种	70	心脏形	绿	灰黑	13.0	231.7	12.4	1.20
00000152	018A	中国麻类所	北京市延庆县	地方品种	80	心脏形	绿	灰黑	9.0	300.4	10.2	1.20
00000153	019A	中国麻类所	北京市延庆县	地方品种	80	心脏形	绿	灰黑	10.5	230.0	9.5	1.10
00000154	020A	中国麻类所	北京市延庆县	地方品种	65	心脏形	绿	灰黑	9.8	218.7	9.6	1.20
00000155	021A	中国麻类所	北京市延庆县	地方品种	80	心脏形	绿	灰黑	8.4	223.5	9.1	1.10
00000156	022A	中国麻类所	北京市延庆县	地方品种	80	心脏形	绿	灰黑	10.2	209.0	10.6	1.20
00000157	024A	中国麻类所	陕西省太白县	地方品种	80	心脏形	绿	灰黑	10.9	216.0	11.5	1.25
00000158	长沙青麻	中国麻类所	湖南省长沙市	地方品种	100	心脏形	绿	灰黑	11.4	142.0	8.5	1.00
00000159	哈尔滨青麻	中国麻类所	黑龙江省哈尔滨市	地方品种	65	心脏形	绿	灰黑	10.2	154.0	11.3	1.20
00000160	A 呼兰许卜	中国麻类所	黑龙江省哈尔滨市呼兰区	地方品种	65	心脏形	绿	灰黑	9.4	200.0	12.5	1.20
00000161	玉常拉林	中国麻类所	黑龙江省哈尔滨市	地方品种	70	心脏形	绿	灰黑	10.0	159.0	10.8	1.20
00000162	阿城	中国麻类所	黑龙江省哈尔滨市	地方品种	70	心脏形	绿	灰黑	9.6	173.0	10.4	1.20
00000163	双城跃进	中国麻类所	黑龙江省哈尔滨市	地方品种	70	心脏形	绿	灰黑	9.9	182.0	9.9	1.20
00000164	巴颜镇东	中国麻类所	黑龙江省巴彦县	地方品种	65	心脏形	绿	灰黑	8.8	148.0	12.0	1.20
00000165	萧山青麻	中国麻类所	浙江省杭州市	野生资源	95	圆形	绿	灰黑	9.7	175.0	10.8	1.10
00000166	桐乡青麻	中国麻类所	浙江省桐乡市	野生资源	90	圆形	绿	灰黑	10.2	168.0	11.5	1.10

索　　引

种质名称索引说明

种质名称索引按照黄麻、苎麻、红麻、亚麻（含胡麻）、大麻和青麻依次排列，每个作物的索引以首字符按数字、英文、俄文、汉字的顺序排列。若种质名称为数字，则按照其字符顺序从小到大排列；若为英文或汉字，则以英文字母的顺序排列。在每个种质名称之后列出相应的统一编号和该种质所在目录中的页码，以供查找。

黄麻（1 051 份）

苎麻（1 219 份）

红麻（877 份）

亚麻（988 份）

胡麻（油用亚麻 2 257 份）

大麻（271 份）

青麻（166 份）

图书在版编目（CIP）数据

中国麻类作物种质资源及其主要性状/粟建光，戴志刚主编．—北京：中国农业出版社，2016.10
ISBN 978-7-109-21282-4

Ⅰ.①中…　Ⅱ.①粟…②戴…　Ⅲ.①麻类作物—种质资源—中国　Ⅳ.①S563.024

中国版本图书馆 CIP 数据核字（2015）第 294943 号

中国农业出版社出版
（北京市朝阳区麦子店街 18 号楼）
（邮政编码 100125）
责任编辑　廖　宁

北京通州皇家印刷厂印刷　　新华书店北京发行所发行
2016 年 10 月第 1 版　　2016 年 10 月北京第 1 次印刷

开本：889mm×1194mm 1/16　　印张：26.75　　插页：16
字数：1000 千字
定价：180.00 元

一、研究平台、成果与国际合作

彩图 1-1　国家麻类种质资源中期库

彩图 1-2　国家种质长沙苎麻圃

彩图1–3　出席2013年度马来西亚红麻国际论坛并考察红麻生产情况（2013年10月）

彩图1–4　出席国际黄麻研究组织（IJSG）国际会议并考察孟加拉国黄麻研究所（BJRI）（2011年6月）

彩图1-5　考察立陶宛农林研究中心，交换亚麻种质资源并签订科技合作协议（2012年1月）

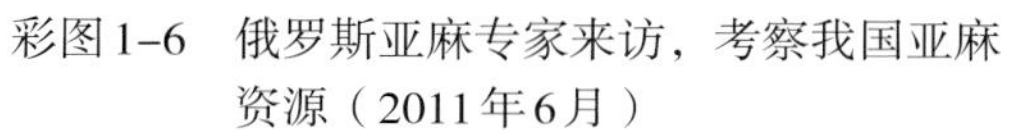

彩图1-6　俄罗斯亚麻专家来访，考察我国亚麻资源（2011年6月）

彩图1-7　主办联合国工发组织（UNIDO）红麻项目第二次协调会暨学术研讨会（湖南长沙，2010年10月）

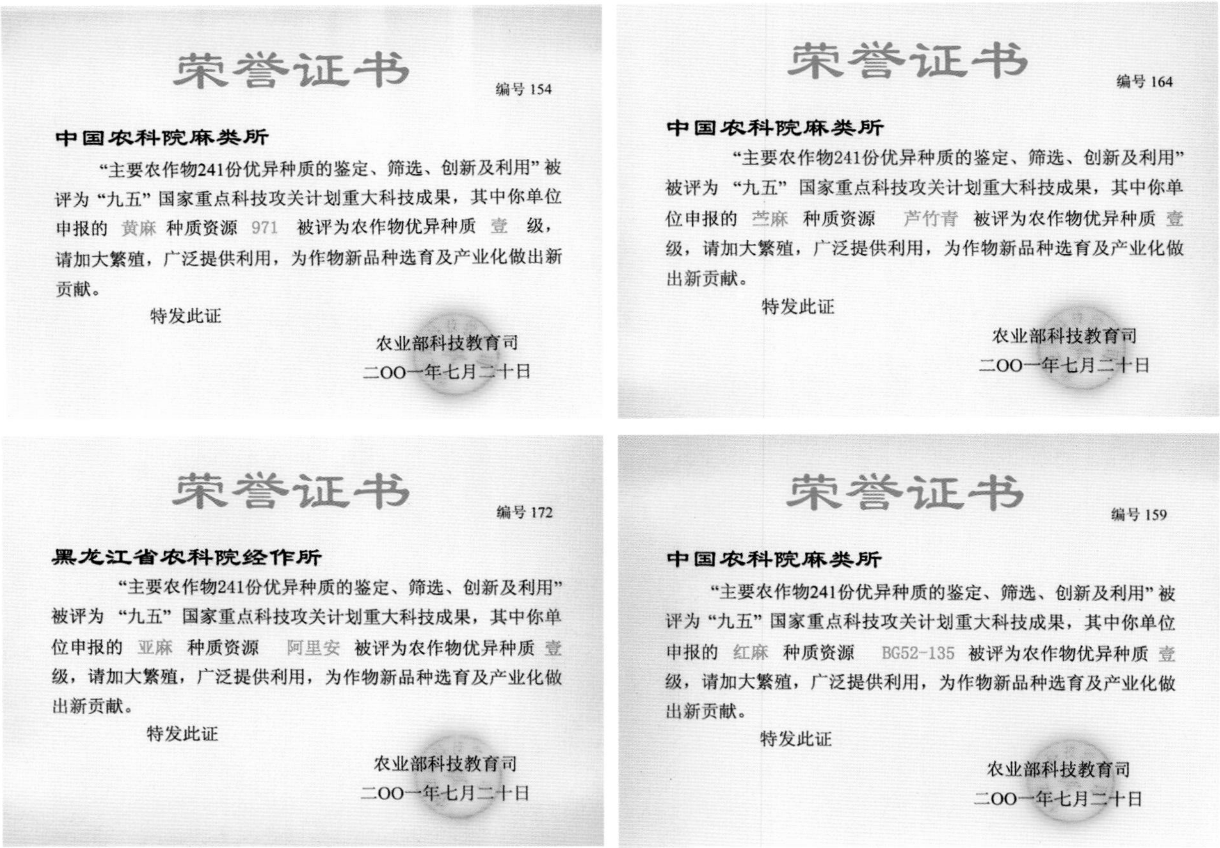

荣誉证书

编号 154

中国农科院麻类所

“主要农作物241份优异种质的鉴定、筛选、创新及利用”被评为“九五”国家重点科技攻关计划重大科技成果，其中你单位申报的 黄麻 种质资源 971 被评为农作物优异种质 壹 级，请加大繁殖，广泛提供利用，为作物新品种选育及产业化做出新贡献。

特发此证

农业部科技教育司

二OO一年七月二十日

荣誉证书

编号 164

中国农科院麻类所

“主要农作物241份优异种质的鉴定、筛选、创新及利用”被评为“九五”国家重点科技攻关计划重大科技成果，其中你单位申报的 苎麻 种质资源 芦竹青 被评为农作物优异种质 壹 级，请加大繁殖，广泛提供利用，为作物新品种选育及产业化做出新贡献。

特发此证

农业部科技教育司

二OO一年七月二十日

荣誉证书

编号 172

黑龙江省农科院经作所

“主要农作物241份优异种质的鉴定、筛选、创新及利用”被评为“九五”国家重点科技攻关计划重大科技成果，其中你单位申报的 亚麻 种质资源 阿里安 被评为农作物优异种质 壹 级，请加大繁殖，广泛提供利用，为作物新品种选育及产业化做出新贡献。

特发此证

农业部科技教育司

二OO一年七月二十日

荣誉证书

编号 159

中国农科院麻类所

“主要农作物241份优异种质的鉴定、筛选、创新及利用”被评为“九五”国家重点科技攻关计划重大科技成果，其中你单位申报的 红麻 种质资源 BG52-135 被评为农作物优异种质 壹 级，请加大繁殖，广泛提供利用，为作物新品种选育及产业化做出新贡献。

特发此证

农业部科技教育司

二OO一年七月二十日

彩图1-8　麻类一级优异种质证书

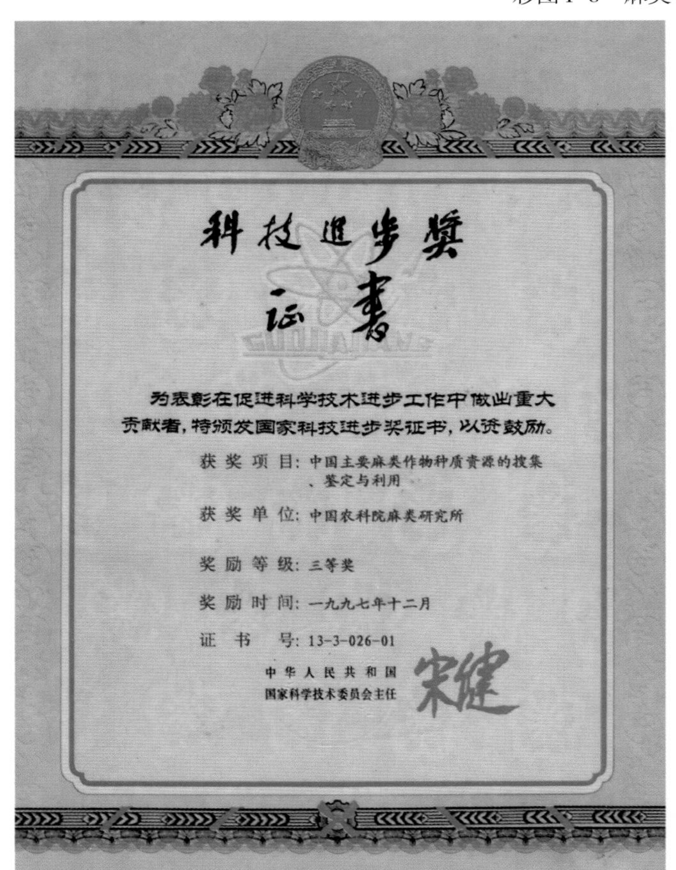

科技進步奬

証書

为表彰在促进科学技术进步工作中做出重大贡献者，特颁发国家科技进步奖证书，以资鼓励。

获奖项目：中国主要麻类作物种质资源的搜集、鉴定与利用

获奖单位：中国农科院麻类研究所

奖励等级：三等奖

奖励时间：一九九七年十二月

证书号：13-3-026-01

中华人民共和国国家科学技术委员会主任 宋健

彩图1-9　中国主要麻类作物种质资源的搜集、鉴定与利用获国家科技进步三等奖（1997年12月）

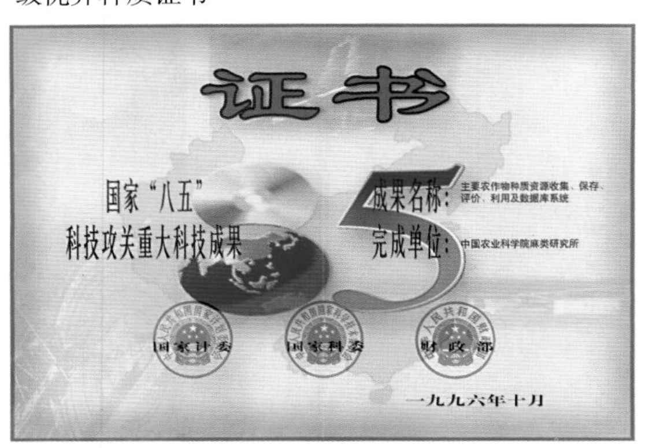

证书

国家“八五”科技攻关重大科技成果

成果名称：主要农作物种质资源收集、保存、评价、利用及数据库系统

完成单位：中国农业科学院麻类研究所

国家计委　国家科委　财政部

一九九六年十月

彩图1-10　主要农作物种质资源收集、保存、评价、利用及数据库系统获国家“八五”科技攻关重大科技成果奖（1996年10月）

荣誉证书

北京市科学技术进步奖

为表彰在推动科学技术进步、对首都经济建设和社会发展作出贡献的集体和个人，特颁此证，以资鼓励。

获奖项目：中国农作物种质资源技术规范研制与应用

获奖等级：壹等奖

获奖单位：中国农业科学院作物科学研究所、中国农业科学院茶叶研究所、中国农业科学院蔬菜花卉研究所、北京市农林科学院蔬菜研究中心、中国农业科学院草原研究所、中国农业科学院油料作物研究所、中国农业科学院麻类研究所、中国农业科学院果树研究所、中国农业科学院郑州果树研究所、[illegible]蔬菜科学研究所

北京市人民政府

二OO九年十二月

NO. 2008农-1-001

彩图1-11　中国农作物种质资源技术规范研制与应用获北京市科技进步一等奖（2009年12月）

二、黄麻种质资源多样性

彩图2-1　野生长果种

彩图2-2　野生圆果种

彩图2-3　假黄麻

彩图2-4　假圆果种

彩图2-5　假长果种

彩图2-6　三室种

彩图 2-7　梭状种

彩图 2-8　荨麻叶种

彩图 2-9　叶　色

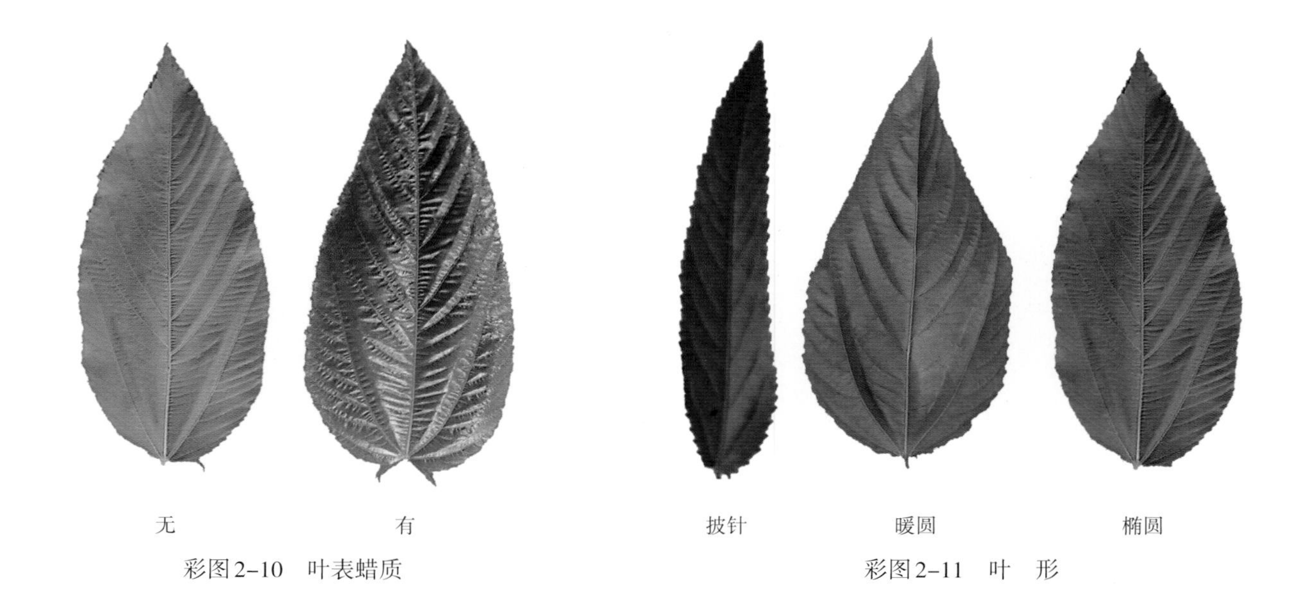

无　有

彩图2-10　叶表蜡质

披针　暖圆　椭圆

彩图2-11　叶　形

绿　黄绿　条红　红　褐

彩图2-12　茎　色

长柱形（开裂）　长柱形　球形

彩图2-13　果实形状

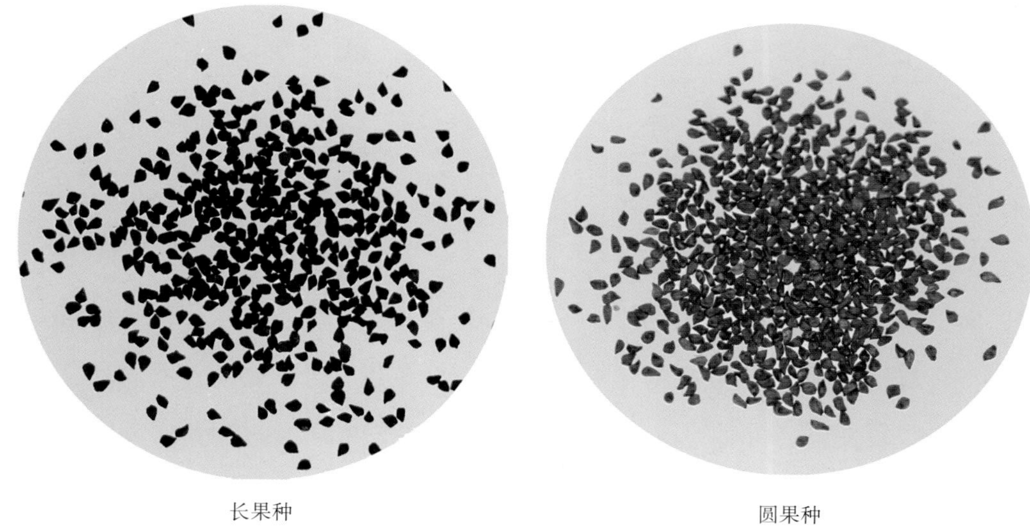

彩图2-14　种子颜色

彩图2-15　优异种质

甜黄麻

福农5号

彩图2-16　菜用种质

三、苎麻种质资源多样性

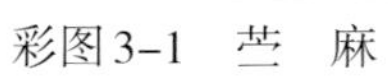

彩图3-1　苎　麻

彩图3-2　腋球苎麻

彩图3-3　帚序苎麻

彩图3-4　青叶苎麻

彩图3-5　序叶苎麻

彩图3-6　柔毛苎麻

彩图3-7　大叶苎麻

彩图3-8　悬铃叶苎麻

芦竹青

白皮蔸

四川高堤麻

黄平青麻

圆叶青

中苎1号

青大叶

龙塘圆麻

彩图3-9　优异种质

四、红麻种质资源多样性

彩图4-1　野生红麻

彩图4-2　玫瑰茄

彩图4-3　玫瑰麻

彩图4-4　辐射刺芙蓉

彩图4-5　刺芙蓉

彩图4-6　红叶木槿

彩图4-7　野西瓜苗

全叶

浅裂叶

深裂叶

彩图4-8　叶　形

浅绿

绿

深绿

紫

彩图4-9　叶　色

叶形

线形

彩图4-10　托叶形状

绿

微红

淡红

红

紫

彩图4-11　茎　色

光滑

有毛

有刺

彩图4-12　茎表面

渐尖

钝形

分叉

彩图4-13　苞片端部

短

中

长

彩图4-14　花柱类型

乳白　　淡黄　　淡红

蓝　　红　　黄

淡紫　　粉色　　紫

彩图4-15　花冠色

淡黄　粉红

红　紫　深紫

彩图4-16　花喉色

乳白　紫　黄　红

彩图4-17　柱头色

桃形　近圆形　扁球形

彩图4-18　果　形

肾形　　三角形

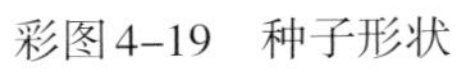

彩图4-19　种子形状

BG52-135　　阿联红麻　　J-1-113

泰红763　　福红991　　福红992

彩图4-20　优异种质

矮杆玫瑰茄

不育材料

彩图4-21　特异种质

五、亚麻种质资源多样性

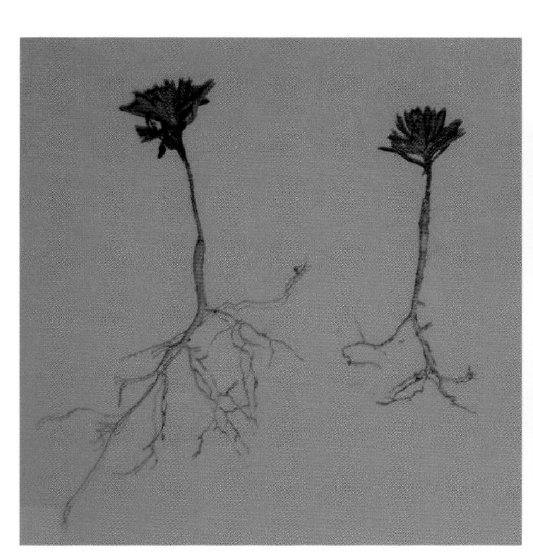

彩图5-1　野生亚麻

彩图5-2　黄花亚麻

彩图5-3 红花亚麻

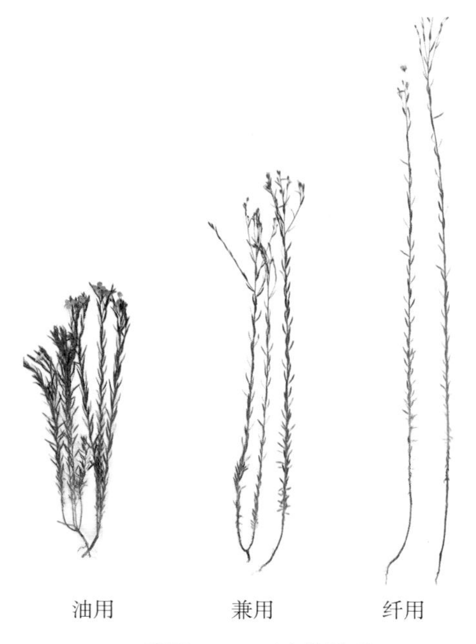

彩图5-4 亚麻的类型

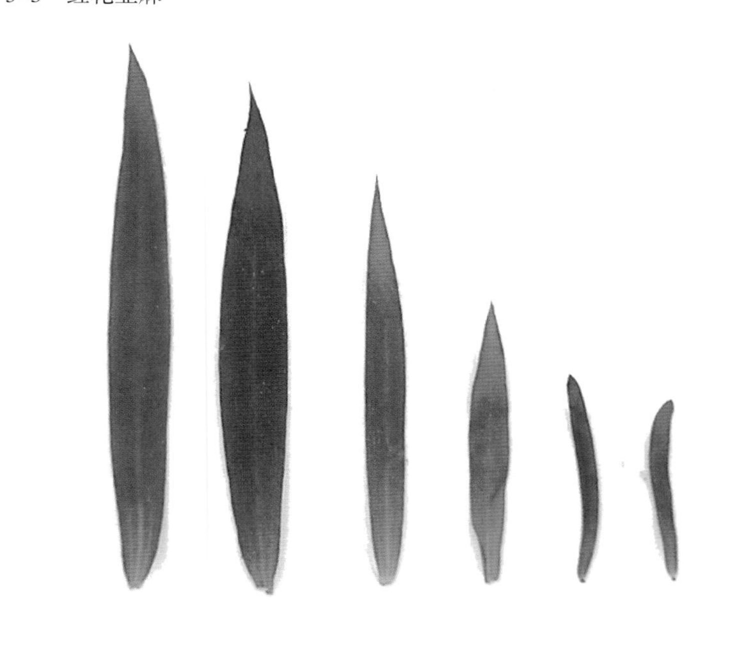

彩图5-5 叶片大小

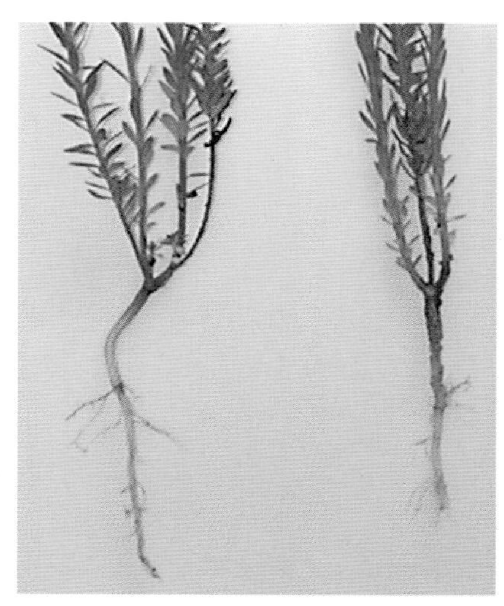

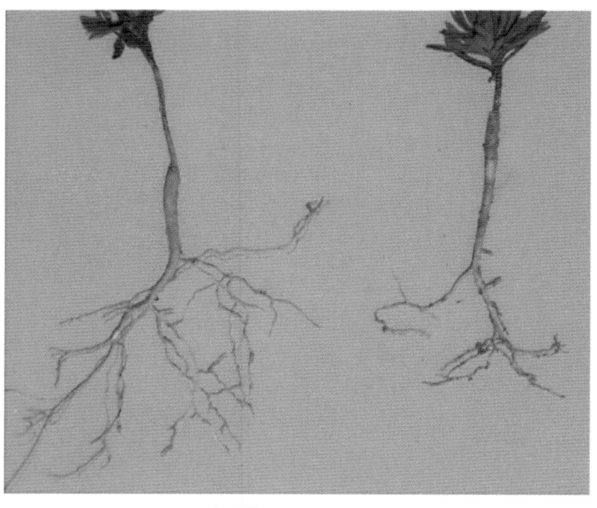

彩图5-6 根的类型

圆锥形

五角星形

轮形

蝶形

彩图5-7　花冠形状

扇形

菱形

舌形

心形

彩图5-8　花瓣形状

叠生

分离

彩图5-9　花瓣离合

白色

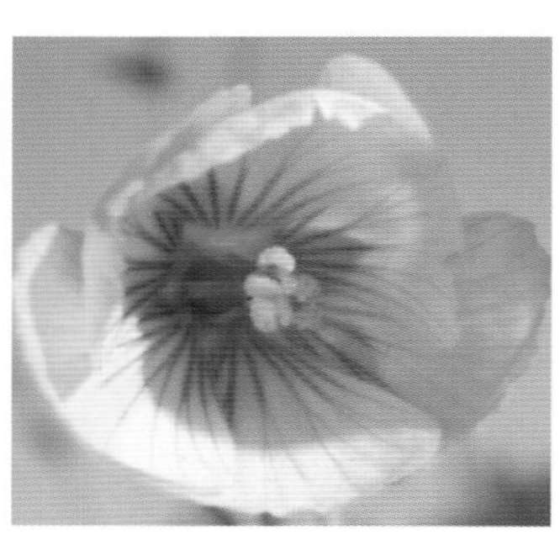
粉色

浅蓝色

深蓝色

黄色

红色

紫色

彩图5-10　花冠色

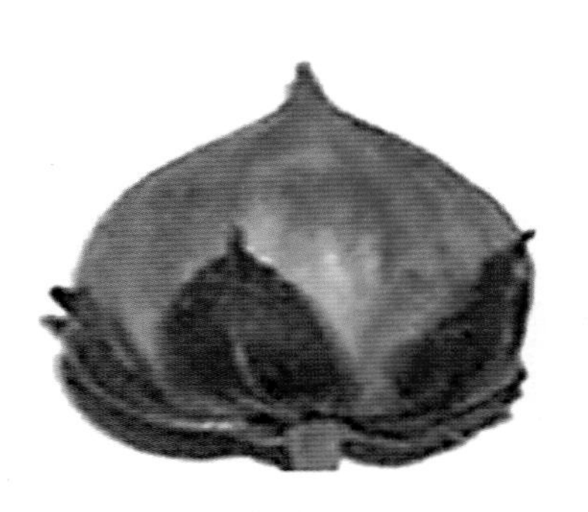
扁圆形

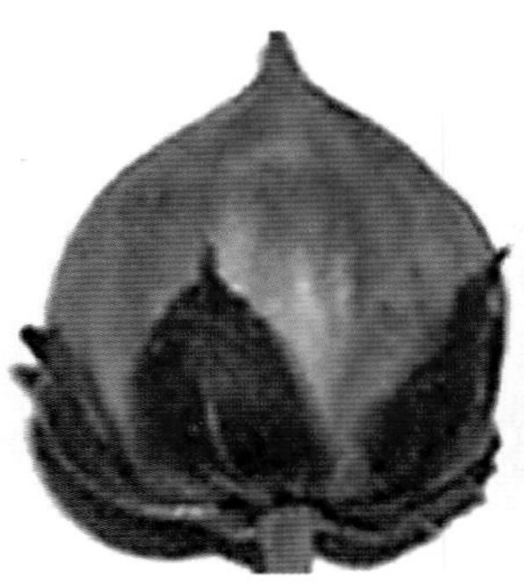
球形

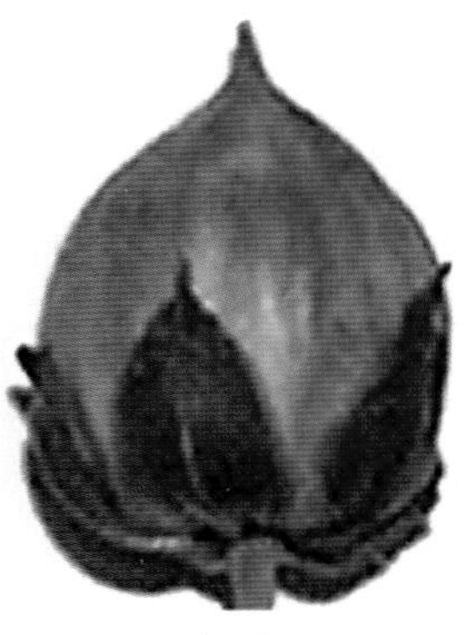
卵形

彩图5-11　果　形

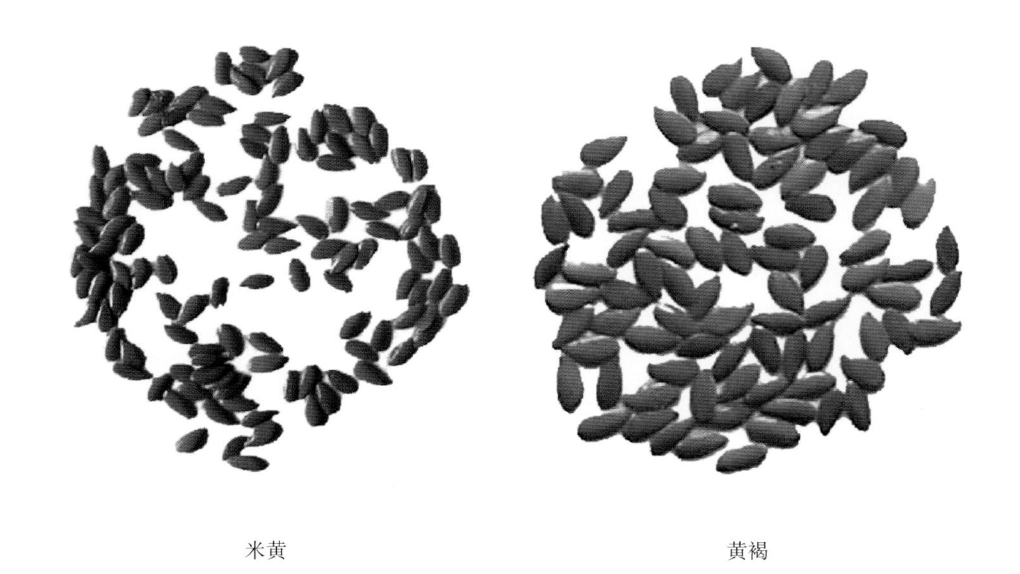

米黄　　　　黄褐

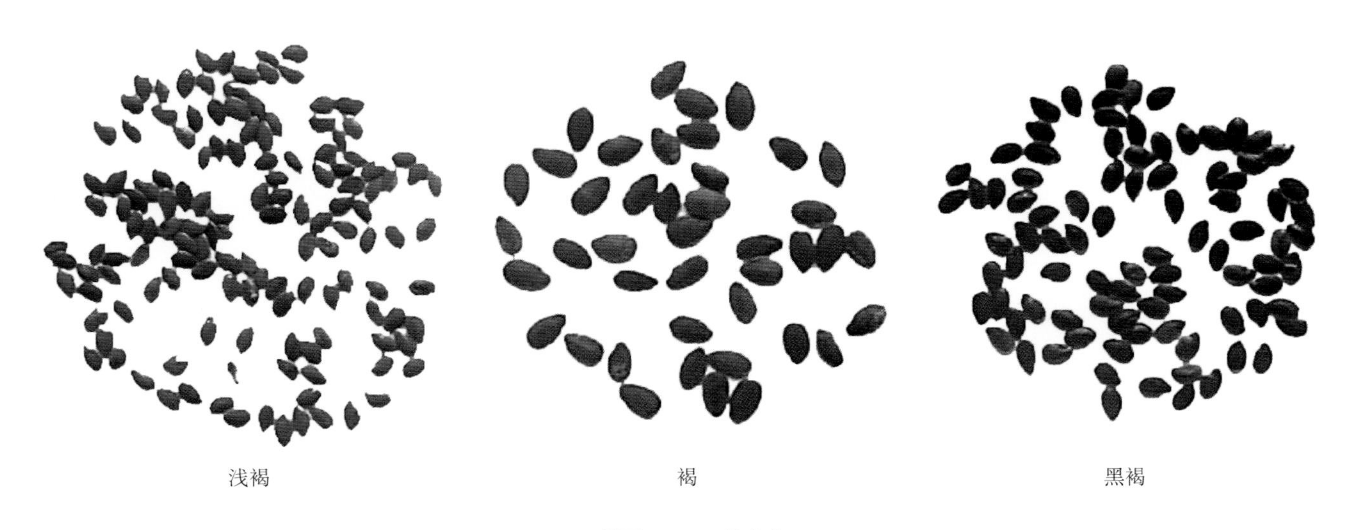

浅褐　　　　褐　　　　黑褐

彩图5-12　种皮色

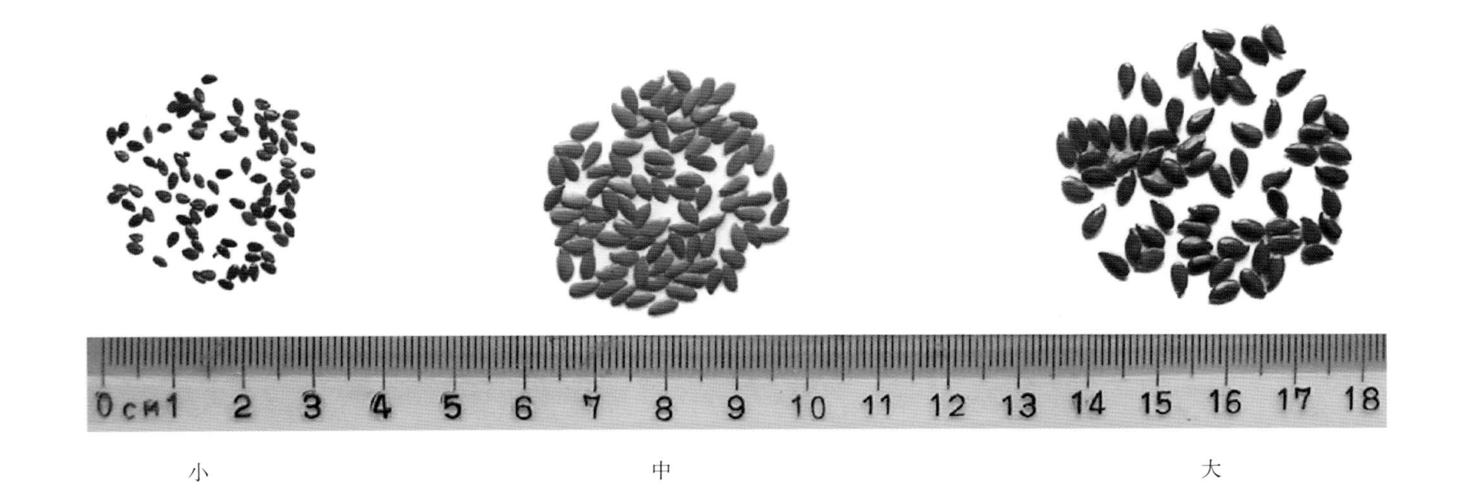

小　　　　中　　　　大

彩图5-13　种子大小

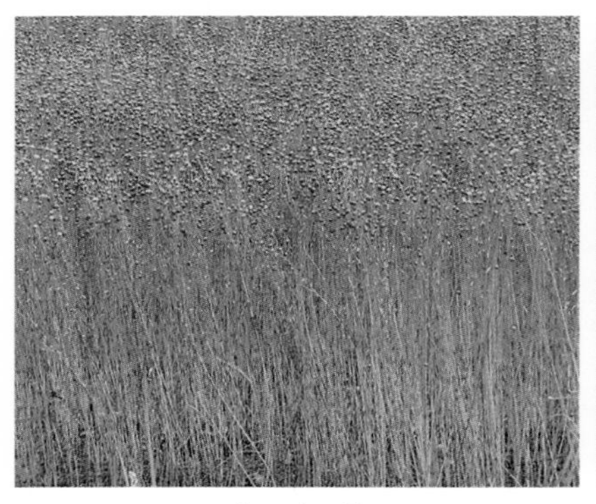

中亚麻1号

灵台五星（抗旱）

阿里安

彩图5-14　优异种质

六子房亚麻

彩图5-15　特异种质

六、大麻种质资源多样性

彩图6-1　大麻变种

彩图6-2　野生大麻变种

雄株

雌株

雌雄同株

彩图6-3　性　别

绿

紫

彩图6-4　心叶色

互生

对生

三生

彩图6-5　叶着生状态

绿

条红

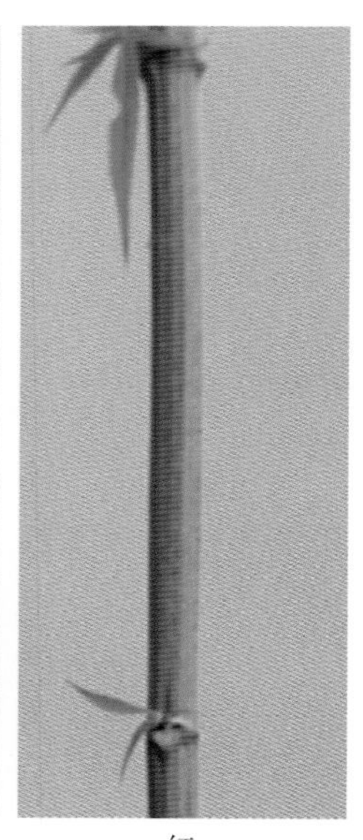

红

彩图6-6　茎　色

绿

紫

彩图6-7　花萼色

灰绿　　褐　　黑褐

彩图6-8　种皮色

网纹

斑纹

彩图6-9　种皮花纹

六安寒麻

云麻1号

尤纱-31

彩图6-10　优异种质

雌雄同株种质

高四氢大麻酚（THC）含量种质

彩图6-11　特异种质

七、青麻种质资源多样性

彩图7-1　青麻

彩图7-2　磨盘草

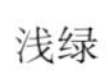

浅绿　　深绿

彩图7-3　叶　色

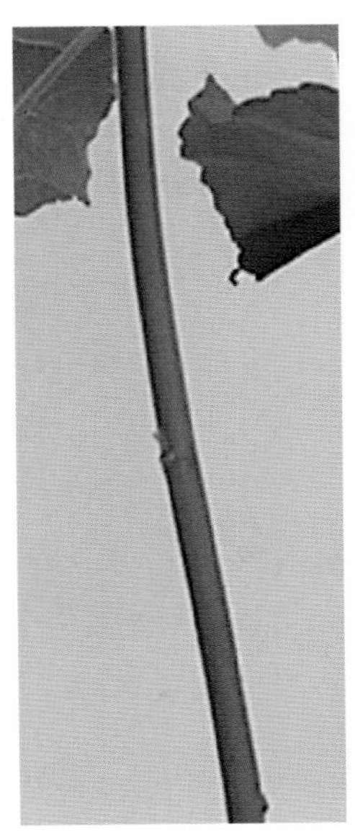
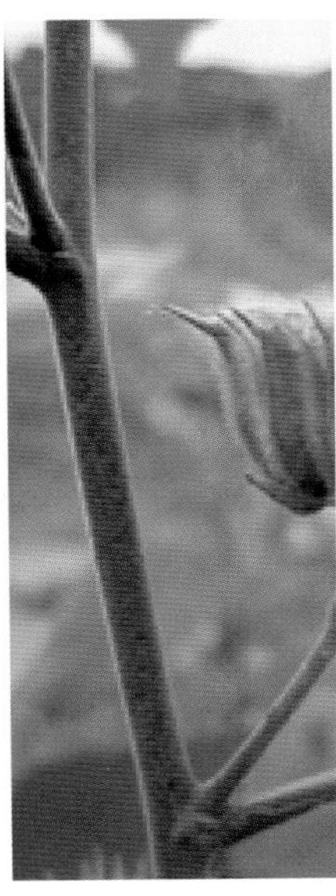

绿　　灰　　紫

彩图7-4　茎　色

钟状

轮状

盘状

彩图7-5 花冠形状

金黄色

黄色

彩图7-6 花 色

完全离散

束状离散

不离散

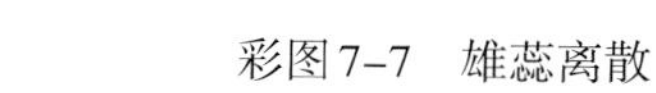

彩图7-7 雄蕊离散

灰

深灰

黑褐

彩图7-8 果实色